中国科学院科学出版基金资助出版

U0225759

现代化学基础丛书 36

稀土化学导论

洪广言 编著

科学出版社

北京

内 容 简 介

稀土元素约占元素周期表中元素的 1/7。对 17 种稀土元素的深入研究将不仅有助于发现新性质、探索新材料，而且将推动无机化学的发展。稀土元素优异的光、电、磁等特性被誉为新材料的宝库。稀土元素已成为重要的战略元素，并且是世界科技竞争的制高点。稀土化学渗透在稀土各个领域，是稀土科技发展的基础。然而稀土元素仍是一组神秘的元素，其许多特性有待进一步的总结与发现。我国是世界上稀土资源最丰富的国家，经过数十年来的努力已在众多领域取得辉煌的成就，举世瞩目。

本书系统地介绍稀土化学的内容，使人们对稀土化学有较为全面的了解。全书包括稀土元素概述、稀土资源与地球化学、稀土元素及其化合物的基本性质、稀土分离化学、稀土配合物、稀土金属与合金、稀土生物无机化学、稀土催化、稀土纳米化学、稀土结构化学、非化学计量比稀土化合物以及稀土材料的制备化学等。

本书可供从事化学、材料，特别是从事稀土科研和教学、相关企业的生产与管理人员以及各大专院校相关专业的师生参考。

图书在版编目 (CIP) 数据

稀土化学导论 / 洪广言编著 . —北京：科学出版社，2014.5

（现代化学基础丛书：36）

ISBN 978-7-03-040581-4

Ⅰ.①稀⋯ Ⅱ.①洪⋯ Ⅲ.①稀土族 Ⅳ.①O614.33

中国版本图书馆 CIP 数据核字（2014）第 094523 号

责任编辑：杨 震 霍志国 / 责任校对：张怡君
责任印制：赵 博 / 封面设计：铭轩堂

科学出版社 出版

北京东黄城根北街 16 号
邮政编码：100717
http://www.sciencep.com

北京厚诚则铭印刷科技有限公司印刷
科学出版社发行 各地新华书店经销

*

2014 年 5 月第 一 版 开本：720×1000 1/16
2025 年 1 月第八次印刷 印张：31 1/2
字数：625 000

定价：98.00 元
（如有印装质量问题，我社负责调换）

《现代化学基础丛书》序

如果把牛顿发表"自然哲学的数学原理"的 1687 年作为近代科学的诞生日,仅 300 多年中,知识以正反馈效应快速增长:知识产生更多的知识,力量导致更大的力量。特别是 20 世纪的科学技术对自然界的改造特别强劲,发展的速度空前迅速。

在科学技术的各个领域中,化学与人类的日常生活关系最为密切,对人类社会的发展产生的影响也特别巨大。从合成 DDT 开始的化学农药和从合成氨开始的化学肥料,把农业生产推到了前所未有的高度,以致人们把 20 世纪称为"化学农业时代"。不断发明出的种类繁多的化学材料极大地改善了人类的生活,使材料科学成为了 20 世纪的一个主流科技领域。化学家们对在分子层次上的物质结构和"态-态化学"、单分子化学等基元化学过程的认识也随着可利用的技术工具的迅速增多而快速深入。

也应看到,化学虽然创造了大量人类需要的新物质,但是在许多场合中却未有效地利用资源,而且产生了大量排放物造成严重的环境污染。以至于目前有不少人把化学化工与环境污染联系在一起。

在 21 世纪开始之时,化学正在两个方向上迅速发展。一是在 20 世纪迅速发展的惯性驱动下继续沿各个有强大生命力的方向发展;二是全方位的"绿色化",即使整个化学从"粗放型"向"集约型"转变,既满足人们的需求,又维持生态平衡和保护环境。

为了在一定程度上帮助读者熟悉现代化学一些重要领域的现状,科学出版社组织编辑出版了这套《现代化学基础丛书》。丛书以无机化学、分析化学、物理化学、有机化学和高分子化学五个二级学科为主,介绍这些学科领域目前发展的重点和热点,并兼顾学科覆盖的全面性。丛书计划为有关的科技人员、教育工作者和高等院校研究生、高年级学生提供一套较高水平的读物,希望能为化学在 21 世纪的发展起积极的推动作用。

作 者 简 介

洪广言，中国科学院长春应用化学研究所研究员，博士生导师。生于 1940 年。

1962 年毕业于山东大学化学系，同年分配到长春应用化学研究所从事稀土研究至今。从事稀土分离提取、无机液体激光器、激光晶体、发光材料和纳米材料的研究。曾应邀到日本、法国、韩国和美国等国家从事合作研究。曾任长春应用化学研究所学术委员会副主任、原国家计划委员会稀土专家组成员、中国稀土学会固体科学与新材料专业委员会副主任，曾任《人工晶体学报》、《功能材料》通讯编委，现任《稀土》杂志编委。

发表论文 400 余篇，获发明专利十余项及获国家、省部级奖励十余项。一些成果已经推广并实现产业化。编写《稀土发光材料——基础与应用》、《无机固体化学》等专著，与倪嘉缵院士共同主编《稀土新材料及新流程进展》、《中国科学院稀土研究五十年》，参与编写《无机合成和制备化学》、《二十一世纪无机化学进展》和《稀土在高分子工业中的应用》等专著中的部分章节。

序　言

　　我国的稀土资源、稀土产量及稀土的应用量已处于国际先列，进入 21 世纪后正在从稀土大国向稀土强国奋进。为了适应稀土事业发展的需要，我国已出版了大量有关稀土各个领域的专著，为发展稀土的基础理论与开发应用创造了条件。早在 1978 年就出版了综合性的大型工具书《稀土》，但当时仅限于在内部发行，以后又在该书的基础上，进行了重新编写，于 1995 年出版了以徐光宪教授为主编的《稀土》巨著，该著作至今仍是深受稀土工作者欢迎的综合性参考书。与此同时，在稀土各分支学科也出版了不同的专著，如《稀土元素地球化学》、《稀土矿物化学》、《稀土元素分析化学》、《稀土元素化学》、《稀土配位化学》、《稀土金属有机化学》、《稀土生物无机化学》，《稀土元素的环境化学及生态效应》和《稀土金属材料》等。在稀土化学方面也有三四本之多，但各有侧重，其中以苏锵教授编写的《稀土化学》较为全面地概括了稀土资源，稀土元素的化学性质与结构的关系以及稀土分离，应用中的化学问题等。这些稀土化学专著出版已有二十余年，稀土领域中又出现了一些新的令人关注的问题，如稀土纳米材料的制备、结构、性能及其应用，非化学计量比稀土化合物，稀土新材料化学及与医学健康环境密切相关的稀土生物化学等。

　　本书的特点是作者根据其从事稀土研究五十多年的实践经验，结合他本人的工作成果编写而成，书中增加了稀土纳米材料、非化学计量比稀土化合物及稀土材料制备化学等新内容，同时比较全面地收集了稀土化学的多个分支学科的资料，如稀土催化、稀土金属与合金、稀土生物无机化学等，因此该书内容较全面，并兼顾基础性与实用性，通俗易懂。该书将成为稀土科研、教学及应用工作者有价值的参考书。我与洪广言教授同事数拾载，他命为序，书以此志。

中国科学院院士　倪嘉缵

2014 年初春

前　言

　　稀土元素是周期表中ⅢB族元素，包括原子序数21的钪（Sc）、39的钇（Y）和57的镧（La）至71的镥（Lu）等共17种元素，约占元素周期表中元素的1/7。人们全部发现它们的时间较晚，又不易分离，是一组未被人们完全认识的神秘元素，有待于深入研究、认识和掌握。

　　稀土元素特殊的4f电子构型，使其具有许多优异的光、电、磁、热等特性，加之它们化学性质十分活泼，能与其他元素组成种类繁多、功能千变万化、用途各异的新型材料，故被誉为"新材料的宝库"。随着世界经济和社会格局的深刻变革，新科技革命的迅猛发展，稀土新材料已成为世界科技、经济和国防竞争的制高点，稀土元素也被列为重要的战略元素。

　　对17种稀土元素的深入研究将有助于发现新性质、探索新材料，将推动无机化学的新发展。同时，对稀土元素的研究也有助于研究同样含有f电子的锕系元素的性质。尽管对稀土元素的性质和f电子的规律已进行了大量的研究，但目前仍有许多值得深入研究、探索的问题。

　　我国是世界上稀土资源最丰富的国家，在国家的支持下，在科研单位和产业部门的共同努力下，经过六十多年的艰辛奋斗，创造了中国稀土事业的辉煌。我国稀土发展首次高潮出现在20世纪60年代后，着重发展稀土冶炼和分离技术，组织了针对白云鄂博矿的"415"会战，获得15个单一纯稀土元素，为稀土新材料研究与开发提供了物质基础；20世纪90年代后在邓小平"中东有石油，中国有稀土"的指示下，我国稀土事业的发展又迎来了一个新的高潮，推向一个新的层次，不仅使我国稀土的藏量、产量居世界首位，还使我国稀土的出口量、应用量也居世界首位，更可喜的是稀土高技术新材料的应用量已超过传统产业的用量。

　　作者从事稀土研究、开发与应用五十余年，随着我国稀土事业的发展而成长，对稀土怀有深厚和难以割舍的感情。五十余年来在苏锵、任玉芳、姚克敏、金凤鸣、李有谟、倪嘉缵等老师指导下进行稀土研究，先后从事稀土配合物、稀土分离提取、稀土无机液体激光材料与稀土激光晶体、高温超导材料、稀土发光材料和稀土纳米材料等与稀土化学相关的研究和开发应用，积累了一些知识和经验。在五十余年的科研生涯中，有幸在倪嘉缵院士的领导下参与中国科学院稀土重大项目"南方离子型稀土矿地质地化、分离分析及综合利用"和"稀土新材料的研究及其开发应用”的研究与管理，有机会学习到稀土矿物、分离分析、高纯稀土制备和各种新材料应用等各方面的知识，实地考察了白云鄂博矿和南方离子型稀土矿。通过调研、考察使作者对稀土各领域研究与开发应用有了更广泛、更具体、更深刻的了解，对稀土事业更加热爱。

关于稀土化学的内容散见于许多文献资料中，而稀土化学的专著主要有 1987 年张若桦先生所写的《稀土元素化学》和 1993 年由苏锵院士编著的《稀土化学》，这些专著已成为稀土化学教学与科研的重要参考资料。这些专著已发行二十余年，而这二十余年是我国稀土事业蓬勃发展的时期，人们期待着一本符合现代科技发展的新的稀土化学专著的出现。

本书根据稀土发展趋势和应用需求进行编写。书中除涵盖稀土元素概述、稀土元素及其化合物的基本性质、稀土分离化学、稀土配合物、稀土金属与合金、稀土催化等内容，也适应科技的发展、学科的交叉渗透，包含如稀土生物无机化学、稀土资源与地球化学等内容。同时，结合读者的需求，本书还增加了如稀土纳米化学、非化学计量比稀土化合物、稀土材料的制备化学等新内容。

本书实际上是在前辈、同仁工作基础上归纳、整理，并结合作者五十余年来科研、教学和学习的体会，以及对稀土化学发展前沿的了解编写而成。书中引用了大量的文献资料，这是前辈们辛勤劳动的成果。在此，作者对他们表示深深的敬意！

在编著过程中，作者力求通俗、易懂，深入浅出，期待着本书能反映稀土化学的最新进展，能将稀土化学的基本知识描述清楚，并能总结一些规律。若本书能给读者点滴收益，作者甚感欣慰。

稀土化学涵盖的知识面广泛，涉及领域众多，文献资料也较为丰富，由于作者能力有限，因此，在编写过程中难免有不妥和疏漏之处，恳请读者批评指正。

在编写过程中得到诸多老师、同仁、学生和家人的热情关怀、鼓励与帮助，特别是倪嘉缵院士在百忙中为本书作序。在此，一并深表最诚挚的谢意！

感谢中国科学院长春应用化学研究所对作者的培育和稀土资源利用国家重点实验室的资助。

本书献给为我国稀土事业默默无闻、无私奉献的朋友们。

洪广言

2013 年冬于长春

目 录

第1章 概　　述

1.1　稀　土　元　素

1.1.1　稀土元素与镧系元素

稀土（rare earth，简写为 RE 或 Ln，也常简写为 R）是历史遗留的名称，18世纪得名。"稀"原指稀少，"土"是指其氧化物难溶于水的"土"性，其实稀土元素在地壳中的含量并不稀少，性质也不像土，而是一组活泼金属。

稀土元素是指元素周期表（图 1-1）中ⅢB 族，原子序数 21 的钪（Sc）、39的钇（Y）和 57 的镧（La）至 71 的镥（Lu）等共 17 个元素。原子序数 57 至71 的 15 个元素中，只有镧原子不含 f 电子，其余 14 个元素均含有 f 电子。国际纯粹与应用化学联合会（IUPAC）在 1968 年统一规定把镧以后原子序数 58～71 的铈至镥等 14 个具有 f 电子的元素命名为镧系（族）元素，而通常在许多文献和著作中将从原子序数 57 的镧至 71 的镥等 15 个元素称为镧系元素。

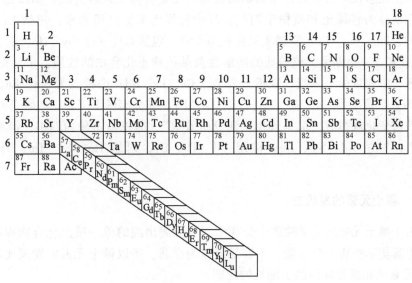

图 1-1　元素周期表（突出部分是镧系元素）

镧系元素包括镧（La）、铈（Ce）、镨（Pr）、钕（Nd）、钷（Pm）、钐（Sm）、铕（Eu）、钆（Gd）、铽（Tb）、镝（Dy）、钬（Ho）、铒（Er）、铥（Tm）、镱（Yb）、镥（Lu），它们均位于周期表中第6周期的57号位置上。

61号元素钷是放射性元素，它是铀的裂变产物，寿命最长的同位素^{147}Pm的半衰期也只有2.64年，在天然矿物中较难找到。一直到1972年才从沥青铀矿中提取出元素Pm。

稀土元素在元素周期表中的位置十分特殊，17个元素同处在ⅢB族，钪、钇、镧分别为第4、5、6长周期中过渡元素系列的第一个元素。镧与其后的14个元素性质十分相似，化学家只能把它们放入一个格子内，然而由于其原子序数不同，还不能作为真正的同位素。稀土元素的性质十分相似，而又不完全相同，这就造成了这组元素很难分离，只有充分利用它们之间的微小差别，才能分离它们，它们之间存在的差别很小，几乎具有连续性，如离子半径和电子能级等，这可供人们的需要加以选择应用，这也是稀土有许多优异性能和特殊用途的主要原因之一。另外，它们的电子结构有一个没有完全充满的内电子层，即4f电子层，由于4f电子数的不同，这组元素的每一个元素又具有很特别的个性，特别是光学和磁学性质。镧系元素中由于4f电子依次填充，使其许多性质随之呈现规律性变化，如"四分组效应"、"双峰效应"。

根据钇和镧元素的化学性质、物理性质和地球化学性质的相似性和差异性，以及稀土元素在矿物中的分布和矿物处理的需要将稀土元素分组：如以钆为界，把它们划分为轻稀土和重稀土两组，其中轻稀土又称铈组元素，包括La、Ce、Pr、Nd、Pm、Sm、Eu；重稀土又称钇组元素，包括Gd、Tb、Dy、Ho、Er、Tm、Yb、Lu和Y。根据稀土硫酸盐的溶解性及某些稀土化合物的性质，常又把稀土分为轻、中和重稀土三组，轻稀土为La、Ce、Pr、Nd；中稀土为Sm、Eu、Gd、Tb、Dy；重稀土为Ho、Er、Tm、Yb、Lu和Y。在分离稀土工艺中和研究稀土化合物性质变化规律时，又呈现出"四分组效应"，即将稀土分为四组，铈组La、Ce、Pr；钐组Nd、Sm、Eu；铽组Gd、Tb、Dy；铒组Ho、Er、Tm、Yb、Lu和Y。

1.1.2 稀土元素的发现史

由于稀土元素的化学性质十分相似，要分离出纯的单一稀土化合物很困难，再加上其化学性质十分活泼，不容易还原为金属，所以稀土元素的发现比较晚，17个元素的相继发现历经了漫长的时期。

1787年，瑞典军官阿伦尼乌斯（C. A. Arrhenius）在瑞典的小村伊特比（Ytterby）发现了一种矿物。1794年，芬兰化学家加多林（J. Gadolin）分析这种矿物时，发现除硅、铁、铍外，还有未知的新元素，因其氧化物似泥土，称它为"新土"。为纪念伊特比村和加多林，将这种"新土"命名为"钇土"（yttria）即氧化钇之意。现在，有人把发现硅铍钇矿的时间 1787 年作为稀土元素的发展纪元，也有人把发现"钇土"的 1794 年作为稀土的发现年代。

实际上，加多林发现的"钇土"并不是单一的稀土元素钇的氧化物，而是包含钇在内的混合稀土氧化物。1834 年，莫桑德（K. G. Mosander）在研究"钇土"时发现，除钇外还有两个以前不知道的新元素。这两个新元素就用伊特比村名 Ytterby 后半部定名为铽（terbium）和铒（erbium）。

1878 年，查尔斯·马里格纳克（J. Charles G. de Marignac）又在"铒"中发现了新的稀土元素，同样用伊特比村之意将其命名为镱（ytterbium）。

1879 年，克利夫（P. T. Cleve）在马里格纳克分离出镱后的"铒"中又发现了两个新元素：一个以瑞典首都斯德哥尔摩（Stockholm）的后半部命名为钬（holmium），另一个以北欧斯堪的纳维亚的古名 Thule 命名为铥（thulium）。

1886 年，波依斯包德朗（L. de Boisbaudran）又将克利夫发现的"钬"分离为两个元素，一个仍称钬，另一个称为镝（dysprosium），后者在希腊语中为"难得到"之意。

1907 年，韦尔斯巴克（A. von Welsbach）和乌贝恩（G. Urbain）各自进行研究，用不同的分离方法从 1878 年发现的"镱"中分离出一个新元素。乌贝恩将这个新元素命名为镥（lutecium），其意来自巴黎古代名称 Lutetia。韦尔斯巴克根据仙后座（Cassiopeia）星座的名字将新元素命名为 cassiopium（Cp）。直至现在，德国人称镥为 cassiopium。

至此从 1794 年发现钇土到 1907 年发现镥等 8 个稀土元素，共经历了 113 年。

轻稀土的发现晚于重稀土。

1803 年，伯齐利厄斯（J. J. Berzelius）、黑辛格（W. Hisinger）和克拉普罗斯（M. H. Klaproth）在分析瑞典产的 Tungsten（"重石"之意）矿样时，分别发现了一种新的"土"。为纪念 1801 年发现的小行星 Ceres（谷神星），他们将这种新"土"取名为"铈土"（ceria，即氧化铈之意）。同时将 Tungsten 改名为 cerite（铈硅石）。

1839 年，莫桑德发现"铈土"中还含有其他新元素，取名为镧，在希腊语中为"隐藏"之意，即隐藏于铈中的新元素。

1841 年，莫桑德又在他发现的"镧"中发现了新元素，其性质与镧相近，二者犹如双胞胎，就借希腊语中"双胞胎"之意将其命名为 didymium（吉基姆）。

1879 年，波依斯包德朗从铌钇矿（samarskite）得到的 didymium 中又发现了新元素，并根据这种矿物的名称将其命名为钐（samarium）。

同年，瑞典生物学家尼尔森（L. F. Nilsson）在分离黑稀金矿（euxenite）时发现了新元素，他以自己的故乡斯堪的纳维亚（Scandinavia）将它称为钪（scandium）。

1880 年，马里格纳克又将"钐"分离成两个元素，一个是钐，另一个是钆（gadolinium），钆是马里格纳克为纪念钇土的发现者加多林而在 1886 年给新元素起的名字。

1885 年，韦尔斯巴克又从 didymium 中分离出两个元素，一个以"新双胞胎"之意命名为 neodymium，另一个以"绿色双胞胎"之意命名为 praseodidymium。后来简化为 neodymium 和 praseodymium，也就是"钕"和"镨"。

1901 年，德马克（E. A. Demarcay）又从"钐"中发现了新元素，命名为铕（europium），是根据欧洲（European）取名的。

1947 年，马林斯基（J. A. Marinsky）、格伦迪宁（L. E. Glendenin）与科里尔（C. E. Coryell）从原子能反应堆用过的铀燃料中分离出原子序数为 61 的元素，以希腊神话中为人类取火之神普罗米修斯（Prometheus）将其命名为钷（promethium）。

从 1803 年发现铈土到 1947 年发现钷，经历了 144 年。从 1794 年发现钇土首先分离出"新土"（氧化物）时起，到分离出钷，人类探索追求了 153 年。自 1794 年发现了一种稀土矿物一直到 1972 年从沥青铀矿中提取稀土的最后一个元素 Pm 为止，从自然界中得到全部稀土元素经历了近两个世纪之久。

1.1.3 稀土元素的应用

稀土元素在元素周期表中约占 1/7，发现比较晚，又不易分离，是一组未被人们完全认识的元素，这就需要深入研究、认识和掌握它们，发现它们的新性质，开发新应用。同时，对稀土元素的研究也有助于研究同样含有 f 电子的锕系元素的性质。

17 个稀土元素因其原子结构特殊，电子能级异常丰富，使其具有许多优异的光、电、磁、热等特性，加之它们化学性质十分活泼，能与其他元素组成种类繁多、功能千变万化、用途各异的新型材料，故被称作"现代工业的维生素"和神奇的"新材料宝库"。

一个国家稀土开发应用水平，尤其是在高新技术领域中应用的程度，与其工业技术发达程度成正比。美国的稀土用量一直居世界第一位。日本、英国、法国、德国等工业发达国家虽然都缺乏稀土资源，但它们稀土用量都很大，并拥有世界一流的稀土应用技术。这些国家都把稀土看作对本国经济和技术发展有着至关重要作用的战略元素。早在 20 世纪中期美国曾认定的 35 个战略元素和日本选定的 26 个技术元素中，都包括了全部稀土元素。

"中东有石油，中国有稀土"。稀土具有优异的光、电、磁、超导、催化等性能，被广泛用于尖端科技领域和军工领域，其地位可与中东的石油相媲美，是一种不可取代的高新技术和军事战略元素。

21世纪稀土元素仍被认为是"战略元素"，美国指定的25种战略元素，其中包括15种镧系元素，占3/5；日本指定的40种，其中含17种稀土元素，占17/40。

稀土已广泛应用于冶金、机械、石油、化工、玻璃、陶瓷、纺织、皮革、农牧养殖等传统产业领域，可以显著改善产品性能和增加产量。作为改性添加元素在钢铁和有色金属中加入千分之几甚至万分之几的稀土就能明显改善金属材料性能。稀土可以提高钢材的强度、耐磨性和抗腐蚀性能。稀土球墨铸铁管比普通铸铁管强度高5~6倍。加入稀土生产的稀土铝导线，不但导电率达到了国际标准，导电性能还提高2%~4%，强度提高20%，抗腐蚀性能提高近1倍，已成功用于50万V超高压输电线。稀土分子筛催化剂用于石油加工的催化裂化，可使汽油产出率提高5%，提高装置裂化能力30%。稀土植物助长剂用于农业，可使粮食作物平均增产7%，油料作物平均增产10%，瓜果蔬菜增产10%~20%，还能使农作物的含糖量明显提高，并能增强农作物的抗逆性（抗灾病能力）。

稀土元素具有特殊的光、电、磁性能，能作为制造出多种功能材料的基质和激活剂，如稀土永磁材料、发光材料、储氢材料、蓄能材料、催化材料、激光材料、超导材料、光导材料、功能陶瓷材料、生物工程材料和半导体材料等，它们都是发展电子信息产业、开发新能源、环保和国防尖端技术等方面不可缺少的新材料。钕铁硼永磁体是当今磁性能最强的永磁材料，被称作"一代磁王"，已广泛用于各种电动机、发电机、音响设备、仪器仪表、核磁共振成像仪和航天航空通信等方面。稀土永磁材料用于电机，可使设备小型化和轻型化，同等功率的电机体积和质量可减少30%以上。用稀土永磁同步电机代替工业上耗能最多的异步电机，节电率达12%~15%。稀土是制造高效电光源不可缺少的材料，用稀土三基色荧光灯代替普通白炽灯，节能率高达80%；稀土金属卤化物灯已被大量用于城市广场、体育馆和高层建筑的美化照明；新一代照明光源白光LED正在推广使用，这些新型光源不但节能效果明显，而且大大提高了照明质量，减少生产过程的污染，被看作"绿色照明"。彩色电视也正是由于采用了稀土荧光粉才使其画面色彩纯正，能逼真地再现出五光十色的大千世界。稀土镍氢可充电电池作为无污染绿色电池，已被广泛地用于移动电话、笔记本电脑、电动工具等方面。各种稀土功能材料在航天、航空和国防尖端技术中，如雷达、侦察卫星、激光制导和自动指挥系统等方面都获得了广泛应用。

我国稀土产业的发展虽已取得了辉煌成绩，但在稀土基础理论研究和稀土新型功能材料的开发应用方面，与美、日、欧等发达国家和地区相比，仍有一定差距，主要表现在跟踪仿制多，自主创新少，属于我国自有知识产权的重大科研成果和新型稀土材料发明专利较少，科研成果产业化率还不够高，稀土在尖端高科技领域中的应用还有待提高。

中国科学院长期以来从事稀土研究、开发与应用方面的工作，在我国稀土事业的发展中曾发挥过主导作用。随着我国稀土事业的发展，中国科学院的科技工作者仍在地质、地化，稀土分离提取以及稀土新材料等各领域开展大量卓有成效的工作，不仅博得世人赞誉，也为我国经济发展做出了应有贡献。

1.2 稀土元素和离子的电子组态

1.2.1 稀土元素的电子组态

稀土元素的许多特性源于其电子组态，深入了解它们的电子组态，将有助于深层次理解它们的本性。稀土元素的电子层结构，原子核外电子的排布分别如下。

钪原子的电子组态为

$1s^2 2s^2 2p^6 3s^2 3p^6 3d^1 4s^2$ （或 $[Ar] 3d^1 4s^2$）

钇原子的电子组态为

$1s^2 2s^2 2p^6 3s^2 3p^6 3d^{10} 4s^2 4p^6 4d^1 5s^2$ （或 $[Kr] 4d^1 5s^2$）

镧系原子的电子组态为

$1s^2 2s^2 2p^6 3s^2 3p^6 3d^{10} 4s^2 4p^6 4d^{10} 4f^n 5s^2 5p^6 5d^m 6s^2$ （或 $[Xe] 4f^n 5d^m 6s^2$）

在稀土元素原子的电子层结构中，钪、钇、镧和镧系元素的最外层是相同的。其最外层和次外层可表示为：$(n-1)s^2 (n-1)p^6 (n-1)d^{0\sim1} ns^2$，当 $n=4$ 时是Sc；$n=5$ 时是钇；$n=6$ 时是镧和镧系元素。因此，它们和其他元素化合时，通常失去最外层的两个 s 电子和次外层的一个 d 电子呈三价。无 5d 电子的镧系元素则失去 1 个 f 电子，所以正常原子价也是三价。

表 1-1 和图 1-2 分别列出稀土元素原子和离子的电子排布以及镧系元素气态原子基态 $4f^{n-1} 5d^1 6s^2$ 与 $4f^n 6s^2$ 构型的近似相对能量。

表 1-1 稀土元素原子和离子的电子排布

原子序数	元素名称	元素符号	原子实	电子排布				
				原子的价电子排布		离子的电子排布		
				气态原子	固态原子	RE^{2+}	RE^{3+}	RE^{4+}
57	镧	La	[Xe]	$5d^1 6s^2$	$5d^1 6s^2$	$5d^1$	[Xe]	—

续表

原子序数	元素名称	元素符号	原子实	电子排布				
				原子的价电子排布		离子的电子排布		
				气态原子	固态原子	RE^{2+}	RE^{3+}	RE^{4+}
58	铈	Ce	[Xe]	$4f^15d^16s^2$	$4f^15d^16s^2$	$4f^2$	$4f^1$	[Xe]
59	镨	Pr	[Xe]	$4f^3\ 6s^2$	$4f^25d^16s^2$	$4f^3$	$4f^2$	$4f^1$
60	钕	Nd	[Xe]	$4f^4\ 6s^2$	$4f^35d^16s^2$	$4f^4$	$4f^3$	$4f^2$
61	钷	Pm	[Xe]	$4f^5\ 6s^2$	$4f^45d^16s^2$	—	$4f^4$	—
62	钐	Sm	[Xe]	$4f^6\ 6s^2$	$4f^55d^16s^2$	$4f^6$	$4f^5$	
63	铕	Eu	[Xe]	$4f^7\ 6s^2$	$4f^7\ 6s^2$	$4f^7$	$4f^6$	
64	钆	Gd	[Xe]	$4f^75d^16s^2$	$4f^75d^16s^2$	$4f^75d^1$	$4f^7$	
65	铽	Tb	[Xe]	$4f^9\ 6s^2$	$4f^85d^16s^2$	$4f^9$	$4f^8$	$4f^7$
66	镝	Dy	[Xe]	$4f^{10}\ 6s^2$	$4f^95d^16s^2$	$4f^{10}$	$4f^9$	$4f^8$
67	钬	Ho	[Xe]	$4f^{11}\ 6s^2$	$4f^{10}5d^16s^2$	$4f^{11}$	$4f^{10}$	—
68	铒	Er	[Xe]	$4f^{12}\ 6s^2$	$4f^{11}5d^16s^2$	$4f^{12}$	$4f^{11}$	
69	铥	Tm	[Xe]	$4f^{13}\ 6s^2$	$4f^{12}5d^16s^2$	$4f^{13}$	$4f^{12}$	
70	镱	Yb	[Xe]	$4f^{14}\ 6s^2$	$4f^{14}\ 6s^2$	$4f^{14}$	$4f^{13}$	
71	镥	Lu	[Xe]	$4f^{14}5d^16s^2$	$4f^{14}5d^16s^2$	$4f^{14}5d^1$	$4f^{14}$	
21	钪	Sc	[Ar]	$3d^14s^2$	$3d^14s^2$	$3d^1$	[Ar]	—
39	钇	Y	[Kr]	$4d^15s^2$	$4d^15s^2$	$4d^1$	[Kr]	

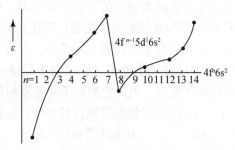

图 1-2 镧系元素气态原子基态 $4f^{n-1}5d^16s^2$ 与 $4f^n6s^2$ 构型的近似相对能量

从表 1-1 可见镧系元素气态原子的 4f 轨道的填充呈现两种构型，即 $4f^{n-1}5d^16s^2$ 和 $4f^n6s^2$，其中 La、Ce、Gd、Lu 的基态处于 $4f^{n-1}5d^16s^2$ 时能量较低，而其余元素均为 $4f^n6s^2$。但在固态下除 Eu $4f^76s^2$，Yb $4f^{14}6s^2$ 例外，其余均为组态 $4f^{n-1}5d^16s^2$。

根据洪德规则在同一亚层的几个轨道上电子的排布总是尽先占据不同的轨

道，且自旋方向相同，由此镧系元素中 Gd、Lu 的构型为 f^7、f^{14}（半满和全满）。

　　图 1-3 列出稀土金属的原子半径与原子序数的关系，从图 1-3 可见，在镧系原子半径减小的过程中，有两处突跃。即 Eu 和 Yb 的原子半径突然增大，在图 1-3 中出现了两个峰值，呈现双峰效应。其原因在于 Eu 和 Yb 各自具有相对稳定的半满和全满的 4f 亚层结构，Eu 和 Yb 分别为 f^7 和 f^{14}，这种半满和全满的状态能量低、对核电荷的屏蔽较大，有效核电荷减小，导致半径明显增大。

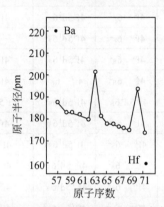

图 1-3　稀土金属的原子半径与原子序数的关系

　　从另一个角度也可解释铕、镱、铈的原子半径表现"反常"的原因。由于金属的原子半径与相邻原子之间的电子云相互重叠（成键作用）程度有关。金属的原子半径大致相当于最外层电子云密度最大的地方，由于金属的最外层电子云在相邻原子之间是相互重叠的，它们可以在晶格之间自由运动，成为传导电子，一般情况下稀土金属原子这种离域的传导电子是三个。但是，由于铕和镱倾向于分别保持 $4f^7$ 和 $4f^{14}$ 的半满和全满的电子组态，因此它们倾向于提供两个电子为离域电子，外层电子云在相邻原子之间相互重叠少，有效半径明显增大。相反的情况是铈原子。由于 4f 中只有一个电子，它倾向于提供 4 个离域电子（失去 $4f^1 5d^1 6s^2$）而保持较稳的电子组态，因此它的原子半径较相邻金属原子半径小。

　　通过对 Eu、Gd、Yb、Lu 的电子精细结构计算得知，它们分别为

　　Eu　　　　　　$4f^7 5d^{0.5262} 6s^{1.2147} 6p^{0.2591}$

　　Gd　　　　　　$4f^7 5d^2 6s^1$

　　Yb　　　　　　$4f^{14} 5d^{0.2635} 6s^{1.2251} 6p^{0.5114}$

　　Lu　　　　　　$4f^{14} 5d^{1.8235} 6s^1 6p^{0.1765}$

　　其中 Eu 和 Yb 只用少量 d 电子参与成键，成键电子总数为 2，其他原子（如 Gd、Lu）能使用较多的 d 电子参与成键，成键电子总数为 3（而计算得知 Ce 为 3.1），成键作用的差别造成了原子半径的差别。

镧系元素的价电子层的这两种电子结构可以说明镧系元素化学性质的差异。镧系元素在参与化学反应时需要失去价电子，由于 4f 轨道被外层电子有效地屏蔽着，且由于 $E_{4f}<E_{5d}$，因而在结构为 $4f^n6s^2$ 的情况下，f 电子要参与反应，必须先由 4f 轨道跃迁到 5d 轨道。这样，由于电子构型不同，所需激发能不同，元素的化学活泼性就有了差异。

另外，激发的结果增加了一个成键电子，成键时可以多释放出一份成键能。对大多数镧系的原子，其成键能大于激发能，从而导致 4f 电子向 5d 电子跃迁。但少数原子，如 Eu 和 Yb，由于 4f 轨道处于半满和全满的稳定状态，要使 4f 电子激发必须破坏这种稳定结构，因而所需激发能较大，激发能高于成键能，电子不容易跃迁，使得 Eu、Yb 两元素在化学反应中往往以 $6s^2$ 电子参与反应。

1.2.2　镧系元素离子的价电子层结构

镧系元素的内层 4f 轨道开始填充电子，从镧到镥正好填满 14 个，因此，镧系元素的三价正离子的电子层结构是 [Xe]$4f^n$，其中 [Xe] 表示惰性原子 Xe 的电子层结构，$n=0$（La^{3+}）到 $n=14$（Lu^{3+}）有规则地连续增加。

镧系离子的特征价态为+3，当形成正三价离子时，其电子组态为

$$RE^{3+}\qquad 1s^22s^22p^63s^23p^63d^{10}4s^24p^64d^{10}4f^n5s^25p^6$$

镧系元素之间的差别仅在于 f 壳层中电子填充数目的不同。f 轨道的轨道量子数 $l=3$，故其磁量子数 m_l（$2l+1$），共有+3、+2、+1、0、−1、−2、−3 七个子轨道，按照泡利（Pauli）不相容原理，每个子轨道可以容纳两个自旋方向相反的电子，则在镧系元素中的 4f 轨道中可容纳 14 个电子，即 $n=2(2l+1)=14$。当镧系原子失去电子后可以形成各种程度的离子状态，各类离子状态的电子组态和基态的情况列于表 1-2。

表 1-2　镧系原子和离子的电子组态

镧系	RE	RE$^+$	RE^{2+}	RE^{3+}
La	$4f^05d^16s^2$（$^2D_{3/2}$）	$4f^06s^2$（$^1S_0$）	$4f^06s^1$（$^2S_{1/2}$）	$4f^0$（$^1S_0$）
Ce	$4f^15d^16s^2$（$^1G_4$）	$4f^15d^16s^1$（$^2G_{7/2}$）	$4f^2$（$^3H_4$）	$4f^1$（$^2F_{5/2}$）
Pr	$4f^36s^2$（$^4I_{9/2}$）	$4f^36s^1$（$^5I_4$）	$4f^3$（$^4I_{9/2}$）	$4f^2$（$^3H_4$）
Nd	$4f^46s^2$（$^5I_4$）	$4f^46s^1$（$^6I_{7/2}$）	$4f^4$（$^5I_4$）	$4f^3$（$^4I_{9/2}$）
Pm	$4f^56s^2$（$^6H_{5/2}$）	$4f^56s^1$（$^7H_2$）	$4f^5$（$^6H_{5/2}$）	$4f^4$（$^5I_4$）
Sm	$4f^66s^2$（$^7F_0$）	$4f^66s^1$（$^8F_{1/2}$）	$4f^6$（$^7F_0$）	$4f^5$（$^6H_{5/2}$）
Eu	$4f^76s^2$（$^8S_{7/2}$）	$4f^76s^1$（$^9S_4$）	$4f^7$（$^8S_{7/2}$）	$4f^6$（$^7F_0$）

镧系	RE	RE$^+$	RE^{2+}	RE^{3+}
Gd	$4f^75d^16s^2$ ($^9D_2$)	$4f^75d^16s^1$ ($^{10}D_{5/2}$)	$4f^75d^1$ ($^9D_2$)	$4f^7$ ($^8S_{7/2}$)
Tb	$4f^96s^2$ ($^6H_{15/2}$)	$4f^96s^1$ ($^7H_8$)	$4f^9$ ($^6H_{15/2}$)	$4f^8$ ($^7F_6$)
Dy	$4f^{10}6s^2$ ($^5I_8$)	$4f^{10}6s^1$ ($^6I_{17/2}$)	$4f^{10}$ ($^5I_8$)	$4f^9$ ($^6H_{15/2}$)
Ho	$4f^{11}6s^2$ ($^4I_{15/2}$)	$4f^{11}6s^1$ ($^5I_8$)	$4f^{11}$ ($^4I_{15/2}$)	$4f^{10}$ ($^5I_8$)
Er	$4f^{12}6s^2$ ($^3H_6$)	$4f^{12}6s^1$ ($^4H_{13/2}$)	$4f^{12}$ ($^3H_6$)	$4f^{11}$ ($^4I_{15/2}$)
Tm	$4f^{13}6s^2$ ($^2F_{7/2}$)	$4f^{13}6s^1$ ($^3F_4$)	$4f^{13}$ ($^2F_{7/2}$)	$4f^{12}$ ($^3H_6$)
Yb	$4f^{14}6s^2$ ($^1S_0$)	$4f^{14}6s^1$ ($^2S_{1/2}$)	$4f^{14}$ ($^1S_0$)	$4f^{13}$ ($^2F_{7/2}$)
Lu	$4f^{14}5d^16s^2$ ($^2D_{3/2}$)	$4f^{14}6s^2$ ($^1S_0$)	$4f^{14}6s^1$ ($^2S_{1/2}$)	$4f^{14}$ ($^1S_0$)

从表 1-2 可知，镧系离子的 4f 电子位于 $5s^25p^6$ 壳层之内，稀土离子径向波函数的分布情况如图 1-4 所示。4f 电子受到 $5s^25p^6$ 壳层的屏蔽，故受外界的电场、磁场和配位场等影响较小，即使处于晶体中也只能受到晶场微弱作用，它们的光谱性质受外界的影响较小，使得它们形成特有的类原子性质。4f 壳层内电子之间屏蔽作用是不完全的。因此，随着原子序数的增加有效电荷增加，引起 4f 壳层的缩小，出现了镧系收缩。也就是说，随着 4f 电子数的增加，稀土离子的半径减小。

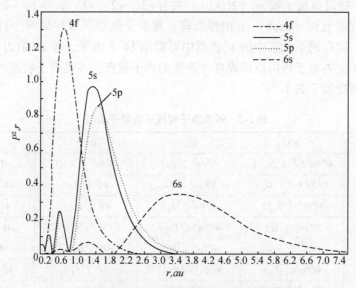

图 1-4　不同波函数的电子密度的径向分布几率 P^2

稀土离子的光谱特性主要取决于稀土离子特殊的电子组态。在三价稀土离子中，没有 4f 电子的 Sc^{3+}、Y^{3+} 和 $La^{3+}(4f^0)$ 及 4f 电子全满的 $Lu^{3+}(4f^{14})$ 都具有密闭的壳层，因此它们都是无色的离子，具有光学惰性，很适合作为发光材料的基质。而从 Ce^{3+} 的 $4f^1$ 开始逐一填充电子，依次递增至 Yb^{3+} 的 $4f^{13}$，在它们的电子组态中，都含有未成对的 4f 电子，利用这些 4f 电子的跃迁，可以产生发光和激光。因此，它们很合适作为发光材料的激活离子。

当 4f 电子依次填入不同 m_l 值的子轨道时，组成了镧系离子基态的总轨道量子数 L、总自旋量子数 S、总角动量量子数 J 和基态的光谱项 $^{2S+1}L_J$。三价镧系离子的基态光谱项的量子数 L、S、J 及旋轨偶合系数 ζ_{4f} 和基态与最靠近的另一个多重态之间的能量差 Δ 列于表 1-3 及 L、S、J 与原子序数的关系如图 1-5 所示。

表 1-3　三价镧系离子基态电子排布与光谱项基态及最靠近的另一多重态之间的能量差 Δ

离子	4f电子数	4f轨道的磁量子数							$L=M_{L最大}$ $=\sum m_l$	$S=M_{S最大}$ $=\sum m_s$	$J=L\pm S$	基态光谱项	Δ/cm^{-1}
		3	2	1	0	-1	-2	-3					
											$J=L-S$		
La^{3+}	0								0	0	0	$^1S_0$	—
Ce^{3+}	1	↑							3	1/2	5/2	$^2F_{5/2}$	2 200
Pr^{3+}	2	↑	↑						5	1	4	$^3H_4$	2 150
Nd^{3+}	3	↑	↑	↑					6	3/2	9/2	$^4I_{9/2}$	1 900
Pm^{3+}	4	↑	↑	↑	↑				6	2	4	$^5I_4$	1 600
Sm^{3+}	5	↑	↑	↑	↑	↑			5	5/2	5/2	$^6H_{5/2}$	1 000
Eu^{3+}	6	↑	↑	↑	↑	↑	↑		3	3	0	$^7F_0$	350
											$J=L+S$		
Gd^{3+}	7	↑	↑	↑	↑	↑	↑	↑	0	7/2	7/2	$^8S_{7/2}$	—
Tb^{3+}	8	↑↓	↑	↑	↑	↑	↑	↑	3	3	6	$^7F_6$	2 000
Dy^{3+}	9	↑↓	↑↓	↑	↑	↑	↑	↑	5	5/2	15/2	$^6H_{15/2}$	3 300
Ho^{3+}	10	↑↓	↑↓	↑↓	↑	↑	↑	↑	6	2	8	$^5I_8$	5 200
Er^{3+}	11	↑↓	↑↓	↑↓	↑↓	↑	↑	↑	6	3/2	15/2	$^4I_{15/2}$	6 500
Tm^{3+}	12	↑↓	↑↓	↑↓	↑↓	↑↓	↑	↑	5	1	6	$^3H_6$	8 300
Yb^{3+}	13	↑↓	↑↓	↑↓	↑↓	↑↓	↑↓	↑	3	1/2	7/2	$^2F_{7/2}$	10 300
Lu^{3+}	14	↑↓	↑↓	↑↓	↑↓	↑↓	↑↓	↑↓	0	0	0	$^1S_0$	—

由图 1-5 可见，三价镧系离子的总自旋量子数 S 随原子序数的变化属于转折变化。在 Gd^{3+} 处发生转折。总轨道量子数 L 和总角动量量子数 J 随原子序数的变化属于具有双峰的周期性变化。L 随 $4f^n$ 中的电子数 n 和原子序数的变化呈现四分组效应，即三价镧系离子可分为如下四个分组。

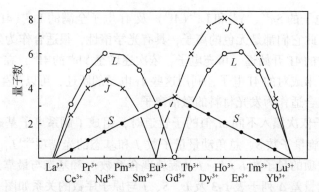

图 1-5　三价稀土离子基态的 S，L 和 J 量子数与原子序数的关系

RE³⁺=	La	Ce	Pr	Nd		Pm	Sm	Eu	Gd
L=	S	F	H	I		I	H	F	S
		S	F	H	I		I	H	F	S
		Gd	Tb	Dy	Ho		Er	Tm	Yb	Lu

这些规律性将是镧系元素磁性、光谱性质、化学性质等规律的内在因素。

稀土元素具有未充满的 4f 电子层结构，由于 4f 电子的不同排布产生了不同的能级，三价镧系离子的能级图如图 1-6 所示。

由表 1-3 和图 1-6 可见，稀土离子的电子能级有下列特征。

(1) 轨道量子数 l =3 的 4f 亚层共有 7 个轨道，它们的磁量子数 m_l 依次等于 −3、−2、−1、0、1、2、3，当 15 个镧系元素的三价离子处于基态时，它们的 4f 电子在各轨道的分布如表 1-3 所示。表中 $M_L=\sum m_l$ 是离子的总磁量子数，它的最大值，即离子的总轨道量子数 L；$M_s=\sum m_s$ 是离子的总自旋量子数沿磁场的分量，它的最大值，即离子的总自旋量子数 S。$J=L\pm S$ 是离子的总内量子数，它表示轨道和自旋角动量的总和，对于 La³⁺ 至 Eu³⁺ 的前 7 个离子，$J=L-S$；对于 Gd³⁺ 至 Lu³⁺ 的后 8 个离子，$J=L+S$。光谱项是 L、S、J 这三个量子数的代号，光谱项的中间大写英文字母表示 L，L 的数值与英文字母之间的关系如下：

$$L\quad 0\quad 1\quad 2\quad 3\quad 4\quad 5\quad 6$$
$$符号\quad S\quad P\quad D\quad F\quad G\quad H\quad I$$

光谱项左上角的数字表示光谱项的多重性，它等于 $2S+1$，右下角的数字，即内量子数 J。例如，Nd³⁺ 的 $L=6$，用大写英文字母 I 表示，$S=3/2$（三个未成对电子），则 $2S+1=4$，$J=L-S=6-3/2=9/2$，所以 Nd³⁺ 的基态的光谱项用 $^4I_{9/2}$ 表示。

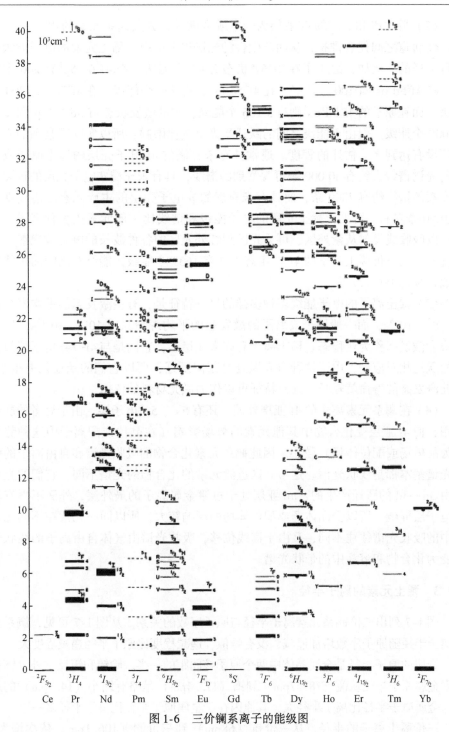

图 1-6　三价镧系离子的能级图

（2）除 La^{3+} 和 Lu^{3+} 的 4f 亚层为全空或全满外，其余镧系元素的 4f 电子可在 7 个 4f 轨道之间任意排布，从而产生各种光谱项和能级。稀土元素的电子能级是多种多样的，例如，错原子在 $4f^36s^2$ 状态有 41 个能级，在 $4f^36s^16p^1$ 有 500 个能级，在 $4f^25d^16s^2$ 有 100 个能级，在 $4f^35d^16s^1$，有 750 个能级，在 $4f^35d^2$ 有 1700 个能级；而钆原子的 $4f^75d^16s^2$ 则有 3 106 个能级，它的激发状态 $4f^75d^16s^16p^1$ 则多达 36 000 个能级。但由于能级之间的跃迁受光谱选律限制，所以实际观察到的光谱线还没有达到无法估计的程度。通常具有未充满的 4f 电子壳层的稀土原子或离子的光谱谱线大约有 30 000 条可观察到的谱线，具有未充满 d 电子壳层的过渡金属元素的谱线约有 7000 条，而具有未充满的 p 电子壳层的主族元素的谱线则只有 1000 条左右。可见，稀土元素的电子能级和谱线比一般元素更多种多样，它们可以吸收或发射从紫外区、可见光区到红外光区的各种波长的电磁波辐射。现已查明，在三价稀土离子的 $4f^n$ 的组态中共有 1639 个能级，能级对之间的可能跃迁数目高达 199 177 个。

（3）稀土离子的电子能级多种多样的另一特征是，有些激发态的平均寿命长达 $10^{-2} \sim 10^{-6}$ s，而一般原子或离子的激发态的平均寿命只有 $10^{-8} \sim 10^{-10}$ s，这种长寿命激发态称为亚稳态。稀土离子有许多亚稳态，它们是与 4f→4f 电子能级之间的跃迁相对应的，由于这种自发跃迁是禁阻跃迁，所以它们的跃迁几率很小，因此激发态的寿命就较长。这一特征可以作为激光材料的依据。

（4）在镧系元素离子的 4f 亚层外面，还有 $5s^2$、$5p^6$ 电子层。由于后者的屏蔽作用，使 4f 亚层受化合物中其他元素的势场影响（在晶体或配离子中这种势场称为晶体场或配位体场）较小。因此镧系元素化合物的吸收光谱和自由离子的吸收光谱基本都是线状光谱。这与 d 区过渡元素的化合物的光谱不同，它们的光谱是由 3d→3d 的跃迁产生的，nd 亚层处于过渡金属离子的最外层，外面不再有其他电子层屏蔽，所以受晶体场或配位体场的影响较大，所以同一元素在不同化合物中的吸收光谱往往不同，又由于谱线位移，吸收光谱由气体自由离子的线状光谱变为化合物和溶液中的带状光谱。

1.2.3　稀土元素的离子半径

图 1-7 列出三价镧系元素离子半径与原子序数的关系。从图 1-7 可见，镧系元素离子半径随原子序数增加递减，没有峰值，递减程度比原子半径递减程度大。

金属的原子半径是金属晶体中两个原子核间距的一半。除铕和镱反常外，镧系元素金属原子半径从镧（187.7pm）到镥（173.4pm）呈略有缩小（14.3pm）的趋势，金属原子半径比离子半径大，其原因在于金属原子半径比离子半径多一层。

三价稀土离子的半径，从三价钪（68pm）到三价镧（106.1pm）依次增大，

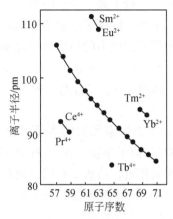

图 1-7　三价镧系元素离子半径与原子序数的关系

这是由于电子层增多，半径相应增加。三价稀土离子的半径与同价的其他金属离子相比是比较大的，如比 Al^{3+}、Fe^{3+}、Co^{3+} 等大。

由于三价稀土离子半径相似，晶体中的稀土离子彼此可以相互取代而呈类质同象，钇的离子半径 88pm，和重稀土差不多，介于镝铒之间，所以常与重稀土元素共存于矿物中，而钪的离子半径 68pm，相差较远，故一般与稀土共存矿物较少。

从镧到镥 15 个元素的三价离子半径随着原子序数增加而减小。这一现象称为"镧系收缩"。镧系收缩的原因是由于有效核电荷增加的作用，在镧系元素中原子序数加 1，就增加 1 个核电荷和 1 个电子，其中这个电子填充到 4f 轨道上，由于核电荷增加，导致核电荷对外层的电子吸引作用更大，所以离子半径相应减小，这样原子序数越大，半径就越小，并且有规律地减小。

镧系收缩 90% 归因于依次填充的 $(n-2)f$ 电子，其屏蔽常数 σ 可能略小于 1.00（有文献报告为 0.98），对核电荷的屏蔽不够完全，使有效核电荷 Z^* 递增，核对电子的引力增大使其更靠近核；而 10% 来源于相对论性效应，重元素的相对论性收缩较为显著。

镧系收缩的结果与影响：

（1）稀土元素原子半径的收缩比离子半径的收缩小得多。

原子半径：La→Lu（减小 14.3pm），其中 Eu 和 Yb 金属半径特大，因为 f 电子半满和全满时膨胀。

离子半径：三价稀土离子半径从 La^{3+}（106.1pm）缩小到 Lu^{3+}（84.8pm），其缩小 21.3pm，平均两个相邻元素之间缩小 1.4pm。

在稀土化合物中大多数都是稀土与氧结合，离子键是主要的，结合力的强弱与核间距的平方成反比，所以，稀土离子半径的大小是决定稀土离子配位能力强弱的主要因素之一。稀土离子半径随原子序数增加而减小，它的配位能力则随原子序数增加而增强，可以利用配位能力的强弱来分离稀土元素。

（2）由于镧系收缩，Y^{3+} 半径（88pm）落在 Er^{3+}（88.1pm）附近，Sc^{3+}（68pm）的半径接近 Lu^{3+}（84.8pm），在自然界中 Y、Sc 常与镧系元素共生，成为稀土元素成员。

（3）镧系收缩效应不但影响镧系元素的离子半径，而且也影响镧系元素后面几个元素 Hf^{4+}、Ta^{5+} 和 W^{6+} 的离子半径，使得 Zr 和 Hf、Nb 和 Ta、Mo 和 W 的离子半径相差不多，化学性质相近，造成锆和铪，铌和钽及钼和钨三对元素之间很难分离。甚至使 Ru-Os、Rh-Ir、Pd-Pt 化学性质也相似。

1.3　稀土元素的价态

稀土元素的正常氧化态是正三价，即电离掉 $(ns)^2(n-1)d^1$ 或者 $(4f)^1$，但对个别稀土元素可能电离失去 2 个或者 4 个电子可使4f轨道呈现出或者接近于全空或半满或全满的稳定结构时，它们可能出现正二价或者正四价。例如，铈、镨和铽可呈现四价态，而钐、铕和镱可呈现二价态，其中四价铈和二价铕具有一定的稳定性，可在水溶液中存在。在稀土分离时就利用它们的氧化还原特性分离。20 世纪 60 年代以后曾制得 Nd^{2+}、Nd^{4+}、Dy^{2+}、Dy^{4+} 和 Tm^{2+}。有人已制得与 $DyCl_2$、$TmCl_2$、$YbCl_2$ 同构的 $HoCl_2$。在 17 个稀土元素中，目前已知有 Ce、Pr、Nd、Sm、Eu、Tb、Dy、Tm 和 Yb 9 个元素具有可变的价态。

在镧系元素中，没有 4f 电子的 $La^{3+}(4f)$、4f 轨道半满的 $Gd^{3+}(4f^7)$ 和全满的 $Lu^{3+}(4f^{14})$ 具有最稳定的正三价，在其邻近的镧系离子为趋向的电子组态 $4f^0$、$4f^7$ 和 $4f^{14}$ 而具有变价的性质，越靠近它们的离子，变价的倾向越大。La 和 Gd 右侧的近邻倾向于氧化成高价（Ce^{4+}，Tb^{4+}），Lu 的右侧已是稳定四价的非镧系元素 Hf^{4+}。Gd 和 Lu 左侧的近邻倾向于还原成低价（Eu^{2+}、Yb^{2+}），La 的左侧已为稳定二价的非镧系元素 Ba^{2+}。可分为 La ~ Gd 和 Gd ~ Lu 两个周期，离 La、Gd、Lu 越远的镧系元素变价的倾向越弱。在前一周期（La ~ Gd）中的元素其变价倾向大于后一周期（Gd ~ Lu）中相应位置的元素 $Ce^{4+}>Tb^{4+}$，$Pr^{4+}>Dy^{4+}$，$Eu^{2+}>Yb^{2+}$，$Sm^{2+}>Tm^{2+}$。这也可从图 1-8 中看出，当按镧系的标准还原电位 E_{RE}^0（M^{4+}/M^{3+}）和 E_{RE}^0（M^{3+}/M^{2+}）的大小顺序排列时，根据 1969 年 IUPAC 的符号规定，E^0 的正值越大，还原形式越稳定，故形成四价和二价镧系的倾向按如下顺序递减：

$$Ce^{4+}/Ce^{3+} > \quad Tb^{4+}/Tb^{3+} > \quad Pr^{4+}/Pr^{3+} \quad Nd^{4+}/Nd^{3+} > \quad Dy^{4+}/Dy^{3+}$$
$$+1.74V \qquad +3.1V\pm0.2V \qquad +3.2V\pm0.2V \qquad +5V\pm0.4V \qquad +5.2V\pm0.4V$$
$$Eu^{3+}/Eu^{2+} > Yb^{3+}/Yb^{2+} > Sm^{3+}/Sm^{2+} > \quad Tm^{3+}/Tm^{2+}$$
$$-0.35V \qquad -1.15V \qquad -1.55V \qquad -2.3V\pm0.2V$$

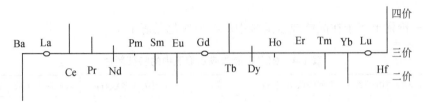

图 1-8　镧系元素的价态变化

　　稀土元素的特征氧化态为Ⅲ，钇和镧系元素在化学性质上极为相似，有共同的特征氧化态（Ⅲ）。钇的离子（Ⅲ）半径在镧系元素钕与铒的离子（Ⅲ）半径之间，在天然矿物中，它们相互共生，具有相似的化学性质，因此，自然地把它们放在一起作为稀土元素。钪和镧系元素也有共同的特征氧化态，在地壳中原生稀土矿也发现有钪矿物伴生，如白云鄂博稀土矿就存在钪矿物，因此把它也划入稀土元素。但由于钪离子半径和稀土相差较大，其化学性质不像钇那样与镧系元素相似，再加上钪极为分散，所以在一般生产工艺中往往做特例处理。

　　少数正二价稀土离子如 Sm^{2+}、Eu^{2+}、Yb^{2+}、$CeCl_2$、NdI_2、TmI_2 等，其中：

$$Eu \quad 4f^7 6s^2 - 2e^- \longrightarrow 4f^7 \quad 半满\ Eu^{2+}$$
$$Yb \quad 4f^{14} 6s^2 - 2e^- \longrightarrow 4f^{14} \quad 全满\ Yb^{2+}$$

　　正二价稀土离子如碱土 Ba^{2+} 能与 SO_4^{2-} 生成沉淀。如用 Zn 还原的 Eu^{2+} 遇到 SO_4^{2-} 则可生成 $EuSO_4$ 沉淀，已用于从稀土中分离 Eu。

　　而少数正二价稀土离子在溶液中具有很强的还原性，如 Sm^{2+}、Eu^{2+}、Yb^{2+} 等。

　　少数正四价稀土离子如 Ce^{4+}、Pr^{4+}、Tb^{4+} 等，其中：

$$Ce \quad 4f^1 d^1 6s^2 - 4e^- \longrightarrow 4f^0 \quad 全空\ Ce^{4+}\ 相对稳定$$
$$Tb \quad 4f^9 6s^2 - 4e^- \longrightarrow 4f^7 \quad 半满\ Tb^{4+}，也较稳定$$

　　$Ce^{4+} + H_2O \longrightarrow CeO_2 \cdot H_2O\downarrow \quad pH = 0.7 \sim 1.0$ 时就沉淀，而其他 RE^{3+} 必须在 $pH = 6 \sim 8$ 时才沉淀。在混合稀土氢氧化物的悬浮液中用氧气或空气氧化可产生 $Ce(OH)_4$ 沉淀，再用 HNO_3 在 pH 2.5 时溶解其他稀土氢氧化物，而 $Ce(OH)_4$ 仍为沉淀，由此将 Ce 分离。

　　而少数正四价稀土离子在溶液中具有很强的氧化性，如 Ce^{4+}、Pr^{4+}、Tb^{4+} 等，少数正四价稀土离子是强氧化剂，可氧化 H_2O_2、HCl、Mn^{2+} 等。

有些稀土离子虽然也有+2或+4氧化态，但都不稳定。通常接近或保持全空、半满及全满时的状态较稳定。

1.4　稀土离了的颜色

三价稀土离子在晶体或水溶液中的特征颜色见表1-4。

表 1-4　RE^{3+}在晶体或水溶液中的特征颜色

离子	未成对电子数	主要吸收谱线/nm	颜色	主要吸收谱线/nm	未成对电子数	离子
La^{3+}	$0\ (4f^0)$		无		$0\ (4f^{14})$	Lu^{3+}
Ce^{3+}	$1\ (4f^1)$	210，222，238，252	无	975	$1\ (4f^{13})$	Yb^{3+}
Pr^{3+}	$2\ (4f^2)$	444，469，482，588	绿	360，683，780	$2\ (4f^{12})$	Tm^{3+}
Nd^{3+}	$3\ (4f^3)$	354，522，574，740，742，798，803，868	淡红	364，379，487，523 652	$3\ (4f^{11})$	Er^{3+}
Pm^{3+}	$4\ (4f^4)$	548，568，702，736	粉红、淡黄	416，451，537，641	$4\ (4f^{10})$	Ho^{3+}
Sm^{3+}	$5\ (4f^5)$	362，374，402	黄	350，365，910	$5\ (4f^9)$	Dy^{3+}
Eu^{3+}	$6\ (4f^6)$	376，394	无*	284，350，368，487	$6\ (4f^8)$	Tb^{3+}
Gd^{3+}	$7\ (4f^7)$	273，275，276	无	273，275，276	$7\ (4f^7)$	Gd^{3+}

*或略带淡粉红色。

从表1-4可见，RE^{3+}的颜色取决于f层中的未成对的电子数（f→f跃迁）。稀土离子的颜色有周期性变化的规律性，当三价离子具有f^n和f^{14-n}电子构型时，它们的颜色是相同或相近的。一般来说，在稀土元素中变价离子都有颜色，例如，Ce^{4+}橘红色、Sm^{2+}红棕色、Eu^{2+}浅黄色、Yb^{2+}绿色。

三价稀土离子的颜色主要是由4f电子跃迁引起，即f→f跃迁所引起。RE^{3+}的颜色特点：

（1）4f轨道全空时$4f^0$（La^{3+}、Y^{3+}、Sc^{3+}）和全满时$4f^{14}$（Lu^{3+}）结构特别稳定，无电子可激发，是无色的。

（2）由于f^7特别稳定，电子不易被可见光激发，所以Gd^{3+}的吸收带波长在紫外区，也呈现无色。

（3）4f轨道接近全空、半满和全满时比较稳定的，4f电子也不易被可见光激发，如Ce^{3+}（$4f^1$）、Eu^{3+}（$4f^6$）、Tb^{3+}（$4f^8$）等的吸收带波长全部或大部分在紫外区，在可见光区呈现无色。

（4）Yb^{3+}（$4f^{13}$）吸收带波长在近红外区域，接近无色。

（5）其他具有f^n（$n=2$、3、4、5、9、10、11、12）电子的RE^{3+}都显示不同

的颜色，如 Pr^{3+}、Nd^{3+}、Er^{3+} 等。

值得注意的是，非三价稀土离子与 f 电子构型相同的三价稀土离子虽均属等电子离子（其核外电子数相等的两种离子），但颜色却不相似，如 $4f^0$ 的 Ce^{4+} 为橙黄而 $4f^0$ 的 La^{3+} 为无色，$4f^6$ 的 Sm^{2+} 为浅红而 $4f^6$ 的 Eu^{3+} 接近无色，$4f^7$ 的 Eu^{2+} 为草黄而 $4f^7$ 的 Gd^{3+} 为无色，$4f^{14}$ 的 Yb^{2+} 为绿色而 $4f^{14}$ 的 Lu^{3+} 为无色。

如果金属处于高氧化态而配位体又具有还原性，就能产生配位体到金属的电荷迁移跃迁，如 Ce^{4+}（$4f^0$）的橙黄色就是由电荷迁移跃迁所引起，而不是由 f→f 跃迁所引起。

参 考 文 献

[1] 戴安邦，尹敬执，严志弦. 无机化学教程. 北京：高等教育出版社，1958

[2] 苏锵. 稀土化学. 郑州：河南科学技术出版社，1993

[3] 徐光宪. 稀土. 2 版（下）. 北京：冶金工业出版社，1995

[4] Kaminskii A A. Achievements in the field of physics and spectroscopy of activated laser crystals. Phys Stat Sol（a），1985，87：11

[5] 张思远. 稀土离子的光谱学——光谱性质和光谱理论. 北京：科学出版社，2008

[6] 倪嘉缵，洪广言. 中国科学院稀土研究五十年. 北京：科学出版社，2005

[7] 洪广言. 稀土发光材料的基础与应用. 北京：科学出版社，2011

第2章 稀土资源与地球化学

2.1 稀土元素的地壳丰度

稀土元素在自然界中广泛存在，但十分分散，导致矿物中稀土元素含量并不高。稀土元素的储量约占地壳的 0.016%。稀土元素在地壳中丰度有多组数据，文献［1］报道，地壳丰度约为 153ppm（1ppm=10^{-6}），而文献［2］报道地壳丰度为 235ppm。稀土元素在地壳中分布有以下几个特点。

（1）稀土并不稀少，只是分散而已。稀土元素在地壳中含量的克拉克值为 0.0236%，其中铈组元素为 0.015 92%（克拉克值），钇组元素为 0.0077%（克拉克值），和一般常见元素相当。例如，铈接近于锌（0.005%）、锡（0.004%）；钇、钕和镧接近于钴（0.003%）和铅（0.0016%）；Ln+Y 的总和也大于 Cu（0.01%），Ni（0.008%），又如 Pr、Sm、Gd 的丰度也类似于 Be 和 As，而大于常见的元素 B，甚至丰度较低的 Eu 的丰度也类似于 Sb，而大于 Hg、Bi、Ag、Pt 和 Au。整个稀土元素在地壳中丰度则比一些常见元素高，如比锌大三倍，比铅大九倍，比金大三万倍。

（2）在地壳中铈组的丰度为 101ppm，比钇组的丰度 47ppm 大。

（3）各稀土元素在地壳中分布不均，一般服从 Oddo-Harkins 规则，即原子序数为偶数的元素丰度较相邻原子序数为奇数的元素丰度大（图 2-1）。但有些矿物例外，如离子型稀土矿产品中镧的含量就大于相邻的原子序数为偶数的铈。

（4）在地壳中稀土元素主要集中于岩石圈中。主要在花岗岩、伟晶岩、正长岩、火山岩中富集。

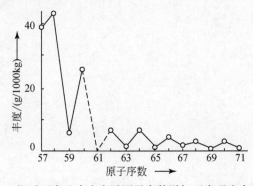

图 2-1　镧系元素地壳丰度随原子序数增加而表现出奇偶变化

　　从图 2-1 可见，镧系元素在地壳中的丰度随原子序数的增加而出现奇偶变化的规律：即原子序数为偶数的元素，其丰度总是比紧靠它的原子序数为奇数的大。除丰度之外，镧系元素的热中子吸收截面也呈现类似的奇偶变化规律性。

　　稀土元素在地壳以及在太阳、太阳系、球粒陨石和月球中的丰度分别见表 2-1 和表 2-2。从表 2-1 可见，尽管不同作者报道的稀土元素地壳丰度不同，但数量级与趋势相同。

表 2-1　稀土元素地壳丰度

元素	原子序数	符号	地壳丰度/ppm	元素	原子序数	符号	地壳丰度/ppm
镧	57	La	18 (35)	镝	66	Dy	1.2 (4.5)
铈	58	Ce	46 (66)	钬	67	Ho	4.0 (1.3)
镨	59	Pr	5.5 (9.1)	铒	68	Er	0.4 (1.3)
钕	60	Nd	24 (40)	铥	69	Tm	2.7 (0.5)
钷	61	Pm	— (0.45)	镱	70	Yb	0.8 (3.1)
钐	62	Sm	6.5 (7.06)	镥	71	Lu	10.0 (0.8)
铕	63	Eu	0.5 (2.1)	钇	39	Y	28.0 (31)
钆	64	Gd	0.9 (6.1)	钪	21	Sc	(25)
铽	65	Tb	5.0 (1.2)				153.5 (235)*

　　*取自（英）罗斯基尔信息服务公司编著的《世界稀土经济》，2004 年第 12 版；（ ）中的数据取自徐光宪主编的《稀土》，1995 年第 2 版。

表 2-2　在太阳、太阳系、球粒陨石和月球中的稀土元素丰度

元素	原子序数	丰度/ppm			
		太阳*	太阳系*	12 个球粒陨石的平均值	月球
Sc	21	24.5	35		
Y	39	2.82	4.8		
La	57	0.302	0.445	0.34	0.90
Ce	58	0.794	1.18	0.91	2.34
Pr	59	0.102	0.149	0.121	0.34
Nd	60	0.380	0.78	0.64	1.74
Sm	62	0.12	0.226	0.195	0.57
Eu	63	0.01	0.085	0.073	0.21
Gd	64	0.295	0.297	0.26	0.75
Tb	65		0.055	0.047	0.14
Dy	66	0.257	0.36	0.30	0.93

元素	原子序数	丰度/ppm			
		太阳*	太阳系*	12 个球粒陨石的平均值	月球
Ho	67		0.079	0.078	0.21
Er	68	0.13	0.225	0.20	0.61
Tm	69	0.041	0.034	0.032	0.088
Yb	70	0.2	0.216	0.22	0.16
Lu	71	0.13	0.036	0.034	0.093

* 相对于 Si 的 10^6 个原子。

2.2 稀土资源

2.2.1 世界稀土资源的储量及分布

对于稀土资源的评估，目前存在显著的差异，其主要原因在于：①随着各国对稀土资源深入地勘探，在一些地区发现了新的稀土矿藏，如在越南、蒙古等国发现新的稀土矿藏，由此增加了世界上稀土资源的储量，从而改变了各国在稀土储量的比例；②稀土矿的边界品位，国内外均不统一，由此，对矿区中稀土资源储量的评估会产生相当大的差别。例如，白云鄂博矿是以铁为标准（铁的品位为20%），而对稀土却没有边界含量标准，因此，其储量较难以精确确定，故对稀土资源产生不同的评估数据。

中国是世界稀土资源最为丰富的国家，除中国稀土资源多外，澳大利亚、俄罗斯、美国、巴西、加拿大和印度等国稀土资源也很丰富，近几年来在越南也发现了大型稀土矿床。另外，南非、马来西亚、印度尼西亚、斯里兰卡、蒙古、朝鲜、阿富汗、沙特阿拉伯、土耳其、挪威、格陵兰、尼日利亚、肯尼亚、坦桑尼亚、布隆迪、马达加斯加、莫桑比克、埃及等国家和地区也发现具有一定规模的稀土矿床。

世界上主要稀土资源国的一批大型或超大型稀土矿床的发现与开发是世界稀土资源的主要来源。我国内蒙古白云鄂博铁、铌、稀土矿床，四川冕宁"牦牛坪式"单一氟碳铈矿矿床，南方离子吸附型稀土矿床（又称风化淋积型稀土矿）；澳大利亚韦尔德山碳酸岩风化壳稀土矿床，澳大利亚东、西海岸的独居石砂矿床；美国芒廷帕斯碳酸岩氟碳铈矿矿床；巴西阿腊夏碳酸岩风化壳稀土矿床；俄罗斯托姆托尔碳酸岩风化壳稀土矿床，希宾磷霞岩稀土矿床等，其稀土资源量均在 100 万 t 以上，有的达到上千万吨，个别超过 1 亿 t，构成世界稀土资源的主体。

世界稀土资源究竟有多少，目前还没有一个很准确的数据。根据美国地质调查局 2009 年公布的世界稀土储量的数据（表 2-3）。世界已探明稀土资源工业储量为 11 540 万 t（REO），远景储量为>27 800 万 t（REO）。

表 2-3　世界各国主要稀土矿储量（REO，万 t）

国家或地区	工业储量（所占比例/%）	远景储量	所占比例/%
中国*	5 200（45）	>21 000	75.5
前苏联	1 900（16）	2 100	7.6
美国	1 300（11）	1 400	5.0
澳大利亚	540（5）	580	2.1
印度	310（3）	310	1.1
加拿大	90（1）	100	0.4
其他	2 200（19）	2 300	8.3
总计	11 540（100）	>27 800	100

*中国资源储量引自侯宗林教授 2001 年发表的《中国稀土资源知多少》一文；其余国家数据引自 2009 年美国地质调查局年评。

　　从表 2-3 看出，世界已探明稀土资源工业储量为 11 540 万 t（REO），远景储量为>27 800 万 t（REO）。中国稀土资源储量居世界首位，稀土工业储量约占世界稀土工业储量的 45%，远景储量占世界的 75.5%。除中国以外，稀土储量占世界工业储量达到或超过 5% 的国家有前苏联、美国和澳大利亚，它们的稀土储量分别占世界工业储量的 16%、12% 和 5%，占远景储量的 7.6%、5% 和 2.1%，位居前四位的中国、前苏联、美国和澳大利亚的稀土储量占世界稀土工业总储量的 77%，占世界远景储量的 90.2%。其他国家稀土总储量占世界稀土工业储量的 23%，只占远景储量的 9.8%。

2.2.2　中国稀土资源的储量及分布

　　全世界稀土资源主要分布在中国、前苏联、美国、澳大利亚、印度、加拿大等国家和地区。尽管在稀土资源数据上，中外公布的数据有所不同，但是，中国是世界最大的稀土资源国，却是大家公认的事实。根据 1998 年美国矿物部的统计，中国稀土资源占全球稀土资源的 80% 左右，具有绝对优势。但到 2005 年，美国矿物部统计显示，全球已勘察可供开采稀土矿藏储量 1.54 亿 t（REO），其中，8900 万 t（REO）在中国，占全球储量的 58%；2009 年美国地质调查局统计中国占全球的储量减到 45% 左右；2010 年 7 月美国能源政策分析家马克·亨弗里斯向美国国会提交的《稀土元素：全球供应链》报告中披露，中国、美国、俄罗斯、澳大利亚的稀土储量分别占全球储量的 36%、13%、19% 和 5.5%。据 2012 年 6 月《中国国土资源报》报道，美国地质调查局公布的数据，2010 年中国稀土储量约占全球储量的 48%。然而，值得注意的是，2012 年 6 月发布的《中国的稀土状况与政策》白皮书所报道的中国稀土总储量仅占全球储量的 23%。

随着我国稀土出口量呈上升趋势，使得我国稀土储量锐减现象日益突出。多年来，世界上 90% 的稀土都来自中国。由于过度开采，我国稀土的资源优势正在逐渐削弱。

国内对稀土资源储量的报道主要有两组不同的数据：以我国国家物质储备局批准的中国稀土工业储量是 7130 万 t（以稀土氧化物计，REO），远景储量是 21 000 万 t（REO）；以中国稀土学会地采选专业委员会侯宗林教授 2001 年发表的《中国稀土资源知多少》一文中计算出的数据，中国稀土工业储量是 5200 万 t（REO），远景储量大于 21 000 万 t（REO）。对中国稀土工业储量多数人认可的数据是 5200 万 t，并由此分析世界的稀土资源储量（表 2-3）。

我国稀土资源分布广泛，从南到北十多个省区均有，且品种齐全，形成北轻南重的特点。地质工作者已在全国三分之二以上的省区发现上千处矿床、矿点和矿化产地，除内蒙古的白云鄂博、江西赣南、广东粤北、四川凉山、山东微山等为资源集中分布区外，湖南、广西、云南、贵州、福建、浙江、湖北、河南、山西、辽宁、陕西、新疆等省区也有矿床发现，但资源量要比矿化集中富集区少得多。全国稀土资源总量的 98% 分布在内蒙古、江西、广东、四川、山东等地区，形成北、南、东、西的分布格局。内蒙古白云鄂博铁、铌、稀土矿区，其稀土储量占全国稀土总量的 80% 以上，内蒙古的包头市堪称稀土之城，是我国轻稀土的主要生产基地；重稀土主要分布在南方地区，具有北轻南重的分布特点。中国稀土储量见表 2-4。

表 2-4　中国稀土储量（REO，万 t）

地区	工业储量	远景储量
内蒙古白云鄂博	4 350	13 500
南方七省	150	5 000
四川凉山	150	500
山东微山	400	1 300
贵州织金		150
其他	150	225
总计	5 200	21 000

注：南方七省指江西、广东、湖南、福建、广西、云南、浙江。

数据出自侯宗林，《中国稀土资源开发与综合利用学术讨论会论文集》（2000—2005），中国稀土学会地采选专业委员会，2002，12。

我国有着辽阔的海域和丰富的海洋资源，从 1980 年开始，中国科学院地球化学研究所对海洋沉积物中稀土元素的地球化学进行研究。

首先对东海大陆架及冲绳海槽各类型沉积物中的稀土元素进行了研究，首次提出了有关东海大陆架各类型沉积物中稀土元素丰度的资料；从地球化学的角度讨论了东海大陆架海底沉积物的稀土元素分布模式以及稀土元素对（组）之间的特点；探讨了稀土元素的主要存在形式和物质来源。随后，这一研究工作迅速扩展到台湾海峡、渤海、黄海和南中国海等我国主要海域及远洋。研究对象也从海洋沉积物扩展到海洋生物（遗骸、遗壳）、海底玄武岩、铁锰结核等，填补了我国海洋领域稀土元素地球化学研究的空白。

2.3　稀 土 矿 物

2.3.1　稀土的主要工业矿物及分布

自然界中含稀土元素的矿物有 250 多种，其中稀土氧化物含量大于 10% 的矿物有 70 余种。重要的稀土工业矿物有 17 种，它们分别是氟钙钠钇石（$NaCaYF_6$），钇萤石 [（CaY）F]，铈铌钙钛矿 [（Ce，Na，Ca）$_2$（Ti，Nb）O_3]，褐钇铌矿（$YNbO_4$），黑稀金矿 [（Y，Ca，Ce，U，Th）（Nb，Ta，Ti）$_2O_6$]，易解石 [（Ce，Y，Ca，Fe，Th）（Ti，Nb）$_2$（O，OH）$_6$]，铈烧绿石 [（Ce，Ca）$_2Nb_2O_6$（OH，F）]，氟碳铈矿 [（Ce，La）（CO_3）F_2]，新奇钙钇矿 [（Y，Ce）Ca（CO_3）$_2$F]，独居石（$CePO_4$），磷钇矿（YPO_4），磷铝铈矿 [$CeAl_3$（PO_4）$_2$（OH）$_6$]，硅铍钇矿（$Y_2FeBe_2Si_2O_{10}$），兴安石 [（Y，Ce）$BeSiO_4$（OH）]，层硅铈钛矿（$CeNa_2Ca_4TiSi_4O_{15}F_3$），钪钇石 [（Sc，Y）$_2Si_2O_7$]，异性石 [$Na_4$（Ca，Ce，Fe，Mn）$_2ZrSi_6$-$O_{17}$（OH，Cl）$_2$]。

主要稀土矿物的类型及稀土氧化物的最大含量见表 2-5。稀土矿物的工业意义是相对的、有条件的，除矿物本身稀土含量较高和易选冶回收外，还需视其所在地区的技术条件。在这些矿物中，目前工业上实际利用的稀土矿物不到 10 种，其中最主要的有氟碳铈矿、独居石、磷钇矿、离子吸附型稀土矿和磷灰石等。

表 2-5　主要稀土矿物

稀土矿物	分子式	矿物类型	REO 最大含量/%
氟碳铈矿	$CeFCO_3$	氟碳酸盐	75
钇菱铈钙矿	（Ce，Y）FCO_3	氟碳酸盐	50
独居石	（Ce，Y）PO_4	磷酸盐	65
磷灰石	（Ca，Ce）$_5$[（P，Si）O_4]$_3$（O，F）	磷酸盐	12
烧绿石	（Na，Ca，Ce）$_2Nb_2O_6$F	氧化物	6

稀土矿物	分子式	矿物类型	REO 最大含量/%
褐钇铌矿	$(Y, Er, U, Th)(Nb, Ta, Ti)O_4$	氧化物	46
铌钇矿	$(Y, Ce, U, Ca)(Nb, Ta, Ti)_2O_6$	氧化物	22
铈铌钙钛矿	$(Na, Ca, Y, Ce)(Nb, Ta, Ti)_2O_6$	氧化物	32
黑稀金矿	$(Y, Ca, Ce, U)(Nb, Ta, Ti)_2O_6$	氧化物	30
褐帘石	$(Ce, Ca, Y)_2(Al, Fe)_3(SiO_4)_3OH$	硅酸盐	28
铈硅石	$Ca, Ce_6Si_3O_{13}$	硅酸盐	70
氟铈矿	CeF_3	氟化物	70
钛铀矿	$(U, Ce, Fe, Y, Th)_3(Ti, Si)_5O_{16}$	氧化物	12
硅铍钇矿	$Y_2FeBe_2Si_2O_{10}$	硅酸盐	48
磷钇矿	YPO_4	磷酸盐	62
锆石	$(Zr, Th, Y, Ce)SiO_4$	硅酸盐	—

许多稀土矿物，如我国白云鄂博产出的黄河矿、氟碳钡铈矿及镧石等，是在开采主要工业矿物——氟碳铈矿和独居石时综合回收的对象。许多硅酸盐类稀土矿物，如褐帘石、硅钛铈矿，虽然在自然界有一定程度的富集，但因其加工工艺复杂，提取成本高，目前其工业利用价值不大。磷灰石一般不列入稀土矿物类，但却是前苏联回收稀土的重要来源。

在最主要并具有工业利用价值的稀土矿物氟碳铈矿、离子吸附型矿、独居石和磷钇矿，其中氟碳铈矿与独居石中轻稀土含量较高；磷钇矿含重稀土和钇较高，但储量低于独居石，其矿床量也少；离子吸附型矿产于中国南方，是为回收重稀土而开采的。现分别简要介绍。

氟碳铈矿是含轻稀土的氟碳酸盐矿物，颜色由浅黄色到棕色，硬度为 4 ~ 4.5，相对密度为5。矿石含7% ~ 10% （REO），仅含少量钇（≤0.5%）。氟碳铈矿经浮选，精矿平均品位为60% （REO），再经过酸浸，品位可提高到70% （REO），再经过滤和焙烧，品位可达到85% （REO）。最大的氟碳铈矿矿床产于中国内蒙古白云鄂博，属前寒武纪变质岩复合矿体，其中含有独居石。目前，该矿的开采是以铁矿为主，稀土作为副产品回收。中国四川冕宁也有氟碳铈矿床，正在开发。美国芒廷帕斯矿是典型的氟碳铈矿的稀土配分，其稀土品位最高。美国加利福尼亚的氟碳铈矿赋存于与碱性浸入岩伴生的碳酸盐和硅酸盐混合盐中。

离子吸附型矿主要产于我国的江西、广东、湖南等南方七省，稀土和钇吸附在类似高岭土的硅铝酸盐矿物表面。离子吸附型矿富含中重稀土，而含铈甚微。

独居石为磷酸盐矿物，属单斜晶系，稀土氧化物含量高达70%，氧化钇含量为 3.2%。呈黄色到棕色，硬度为 5，相对密度为 5，不易风化。独居石精矿的品位大多在 55%~65%，具有开采价值。独居石主要来源于冲积矿或海滨砂矿，常与其他重矿物伴生，受水流冲击作用而富集。过去独居石经常作为钛铁矿、金红石、锡石和锆石的副产品回收。重矿物砂矿中稀土平均品位很低，从 0.04%（澳大利亚）到 0.43%（巴西）。独居石中含有放射性和氧化钍（西澳大利亚矿含氧化钍 6%~7%），自 20 世纪 90 年代初以来，独居石副产品中的放射性元素钍的排放而产生的环保问题，使独居石的开采量持续下降。目前国际市场上销售的稀土中只有很少的部分是直接从独居石生产出来的。

大多数海滨砂矿床，含重矿物达 80%，其中独居石含量为 1%~20%，主要分布在澳大利亚海岸、巴西的巴伊亚州、圣伊斯皮里图州和印度的泰米尔纳都和喀拉拉邦。

磷钇矿是含钇磷酸盐，与独居石类质同象，广泛分布于火成岩、变质岩和伟晶岩中，呈四方晶系，颜色有黄到黄绿，硬度和相对密度为 4.5 左右，含铀和钍。稀土部分取代火成磷酸盐中的钙而成为含稀土的磷灰石。

现在磷钇矿成为开采稀土的次要资源。前苏联开采未风化的磷灰石中的稀土氧化物。

表 2-6 列出中国和世界各主要稀土矿稀土配分。

表 2-6　中国和世界各主要稀土矿稀土配分（REO，%）*

稀土组分	中国包头矿	中国离子型矿			中国冕宁氟碳铈矿	美国氟碳铈矿	俄罗斯铈铌钙钛矿	澳大利亚独居石	马来西亚磷钇矿
		江西龙南	江西寻乌	江西信丰					
La_2O_3	25.00	2.18	38.00	27.56	31.49	32.00	25.00	23.90	1.26
CeO_2	50.07	<1.09	3.50	3.23	47.69	49.00	50.00	46.30	3.17
Pr_6O_{11}	5.10	1.08	7.41	5.62	4.11	4.40	5.00	5.05	0.50
Nd_2O_3	16.60	3.47	30.18	17.55	12.96	13.50	15.00	17.38	1.61
Sm_2O_3	1.20	2.34	5.32	4.54	1.47	0.50	0.70	2.53	1.16
Eu_2O_3	0.18	<0.37	0.51	0.93	0.26	0.50	0.09	0.05	0.01
Gd_2O_3	0.70	5.69	4.21	5.96	0.66	0.30	0.60	1.49	3.52
Tb_4O_7	<0.01	1.13	0.46	0.68	0.08	0.01	—	0.04	0.92
Dy_2O_3	<0.01	7.48	1.77	3.71	0.20	0.03	0.60	0.69	8.44
Ho_2O_3	<0.01	1.60	0.27	0.74	0.04	0.01	0.70	0.05	2.01
Er_2O_3	<0.01	4.26	0.88	2.48	0.01	0.01	0.80	0.21	6.52
Tm_2O_3	<0.01	0.60	0.13	0.27	0.02	0.02	0.10	0.01	1.14
Yb_2O_3	<0.01	3.34	0.62	1.13	0.05	0.01	0.20	0.12	6.87

稀土组分	中国包头矿	中国离子型矿			中国冕宁氟碳铈矿	美国氟碳铈矿	俄罗斯铈铌钙钛矿	澳大利亚独居石	马来西亚磷钇矿
		江西龙南	江西寻乌	江西信丰					
Lu_2O_3	<0.01	0.47	0.13	0.21	—	0.01	0.15	0.04	1.00
Y_2O_3	0.43	64.90	10.07	24.26	0.91	0.10	1.30	2.41	61.87

＊稀土配分是指在稀土矿物中，各单一稀土元素在稀土总量中所占百分比。理论上其相加之和应为100%。表中所列应为实际检测数据。

资料来源:《国家计委稀土专家组调研报告汇编》(第五卷)、全国稀土信息网编《内蒙古包头稀土资源状况及产业发展现状》。

2.3.2　稀土矿物分类

我国在稀土矿物学研究方面发现了许多稀土矿物的新种和变种，提出了许多重要理论，奠定了我国稀土地质学、矿物学和地球化学研究的坚实基础，赢得了国际地学界专家学者的高度评价，使我国的稀土矿物学和地球化学研究跻身于世界前列。

稀土元素在地壳中主要以矿物形式存在，稀土矿物可按多种方式分类，如可按稀土在矿物的赋存状态、晶体结构特征、稀土矿物的化学组成等进行分类。

稀土矿物按其赋存状态主要有三种:

(1) 稀土作为矿物的基本组成元素，稀土以离子化合物形式赋存于矿物晶格中，构成矿物的成分。这类矿物通常称为稀土矿物，如独居石、氟碳铈矿等。

(2) 稀土作为矿物的杂质元素，以类质同象置换的形式，分散于许多造岩矿物和稀有金属矿物中，这类矿物称为含有稀土元素矿物，如磷灰石、萤石等。

(3) 稀土呈粒状状态被吸附于某些矿物的表面或颗粒之间。这类矿物主要是各种黏土矿物、云母类矿物。这类状态的稀土元素很容易提取，如离子吸附型稀土矿。

按稀土矿物的化学组成，并参考其晶体结构和晶体化学特征。可将稀土矿物划分为十二类，其中的复酸盐类矿物又可细分为六个不同的亚类，具体划分如下。

(1) 氟化物类矿物:该类矿物的结构特点是由单个阴、阳离子组成，而没有阴离子基团，如钇萤石、氟铈矿、氟钙钠钇石等。

(2) 简单氧化物类矿物:该类矿物结构特点是由单个阴、阳离子组成，阴离子为氧，而没有阴离子基团，如方铈石等。

(3) 复杂氧化物类矿物:该类矿物结构特点是具有大阳离子、中等大小及小阳离子的复杂堆积，如钙钛矿族中的铈铌钙钛矿、锶铁钛矿族中的一些矿物。

　　(4) 钽铌酸盐和偏钽铌酸盐类矿物：该类矿物结构特点是含有八面体的阴离子基团，如褐钇铌矿族、易解石族、黑稀金属矿族、铌钇矿族以及烧绿石族中的许多矿物。

　　(5) 碳酸盐类矿物：该类矿物的结构特点是含有三角形的碳酸根阴离子基团，氟碳酸盐和含水碳酸盐类稀土矿物均属此类，如氟碳铈矿、碳锶矿等。

　　(6) 磷酸盐类、砷酸盐和钒酸盐类矿物：该类矿物结构特点是含有孤立的四面体阴离子基团，如独居石、磷钇矿、砷钇矿、钒钇矿等。

　　(7) 硫酸盐类矿物：该类矿物结构特点是含硫酸根四面体。该类稀土矿物较少，且易溶于水，在自然界中难以长期存在，如水氟钙铈钒，结构中的硅和铝为六次配位。

　　(8) 硼酸盐类矿物：该类矿物的结构特点是含硼酸根，自然界中此类稀土矿物甚少，如水铈钙硼石。

　　(9) 复酸盐类矿物：包括碳酸硅酸盐类矿物，碳酸磷酸盐类矿物，硅酸磷酸盐类矿物，硅酸硼酸盐类矿物，硅酸砷酸盐类矿物，硫酸砷酸盐类矿物。

　　(10) 多酸盐类矿物：该类矿物的结构中含三种不同酸根，如含硅酸、磷酸、硫酸根的磷硅铝钇钙石；含磷酸、硫酸、砷酸根的砷锶铝矾。

　　(11) 硅酸盐类矿物：该类矿物的结构中含有孤立的、两两相连或环状的硅氧四面体阴离子基团，如钪钇石、硅铍钇矿、兴安矿、铈硅石、铈硅磷灰石、羟硅铈矿等。

　　(12) 钛、锆或铝的硅酸盐类矿物：该类矿物的结构特点是含四面体和八面体的阴离子基团，如褐帘石、层硅铈钛矿、赛马矿等。

　　从稀土矿物的结晶化学角度，依据稀土矿物中阴离子的组成结构特征，稀土矿物以稀土矿物中的单个阴离子或阴离子基团为依据划分为两组。单个阴离子为一组，阴离子基团为另一组。在阴离子基团中，又有五种不同的基团形式，从而划分为五类。再加上单个阴离子的一类，共为两组六类。这六类的具体划分如下。

　　第一类是稀土矿物晶体结构中含单个阴离子而无阴离子基团的矿物类，属于这一类的是氟化物类和简单氧化物类的稀土矿物，如氟铈矿、方铈矿等。

　　第二类是稀土矿物晶体结构中含孤立三角形阴离子基团的矿物类，属于这一类的是碳酸盐类矿物、含水碳酸盐类矿物和氟碳酸盐类矿物，如碳铈钠矿、氟碳铈矿、碳锶铈矿、黄河矿、包头白云鄂博矿等。

　　第三类是稀土矿物晶体结构中含四面体阴离子基团的矿物类，属于这一类的有磷酸盐类、砷酸盐类、钒酸盐类、部分硅酸盐类、硅酸磷酸盐和多酸盐类矿物，如独居石、砷钇矿、钒钇矿、硅铍钇矿、铈硅磷灰石、磷硅铝钇钙石等。

　　第四类是稀土矿物晶体结构中既含三角形阴离子又含四面体阴离子基团的矿

物类，属于这一类的有碳酸硅酸盐类的稀土矿物和碳酸磷酸盐类的稀土矿物。前者如碳硅钛铈钠石、碳硅钇石、碳硅铈钙石和碳硅钙钇石；后者如大青山矿。

第五类是稀土矿物晶体结构中含四面体和八面体阴离子基团的矿物类，属于这一类的有铝硅酸盐和钛、锗、铌等高价阳离子的钛硅酸盐类矿物，如褐帘石、层硅铈钛矿等。

第六类是稀土矿物晶体结构中含八面体阴离子基团的矿物类，属于这一类的是复杂氧化物类的稀土矿物，即正铌酸盐类、正钽酸盐类、偏钛钽铌酸盐类、焦钛钽铌酸盐类矿物，如褐钇铌矿、褐钇钽矿、黑稀金矿、易解石、铌钇矿、铈烧绿石、钇烧绿石等。

值得注意的是，稀土矿物的特点之一是化学组成变化多端，同种矿物，可有数目繁多的化学变种，这也是人们对它们长期认识不清的原因之一。如钇易解石的变化，就是一个很好的例证，四川的钇易解石组成正常，吉林的钛高，江西的钛更高；再如分布广泛的稀土工业矿物之一的独居石，化学组成中有的贫钍，有的富钍，白云鄂博的独居石含氧化钍在1%以下，而个别广东的可高达39.46%。

2.3.3 稀土成矿

在太阳星云的凝聚过程中和地球的形成和演化过程中，稀土也经历了从气相凝聚成固相及从熔体中结晶成固相的富集过程。在此过程中，由于元素在气-固和液-固的分配系数的差异，温度和压力的不同和环境的氧化和还原条件的不同，稀土元素形成氧化和还原状态的难易，离子半径大小的差异及与其他元素相互取代的难易，配位能力、吸附、脱附和离子交换能力的差异等各种因素都影响稀土在岩矿的形成、取代、分布和迁移过程，并使稀土发生选择性富集。

稀土在成矿时有一些显著的特点：

（1）由于稀土元素原子结构的类似，化学性质相似，故在地球化学上稀土自成一族。

（2）在地球化学上，它们是亲氧的元素，而不是亲硫的元素，它们的特征配体是氧，故主要存在于含氧的矿物中。稀土对 Ca、Ti、Nb、Zr、Th、F^-、PO_4^{3-} 和 CO_3^{2-} 等有明显的亲和力，故工业上重要的矿石是碳酸盐和磷酸盐。

（3）由于三价稀土的离子半径在较宽的范围内变化，故在成矿的取代过程和分配过程中常取决于离子半径、分配系数和矿物结构，并且有一定选择性，从而形成了一些以铈族稀土或以钇族稀土为主的选择性分配型矿物。

（4）稀土具有较大的离子半径，妨碍了它取代离子半径较小的阳离子而进入矿石中，使它的成矿过程中只能取代离子半径较大的阳离子，如 Ca^{2+}、Th^{4+} 和 U^{4+} 等，故稀土常与这些元素伴生。当与 Th、U 伴生时，矿石有放射性。

（5）当稀土取代不同价态的阳离子时，要求电荷补偿。例如，在独居石中的钍，有人认为是以 $Th_3(PO_4)_4$ 的形成存在的，有人认为是以 $ThSiO_4$ 形式存在的，由于 Th^{4+} 的离子半径是 109pm（配位数为 9 时），与 Ce^{3+} 的离子半径 119.6pm 近似，在矿石中的 Ce^{3+} 有可能被 Th^{4+} 取代。为维持电中性，同时发生 SiO_4^{4-} 同晶取代 PO_4^{3-} 而形成 $ThSiO_4$。

在不同价态取代时，也可产生空位（□）。例如，当磷灰石中的 Ca^{2+} 被稀土 RE^{3+} 取代时将产生空位：

$$2RE^{3+}+Ca_5(PO_4)_3OH \longrightarrow (RE_2Ca_2\square)(PO_4)_3OH+3Ca^{2+}$$

为使电荷补偿，也有在晶体结构的间隙位置内填入阴离子的。

（6）铕的异常在稀土地球化学中是一重要参数，它可以划分同一大类岩石的亚类和讨论成岩成矿的条件。当形成 Eu^{2+} 时，由于 Eu^{2+} 的离子半径类似于 Sr^{2+}、Pb^{2+}、Ca^{2+}、Na^+，因而常取代这些离子而富集于含 Sr^{2+}、Ca^{2+} 等离子的矿石中。

（7）当形成 Ce^{4+} 时，由于其形成可溶性配合物的能力和水解的能力大于三价稀土离子，因而在成矿和演变过程中，它的活动、迁移和沉积的能力也不同于其他三价稀土，从而在一些矿物中呈现铈的异常。

（8）经球粒陨石标准化后，可以更直观地显示出各稀土分异和富集的趋势。如铕值高低是检验地球物质分异程度的最好标尺，白云鄂博的稀土矿物（独居石和氟碳铈矿）σ_{Eu} 值为 $1\pm$，说明白云鄂博成矿热液直接来自深部岩浆，而广东（氟碳铈矿）和西华山（磷钇矿）两地矿物 σ_{Eu} 值亏损，说明两地物质分异甚烈，铕可能以二价形式部分进入早期的长石等造岩矿物中，而造成铕的亏损。

稀土成矿是地球物质成形的结果，而物质分异富集又与地球构造运动、岩浆活动等密切相关。以中国稀土成矿为例，中国稀土矿物的析出和富集，可发生在岩浆作用的岩浆期、岩浆后期、伟晶岩期以及岩浆期后的各种热液活动阶段。

中国的稀土矿产在各地质历史时期中均有形成，远在前寒武纪古老变质岩地层中，有稀土矿物独居石矿的富集在地层中，并发育为较古老的伟晶岩脉，有许多稀土矿物富集，如内蒙古的许多伟晶岩富含大量稀土矿物。再如太行山中段的前寒武纪片麻岩中的伟晶岩内，产出硼硅钇钙石，伟晶岩的绝对年龄为 21 亿 ～22 亿年，是太古代五台运动的产物。

加里东运动伴有稀土的矿化及海西运动，形成了中国北部和西北部的许多稀土矿床，规模巨大的白云鄂博矿床，即是多期运动的产物。

白云鄂博地区是稀土富集地区，也是稀土矿物产状繁多的地区，其中有的稀土矿物产出于岩浆期，有些产出于矽卡岩期，而更多的则产出于岩浆期后的热液期或热液交代期，而有意义的是有些稀土矿物与火成碳酸岩浆有成因联系。

niI

在大地构造位置上，白云鄂博在中朝地台和蒙古地槽的过渡带中，处于阴山断褶内，其中发育着一套断裂构造体系，促进了岩浆及其派生热液的活动和大型矿床的形成。

攀西裂谷一带矿产资源丰富，由于喜马拉雅期地壳运动，岩浆活动带来了大量稀土，形成多处矿床。地球化学研究认为它是与幔源碱性正长岩-碳酸岩杂岩体有关的大型轻稀土矿床，矿床的形成与地幔作用密切相关。

规模广泛的燕山期岩浆活动，带来许多稀土，稀有金属的矿化。关于燕山运动所形成的稀土矿床，如华南及江西的稀土矿，与江西燕山花岗岩的广泛分布密切相关，而华南各省的燕山花岗岩岩浆活动，形成了众多的稀土，稀有金属矿床。东北各省的燕山期花岗岩和岩浆活动，有许多地方伴有稀土的矿床。四川西北的地槽褶带内，燕山花岗岩侵入三叠系中，有许多碱性花岗岩脉，聚集许多稀土矿物，如黑稀金矿、磷钇矿、褐帘石、独居石等。

花岗岩或火成岩侵入体经风化后，其原生稀土矿物存留于花岗岩风化壳中，矿物风化程度不一（即残留矿物），这些矿物有褐帘石、钇易解石、硅铍钇矿、褐钇铌矿、含稀土的榍石。真正产生于花岗岩风化壳中的稀土矿物甚少，目前仅知有镧磷稀土矿一种。大部分稀土元素多以离子形式吸附于黏土矿物中，而不形成稀土独立矿物。

按稀土矿物成矿状态分类：

内生稀土矿：内生稀土矿在许多国家和地区都有发现，到目前为止，投入生产较大的稀土内生矿床有美国的芒廷帕斯稀土矿、我国白云鄂博铁-稀土矿床，此外还有我国山东省微山稀土矿和四川冕宁牦牛坪稀土矿。

由于内生稀土矿床的稀土矿物，一般都和重晶石、方解石、萤石、磷灰石、硅酸盐矿物等非硫化矿物共生。在这些共生矿物中有些矿物浮游性较好，有的矿物的密度较大，有的磁性较强，加之稀土矿物性脆，在矿石中嵌布粒度不均匀等因素，形成了该类稀土矿的选矿有特定的工艺。

外生稀土矿：外生稀土矿床是内生稀土矿床地壳变迁、风化、水力淘洗和搬运等自然作用而形成的次生稀土矿床，它包括稀土风化壳矿床、坡积和冲积砂矿床和海滨砂矿床三类，其中海滨砂矿具有更大的工业规模和意义。

稀土风化壳矿床是内生稀土矿风化的残余矿床，根据风化程度又分为全风化和半风化两类。由于风化的原因，该类矿石中矿泥含量大，稀土元素分散量大，甚至有的呈离子吸附状态，形成风化壳淋积型稀土矿床。

变生稀土矿物：变生矿物是指矿物晶体内部遭受自身的辐射损伤（α衰变损伤）而致使晶格遭受破坏的矿物，即含放射性元素的结晶矿物，在放射性衰变中产生的粒子和反冲核，自辐射结构损伤，对晶格起破坏作用，使矿物由结晶态逐渐转变为非晶态。也就是说这类矿物形成时是结晶的,自形成之后,经过漫长的地质时期,其结晶态遭到辐射破坏而蜕变为非晶态或称之为变生态。

天然的变生矿物受到高温加热之后,如加热到 $600 \sim 900\,^{\circ}\mathrm{C}$ 可以恢复原先的结晶状态,这已为实验所证实。故矿物的变生态不同于天然的非晶态,也不同于准晶态或变晶态,而是天然矿物的另一特定状态。

矿物的变生状态仅发生于氧化物矿物和硅酸盐矿物中。

矿物的化学组成是诱发矿物变生状态的重要因素,变生矿物的化学组成中一般含稀土和放射性元素(铀和钍),故矿物化学组成中含铀是矿物变生的主要原因之一。

矿物晶格牢固的程度是抵抗矿物变生与否的重要因素。矿物晶体结构复杂,类质同象替代剧烈,阳离子有缺位的矿物易于变生,故矿物晶格不牢固是矿物变生的重要因素之一。

虽然变生状态的矿物多发生在含稀土的矿物中,但稀土与矿物的变生关系不明确。例如,矿物化学组成中主要为稀土的方铈石(CeO_2)和氟铈镧矿 $[(Ce,La)F_3]$ 从未变生。

不难看出矿物变生的直接原因取决于矿物晶格的牢固程度,矿物化学组成中放射性元素铀或钍的含量以及矿物生成地质年代的早晚。

关于中国稀土矿物具有某些规律变化,最明显的有以下三点:

(1)同种稀土矿物具有众多产状。独居石、磷钇矿、褐帘石等稀土矿物,既形成于岩浆期、岩浆期后、伟晶岩期,以至于各种热液阶段,也形成与各种变生作用的环境之中,因此,它们是分布广泛的稀土矿物。不同产状的矿物具有各自的特点,反映出具体的地质条件。

(2)同种稀土矿物变生程度因地而异。钛钽铌酸盐类稀土矿物和硅酸盐类稀土矿物变生广泛。但是,同种矿物由于其产地和产状的不同、矿物化学组成的变化、矿物形成时代的早晚不同,矿物变生程度就因地而异。

(3)同种稀土矿物化学组成变化大。稀土矿物化学组成的变化与矿物产出的地质背景密切相关。

总之,中国大陆地壳的发展演化,决定了中国稀土矿产资源的分散与富集,决定了中国稀土矿化的规律,因此,详细研究中国地质、中国地质发展史和中国区域地质,方能对中国稀土成矿规律和中国稀土矿物学得出比较深入的认识。中国稀土矿物种类繁多,组分多变,成因复杂,产状多种,为矿物学研究提供了丰富的内容。

我国稀土资源主要分布在内蒙古(包头)、四川、山东、江西、广东、湖南、广西、福建等省区,其中,以内蒙古白云鄂博矿和南方离子吸附型(风化淋积型）矿为最丰富、也最有特色。故重点予以介绍。

2.4　内蒙古白云鄂博矿（简称包头矿）

2.4.1　白云鄂博稀土矿的发现

　　早在 1927 年，丁道衡随中国西北科学考察团自北平（现北京）赴新疆考察，途经内蒙古草原，发现了白云鄂博铁矿。1930 年他随团返回北平时，带回标本进行室内研究。在详细观测研究时发现了许多有趣的问题，他便请矿物岩石学家何作霖做岩石矿物鉴定。何作霖在鉴定时发现，标本中除铁矿物、萤石和重晶石外，还有两种未知矿物。正是这两种未知矿物，打开了中国盛产稀土的大门。

　　1934~1935 年，何作霖将该标本破碎并分选出微量矿物样品，用钠光灯照射，发现它们颜色不同，因此猜测其中含有稀土。何作霖测定了这两种矿物的物理性质、光学性质和折光率等科学数据，初步将其分别定名为白云矿和鄂博矿。之后，何作霖请北平研究院物理所所长严济慈帮助，对所发现的两种新矿物进行光谱分析。经严济慈的助手钟盛标进行光谱测定，发现了许多稀土特征谱线，从而证实在白云鄂博矿中存在稀土元素。该成果以题为"绥远白云鄂博稀土类矿物的初步研究"发表在《中国地质学会会志》（英文版），第 14 卷，第 2 期。与此同时，何作霖还将研究结果投稿于《美国矿物学家》杂志发表。

　　1951~1955 年，地质矿产部华北地矿局 241 队对白云鄂博矿主、东矿体进行了详细勘探。为了查明矿石含磷量高的原因，中国科学院地球化学研究所郭承基确定了矿石中主要含磷矿物是磷灰石，并指出"白云矿"是铈族稀土的氟碳酸盐，即"氟碳铈矿"，而"鄂博矿"则是铈族稀土的磷酸盐，即独居石。此结果记载在 1953 年郭承基编著的"绥远省白云鄂博矿床白云矿的研究"报告中。

　　白云鄂博稀土矿属于前寒武纪变质岩复合矿体，中国内蒙古包头白云鄂博矿和美国加利福尼亚州芒廷帕斯矿都是世界最大的氟碳铈矿。它们具有易开采、易选、易冶炼等特点，具有重要的工业价值。氟碳铈矿是一种含轻稀土的氟碳酸盐矿物，含稀土氧化物（REO）约 46%。氟碳铈矿浮选精矿的平均品位为 60%（REO），经酸浸后品位达到 70%（REO），再经过焙烧品位可高达 85%（REO）。该矿床中还含有独居石。白云鄂博矿目前以开采铁矿为主，稀土作为副产品回收。另外，四川凉山氟碳铈矿和山东微山稀土矿，都为规模可观的典型氟碳铈矿。

2.4.2　白云鄂博矿资源

　　白云鄂博是铁、稀土、铌多金属共生矿床，含 71 种元素，171+3 种矿物。其中

(1) 铁矿资源：铁矿石储量 14.6 亿 t，其中主矿 4.2 亿 t，东矿 2.3 亿 t，西矿 8.1 亿 t。

地质储量是主、东矿铁矿石 6.5 亿 t，主、东矿设计开采量为 5.1 亿 t，其中主矿 3.3 亿 t，东矿 1.8 亿 t，边界品位 Fe 20%。

(2) 稀土资源：稀土远景储量 1.35 亿 t（REO），工业储量 5738 万 t（4350 万 REO），以轻稀土 La、Ce、Pr、Nd 为主，同时富含 Sm、Eu。高品位稀土矿石基本分三个类型：高稀土萤石型赤铁矿，高稀土萤石型磁铁矿，高稀土白云石岩，平均品位 5.6%（REO），主要矿物是氟碳铈矿 $[(Ce,La)(CO_3)F]$ 和独居石（$CePO_4$）。经过科研人员连续数年的野外地质调查和分析鉴定，肯定了白云鄂博稀土、铌钽大型矿床的存在，同时还发现了黄河矿、钡铁钛石、包头矿、铈易解石和钕易解石、褐铈铌矿和 β-褐铈铌矿族矿物、氟碳铈钡矿和钕氟碳铈钡矿、大青山矿、钕易解石和中华铈矿等多种稀土新矿物。

(3) 钍资源：矿区远景储量 105 万 t，其中主、东矿储量 22.1 万 t（ThO_2），平均品位为 0.038%（ThO_2）。主要矿石类型为铁钍石、方钍石。稀土精矿中含 0.2% ThO_2。主、东矿体中主要钍的独立矿物有钍石和铁钍石。钍还以类质同象形式存在于其他矿物中。由于钍的离子半径和电负性与稀土元素近似，所以部分钍赋存于稀土矿物中。

(4) 钪资源：矿区钪资源储量为 14 万 t（Sc_2O_3）。钪的平均含量为 85ppm，霓石型铌稀土铁矿石中含量高达 169ppm，强磁中矿选稀土尾矿含 250ppm Sc_2O_3。

(5) 铌资源：1967 年 105 地质队对西矿进行铌、稀土普查勘探后估算，西矿全区五氧化二铌储量 361.376 万 t。1957 年中国科学院地质研究所张培善等全面研究了白云鄂博矿床、矿物、岩石、同位素、地球化学等，发现了钽铌酸盐类矿物富铌的易解石类新矿物：铈铌易解石和钕铌易解石。发现铌的工业矿物——铌铁矿、烧绿石，说明铌的矿化作用遍及整个矿区。

包头稀土资源工业储量根据不同资料说法不一，比较统一的说法是 4350 万 t 稀土氧化物。它是主、东矿和西矿铁矿体中伴生的稀土，其中主、东矿中为 3500 万 t，西矿体中为 850 万 t，矿体的边界品位是以铁含量为 20% 圈定的，稀土的边界品位没有圈定。主、东矿体中稀土氧化物平均含量为 5.99%，西矿体为 1% ~ 2%。因此目前所说的稀土工业储量 4350 万 t 是铁矿体中伴生的稀土储量，没有以稀土矿山标准确定边界品位和工业储量。

整个白云鄂博矿区 48km² 以内稀土资源都很丰富。根据 105 地质队的报告，估探矿区外围（48km² 以内，地表以下 150 ~ 200m）的白云岩、片岩、板岩等的岩石中稀土总量约 10 000 万 t。

1964 ~ 1965 年，105 地质队在对白云鄂博稀土，稀有资源普查勘探后估算：

主、东矿稀土元素总储量为 3505.7 万 t，其中铈族稀土占绝对优势；镧、铈、镨、钕、钐的氧化物储量约占总储量的 97%，铈储量约占稀土总储量的 50%；镧储量约占稀土总储量的 30%；氧化钕储量为 612 万 t，约占 15%；其他稀土元素储量仅占稀土总储量的不足 5%。在中重稀土中，氧化铕储量为 11.1 万 t，约占 0.3%，氧化钇储量为 14.6 万 t，约占 0.4%；主矿体中氧化钍储量为 13.5 万 t；氧化钛储量为 186.6 万 t；东矿体中氧化钍储量为 8.6 万 t；氧化钛储量为 118.6 万 t。

根据 1967 年 105 地质队的报告，主、东矿下盘稀土白云岩 1.5 亿 t，含稀土氧化物 3.88%，东矿下盘稀土白云岩 1.01 亿 t，含稀土 3.56%，这类岩石总计还有 3.4 亿 t，稀土都大于 3%。

白云鄂博矿是我国最大的稀土矿，从 1959~2009 年底共开采原矿石 3.10 亿 t，矿山堆存中贫矿 2000 万 t，利用矿石 2.9 亿 t。1966 年前原矿入炉使用原矿石 1770 万 t，1966~2009 年底，选矿厂处理原矿石 2.720 亿 t，生产铁精矿 9700 万 t，排出尾矿 1.75 亿 t。从 1959~2009 年底回收或利用稀土氧化物约 100 万 t，损失于高炉渣、含金渣及生产运输中的稀土 125~150 万 t，转入尾矿坝的稀土氧化物约 1200 万 t，平均品位为 7%。50 年来主、东矿的稀土工业储量减少 7%（尾矿中稀土也算储量）。

至 2006 年共开采铁矿石 2.76 亿 t。2007~2009 年三年若按每年平均开采 1200 万 t 铁矿石，共开采约 3600 万 t。至 2009 年底共开采铁矿石 3.1 亿 t。若能开发尾矿中的大量稀土，预计至少可再开采稀土相当长的时间。

钍的工业储量为 22.1 万 t（ThO_2）主要是主、东矿体中伴生于稀土矿物中的钍。原矿中钍含量为 0.038%。研究表明约 70% 的钍集中于稀土精矿中，50 年来钍资源的减少量应与稀土资源的减少量比例基本相当。

包头稀土资源的特点如下：

(1) 包头稀土矿轻稀土元素占 97%，主要含镧、铈、镨、钕和少量钐、铕、钇，尤其是铈、镧、钕含量十分丰富，具有重要的工业价值。铈储量约占稀土总储量的 50%；镧储量约占稀土总储量的 30%；钕储量约占稀土总储量的 15%；其他稀土元素储量仅占稀土总储量的不足 5%。

(2) 储量大，且矿石稀土品位高，含稀土氧化物 5%~7% 以上。

(3) 资源集中，既便于开发和管理，又在开采中易于保护生态环境，能有效地防止滥采乱挖，防止水土流失。

(4) 开采成本低。包头白云鄂博矿是铁、稀土、铌等元素的共生矿，稀土是开采铁矿的副产品，故开采成本低。

经对白云鄂博矿床系统全面的科学研究，指出白云鄂博是综合性矿床，除铁、稀土和氟之外，铌、钡、钍、钛和蓝石棉等都可能有利用价值。总之，在白云鄂博发现的新矿物之多，世界上实属罕见，说明其地质条件和成矿作用的特殊性。白云鄂博既是地质学、矿床学研究的重要地区，又是矿物产出和矿物学研究的巨大宝库。关于白云鄂博矿化过程和矿床成因众说纷纭。为此，20 世纪 80 年代后期，考察了白云鄂博火成碳酸岩及其矿化特点，认为稀土铌钽的矿化与碳酸岩岩浆分异和演化有成因联系。

在涂光炽、郭承基组织下在白云鄂博矿区及其外围进行了较为广泛的研究工作，并综合历次成果，编写了《白云鄂博矿床地球化学》一书，于 1988 年由科学出版社出版。该书提出白云鄂博矿床实际上是一个矿床组合群，由不同类型的矿床和矿段组合而成；对矿区的花岗岩、碱性辉长岩、碱性岩脉、碳酸岩脉和火山岩做了较详细的研究，发现有火山岩存在的迹象，为稀土和铌的来源提供了依据；首次提出特殊稀土的富集条件，认为在多种地质应力反复作用条件下有利于特殊稀土的富集等。

值得重视的是包头尾矿不同于一般，它是一个宝藏。包头尾矿是世界罕见的白云鄂博多金属共生矿的选铁尾矿，由于选铁时没有综合回收致使大部分共生矿物都排入了尾矿坝，铁回收了 70% 左右，稀土回收利用率仅为 10% 左右。截止到 2008 年年底包头尾矿坝的尾矿堆存量已超过 1.7 亿 t，其中尾矿中含稀土（REO）7%，尾矿中稀土 1200 万 t，萤石（CaF_2）22.73%，萤石近 4000 万 t，铌（Nb_2O_5）0.14%，Nb_2O_5 近 24 万 t，钍（ThO_2）0.04%，ThO_2 近 6.8 万 t，铁（Fe）14.8%。这些有用元素和矿物除了铁以外，在尾矿中含量都比原矿高，得到了富集。实际上尾矿又是一个大的稀土矿。稀土是尾矿中最重要价值的资源，占总资源价值的 70% 以上。它是一个巨大的宝藏。从尾矿中回收稀土是一项重要的课题。尾矿处理应成为现有选矿厂和计划建设中的选矿厂越来越重要的技术领域。

包钢选矿厂尾矿坝是国内唯一的一座大型平地筑坝设施，占地 10.65km²，自 1965 年选矿厂投产以来，已累计积存尾矿近 5500 万 t（干重），这是一个多元素共存的第二资源宝库。如何将这一宝库得到开发利用，如何综合利用从尾矿中提取铁、稀土、铌、钍将是一项越来越重要的科研课题。

尾矿的综合利用将大大提高矿产资源的回收利用率，目前原矿的资源利用率只有 40% 左右，如能把尾矿全部综合利用，则资源回收率可达 80% ~ 90%，甚至更高，直到全部利用。尾矿的综合利用可以减少原矿的开采量，从而达到节约资源和保护资源的目的。

包头钢铁生产过程中产生大量的含铁尘泥，是属于固体废弃物的一部分，是固体废弃物综合利用的主要资源之一。白云鄂博矿冶过程中产生的固体废弃物

80%以上为含放射性的特种废弃物。同时还具有含氟、锰、稀土、铌、重金属及某些稀有金属的特点。

白云鄂博矿的开发利用造成天然放射性从地层深处向一些场所再分布，其中有相当一部分分布于固体废弃物中，这些含天然放射性的固体废弃物的^{232}Th 比活度超过国家建材放射性物质限制标准的 1.3 ~ 1.4 倍。因此，作为工程建筑材料利用受到限制。必须分离掉部分 ThO_2 以后，再进行开发利用。这项工作可伴随稀土矿物的回收与综合利用同步进行。

与高炉渣天然放射性钍含量近似的尾矿，则具有某种特殊性。因为尾矿在坝内以粉状形成大面积冲积滩，而包头气候干燥多风，以致尾矿粉的风力搬运现象比较突出，因此，通过采取物理、化学、生物等综合性抑制粉尘措施以保护环境是极为重要的。

值得注意的是，包头尾矿和高炉渣是两大突出的含放射性的固体废弃物。尾矿和高炉渣中的钍以 ThO_2 形式存在。

钍是一种天然放射性元素，长期以来没有得到大量的应用，最近几年，钍作为核电站燃料的潜在作用受到人们的关注和重视。根据徐光宪院士的报告，1t 钍作为核电站燃料可以代替 250 万 t 煤。我国钍资源储量仅次于印度，而绝大部分集中在包头，开发利用包头钍资源对我国绿色能源减少温室气体排放，改善环境具有十分重要意义。

开发利用尾矿不需再经开采和碎磨就可从中回收利用有使用价值的元素和产品，使之再资源化，与单独开采新的贫矿床相比，可大大节省投资和能源。

2.5　离子吸附型稀土矿

2.5.1　离子吸附型稀土矿资源

离子吸附型稀土矿，也称花岗岩风化壳型稀土矿或风化淋积型稀土矿，也简称离子型稀土矿。离子吸附型稀土矿主要是由黏土矿物、石英石、长石及造岩矿物组成。

中国南方离子吸附型稀土矿的中重稀土资源，不论其资源量还是元素种类与配分形式都是世界上任何国家无法比拟的，是重稀土生产的主要矿物原料。中国南方离子吸附型稀土矿床的发现，不但丰富了世界稀土矿床的类型，也为世界重稀土资源的开发利用提供了可靠的资源保证。

在稀土资源中，离子吸附型稀土矿的经济价值是目前最高的。世界上最大的离子吸附型稀土矿在中国的江西赣南以及广东、湖南和福建等地区。在这类矿物中，稀土以离子吸附态被风化壳的高岭土等硅铝酸盐矿物所吸附。它可以分为以轻稀土为主和以重稀土为主两类矿物。在以重稀土为主的资源中主要是重稀土含量高，铈组稀土元素含量较低，矿物中镧的含量高于铈，铕的含量比其他矿物高，特别是钇的含量相当高，如龙南离子吸附型稀土矿含氧化钇高达67%，氧化铈含量不到0.5%；我国江西寻乌等地离子吸附型稀土矿中氧化钐、氧化铕、氧化钆、氧化铽分别比美国芒廷帕斯氟碳铈矿中含量高10倍、5倍、12倍和20倍；世界上钇资源主要分布在中国，而我国江西龙南等地钇的储量巨大（16万t），是国外钇工业储量的4倍，是美国的47倍。

离子吸附型稀土矿勘探数据差异程度较大，多数属普查、初探和评价预测数据，缺乏详探数据，因此报道数据很不一致，而且储量是动态的，有消耗也有增加。因此，造成数据的差别很大。

目前发现该矿种主要分布于我国江西、广东、广西、福建、湖南、浙江和云南。表2-7列出七省区离子吸附型稀土矿资源量。

表2-7　七省区离子吸附型稀土矿资源量　　　　　　　　（万t）

地区	探明储量	评价预测储量	总计
江西	54.7239	228.5296	283.2535
广东	44.5472	224.6633	269.2105
广西	33.6068	50.7007	84.3075
湖南	11.0877	24.3375	35.4252
福建	4.3762	114.1101	118.8163
云南		(13.60)	(13.6000)
浙江		(0.716)	(0.7161)
总计	162.6579	642.6712	805.3291

注：未计南岭七省区的预测远景资源量。

离子吸附型稀土矿物的放射性元素含量低是我国特有的矿种，虽然矿中含稀土量少，但容易开采、集采选冶三步工序一步完成，提取工艺简便、成本低，且稀土配分以中重稀土含量多，其储量约占全球储量的80%。

表2-7中统计总储量805万t，也有资料报道达到5000万t。其中江西和广东储量约占全国储量的60%。

2.5.2　离子吸附型稀土矿物的形成、组成及赋存状态

原始地球形成地壳时使稀土富集起来，花岗岩作用又使地壳中的稀土再度富集，花岗岩的风化作用又使花岗岩中的稀土三度富集。

离子吸附型稀土矿床即是花岗岩类岩石中稀土元素在这种条件下重新转移和

富集的结果。地球形成地壳时提供的外生条件成为稀土转移富集的外部条件，花岗岩类岩浆活动促进了稀土的富集矿化，而原生矿物的风化解体以及黏土矿物的形成，提供了稀土次生富集的有利条件。

花岗岩风化壳型稀土矿广泛分布于我国南方亚热带地区，由于成矿物质来源于火成岩，特别是花岗岩类及其有关岩石，那里的花岗岩类岩石中普遍含稀土较高，经风化后其中的稀土转移富集吸附于黏土矿物之间，故南方这类岩石分布的地区，即为该类型稀土矿的可能地区。当然还与当地的地壳运动及地形、地貌、水文等具体条件有关。分布地区的大致范围在以北纬28°以南，而28°线以北成矿的可能性甚小。

我国花岗岩风化壳稀土矿主要分布于华南南岭一带，接近于亚热带的潮湿多雨气候，温暖潮湿，年降雨量在1000mm以上，这种气候条件对岩石的化学风化极为有利。通过溶解和水解等反应使矿物中某些元素活化成水溶性离子，在此基础上，又继续通过淋溶、残积、氧化、还原、交换和吸附等反应，形成一些新的矿物相，元素组合也发生新的变化。

含稀土的原岩是黑云母花岗岩、正长岩、石英正长岩等矿物，经地质年代的外生作用表面形成了风化壳。在花岗岩风化形成风化壳的同时，稀土矿物也被风化，在此过程中经物理、化学和生化作用，稀土元素以水合或羟基水合离子形式迁移、富集吸附在黏土矿物上。这才形成了不同稀土配分的风化淋积型稀土矿床，即为风化壳矿体，是一种次生矿。它分布于地壳表层，埋藏浅，分布广，是以浅层面状展布态产出的矿体。

形成离子吸附型矿床的主要因素如下：

（1）基岩的稀土丰度是形成离子吸附型稀土矿床的基础。在华南地区，稀土丰度在300ppm，这样的花岗岩是形成离子吸附型矿床的有利因素。

（2）不同时代花岗岩的RE_2O_3丰度差别不大，但以燕山花岗岩的RE_2O_3丰度最高，对形成离子吸附型稀土矿是有利的。

（3）稀土矿物是否容易风化，对风化壳中稀土元素的迁移和富集起着重要的作用。稀土矿物的抗风化能力大致为稀土磷酸盐>稀土硅酸盐>稀土铌钽酸盐>稀土氟化物>稀土氟碳酸盐。

（4）外生作用则是REO富集形成离子吸附型矿床的主要因素，其必要条件是吸附剂（黏土）和含稀土的溶液存在，因此，促使成岩矿物和稀土矿物分解的条件就极为重要。在寒冷和干燥的条件下，不可能形成离子吸附型矿床。温暖潮湿的气候有利于岩石化学风化，同时可提供丰富的有机质，形成酸性淋滤溶液，进一步促进矿物分解和元素迁移，因此，亚热带潮湿气候是形成黏土型风化壳最有利的因素。

（5）在风化作用进行时，区域范围内地壳升降速度对风化壳的保存也有重要的影响。地壳上升过快，剥蚀速度大大地超过化学风化速度时，化学风化的产物——残积层会迅速剥蚀掉，风化壳很难保存下来，更谈不上形成离子吸附型矿床。

2.5.3　南方离子型稀土矿床的地质、地球化学研究

20 世纪 80～90 年代，稀土元素地球化学研究表明，在我国南方若干稀土矿化花岗岩的稀土分布模式中均存在明显的四分组效应，这对于研究花岗岩类地球化学演化有重要的指导意义。

野外考察和实验室研究的结果对南方离子型稀土矿的物质组成、成矿过程及其机理，提出了比较系统的结论。

研究结果表明，华南岩浆活动特别是花岗岩类的岩浆活动，促进了稀土的富集，而原生矿物特别是易风化的稀土矿物和含稀土矿物的风化解体，以及黏土矿物的形成，提供了稀土次生富集的有利条件。华南接近于亚热带的潮湿多雨气候，提供了表生条件下稀土转移富集的外部条件。离子吸附型稀土矿实际上是一个天然的离子交换柱，在长期的风化淋滤作用下，离子状态的稀土元素不断地被黏土矿物吸附和解吸，这样在黏土矿物中分配较小的钇族稀土元素在风化壳的中下层富集，形成了风化壳矿床稀土分布模式的现有特征。经过研究，认为我国北纬 28°线以南的广大地区是这种稀土矿的远景区。对于今后找矿方向、资源合理利用及开发具有重要意义。

中国南方的离子吸附型稀土矿一般含 1% 的 REO，由于呈风化状，很容易露天开采，由于露天作业对环境造成严重的污染。离子吸附型稀土矿一般不需磨矿和选矿，可直接进行化学处理。用铵盐直接浸出即可获得 90% 以上的稀土，将草酸加到浸出液中，形成草酸稀土沉淀，经过过滤和灼烧，稀土草酸盐转化为稀土氧化物，总 REO 含量一般超过 90%。

离子吸附型稀土矿组成主要是黏土矿物、石英石、长石及造岩矿物；稀土元素主要以阳离子状态吸附在黏土矿物上，极易采用 Na^+、NH_4^+ 溶液进行交换，溶浸出稀土元素。不同风化壳矿体含稀土离子吸附量相差较大。

值得注意的是溶浸法只能提取离子吸附相中的稀土。

据统计从 1971～1999 年淋积型稀土资源开采全使用池浸工艺技术；从"六五"至"十五"计划国家支持原地浸矿工艺技术和设备的开发及应用推广，受到矿主的欢迎，大的矿点积极采用。2000～2004 年已有 50% 的矿点采用原地浸矿法生产，另 50% 是采用池浸法；2005 年后由于原地浸矿技术和工程要求高，一些矿主不掌握地质材料又无规范设计，采用原地浸矿法收不到浸出母液，损失

了投资；2005～2008 年多数矿主采用无风险的堆浸法，原地浸矿法生产的产品只占 20%。

离子吸附型稀土矿资源是宝贵的战略资源，池浸和堆浸工艺严重破坏生态环境和造成水土流失且难以恢复。池浸和堆浸法毁坏植被面积按吨 $400m^2$ 计算，挖矿和尾砂产出量按吨产品 2500t 计；原地浸矿法毁坏植被按吨产品平均 $4m^2$ 计算。池浸和堆浸工艺严重破坏生态环境和造成水土流失且难以恢复；原地浸矿技术现较成熟，资源利用率高，较合理地利用了资源，可适用于不同的地质和风化壳、矿体类型，是环保绿色工艺技术。

原地浸矿工艺存在的主要问题：①稀土浸净后需注入足够量清水，把矿体中残留的硫铵冲洗出，要确定合理的终点；②矿体饱和了水分需要防止山体滑坡，注液和复填要达到原松散的标准，并需要恢复植被；③原地浸矿技术和工程要求高，一些矿主不掌握地质材料又无规范设计，采用原地浸矿法收不到浸出母液，损失了投资。因此，开发资源利用高，有利于环境保护的新工艺已成为当务之急。

离子吸附型稀土矿资源是宝贵的战略资源。其中含有重稀土较多，经济价值高，其中大多数元素是高技术、新材料所必需的材料，因此，应该加倍保护，限制出口。

参 考 文 献

[1]（英）罗斯基尔信息服务公司. 世界稀土经济. 12 版. 2004
[2] 徐光宪. 稀土. 北京：冶金工业出版社，1995
[3] 苏锵. 稀土化学. 郑州：河南科技出版社，1993
[4] 韩开合，程素萍. 白云鄂博铁矿科学合理利用和保护资源浅论. 金属矿山，2006，增刊：
　　151-155
[5] 张培善，林传仙. 华南离子型稀土矿地质矿物和地球化学. 中国科学院稀土办科研成
　　果，1993
[6] 倪嘉缵，洪广言. 中国科学院稀土研究五十年. 北京：科学出版社，2005
[7] 李建武，侯甦予，郭安臣. 全球稀土资源分布及开发概况. 中国国土资源报，2012

第3章　稀土元素及其化合物的基本性质

3.1　稀土元素的基本性质

镧系元素在周期表中同处于一个格位，这一特殊地位导致镧系元素的性质十分相近，而由于 4f 电子数的不同，它们又不完全相同。这就造成了元素彼此之间很难分离，只有充分利用它们之间的微小差别，才能分离它们。它们之间存在的差别很小，几乎具有连续性，如离子半径和电子能级等，这可供人们根据需要加以选择应用，这也是稀土有许多优异性能和特殊用途的主要原因之一。

钇和镧系元素在化学性质上极为相似，它们有共同的特征氧化态（Ⅲ）。钇的离子（Ⅲ）半径在镧系元素钬与铒的离子（Ⅲ）半径之间，在天然矿物中，它们相互共生，具有相似的化学性质，因此，自然地把它们放在一起作为稀土元素。钪和镧系元素同为ⅢB 族元素，也有共同的特征氧化态，在地壳中原生稀土矿也发现有钪矿物伴生，因此把它也划入稀土元素。但由于其离子半径和镧系元素相差较大，其化学性质不像钇那样与镧系元素相似，再加上其极为分散，所以在一般生产工艺中往往做特例处理。

根据钇和镧系元素的化学性质、物理性质和地球化学性质的相似性和差异性，以及稀土元素在矿物中的分布和矿物处理的需要，以钆为界，把它们划分为轻稀土和重稀土两组，其中轻稀土又称铈组元素，包括 La、Ce、Pr、Nd、Pm、Sm、Eu；重稀土又称钇组元素，包括 Gd、Tb、Dy、Ho、Er、Tm、Yb、Lu 和 Y。

根据稀土硫酸盐的溶解性及某些稀土化合物的性质，常把稀土分为轻、中和重稀土三组。轻稀土为 La、Ce、Pr、Nd；中稀土 Sm、Eu、Gd、Tb、Dy；重稀土为 Ho、Er、Tm、Yb、Lu 和 Y。

在分离稀土工艺中和研究稀土化合物性质变化规律时，又得出了"四分组效应"关系，即将稀土分为四组，铈组 La、Ce、Pr；钐组 Nd、Sm、Eu；铽组 Gd、Tb、Dy；铒组 Ho、Er、Tm、Yb、Lu 和 Y。

3.1.1　稀土金属的性质

稀土金属是典型的活泼金属（需保存在煤油中），活泼性与 Mg 相似，强于 Al。稀土的金属性由镧到镥递减，这是因为随着原子序数增加，原子半径减少，失去电子的倾向变小。

　　稀土金属除镨和钕为淡黄色外,其余均具有银白和银灰色的金属光泽。

　　稀土金属的硬度不大,一般比较软,镧和铈与锡相似。随原子序数的增加硬度增大。

　　稀土金属具有良好的延展性,其中以铈、钐和镱为最好,如铈可拉成金属丝,又可压成金属箔,但杂质的存在会大大减小其延展性。

　　稀土金属密度随着原子序数增加而增大,钪的相对密度为 2.99,钇为 4.47,镧系金属为 6 ~ 10。但在原子半径较大的 Eu 和 Yb 处出现两个峰值。

　　稀土金属的熔点很高,也随原子序数的增加而升高。值得注意的是铕和镱两个元素非常特别。它们的熔点特别低,它们的原子体积不仅不随原子序数增加而增加,反而减小。这是由于它们原子的电子构型分别处于 $4f^n$ 的半满和全满状态,致使原子核对 6s 电子的吸引力减小,熔点降低的反常现象,呈现出"双峰效应"。

　　稀土金属的导电性能并不好,如以汞的导电性为 1 时,镧为 1.6 倍,铈为 1.2 倍,铜却为 56.9 倍。稀土金属之间导电性能也有较大差异,其中镧和镱较好,钆和铽最差。基本上随着温度升高,轻稀土金属导电性能逐渐下降,而重稀土金属则略有增加。稀土化合物大多数是离子键型,它们导电性能较好,可用电解法制备稀土金属。

　　稀土金属及其化合物的磁性取决于钪的 3d 电子,钇的 4d 电子和镧系元素的 5d 及 4f 电子。大多数三价稀土离子和 Eu^{2+}、Sm^{2+},由于在 4f 轨道上都有未偶合的电子,它们显示出顺磁性;而没有未偶合的电子就显示出抗磁性,如 Sc^{3+}、Y^{3+}、La^{3+} 和 Lu^{3+}。但总的来说,钪、钇、镧、铈、镱、镥都属于抗磁性物质,铈(Ce^{4+})、镨、钕、钐、铕、镱(Yb^{2+})均为顺磁性物质,而钆、铽、镝、铒、铥均为铁磁性物质。

　　稀土金属的某些性质列于表 3-1。

表 3-1　稀土金属的某些性质

元素	原子序数	相对原子质量	原子半径/pm	密度/ (g/cm^3)	熔点/℃	沸点/℃	热中子捕获截面(巴/原子)	三价离子半径/pm	三价离子颜色	氧化电位 E_{298}(R→ $R^{3+}+3e^-$)	RE^{3+}磁矩/μ_B
Sc	21	44.956	164.1	2.99	1 539	2 730	24.0	68	无色	2.08	0.00
Y	39	88.906	180.1	4.47	1 509	3 337	1.38	88	无色	2.372	0.00
La	57	138.906	187.7	6.19	920	3 454	9.3	106.1	无色	2.522	0.00
Ce	58	140.12	182.4	6.77	793	3 257	0.73	103.4	无色	2.483	2.56

元素	原子序数	相对原子质量	原子半径/pm	密度/(g/cm³)	熔点/℃	沸点/℃	热中子捕获截面(巴/原子)	三价离子半径/pm	三价离子颜色	氧化电位E_{298}(R→R³⁺+3e⁻)	RE³⁺磁矩/μ_B
Pr	59	140.908	182.8	6.78	935	3 212	11.6	101.3	黄绿	2.462	3.62
Nd	60	144.24	182.1	7.00	1 024	3 127	46	99.5	紫红	2.431	3.68
Pm	61	(145)	181.0	7.2	1 035	3 200		(98.)	粉红	2.423	2.83
Sm	62	150.36	180.2	7.54	1 072	1 778	5 600	96.4	淡黄	2.414	1.50
Eu	63	151.96	240.2	5.26	826	1 597	4 300	95.0	淡粉红	2.407	3.45
Gd	64	157.25	180.2	7.88	1 312	3 233	46 000	93.8	无色	2.397	7.94
Tb	65	158.925	178.2	8.27	1 356	3 041	46	92.3	淡粉红	2.391	9.7
Dy	66	162.50	177.3	8.54	1 407	2 335	950	90.8	淡黄绿	2.353	10.6
Ho	67	164.930	176.6	8.80	1 461	2 720	65	89.4	淡黄	2.319	10.6
Er	68	167.26	175.7	9.05	1 497	2 510	173	88.1	淡红	2.296	9.6
Tm	69	168.934	174.6	9.33	1 545	1 727	127	86.9	微绿	2.278	7.6
Yb	70	173.04	194.0	6.98	824	1 193	37	85.8	无色	2.267	4.5
Lu	71	174.967	173.4	9.84	1 652	3 315	115	84.8	无色	2.255	0.00

3.1.2　稀土元素的化学性质

（1）稀土元素的价态：稀土元素的正常氧化态是正三价，即电离掉$(ns)^2(n-1)d^1$或者$(4f)^1$三个电子，但当个别稀土元素电离失去 2 个或者 4 个电子可使 4f 轨道呈现出接近于全空或半满或全满的稳定结构时，它们可能出现正二价或者正四价。例如，铈、镨和铽可呈现四价态，而钐、铕和镱可呈现二价态，其中四价铈和二价铕具有一定的稳定性，可在水溶液中存在。在稀土分离时就利用它们的氧化还原特性分离。

二价铕相对比较稳定，在隔绝空气的条件下能稳定存在。四价的镨和铽通常只能以固体状态存在，溶于酸便被还原成三价化合物，它们的氧化还原电位虽高却极不稳定。

（2）稀土元素原子半径、离子半径及镧系收缩：金属的原子半径是金属晶体中两个原子核间距的一半。镧系元素金属除铕和镱反常外，原子半径从镧（187.7pm）到镥（173.4pm）呈略有缩小的趋势，而且镧系金属原子半径比离子半径大，其原因在于金属原子半径比离子半径多一层。

三价稀土离子的半径从三价钪到三价镧依次增大，这由于电子层增多了，半径相应增加。三价稀土离子的半径与同价的其他金属离子相比是比较大的，如 Al^{3+}、Fe^{3+}、Co^{3+} 等。

由于稀土元素离子半径相似，晶体中的稀土离子彼此可以相互取代而呈类质同象，钇的离子半径 88pm，与重稀土差不多，介于镝铒之间，所以常与重稀土元素共存于矿物中。而钪的离子半径 68pm 相差较远，故一般不与稀土矿共存。

在镧到镥的 15 个元素的离子半径随着原子序数增加而减小。这一现象称为"镧系收缩"。镧系收缩的原因是由于有效核电荷增加的作用，在镧系元素中，原子序数加 1，就增加 1 个核电荷和 1 个电子，其中这个电子填充到处于内层的 4f 轨道上，核电荷增加导致核电荷对外层的电子吸引作用更大，所以离子半径相应减小，这样原子序数越大，半径就越小，并且有规律地减小。镧系收缩的结果使三价稀土元素离子半径从 106.1pm（La^{3+}）缩小到 84.8pm（Lu^{3+}），其缩小 21.3pm，平均两个相邻元素之间缩小 1.5pm。

在稀土化合物中大多数都是稀土与氧结合，离子键是主要的，结合力的强弱与核间距的平方成反比，所以，稀土离子半径的大小是决定稀土离子配位能力强弱的主要因素之一。稀土离子半径随原子序数增加而减小，它的配位能力则随原子序数增加而增强，可以利用配位能力的强弱来分离稀土元素。

镧系收缩效应不但影响镧系元素的离子半径，而且也影响镧系后面几个元素 Hf^{4+}、Ta^{5+}、和 W^{6+} 的离子半径，使得 Zr 和 Hf、Nb 和 Ta、Mo 和 W 的离子半径也相差不多，化学性质相近，造成锆和铪，铌和钽及钼和钨三对元素之间很难分离。

（3）稀土金属的活泼性：稀土金属的化学活泼性很强，它们的标准电极电位由镧的 -2.52V 增至镥的 -2.26V。新切开的银灰色光泽表面的稀土金属在空气中迅速变暗，生成一层氧化物膜，这层膜并不紧密，因此不能阻止空气的进一步作用，将金属加热至 200~400℃时，即生成氧化物。它们与冷水作用缓慢，与热水作用较剧烈，置换出氢。当然，它们易溶于稀酸中。稀土金属在空气中的稳定性，随着原子序数的增加而增加。镧和铈在空气中很快被氧化，在潮湿空气中逐渐转化为白色氢氧化物。铈则先氧化成三氧化二铈，随即继续被氧化成二氧化铈，放出大量的热而自燃，钕和钐的作用就较缓慢。钇在空气中即使加热至 900℃，也只是表面产生氧化物。

稀土金属一般在 150~180℃着火（La 的着火点特高，约 450℃），因此"混合稀土金属"和铁（7:3）的合金用作打火机的"火石"。由火石磨出的锉屑在空气中会着火。

（4）镧系元素第三电离能随原子序数的增加起伏很大，因此，可以认为镧系的 φ（Ln^{3+}/Ln^{2+}）值主要由第三电离能（I_3）所决定。I_3 的数值以 Eu 和 Yb 最大，其次为 Tm 和 Sm，故这些元素的+2 价态相对比较稳定。

　　$RE^{4+}+e^- \longrightarrow RE^{3+}$ 标准电极电位的变化规律如图 3-1（a）所示。从图 3-1（a）可以看出，Ce^{4+} 相对比较稳定，其次是 Tb^{4+} 和 Pr^{4+}。因此，研究 RE^{4+} 的性质时也多以 Ce^{4+} 为例。从图 3-1 也不难看出：镧系的 $\varphi^{\ominus}$（Ⅳ/Ⅲ）值的变化规律主要由电离能 I_4 所决定。I_4 的数值以 Ce 最小，其次是 Pr 和 Tb。因此，这些元素+4 价态相对比较稳定。

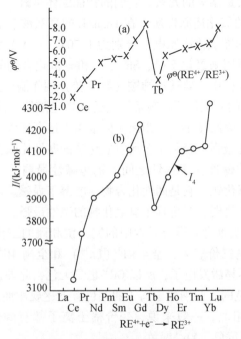

图 3-1　标准电极电位变化规律

　　（5）单质稀土金属有很强的还原性：稀土金属是强的还原剂，稀土金属的还原能力仅次于 Li、Na、K 和碱土金属 Mg、Ca、Sr、Ba，随着原子序数增加，其还原能力是逐渐减弱的。Eu 和 Yb 的还原能力较弱。由于稀土金属氧化物的生成热很大，如 La_2O_3 的生成热为 1910kJ/mol（铝热法中 Al_2O_3 的生成热为 1580kJ/mol）。因此 "混合稀土金属" 是比铝更好的活泼金属还原剂。

　　（6）稀土金属在室温时缓慢吸收氢，在 300℃ 时较迅速生成脆的无定形固体，具有不定的组成，大约是 $REH_{2.8}$。这种 "氢化物" 在干燥空气中稳定，在潮湿空气中着火。在氮中热至 1000℃ 以上生成氮化物 REN；在高温和碳作用生成乙炔型碳化物 REC_2。

　　（7）稀土金属易与稀酸反应并放出氢气。稀土金属溶于盐酸、硫酸、硝酸。

难溶于浓硫酸和微溶于氢氟酸和磷酸，这是由于反应生成了难溶的氟化物和磷酸盐覆盖在金属表面，阻止它们继续作用的缘故。

（8）稀土金属易与卤素、氧反应。稀土金属于 200℃ 以上在卤素蒸气中剧烈燃烧，生成卤化物。镧和铈在空气中很快被氧化，在潮湿空气中逐渐转化为白色氢氧化物。铈则先氧化成三氧化二铈，随即继续被氧化成二氧化铈，放出大量的热而自燃，钕和钐的作用就较缓慢。钇在空气中即使加热至 900℃，也仅表面产生氧化物。稀土元素是亲氧的元素，它们的特征配体是氧。

（9）稀土元素的氧化还原性质：在 1mol/L 的高氯酸、硝酸和硫酸的酸性介质中，Ce^{4+}/Ce^{3+} 的标准氧化还原电位分别为 1.70V、1.01V 和 1.44V，表明 Ce^{4+} 是一个强氧化剂，可用来氧化 Fe^{2+}、Sn^{2+}、I^- 和有机化合物等，可用于氧化还原分析。所以在容量分析中，硫酸铁铈铵（摩尔蓝）用作滴定剂。

（10）稀土元素的酸碱性质：镧系元素的碱性是随原子序数的增大而逐渐减弱的。由于离子半径逐渐减小，对阳离子的吸引力逐渐增强，氢氧化物解离度也逐渐减小，镧的碱性最强，轻稀土金属氢氧化物的碱性比碱土金属氢氧化物的碱性稍弱，氢氧化钇的碱性介于镝钬之间。钪是碱性最弱的一个，当 pH 为 4.90 时，即开始生成氢氧化钪，它是两性化合物，能溶于强碱。四价稀土氢氧化物的碱性较三价的氢氧化物弱，二价稀土氢氧化物的碱性最强。

（11）稀土离子的颜色：稀土元素中的钇、钪和镧的三价态是无色的，具有 4f 电子，镧系元素呈三价态时，全空 $4f^0$（La^{3+}）和全满 $4f^{14}$（Lu^{3+}）是无色的，由于 f^7 特别稳定，不易激发电子，所以 Gd^{3+} 也是无色，此外接近 f^0 的 f^1 和接近 f^{14} 的 f^{13} 的元素也是无色的。归纳稀土离子的颜色有下述规律性，即有 f^n 和 f^{14-n} 结构的离子颜色都大致相似。一般来说，变价稀土离子都有颜色，如 Ce^{4+} 橘红色、Sm^{2+} 红棕色、Eu^{2+} 浅黄色、Yb^{2+} 绿色。

3.2　稀土化合物

稀土化合物可按多种方式分类，如按在水中的溶解性能，分为稀土可溶化合物和稀土不溶化合物。最重要的稀土可溶化合物是氯化物、硝酸盐和硫酸盐。稀土的不溶化合物很多，主要有氟化物、氧化物、复合氧化物、氢氧化物、碳酸盐、氟碳酸盐、磷酸盐、硅酸盐和草酸盐。除草酸盐外，其他化合物都在自然界中组成稀土矿物。例如，磷酸盐的独居石（$REPO_4$）和磷钇矿（YPO_4），氟碳酸盐的氟碳酸铈矿（$CeFCO_3$）。

稀土化合物具有重要的应用价值。现介绍一些重要的无机化合物。

3.2.1　稀土氧化物（RE₂O₃）

稀土元素是亲氧的元素，稀土氧化物普遍存在。由于稀土的特征氧化态是三价，因此除 Ce、Pr、Tb 外稀土氧化物的化学式以 RE_2O_3 表示。

稀土氧化物可通过以下方法制备：

（1）通过稀土氢氧化物、$RE_2(C_2O_4)_3$（稀土草酸盐）、$RE_2(CO_3)_3$（稀土碳酸盐）等加热（>800℃）分解。

$$RE_2(C_2O_4)_3 \cdot 2H_2O \Longrightarrow RE_2O_3 + 3CO_2 + 3CO + 2H_2O$$
$$RE_2(CO_3)_3 \longrightarrow RE_2O_3 + 3CO_2$$

在空气中灼烧 Ce、Pr、Tb 的氢氧化物、碳酸盐或草酸盐，则得到四价的 CeO_2，而镨和铽则是以四价和三价共存形式的 Pr_6O_{11} 和 Tb_4O_7 存在。

CeO_2 是呈微黄白色的惰性物质。它也可由相应盐如 $Ce(SO_4)_2$、$Ce(NO_3)_4$ 等灼烧得到。

混合稀土氧化物呈棕褐色。

（2）镧系金属（Ce、Pr、Tb 除外）在高于 456K 时，能直接、迅速被空气氧化，生成 RE_2O_3 型的氧化物。稀土氧化物的性质示于表 3-2。

表3-2　稀土氧化物的物理和化学性质

氧化物	密度/(g/cm³)	熔点/℃	颜色	磁矩/μ_B（实验）	磁化率/(×10⁶cm/g)	电阻率/(Ω·m)（1000K）	禁带宽度/eV
Sc₂O₃	3.864		白			4.4×10⁵	—
Y₂O₃	5.01		白	0.20		5.4×10⁴	—
La₂O₃	6.51（15℃）	2217	白		−0.23	10⁶（560℃）	8.65
CeO₂	7.132（22℃）	2397	黄白			10⁴	5.45
Ce₂O₃	6.86	2142	灰绿			22.4	
PrO₂	6.82		棕黑				
Pr₆O₁₁	—	2042	黑	2.78		8.3×10⁻²	—
Pr₂O₃	7.07	2127	浅绿	3.59		2×10³	
Nd₂O₃	7.24	2211	蓝紫	3.79	29.5	1.1×10²	7.02
Pm₂O₃	7.30						
Sm₂O₃	7.68	2262	黄白	1.50		4.2×10²	8.0
Eu₂O₃	7.42	2002	微红	3.36	27.4	—	7.2
EuO	8.21		暗红	7.3			
Eu₃O₄	8.11		棕红	3.51			

氧化物	密度/(g/cm³)	熔点/℃	颜色	磁矩/μ_B（实验）	磁化率/（×10⁶cm/g）	电阻率/(Ω·m)（1000K）	禁带宽度/eV
Gd_2O_3	7.407 (15℃)	2322	白	7.95	140	10^4	8.5
Tb_2O_3	8.33	2292	白			1.0	4.86
Tb_2O_3 (B)				9.6			
Tb_2O_3 (C)				9.5			
TbO_2				7.9			
Tb_4O_7	—	2337	棕	10.52			
Dy_2O_3	7.81 (27℃)	2352	微黄			1.7×10^2	8.0
Ho_2O_3		2367	锡黄	10.4		10^7 (417℃)	8.65
Er_2O_3	8.640	2387	淡红	9.44		10^5	8.65
Tm_2O_3	—	2392	微绿	7.28		10^6 (560℃)	7.24
Yb_2O_3	9.17	2372	白	4.6		3.5×10^3	8.35
Lu_2O_3	—	2467	白			10^6	8.70

从表3-2可见，稀土氧化物具有较好的稳定性，它们氧化物的熔点均较高，是偏于离子型的晶体。

稀土氧化物难溶于水和碱，而易溶于无机酸生成相应的盐，如与盐酸反应生成相应的氯化物。但 CeO_2 的溶解比较困难。

氧化物在空气中能吸收 CO_2，生成碱式碳酸盐，经800℃灼烧可得到无碳酸盐的氧化物。

氧化物可以与水结合，发生水合作用而形成水合氧化物，生成氢氧化物。例如，用水蒸气与氧化物一起加热，可以得到 $REO(OH)_2$ 和 $RE(OH)_3$。

在有过氧化氢存在时，加碱到钇盐和镧盐溶液中，得 $Y(OH)_2OOH$ 或 $La(OH)_2OOH$ 沉淀。这种过氧化合物遇稀硫酸或碳酸时，析出过氧化氢。

在2000℃以下，RE_2O_3 有三种不同的结构，它们之间的结构转变可用相图来表示。由图3-2可看出，氧化物的结构主要取决于金属离子的大小和生成的温度。

图3-3示出不同结构的 RE_2O_3 的晶体结构。在 A 型 RE_2O_3 中，稀土离子是七配位的，6 个原子围绕稀土离子呈八面体排布，另外还有一个氧原子处在八面体的一个面上；在 B 型 RE_2O_3 中，稀土也是七配位的，其中 6 个氧原子也是八面体排布，余下的 1 个氧原子与金属原子的键比其他的键长；在氟化钙型结构中，每个金属原子被 8 个氧原子包围，它们分别在一个立方体的 8 个顶角上，每个氧原

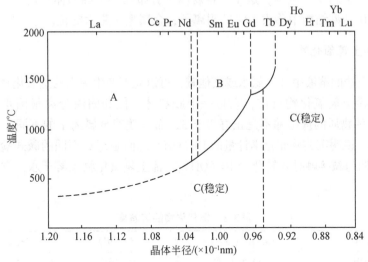

图 3-2 三氧化二稀土的相图

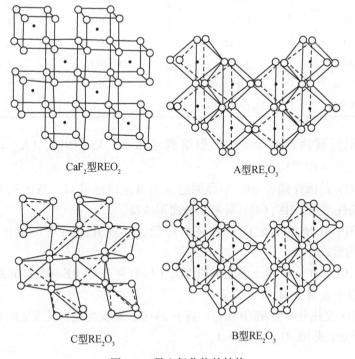

图 3-3 稀土氧化物的结构

●—稀土金属原子；○—氧原子

子又被 4 个金属离子包围，这 4 个金属离子分布在一个四面体顶角上；C 型结构则是在氟化钙型结构中移去 1/4 的阴离子，金属离子是六配位。

3.2.2　稀土氢氧化物

向稀土盐的溶液中加入氨水或其他碱，可以立即产生稀土的氢氧化物，形成颗粒细小的稀土氢氧化物沉淀，它是一个胶状体，使其固液分离很困难。沉淀中 OH^-/RE^{3+} 的物质的量比并不是正好等于 3，而是随着金属离子的不同，在 2.48 ~ 2.88 变化，说明沉淀并非化学计量的 $RE(OH)_3$，而是组成不同的碱式盐，在过量碱或者长期与碱接触时才转化为 $RE(OH)_3$，稀土氢氧化物难溶于水，它们溶解度见表 3-3。

表 3-3　氢氧化物的溶解度

$RE(OH)_3$	溶解度/(mol/L)	$RE(OH)_3$	溶解度/(mol/L)
$La(OH)_3$	13.2×10^{-6}	$Dy(OH)_3$	2.8×10^{-6}
$Ce(OH)_3$	3.1×10^{-6}	$Ho(OH)_3$	1.9×10^{-6}
$Pr(OH)_3$	5.5×10^{-6}	$Er(OH)_3$	2.1×10^{-6}
$Nd(OH)_3$	5.3×10^{-6}	$Tm(OH)_3$	1.9×10^{-6}
$Sm(OH)_3$	3.0×10^{-6}	$Yb(OH)_3$	2.1×10^{-6}
$Eu(OH)_3$	2.7×10^{-6}	$Lu(OH)_3$	1.6×10^{-6}
$Gd(OH)_3$	2.8×10^{-6}	$Y(OH)_3$	3.1×10^{-6}
$Tb(OH)_3$	1.9×10^{-6}		

$RE(OH)_3$ 碱性近似于碱土，但溶解度很小，$La(OH)_3$（$K_{sp}=10^{-19}$）到 $Lu(OH)_3$（$K_{sp}=10^{-24}$）。

$RE(OH)_3$ 的碱性随着 RE^{3+} 半径的递减而有规律地减弱。碱性从 La^{3+} 到 Lu^{3+} 减小，而酸性增强。$RE(OH)_3$ 易溶于酸而形成盐。

$RE(OH)_3$ 溶解度随温度的升高而降低，温度升高后有可能不是以单一 $RE(OH)_3$ 的形式存在。

在 NH_4Cl 存在下在稀土溶液中加 $NH_3 \cdot H_2O$ 可生成 $RE(OH)_3$ 沉淀，借此可与 Mg^{2+} 等碱土金属分离。

$RE(OH)_3$ 受热分解为 $REO(OH)$，高于 200℃，则发生脱水反应生成 $REO(OH)$，温度再高则会生成 RE_2O_3，见表 3-4。

表3-4　RE(OH)₃及 REO(OH) 的脱水温度 （℃）

元素	沉淀法制样			水热法制样	
	RE(OH)₃·nH₂O	RE(OH)₃	REO(OH)	RE(OH)₃	REO(OH)
La	70	390	590	410	550
Ce					
Pr	54	328	460	355	
Nd	58	338	464	375	535
Sm	60	345	515	345	595
Eu	71	370	540	330	575
Gd	76	380	570	330	490
Tb	66	340	500	320	375
Dy	60	300	490	295	455
Ho	48	270	460	290	430
Er	45	255	440	250	430
Tm	40	240	430	270	390
Yb	36	225	410		
Lu	31	210	400		
Y	56	280	470	310	470

从表3-4可看出，La 到 Lu 离子半径逐渐减小，离子势 Z/r 逐渐增大，极化能力逐渐增大，失水温度也逐渐降低。

从不同盐的溶液中稀土氢氧化物开始沉淀的 pH 略有不同。由于镧系收缩，三价离子的离子势 Z/r 随原子序数的增大而增加，开始沉淀时的 pH 也随原子序数的增大而降低，其中 La(OH)₃ 沉淀的 pH 为 7.82 到 Lu(OH)₃ 沉淀的 pH 为 6.3，Sc^{3+} 由于离子半径最小，因此开始沉淀的 pH 最低（表3-5）。

表3-5　RE (OH)₃的物理性质

氢氧化物	颜色	RE(OH)₃溶度积（25℃）	沉淀的 pH				
			硝酸盐	氯化物	硫酸盐	乙酸盐	高氯酸盐
La(OH)₃	白	1.0×10^{-19}	7.82	8.03	7.41	7.93	8.10
Ce(OH)₃	白	1.5×10^{-20}	7.60	7.41	7.35	7.77	
Pr(OH)₃	浅绿	2.7×10^{-20}	7.35	7.05	7.17	7.66	7.40
Nd(OH)₃	紫红	1.9×10^{-21}	7.31	7.02	6.95	7.59	7.30
Sm(OH)₃	黄	6.8×10^{-22}	6.92	6.82	6.70	7.40	7.13

氢氧化物	颜色	RE(OH)$_3$ 溶度积（25℃）	沉淀的 pH				
			硝酸盐	氯化物	硫酸盐	乙酸盐	高氯酸盐
Eu(OH)$_3$	白	3.4×10^{-22}	6.82		6.68	7.18	6.91
Gd(OH)$_3$	白	2.1×10^{-22}	6.83		6.75	7.10	6.81
Tb(OH)$_3$	白						
Dy(OH)$_3$	浅黄						
Ho(OH)$_3$	浅黄						
Er(OH)$_3$	浅红	1.3×10^{-23}	6.75		6.50	6.95	
Tm(OH)$_3$	浅绿	2.3×10^{-24}	6.40		6.20	6.53	
Yb(OH)$_3$	白	2.9×10^{-24}	6.30		6.18	6.50	6.45
Lu(OH)$_3$	白	2.5×10^{-24}	6.30		6.18	6.46	6.45
Y(OH)$_3$	白	1.6×10^{-23}	6.95	6.78	6.83	6.83	6.81
Sc(OH)$_3$	白	4×10^{-30}	4.9	4.8		6.10	
Ce(OH)$_4$	黄	4×10^{-51}	0.7~1				

3.2.3　稀土卤化物（三价稀土卤化物）

一般情况下，卤化物都含有一定的结晶水。氟化物组成一般为 REF$_3$·H$_2$O；对于氯化物，轻稀土 La、Ce、Pr 为 RECl$_3$·7H$_2$O，对 Nd~Lu、Sc、Y 则为 RECl$_3$·6H$_2$O；对于溴化物，ScBr$_3$ 含 5 个结晶水，其他各元素均可用 REBr$_3$·6H$_2$O 表示；对于碘化物，ScI$_3$ 含 6 个结晶水，La~Eu 含 9 个结晶水，Dy~Lu 可用 REI$_3$·8H$_2$O 表示，Gd 和 Tb 则根据制备条件不同，可能是 8 个结晶水，也可以是 9 个结晶水。

稀土氟化物 REF$_3$ 不溶于水，其他卤化物易溶于水。

1. 无水卤化物

无水卤化物可由金属直接卤化或稀土金属与卤化汞反应制得：

$$2RE+3X_2 = 2REX_3$$
$$2RE+3HgX_2 = 2REX_3+3Hg$$

稀土金属于 200℃ 以上在卤素蒸气中剧烈燃烧，生成卤化物。此种方法可制备高纯度的无水稀土氯化物，但反应剧烈，工业上较难控制。

用水合物加热脱水的方法，往往不能获得无水卤化物。因为在加热过程中往往有卤氧化物生成，反应如下：

$$REX_3·nH_2O \longrightarrow REOX+2HX+(n-1)H_2O$$

所以由水合卤化物制取无水卤化物大都是在 REX$_3$ 溶液中加入过量的 NH$_4$X 进行脱水。具体操作如下：1mol 的 RECl$_3$ 溶液中加 6mol 的 NH$_4$Cl，对碘化物则 1mol REI$_3$ 加 12mol 的 NH$_4$I。将溶液蒸干，产物在真空下缓缓加热到 200℃，除去所有水分，再加热到 300℃，使所有 NH$_4$X 升华，即得纯净的无水稀土卤化物。

或者用稀土氧化物在还原剂存在下直接氯化制得稀土卤化物。

$$RE_2O_3 + 6NH_4Cl \longrightarrow 2RECl_3 + 3H_2O + 6NH_3 （300℃）$$

2. 稀土氯化物

水合氯化物的制备可由碳酸盐、氧化物和氢氧化物用盐酸溶解制得。直接从盐酸溶液中浓缩结晶得到的稀土氯化物带有结晶水，水合氯化物直接脱水会发生水解反应形成 REOCl，难以得到纯净的无水稀土氯化物。

$$RECl_3 + H_2O \rightleftharpoons REOCl + 2HCl$$

从水溶液中 La～Nd 常结晶出七水合氯化物，Nd～Lu（Y）结晶出六水合氯化物。

稀土氯化物易水解，所以含结晶水的盐加热脱水时需在特定的条件下进行。

RECl$_3$·nH$_2$O 欲脱水可采用：①低温抽真空；②通 HCl 气体；③加 NH$_4$Cl 一起加热。

氯化物易溶于水。在稀溶液中，稀土氯化物是典型的 1:3 电解质，说明它是离子化合物。稀土氯化物在水中溶解度列于表 3-6。

表 3-6　稀土氯化物在水中溶解度（25℃）

RECl$_3$·7H$_2$O	溶解度/(mol/L)	RECl$_3$·6H$_2$O	溶解度/(mol/L)
La	3.8944	Tb	3.5795
Ce	3.748	Dy	3.6302
Pr	3.795	Ho	3.739
Nd	3.9307	Er	3.7840
Sm	3.6414	Yb	4.0028
Eu	3.619	Lu	4.136
Gd	3.5898	Y	3.948

3. 稀土氟化物

稀土溶液中加入氢氟酸或氟化铵，均可获得含水稀土氟化物的胶状沉淀，加热后转化为细小颗粒状的沉淀。在过量氟离子中，可导致部分稀土形成配合物而溶解。

稀土氟化物溶解度比草酸盐溶解度小，即使在 3mol/L HNO_3 的 RE^{3+} 盐溶液中加入氢氟酸或 F^-，也可得到氟化物的沉淀。因此，可利用稀土氟化物沉淀和其他杂质分离，但由于沉淀为胶体，不易过滤洗涤，因此在生产和分析中应用较少。

为制备不含氟氧化物 REOF 或未反应的 RE_2O_3 的无水氟化物，最好同时使用湿法和干法。首先，使用湿法将 RE_2O_3 溶于 HCl 或 HCl+HF，以 HF 沉淀出水合的 REF_3，然后用干法在 200～400℃ 以 NH_4F 脱水或在 HF 或 $HF+N_2$ 的气氛下于 700℃ 脱水。使用玻璃石墨管或铂舟作容器，它们在 1000℃ 时对 HF 和 REF_3 是惰性的。

为制备纯的稀土金属，需制备含氧量很低的无水氟化物，可采用两步合成法：第一步是将无水 HF+60% Ar 通入 RE_2O_3 中于 700℃ 加热 16h。为防止所得氟化物被污染，氧化物放在铂舟内，使用内衬铂的铬镍铁合金的炉管，第一步所得的氟化物含氧量约 300ppm。第二步是将盛有这种氟化物的铂坩埚放在具有石墨电阻加热器的石墨池内，于 HF+60% Ar 的气氛下加热至高于氟化物熔点约 50℃。20g 氟化物约需加热 1h，所得熔体的透明程度标志着氟化物中氧的含量。如为高度透明，则氟化物中的氧含量少于 10ppm；如为乳浊，则氧含量>20ppm。

以 H_2 在 1000℃ 还原 EuF_3 可得 EuF_2，为黄白色，室温时在空气中稳定。但用此法不能制得 YbF_2。

以 H_2 或稀土金属部分还原 REF_3，或 REF_3 热分解，或将 REF_3+REF_2 密封在铂管内低于 800℃ 退火，均可得到（RE^{2+}、RE^{3+}）混合价态的有序的氟化物（RE = Sm、Eu、Yb），可用通式 RE_nF_{2n+5} 表示其同系物。如四方晶系的 SmF_7、EuF_7、YbF_7，三方晶系的 $Sm_{14}F_{33}$、$Eu_{14}F_{33}$、$Yb_{14}F_{33}$，立方晶系的 $Sm_{27}F_{64}$、$Eu_{27}F_{64}$、$Yb_{27}F_{64}$ 和三方晶系的 $Sm_{13}F_{32-\delta}$、$Eu_{13}F_{32-\delta}$、$Tb_{13}F_{32-\delta}$、$Yb_{13}F_{32-\delta}$。

Sm 和 Yb 的混合价态氟化物的稳定性比 SmF_2 和 YbF_2 高，可在室温湿空气中或高温惰性气氛中或高真空中放置一个星期。

F_2 的体积小，具有高的氧化能力，氟离子为单电荷，它可与稀土形成高价的氟化物。在二元氟化物中，Ce、Pr、Tb 可生成四价的 CeF_4、PrF_4 和 TbF_4。以 F_2 在 300～500℃ 作用于金属 Ce 或 Tb，或它们的三氟化物以 F_2 钝化的镍或蒙内尔铜镍合金作容器，可得 CeF_4 或 TbF_4；以 F_2 在 500℃ 作用于 CeO_2 也可获得 CeF_4。

利用惰性气体的氟化物也可制得一些高价稀土的氟化物或复合氟化物。

三价稀土氯化物和氟化物的物理性质列于表 3-7。

表 3-7　三价稀土氯化物和氟化物的物理性质

金属	三价稀土氯化物			三价稀土氟化物		
	熔点/℃	沸点/℃	密度/(g/cm³)	熔点/℃	沸点/℃	密度/(g/cm³)
Y	904	1507	2.67	1152	2227	5.069
La	860	1750	3.84	1490	2327	5.936
Ce	848	1730	3.92	1437	2327	6.157
Pr	786	1710	4.02	1460	2327	6.140
Nd	784	1690	4.13	1374	2327	
Sm	678		4.46	1306	2323	6.925
Eu	分解	分解	4.89	1276	2277	7.088
Gd	609	1580	4.52	1231	2277	
Tb	586	1550	4.35	1172	2277	
Dy	718	1530	3.67	1154	2277	7.465
Ho	718	1510		1143	2277	7.829
Er	774	1500		1140	2277	7.814
Tm	824	1490		1158	2277	8.220
Yb	865	分解	2.57	1157	2277	8.168
Lu	905	1480	3.98	1182	2277	8.440

3.2.4　稀土氢化物

稀土氢化物可由稀土金属与氢直接反应制得，产物通常为 REH_2，即

$$RE+H_2 \Longrightarrow REH_2$$

但在大多数情况下还可继续反应，生成 REH_3 及非整比氢化物，其存在范围见表 3-8。

表 3-8　稀土氢化物的类型

第一组，CaF₂型	第二组		第三组，正交型
	CaF₂型	六方形	
LaH 1.95~3.0	YH 1.90~2.23	YH 2.77~3.0	EuH 1.86~2.0
CeH 1.85~3.0	SmH 1.92~2.55	SmH 2.59~3.0	YbH 1.80~2.0
PrH 1.9~3.0	GdH 1.8~2.3	GdH 2.85~3.0	
NdH 1.9~3.0	TbH 1.9~2.15	TbH 2.81~3.0	
	DyH 1.95~2.08	DyH 2.86~3.0	

第一组，CaF₂型	第一组		第三组，正交型
	CaF₂型	六方形	
	HoH 1.95~2.24	HoH 2.95~3.0	
	ErH 1.86~2.13	ErH 2.95~3.0	
	TmH 1.99~2.41	TmH 2.76~3.0	
	LuH 1.85~2.23	LuH 2.78~3.0	

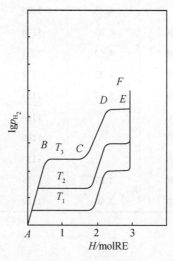

图 3-4　稀土金属-氢体系的压力-组成图

　　稀土金属与氢的作用可用压力-组成等温线来表示（图 3-4）。AB 段为氢在金属中的溶解，溶解度随氢压的增大而增大，到 B 点开始形成氢化物，BC 平台为金属与氢化物共存区，压力保持恒定不变，此压力称为温度 T 时的平衡压力，直到 C 点完全转化成 REH_2。氢压继续上升，则氢在 REH_2 中发生溶解作用（如 CD 段），到 D 点开始生成 REH_3。DE 段则是 REH_2 与 REH_3 共存区，到 E 点时则完全生成 REH_3。在所有稀土中，铕和镱比较特殊，铕只生成 EuH_2，当氢压继续增大时，也不生成 EuH_3。镱第一步也生成 YbH_2，当氢压继续增大时，可生成比较稳定的新相 $YbH_{2.55}$，此时 Yb 的价态介于 2 和 3 之间。

　　稀土氢化物的化学性质：

　　REH_2 和 REH_3 均能与水反应，生产相应的氢氧化物。并放出氢气。

　　$REH_2 + 3H_2O \Longrightarrow RE(OH)_3 + 5/2H_2 \uparrow$

　　$REH_3 + 3H_2O \Longrightarrow RE(OH)_3 + 3H_2 \uparrow$（RE≠Eu、Yb）

稀土氢化物在受热时均能分解成氢气和相应的金属。此外氢化物均能迅速与酸反应，生成相应的盐。

稀土氢化物的磁性：

轻稀土（Ce ~ Sm）形成氢化物后，磁性基本不变，重稀土形成氢化物后磁性略有下降，大多数氢化物是反铁磁性，而 NdH_2 则具有铁磁性。

铕和镱的二氢化物明显不同。EuH_2 的磁矩为 $7.0\mu_B$，接近 Eu^{2+} 的磁矩 $7.94\mu_B$，而与 Eu^{3+} 相差较大。EuH_2 在低温（25K）时转变为铁磁性物质。YbH_2 是反磁性物质。

稀土氢化物的导电性：

除 EuH_2 和 YbH_2 外，REH_2 均为金属导体。缺氢的 REH_2（如 $REH_{1.8 ~ 1.9}$）的导电性能比相应金属本身要好，说明稀土二氢化物并不是真正的二价，而是以 $RE^{3+}（e^-）（H^-）_2$ 的形式存在。表 3-9 列出了部分缺氢的二氢化物与相应金属电阻的比值。EuH_2 和 YbH_2 与碱土金属的氢化物相似，是半导体或绝缘体，它们是真正的二价化合物。YbH_2 室温电阻率为 $10^7\Omega\cdot cm$。电阻值随温度升高而减小，150℃时，电阻率为 $2.5\times10^4\Omega\cdot cm$，表现出半导体的性质。

稀土氢化物在接近三氢化物时，导电性由金属导体性变为半导体性。在 H/RE（原子比）>2.8 时，表现出典型的半导体行为。

表 3-9　缺氢的二氢化物与相应金属的电阻比值

元素	La	Ce	Pr	Nd	Gd	Dy	Ho	Er	Lu	Y
P（$REH_{2-\delta}$/M）	0.28	0.44	0.37	0.37	0.35	0.28	0.23	0.23	0.16	0.27
	0.31			0.39	0.34			0.19	0.17	

3.2.5　稀土硫属化合物

1. 稀土硫化物

稀土硫化物可分别通过以下方法制备。

1）RES 的制备

（1）在封闭管中将 RE 与 S 按一定比例混合，缓慢升温，然后保持在 1000℃可得 RES。

（2）用 Al 还原 RE_2S_3。混合物加热到 1000 ~ 1200℃，产生 RE_3S_4 继续加热到 1500℃，在真空（1.33Pa）条件下，可得 RES，而 Al_2S_3 可升华分出，反应如下

$$9RE_2S_3+2Al \Longrightarrow 6RE_3S_4+Al_2S_3\uparrow$$

$$3RE_3S_4+2Al =\!=\!= 9RES+Al_2S_3 \uparrow$$

（3）金属氢化物与 RE_2S_3 在 $1800 \sim 2200℃$，$133×10^{-4} \sim 133×10^{-5}Pa$ 的真空下反应可得到 RES，如

$$CeH_3+Ce_2S_3 =\!=\!= 3CeS+3/2H_2 \uparrow$$

（4）熔盐电解 RE_2S_3，如用 $CeCl_3$ 和 Ce_2S_3 熔于 NaCl–KCl 低共熔混合物中，在 $800℃$ 条件下电解，最初产物为 Ce，但随后 Ce 熔于熔盐而将 Ce_2S_3 还原，即

$$Ce_2S_3 \longrightarrow Ce_3S_4 \longrightarrow CeS$$

稀土中 EuS 不能用该法制备，但可用 H_2S 和 $EuCl_3$ 反应制取：

$$2EuCl_3+3H_2S =\!=\!= 2EuS \downarrow +6HCl+S$$

2）稀土倍半硫化物 RE_2S_3 的制备

（1）在石墨舟中，以干燥的 H_2S 气体与 RE_2O_3 进行反应，在 $500℃$ 先生成硫氧化物，温度升至 $1250 \sim 1300℃$ 时即得 RE_2S_3。

$$3H_2S+RE_2O_3 =\!=\!= RE_2S_3+3H_2O$$

（2）也可在 $600℃$ 下真空分解 RES_2 来制备：

$$2RES_2 =\!=\!= RE_2S_3+S$$

（3）用干燥的 H_2S 通入稀土无水卤化物或硫酸盐中，加热至 $600 \sim 1000℃$ 制得：

$$3H_2S+2RECl_3 =\!=\!= RE_2S_3+6HCl$$

但此法常含硫氧化物杂质。

制得 RE_2S_3 后，可作为原料制备 RES、RES_2 或 RE_3S_4。

稀土硫化物性质：硫化物不溶于水，在空气中稳定，但在湿空气中略有水解，并放出硫化氢。稀土硫化物易与酸反应生成相应的盐，并放出 H_2S。

硫化物的熔点较高，RE_2S_3 在熔点时有较高的蒸气压。在高温时分解，如 Sm_2S_3 于 $1800℃$ 分解成 Sm_3S_4 和 S，Y_2S_3 在 $1700℃$ 分解为 Y_5S_7。

稀土硫化物在空气中加热到 $200 \sim 300℃$，开始氧化成碱式硫酸盐。例如，Ce、Pr、Nd 的二硫化物、硫氧化物均可氧化成碱式硫酸盐。

3）二硫化物 RES_2 的制备

（1）用 RE_2S_3 与 S 在密封管内于 $600℃$ 加热制得：

$$RE_2S_3+S =\!=\!= 2RES_2$$

为了制备 EuS_2，可使用 EuS 作原料。

（2）用无水 $RE_2(SO_4)_3$（RE=La、Pr、Nd）在 $500 \sim 600℃$ 与 H_2S 作用，但产物中含有硫氧化物杂质。

4）RE_3S_4 的制备

（1）将 RE_2S_3 与 RES 盛于石墨坩埚内于 $1500 \sim 1600℃$ 真空下直接作用制得：

$$RE_2S_3 + RES \longrightarrow RE_3S_4$$

（2）用金属铝还原 RE_2S_3 制得（类似于上述制备 RES 的方法）：

$$9RE_2S_3 + 2Al \longrightarrow 6RE_3S_4 + Al_2S_3$$

（3）Ce_3S_4 可用金属氢化物与倍半硫化物作用，在400℃时通入 H_2S，再在真空下升温至2000℃制得：

$$CeH_3 + 4Ce_2S_3 \longrightarrow 3Ce_3S_4 + 1.5H_2$$

上述方法不能用以制备 Eu_3S_4 和 Sm_3S_4。Eu_3S_4 可用 EuS 与所需量的 S 在密封管内于600℃作用制得：

$$3EuS + S \longrightarrow Eu_3S_4$$

Sm_3S_4 可用 Sm_2S_3 或 SmS_2 在真空下于1800℃热分解制得：

$$3Sm_2S_3（或 SmS_2）\longrightarrow 2Sm_3S_4 + S$$

5）RE_5S_7 的制备

以 1mol YS 和 2mol Y_2S_3 混合，在1600℃加热2h制得。从 Tb 至 Tm 也可用此法获得这种硫化物，该化合物为单斜晶系。

$$YS + 2Y_2S_3 \longrightarrow Y_5S_7$$

6）复合硫化物的制备

La_2S_3 与 Al_2S_3 或 Ga_2S_3 可生成 $3Al_2S_3 \cdot La_2S_3$ 或 $Ga_2S_3 \cdot La_2S_3$ 玻璃，它们分别在 $1500 \sim 25\,000 cm^{-1}$ 或 $1500 \sim 20\,000\ cm^{-1}$ 是透明的，有可能作为光学纤维波导。

此外碱土（Ca、Sr、Ba）的硫化物可与立方结构的 γ-RE_2S_3 生成一系列也属立方结构的固溶体。一些 $Re_xMo_6S_8$ 和 $RE_xMo_6Se_8$（$x = 1.0$、1.2）的复合硫属化合物具有超导性。

7）硫氧化物（RE_2O_2S）

稀土硫氧化物具有重要的用途，掺 Eu^{3+} 的 Y_2O_2S 是彩色电视中发红光的荧光材料；掺 Nd^{3+} 的 La_2O_2S 是激光晶体。利用稀土与硫和氧的亲和力很强的特性，可用于炼钢过程中脱硫和脱氧，或用于炉气或气体燃料的脱硫，从而起到净化的作用，反应的生成物就是稀土的硫氧化物。

稀土硫氧化物的合成主要有硫化法、还原法和氧化法。

（1）硫化法：可用稀土氧化物作原料，硫化剂可用 S、H_2S、CS_2、硫化物、硫氰化铵（或钠）及硫代乙酰胺等制备硫氧化物。以氧化物为原料时，需除去产品中未反应的原料及副产物，以防产品不纯。大量合成时，常用 S+Na_2CO_3 作为硫化剂，或用 H_2S 于 $1000 \sim 1100$℃合成。

（2）还原法：可以用硫酸盐、氧硫酸盐或亚硫酸盐作原料，还原剂可用 H_2、CO 或天然气等制备硫氧化物。用硫酸盐或亚硫酸盐为原料时，反应速率快，反应温度较低，可生成单相产物，不需进一步纯制。

（3）氧化法：也可用硫化物作原料，氧化剂可以是空气、空气与水蒸气混合、SO_2 或 CO_2 等制备硫氧化物。

各稀土元素的稀土硫氧化物的反应温度不同。其固溶体（La,Y）$_2O_2S$ 和（Eu,Y）$_2O_2S$ 的氧化温度也不同。

2. 稀土硒化物

1）倍半硒化物 RE_2Se_3

可用如下的方法制备。

（1）用稀土氧化物或氯化物与 H_2Se 反应，前者反应温度为 1000℃，后者为 600～800℃：

$$RE_2O_3 + 3H_2Se \longrightarrow RE_2Se_3 + 3H_2O$$

$$2RECl_3 + 3H_2Se \longrightarrow RE_2Se_3 + 6HCl$$

（2）可用稀土金属与 Se 在密封管内于 800℃ 直接作用制得：

$$2RE + 3Se \longrightarrow RE_2Se_3$$

（3）用稀土二硒化物解离制得。轻镧系（La～Nd）所需解离温度为 1200℃，Gd 为 800℃：

$$2LaSe_2 \longrightarrow La_2Se_3 + Se$$

RE_2Se_3 为 Th_3P_4 型立方结构，具有阳离子缺位。

2）稀土一硒化物 RESe

（1）可用稀土金属与 Se 在密封管内于 950～1000℃ 直接作用制得，所需温度高于制备 RE_2Se_3 时的温度。

$$RE + Se \longrightarrow RESe$$

（2）用金属铝于 1700℃ 真空下还原倍半硒化物与氧化物的混合物，再使生成的 AlO 挥发除去。

$$RE_2O_3 + 2RE_2Se_3 + 3Al \longrightarrow 6RESe + 3AlO \uparrow$$

（3）以 Na 或 Ca 在密封管内还原 Ce_2Se_3，用 Na 时还原温度为 600℃，用 Ca 时为 1000℃：

$$Ce_2Se_3 + 2Na \longrightarrow 2CeSe + Na_2Se$$

RESe 为 NaCl 型立方结构，其中稀土为三价（$RE^{3+}Se^{2-}$）$^+e^-$，故有一个未键合的电子。但 Eu、Sm、Yb 为二价。EuSe 可用 H_2Se 与 Eu 的氧化物或三氯化物作用制得。SmSe 可在 1700℃ 真空下使 Sm_2Se_3 热解离制得。YbSe 可在 1250℃ 用 H_2 还原 Yb_2Se_3 制得。

3）二硒化物 $RESe_2$

（1）可用 RE_2Se_3 与 Se 在密封管内加热至 600℃ 制得：

$$RE_2Se_3 + Se \longrightarrow 2RESe_2$$

（2）可在 H_2Se 气流内将稀土金属于 9h 内升温至 1250℃制得：

$$RE + 2Se \longrightarrow RESe_2$$

$RESe_2$ 为四方晶系。其中的稀土为三价。

4）硒氧化物 RE_2O_2Se

（1）可用 RE_2O_3 和 RE_2Se_3 在 1350℃减压下作用 2h 制得：

$$2RE_2O_3 + RE_2Se_3 \longrightarrow 3RE_2O_2Se$$

（2）可用 $H_2 + H_2Se$ 于 1000℃使稀土氧化物部分硒化制得：

$$RE_2O_3 + H_2Se \longrightarrow RE_2O_2Se + H_2O$$

硒氧化物为六方晶系。

3. **稀土碲化物**

1）倍半碲化物 RE_2Te_3

可用稀土金属与 Te 在密封管内于 950℃直接作用制得：

$$2RE + 3Te \longrightarrow RE_2Te_3$$

2）一碲化物 RETe

（1）可用稀土金属与 Te 在密封管内于 1000~1100℃直接作用制得：

$$RE + Te \longrightarrow RETe$$

（2）在 950℃用 H_2 还原 RE_2Te_3 制得：

$$Yb_2Te_3 + H_2 \longrightarrow 2YbTe + H_2Te$$

此法，可用于 Yb 化合物，但不能用于 Sm。

（3）EuTe 可用 Te 作用于 $EuCl_3$ 制得：

$$4EuCl_3 + 7Te \longrightarrow 4EuTe + 3TeCl_4$$

3）二碲化物 $RETe_2$

可用稀土金属与 Te 在 550~600℃直接作用制得：

$$RE + 2Te \longrightarrow RETe_2$$

轻镧系的二碲化物为四方晶系。

4）RE_3Te_4

可将 $RETe_2$ 在 950~1100℃真空下热解离制得：

$$3RETe_2 \longrightarrow RE_3Te_4 + 2Te$$

5）碲氧化物 RE_2O_2Te

可将稀土氧化物与 Te 在 1000℃作用制得：

$$2\,RE_2O_3 + 2Te \longrightarrow 2RE_2O_2Te + TeO_2$$

RE_2O_2Te（RE = La~Dy）为四方晶系。

4. 稀土硫属化合物的价态

在稀土硫化物中 RE 的价态为+2、+3。在 RES 中除 Sm、Eu、Yb 外，其他稀土离子均表现为三价，即以 RE^{3+} (e^-) S^{2-} 型存在；Sm、Eu、Yb 在化合物中则表现为+2 价。在 RE_2S_3 中，稀土金属均表现为+3 价，但 Eu 只能生成 EuS，而无 Eu_2S_3 生成。

在硫属化合物中无四价的稀土，重要的是二价。Ce_2S_4 是顺磁性的，故其中的 Ce 也是三价的，四个 S 中的两个是以二硫化物的形式 $(S—S)^{2-}$ 存在的。

当阴离子的电负性降低时，增大了二价化合物的稳定性。例如，Eu 可以三价存在于 Eu_2O_3 中，但不存在于 Eu_2S_3 中，易得到二价的 EuS。当 Eu 以三价的形式存在于三元或四元硫属化合物中时，要求有第二个强电负性的阴离子存在，如 Eu_2O_2S、Eu_2O_2Se（但没有 EuSeF），或要求有第二个弱电负性的阳离子存在，如 $EuMS_2$（M=Li、Na、K、Rb、Tl，但没有 Cs）。有时可生成同时含有 Eu^{2+} 和 Eu^{3+} 的化合物，如 Eu_3S_4（或 $Eu_2^{3+}Eu^{2+}S_4$，加热时易解离为 EuS）、$Eu_5Sn_3S_{12}$（或 $Eu_2^{3+}Eu_3^{2+}Sn_3^{4+}S_{12}$）、$Eu_4Sn_2S_9$（或 $Eu_2^{3+}Eu_2^{2+}Sn_2^{4+}S_9$）。

在二元的碲化物或硒化物中，只存在二价 Eu。在三元硫属化合物中，Eu 大部分为二价，只有极个别的为三价（如 Eu_2O_2Se 和 $NaEuSe_2$）。

Yb 在 Yb_2S_3 中为三价，但易加热分解为 Yb_3S_4（或 $Yb_2^{3+}Yb^{2+}S_4$），也可获得 YbS（但很难得到 YbO）。在碲化物中，已知的二价 Yb 只有一个 YbTe。二价 Yb 类似于 Ca^{2+}，生成类似于 Ca 的三元硫属化合物。

Tm 在硫属化合物中仍是以三价稳定，在 TmS 和 TmSe 中是三价的，但在 TmTe 中是二价的。

3.2.6 稀土氮化物

稀土氮化物可通过以下方法合成：

（1）金属与氮气直接化合。在电弧炉中，把金属加热到 800～1200℃，通入氮气即可。

$$2RE+N_2 \Longrightarrow 2REN$$

（2）稀土氢化物与氮气作用，反应温度为 900～1000℃。

$$2REH_3+2N_2 \Longrightarrow 2REN+2NH_3$$

（3）Eu 和 Yb 溶于液氨，先生成 $RE(NH_3)_6$，然后缓慢变化生成 $RE(NH_2)_2$ 在真空条件下，加热到 1000℃以上，即可得到 EuN 和 YbN。

稀土氮化物性质：REN 在高温下也非常稳定，熔点一般高于 2400℃。一些REN 的熔点如下：LaN 2450℃，CeN 2560℃，PrN 2570℃，NdN 2560℃，GdN

2900℃，YN 2570℃。大部分 REN 为半金属导体，而 ScN、GdN、YbN 则有半导体的特征。

REN 在遇水后会缓慢水解并放出氨气。

$$REN+3H_2O \Longrightarrow RE(OH)_3+NH_3 \uparrow$$

REN 可以迅速溶解于酸中。与碱反应则生成氢氧化物并且放出氢气。

稀土氮化物结构：REN 具有立方晶系的 NaCl 型结构，每个 RE 原子周围有 6 个 N 原子，而每个 N 原子周围均有 6 个 RE 原子，即 RE 为 6 配位的，RE—N 之间的化学键为离子型的，晶胞参数随稀土元素半径的减小而减小。

3.2.7　稀土碳化物

稀土与碳生成三种主要类型的碳化物，如 RE_3C、RE_2C_3 和 REC_2。它们的制备方法如下：

(1) 将稀土氧化物和碳放在坩埚中，在氩气中加热至 2000℃，当碳略过量时，可生成二碳化物。反应如下

$$RE_2O_3+7C \Longrightarrow 2REC_2+3CO$$

(2) 稀土金属氢化物和石墨混合，在真空中加至 1000℃，也可得到碳化物。

RE_2C_3 和 REC_2 具有金属导电性。由磁矩的数值表明，除了 Yb、Sm 和 Eu 外，其他稀土元素在 REC_2 中呈三价。REC_2 的熔点一般高于 2000℃，La_2C_3、Pr_2C_3 和 Nd_2C_3 的熔点分别为 1430℃、1557℃和 1620℃。所有的稀土碳化物在室温下遇水都水解生成稀土氧化物和气体产物，RE_3C 水解得到甲烷和氢的混合物，RE_2C_3 和 REC_2 与水反应得到乙炔，伴随有氢和少量的碳氢化物。YbC_2 水解产生乙炔。

Sm~Lu 和 Y 的 RE_3C 具有面心立方的 Fe_4N 型化合物的结构，La~Ho 和 Y 的 RE_2C_3 的结构为体心立方，镧系元素和 Y 的 REC_2 具有体心四方的 CaC_2 型结构。

3.2.8　稀土碳酸盐

1. 稀土碳酸盐的制备

往可溶性的稀土盐溶液中加入略过量的碳酸铵 $[(NH_4)_2CO_3]$、碳酸氢铵或者可溶性碳酸盐就可能形成稀土碳酸盐沉淀，通常稀土碳酸盐沉淀是胶体沉淀，固液分离较难。反应如下

$$2RE^{3+}+3CO_3^{2-} \Longrightarrow RE_2(CO_3)_3 \downarrow$$

得到的沉淀为正碳酸盐，但随着原子序数的增加，生成碱式盐的趋势也增加，碱金属的碳酸盐与稀土可溶性盐作用只能得到碱式盐，而与碱金属酸式碳酸

盐作用则生成稀土碳酸盐。

稀土碳酸盐溶解度很小,见表3-10。

表3-10 碳酸盐在水中的溶解度

$RE_2(CO_3)_3$	溶解度/(mol/L) (25℃)	$RE_2(CO_3)_3$	溶解度/(mol/L) (25℃)
$La_2(CO_3)_3$	2.38×10^{-6}	$Gd_2(CO_3)_3$	7.4×10^{-6}
$Ce_2(CO_3)_3$	1.0×10^{-6}	$Dy_2(CO_3)_3$	6.0×10^{-6}
$Pr_2(CO_3)_3$	1.99×10^{-6}	$Y_2(CO_3)_3$	1.54×10^{-6}
$Nd_2(CO_3)_3$	3.46×10^{-6}	$Er_2(CO_3)_3$	2.10×10^{-6}
$Sm_2(CO_3)_3$	1.89×10^{-6}	$Yb_2(CO_3)_3$	5.0×10^{-6}
$Eu_2(CO_3)_3$	1.94×10^{-6}		

2. 稀土碳酸盐的性质

从水溶液中沉淀出来的碳酸盐,一般均含有一定量的结晶水。含结晶水的多少随金属离子不同而异,无论是碳酸盐还是其碱式盐在水中的溶解度均不大。

稀土碳酸盐可溶于盐酸、硝酸和硫酸,生成相应的盐而放出 CO_2。碳酸盐受热则发生分解,在 320~550℃时生成 $RE_2O(CO_3)_2$,而在 800~905℃时则分解为 $RE_2O_2CO_3$,最后分解为 RE_2O_3。

碳酸盐可与碱金属的碳酸盐反应,生成易溶于水的复盐,如 $RE_2O(CO_3)_3 \cdot M_2CO_3 \cdot nH_2O$ （$M=NH_4^+$、Na^+、K^+、Rb^+、Cs^+等）。

3.2.9 稀土磷酸盐

稀土磷酸盐是重要的稀土盐类,它是矿物存在的主要形式之一,具有很大工业意义。

稀土磷酸盐制备和性质:在 pH=4~5 的稀土溶液中,加入碱金属的磷酸盐即可得到稀土磷酸盐沉淀。

$$RE^{3+}+PO_4^{3-}\Longrightarrow REPO_4\downarrow$$

$REPO_4$ 在水中的溶解度很小,$LaPO_4$ 的溶解度为 0.017g/L,$GdPO_4$ 为 0.0092g/L,$LuPO_4$ 为 0.013g/L。例如,在 25℃时 $LaPO_4$ 的 K_{sp} 为 4×10^{-23},$CePO_4$ 的 K_{sp} 为 1.6×10^{-23}。$REPO_4$ 可溶于浓酸,遇强碱则转化为相应的氢氧化物,如稀土磷酸盐可用氢氧化钠溶液高温分解制得氢氧化物和磷酸钠。$REPO_4$ 的热稳定性很好。磷酸盐矿物属于难风化矿物,硬度大,难以磨蚀。

$REPO_4$ 的单晶可用助熔剂法制备。以焦磷酸铅为助熔剂,在 1360℃下加热 16h,然后以 1℃/h 速度慢慢降到 900℃,然后直接快速冷却到室温,其中 $Pb_2P_2O_7$

助熔剂可用热硝酸除去，即可得单晶 $REPO_4$。

稀土五磷酸盐（REP_5O_{14}）是一类重要的化学计量比激光材料。由于 REP_5O_{14} 在高温下要分解（约800℃），不能采用熔体或气相生长晶体。一般采用高温溶液法生长晶体，用高温溶液法生长 REP_5O_{14} 晶体的基本原理是温度升高，磷酸脱水聚合形成多聚磷酸的过程，其通式为

$$nH_3PO_4 \longrightarrow H(HPO_3)OH + (n-1)H_2O \uparrow$$

式中，$n=2$、3、4、5…。从上式中可知，随着温度和水蒸气分压的变化，磷酸的聚合度也相应变化。

从 H_3PO_4 的脱水与时间和温度的关系可知，随着温度的增加，溶液中 P_2O_5 的含量不断增加。尽管溶液中包含各种多聚磷酸盐的混合物，但其过程中磷酸的脱水和聚合作用是连续变化的，对于一个开放系统在 25 ~ 30h 内，对每一个恒定温度都将达到一个恒定的 P_2O_5：H_2O 的平衡浓度。当稀土氧化物溶于磷酸中，上述的平衡状态仍存在。因此温度对晶体生长具有特殊的意义。

实验研究表明，温度高于120℃时磷酸开始失水。在 200℃ 以下蒸气组分中不含有 P_2O_5，而大于230℃左右时才有 P_2O_5 挥发。随着温度的升高溶液中 P_2O_5 的含量增加。而869℃时有一个共沸的混合物（92.1% P_2O_5）。随着温度的增加溶液的密度也增加。因此，可以用不同温度来得到不同含量的 P_2O_5，也就是不同的磷酸聚合度。随着 P_2O_5 物质的量增加、溶液的密度增加 H_3PO_4 浓度下降，而高聚磷酸浓度增加。

例如，在 Nd_2O_3-H_3PO_4 体系中，当温度大于 260℃ 时开始有 NdP_5O_{14} 生成。

$$14H_3PO_4 + Nd_2O_3 \longrightarrow 2NdP_5O_{14} + 2H_4P_2O_7 + 17H_2O \uparrow$$

但在 200℃ 以上溶液中存在着大量的焦磷酸，而 NdP_5O_{14} 在 $H_4P_2O_7$ 中有最大的溶解度以及溶液中 NdP_5O_{14} 的浓度还不足以析出结晶。随着温度升高（>300℃），$H_4P_2O_7$ 逐渐脱水形成偏磷酸和高聚磷酸，NdP_5O_{14} 的溶解度变小，因此，在升温或等温蒸发过程中，随着焦磷酸浓度的降低及 NdP_5O_{14} 浓度的增加而析出结晶。

具体操作：称取一定量磷酸（G. R.）100mL 或 50mL 于黄金坩埚中，按一定的配比加入稀土氧化物（纯度≥99.9%），搅拌后放入炉管中，缓慢地升温至约250℃，保持 2 ~ 3 天，使磷酸脱水和稀土氧化物溶解，然后升温至约550℃，恒温生长晶体，经过 10 ~ 20 天后取出坩埚，趁热倾去母液，并将坩埚放回炉内，冷却至室温，再取出坩埚，用热水漂洗晶体多次，直至水呈中性，所得晶体晾干备用。由于磷酸的腐蚀和晶体的黏结，坩埚必须经仔细抛光，才能长出光学质量好的 REP_5O_{14} 大晶体。

测量了 15 个 REP_5O_{14} 晶体的室温磁化率，所得结果列于图 3-7 中。从图 3-7 可见，REP_5O_{14} 晶体的磁化率随着原子序数的增加而呈周期性地变化。这是由于

含有 f 电子结构的镧系元素，其原子磁矩 μ_m 主要由未成对电子的自旋运动所产生，由于外层 $5s^2 5p^6$ 的屏蔽作用，4f 电子受晶体场或配位场的影响较小，它们的轨道磁矩（L）和自旋磁矩（S）都能参与磁化。根据洪德规则，钆以前的轻稀土元素其内量子数 $J = L - S$，而钆和它以后的重稀土元素 $J = L + S$。利用公式 $\mu_m = g\sqrt{J(J+1)}\mu_B$（式中 g 为兰德因子，μ_B 为玻尔磁子），可计算出三价稀土离子最大的原子磁矩，所得结果见图 3-5，由图 3-5 可见，所测得的 REP_5O_{14} 的磁化率与计算的原子磁矩趋势一致。

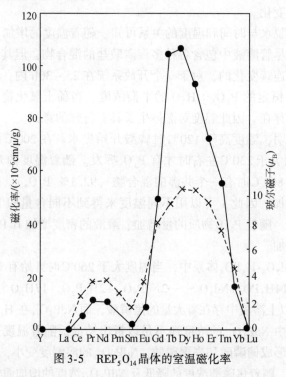

图 3-5 REP_5O_{14} 晶体的室温磁化率

3.2.10 稀土草酸盐

在自然界中没有稀土草酸盐矿物存在，但在提取及分离过程中，往往要把稀土转变成草酸盐使其和杂质进行分离，因此，它有特别重要的意义。

1. 稀土草酸盐制备

中性稀土溶液与草酸甲酯回流水解可沉淀出稀土草酸盐：

$$2RE^{3+} + 3(Me)_2C_2O_4 + 6H_2O \Longrightarrow RE_2(C_2O_4)_3 + 6MeOH + 6H^+$$

也可用均相沉淀的方法制备稀土草酸盐。在工业生产上则采用草酸或草酸铵作为稀土沉淀剂。直接加到稀土溶液中也可产生草酸盐沉淀：

$$2RE^{3+}+3H_2C_2O_4\ [\ 或\ (NH_4)_2C_2O_4\ ]\ =\!=\!=\ RE_2(C_2O_4)_3\downarrow+6H^+$$

如果稀土溶液酸度过大，草酸沉淀稀土不完全，应该用氨水调节 pH 为 2，可使稀土沉淀完全。轻稀土和钇产生正草酸盐，而重稀土则生成正草酸盐或草酸铵复盐。在含钠盐的溶液中，草酸沉淀稀土会形成草酸钠复盐，灼烧后会影响混合稀土氧化物的纯度。

所生成的草酸盐一般都含结晶水，轻稀土草酸盐和草酸钇含 10 个结晶水，而草酸钪和铒以后的重稀土则为 6 个结晶水。所有的轻稀土在草酸盐溶液中都能定量地沉淀出来。草酸稀土在水中溶解度列于表 3-11。

表 3-11　草酸盐在水中溶解度

$RE_2(C_2O_4)_3\cdot10H_2O$	溶解度按无水盐计/(g/L)	$RE_2(C_2O_4)_3\cdot10H_2O$	溶解度按无水盐计/(g/L)
La	0.62	Sm	0.69
Ce	0.41	Gd	0.55
Pr	0.74	Y	3.34
Nd	0.74		

在一定酸度下，草酸盐的溶解度随镧系原子序数的增大而增加，一般来说重稀土的溶解度比轻稀土大，特别在碱金属存在的条件下，由于形成草酸复盐的配合物，稀土草酸盐溶解度明显增加。

稀土草酸盐可以与氢氧化钠溶液一起煮沸而将它转化为氢氧化物沉淀，然后用酸溶解成为稀土溶液。

2. 稀土草酸盐性质

稀土草酸盐在水中的溶解度不大，因此从水溶液中回收稀土常用草酸或草酸铵为沉淀剂。有过量草酸存在可降低其溶解度，有其他无机酸如盐酸、硝酸、硫酸存在时，也可增加其溶解度。在酸度相同的条件下，溶解度随原子序数的增大而减小，在无机酸浓度相同时，稀土草酸盐在盐酸介质中的溶解度比在硝酸介质中要小（表 3-12）。

表 3-12　稀土草酸盐的溶解度（25℃）

溶解度	溶解度/(g/L)						
	La	Ce	Pr	Nd	Sm	Yb	Y
水	6.2×10^{-4}	4.1×10^{-4}	7.4×10^{-4}	4.9×10^{-4}	5.4×10^{-4}	3.34×10^{-4}	1.00×10^{-4}
2mol/L 盐酸	7.02	5.72	4.65	3.44	2.37		
2mol/L 硝酸	9.94	7.30	5.46	4.58	3.64		
2mol/L 硫酸	5.90	4.46	3.26	2.64	2.57		

稀土草酸盐灼烧分解时，依分解温度的不同产物差别很大，一般先脱水，生成碱式碳酸盐，最后在 $800 \sim 900℃$ 转化为氧化物。但不同稀土的草酸盐灼烧分解时，中间产物不是都一样，见表 3-13。

$$RE_2(C_2O_4)_3 \longrightarrow RE_2(C_2O_4)(CO_3)_2 + CO \longrightarrow RE_2(CO_3)_3 + CO$$
$$\longrightarrow RE_2O(CO_3)_2 + CO_2 \longrightarrow CO, \ CO_2, \ RE_2O_3$$

稀土草酸盐受热时首先脱水，$RE_2(C_2O_4)_3 \cdot 10H_2O$。的热稳定性随稀土离子半径的减小而减小，而含 2 个、5 个、6 个结晶水的草酸盐的热稳定性则相反。无水草酸盐约在 $400℃$ 时迅速分解成氧化物，只有镧的草酸盐有中间产物碱式碳酸盐生成。为保证得到的氧化物中不含碳酸盐，灼烧温度一般均控制在 $800℃$ 以上。

稀土草酸盐灼烧在二氧化硅器皿中进行时，生成的稀土氧化物会和二氧化硅作用生成硅酸盐，因此应使用铂器皿。

表 3-13　稀土草酸盐的分解过程和温度

$RE_2(C_2O_4)_3 \cdot nH_2O$	分解过程和温度
$La_2(C_2O_4)_3 \cdot 10H_2O$	$\xrightarrow{45 \sim 380℃} La_2(C_2O_4)_3 \xrightarrow{380 \sim 550℃} La_2O_3 \cdot CO_3 \xrightarrow{735 \sim 800℃} La_2O_3$
$Ce_2(C_2O_4)_3 \cdot 10H_2O$	$\xrightarrow{50 \sim 360℃} CeO_2$
$Pr_2(C_2O_4)_3 \cdot 10H_2O$	$\xrightarrow{40 \sim 400℃} Pr_2(C_2O_4)_3 \xrightarrow{420 \sim 790℃} Pr_6O_{11}$
$Nd_2(C_2O_4)_3 \cdot 10H_2O$	$\xrightarrow{50 \sim 445℃} Nd(C_2O_4)_3 \xrightarrow{445 \sim 735℃} Nd_2O_3$
$Sm_2(C_2O_4)_3 \cdot 10H_2O$	$\xrightarrow{45 \sim 300℃} Sm_2(C_2O_4)_3 \xrightarrow{410 \sim 735℃} Sm_2O_3$
$Eu_2(C_2O_4)_3 \cdot 10H_2O$	$\xrightarrow{60 \sim 320℃} Eu_2(C_2O_4)_3 \xrightarrow{320 \sim 620℃} Eu_2O_3$
$Gd_2(C_2O_4)_3 \cdot 10H_2O$	$\xrightarrow{45 \sim 120℃} Gd(C_2O_4)_3 \cdot 6H_2O \xrightarrow{120 \sim 375℃} Gd_2(C_2O_4)_3 \xrightarrow{375 \sim 700℃} Gd_2O_3$
$Tb_2(C_2O_4)_3 \cdot 10H_2O$	$\xrightarrow{45 \sim 120℃} Tb_2(C_2O_4)_3 \cdot 5H_2O \xrightarrow{140 \sim 265℃} Tb_2(C_2O_4)_3 \cdot H_2O$ $\xrightarrow{295 \sim 415℃} Tb_2(C_2O_4)_3 \xrightarrow{435 \sim 600℃} TbOCO_3 \xrightarrow{600 \sim 725℃} Tb_4O_7$
$Dy_2(C_2O_4)_3 \cdot 10H_2O$	$\xrightarrow{45 \sim 140℃} Dy_2(C_2O_4)_3 \cdot 4H_2O \xrightarrow{140 \sim 220℃} Dy_2(C_2O_4)_3 \cdot 2H_2O$ $\xrightarrow{295 \sim 415℃} Dy_2(C_2O_4)_3 \xrightarrow{415 \sim 750℃} Dy_2O_2CO_3 \xrightarrow{745℃} Dy_2O_3$
$Ho_2(C_2O_4)_3 \cdot 10H_2O$	$\xrightarrow{40 \sim 200℃} Ho(C_2O_4)_3 \cdot 2H_2O \xrightarrow{240 \sim 400℃} Ho_2(C_2O_4)_3$ $\xrightarrow{400 \sim 575℃} Ho_2O_2CO_3 \xrightarrow{735℃} Ho_2O_3$

续表

$RE_2(C_2O_4)_3 \cdot nH_2O$	分解过程和温度
$Er_2(C_2O_4)_3 \cdot 6H_2O$	$\xrightarrow{40\sim175℃} Er_2(C_2O_4)_3 \cdot 2H_2O \xrightarrow{265\sim395℃} Er_2(C_2O_4)_3$ $\xrightarrow{395\sim565℃} Er_2O_2CO_3 \xrightarrow{720℃} Er_2O_3$
$Tm_2(C_2O_4)_3 \cdot 6H_2O$	$\xrightarrow{55\sim195℃} Tm_2(C_2O_4)_3 \cdot 2H_2O \xrightarrow{335\sim600℃} Tm_2O_2CO_3 \xrightarrow{730℃} Tm_2O_3$
$Yb_2(C_2O_4)_3 \cdot 6H_2O$	$\xrightarrow{60\sim175℃} Yb_2(C_2O_4)_3 \cdot 2H_2O \xrightarrow{325\sim600℃} Yb_2O_2CO_3 \xrightarrow{730℃} Yb_2O_2$
$Lu_2(C_2O_4)_3 \cdot 6H_2O$	$\xrightarrow{55\sim190℃} Lu_2(C_2O_4)_3 \cdot 2H_2O \xrightarrow{315\sim715℃} Lu_2O_3$
$Y_2(C_2O_4)_3 \cdot 10H_2O$	$\xrightarrow{45\sim180℃} Y_2(C_2O_4)_3 \cdot 2H_2O \xrightarrow{260\sim410℃} Y_2(C_2O_4)_3$ $\xrightarrow{420\sim650℃} Y_2O_2CO_3 \xrightarrow{735℃} Y_2O_3$

3.2.11　稀土硝酸盐

1. 稀土硝酸盐的制备

稀土氧化物、氢氧化物及碳酸盐溶解于 1 : 1 的硝酸中，蒸发结晶就可得到水合硝酸盐。水合硝酸盐的组成为 $RE_2(NO_3)_3 \cdot nH_2O$，其中 $n=3$、4、5、6，而以 6 为最常见。轻稀土的结晶水都是 6。无水的硝酸盐可用相应稀土氧化物在加压下与 N_2O_4 在 150℃ 反应制得。

2. 稀土硝酸盐性质

稀土硝酸盐常含结晶水 4 个、5 个、6 个，稀土硝酸盐在水中溶解度很大（25℃时，溶解度大于 2mol/L），并且随温度升高而增大（表3-14）。此外，它还易溶于乙醇、无水氨、丙酮、乙醚、乙腈、酯等有机溶剂，且可被 TBP 等中性溶剂萃取。

表 3-14　硝酸盐在水中的溶解度

$La(NO_3)_3$		$Pr(NO_3)_3$		$Sm(NO_3)_3$	
温度/℃	溶解度/%	温度/℃	溶解度/%	温度/℃	溶解度/%
5.3	55.3	8.3	58.8	13.6	56.4
15.3	57.9	21.3	61.0	30.3	60.2
27.7	61.0	31.9	63.2	41.1	63.4

续表

La(NO₃)₃		Pr(NO₃)₃		Sm(NO₃)₃	
温度/℃	溶解度/%	温度/℃	溶解度/%	温度/℃	溶解度/%
36.3	62.6	42.5	65.9	63.8	71.4
48.6	65.3	51.3	69.9	71.2	75.0
55.4	67.6	64.7	72.2	82.8	76.8
69.9	73.4	76.4	76.1	86.9	83.4
79.9	76.6	92.8	84.0	135.0	86.3
98.4	78.8	127.0	85.0		

稀土硝酸盐的稀溶液是 1：3 电解质，是典型的离子化合物。

稀土硝酸盐的热稳定性不好，受热后分解放出 O_2、NO 和 NO_2，最终产物为氧化物。

$$RE(NO_3)_3 \longrightarrow REO(NO_3) + NO_2 \longrightarrow RE_2O_3 + NO_2$$

随离子半径减小，分解速率加快，可达到分级分解的分离目的。

稀土硝酸盐转变为氧化物的最低温度列于表 3-15。

表 3-15　部分稀土硝酸盐分解成氧化物的最低温度

硝酸盐	氧化物	温度/℃
Sc(NO₃)₃	Sc₂O₃	510
Y(NO₃)₃	Y₂O₃	480
La(NO₃)₃	La₂O₃	780
Ce(NO₃)₃	CeO₂	450
Pr(NO₃)₃	Pr₆O₁₁	505
Nd(NO₃)₃	Nd₂O₃	830
Sm(NO₃)₃	Sm₂O₃	750

稀土硝酸盐与碱金属离子及铊和铵离子硝酸盐形成复盐，其通式：$M_2RE(NO_3)_5 \cdot xH_2O$，其中 RE = La、Ce、Pr、Nd；$M = Na^+$、$K^+$、$Rb^+$、$Cs^+$、$Tl^+$、$NH_4^+$；$x = 1$（$Na^+$、$K^+$），2（$K^+$、$Cs^+$），4（$Rb^+$、$Cs^+$、$NH_4^+$）。

稀土硝酸盐也可以和二价的金属离子形成复盐。其通式：$M_3RE_2(NO_3)_{12} \cdot 24H_2O$（RE = La、Ce、Pr、Nd、Sm、Eu、Gd、Er；M = Mn、Fe、Co、Ni、Cu、Zn、Mg、Cd）。这些稀土复盐之间的溶解度差异较大，并随着温度升高复盐的溶解度加大。所以可用复盐的分级结晶法分离单个稀土元素，但重结晶的级数很多，甚至要上千次，不利于工业生产，现在已不用了，但在稀土分离的历史上曾起到过重要的作用。

轻稀土硝酸盐与 M^{I}、NH_4^+、Mg^{2+}、Zn^{2+}、Ni^{2+}、Mn^{2+} 等组成溶解度很小的复盐，而重稀土的溶解度较大，利用这一特点可以分离轻、重组稀土。

3.2.12 稀土硫酸盐

1. 稀土硫酸盐制备

稀土硫酸盐常含结晶水。水合硫酸盐则可用稀土氧化物、氢氧化物或碳酸盐溶解于稀硫酸中制备，生成硫酸盐化合物 $RE_2(SO_4)_3 \cdot nH_2O$，通常对 La 和 Ce $n=9$，而其他稀土 $n=8$，但也有 $n=3$、5、6 的。

把水合硫酸盐加热则先生成无水盐，温度升高则进一步分解为碱式盐，最后生成氧化物。稀土氧化物与过量的浓硫酸反应，或水合硫酸盐高温脱水，生成酸式硫酸盐 $M(HSO_4)_3$，酸式盐的热分解均可制得无水硫酸盐。该盐随溶液中酸度加大而溶解度减小。

2. 稀土硫酸盐性质

无水的稀土硫酸盐是吸湿性的粉末，它易溶于水中并放热。

溶解度随温度升高而下降是稀土硫酸盐的特点之一。在 20℃ 时，稀土硫酸盐的溶解度随原子序数的变化是由 Ce →Eu 依次下降，而由 Gd →Lu 又依次上升，见图 3-6。

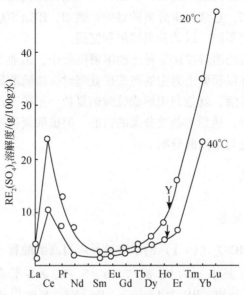

图 3-6 稀土硫酸盐在水中的溶解度等温线

水合硫酸盐在水中的溶解度一般比相应的无水盐要小，与无水盐一样它们的溶解度也随温度的升高而减小。

$RE_2(SO_4)_3 \cdot nH_2O$ 受热时在 155~260℃ 失水生成 $RE_2(SO_4)_3$；800~850℃ 时失 SO_3 得到 $RE_2O_2SO_4$；1050~1150℃ 时再失去一分子 SO_3 得到 RE_2O_3。

3. 稀土硫酸复盐

稀土硫酸盐和碱金属或碱土金属的硫酸盐均能形成复盐。

稀土硫酸盐和碱金属离子等一价阳离子的硫酸盐，在溶液中均能形成复盐结晶析出。复盐通式：$xRE_2(SO_4)_3 \cdot yM_2SO_4 \cdot zH_2O$，其中 M = Na^+、K^+、Rb^+、Cs^+、NH_4^+、Tl^+，x、y、z 值随稀土和一价阳离子的不同而变化，$z=0$、2、8。

复盐的组分变化很大，与形成复盐时溶液组成有关。随着原子序数的增加，复盐的溶解度也依次增大。温度升高，溶解度减小。复盐的一价离子种类对溶解度也有影响，随 NH_4^+—Na^+—K^+ 的次序溶解度降低。利用硫酸复盐的溶解度性质，可将稀土分为如下三类。

难溶的铈组：La、Ce、Pr、Nd、Sm

微溶的铽组：Eu、Gd、Tb、Dy

可溶的钇组：Ho、Er、Tm、Yb、Lu、Y

稀土硫酸复盐溶解度的差异曾经用来分组稀土元素。在冷却的条件下是铈组析出沉淀，过滤后把母液温度升高则使溶解度下降而析出铽组，而钇组留在母液中。由于铵复盐溶解度比钠复盐大，所以也可先用铵盐使稀土铈组析出，然后再补加钠盐使铽组析出，达到初步分离的目的。例如，$RE_2(SO_4)_3 \cdot Na_2SO_4 \cdot 2H_2O$ 复盐在水中的溶解度不同，以此分离铈组和钇组。

轻稀土硫酸复盐的溶解度比重稀土的溶解度要小，工业上利用此差异，进行了稀土初步分组。在以轻稀土为主的包头矿处理时，浓硫酸焙烧产物用水浸出后得到复杂的硫酸盐溶液，就是利用形成硫酸钠复盐，把稀土沉淀下来，少量重稀土硫酸盐可被带下来，达到与杂质分离的目的，但硫酸复盐不能用于以重稀土为主的焙烧浸取液稀土与杂质的分离。

3.2.13 稀土卤酸盐

1. 稀土卤酸盐制备

稀土氧化物与 $HClO_4$（1:1）的水溶液反应得高氯酸稀土盐，固态时组成为 $RE(ClO_4)_3 \cdot nH_2O$，其中 n 为 9、8、7、6、5、3、2.5 等多种类型，当 RE 为 Sm、Gd 时，为 9 水合物；RE 为 La、Ce、Pr、Nd、Y 时以 8 水合物为常见；此

外，RE 为 Gd、Tb、Er 时的 6 水合物均已合成。

利用溴酸钡和稀土硫酸盐的复分解反应，可方便地制备稀土溴酸盐：

$$RE_2(SO_4)_3+3Ba(BrO_3)_2 =\!=\!= RE(BrO_3)_3+3BaSO_4 \downarrow$$

反应完成后，滤去 $BaSO_4$，浓缩滤液即可得稀土溴酸盐的结晶。

此外用 $KBrO_3$ 与 $RE(ClO_4)_3$ 溶液反应，利用生成的 $KClO_4$ 的溶解度较小，也可得到 $RE(BrO_3)_3$，溴酸盐通常含 9 个结晶水。

用 KIO_3 或 NH_4IO_3 与稀土盐溶液反应即得碘酸盐沉淀。因为稀土元素的碘酸盐溶解度较小，将洗净的碘酸盐沉淀置于沸水中重结晶得到晶状的水合物 $RE(IO_3)_3 \cdot nH_2O$，其中 $6 \geqslant n \geqslant 0$。

2. 稀土卤酸盐性质

稀土的高氯酸盐和溴酸盐在水中的溶解度均较大，在空气中易吸水。受热时，含水稀土高氯酸盐可分步脱水：250～300℃开始分解，分解产物为 REOCl，但 $Ce(ClO_4)_3$ 分解后的产物为 CeO_2。

溴酸盐在水中的溶解度系数为正值，且轻稀土的温度系数更大，故早期曾用溴酸盐通过分步结晶来分离单一轻稀土，见图 3-7。

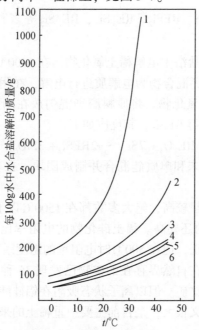

图 3-7　水合溴酸盐溶解度

1—$La(BrO_3)_3 \cdot 9H_2O$；2—$Pr(BrO_3)_3 \cdot 9H_2O$；3—$Nd(BrO_3)_3 \cdot 9H_2O$；

4—$Tb(BrO_3)_3 \cdot 9H_2O$；5—$Sm(BrO_3)_3 \cdot 9H_2O$；6—$Gd(BrO_3)_3 \cdot 9H_2O$

稀土元素的碘酸盐微溶于水（表 3-16），可溶于酸，但 $Ce(\text{IV})$ 的碘酸盐则在 $4\sim5mol/L$ 的硝酸中也可析出沉淀，故可利用这一性质分离 $Ce(\text{IV})$ 与其他三价稀土。稀土元素的碘酸盐受热发生分解，最终产物为相应的氧化物。

表 3-16　稀土碘酸盐在水中的溶解度（25℃）

化合物	溶解度/(mol/L)	化合物	溶解度/(mol/L)
$Y(IO_3)_3$	1.93	$Tb(IO_3)_3$	0.93
$La(IO_3)_3$	1.07	$Dy(IO_3)_3$	1.03
$Ce(IO_3)_3$	1.15	$Ho(IO_3)_3$	1.17
$Pr(IO_3)_3$	1.13	$Er(IO_3)_3$	1.31
$Nd(IO_3)_3$	1.03	$Tm(IO_3)_3$	1.47
$Sm(IO_3)_3$	0.86	$Yb(IO_3)_3$	1.63
$Eu(IO_3)_3$	0.80	$Lu(IO_3)_3$	1.98
$Gd(IO_3)_3$	0.83		

3.2.14　稀土硅化物和硅酸盐

稀土硅化物有 $RESi$、$RESi_2$、RE_3Si_5、RE_5Si_3 等多种类型。其制备方法主要有：

（1）在熔化的硅酸盐浴中电解稀土氧化物。在 1000℃ 和 $8\sim10V$ 条件下，以硅酸钙、氟化钙和氯化钙混合物为电解质进行电解，在阴极可得到稀土硅化物。

（2）用硅还原稀土氧化物。将原料磨细混匀放在刚玉舟中，在真空中加热至 $1100\sim1600℃$，可制得 $RESi_2$，其反应如下

$$RE_2O_3 + 7Si \longrightarrow 2RESi_2 + 3SiO\uparrow$$

（3）将稀土金属粉末和单质硅混合并制成团块，在真空中熔化（反应）而生成 $RESi_2$。

稀土硅化物的熔点都较高，绝大多数都在 1500℃ 以上，其中 $RESi$ 型的熔点比相同稀土的 $RESi_2$ 型的还要高。稀土硅化物的电阻率比相应的稀土金属的电阻率大，电阻温度系数为正，但在 500℃ 时电阻率的温度系数变为负。

稀土硅酸盐化合物在自然界存在的矿物已发现 36 种之多，但具有工业意义的矿物很少，仅有硅铍钇矿。但以离子状态吸附在铝硅酸盐黏土矿物上的风化壳淋积型稀土矿，工业意义很大，是目前主要中重稀土的来源之一。稀土硅酸盐的组成结构均较为复杂。

Y_2SiO_5：Ce、Y_2SiO_5：Tb、Y_2SiO_5：Ce, Tb 等是重要的发光材料，一般采用固相反应合成。Lu_2SiO_5：Ce 是重要的闪烁晶体。

正硅酸氧钇 Y_2SiO_5 写成 $Y_2(SiO_4)$ O 从结晶学的角度看更为合适。它的晶体结构是由一个孤立的 SiO_4 四面体，一个不与硅成键的氧及两个在结晶学不等当的 Y 原子所组成。组成为 Ln_2O_3∶$SiO_2=1∶1$ 的所有稀土二元化合物都属于这一类，具有单斜晶体结构。Y_2SiO_5 具有低温相和高温相，两相的转变温度约为 1190℃。

3.2.15　变价稀土离子化合物

稀土离子的特征价态为+3，当发现铈可被氧化成四价后不久陆续发现了一些可被氧化成高价或还原成低价的稀土：Sm^{2+}（1906 年），Eu^{2+}（1911 年），Yb^{2+}（1929 年）；20 世纪 50 年代才制得纯四价的 Pr^{4+} 和 Tb^{4+}；20 世纪 60 年代以后又制得 Nd^{2+}、Nd^{4+}、Dy^{2+}、Dy^{4+} 和 Tm^{2+}。在 16 个稀土中（RE+Y），目前已知有上述 9 个元素（Ce、Pr、Nd、Sm、Eu、Tb、Dy、Tm 和 Yb）具有可变的价态。近年有人宣称已制得与 $DyCl_2$、$TmCl_2$、$YbCl_2$ 同构的 $HoCl_2$。

在镧系元素中，没有 4f 电子的 La^{3+}（4f）、4f 轨道半满的 Gd^{3+}（$4f^7$）和全满的 Lu^{3+}（$4f^{14}$）具有最稳定的+3 价，在其邻近的镧系离子为趋向的电子组态 $4f^0$、$4f^7$ 和 $4f^{14}$ 而具有变价的性质，越靠近它们的离子，变价的倾向越大。La 和 Gd 右侧的近邻倾向于氧化成高价（Ce^{4+}、Tb^{4+}），Lu 的右侧已是稳定四价的非镧系元素 Hf^{4+}。Gd 和 Lu 左侧的近邻倾向于还原成低价（Eu^{2+}、Yb^{2+}），La 的左侧已为稳定二价的非镧系元素 Ba^{2+}。可分为 La ~ Gd 和 Gd ~ Lu 两个周期，离 La、Gd、Lu 越远的镧系元素变价的倾向越弱。在前一周期（La ~ Gd）中的元素其变价倾向大于后一周期（Gd ~ Lu）中相应位置的元素（$Ce^{4+}>Tb^{4+}$，$Pr^{4+}>Dy^{4+}$，$Eu^{2+}>Yb^{2+}$，$Sm^{2+}>Tm^{2+}$）。当按镧系的标准还原电位 E_{RE}^0（M^{4+}/M^{3+}）和 E_{RE}^0（$M^{+3}\longrightarrow M^{2+}$）的大小顺序排列时，根据 1969 年 IUPAC 的符号规定，E^0 的正值越大，还原形式越稳定，故形成四价和二价镧系的倾向按如下顺序递减：

$$Ce^{4+}/Ce^{3+}>\quad Tb^{4+}/Tb^{3+}>\quad Pr^{4+}/Pr^{3+}>\quad Nd^{4+}/Nd^{3+}>\quad Dy^{4+}/Dy^{3+}$$
$$+1.74V\quad +3.1V\pm0.2V\quad +3.2V\pm0.2V\quad +5V\pm0.4V\quad +5.2V\pm0.4V$$
$$Eu^{3+}/Eu^{2+}>Yb^{3+}/Yb^{2+}>Sm^{3+}/Sm^{2+}>\quad Tm^{3+}/Tm^{3+}$$
$$-0.35V\quad -1.15V\quad -1.55V\quad -2.3V\pm0.2V$$

镨的化合物已知仅有少数 Pr^{4+} 固体化合物，最普通的是黑色非计量比氧化物，由 Pr^{3+} 盐或其氧化物在空气中加热而形成。镨的氧化物常写成 Pr_6O_{11}，实际上是很复杂的，它具有五种稳定相，每一个相含有在 Pr_2O_3 与 PrO_2 之间的 Pr^{3+} 和 Pr^{4+}。

铽（+4）化学行为与 Pr^{4+} 相似。Tb-O 体系是复杂和非化学计量的，在通常条件下灼烧含氧酸盐，得到组分大概为 Tb_4O_7 的氧化物。用化学式 $TbO_{1.75}$ 最接近于所得稳定固相的真实化学式，它随制备细节的不同，从 $TbO_{1.71}$ 到 $TbO_{1.81}$。对

平均式 Tb_4O_7 言，其中 Tb^{3+} 和 Tb^{4+} 以等量存在。TbO_2 具有萤石结构，在 450℃ 时，用原子氧氧化 Tb_2O_3 能够得到 TbO_2。

1. 四价铈化合物

三价铈盐被强氧化剂如过氧化氢、氯、高锰酸钾等作用时，容易变为四价状态，三价铈离子是无色的，但是四价铈离子呈橙至深红色。如果有很少量四价铈存在，得到黄色溶液，可利用此特性简便地检验铈的存在。

虽然三价铈盐在空气中很稳定，但是三氧化二铈水合物（$Ce_2O_3 \cdot xH_2O$）却有强烈的氧化趋向，它的颜色在空气中迅速变暗，最后转化为黄色的二氧化铈水合物（$CeO_2 \cdot xH_2O$）。

四价铈的盐比三价状态一般较不稳定。在水溶液中水解颇强，以致四价铈盐在稀释时往往析出碱式盐。多数四价铈盐容易被还原为三价盐。四价铈的复盐要比简单的盐稳定，其中特别是硝酸铈（Ⅳ）复盐 $M_2^I[Ce(NO_3)_6]$ 容易结晶。在简单的铈（Ⅳ）盐中，硫酸铈（Ⅳ）在溶液中是最稳定的。四价状态的氯化物仅知有络合酸 $H_2[CeCl_6]$，以深红色溶液的形式存在，并知有其盐。这种氯化物容易析出氯而转化为三价状态。

Ce^{4+} 二元固体混合物只有氧化物（CeO_2）、水合氧化物（$CeO_2 \cdot nH_2O$）和氟化物（CeF_4）。在空气或氧气中将金属铈、$Ce(OH)_3$ 或任何一种 Ce^{3+} 的含氧酸盐（草酸盐、碳酸盐或硝酸盐）加热时就得到二氧化铈（CeO_2），纯净时它呈白色，CeO_2 是很惰性的物质，不受强酸或强碱的作用，然而能溶于还原剂（H_2O_2、Sn^{2+} 等）存在的酸中。水合氧化铈（$CeO_2 \cdot nH_2O$）是一种黄色胶状沉淀，由碱与 Ce^{4+} 溶液作用而得到，它很容易再溶解在酸中。室温下，氟与无水 $CeCl_3$ 或 CeF_3 作用制得 CeF_4，它对冷水比较惰性，在 200～300℃ 用氢还原得到 CeF_3。

用很强氧化剂（如过二硫酸盐或铋酸盐在硝酸中）与 Ce^{3+} 溶液作用得到 Ce^{4+} 溶液。Ce^{4+} 生成的磷酸盐不溶于 4mol HNO_3；碘酸盐不溶于 6mol HNO_3 中，磷酸盐和碘酸盐沉淀可以用来从三价镧系元素中分离 Ce^{4+}。用磷酸三丁酯和相似的萃取剂可以萃取 Ce^{4+}，它比镧系元素离子更容易萃取到有机溶剂中。

水合离子 $[Ce(H_2O)_n]^{4+}$ 是一种相当强的酸，除了在很低 pH 外，它发生水解和聚合。

铈（+4）在分析中可用作氧化剂。

铈的络阴离子非常容易形成，有些盐以前认为是复盐，明显的是作为分析标准溶液"硝酸高铈铵"，它可以从 HNO_3 中结晶出来。实际上，它在晶体和溶液中都是双齿 NO_3^- 的 $(NH_4)_2[Ce(NO_3)_6]$。

1）氧化物及其水合物

二氧化铈是微黄色粉末，加热时呈柠檬黄色。

灼烧过的二氧化铈完全不溶于盐酸或硝酸中,但能溶于高浓度的硫酸中,生成硫酸铈(IV)。较稀的硫酸和它作用时,发生部分还原而析出氧。如果还原剂存在,它也能溶解在盐酸或硝酸中。当二氧化铈在氢气流中强热时,生成暗蓝色的 Ce_4O_7,在1250℃时生成三氧化二铈。Ce_4O_7 或 Ce_2O_3 在空气中灼烧时,都转化回到 CeO_2。

在四价铈盐溶液中加碱或氨,析出二氧化铈水合物($CeO_2 \cdot xH_2O$),为淡黄色凝胶状沉淀。CeO_2 和 Na_2O 或 NaOH 共熔时,得复合氧化物 Na_2CeO_3。

2)氟化物

元素氟和无水 $CeCl_3$ 或 Ce_2S_3 作用,得四氟化铈(CeF_4),无色,密度为4.77,不溶于水。它在真空中加热至400℃并不析出氟,但在氢气流中加热到300℃,被还原为 CeF_3。

3)硝酸盐

将二氧化铈水合物溶于浓硝酸中,蒸缩溶液,得红色晶体,其组成为碱式硝酸盐 $Ce(OH)(NO_3)_3 \cdot 3H_2O$。它溶于水中,溶液呈黄色,由于水解,溶液呈酸性。加入硝酸,溶液呈亮红色。加碱金属的硝酸盐,结果也呈红色,由此溶液可以结晶出亮红色的无水硝酸复盐 $M_2^I [Ce(NO_3)_6]$ 型晶体。和二价金属所成的复盐则含 8 个结晶水。六硝酸基铈(IV)酸铵 $(NH_4)_2 [Ce(NO_3)_6]$ 易溶于水,但在硝酸中颇难溶解,可作为由其他稀土元素分离铈的一个方法。

4)硫酸盐

将二氧化铈和浓硫酸一起加热,得无水硫酸铈(IV),$[Ce(SO_4)_2]$,为深黄色晶体粉末,不溶于浓硫酸。但它易溶于水,溶液呈棕黄色,在室温时结晶出八水合物。稀释就发生水解,析出难溶的碱式盐。

在新制备的硫酸铈(IV)溶液中加硫酸,溶液呈暗红色。离子迁移实验的结果证明,有硫酸基铈(IV)酸存在。用碱金属的硫酸盐处理溶液,可结晶出硫酸基铈(IV)酸盐,例如 $K_4 [Ce(SO_4)_4] \cdot 2H_2O$ 为微溶的橙黄色单斜系晶体,$(NH_4)_6 [Ce(SO_4)_5] \cdot 2H_2O$ 为橙红色单斜系晶体。

硫酸铈(IV)在定量分析中应用于氧化滴定,又在有机合成中用作氧化剂。

几乎所有快速分离铈的方法其原理都在于首先将+3 价铈氧化成+4 价铈,然后再利用+4 价铈在化学性质上与其他+3 价镧系元素的显著差别,用其他化学方法将铈分离出来。

Ce^{4+} 的离子势很大,碱度很小,极易水解,$CeO_2 \cdot H_2O$ 在 pH 为 0.7~1.0 时就能沉淀析出,而其他 RE^{3+} 则要在 pH 为 6~8 时才能沉淀析出。此外,Ce^{4+} 生成配位化合物的倾向很大,这些特性都与其他 RE^{3+} 有很大差别,因此,利用这些特性,采用氧化分离的方法可以将铈快速而有效地分离出来。

将铈氧化的方法很多，可用空气氧化、氯气氧化、臭氧氧化，也可用各种氧化剂（如过氧化氢、过硫酸铵、铋酸钠、高锰酸钾、过氧化铅、溴酸钾等）氧化，还可采用电解方法来氧化。在工业生产中，广泛采用简单方便成本较低的空气氧化法进行铈的氧化分离。这种方法是利用空气中的氧作氧化剂，在一定条件下，将+3 价混合稀土氢氧化物中的 $Ce(OH)_3$ 氧化成 $Ce(OH)_4$。然后利用 $Ce(OH)_4$ 碱性弱，难溶于稀硝酸的性质，通过控制稀硝酸的 pH（控制 pH 在 2.5），使 $RE(OH)_3$ 溶解，进入溶液，而 $Ce(OH)_4$ 仍留在沉淀物中［$Ce(OH)_4$ 的溶度积为 0.74×10^{-49}］，结果+4 价铈与+3 价稀土得以分离。空气氧化按下面的反应式进行：

$$2Ce(OH)_3 + 1/2O_2 + H_2O \Longrightarrow 2Ce(OH)_4$$

Ce^{4+} 极易水解，黄橙色水合离子［$Ce(H_2O)_n$］$^{4+}$ 只存在于像高氯酸（$HClO_4$）这样的非配合性的强酸性溶液中。Ce^{4+} 配位的倾向很大，虽然在 $HClO_4$ 介质中，Ce^{4+} 不形成配离子，但在 HNO_3、H_2SO_4 或 HCl 介质中，则不同程度地形成配离子。

二氧化铈是宝贵的光学玻璃磨料。二氧化钍纱罩中含 1% CeO_2；CeO_2 又为石墨电弧棒中的添加剂，因为它在灼热时发射白亮的光线。

2. 稀土元素的二价化合物

钐、铕和镱能生成二价化合物，其中二价铕生成的趋向比较大（表 3-17）。

二价状态如 RE^{2+}，对 Sm、Eu 和 Yb 的溶液和固体化合物都十分确定，而 Tm^{2+} 和 Nd^{2+} 还不十分确定，但所有镧系元素+2 价离子都能制得，并可用还原方法将它们稳定在 CaF_2、SrF_2 或 BaF_2 晶格中，如用 Ca 还原 CaF_2 中的 REF_2。

用 Zn 或 Mg 还原 Eu^{3+} 水溶液，可以容易地制得最稳定的 Eu^{2+}。其他 RE^{2+} 需要用钠汞齐，但 Sm^{2+}、Eu^{2+}、Yb^{2+} 都可以从水溶液中或熔化的卤化物中用电解还原法制得。

表 3-17　镧系元素 RE^{2+} 的性质

RE^{2+}	颜色	E^0/V	晶体半径/Å
Sm^{2+}	血红色	−1.55	1.11
Eu^{2+}	无色	−0.43	1.10
Yb^{2+}	黄色	−1.15	0.93

低价稀土卤化物：

二价卤化物一般均以三价卤化物为原料，用 H_2、$LiBH_4$、稀土金属、锌或镁等为还原剂，在一定温度下还原制备，反应如下

$$2REX_3 + H_2 =\!=\!= 2REX_2 + 2HX$$

$$2REX_3 + RE =\!=\!= 3REX_2$$

$$2REX_3 + Zn =\!=\!= 2REX_2 + ZnX_2$$

$$2REX_3 + Mg =\!=\!= 2REX_2 + MgX_2$$

其中以 $2REX_3$ 与相应 RE 反应制备最常见，产品纯度也较高。

1）二价钐化合物

将无水三氯化钐在氢气流中加热，得红棕色二氯化钐（$SmCl_2$）。它和水作用时，立刻转化为三价状态，同时析出氢。还可以制备二碘化钐（SmI_2）。

2）二价铕化合物

和钐的情况一样，无水三氯化铕在氢气流中加热时，得二氯化铕（$EuCl_2$）。无色，易溶于水。它的水溶液也可用锌还原 $EuCl_3$ 溶液而获得．由溶液可以结晶出二水合物（$EuCl_2 \cdot 2H_2O$）。它较为稳定，在溶液中仅在温热时才发生氧化。由于 Eu^{2+} 和 Sr^{2+} 的大小接近，$EuCl_2$ 也和 $SrCl_2$ 一样生成八氨配盐（$EuCl_2 \cdot 8NH_3$）。

用类似方法可制得二氟化铕（EuF_2），它也可以由 $EuSO_4$ 和浓的 NaF 溶液共煮而得到。EuF_2 与 CaF_2 同晶形，但 $EuCl_2$ 和 $PbCl_2$ 同晶形。此外，还可制得 $EuBr_2$ 和 EuI_2。

将 $Eu_2(SO_4)_3$ 在 H_2S 气流中加热，得硫化铕（Ⅱ）（EuS），为棕紫色粉末。同样可以制得 EuSe 和 EuTe。

将 $Eu_2(SO_4)_3$ 在溶液中进行电解还原，得难溶的硫酸铕（Ⅱ）（$EuSO_4$），它和 $SrSO_4$ 及 $BaSO_4$ 同晶形。

3）二价镱化合物

$YbCl_3$ 在氢气流中加热到 550℃，还原生成二氯化镱（$YbCl_2$）。还可制得 $YbBr_2$ 和 YbI_2。将三价镱的氧族化物在氢气流中加热，Yb_2O_3 没有变化，Yb_2S_3 部分还原，Yb_2Se_3 生成 YbSe，而 Yb_2Te_3 就更容易生成纯净的 YbTe，为黑色粉末，为 NaCl 型结构。

低价稀土卤化物性质：稀土元素的二价卤化物（卤素为氯、溴、碘）在空气和水中均不稳定，能迅速氧化成三价相应的化合物并放出氢气。$NdCl_2$、$DyCl_2$ 和 $ThCl_2$ 与水反应剧烈，放出氢气并生成 $RE(OH)_3$ 沉淀。

二价卤化物根据其中稀土离子价态不同而可分为两种类型：第一类型是盐型的二价卤化物，可表示为 $RE^{2+}(X^-)_2$，其中稀土呈二价，属此类的化合物有 Sm、Eu 和 Yb 的二价卤化物和 $NdCl_2$ 及 NdI_2 等，它们的磁矩与 RE^{2+} 的基态理论磁矩相近；第二类型的化合物中稀土呈三价或金属的性质，可写成 $RE^{3+}(e^-)(X^-)_2$，有一个电子处于导带中，表现出与金属相似的一些性质，如 LaI_2 的室温电阻率为

$64×10^{-6}\Omega\cdot cm$，其他如 CeI_2、PrI_2、GdI_3 都属于这类型，它们的磁矩则与 RE^{3+} 的基态理论磁矩相近。

二价卤化物结构：Sm、Eu、Yb、Tm 的二价卤化物与碱金属的卤化物同晶，氟化物通常具有 CaF_2 的结构，稀土配位数为8，氟位于立方体的8个顶角。氯化物则有两种结构，一种为 $PbCl_2$ 结构，RE 处于三帽三棱柱的中心，为9配位；一种为 SrI_2 结构，RE 为7配位，4个氯位于 RE 下的一个四方形的4个顶角上，另3个氯则位于 RE 上三角形3个顶角上。$REBr_2$ 为有 $SrBr_2$ 和 $CaCl_2$ 的结构；REI_2 则有 $SrBr_2$、SrI_2、CdI_2 和 EuI_2 的结构，配位数为6~8。重稀土原子半径小，可容纳的配位数比轻稀土少，阴离子越大，对同一个 RE 离子，则配位数减小。但 REF_2 例外，它的配位数为8，小于同一中心离子的氯化物。

虽然固态的二价卤化物均已制得，但当它们溶解于水时，除 Eu（Ⅱ）的化合物外，其他都迅速氧化成+3价的状态，即使是 Eu（Ⅱ）在水中也只能存在相当短的时间，故水合的二价卤化物非常稀少，已知晶体结构的仅有 $EuCl_2\cdot 2H_2O$ 一例。它的制备方法如下：Eu_2O_3（>99.9%）溶于6mol/L的盐酸溶液，在高纯氮的气氛下用锌汞齐还原，再浓缩该盐酸溶液，即析出 $EuCl_2\cdot 2H_2O$。该化合物为单斜晶系，$C_{2/c}$ 空间群，$a=1.1661$（5）nm，$b=0.6404$（3）nm，$c=0.6694$（3）nm，$\beta=105.37$（5）°。在该化合物中，Eu（Ⅱ）的配位数为8，4个由 Cl 提供，4个由水的氧提供，这说明 Cl 和 H_2O 均以 μ_2 桥式与两个 Eu（Ⅱ）连接，形成三维网状结构，8个配位原子形成一个扭曲的四方棱柱构型。

参 考 文 献

[1] 苏锵. 稀土化学. 郑州：河南科学技术出版社，1993
[2] 徐光宪. 稀土. 2版（下）. 北京：冶金工业出版社，1995
[3] 戴安邦，尹敬执，严志弦，等. 无机化学教程. 北京：高等教育出版社，1958
[4] 曹锡章，王杏乔，宋天佑. 无机化学. 北京：高等教育出版社，1978
[5] 关实之，傅孝愿，赵继周. 高等无机化学. 北京：人民教育出版社，1980
[6] 中山大学金属系. 稀土物理化学常数. 北京：冶金工业出版社，1978
[7] 洪广言，越淑英. 稀土五磷酸盐晶体的生长及其性质. 硅酸盐学报，1983，11（2）：173

第 4 章　稀土分离化学

　　稀土元素的冶炼、分离提取主要依据稀土的基本性质、稀土资源的特点及市场需求。

　　我国的稀土资源具有藏量大、品种全的特点。我国稀土资源分北、南、西三大块。北方以包头白云鄂博铁-稀土多金属共生矿为主，是氟碳铈矿和独居石混合型矿，工艺处理困难，但因随铁开采，生产成本低；南方以江西、广东、福建、广西、湖南等省区的离子吸附型稀土资源为主，稀土以离子状态赋存于花岗岩风化壳中，处理工艺特殊；西部以四川攀西地区的氟碳铈矿为主，类同于美国芒廷帕斯稀土矿和山东微山稀土矿，矿石严重风化。其中包头和南方离子吸附型矿物类型特殊，其选、冶生产工艺技术在世界上无可借鉴。我国科技人员针对以上三种资源的特点，自主研发了具有中国特色的稀土精矿处理和稀土分离生产工艺流程，并使其产业化，部分工艺技术已达到世界先进水平。例如，稀土硅铁冶炼，利用串级萃取理论将模拟试验"一次放大"到工业规模生产的技术，P507-HCl 体系萃取分离稀土和"三出口"萃取技术等均已获得广泛的应用。

　　我国稀土工业依托得天独厚的稀土资源，历来得到国家领导人的高度重视，经过广大科技人员几十年的奋斗，特别是"八五"以来的发展，生产水平和产品质量发生了质的飞跃。

　　20 世纪 60 ~ 70 年代仅能生产硅铁稀土合金、混合稀土化合物、富集物等。70 年代末，稀土冶炼产品产量仅 1000 多 t。高附加值的单一和高纯稀土化合物还处于开发阶段。经过 50 多年的发展，目前可生产包括纯度为 99.9% ~ 99.999% 的单一化合物和 99% ~ 99.9% 的单一金属在内的 200 多个品种、上千个规格的稀土产品，基本能满足国内外各种用户的要求。全国冶炼分离总能力超过 20 万 t（REO）。从 2001 年开始，我国单一和高纯稀土产品与稀土总商品量之比超过 50%，基本上实现了产品结构合理化。我国真正成为世界第一稀土生产大国、最大的商品供应国和稀土消费国。稀土产品供应量占世界总量的 80% 以上。

4.1　稀　土　采　选

　　稀土成矿是地球物质成形的结果，而物质分异、富集又与地球构造运动、岩浆活动等密切相关。稀土的富集和成矿延续于地壳发展的整个历史时期。

　　稀土矿床一般含有多种组分，内生稀土矿床中的铌、钽、铀、钍、锆、铁、钛及磷灰石、水晶石、萤石、金云母等常可作为稀土采选冶炼时综合回收的对象。矿产资源的综合利用是许多国家的一项重要政策。

　　选矿是利用组成矿石的各种矿物之间的物理、化学性质的差异，采用不同的选矿方法，借助不同选矿设备，把矿石中的有用矿物富集起来，除去有害杂质，并使之与无用矿物分离的加工过程。

　　稀土矿的选矿一般采用浮选法，并常辅以重选、磁选，组成浮选-重选、浮选-磁选-重选等多种组合的工艺流程。

　　为了做好选矿过程的控制和技术管理，一般以品位、回收率、产率、选矿比和富集比等技术指标来评价选矿效果。

　　通过选矿获得精矿，稀土精矿中的主要成分是稀土矿物，即稀土的天然化合物。

　　表 4-1 列出 2000 ~ 2009 年全球稀土矿产品产量（t，REO）。从表 4-1 可见，我国稀土矿产品产量约占世界的 95%。

表 4-1　2000 ~ 2009 年全球稀土矿产品产量（t，REO）

年份	中国	印度	俄罗斯	马来西亚	斯里兰卡	巴西	美国	合计	中国占全球比例/%
2000	74 000	2 700	2 000	600	100		5 000	84 400	88.8
2001	80 600	2 700	4 000	500	100	200	5 000	93 100	86.6
2002	88 400	2 700	4 000	500	100	200	5 000	100 900	87.6
2003	92 000	1 500	2 000	250				95 750	96.1
2004	98 300	2 700	2 000	250				103 250	95.0
2005	118 709	2 700	2 000	750		730		124 159	95.6
2006	132 506	2 700	2 000	200		730		138 136	95.9
2007	120 800	2 700	2 000	200		730		126 430	95.6
2008	124 500	2 700	2 000	200		730		130 130	95.7
2009	129 405	2 700	2 000	200		750		135 055	95.8

　　经过"六五"和"七五"国家科技攻关，我国基本上解决了包头稀土矿、南方离子吸附型矿两大稀土资源的采选产业化技术问题。

　　从 1988 年年产稀土精矿约 3 万 t（REO），其中包括独居石精矿（1070t）和包头稀土富渣（9440t），而到 2007 年年产量超过 12 万 t（不包括独居石和富渣），20 年间稀土精矿产量翻了两番。目前我国精矿生产能力的总和已超过 20 万 t（REO）。2000 ~ 2009 年中国稀土矿产品产量及构成（t，REO）示于表 4-2。

表4-2　2000～2009年中国稀土矿产品产量及构成（t，REO）

年份	混合型稀土矿	离子吸附型稀土矿	氟碳铈矿	独居石	磷钇矿	合计
2000	40 600	19 500	12 900	—	1 000	74 000
2001	46 600	19 200	10 400	4 000	400	80 600
2002	55 400	20 000	13 000	—	—	88 400
2003	54 000	23 000	15 000	—	—	92 000
2004	46 600	30 000	21 710	—	—	98 310
2005	49 000	44 000	25 709	—	—	118 709
2006	50 377	45 129	37 000	—	—	132 506
2007	69 000	45 000	6 800	—	—	120 800
2008	66 000	36 000	22 500	—	—	124 500
2009	65 000	32 695	31 710	—	—	129 405

4.2　稀土冶炼（精矿的分解）

稀土主要来自稀土矿物及铀的裂变产物。工业规模的生产主要是从独居石、氟碳铈矿、磷钇矿和离子吸附型矿等矿物中提取分离。

精矿分解时，需将矿中的主要成分转变成易溶于水或酸的化合物，然后经溶解、分离、净化、浓缩或灼烧等工序，制成各种混合稀土化合物的产品。有时精矿分解产物本身就是产品，如高品位精矿经高温氯化后直接得到的混合稀土氯化物。

为选择合适的稀土矿物分离方法，必须考虑资源的综合利用、"三废"处理和环境、放射性防护与劳动保护；考虑化工设备、化工原材料、成本、收率、纯度等技术经济指标。伴随着稀土应用领域的开拓，对各种单一稀土或几种单一稀土在一起的富集物的需求量逐年增加，原来以生产混合稀土化合物为产品目标的精矿分解工艺流程已有所发展和变化。

有的稀土精矿中含有不少非稀土元素，如独居石精矿中磷含量仅次于稀土，氟碳铈矿精矿中含有相当量的氟。从综合利用与环境保护的角度考虑，应对这些元素加以回收或处理。

分解精矿有很多方法，一般根据下述原则选择适宜的工艺流程：①精矿的类型、品位等特点；②产品方案；③便于非稀土元素的回收与综合利用；④有利于劳动卫生与环境保护；⑤技术先进、经济合理。

目前我国以稀土资源为核心，形成了三大稀土生产基地和两大生产系统。三大稀土生产基地，主要位于包头、四川、江西。两大生产体系是北方轻稀土生产体系和南方中重稀土生产体系。中国目前有冶炼分离企业近百家，产能估计达到了 20 万 t 以上。稀土产业可以生产 400 多个品种、1000 多个规格的稀土产品,成为世界上唯一能够大量提供各种稀土产品的国家。

4.2.1 稀土精矿的分解

稀土精矿的分解可分为干法和湿法。矿石的干法分解可分为氯化法和焙烧法等,湿法分解常用的为酸分解法和碱分解法。

1. 氯化法

高温氯化法是一种处理金属矿物原料的冶金方法。在高温下用氯气分解精矿,使原料中的组分直接变成氯化物。必须指出,因稀土精矿中含有放射性钍,未经除钍过程,这样得到的稀土金属中钍含量较高。

干法中以氯化法研究最多,其优点是通过矿石的氯化可直接得到稀土的无水氯化物,便于与熔盐电解制备稀土金属的方法衔接起来。在氯化过程中可将矿石中可形成挥发性氯化物的杂质如 P、Fe、Ti、Si 和 Sn 等除去。氯化法的缺点是腐蚀性大,设备不易解决;在高温(900℃)氯化时,$ThCl_4$ 有部分挥发,引起放射性污染及放射性产物分散,不便集中处理;当矿石中含有大量铁时,可挥发的 $FeCl_3$ 在冷凝时会堵塞管道。

独居石和氟碳铈矿均可用氯化法分解,其中独居石的加碳氯化的反应可写成

$$REPO_4 + (3-x)\ C + 3Cl_2 \longrightarrow RECl_3 + POCl_3 \uparrow + x CO_2 \uparrow + (3-2x)\ CO \uparrow$$

该反应是放热反应。氯化条件是独居石与碳的粒度均为 325 目,团块粒度的直径为 0.25cm,独居石:碳(重量比)= 6.6:1,氯化温度为 700℃时,$RECl_3$ 和 $ThCl_4$ 不挥发,$RECl_3$ 在一个大气压(101.325kPa)的 Cl_2 时于 787℃熔融。$RECl_3$ 以熔融状态自氯化炉内排出,其中含 $CaCl_2$、$SrCl_2$、$BaCl_2$、$MgCl_2$ 等杂质,氯的利用率约为 75%。$RECl_3$ 收率为 89% ~ 93%。

2. 焙烧法

焙烧法适用于分解氟碳铈矿等碳酸盐矿物,又可分为直接焙烧法和加入碳酸钠等试剂的焙烧法。

直接焙烧法已用于处理美国芒廷帕斯所产的氟碳铈矿或我国包头产的氟碳铈矿的精矿(含 RE_2O_3 约 60%)。我国包头产的氟碳铈矿的精矿经氧化焙烧和酸浸后,再从酸浸液中分离稀土元素。

碳酸钠焙烧法可用于处理包头的氟碳铈矿,其中除了可以使氟碳铈矿分解生成混合稀土氧化物外,还可使伴生的独居石、萤石、重晶石等矿物分解,再经水洗和酸洗,可除去生成的可溶性的 Na_3PO_4、NaF 和 Na_2SO_4 等。所得滤饼,经酸

溶后可作为分离稀土的原料。

用 KOH、NaOH 或 Na_2CO_3 等熔融焙烧法还可分解磷钇矿。

3. 酸分解法

在酸分解法中常用浓硫酸法分解独居石或氟碳铈矿,其优点是硫酸比较便宜,对矿石的品位要求不高,其缺点是对设备的腐蚀性较大,还排放出大量的腐蚀性气体,并有氡气放出,在处理独居石时磷不易回收。其中独居石的浓硫酸分解的反应可写成

$$(RE, Th)PO_4 \xrightarrow[H_2SO_4]{220℃} RE_2(SO_4)_3 + Th(SO_4)_2 + H_3PO_4 + He \uparrow$$

该反应是放热反应。分解后用水浸出时,硫酸与水作用放出大量热。由于稀土硫酸盐在水中的溶解度是随温度的升高而降低的,因此,为提高稀土的浸出率,必须进行冷却,降低浸出温度至约 40℃,以增大稀土硫酸盐的溶解度。

在进行稀土分离之前,宜将铀、钍及其放射性子体分离干净,集中处理,使随后的稀土分离过程没有放射性的问题,这样有利于 "三废" 处理与放射性防护。为此,在硫酸盐浸出液中,可加入 $BaCl_2$,使生成 $BaSO_4$ 以载带除去镭和放射性子体。为使钍与稀土分离,曾常用硫酸钠或碳酸钠等沉淀法使铈族稀土形成复盐沉淀,而钇族稀土和钍形成可溶性配合物留在溶液中。但此法分离不完全,钍和稀土在分离流程中都比较分散,不易获得不含钍的稀土。近年来采用在硫酸介质中用伯胺萃取钍而与稀土分离的溶剂萃取法,获得了钍含量甚微的稀土。

在酸分解中还有使用氢氟酸分解褐钇铌矿等含稀土、铌、钽、钍、铀等的矿物。

4. 碱分解法

在碱分解法中常用氢氧化钠分解独居石或氟碳铈矿。其优点是腐蚀性较小,处理独居石时可将矿中的 PO_4^{3-} 以 Na_3PO_4 的产品形式回收利用。缺点是成本较高,要求矿石的粒度较小(300~325 目)。其中独居石的氢氧化钠分解的反应可写成

$$(RE, Th)PO_4 \xrightarrow[NaOH]{140°} RE(OH)_3 \downarrow + Th(OH)_4 \downarrow + Na_3PO_4$$

经水洗后的稀土与钍的氢氧化物滤饼可利用钍与稀土氢氧化物的溶度积及沉淀的 pH 不同,采用优先浸出的方法使稀土优先浸出,钍富集在滤饼中;或根据后处理的需求利用不同酸(盐酸或硝酸等)将稀土和钍的氢氧化物全部溶解,然后再进行稀土分离。

工业规模的生产主要是从独居石、氟碳铈矿、磷钇矿和离子吸附型矿等矿物分解,提取稀土。现针对独居石和氟碳铈矿的矿物分解做如下简要介绍。

4.2.2　独居石精矿分解

独居石中除含有稀土元素外，还含钍、铀，所以在提炼时将与提炼钍铀一起进行。

自 19 世纪末稀土工业萌芽阶段以来，独居石就是稀土工业的重要原料。虽然研究各种分解独居石的方法，但在工业生产中独居石精矿一般采用酸法或碱法工艺进行分解。

20 世纪 50 年代以前采用浓硫酸法。该法的最大优点是对精矿的适应性强，即使精矿中有价元素含量低、颗粒较粗，也能获得较为满意的结果。其缺点是酸易腐蚀设备，给劳动防护与环境保护带来很大困难，精矿中含量仅低于稀土的磷难以回收利用。

常用的硫酸法提炼独居石是将独居石矿砂与浓硫酸在 250℃ 时加热数小时，此时，发生下列反应：

$$2REPO_4 + 3H_2SO_4 \longrightarrow RE_2(SO_4)_3 + 2H_3PO_4$$

1952 年后烧碱法逐步以致全部取代了分解独居石的浓硫酸法。烧碱分解工艺的优点正好与浓硫酸法相反。它要求独居石精矿中杂质含量尽量少，分解前需将精矿磨细，但是，烧碱法工艺中的设备腐蚀、劳动保护与环境保护均较易解决，独居石中的磷也能得以回收。这种工艺称为无公害的碱法。

在用烧碱法分解独居石精矿的工艺流程中，磷以磷酸三钠的形式得以回收，这种副产品创造了可观的经济效益。

工业生产中一般采用烧碱液常压分解法。独居石与烧碱反应的过程中，稀土与钍生成不溶于水的氢氧化物，磷转变成水溶性的磷酸三钠：

$$REPO_4 + 3NaOH \Longrightarrow RE(OH)_3 \downarrow + Na_3PO_4$$
$$Th_3(PO_4)_4 + 12NaOH \Longrightarrow 3Th(OH)_4 \downarrow + 4Na_3PO_4$$

化学反应生成的氢氧化物仍附着于精矿颗粒的表面，妨碍碱与矿粒内部独居石矿物之间反应的进行。实验表明，精矿全部通过 325 目，在一定条件下，独居石几乎能被碱定量分解。因此，工业生产中，先将精矿磨细至一定粒度再送至分解工序。

独居石反应完全所需理论用碱量约为精矿质量的一半。在大规模工业生产中，为使独居石获得较高的分解率，采用氢氧化钠/精矿 = 1.3 ~ 1.5。

较高浓度的碱液有利于分解反应的进行，此外，碱液的沸点也随其浓度的增加而升高，用较高浓度的碱液还可以提高分解反应的温度，也有利于独居石与碱之间的反应。但是在碱用量固定的条件下，提高碱液浓度势必降低反应体系的液固比，致使其流动性差，同时，在一定的环境温度下，过高浓度的碱液易析出固体碱而使输送管道堵塞。故工业生产中用 47% ~ 50% 的碱液分解独居石，分解温度约为 140℃。在此条件下，分解 3 ~ 5h 即可得到满意的结果（分解率约为 97%）。

分解反应消耗体系中的碱，NaOH 浓度随之下降，碱液的沸点也降低。若其沸点降至低于当时体系的温度，则体系"过热"，溶浆大量溢出，发生"冒槽"事故。此时可加入适量的浓碱液。分解设备一般为普通钢制容器。

分解过程完毕，即加热水稀释，并保持一定条件，防止磷酸三钠析出。氢氧化物沉淀用盐酸优先溶解分解产物中的稀土，分离钍铀。优先溶解的溶液含有镭的同位素，采用硫酸钡共沉淀法除镭，制取稀土产品。

1994 年前法国罗地亚稀土公司一直采用碱法工艺，独居石与热氢氧化钠溶液反应，稀土和钍从磷酸盐中分离出来，生成不溶于水的氢氧化物。经过滤、水洗后，用盐酸溶解，添加氢氧化钠或者氢氧化铵，使钍形成氢氧化钍沉淀，溶液中的稀土氯化物可经蒸发结晶成稀土氯化物产品加以回收，或进一步用溶剂萃取法分离成单一稀土。碱法工艺在流程的较早阶段就可得到稀土氯化物，同时得到可直接销售的磷酸三钠副产品，因此，一般优先选用碱法工艺。

通常将独居石分解后的废渣与独居石采矿产生的废渣混合，以使合成废渣符合环境标准。

4.2.3 包头混合型稀土精矿分解

包头稀土矿中有氟碳酸盐和独居石，因此是混合型稀土精矿。通常氟碳酸盐与独居石的相对含量为 9 : 1 ~ 1 : 1，与稀土品位无关。其中氟碳酸盐主要是氟碳铈矿。

精矿分解方法：浓硫酸法、烧碱法、碳酸钠焙烧法、高温氯化法，对于含氟碳铈矿较高的混合型精矿，还研究了氧化焙烧法。虽然从所用分解剂的角度看，这些方法与其他类型稀土精矿分解相同，但因精矿原料不同，所用工艺流程差异很大。目前生产中采用浓硫酸法、烧碱法与碳酸钠焙烧法。

1. 浓硫酸分解法

精矿与浓硫酸混合均匀后，在一定温度下进行分解，矿物中的稀土、钍转变成易溶于水的硫酸盐，分解反应如下

$$2REFCO_3 + 3H_2SO_4 \overline{\quad\quad} RE_2(SO_4)_3 + 2HF\uparrow + 2CO_2\uparrow + 2H_2O\uparrow$$

$$2REPO_4 + 3H_2SO_4 \overline{\quad\quad} RE_2(SO_4)_3 + 2H_3PO_4$$

$$ThO_2 + 2H_2SO_4 \overline{\quad\quad} Th(SO_4)_2 + 2H_2O\uparrow$$

精矿中的萤石、铁矿物等也与浓硫酸反应：

$$CaF_2 + H_2SO_4 \!\!=\!\!=\!\!= CaSO_4 + 2HF \uparrow$$

$$Fe_2O_3 + 3H_2SO_4 \!\!=\!\!=\!\!= Fe_2(SO_4)_3 + 3H_2O \uparrow$$

SiO_2 与 HF 的反应:

$$SiO_2 + 4HF \!\!=\!\!=\!\!= SiF_4 \uparrow + 2H_2O \uparrow$$

分解后用冷水浸出稀土,然后用硫酸复盐沉淀稀土,在经碱转化稀土复盐,生成稀土氢氧化物沉淀。采用优先溶解稀土,同时控制工艺条件达到除杂目的。

2. 烧碱分解法

与分解独居石相同,烧碱法也需要高品位的稀土精矿作原料。由于分解过程无酸气等有害气体,无需庞大复杂的废气处理设备,这一工艺已得到较快的推广。

高品位的混合型稀土精矿为浮选产品,颗粒细,烧碱分解前无需磨矿。但是,目前能得到的精矿中尚含有相当数量的杂质,尤其是萤石,它不仅影响产品的质量,还降低稀土的回收率。因此,烧碱法分解前,精矿先通过不同于一般的"化学选矿"除去萤石等杂质矿物。化学选矿,即以稀酸破坏含钙矿物,将钙从稀土精矿中浸出并分离除去。

碱饼经水洗后,用盐酸优先溶解稀土,优先溶解的溶液最终 pH = 4.5 ~ 5,REO 约为 200g/L,稀土优先溶解率不低于 90%。优先溶解的溶液既可经浓缩结晶制备混合稀土氯化物产品,也可作为稀土分组或单一稀土分离的原料。

3. 碳酸钠焙烧法

中国科学院长春应用化学研究所、包头钢铁公司冶金研究所、北京有色金属研究总院等先后对碳酸钠分解包头稀土精矿进行了大量的研究工作和半工业试验,并在包钢稀土三厂〔现内蒙古包钢稀土(集团)高科技股份有限公司〕进行工业生产。

碳酸钠焙烧反应如下

$$2REPO_4 + 3Na_2CO_3 \!\!=\!\!=\!\!= RE_2O_3 + 2Na_3PO_4 + 3CO_2 \uparrow$$

$$2REF_3 + 3Na_2CO_3 \!\!=\!\!=\!\!= RE_2O_3 + 6NaF + 3CO_2 \uparrow$$

精矿与碳酸钠焙烧时,萤石、重晶石还可能发生下列副反应:

$$CaF_2 + Na_2CO_3 \!\!=\!\!=\!\!= CaCO_3 + 2NaF$$

$$BaSO_4 + Na_2CO_3 \!\!=\!\!=\!\!= BaCO_3 + Na_2SO_4$$

一般情况下,精矿分解后所得焙烧产物为疏松易磨细的小烧结块,球磨后以水洗除去剩余碳酸钠及分解反应生成的水溶物。水洗时,NaF 与 Na_2SO_4 进入水洗液中。水洗液中磷含量很低(约 0.2g/L),这可能是由于独居石分解产物 Na_3PO_4

又与 CaF_2 发生反应，生成了 $NaCaPO_4$。

水洗后滤饼再以稀酸洗去 $CaCO_3$、$BaCO_3$ 等焙烧反应生成的杂质。实际上精矿中的钙与钡大部分进入酸洗液中（CaO 5 ~ 6g/L，BaO 8 ~ 10g/L，）同时，精矿中的磷也部分进入酸洗液中。

实验结果表明，稀酸洗后的滤饼用硫酸浸出稀土，稀土浸出率相当高。而实际上焙烧时所用 Na_2CO_3 用量（10% ~ 15% 精矿量）比"理论量"（18%）要低得多。发现 Ce^{3+} 在焙烧过程中被氧化成 Ce^{4+}。同时具有相当高的铈氧化率。

实践证明，不同品位的精矿都能获得较高的稀土回收率与铈的氧化率，对此两项指标影响较大的因素是硫酸浸出液中的氟离子浓度。浸出液中的氟主要来源于精矿中的萤石。因此，精矿中萤石含量以及工艺条件的控制是获得高指标的重要条件。

焙烧过程中尚未分解的萤石在硫酸浸出时发生下列反应：

$$CaF_2 + H_2SO_4 \Longrightarrow CaSO_4 + 2HF$$

观测到 F^- 有助于焙烧矿中 Ce^{4+} 的浸出，从而提高稀土收率与铈的氧化率。表现为：①因浸出液中氟浓度太低而稀土浸出率大幅下降时，浸出残渣中铈与总稀土的比例比相应精矿中的比例高得多，即铈比其他稀土的浸出率低得多；②向硫酸浸出液中加入还原剂，将 Ce^{4+} 还原成 Ce^{3+} 后，立即产生大量的白色胶状沉淀，其中氟含量高达 14% 左右，加入氧化剂后沉淀物即可溶解。显然，浸出液中 Ce^{4+} 与 F^- 形成了配合物。

含氟高（即含萤石多）的精矿，用精矿质量 15% ~ 25% 的碳酸钠，在 700℃ 条件下焙烧，稀土矿物几乎全部分解。但是，若硫酸浸出的条件掌握不当，也不能获得好的结果。

稀硫酸浸出液中硫酸浓度约为 1.5mol/L，铈氧化率大于 90%。这种溶液有多种处理方法：

①P204-TBP 等萃取法分离铈与钍；②硫酸钠复盐沉淀法分离铈；③碳酸盐复盐沉淀提铈；④制备混合稀土氯化物。先用还原剂将硫酸浸出液中的 Ce^{4+} 还原成 Ce^{3+}，再以硫酸钠复盐的形式回收全部稀土，用 NaOH 将稀土复盐转化成稀土氢氧化物，盐酸优先溶解稀土，最后制得混合稀土氯化物产品。

碳酸钠焙烧–碳酸盐提铈与碳酸钠焙烧–P204 萃取两个流程对比试验结果表明，萃取法比碳酸盐法有以下优点：①流程的技术性可靠，对不同的精矿和浸出液的杂质适应性强；②产品纯度高（99%），收率高（>95%），成本低；③基建投资少，定员少，自动化程度高。

氟碳铈矿精矿的分解还有一些其他方法：如用于生产混合稀土氯化物的 HCl-NaOH 工艺和用于生产单一稀土化合物的氧化焙烧—酸浸出流程。其中 HCl-

HaOH 分解法：此法所用原料是浮选精矿，先经稀盐酸浸去钙等碳酸盐杂质，得到质地较纯的原料，氟碳铈矿物含量为 95% ~ 97% 的精矿。所得精矿颗粒较细（精矿质量中的 65% 达到约 325 目），较易分解。但是，矿物 $[RE_2(CO_3)_3 \cdot REF_3]$ 中的碳酸稀土部分易溶于酸。

美国宾州约克（York）厂用芒廷斯帕所产精矿作原料生产稀土，其工艺过程是首先用过量工业浓盐酸浸出精矿中的稀土碳酸盐：

$$RE_2(CO_3)_3 \cdot REF_3 + 9HCl = 2RECl_3 + REF_3\downarrow + 3HCl + 3H_2O + 3CO_2\uparrow$$

反应后的固体为氟化稀土（REF_3），用碱液（200g/L NaOH）使其分解并转变成稀土氢氧化物：

$$REF_3 + 3NaOH = RE(OH)_3\downarrow + 3NaF$$

然后再用盐酸分解液中过量的盐酸溶解稀土氢氧化物。

中和反应得到稀土氯化物溶液的 pH 为 3.0，还有铁、铅、钍的子体等少量杂质。为获得纯净的稀土溶液，加入过氧化氢把铁氧化成三价，并生成氢氧化铁沉淀，加入硫酸使铅以硫酸铅形式沉淀析出，最后加入氯化钡以硫酸钡的形式沉淀出溶液中剩余的硫酸根，钍的子体也在除杂质的过程中被载带入沉淀物中。

4. 氧化焙烧–酸浸

通过氧化焙烧—酸浸可直接制取氧化镧和氧化铈。另外，采用化学处理——焙烧等手段可直接制取抛光粉。对此要求较纯精矿，一般采用 70% REO 的精矿。其问题在于工艺中无除钍过程，精矿中的钍仍留在抛光粉中。

氧化铈用于抛光粉，其晶形、硬度、粒度分布、添加剂等比纯度更重要，因此应严格控制抛光粉的制作工艺条件。

氧化铈之所以能用于各种玻璃的抛光，适用范围广、效果好，是因为其硬度与玻璃相同或稍高，且能进行微调。

低铈抛光粉中 $CeO_2/REO \approx 50\%$，成本比高铈抛光粉低，但初始抛光能力与高铈抛光粉几乎无异，只是抛光粉寿命短。

此外，氧化铈抛光粉的优越性还在于其结晶形状。CeO_2 的结晶形状有直径为 45nm 的球状立方体和 70nm 左右的尖形八面体。其中球状晶体适于作抛光材料。

REOF 系抛光粉在大于 950℃ 时，氟化物黏连在一起，凝聚的粒子粗大，抛光能力迅速下降，这种抛光材料的烧成温度最好控制在 850 ~ 950℃。

理想的抛光粉应是 50nm 左右的单颗粒凝聚成 0.5 ~ 5μm 的粒子，且常形成新的粒子参与抛光。在此范围内高速抛光时标准粒度分布为 2 ~ 3μm，低速抛光时为 1 ~ 2μm。超出此范围而混入粗粒子时抛光中会产生划痕；反之，微细粒子又是烧痕的原因。

　　我国稀土产业在稀土冶炼分离方面已形成以几大资源地为中心的稀土产业群。例如包头及周边地区，江苏和山东，四川，江西和广东等省。另外，在福建、广西、湖南、浙江、云南、甘肃、陕西、辽宁、山西等也有处理和分离稀土矿的生产企业。南方还有个别稀土分离企业在处理和分离独居石中的稀土。

　　20 世纪 80 年代，我国就已成为世界最大的稀土冶炼分离产品生产国和出口国。表 4-3 列出 2000 ~ 2009 年中国稀土冶炼产品产量。从表 4-3 可知我国稀土冶炼产品产量已达到相当大的规模，占世界首位。

表 4-3　2000 ~ 2009 年中国稀土冶炼产品产量（t，REO）

年份	2000	2001	2002	2003	2004	2005	2006	2007	2008	2009
产量	65 980	71 000	75 000	78 000	86 704	103 900	157 000	125 973	134 644	127 300

　　随着稀土产业的发展，生态环境保护问题日趋严重。例如，包钢稀土尾矿坝对环境带来了严重的影响：①废水渗透对周围地下水的影响；②周围三分之一的裸露部分，在有风季节造成粉尘空中迁移；③平地筑坝高出地面许多有发生事故的危险；④尾矿中少量的放射性元素钍也给环境保护带来影响。因此，包钢尾矿的综合利用不仅能大大改善尾矿堆存带来的环境问题，而且有助于资源保护和利用。离子吸附型稀土矿也存在严重的环境问题。

4.3　稀土元素的分离方法

　　由于稀土离子的化学性质非常近似，稀土的分离已成为无机化学的难题之一，并影响了它们的发现以及纯化合物的制备与性能的研究。早期大部分都使用混合稀土，直到 20 世纪 50~60 年代随着新的稀土分离技术和方法的出现，才能较大量地获得纯稀土，而且价格也逐渐下降，由此促进了单一稀土的研究与应用。

4.3.1　稀土分离的基本原理

　　（1）利用被分离元素在两相之间分配系数的差异。

　　在分离过程中，一般是利用被分离元素在两相之间分配系数的差异，如在固-液两相之间进行分配（分级结晶法、分级沉淀法和离子交换法），或在液-液两相之间进行分配（溶剂萃取法），利用被分离元素 A 和 B 两相之间的分配系数 D 的差别来进行分离，为了表征元素 A 和 B 在两相之间进行一次分配后的分离效果，通常以 A 和 B 两元素的分配系数 D_A 和 D_B 的比值 β 来表示，β 称为分离因素。

$$\beta_{A/B} = D_A / D_B$$

当 β 值为 1 时表明 A 和 B 在两相之间的分配系数相同，因此，无法彼此分离或富集。β 值越偏离 1，分离效果越好。

由于稀土元素之间的化学性质非常近似，在两相之间只经一次分配达不到彼此分离的目的，而只起到一些富集的作用。为了使三价稀土元素彼此分离。除了要寻找分离因素 β 偏离 1 的体系以外，还要求进行多次的反复操作，即使被分离元素在两相之间进行多次的分配，才可能达到目的。

(2) 利用被分离元素价态的差异。

利用氧化还原的方法使被分离三价稀土元素变成四价或二价，其性质将明显不同于三价稀土元素，导致在两相间的分配系数的差别较大，分离因素远大于或小于 1，即可达到彼此分离的目的。此法对可变价态的稀土如 Ce、Eu、Yb、Sm 等有效。

(3) 利用钇在镧系元素中的位置变化分离钇。

由于钇在镧系元素中的位置随着体系与条件的改变而变化，可处于五种不同的位置（图 4-1）。为了分离钇，可选择适当的体系，先令钇处于重稀土元素部分或处于镥后面，使钇与轻稀土元素分离；然后再选择另一个体系，使钇处于轻稀土元素部分或处于镧以前，从而使钇与重稀土元素分离而获得纯钇。也可利用相反的过程，经过二次分离而获得纯钇。

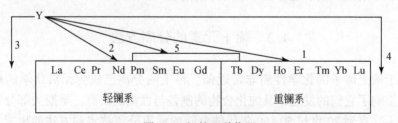

图 4-1 钇的五种位置

1—在重镧系部分；2 — 在轻镧系部分；3— 在镧前；4— 在镥后；
5—由于镧系性质的转折变化，使钇在镧系中同时占有几个位置

(4) 利用镧的特性分离镧。

由于镧的性质不同于具有 4f 电子的其他镧系离子，具有自己的特性，它又处于镧系的首位，不必考虑其左侧元素的分离；其右侧的铈又是一个易于通过氧化而变为四价先被分离除去的稀土，当铈被除去后，镧的右侧留一空缺，而较易与非相邻的镨分离，因此，在稀土分离中镧的分离相对较容易。

同样原理也可用于分离镥。镥位于镧系元素的末端，将镥左侧的镱先用还原法除去，使镥和钇之间留一空缺，再使镥与非相邻的钇分离。由于镥具有 4f 电子不像镧那样具有特性，因此，镥–钇的分离将比镧–钇的分离要困难。

（5）利用加入隔离元素。

为了分离两个相邻的稀土元素 A 和 B，加入一个在该分离体系中性质介于 A 和 B 之间的另一个非稀土元素 C（称隔离元素），经分离后从 A–C–B 中获得 A–C 和 C–B 两部分，由于 C 不是稀土元素，易于从 A 和 B 中除去，从而达到分离 A 和 B 的目的。例如，用硝酸镁复盐分级结晶法分离 Sm–Eu 时，可以加入 Bi 作为隔离元素。目前此方法已很少应用。

稀土元素的分离方法甚多，主要有分级结晶法、沉淀法、离子交换法和色层法、萃取法和氧化还原法等。各种方法均有其特点，现分别简介如下。

4.3.2　分级结晶法

分级结晶法基于不同稀土化合物具有不同的溶解度和分配系数。当稀土从溶液中析出结晶时，一部分进入晶体，一部分留在母液中，但对于不同稀土析出结晶的先后和在晶体与母液中的分配不同，溶解度小的稀土先结晶析出，而富集在晶体部分，溶解度大的稀土则富集在母液中。因此，分级结晶法要求所分离的晶体有大的溶解度和温度系数，相邻元素之间的溶解度差别要大，且在加热浓缩过程中要稳定和不分解。

由于不同稀土化合物的溶解度差别不大、不同稀土之间还易生成异质同晶，因此，此法达到分离稀土的目的必须进行多次反复地操作。由于分级结晶法目前还不能连续自动进行，溶液的浓缩—冷却—析晶的过程又很慢，因此，本法的缺点是很费时间，为获得纯稀土要耗费几个月，甚至几年，而且效率很低。但在稀土的发展史中，分级结晶法曾发挥过很大的作用。分级结晶法的优点是设备简单，单位设备体积的处理量大；结晶过程中不需另加试剂，晶体与母液两相分离又比较容易，不必过滤。

1972 年，国家重大科研任务——镧系列光学玻璃，需要尽快提供 10kg 高纯氧化镧。中国科学院长春应用化学研究所采用镧硝酸铵复盐重结晶法，经几十级重结晶制备出纯度为 99.995% 的高纯氧化镧，其中铈、镨、钕、铁、铬、钙等杂质元素均小于 $5\mu g/g$，达到了任务要求标准。在该工作中对经典重结晶法进行了多项改进。

4.3.3　分级沉淀法

分级沉淀法是利用溶解度不同的分离方法。用于稀土分离时，往往在稀土溶液中加入不足量的沉淀剂，使不同的稀土按溶解度、溶度积或沉淀的 pH 的不同进行分级沉淀。溶解度小的稀土先从溶液析出，过滤后获得沉淀和滤液两相。由于不同三价稀土的分配系数差别不大，而且不同稀土之间还易生成异质同晶，在沉淀时会发生载带与共沉淀，因此，用此法分离稀土时，必须反复进行沉淀和过滤等操作。每次加沉淀剂沉淀后，进行过滤，滤液中回收稀土，而沉淀又需溶解，再沉淀。多次循环，耗费沉淀剂较多，也费时间，更需要沉淀、过滤和溶解的设备。这些缺点限制了分级沉淀法在稀土分离中的应用。

　　在稀土分族方面，目前仍有使用硫酸钠复盐沉淀法或碳酸钠复盐沉淀法。在上述两种方法中铈族稀土沉淀析出，而钇族稀土留在滤液中。由于这两种方法所用的沉淀剂较便宜，仅需一次沉淀便可把稀土粗分为铈族和钇族，比较简便，形成的沉淀还易于过滤。硫酸钠复盐沉淀可用氢氧化钠转化为稀土氧化物，溶于酸后可进一步做稀土分离或制成混合稀土氧化物或氯化物产品。

　　随着原子序数的增大，稀土的碱度减小，开始生成氢氧化物沉淀的 pH 也减小。镧的碱度最大，在较大的 pH 时开始形成氢氧化物沉淀，并较其他稀土先沉淀析出，因此，曾有使用稀土氢氧化物的分级沉淀法分离和富集其他稀土元素。可以通过改变稀土浓度，将钇的位置移于轻镧系部分，可在钇族稀土中用分级沉淀法分离和富集钇。

　　沉淀法用于稀土元素之间的分离相当困难，难以获得纯度较高的单一稀土。但用沉淀法将稀土与非稀土元素分离相当有效，以至于已广泛地用于高纯稀土工业，特别是激光级 Y_2O_3 的制备。稀土的沉淀分离通常采用草酸盐、氢氧化物和氟化物形式。将这三种方法进行适当的配合，可将稀土与除钍以外的常见伴随元素加以分离。这三种常用的方法中，氢氧化物沉淀的分离选择性最差，主要用来分离碱金属及碱土金属。氟化物沉淀主要能使稀土与铌、钽及大量的磷酸盐加以分离；由于氟化物的溶解度小，它特别适用于富集微量稀土。从实用的角度来看，草酸盐沉淀是最有效的方法，在一般的情况下，可以分离除钍和碱土金属以外的常见共存元素。

4.3.4　离子交换色层分离技术

　　离子交换色层分离技术（简称离子交换法）引入单一稀土分离纯制始于 20世纪 40 ~ 50 年代。离子交换是利用离子交换树脂与溶液中离子复杂的多相化学反应进行分离的。当某种溶液与离子交换树脂接触时，溶液中的离子就与树脂中相同电荷的某种离子发生交换作用。在交换过程中，首先是溶液中的离子扩散到离子交换树脂的表面，接着又扩散到交换树脂颗粒的内部，并与树脂中的离子进行交换。交换出来的离子又扩散到树脂表面，再进入溶液中，如此反复循环，达到分离的目的。

　　不同离子之间的差别，在于它们对离子交换树脂的亲和力，而这种亲和力主要取决于离子的电荷数及离子在水合状态下的半径。阳离子对阳离子交换树脂的亲和力是随着价态的增加而增大。对于相同价的阳离子而言，吸附亲和力则是随着水合离子半径或体积的增大（即碱性的增强）而下降。

　　稀土元素对离子交换树脂的亲和力是随着相对原子质量的增加而递减。但它们之间的性质非常相似，亲和力的差别并不大。如单独靠这些微小差别来进行相互分离，相当困难，因此，必须同时利用络合剂，即利用稀土络合离子的形成及其络合离子性质的差别来实现相互分离。

　　稀土元素的离子交换层析分离过程可分为两步：①吸附；②淋洗（或解吸）。首先是将待分离的阳离子混合物吸附在交换柱中的离子交换树脂床的上半部，然后往柱中加入含有一种吸附力更强的离子或浓度较高的其他离子的溶液解吸、置换或用一种适当的络合剂解吸淋洗。在淋洗过程中，混合物中的离子随着它们对离子交换树脂的亲和力和稀土配合物稳定性的不同，就会形成以一定速度沿着交换柱移动的若干吸附带。这种吸附带的形成是由于淋洗剂沿交换柱移动时所发生的反复吸附-解吸作用的结果。每一个单元都因离子间的上述差异而产生一定程度的分离作用。这样的作用经多次重复后分离效率就逐渐提高。

　　离子交换树脂是一类复杂的高子分子材料，它具有网状结构以组成树脂的骨架，一般都很稳定，对于酸、碱和普通溶剂均不易发生作用。骨架上"挂"有许多能与溶液中离子发生交换作用的活性基团。稀土分离中常用的是聚苯乙烯磺酸型阳离子交换树脂，是磺化的苯乙烯和二乙烯苯的聚合物：树脂中磺酸基团—SO_3H上的氢离子（以 HR 表示）可被其他阳离子所交换。不同价态的阳离子对树脂的亲和力是：$M^{3+}>M^{2+}>M^+$。当电荷相同时，阳离子对树脂的亲和力随水合离子体积的增大而下降：$La^{3+}>Ce^{3+}>Pr^{3+}>Nd^{3+}>Sm^{3+}>Eu^{3+}>Gd^{3+}>Tb^{3+}>Dy^{3+}>Y^{3+}>Ho^{3+}>Er^{3+}>Tm^{3+}>Yb^{3+}>Lu^{3+}>Sc^{3+}$；$Ba^{2+}>Sr^{2+}>Ca^{2+}>Mg^{2+}>Be^{2+}$；$Ag^+>Tl^+>Cs^+>Rb^+>NH_4^+>K^+>Na^+>H^+>Li^+$。

　　因此，氢型或铵型的阳离子交换树脂上的氢或铵可被稀土离子所交换取代，溶液中的稀土离子被固相的离子交换树脂所吸附，并放出 H^+ 或 NH_4^+

$$RE_{(a)}^{3+}+HR_{(S)} \longrightarrow RER_{(S)}+H_{(a)}^+ \quad （吸附）$$

　　阳离子分配在树脂和溶液两相中。

　　分离稀土的络合剂最早是使用柠檬酸，以后是使用氨羧络合剂，如氨三乙酸（NTA）、乙二胺四乙酸（EDTA）、二乙基三胺五乙酸（DTPA）和 *N*-羟乙基乙二胺三乙酸（HEDTA）等。当定量分离和分析少量稀土及分离稀土放射性同位素时，常用 α-羟基异丁酸。这些络合剂可与不同的稀土形成稳定性有些差异的络阴离子使稀土从阳离子交换树脂上脱附：

$$RER_{(S)} + (NH_4)_4L_{(a)} \longrightarrow NH_4R_{(S)}+REL_{(a)}^- \quad （脱附）$$

　　稀土配合物的稳定常数一般是随原子序数的增大而增大，在络合过程中，稳定性较大的稀土离子 RE^{3+} 可置换稳定性较小的稀土离子 RE^{3+}，与配体 L 优先形成络阴离子：

$$RE + REL \longrightarrow RE'L + RE \text{（竞争络合）}$$

释出的稳定性较小的稀土离子 RE^{3+} 又重新被阳离子交换树脂所吸附：

$$RE^{3+} + NH_4R \longrightarrow RER + NH_4^+ \text{（吸附）}$$

因而原子序数大的、配合物稳定性高的稀土先从树脂上脱附。加以稀土水合离子在树脂上的亲和力是随原子序数的增大而减小的，因此，更促使了在配位剂洗脱的过程中，原子序数大的、配合物稳定常数大的稀土离子先形成络阴离子脱附，而原子序数小的、配合物稳定常数小的稀土离子倾向吸附于树脂上。这样随着洗脱液沿离子交换柱自上而下流动，稀土不断发生吸附、脱附和竞争配合等过程，利用不同稀土离子在树脂与溶液两相之间分配系数的不同，使稀土彼此按顺序形成色层而分离。经分布收集，可同时得到多个高纯（99.9% ~ 99.99%）的稀土产品，这是离子交换法的重要优点之一。

在稀土离子交换分离的技术上，最早是使用铵型树脂的淋洗色层法。此法的缺点是洗出液中的稀土浓度较低，且洗出峰的右侧常出现拖尾现象，因此溶液发生交叉而降低稀土的纯度与收率。但此法可利用镧在镧系的一端，其配合物的稳定常数最小，在树脂上的亲和力又较大等特性，用以定量分析镧。

为了提高洗出液中稀土的浓度，减小交叉以提高纯度和收率，F. H. Spedding 提出了置换色层法。他根据稀土、Cu^{2+} 和 Fe^{3+} 等离子与 EDTA 生成 1 : 1 配合物时，Cu^{2+} 的稳定常数 $\lg\beta$（18.8）与 Ho^{3+}（18.74）、Er^{3+}（18.85）等重镧系离子的稳定常数 $\lg\beta$ 接近，故其淋洗顺序在它们的前面，因此可选择 Cu^{2+} 为延缓离子，使 Cu^{2+} 与这些重镧系离子发生竞争络合、吸附和脱附以延缓它们的洗脱，从而达到提高洗出液中稀土浓度和减少交叉的目的。使用 Cu^{2+} 型的阳离子交换树脂作为分离柱代替淋洗色层的 NH_4^+ 型柱，以 0.015 ~ 0.030mol/L、pH 8.0 ~ 8.4 的 EDTA 作洗脱液进行离子交换分离稀土，获得了很好的结果。

基于这种原理，在分离轻镧系时，在某些体系中也可使用重镧系离子作延缓离子。

使用 EDTA 作洗脱液时，必须严格控制其浓度与 pH，防止洗脱过程中在柱内出现 $Cu_2(EDTA) \cdot 5H_2O$、$HLa(EDTA) \cdot nH_2O$ 或 H_4EDTA 等沉淀，否则将使分离无法进行。特别是由于 $HLa(EDTA) \cdot nH_2O$ 的溶解度较小，有可能在柱的顶部析出而堵塞洗脱液的流通。

虽然用离子交换法分离稀土已取得了很大的进展，但分离速度还不是很快。当处理量大时，约需几天或几周。为加快离子交换法的分离速度，必须加速稀土离子在树脂相内的扩散速度。为此，可采取如下措施：

（1）采用新型树脂，如大孔树脂或交联度小的树脂，但交联度小时，树脂的体积在使用过程中变化太大而不能用于大量分离。近年来有试用离子交换纤维以提高分离速度。

（2）采用高温（85～90℃）离子交换法，其要求所用的溶液必须经过煮沸除气或真空除气的处理，以防止在柱内生成气泡而影响分离。

（3）采用细树脂的高压离子交换法，并与梯度洗脱液法结合，根据分离不同系统的要求，逐渐改变洗脱液的浓度或 pH。利用这种方法，可快速地在几小时内定量分离，已用于稀土的分析及放射性稀土的分离。

离子交换法的缺点是批式操作，不能连续加料，高纯稀土产品不能同时连续出料，因此，限制了它的处理量。为了解决此问题，近年来人们研究连续色层法，如旋转的连续环状色层法。利用该方法有可能达到连续分离稀土的目的，但仍有待进一步研究。

1954 年，Spendding 提出以 Cu 作延缓剂，EDTA 作淋洗剂分离单一稀土的离子交换法，但在分离过程中，当酸度增加时会析出 EDTA 结晶，从而堵塞或严重妨碍交换柱中溶液的流通。中国科学院长春应用化学研究所李有谟等改进了 Spendding 的离子交换法，提出添加少量乙酸铵于 EDTA 淋洗剂中可以克服分离过程中 EDTA 结晶析出的问题，并于 1958 年 7 月首次在国内分离出除 Pm 以外的 15 个单一纯稀土（其中 Ce 用氧化萃取法，Eu 和 Yb 用还原分离法）。所分离出的 15 个纯稀土的纯度均达到光谱纯，这一成果对于当时开展稀土的光谱分析和单一稀土的基本性质等基础研究起了积极作用，为国内生产高纯稀土创造了条件。我国以 EDTA 作淋洗剂分离稀土的方法，由于添加了少量乙酸铵可采用较高浓度的 EDTA，而与国外有所不同，有一定的创新。

1958 年，中国科学院长春应用化学研究所张珏提出以乳酸作淋洗剂从混合稀土中定量分离镧，在国内首次实现了稀土的定量分离。对当时混合稀土中镧含量的分析起了积极作用。李有谟、包斌荣、苏锵、姚克敏等相继又提出了乙酸铵法、氨三乙酸法、磺基水杨酸法和一缩二醇酸法等分离镧的方法。其中氨三乙酸法因分离速度较快而受欢迎。张珏等采用以氨三乙酸（NTA）为分离淋洗剂的离子交换方法制备出 6kg 高纯氧化镧。采用 2kg 离子交换柱进行生产高纯氧化镧产品，其纯度大于 99.995%，其中 Ce、Pr、Nd、Fe、Cr 等主要杂质元素含量均小于 0.0005%（5μg/g）。提供了合格的高纯氧化镧产品。

1959 年，李有谟首先提出了用乙酸铵作淋洗剂分离钇的方法。在室温条件下，与 EDTA 淋洗剂的方法比较，该方法具有下列特点：①钇与其他钇族元素的分离效率较好，特别是铽和镝与钇有较大分离因数，但镥对钇的分离有影响；②稀土洗出浓度高达 10g/L，比 EDTA 分离周期短；③工艺稳定无结晶析出等问题；④产品后处理简单，成本低。但该方法对于其他钇族稀土的分离效果较差，故仅适用于分离和纯化钇。1970 年用该方法将纯度约为 99% 的 Y_2O_3 提纯到 99.99% 左右，1.4kg 单柱规模可顺利达到指标。

1960 年李有谟等提出联合应用 EDTA 和乙酸铵作淋洗剂分离钇族稀土，当时钇族稀土的全分离尚未见有详细报道，只有 EDTA 作淋洗剂、多管法技术的报道。钇族稀土中钇的含量占 50% 以上，而 EDTA 淋洗剂分离钇的效率又较差。该方法既可利用 EDTA 分离其他钇族稀土的有效性，又能发挥乙酸铵对于钇族稀土中的主量稀土元素钇的有效分离作用，所以是有一定特点的较好的分离钇族稀土的方法。该法适用于从钇族稀土中分离出自镝到镥包括钇等七个稀土（其中镥尚需用还原法预分离除去镱）。所用试剂单耗少，分离时间短。在中间工厂进行了多次 6kg 规模的试验均得到可重复的满意结果。为分离钇族稀土提出了较完整的方法。

随着新技术的发展，对高纯氧化钇的需求增加，对其纯度也要求越高。张珏、于德才、牛春吉等研究了以乙酸铵作淋洗液淋洗钇时，温度与钇的洗出位置的关系，观察到随着温度的升高，钇的洗出位置由轻稀土向重稀土移动这一特性。1973~1974 年采用室温-升温联用乙酸铵的离子交换法，以纯度 99.95% 氧化钇为原料一次处理制备出纯度为 99.9999% 的氧化钇，其总收率达到 75%~80%。实践表明该法产品纯度高，质量稳定，淋洗剂成本低。该法在天津市化学试剂三厂进行了扩大生产，为高纯氧化钇出口，制备了标准样品。产品供中国科学院长春物理研究所进行彩色电视红色荧光粉烧制试验，取得较好结果，从而解决了红色荧光粉的原料问题，并用于制备微波材料钇铁石榴石。

张珏、于德才、牛春吉等采用自制的 SPY-85 型高压液体色谱仪，使用国产微粒强酸性阳离子交换树脂为载体；在工作压力约为 100atm[①]；直径 8mm × 500mm 不锈钢柱，柱温 75℃；α-羟基异丁酸为淋洗剂。4h 左右把等量的各 3mg 的 15 个稀土元素基本定量分离。它的顺利完成，对核裂变产物快速定量分离分析极具参考价值。另外，采用高压离子交换技术与一缩二醇酸法相结合，定量分离镧的时间缩短为 1.5~2h。

离子交换分离稀土元素十分有效，已能获得高纯或超高纯（如 99.9999%）的单一稀土，但其存在的缺点是批式操作，不能连续生产，限制了它的处理量；另外相对分离速度较慢，较大量处理时如 kg 级，需要几天或几十天。

---

① atm 为非法定计量单位，1atm=101.325Pa。

4.3.5　溶剂萃取法

溶剂萃取法是指含有被分离物质的水溶液与互不相溶的有机溶剂接触，借助于萃取剂的作用，使一种或几种组分进入有机相，而另一些组分仍保留在水相，从而达到分离目的。

用溶剂萃取法研究稀土的分配规律始于 1937 年，当时有人研究稀土氯化物在水溶液和互不相溶的有机溶剂醇、醚或酮之间的分配，但在很长一段时间内没有获得实际应用。1949 年沃尔夫（Warf）成功地用磷酸三丁酯（TBP）从硝酸溶液中萃取 Ce^{4+}，使其与三价稀土分离，$Ce(NO_3)_4$ 的萃取率达 98% ~ 99%。1953 年有人用 TBP- HNO_3 体系，使三价稀土元素彼此分离。1957 年皮帕德（Peppard）首次报道了用二（2-乙基己基）磷酸（HDEHP，P204）萃取稀土元素，相邻稀土离子的平均分离系数 $\beta_{z+1/z} = 2.5$（HCl 介质），这比 TBP- HNO_3 体系的平均分离系数 1.5 要大得多。20 世纪 60 年代初皮帕德曾用 2-乙基己基磷酸单 2-乙基己基酯（HEH［EHP］，P507）萃取分离锕系元素和钷；70 年代初中国科学院上海有机化学研究所成功地在工业规模上合成出 P507，中国科学院长春应用化学研究所进行了深入研究并提出氨化-P507 萃取体系，大大提高了萃取容量和分离系数，使该工艺在单一稀土分离上获得广泛应用。70 年代后期北京大学提出了用串级理论设计优化的分离工艺，该理论目前已在稀土湿法冶金工业中得到了广泛应用。

由于溶剂萃取法具有处理容量大，反应速率快，分离效果好的优点，它可以克服沉淀分离法中对痕量元素的吸附或沉淀现象，是一种简便而有效的方法之一，目前溶剂萃取法已成为研究最多、应用最广泛的稀土分离方法。它已成为国内外稀土工业生产中分离提取稀土元素的主要方法，也是分离制备单一稀土化合物的主要方法之一。

萃取分离的基本原理是当某一溶质 A 同时接触到两种互不相溶的溶液（如水和有机溶剂），则溶质 A 会按一定的比例分配于两种溶液中。如果 A 在两相分配的平衡浓度分别为 $[A]_水$ 和 $[A]_有$，则根据 Nernst 分配定律：

$$\frac{[A]_有}{[A]_水} = D$$

式中，D 称为分配系数。溶质或溶剂种类不同时，D 值也随之不同。两种金属的分配系数之比称为分离因素"β"，β 能描述两种金属离子在任何一个萃取体系中的相互行为。

有机溶剂（相）对某一物质 A 的萃取情况常用萃取率（E）来表示：

$$E(\%) = \frac{A \text{ 在有机相中的总量}}{A \text{ 在两相中的总量}} \times 100\% = \frac{[A]_有 \times V_有}{[A]_有 \times V_有 + [A]_水 \times V_水} \times 100\% = \frac{D}{D + \dfrac{V_水}{V_有}} \times 100\%$$

由上式可知，萃取率 E 的大小取决于分配系数 D 和 $V_水/V_有$ 的体积比。即 D 越大，体积比越小，则萃取率越高。

在溶剂萃取分离的过程中，当含有被分离物质的水溶液与互不相溶的有机溶剂充分接触后，使被分离物质进入有机相，与其他物质分离，虽然仍有部分留在水相，经多次反复处理可达到完全分离的目的。

萃取与精馏、结晶等过程一样，都是属于两相的传质过程，即物质从一相转入另一相的过程。就广义而言，萃取属于从液相到液相的分离过程。

萃取法是利用被分离的元素在两个互不相溶的液相中分配时分配系数 D 的不同来进行分离的。由于稀土的化学性质很近似，相邻的三价离子的 D 值差别不大，要经过多级萃取才能达到分离的目的。"串级萃取"是把若干个单级萃取器串联起来，使有机相和水相多次接触，从而大大提高分离效果的萃取工艺。

串级萃取按有机相和水相流动方式的不同，可分为错流萃取、逆流萃取、半逆流萃取（水相作为固定相或有机相作为固定相）、分馏萃取和回流萃取（在两端都是部分回流；或在一端全回流，另一端部分回流）等几种，它们各自的实用范围不同，其中最重要的是分馏萃取，它能从萃余水相和萃取有机相两头出口，同时得到高纯度和高收率的产品，容易达到或接近最优化工艺指标。

利用分馏萃取法分离两种或两种以上物质，通常必须以单级试验筛选合适的萃取体系，掌握各种条件对于分离系数和分配比的影响，然后根据待分离原料的组成特点和对产品纯度、收率等分离指标的要求，以"漏斗法"小型试验和萃取槽上的扩大试验确定串级萃取的方式及其级数、流量等工艺参数，最后根据小试验和扩试的结果确定实际生产工艺。这一试验周期相当长，需要投入大量的人工、试剂和设备投资。

采用串级萃取理论研究不同工艺形式、工艺条件下，待分离物质在各级萃取器两相间的分布规律以及产品的分离指标与工艺参数间的关系。通过理论研究，缩短稀土分离工艺的研制周期，指导生产工艺的设计，并为稀土萃取生产工艺的在线分析和自动控制提供理论依据。

稀土的萃取分离设备大部分都是使用混合澄清槽，也有研究使用离心萃取器和振动筛板萃取柱的。在工业生产上多采用逆流萃取、分馏萃取和回流萃取等萃取方式，都是二出口，只能得到难萃取组分和易萃取组分两种产物。为在萃取中连续得到多种产品，近年来有研究三出口或多出口的萃取方式。

萃取法具有可连续自动地进行多级萃取与反萃取操作和处理量大的优点，促使稀土萃取的研究工作日益增多，成为应用日益广泛的稀土分离方法。在用萃取法分离稀土的过程中萃取剂是基础和关键。新萃取剂的研制是发展萃取法分离稀土的先决条件。

用于稀土分离和纯化的萃取剂可分为：①磷（膦）类萃取剂 TBP，P350、P204、P507；②羧酸型萃取剂，环烷酸、异构酸、CA-12；③胺类萃取剂，季铵盐（如 N263、Aliquat-336）、伯胺 N1923 等；④有机溶剂醇、醚或酮等。萃取剂也可以分为：①酸性萃取剂如 P204、环烷酸、噻吩酰基三氟丙酮（HTTA）等；②中性萃取剂如 TBP、P350、亚砜等；③离子络合萃取剂，如胺类、季铵盐（N263）等；④有机溶剂醇、醚或酮等。

根据使用萃取剂的不同，在萃取机理上又可分为：溶剂化盐萃取，液体阳离子交换萃取，液态阴离子交换萃取，溶剂化中性萃合物萃取，协同萃取，等等。

值得注意的是，有机相可以是单一的萃取剂，也可以是萃取剂的溶液。

目前常用而重要的萃取剂有磷类萃取剂、胺类萃取剂和某些螯合剂与有机羧酸。现分别简介如下。

1. 磷类萃取剂

磷类萃取剂可分为

（1）中性正磷酸盐类：$(RO)_3PO$、$(RO)_2R'PO$、$(RO)R'_2PO$ 或 R_3PO，如磷酸三丁酯 $n\text{-}C_4H_9O)_3PO$（简称 TBP）、三辛基氧膦 $(C_8H_{17})_3PO$（简称 TOPO）和甲基膦酸二甲庚酯（简称 P350）等。

（2）一元酸类：$(RO)_2PO(OH)$、$(RO)R'PO(OH)$ 或 $R_2PO(OH)$，如二（2-乙基己基）磷酸（简称 HDEHP 或 P204）；2-乙基己基磷酸单2-乙基己酯（简称 HEH（EHP）或 P507），二丁基磷酸 $(C_4H_9O)_2PO(OH)$（简称 HDBP）等。

TBP　　　　　　　　　　P₂O₄　　　　　　　　　　　P₅O₇

（3）二元酸类：$(RO)PO(OH)_2$ 或 $RPO(OH)_2$ 等。

（4）中性或酸性有机焦磷酸盐类：如二辛基焦磷酸盐（简称 H_2OPP）和焦磷酸四丁酯等。

1）中性磷（膦）氧萃取剂

中性磷（膦）氧萃取剂萃取体系是无机萃取体系中最早发现和最早用于稀

土元素提取分离的萃取剂体系。如用 TBP、P350 等萃取稀土的研究很活跃，也很有成效。

中性磷（膦）氧萃取剂的萃取机理：在低酸度下使用中性磷（膦）氧萃取剂，如磷酸三丁酯（TBP）、甲基膦酸二甲庚酯（P350）等萃取时，与稀土形成溶剂化配合物萃入有机相。其中萃取剂（S）的作用是挤出稀土水合物的水分子，并增大被萃取物的分子体积，从而有利于萃入有机相。萃取反应可表示如下：

$$RE^{3+}_{(a)} + 3X^-_{(a)} + pS_{(O)} \longrightarrow REX_3S_{p(O)}$$

其中，$X^- = NO_3^-$、Cl^-、SCN^-、ClO_4^-等。

对属于这类萃取机理的要求是：①萃取剂为中性溶剂；②稀土以中性萃合物状态被萃取，阴离子也进入萃合物组成中。这类体系往往可借助盐析剂或同离子效应以提高萃取率。

对于这种萃取机理，分配系数 D 与酸度的函数关系是很复杂的。

中性磷（膦）氧萃取剂萃取稀土是通过磷酰氧上未配位的孤对电子（$>P=\ddot{O}:$）与中性稀土化合物中稀土离子配位，生成配价键的中性萃取配合物。如用 TBP 萃取三价硝酸稀土的反应为

$$RE^{3+} + 3NO_3^- + 3TBP_{(O)} \Longrightarrow RE(NO_3)_3 \cdot 3TBP_{(O)}$$

式中，TBP 也可以是 P350 等其他中性磷（膦）氧萃取剂。

影响中性磷（膦）氧萃取剂萃取性能的主要因素：

（1）萃取剂结构的影响。

中性含磷萃取剂对 RE^{3+} 的萃取能力为 $R_3PO > (RO)R_2PO > (RO)_2RPO > (RO)_3PO$。

一般认为，引入 RO—基团，使磷氧键 $P \longrightarrow O$ 中氧原子的电子密度减小，配位能力因而减弱，萃取能力也减小。故上述中性磷氧萃取剂中 P 原子上连接的 RO—基团增多，则萃取能力减弱。

（2）稀土离子性质的影响。不同稀土离子萃取的性能不同。

（3）无机酸的影响。不同的无机酸体系对稀土的萃取分离具有十分明显的影响。

中性磷（膦）氧萃取剂能萃取酸，如 TBP 萃取酸的能力按下列次序减小：

草酸 ≈ 乙酸 > $HClO_4$ > HNO_3 > H_3PO_4 > HCl > H_2SO_4

以上酸根阴离子水化能依次增大，即 SO_4^{2-} 的水化能最大，所以 TBP 萃取 H_2SO_4 能力最小。

不同磷（膦）氧萃取剂萃取酸的次序稍有不同，且与酸的浓度有关。例如，三辛基氧化磷（TOPO）在低酸度时（低于 2mol/L）萃取酸的次序为

$$HNO_3 > HClO_3 > HCl > H_3PO_4 > H_2SO_4$$

在较高酸度（6mol/L）时次序为

$$HCl > HNO_3 > H_2SO_4 > H_3PO_4$$

（4）稀释剂的影响。通常用中性溶剂。

中性磷（膦）氧萃取剂也能萃取 H_2O 水分子。例如，TBP 通过氢键与 H_2O 缔合成为 1:1 萃合物：

$$(RO)_3P=O + H_2O \Longrightarrow (RO)_3P=O\cdots H-O-H$$

在常温下 1L 纯 TBP 大约溶解 3.6mol 的水（纯 TBP 浓度为 3.65mol/L）。P350 对 H_2O 也有明显的萃取能力。

（5）温度的影响。温度不仅显著的影响萃取过程的状态，也影响萃取平衡，从而影响分离效果。

（6）盐析剂的影响。

盐析剂易溶于水，本身不被萃取，也不与水相金属离子配合，但它是影响中性磷（膦）氧萃取剂萃取性能的重要参数。盐析剂的作用是多方面的：①盐析剂由于水合作用，吸引了一部分自由水分子，使体系中自由水分子数量减少，因而被萃取物在水相中有效浓度相应增加，使分配比增加；②在有些体系中，当盐析剂阴离子与被萃取物阴离子相同时，加入盐析剂，等于提高了被萃取物阴离子浓度。由于分配比（D）正比于其阴离子浓度的三次方，提高阴离子浓度，D 值增加；③盐析剂还能降低水相介电常数，抑制水相金属离子的聚合等作用，也有利于萃合物形成，使 D 值增加。

盐析作用一般随离子强度的增加而增加。常用盐析剂的盐析作用按下列次序减小：

$$Al(NO_3)_3 > Fe(NO_3)_3 > Zn(NO_3)_2 > Cu(NO_3)_2 > Mg(NO_3)_2 > Ca(NO_3)_2 > LiNO_3 >$$
$$NaNO_3 > NH_4NO_3 > KNO_3$$

添加盐析剂可提高中性磷（膦）氧萃取剂的萃取率。当盐析剂的摩尔克分子浓度相同时，其阳离子的价数越高，盐析作用越强。当阳离子的价数相同时，离子半径越小，盐析作用也越强，因其可增大盐析剂的阳离子与自由水的水合作用，从而提高稀土离子的有效浓度。阳离子的盐析作用一般是按下列顺序减小：

$$Al^{3+} > Fe^{2+} > Mg^{2+} > Ca^{2+} > Li^+ > Na^+ > NH_4^+ > K^+$$

有时，提高料液中的稀土浓度也可起到盐析作用，这称为自盐析作用。

（7）协同萃取。

中性磷（膦）氧萃取剂的协同萃取体系一般是由中性磷（膦）氧萃取剂和酸性螯合萃取剂（TTA、HDEHP 等）或中性含氧萃取剂（亚砜类）组成。协同萃取机理比较复杂，一般认为是由于该两种萃取剂与被萃取的金属离子生成更稳定的含有两种配体的萃合物或萃合物更具有疏水性，因而更容易溶于有机相，使分配比增大。

1966 年年底，中国科学院长春应用化学研究所在营口市建立稀土工厂，开展了"用 TBP 从独居石硝酸浸出液中萃取分离钍、铀和混合稀土"的研究，结果是钍、铀和稀土能获得较好的分离。稀土纯度 96%，收率约为 99%。稀土中 ThO_2 含量≤10μg/g。

2）酸性磷类萃取剂

离子交换法是使用固态的离子交换树脂，利用树脂上的阳离子与液相中的稀土离子相互交换而进行分离。当以具有阳离子交换性能的有机液态萃取剂代替固态的阳离子交换树脂时，利用其上的阳离子在萃取过程中与另一不互溶的液相中的稀土离子相互交换，也可同样达到分离的目的。酸性磷类萃取剂是具有这种液态阳离子交换性能的有机液态萃取剂之一。

现以常用的二（2-乙基己基）磷酸（简称 HDEHP、D_2EHPA 或 P204）为例加以说明。P204 具有良好的物理性能，耐酸碱的化学稳定性，较高的萃取容量，在盐酸、硝酸、高氯酸、硫酸介质中 P204 均为正序萃取。P204 分离因素大，$\beta_{z+1/z}$ 最大为 8（Sm/Nd），最小为 1.3（Nd/Pr）。因此，P204 可以用来萃取分离稀土元素，制取单一稀土化合物。但是，由于镧系收缩的原因，P204 与铽以后的重稀土特别是与铥、镱、镥结合能力强，反萃取困难，给工业生产带来很大问题，因此，当 P507 出现后 P204 主要用来萃取分离轻、中稀土元素。

HDEHP 中的氢离子在萃取时可与水相中的稀土阳离子进行交换，生成萃合物 RE［H（DEHP)$_2$］萃入有机相，交换析出的 H^+ 进入了水相，其机理可写为

$$(HDEHP)_{2(O)} \rightarrow H[H(DEHP)_2]_{(O)}$$

$$RE^{3+}_{(a)} + 3H[H(DEHP)_2]_{(O)} \longrightarrow RE[H(DEHP)_2]_{3(O)} + 3H^+_{(a)}$$

萃取平衡常数

$$K = \frac{\{RE[H(DEHP)_2]_3\}_{(O)}[H^+]^3_{(a)}}{[RE^{3+}]_{(a)}[(HDEHP)]^3_{(O)}}$$

分配系数

$$D = \frac{\{RE[H(DEHP)_2]_3\}_{(O)}}{[RE^{3+}]_{(a)}} = \frac{K[(HDEHP)_2]^3_{(O)}}{[H^+]^3_{(a)}}$$

$$\lg D = \lg K + 3\lg[(HDEHP)_2]_{(O)} - 3\lg[H^+]_{(a)}$$

因此，当固定萃取剂 HDEHP 浓度时，测定不同水相［H^+］浓度时的分配系数 D，以 $\lg[H^+]_{(a)}$ 作图为一直线，从斜率可求得上式中 $\lg[H^+]_{(a)}$ 前的系数为-3。

当固定水相 $\lg[H^+]_{(a)}$ 浓度测定不同萃取剂浓度［HDEHP］时的分配系数 D，以 $\lg D$ 对 $\lg[(HDEHP)_2]_{(O)}$ 作图为一直线，从斜率可求得上式中

lg $\left[(HDEHP)_2\right]_{(O)}$ 前的系数为+3，从而证实了上述反应属阳离子交换萃取机理。这就是用斜率法求解这种萃取机理萃合物组成的方法。

包括 P204 在内的酸性络合萃取剂萃取稀土的过程较为复杂，整个过程包括五个平衡过程：①萃取剂在两相中的溶解分配平衡；②萃取剂在水相中解离；③水相稀土化合物解离；④解离的稀土离子与解离的萃取剂阴离子在水相络合；⑤在水相生成的配合物（萃合物）溶于有机相。五个平衡的总加和为

$$M^{n+}+nHA_{(O)}\longrightarrow MA_{n(O)}+nH^+$$

P204 在非极性溶剂中通常是二聚体。皮帕德（Peppard）认为 P204 二聚分子在低酸介质中萃取痕量稀土离子的反应为

$$RE^{3+}+3H_2A_{2(O)}\longrightarrow RE(HA_2)_{3(O)}+3H^+$$

影响酸性磷类萃取剂萃取性能的主要萃取因素：

（1）萃取剂结构的影响。酸性磷类萃取剂（如 P204）在低酸度下以 $>P(O)(OH)$ 为反应基团，它萃取稀土离子主要是以 OH 基的 H^+ 与稀土离子进行阳离子交换来实现的，故它的萃取能力主要取决于其酸性强弱，即 pK_a 值的大小。当萃取剂分子中的碳—磷键增加，烷氧基减少时，由于正诱导效应，使 pK_a 值增大，酸性降低，萃取能力下降。若在与磷原子相连的碳链上引入电负性强的取代基团，由负诱导效应，导致 pK_a 减小，酸性增强，萃取能力增大。

酸性磷型萃取剂的空间位阻效应也较明显地影响萃取性能。

（2）稀土离子的影响。当被萃取稀土离子价数相同时，半径越小，萃合物越稳定，分配比越大。由于"镧系收缩"，稀土元素离子半径随原子序数增加而减小，其萃取反应的平衡常数、配合物稳定性和分配比均随原子序数的增加而增加，所以 P204 萃取三价稀土元素离子是正序萃取。钇的位置在 Ho、Er 之间。

（3）水相无机酸的影响。从萃取和反萃取的机理可知，萃取反应一旦发生，体系酸度就升高；洗涤、反萃取一旦发生，则酸度就降低，均不能保持稳定的酸度，从而影响稀土元素的分离效果。

用皂化 P204 为萃取剂，则萃取基本反应为

$$H_2A_{2(O)}+NH_4OH\longrightarrow NH_4HA_{2(O)}+H_2O$$
$$RE^{3+}+3NH_4HA_{2(O)}\longrightarrow RE(HA_2)_{(O)}+3NH_4^+$$

萃取反应放出是 NH_4^+，体系酸度在萃取过程中基本保持稳定，分配比也较高。

（4）稀释剂的影响。HDEHP 在醇中为单体。但在常用的煤油或二甲苯等稀释剂中由于生成氢键而为二聚体 $(HDEHP)_2$。稀释剂除影响 P204 的聚合度，还对其萃取行为有直接影响。

（5）温度的影响。温度影响萃取平衡过程，从而影响分配比和分离系数。

（6）P204 的协同萃取。往 P204 有机相中加入某些酸性或中性萃取剂，萃取体系表现出协同萃取效应和反协同萃取效应。

利用 HDEHP 的多级萃取，可以成功地分离 La、Ce、Pr、Nd、Sm、Gd 等铈族稀土。

由于萃入 HDEHP 有机相的 Yb 和 Lu 难以用浓酸完全反萃取，使用 6mol/L HCl 反萃取 5 次（相比 O/A＝1∶1）也只能反萃取 70%；用>6mol/L HCl 也不能更多地反萃取，只有用 20% HF（O/A＝1∶2）反萃取 4～5 次才使 Yb 和 Lu 反萃取完全，故 HDEHP 不宜用于这些钇族稀土的萃取分离。

P507 是萃取分离稀土元素的优良萃取剂。当 P204 分子中一个 R—O 基团被 R 取代后形成 P507，由于分子中酯氧原子电负性影响的削弱，导致它的 pK_a 值增大，酸性比 P204 弱。P507 萃取稀土元素的分配比低于 P204。当它萃取中、重稀土元素（包括钪）时，所需的水相酸度较低，反萃取液的酸度也较低，因此在钪、钇与镧系元素的分离上优于 P204，特别是用氨化–P507 萃取分离稀土元素的工艺流程已广泛用于稀土湿法冶金工业中。

用 P507 在低酸度萃取稀土时，也属阳离子交换机理，稀土较易反萃取。虽然仍存在 Yb 和 Lu 不易反萃取的问题，但已可用 HCl 或 HNO_3 反萃取。

影响 P507 萃取稀土元素的其他因素：

（1）溶剂的影响。P507 与其他酸性磷类萃取剂分子一样在非极性溶剂如煤油、烷烃、环烷烃、芳烃中是二聚的，在极性溶剂中是以单体存在。溶剂对 P507 萃取稀土元素有显著的影响。

（2）温度的影响。工业规模的溶剂萃取工艺通常在室温下进行，而实际上分配比和分离系数是与温度有关的。

（3）萃取速率。从萃取过程开始至到达平衡的快慢，用萃取速率表示。萃取速率常用单位时间内萃入有机相的被萃取物的量表示，它是选择萃取设备，确定两相在萃取设备内必须停留的时间的重要参数。P507 从 HCl 介质中萃取分离稀土元素的工艺已广泛用于工业生产中，但从动力学角度看其萃取平衡时间在 HCl 介质中较长，这将成为影响生产率和经济效益的因素之一。研究结果表明 P507 从不同无机酸介质中萃取 RE^{3+} 的平衡时间按下列次序增加：$HNO_3<HCl<H_2SO_4$。在 HCl 体系，其平衡时间随 RE^{3+} 原子序数的增加而增大。在给定温度下，稀土元素的 β 值在体系达到平衡后最大。

（4）从不矿物酸体系对萃取稀土元素的影响。

在硝酸体系中，从 P507 在不同水相酸度时萃取稀土元素的分配曲线可知，随着平衡水相［H^+］的增加，RE^{3+} 的分配比（D）迅速减小，达到一最小值。当［H^+］继续增大时，所有重稀土元素（包括钇）的 D 值随［H^+］的增加而增大，但轻稀土（包括 Gd）在实验条件下（2～11mol/L HNO$_3$）基本不被萃取。

P507 在低酸度时萃取 RE^{3+} 按阳离子交换机理进行，对大多数稀土离子（特别是重稀土离子）来说，其萃取平衡反应可表示为

$$RE^{3+}+3(HL)_{2(0)} \longrightarrow RE(HL_2)_{3(0)}+3H^+$$

随着 HNO$_3$ 浓度的增加，P507 萃取 HNO$_3$ 的能力增大，其二聚分子逐渐被破坏。在高酸度下 P507 萃取稀土离子按溶剂化机理进行：

$$RE^{3+}+3NO_3^-+2(HL)_{2(0)} \longrightarrow RE(NO_3)_3 \cdot 4HL_{(0)}$$

与此同时，P507 萃取 HNO$_3$：

$$H^++NO_3^-+H_2O+1/2(HL)_{2(0)} \longrightarrow HNO_3 \cdot H_2O \cdot HL_{(0)}$$

阳离子交换和溶剂化两种机理是逐渐过渡的，由于有机相中存在着 P507 的二聚分子和单体分子，可以认为溶剂化物的生成是逐渐产生的。萃取反应可用以下通式表示：

$$RE^{3+}+i NO_3^-+ \left(3-\frac{1}{3}i\right)(HL)_{2(0)} \xrightarrow{\ K\ } RE(NO_3)_i(HL_2)_{3-i}\frac{4}{3}i(HL)_{(0)}+(3-i)H^+$$

式中，$i=0 \sim 3$。

在硫酸体系中，不同硫酸浓度下 P507 萃取 Th^{4+}、Ce^{4+}、Se^{3+}、Y^{3+} 及镧系元素的结果表明，Sc^{3+} 在所研究的酸度范围内，萃取率均大于 98%。而其他金属离子的萃取率均随原始水相硫酸浓度增加而下降，Y 在 Ho、Er 之间。在 [H$_2$SO$_4$] >0.75mol/L 时，Ce^{4+} 的萃取能力高于 Th^{4+}。可见，P507 萃取上述元素的次序是 Sc^{3+}>Ce^{4+}>Th^{4+}>Ln^{3+}。由于这些元素的萃取能力差别很大，故有可能使 Sc^{3+}、Th^{4+}、Ce^{4+} 与 Ln^{3+} 分离，萃入有机相中的 Ce^{4+} 可以通过还原反萃取而与 Sc^{3+}、Th^{4+} 分离。

在盐酸体系中，用 P507 从 HCl 介质中萃取 RE^{3+} 的不同酸度下分配曲线与 HNO$_3$ 体系相似，lg$D$ 与原子序数 Z 的关系呈现"四分组效应"。

苏锵、李德谦等曾开展过磷酸二丁酯（HDBP）萃取分离钍和铈（Ⅳ）及 P204 萃取分离钍、铈（Ⅳ）和提取混合稀土的研究工作。

2. 胺类萃取剂

胺类萃取剂有四种类型：伯胺 RNH$_2$ R—N$\begin{smallmatrix}H\\\\H\end{smallmatrix}$ ，如 Pimene JM－T，N1923

H—C$\begin{smallmatrix}R\\|\\|\\R\end{smallmatrix}$—N$\begin{smallmatrix}H\\\\H\end{smallmatrix}$ ，仲胺 RR′NH $\begin{smallmatrix}R\\\\R'\end{smallmatrix}$N—H ，叔胺 RR′R″N R′—N$\begin{smallmatrix}R\\\\R''\end{smallmatrix}$ ，如

Alamine336，$\left[C_nH_{2n+1}\right]_3N$（$n=8\sim10$，简称 N235）和季铵盐 $RR'R''R'''N^+X^-$

$$\left[\quad \begin{matrix} R & R'' \\ N \\ R' & R''' \end{matrix} \quad\right]^+ + X^-，\quad X = Cl^-、NO_3^-、SO_4^{2-}、SCN^-（式中 R、R'、R''、可以部分$$

相同或全部相同，X^- 代表无机酸酸根）。如 Aliquot 336，$\left[CH_3N\left[-CH_2\left(CH_2\right)_n\right.\right.$ $\left.\left.CH_3\right]_3^+Cl^-，n=6\sim10\right]$，简称（N263）。

　　水相中，上述四种类型的胺均呈弱碱性，它们都能够再接纳一个氢离子并生成铵盐。铵盐 $R_nH_{4-n}N^+X^-$ 在水溶液中发生解离，但在非极性有机溶剂中，它们主要以离子对形式存在，往往由于库仑引力而结合成多聚体。所有这些氨的有机衍生物都可用于萃取金属离子和酸。

　　萃取酸是胺的基本性质，生成的铵盐能与水相中的阴离子进行离子交换，交换能力按下列次序：

$$ClO_4^->NO_3^->Cl^->HSO_4^->F^-$$

形成铵盐后还能萃取过量的酸，而被萃取的酸容易被水反萃取，因此可以用水来回收酸。

　　胺类等碱性萃取剂是具有阴离子交换性能的有机液态萃取剂。可将它们与含适当阴离子 X 的水相接触，转换成铵盐，如

$$R_3N_{(O)} + HX_{(a)} \longrightarrow R_3NH^+X^-_{(O)}$$

　　研究较多的是季铵盐 $R_4N^+X^-$。利用它们中的阴离子 X 可与稀土络阴离子 REX_n^- 发生离子交换而萃入有机相。例如，当以硝酸钾基三烷基胺（Aliquot336 或 N263）萃取硝酸稀土时的反应可写为

$$RE(NO_3)_{6(a)}^{3-} + 3/2 \left(R_3CH_3N^+NO_3^-\right)_{2(O)} \longrightarrow \left(R_3CH_3N\right)_3^+$$
$$\left[RE\left(NO_3\right)_6\right]_{(O)}^{3-} + 3NO_{3(a)}^-$$

这类萃取机理的萃取率和 Y 的位置受盐析剂、配位剂和阴离子的种类影响很大，例如，加入 $LiNO_3$ 作盐析剂，可增大稀土的萃取率。

　　烷基胺或季铵盐萃取金属盐类的反应一般认为有两种反应：

$$(n-m)\ R_3NH \cdot X_{(O)} + REX_n^{(n-m)} \longrightarrow \left(R_3NH\right)_{n-m} \cdot REX_{n(O)} + (n-m)\ X^-$$
$$(n-m)\ R_3NH \cdot X_{(O)} + REX_m \longrightarrow \left(R_3NH\right)_{n-m} \cdot REX_{n(O)}$$

前式表示的萃取过程是铵盐中的 X^- 和带负电的配合物 $REX_n^{(n-m)}$（$m<n$）的交换过程，而后式表示的萃取过程是中性配合物 MX_m 加合在铵盐上的过程。

　　一般来说，胺类萃取剂只有从硫酸或硫酸盐溶液中才能有效地萃取稀土元素。如伯胺 N1923 是能从硫酸溶液中萃取分离钍（Ⅳ）、稀土（Ⅲ）和铁（Ⅱ，Ⅲ）的高效萃取剂。

　　季铵盐 N263 是萃取稀土元素的重要萃取剂，N263 的组成和性能大致与国外

常用的 Aliquot336 相近，在不同体系萃取性能不同。

用 N263-硝酸盐体系萃取稀土元素时，①镧系元素的分配比 D 随原子序数的增加而减少。这种萃取序列称为"倒序萃取"。②Y 的位置在 Er、Tm 之间，利用这一萃取体系可使 Er 以前的所有镧系与钇分离，可进行 Er/Tm 分组。

用 N263-硫氰酸盐体系萃取稀土元素时，①D 随原子序数增加而增加，所以基本上是顺序萃取，但在中稀土部分，次序较乱，Gd^{3+} 的 D 比左右元素都高。②当NH_4SCN 为 3.77mol/L 时，Y^{3+} 的位置在 Sm、Eu 之间，当 NH_4SCN 为 2.10mol/L 或 1.07mol/L 时，Y^{3+} 的位置在 Nd、Sm 之间。③利用这一体系可使 Y^{3+} 与其他重稀土分离，把这一体系和 N263-硝酸体系结合起来，就能达到制取高纯氧化钇的目的。

伯胺是可以从硫酸介质中萃取钍和稀土的胺类萃取剂，因而便于与浓硫酸分解矿石的流程衔接。1974 年中国科学院上海有机化学研究所研制出仲碳伯胺萃取剂 N1923。中国科学院长春应用化学研究所李德谦等开展了用 N1923 从包头矿浓硫酸焙烧水浸液中萃取分离钍和提取稀土氯化物的全萃取流程研究，并提出了分离工艺。随后组织了 10 个单位进行工业性试验，试验结果表明 N1923 是萃取分离钍和提取稀土氯化物的有效萃取剂。从水浸液到硝酸钍溶液，钍收率>99.9%，稀土收率>99.9%，稀土中 $ThO_2/REO<5\times10^{-6}$。"用伯胺从包头稀土精矿硫酸焙烧水浸液中萃取分离钍和制取硝酸钍工业试验"是当时处理包头矿的五大工艺流程之一。但 N1923 萃取稀土时，平衡有机相中稀土浓度只有 8.3g/L，萃取容量较低是其不足之处。

攀西稀土矿是 20 世纪 80 年代末发现的我国第二大稀土资源，属纯氟碳铈矿，精矿中稀土含量约50%（以 REO 计），还含有 0.2%～0.3%的放射性元素钍，8%～10%的氟。采用伯胺-P507 体系，完成了从氟碳铈矿浸出液中萃取分离铈、钍的工艺的高效、清洁稀土分离流程。

随着新技术的发展，高纯氧化钇的需求增加，对其纯度也要求越高。1971年，根据钇在镧系元素中相互之间的位置关系，利用 Y 在 N263-$LiNO_3$-$R(NO_3)_3$体系中位于 Er 与 Tm 之间，可分离轻稀土元素，而在 N263-NH_4SCN-RCl_3体系中 Sm 附近，可以分离重稀土。将两个萃取体系相结合，中国科学院长春应用化学研究所金凤鸣、洪广言、庄文德、张珏等完成了以约 99% Y_2O_3 为原料，制备 99.9999%高纯 Y_2O_3，以及从含 Y_2O_3 40%的混合稀土中制得纯度为 99.999%的高纯 Y_2O_3，收率48%。

3. 螯合剂与有机羧酸萃取剂

螯合剂萃取剂如噻吩酰基三氟丙酮（HTTA）等 β-二酮，

$$\underset{S}{\square}\underset{O}{\overset{\|}{C}}-CH_2-\underset{O}{\overset{\|}{C}}-CF_3$$ ；有机羧酸萃取剂如水杨酸 $$\bigcirc\overset{OH}{\underset{COOH}{}}$$ ，马尿酸，

苯酰胺基乙酸 $C_6H_5CONHCH_2COOH$；异构酸 $$\overset{R'}{\underset{R''}{>}}C\overset{CH_3}{\underset{COOH}{<}}$$ ，环烷酸等。有机羧酸是弱酸萃取剂，最常用的是环烷酸和异构酸。

环烷酸是从石油精炼获得的副产品，由于其化学稳定性高、无毒、价格低廉，是一种有广泛应用前景的萃取剂，前苏联和英美等国曾对羧酸萃取金属做过大量的研究工作。

研究表明，环烷酸可用来分离稀土元素和提纯稀土，从稀土中除去某些非稀土杂质，如钙、镁等，使稀土转型，如从硫酸盐转为稀土氯化物，以及从稀溶液中回收或富集稀土元素。

1）环烷酸的性质

环烷酸是一元羧酸，市售环烷酸为多种化学结构的混合物，其主体成分是环戊烷的衍生物，也含有部分环己烷和稠环的衍生物，其结构式为

$$\underset{R}{\overset{R}{\square}}\overset{R}{\underset{}{\square}}(CH_2)COOH \qquad R=CH_3\ 或\ H$$

环烷酸是一种黏度较高的液体（$90\sim130cP$，$38℃$，$1cP=10^{-3}Pa\cdot s$，余同）常将其溶于煤油或烷基苯等脂肪烃或芳香烃类非极性溶剂中，也可溶于脂肪醇、醚和酯类的极性溶剂中。由于氢键作用，环烷酸及环烷酸氨在非极性溶剂中会发生聚合，例如在 20%（体积分数）的环烷酸煤油溶液中加等当量的氨水制成环烷酸铵盐后，有机相就成为胶冻状，说明环烷酸铵盐在非极性溶剂中高度聚合。

用这样的有机相与稀土溶液接触萃取稀土也同样发生乳化，难于将两相分离。若在上述环烷酸煤油溶液中添加 15%～20%（体积分数）的极性溶剂如混合醇，则再加入浓氨水形成环烷酸铵盐时其流动性很好，说明聚合作用已大为减少，这是因为极性溶剂混合醇 ROH，阻断了聚合高分子的形成而转为与 ROH 缔合的单分子。

用添加助溶剂混合醇的环烷酸煤油溶液从稀土的盐酸、硝酸或硫酸溶液中萃取稀土，分层快，两相清。

环烷酸因产地、馏分不同而物理性质有所差异，经过脱脂精炼的环烷酸是一种淡黄或棕色的黏稠液体。

环烷酸、异构酸与其他羧酸相同，当其羧基上的氢原子解离后，羧基氧上带

有一个负电荷，它易与羧基的 p 电子发生共轭作用，而在 $-C\begin{smallmatrix}O\\\\O\end{smallmatrix}$ 负离子中形成

一个具有四个电子，三个中心的 π 分子轨道。在这一体系中羧基氧上的负电荷不再集中于一个氧上而是平均分布在两个氧和一个碳上，由羧基氧上的孤电子与羰基碳氧双键共轭而增加了羧基负离子的稳定性，使羧基中的氢可以解离为氢离子而显示酸性，大多数羧酸是弱酸，其解离常数 K_a 随羧酸的结构而异，pK_a 一般为 4~5，环烷酸的 $pK_a=5.5$ 即 $K_a=3.16\times10^{-6}$。由于羧酸中羰基氧的电负性较强，电子云在氧原子附近密度较高，质子易与其接近，因此，羧基与羧基之间可以彼此缔合，所以羧酸的挥发性较低，其沸点较相同分子质量的醇还要高一些，根据 X 射线衍射测定证明，羧酸在非极性溶剂如苯、煤油、氯仿中均有二聚体形成，但在极性溶剂中，如醇，由于极性溶剂与羧酸缔合，降低了二聚作用，使溶液中二聚体减少。异构酸也有类似情况。

　　羧酸及其盐类，特别是它们的碱金属盐或铵盐在水中有较大的溶解度，为了减少羧酸的水溶性，工业上多采用含九个碳原子以上的羧酸，而碳链太长的脂肪酸凝固点低，K_a 值小将不宜作萃取剂。

　　2）环烷酸体系对稀土元素的萃取

　　萃取机理：环烷酸、异构酸、水杨酸和马尿酸等一元羧酸 HA，其中的 H^+ 可与稀土阳离子交换，生成的稀土中性萃合物 REA_n 萃入有机相

$$RE^{3+}_{(a)}+nHA_{(O)}\longrightarrow REA_{n(O)}+nH^+_{(a)}$$

萃取平衡常数 $K=\dfrac{[REA_n]_{(O)}[H^+]^n_{(a)}}{[RE^{3+}]_{(a)}[HA]^n_{(O)}}=\dfrac{K_a^n}{K_d^n}\cdot\lambda\beta$

　　其中 K_a 为羧酸的解离常数，可表示为

$$HA_{(a)}\longrightarrow H^+_{(a)}+A^-_{(a)}$$

$$K_a=\dfrac{[H^+]_{(a)}[A^-]_{(a)}}{[HA]_{(a)}}$$

其中，β 为萃合物的稳定常数、λ 为萃合物的分配常数、K_d 为萃取剂在两相的分配常数因此，分配系数

$$D=\dfrac{[REA_n]_{(O)}}{[RE^{3+}]_{(a)}}=\dfrac{K[HA]^n_{(O)}}{[H^+]^n_{(a)}}$$

$$\lg D=\lg K+n\lg[HA]_{(O)}-n\lg[H^+]_{(a)}=\lg K+n\lg[HA]_{(O)}+np H$$

　　从上式可见，分配系数 D 与自由萃取剂浓度 $[HA]_{(O)}$ 的 n 次方成正比，与 $[H^+]$ 的 n 次方成反比。如 $[HA]_{(O)}$ 保持固定不变，则 D 随 pH 升高而增大，pH 中每增加一个单位，D 就增加 10^n 倍，对三价稀土离子，$n=3$，故 D 增加 1000

倍。以 $\lg D$ 对 pH 作图得一直线，其斜率等于金属离子的电荷数 n。

当水相中氢离子浓度 $[H^+]_{(a)}$（或 pH）保持固定不变，则 D 随萃取剂的平衡浓度 $[HA]_{(o)}$ 的升高而增大。以 $\lg D$ 对 $\lg [HA]_{(o)}$ 作图得一直线，其斜率等于金属离子的电荷数 n。

如果不考虑环烷酸本身及其稀土萃合物在有机物中发生的聚合作用，其最简单的萃取反应如下式

$$RE^{3+} + 3HA_{(o)} \Longrightarrow REA_{3(o)} + 3H^+$$

用这些羧酸萃取剂萃取稀土时，Y 的位置都移至轻镧系部分。利用钇的位置变化分离钇的基本原理，可以用这些萃取剂自钇族稀土中萃取分离钇，已经被实验证明。

苏锵、任玉芳等从 1958 年开始溶剂萃取法分离稀土的研究工作。1959 ~ 1964 年，研究了水杨酸–丁醇萃取分离镧、马尿酸–丁醇萃取分离钇，并与上海跃龙化工厂合作，完成了用混合澄清器进行水杨酸–丁醇萃取分离高纯镧的扩大试验，这是我国开展用羧酸萃取分离稀土的先例。

稀土元素的萃取：由于环烷酸中羧基上的氢与氧结合比较牢固，稀土离子和氢难以发生直接交换，因此通常是将环烷酸转化成铵盐或钠盐后，再与稀土离子进行交换萃取，环烷酸的皂化及萃取反应式为

$$HA_{(o)} + NH_4OH \Longrightarrow NH_4A_{(o)} + H_2O$$

$$RE^{3+} + 3NH_4A_{(o)} \Longrightarrow REA_{3(o)} + 3NH_4^+$$

萃入有机相中的稀土量可通过控制加入氨水制得的环烷酸铵量，按反应式的化学计量关系确定。

影响稀土元素萃取分配比和分离系数的因素有以下几方面：

（1）溶液酸度影响。

一般而言，当 pH 接近溶液中金属离子水解度的时候，可达到金属的最高萃取率。按环烷酸萃取金属的 $\text{pH}_{1/2}$ 的大小排出的金属萃取序列：

$$Fe^{3+} > Th^{4+} > Zr^{4+} > U^{4+} > In^{3+} > Ga^{3+} > UO_2^{2+} > Sn^{2+} > Al^{3+} > Hg^{2+} > Cu^{2+} > Zn^{2+} > Pb^{2+} > Ag^+ >$$
$$Cd^{2+} > RE^{3+} > Ni^{2+} > Sr^{2+} > Co^{2+} > Fe^{2+} > Cr^{3+} > Mn^{2+} > Ca^{2+} > Mg^{2+} > Cs^+$$

在不同的资料中某些元素的次序有时颠倒，这是由于实验条件的差异，环烷酸来源的不同和实验误差等诸多因素所造成的。

稀土元素在环烷酸萃取体系中萃取序列变化十分复杂，水相平衡酸度、稀土浓度及组成等均影响元素间萃取位置的改变。

（2）平衡水相稀土浓度对分离有明显的影响。稀土浓度的变化将改变反应的平衡常数。

（3）阴离子对萃取的影响。由于羧酸是弱酸性萃取剂，它与被萃取金属离

子构成的羧酸盐的生成常数比较小，所以水相中阴离子对金属萃取的影响要比对酸性磷类萃取剂大得多，在其他条件相同时，由于水相介质的不同，水相对稀土元素的分配比和分离系数都有不同程度的影响，在酸度较低的情况下尤为显著，阴离子对萃取的影响大小次序是 $NO_3^- < Cl^- < SO_4^{2-}$。

（4）盐析剂的影响。在环烷酸盐酸萃取体系中稀土萃取的总分配比随 NH_4Cl 浓度的增加而升高，但对不同元素的影响有所不同。

（5）有机相中添加剂对萃取分离的影响。在环烷酸煤油溶液中常掺入一定量的添加剂如 $C_7 \sim C_9$ 混合醇、磷酸三丁酯等极性溶剂，可以提高环烷酸盐在有机相中的溶解度，改善萃取溶液的流动性。

（6）萃取剂浓度对分离的影响。环烷酸与其他羧酸一样，除能萃取稀土元素外，也可以萃取绝大多数的其他金属元素，其萃取能力首先取决于被萃金属离子 M^{n+} 与环烷酸根 A^- 成盐的配位稳定常数 K_n 的大小。K_n 的大小与被萃取离子的价数 n 及半径有关，高价离子比低价的易于萃取。同价金属离子中半径小的 K_n 大，因而小离子比同价大离子易于萃取。这一规律对外层有 d 电子的过渡金属离子，即电子云易变形的金属离子如铁、镍、铜等有例外。

中国科学院长春应用化学研究所开展用环烷酸分馏萃取提纯氧化钇，经 68 级萃取、10 级洗涤，以 99.99% Y_2O_3 为原料，得到纯度 >99.99995% 氧化钇，29 种非稀土杂质总和 <7.09μg/g。

异构酸由于其 α 碳原子上支链的空间位阻效应，对萃取不同元素具有较好的选择性，α 碳原子的支链化使羧基中的 π 电子进一步极化，促使羟基上的氢原子更易于解离，因此异构酸萃取金属的酸度比相应的直链脂肪酸或环烷酸要高一些。在有色冶金，特别是镍钴分离上得到广泛应用。

羧酸除了用在某些稀土元素的萃取分离外，由于其反萃取的酸度低，适合金属的萃取转型，例如用浓硫酸高温焙烧分解白云鄂博稀土精矿得到稀土的硫酸浸出液，就是在一定酸度下通过环烷酸萃取稀土后，再用盐酸反萃取而转型为稀土氯化物产品的。羧酸也经常用于从稀溶液中回收或富集金属，例如浓度为 1.0mol/L 的环烷酸溶液，用氨水皂化，当萃取平衡水相 pH 为 6.5～7.0 时，可以从含稀土约 1.0g/L 的溶液中，将 99% 的稀土萃入有机相中，反萃取后获得了 246～276g/L（REO）的高度富集的稀土。

4. 醇、醚或酮等萃取剂

用溶剂萃取法研究稀土的分配始于 1937 年，当时有人研究稀土氯化物在水溶液和不相混溶的有机溶剂醇、醚或酮之间的分配。已成功利用乙醚萃取硝酸铈（Ⅳ）铵制得光谱纯的铈。

在浓硝酸介质中以乙醚萃取硝酸铈（Ⅳ）铵制得光谱纯的铈的萃取机理如下：

$$(C_2H_5)_2O_{(0)}+H^+_{(a)} \rightleftharpoons (C_2H_5)_2OH^+_{(0)} \text{（生成络离子）}$$

$$2(C_2H_5)_2OH^+_{(0)}+Ce(NO_3)_{6(a)}^{2-} \rightleftharpoons [(C_2H_5)_2OH]_2Ce(NO_3)_{6(0)}$$

总反应可写为：

$$2(C_2H_5)_2O_{(0)}+2H^+_{(a)}+Ce(NO_3)_6^{2-}{}_{(a)} \rightleftharpoons [(C_2H_5)_2OH]_2Ce(NO_3)_{6(0)}$$

按此萃取机理的平衡常数 K 为

$$K=\frac{\{[(C_2H_5)_2OH]_2Ce(NO_3)_6\}_{(0)}}{[(C_2H_5)_2O]_{(0)}^2[H^+]_{(a)}^2[Ce(NO_3)_6^{2-}]_{(a)}}=\frac{\lambda\beta}{K_d^2}\cdot K_1^2$$

其中 β 为萃合物的稳定常数：

$$\beta=\frac{\{[(C_2H_5)_2OH]_2Ce(NO_3)_6\}_{(a)}}{[(C_2H_5)_2OH^+]_{(a)}^2[Ce(NO_3)_6^{2-}]_{(a)}}$$

λ 为萃合物的分配常数：

$$\lambda=\frac{\{[(C_2H_5)_2OH]_2Ce(NO_3)_6\}_{(0)}}{\{[(C_2H_5)_2OH]_2Ce(NO_3)_6\}_{(a)}}$$

K_d 为萃取剂在两相的分配常数：

$$K_d=\frac{[(C_2H_5)_2OH^+]_{(0)}}{[(C_2H_5)_2OH^+]_{(a)}}$$

K_1 为配离子的生成常数：

$$K_1=\frac{[(C_2H_5)_2OH^+]_{(0)}}{[(C_2H_5)_2O]_{(a)}[H^+]_{(a)}}$$

络盐萃取机理的萃取平衡常数 K 正比于 λ、β 和 K_1^2，反比于 K_d^2。K_1 标志着含氧溶剂生成配离子的能力，其氧原子给予电子的能力越大，则越易与 H^+ 生成配离子，K_1 值越大。

含氧溶剂生成络盐能力的次序如下：醚<醇<酸<酯<酮<醛。

萃取 Ce^{4+} 的次序为：醚<醇<酯<酮，与上述次序一致。

按此机理时络盐萃取需具备如下生成络盐的条件：①使用含氧的萃取剂，如醚 R_2O 等；②被萃取元素需生成络阴离子；③萃取在高酸度下进行，使含氧萃取剂与 H^+ 生成络离子。

在含氧萃取剂中，R 的碳链越短，电子密度移向氧原子越多，因此，氧给予电子的能力越强，氧的配位能力越大，生成萃合物的能力越大，使 β 值增大。如果碳链增长，亲水性减小，分配常数 K_d 增大，将使萃取平衡常数 K 减小。

5. 协同萃取

当两种或两种以上的萃取剂合在一起使用时，其萃取率大于单独使用一种萃取剂萃取时的加和，这种称为协同萃取。如果萃取率小于单独使用一种萃取剂萃取时萃取率的加和，称为反协同萃取。

组成协同萃取体系的萃取剂可以是：

（1）酸性螯合剂+中性萃取剂，如 HTTA+TBP。

（2）酸性含磷萃取剂、羧酸或磺酸+中性萃取剂，如 HDEHP+TBP。

（3）中性萃取剂+中性萃取剂，如 TOPO+TBPO，其中 TBPO 是三正丁基氧膦 $[(C_4H_9)_3PO]$。

（4）酸性螯合剂+酸性螯合剂，如 HTTA+HAA，其中 HAA 是乙酰丙酮（$CH_3—CO—CH_2—CO—CH_3$）。

其中研究最多的是使用酸性螯合剂 HX 与中性萃取剂 S 组成的协同萃取体系，其反应为

$$RE_{(a)}^{3+}+aHX_{(o)}+bS_{(o)}\rightarrow REX_aS_{b(o)}+aH_{(a)}^+$$

例如，$RE_{(a)}^{3+}+3HTTA_{(o)}+bTBP_{(o)}\rightarrow RE(TTA)_3(TBP)_{b(o)}+3H^+$

其中，$b=1$ 或 2。

产生协同萃取的原因主要是加入另一萃取剂后生成憎水性更大的萃合物。可能有三种机理：①打开一个或几个螯合环，空出的配位由另一萃取剂所占据；②协同配位尚未饱和，占据剩余配位的水分子被加入的另一萃取剂所取代；③加入另一萃取剂时，水分子并未被取代，而是稀土离子的配位界扩大了，增大了配位数。

三价稀土离子半径较大，故配位数（CN）也较大，可以是 6~12，一般以 8 和 9 居多。当生成 $RE(TTA_3)\cdot(H_2O)_n$（其中 $n=1$ 或 2）时，配位尚未饱和，因此还可以发生去水合作用，第二个萃取剂 S 把水分子挤走而与稀土离子配合，形成 CN 为 7 的 $RE(TTA)_3\cdot(TBP)$。进一步还可扩大稀土离子的配位数而生成 CN 为 8 的 $RE(TTA)_3(TBP)_2$。

使用两种萃取剂进行萃取，不但有时可发生协同萃取作用，改变萃取性能，还可以改善萃取时的分层情况和减少第三相的生成等物理状态。在稀土的萃取分离中，常使用 HDEHP+TBP 的混合萃取剂代替单一的萃取剂 HDEHP，虽然加入 TBP 将降低萃取率，但可改善萃取时的物理状态。

6. 络合剂存在下萃取

极大部分的稀土萃取过程是配合物的形成过程，这里所指的络合萃取体系是水相加入络合剂，它与稀土离子能生成可溶于水，但不被萃取的络合物，这时加入的络合剂并不是萃取剂。水相存在络合剂对稀土萃取可以产生抑萃络合和助萃络合作用。

　　在水相中加入的络合剂与稀土离子生成不被萃取的络合物。抑制稀土的萃取，使得分配比降低，称为抑萃络合作用。抑萃络合作用也称掩蔽作用，加入的络合剂也称掩蔽剂。抑萃络合作用对提高某些萃取体系的分离系数有重要的作用。

　　在水相中加入络合剂与稀土离子生成可被萃取的络合物，使分配比增加，称为助萃络合作用。例如，P350萃取稀土硝酸盐时，水相加入硝酸铵或硝酸锂作盐析剂，硝酸根与稀土离子生成 $RE(NO_3)_i^{3-i}$ 系列络合物，其中 $RE(NO_3)_3$ 可被萃取，使分配比增加，硝酸根起到助萃络合作用。这是分配比提高的原因，除了硝酸根的助萃络合作用外，还有盐析作用。

　　氨羧络合剂包括氨基酸、氨基多羧酸和多氨基多羧酸。稀土萃取使用最多的是氨三乙酸（NTA）、乙二胺四乙酸（EDTA）、乙二胺羟乙基三乙酸（HEDTA）、二乙三胺五乙酸（DTPA）等，它们都是抑萃络合剂，都是多元弱酸，在水溶液中可以有多种形式存在，但在一定pH条件下，只能以其中一种、二种至多三种主要形式存在。

　　有络合剂存在下萃取稀土，研究得比较多的有胺类萃取剂、中性磷类萃取剂和酸性萃取剂，包括羧酸类和酸性磷类萃取剂。

　　除了上述几种萃取方式和萃取机理以外，还有与矿石分解结合起来的矿浆萃取法，可缩短流程工序，有与稀土变价结合起来的氧化萃取法（如铈的氧化萃取分离）或还原萃取法（如Eu的还原萃取分离）。近年来还发展了液膜萃取和萃取色层等方法。

7. 液膜萃取法

　　常用两种液膜，一种是乳状液膜，另一种是支撑液膜。

　　（1）乳状液膜法是一个三相过程，它包括由两种互不相溶的相生成的乳液分散在第三相中（连续相）。连续相是含被分离元素的料液，包封的内相是反萃取液；乳状液膜是由萃取剂、膜溶剂、表面活性剂与适量的反萃取液在高速搅拌下制成的。

　　一般来说，包封的内相与连续相是互溶的，萃取时在连续相与膜的界面上生成萃合物，它透过膜，在包封的内相界面上被反萃取而浓集于内相中。

　　使用HDEHP为萃取剂，煤油为膜溶剂，双丁二酰亚胺为表面活性剂和6mol/L HCl为内相反萃取剂组成乳化液膜，加入pH约为6.5来自离子吸附型稀土矿的7%氯化钠的浸出液中（含500~1000ppm稀土）搅拌萃取，然后移入澄清器中静置，与水相分离。将含稀土的夹带有少量水相的乳状液膜移入静电破乳器中，在2000V交流电下进行破膜，分层后获得浓集了稀土的水相，收率可达

99%。有机相可重新返回制膜。

　　乳状液膜法存在的问题是需破膜以获得浓集于内相的被萃取元素，是一间断式的批式操作。支撑液膜法有可能解决这些问题。

　　（2）支撑液膜法使用一种浸有萃取剂的具有很多微孔的高聚物薄膜，它具有不用表面活性剂，不需制乳和破乳设备及操作，萃取剂用量更少等优点；载体不动而料液和反萃取液可连续加入和排出。支撑液膜有两种传质过程，一为逆流传输，二为同流传输。料液中的溶质在液膜一侧的界面上形成溶质-载体萃合物，然后扩散至膜的另一侧被反萃取分解成溶质和回收载体。

$$分配系数\ K_d = \frac{膜内有机相中的金属量\ M_{(o)}}{水相料液中的金属量\ M_{(a)}}$$

　　支撑液膜可由浸有 P204 或 P507-煤油的聚丙烯膜片组成。

　　目前液膜萃取法需进一步研究解决的问题是膜的稳定性较差。其可能原因是：①萃取剂在水相中的溶解损失；②由于很多载体分子的表面活性，引起了有机相与水相之间的介面张力的降低，从而不断增大了支撑孔的可润湿性等。

4.3.6　萃取色层法

　　离子交换色层法具有一次通过树脂交换柱可同时获得多个纯稀土的优点。但由于它是扩散控制的，所以需要很长时间才能完成一次分离，而需用大量高价的络合剂作为洗脱液而使成本较高。

　　溶剂萃取法具有分离速度较快、处理量较大等优点。但因受目前分离方法的二出口或三出口的限制，每通过一次分离，最多只能获得有限出口数目的纯稀土，因此，为获得全部纯稀土，需要反复将中间富集物再进行萃取分离。

　　将离子交换法和溶剂萃取法的优点结合起来，发展了反相萃取色层法，把含有萃取剂的载体作为固定相代替离子交换树脂装入柱内。所用的载体可以是经疏水处理的白色硅藻土、硅胶或聚三氟氯乙烯，或纤维素等比表面较大的载体，能够保留较大量的萃取剂。也可用含有萃取剂如［HEH（EHP）］的苯乙烯和二乙烯苯共聚物的萃淋树脂（如 CL-507）作为固定相。把混合稀土负载在萃取剂以后，常以便宜的无机酸（如 HCl 或 HNO_3）作为流动相使之洗脱，稀土随流动相从柱上向下流动时经过多次萃取、反萃取和交换等过程，像离子交换法一样，流出液经分部收集，同样可达到同时获得多个纯稀土的目的。

　　中国科学院长春应用化学研究所成功地运用萃取色层法制备出 12 种超纯单一稀土氧化物。把 P507 这种萃取剂涂渍在 80～200 目的树脂上，做成兼有溶剂萃取和离子交换性能的萃淋树脂。采用柱比（h/Φ）为 20:1 的有机玻璃柱，填充以这种萃淋树脂组成萃淋色谱柱，柱外装配恒温 50℃ 的循环水套。将稀土纯度为 99.99% 的单一稀土氧化物 10～18g 用盐酸溶解，蒸至近干，再用纯水溶解

稀释至 10~80mg/mL，调 pH 为 1~5。将溶液加入到平衡后的色层柱中。用 0.1~
2.0mol/L 的盐酸洗脱非稀土杂质。待流出液出现稀土离子后，分部收集，截留头
部的 0.5%~3%。而后收集主体，最后再截留 0.5%~3% 的尾部。再换用 1:3~
1:4 盐酸洗脱滞留在柱上的稀土元素，用于下次的分离。合并头尾收集液和主体
收集液分别用草酸沉淀，在 900℃ 灼烧为稀土氧化物。从头尾收集液中得到的氧
化物用于再次分离，从主体收集液中得到单一稀土高纯氧化物。用此方法提纯
了 12 种稀土氧化物，产物纯度可以达到 99.9999%~99.99998%，收率分别可
达 93%~99%。

　　萃取色层法具有反应速率快、周期短、分离效果好，单一的盐酸淋洗液，易
于后处理，但是吸附容量小。如何提高稀土负载量是萃取色层法提高生产效率、
扩大应用范围的关键。彭春霖等设计了一种新型萃取色层柱，使稀土负载比普遍
柱型提高 50%~120%，出口稀土浓度提高 130%。中国科学技术大学胡武弟等
合成了 P507 萃淋树脂，促进了萃取色层法在稀土生产中的应用。采用新设计的
柱型，以 P507 萃淋树脂为固定相，盐酸为流动相，以 99%~99.99% 稀土为原料
萃取色层法提纯，研制成功全部 14 种 99.9999%~99.99995% 超高纯稀土氧化
物，产品收率达到 95%~99%。新工艺流程主要特点是高负载、高纯度、高收
率、短周期、低成本、操作简便、质量稳定。应用离子交换与 P350 萃取色层分
离制备的 99.999%~99.99999% 超高纯氧化钪，30 种非稀土杂质总和 <10~
20μg/g。

4.3.7　氧化还原法

　　变价稀土元素的氧化还原性质是稀土分离化学中重要的有利条件。它利用不
同价态稀土离子的性质差异较大，分离因素较高，所需反复操作次数较少的特
点。在分离方法中，氧化还原法的分离效率最高。目前已在工业生产成功地用此
法分离铈和铕。

　　中国科学院长春应用化学研究所于 20 世纪 50 年代初开始利用稀土元素的氧
化还原特性进行分离，特别是研究铈的氧化分离。苏锵、姚克敏等曾进行铈的空
气、氯气、过氧化氢、过硫酸铵及电解等氧化的研究。庄文德等利用钠汞齐、锌
汞齐法分离铕等稀土元素。

1. 氧化分离法

　　在稀土元素中铈最易氧化成四价，可用空气、氧气、臭氧、F_2 和 Cl_2 等气体，
以及化学试剂、电解、直接灼烧或光等多种方法将铈氧化。氧化成 Ce^{4+} 后与
RE^{3+} 的性质差别增大，而易于分离。

1）气体氧化法

空气氧化法：Ce^{4+}/Ce^{3+} 的氧化还原电位随溶液 pH 的增大而降低，pH 自 1.0 至 9.55 时，电位自 +1.46V 降至 +0.163V；在 50% K_2CO_3 的介质中，铈的氧化还原电位为 +0.063V，故在碱性介质中氢氧化铈或碳酸铈易被空气中的氧气氧化。

$$2Ce(OH)_3 + 1/2O_2 + H_2O = 2Ce(OH)_4$$

氧化的方法有两种：将氢氧化物在 110～120℃ 空气中干燥，可使铈的氧化率大于 99%。但由于结块，与空气的接触面小，故氧化速率慢。如将结块粉碎以提高氧化速率，又易引起粉尘，不利于劳动保护。苏锵等提出的湿法空气氧化法，在一定碱性范围内，在稀土氢氧化物的 NaOH 碱性悬浮液中湿法空气氧化分离铈（Ⅳ）的技术，可避免这些缺点。该法约 80℃ 通入空气，既可增大与空气的接触面，又无粉尘。其优点是：铈氧化速率快、氧化率高（98%～100%），处理量大，成本低，节省试剂和能源，无粉尘污染，改善了劳动条件，操作简便，易于工业化生产，它可以代替干法氧化。

臭氧氧化法：臭氧是一强氧化剂，在酸性介质中氧化还原电位为 +2.07V，故在浓硫酸与浓磷酸的混合液中通入 5% O_3 也可将铈定量氧化成白色胶状磷酸铈沉淀。

氯气氧化法：在稀土氢氧化物的碱悬浮液中通入氯气，可使沉淀中的铈氧化成四价氢氧化物，而其他稀土则成可溶的氯化物溶解，因而可与不溶的氢氧化铈分离。

氟气氧化法：氟是很强的氧化剂，它的氧化还原电位为 +2.85V。在 $Ce_2(SO_4)_3$ 的水溶液中通入 F_2 可使铈氧化，但同时又会生成难溶的三价铈的 CeF_3 沉淀，影响氧化的进行。加以 F_2 的腐蚀性很强，因此不便使用。

2）化学试剂氧化法

可使铈氧化成四价的试剂很多，如高锰酸钾、过硫酸盐、溴酸盐、氯酸盐、次氯酸盐、铋酸盐等，在碱性介质中还可用 H_2O_2 氧化。

当高锰酸钾或过硫酸铵氧化时反应如下：

$$5Ce_2(SO_4)_3 + 2KMnO_4 + 8H_2SO_4 = 10Ce(SO_4)_2 + K_2SO_4 + 2MnSO_4 + 8H_2O$$

$$Ce_2(SO_4)_3 + (NH_4)_2S_2O_8 = 2Ce(SO_4)_2 + H_2SO_4$$

氧化后可用水解沉淀法或萃取法使 Ce^{4+} 分离。

3）电解氧化法

利用稀土的硫酸盐或硝酸盐均可进行电解氧化。以大面积的铂网作阳极，铂丝作阴极，可不用隔膜，铈的络阴离子在铂阳极上氧化成四价。阳极与阴极面积比越大，效率越高。本法优点是氧化过程中不必引入其他化学试剂和杂质离子，但缺点是需用大面积的铂电极，因而限制了它的使用。

4) 直接灼烧氧化法

稀土有机化合物和一些无机化合物，如硫代硫酸盐、硫酸盐、硝酸盐或铬酸盐等在空气中进行热分解时，一般都是铈在较低的温度下先被氧化成不溶的 CeO_2，从而可与三价稀土分离。

5) 光氧化法

在 Ce^{3+} 的水溶液吸收光谱中，在 250nm 附近存在 4f→5d 跃迁的吸收带，因而可用 250nm 左右的紫外光激发而发生光氧化：

$$Ce(H_2O)^{3+} \xrightarrow{250nm} [Ce(H_2O)^{3+}]^* \longrightarrow Ce^{4+} + H^{\cdot} + OH^-$$

但在 Ce^{4+} 的吸收光谱中，在 320nm 附近存在电荷迁移带，在 320nm 辐照下又会发生光还原：

$$Ce(H_2O)^{4+} \xrightarrow{320nm} Ce^{3+} + H^+ + OH^{\cdot}$$

故在 Ce^{3+} 的光氧化时，为避免光还原的发生，在溶液中加入 KIO_3，使光氧化生成的 Ce^{4+} 与共存的 KIO_3 生成 $Ce(IO_3)_4$ 沉淀析出而与其他三价稀土分离，并继续使前式的平衡向右移动，从而可提高 Ce^{3+} 的光氧化率。

经氧化生成 Ce^{4+} 后，基于四价铈的性质不同于其他三价稀土，易于用多种方法如沉淀法、结晶法或萃取法等进行分离。

(1) 水解沉淀法。

四价铈易于水解，其氢氧化物开始沉淀的 pH 接近于 Th^{4+} 而低于其他三价稀土。在硫酸介质中，Ce^{4+} 在 pH 2.6 左右沉淀，而其他三价稀土在 pH>6 才沉淀，因此，可用水解和调节 pH 的方法使 Ce^{4+} 先沉淀析出。在硝酸介质中也可利用类同的方法使 Ce^{4+} 沉淀分离。经空气氧化后混合稀土氢氧化物，在用硝酸溶解时，Ce^{4+} 常会发生部分还原，而用硫酸溶解时，可保持较高的氧化率。

为了便于随后其他稀土的分离，常需进一步将溶液中残余的少量铈分离完全，获得不含铈的稀土作为下一步分离制取纯稀土的原料。为此目的，可用 NH_4OH 调制 pH 为 5.5，以 H_2O_2 使铈氧化沉淀，直至滤液中再加 $H_2O_2\text{-}NH_4OH$ 检查时，生成的沉淀不呈黄色为止，此时溶液中的铈已被完全分离，所得滤液可作为分离其他稀土的原料。

(2) 结晶法。

四价铈与硝酸铵生成的硝酸铈铵复盐晶体和其他三价稀土的晶体并非异质同晶，在浓硝酸中的溶解度小，浓缩时生成橙色结晶析出，而其他三价稀土离子留在母液内。只需 2~3 次重结晶，就可获得纯度>99% 的铈。

$$2Ce(NO_3)_4 + 4NH_4NO_3 + 3H_2O \Longrightarrow (NH_4)_2Ce(NO_3)_6 \cdot 3H_2O$$

（3）萃取法。

除利用乙醚萃取硝酸铈（Ⅳ）铵可制得光谱纯的铈以外，自独居石或氟碳铈矿所得的 Ce^{4+} 的 $H_2SO_4+HNO_3$ 混合酸溶液中，还可用 HDBP 萃取，只需一级即可获得纯度>99%、收率>90% 的 CeO_2。目前工业上还用 HDEHP 萃取分离 Ce^{4+}。

利用 Pr^{3+} 和 Tb^{3+} 氧化成四价之后的分离方法研究很少，虽有一些报道但效果不好。目前还没有一个利用氧化来分离 Pr 或 Tb 的有效方法。

2. 还原分离法

稀土的分离方法目前大部分是在溶液中进行的，除 Sm、Eu、Yb 可在溶液中被还原以外，最近，Nd^{2+}、Dy^{2+}、Tm^{2+} 也实现了溶液中用还原法制备。其中的 Sm、Eu、Yb 已实现了用还原法分离。溶液中的还原方法可分为金属还原法、汞齐还原法和电解还原法等。

1）金属还原法

锌粉还原法：在稀土氯化物溶液中加入锌粉，可使 Eu^{3+} 还原成二价，而其他三价稀土不被还原。

$$2EuCl_3 + Zn =\!=\!= 2EuCl_2 + ZnCl_2$$

当加入 NH_4OH 时，由于 Eu^{2+} 的离子半径似于碱土，其氢氧化物的性质类似于碱土氢氧化物而不被氨水沉淀，特别是当溶液中存在一定量的 NH_4Cl 时，$EuCl_2$ 可保持在溶液中，而其他三价稀土却成氢氧化物沉淀，从而与铕分离。使用这种锌粉还原–碱度法，可从含 Eu_2O_3>5% 的原料经一次操作获得纯度>99% 的 Eu_2O_3，原料中 Eu_2O_3 的含量越高，Eu_2O_3 的收率也越高。当采用过滤使三价稀土氢氧化物与 $EuCl_2$ 溶液分离时，可用煤油或二甲苯作保护层使 $EuCl_2$ 溶液与空气中的氧隔开，防止过滤过程中 Eu^{2+} 的氧化。滤液中的 Eu^{2+} 可用 H_2O_2 氧化成 $Eu(OH)_3$ 沉淀析出，酸溶后再以草酸沉淀，经灼烧即可得纯 Eu_2O_3，此法已成功地应用于铕的工业生产中。

Eu^{3+} 经锌粉还原成 Eu^{2+} 后也可在保护气氛下与 HDEHP 萃取法结合，利用三价稀土被萃取而与留在萃余水相中的 Eu^{2+} 分离。

铕经锌粉还原成 Eu^{2+} 后也可在 $BaCl_2$ 存在下加入 SO_4^{2-} 使 Eu^{2+} 生成难溶的 $EuSO_4$，并被 $BaSO_4$ 载带沉淀析出，但此法不如上述的碱度法方便。

镁粉还原法：加镁以及少量硫酸于含5%~10%乙醇的 $SmCl_3$ 水溶液中可获得一不稳定的橙色 $SmSO_4$ 悬浮物，由于稳定性很差，故未能用于分离。

金属锂或钠还原法：Eu^{3+}、Yb^{3+}、Sm^{3+}、Tm^{3+} 的无水卤化物在六甲基磷三胺（HMPTA）溶液中可被含钠的 HMPTA 溶液中的溶剂化电子还原成二价。

在四氢呋喃（THF）溶液中，可用 Na（或 Li）和萘的 THF 溶液使更难还原

的 Tm^{3+}、Dy^{3+}、Nd^{3+} 的无水卤化物还原成二价。

2) 汞齐还原法

锌汞齐还原法：利用装在玻璃柱内的粒状锌汞齐（Jones 还原柱），可使通过它的稀土氯化物溶液中的 Eu^{3+} 还原成 Eu^{2+}，再加入 $(NH_4)_2SO_4$ 的溶液中，则 Eu^{2+} 成难溶的 $EuSO_4$ 沉淀析出，可用此法富集铕或用于铕的定量分析中。分析时可将 Jones 还原柱流出的 Eu^{2+} 通入已知浓度的 $K_2Cr_2O_7$ 或 $KMnO_4$ 等氧化剂中，再用已知浓度的硫酸亚铁铵滴定所消耗的氧化剂量，即可分析稀土中 Eu 的含量。

钠汞齐还原法：稀土中的 Eu、Yb 和 Sm 在含乙酸或磺基水杨酸等弱配位剂的溶液中可被钠汞齐还原而进入汞齐，操作类似于萃取，只需 $2 \sim 5 min$，分出下层的汞齐相后，可用稀盐酸反萃取，也只需 $2 \sim 5 min$，即可自汞齐相中得到 Eu、Yb 或 Sm，从而可自混合稀土中分离出来。在磺基水杨酸介质中还原分离的选择性好，只有 Eu、Yb、Sm 可被还原进入汞齐相，其他三价稀土无此性质，因此，获得的产品纯度高，只需一次分离，纯度可达 >99%。

在钇族稀土中只有 Yb 可被还原，并可定量地进入汞齐相，因此可用此法定量测定钇族稀土中的 Yb，方法简便，不必使用贵重的仪器。

3) 电解还原法

汞阴极电解法：以汞作阴极，铂丝（或网）作阳极。董绍俊、汪尔康等系统地开展了稀土在汞阴极上电沉积过程的研究，指出变价稀土元素的电沉积次序为锂汞齐 > 钙汞齐 > 钠汞齐。

多孔碳电极电解还原法：使用多孔碳电极代替铂电极，而且不必使用汞。电解液为稀土氯化物溶液，内含 $0.003 mol/L$ HBr，即可防止电解时稀土氢氧化物的生成，而且 Br^- 又是阳极的去极化剂。在高纯 N_2 的保护下在室温进行电解发生如下的反应：

$$Eu^{3+} + Br^- =\!=\!=\!= Eu^{2+} + 1/2 Br_2$$

生成的 Eu^{2+} 以 Ba^{2+} 作载体使生成 $EuSO_4$ 沉淀分离析出，纯度可达 99.9%。本法可连续通入料液进行电解，但其缺点是放出有腐蚀性的 Br_2。

参 考 文 献

[1] 苏锵. 稀土化学. 郑州：河南科学技术出版社，1993

[2] 徐光宪. 稀土. 2 版（下）. 北京：冶金工业出版社，1995

[3] 倪嘉缵，洪广言. 稀土新材料及新流程研究进展. 北京：科学出版社，1998

[4] 倪嘉缵，洪广言. 中国科学院稀土研究五十年. 北京：科学出版社，2005

[5] 洪广言. 稀土发光材料——基础与应用. 北京：科学出版社，2011

第 5 章　稀土配合物

5.1　引　言

配位化合物（coordination compound，简称配合物），也习惯称为络合物（complex compound）是由可以给出孤对电子或多个不定域电子的一定数目的离子或分子（简称配体）和具有接受孤对电子或多个不定域电子的空位的原子和离子（统称中心原子或离子）按一定的组成或构型所形成的化合物。这种由一定数目的配体结合在中心原子周围所形成的配位化合物可以是中性分子，也可以是带电荷的离子。带电荷的配位化合物称配离子，带正电荷的配离子称配阳离子，带负电荷的称络阴离子。中性配位化合物和含有配离子的化合物均称配合物。与中心原子直接相连的原子称为配位原子。在配位原子与中心离子间产生一定的化学结合力，称为配位键（配价键）。配位键不同于正常的共价键，配位键共用电子对是由配体的配位原子单独提供的，共价键的共用电子对是由成键的两个原子各提供一个电子而形成的。配位化合物和络合物两个概念不同，前者仅指由配体提供孤对电子，而后者更为广泛。目前人们所称的配合物，从某种意义来说并不十分确切，有一部分配合物并非是严格按定义的配位化合物。笔者认为络合的概念更为广泛，它既包括配合物，也包括其他类型的化合物。在许多文献中常习惯地将配合反应称为络合反应、将配合物称为络合物。在实际中有些配合物并不是纯粹的配位键。

在配合物的形成过程中，参与配合作用的配体的配位原子，有的不带电荷，有的带电荷，如 NH_3 和吡啶中的 N 原子是不带电荷的，而 SCN^- 及 OH^- 的配位原子 S 和 O 则带负电荷。当它们与中心离子形成配位键时，前者提供孤对电子与中心离子共用，后者除提供孤对电子外，还有静电作用。为了反映这种差别，一般在配合物的结构式中，常用箭号——→表示不带电荷的配位原子与中心离子形成的配位键；用实线—表示带电荷的配位原子与中心离子形成的配位键。用箭号表示的配位键，其所指方向是配位原子提供孤对电子进入中心离子的价电子空轨道的方向。配合物的电荷数，为中心离子电荷数与配位体总电荷数的代数和。

在配合物中，与中心离子（或原子）配合的配位原子的数目，称为中心离子的配位数。例如，$[Sc(SCN)_6]^{3-}$ 配离子中，一个中心离子 Sc^{3+} 与 6 个配位体

SCN 中的 6 个配位原子 S 结合，故中心离子的配位数为 6 。

　　配体可能配位的原子数目，用单齿、二齿、三齿等表示。只含有一个配位原子的配体称为单齿配体（也称单基配位体），一个多齿配体通过两个或两个以上的配位原子与一个中心原子连接的称为螯合配位或螯合剂。连接一个以上中心原子的配体称为桥联基团（简称桥基）。中心原子可以桥基连接，也可以互相直接连接，中心原子连接的数目，用单核、双核、三核、四核等表示。

　　简单地阐述以上定义，配合物 = 金属原子 M + 配体 L = ML_n，金属原子可以是一个或多个，ML_n 为单核配合物；M_xL_n 则为多核配合物或原子簇配合物，配体以配位键与金属原子（或离子）结合所形成的化合物是配位化合物，配体是能向金属原子（或离子）提供配位孤对电子而与金属原子（或离子）相结合（或同时接受金属原子反馈电子对）的原子、离子或基团。

　　配合物一般可分为内界和外界两个组成部分。内界由中心离子和配体组成（即配离子），在配离子以外的其他组分则为外界。在配合物的化学式中，一般用方括号以外的部分为外界。例如，$K_3[Y(C_2O_4)_3]$ 中一个 Y^{3+} 和 3 个 $C_2O_4^{2-}$ 组成内界，3 个 K^+ 处在外界。

　　稀土元素最外两层的电子组态基本相似，在化学反应中表示出典型的金属性质，当失去三个电子，呈正三价。它们的金属性质仅次于碱金属和碱土金属。通常将以稀土元素为中心原子的配合物称为稀土配合物。稀土配合物有许多自身的特点和规律。

　　早期主要研究稀土配合物在溶液中的形成特性和应用，目前较关心稀土固体配合物的合成、结构和性能及其在光、电、磁等功能材料中的应用。

　　稀土离子与配合物的配合反应及生成的配合物有重要的应用价值，许多分离和分析稀土、制备新材料的方法都是建立在稀土元素与配体形成的配合物的基础上。水溶液中稀土配合物的性质对稀土离子的溶液化学有重要意义，它不仅影响稀土的离子交换和溶剂萃取分离过程，也关系到稀土元素在生物化学中的作用。在稀土的分离和分析中广泛使用稀土配合物，促进了稀土配合物溶液化学的发展。稀土配合物发光可用于发光涂料、农用大棚薄膜、荧光防伪材料、紫外光转换成硅太阳能电池敏感的红光成分、结构探针，在生命科学中稀土配合物用于荧光标记、荧光探针、荧光免疫分析等。

　　稀土元素作为一类典型的金属，它们能与周期表中大多数非金属形成化学键。在金属有机化合物或原子簇化合物中，有些低价稀土元素还能与某些金属形成金属—金属键，但作为很强的正电排斥作用的金属，至今还没有见到稀土—稀土金属键的生成。从软硬酸碱的观点看，稀土离子属于硬酸，它们更倾向与硬碱的原子形成化学键。

对稀土化合物中化学键的性质和 4f 电子是否参与成键的问题，长期以来曾有过很多的争论。目前，通过理论分析，人们观点比较一致，即稀土化合物的化学键具有一定的共价性和 4f 轨道参与成键的成分不大。稀土化合物中化学键的共价性成分，主要贡献来自稀土原子的 5d 和 6s 轨道，其 4f 轨道是定域的。

由于稀土元素除钪、钇、镧外，大部分稀土离子都含有未充满的 4f 电子。4f 电子的特性就决定了稀土离子的配位特征：

（1）4f 轨道不参与成键，故配合物的键型都是离子键，极少是共价键，因此配合物中配体的几何分布将主要取决于空间效应。

（2）稀土离子体积较大，配合物将能够有较高的配位数。稀土离子半径较大，故对配体的静电吸引力较小，键强也较弱。

（3）从金属离子的酸碱性出发，稀土离子属于硬酸类，它们与硬碱的配位原子如氧、氟、氮等都有较强的配位能力，而与属于弱碱的配位原子如硫、磷等的配位能力则较弱。

（4）在溶液中，稀土离子与配体的反应一般是相当快的，异构现象较少。

稀土配合物主要的类型可分为以下几种：

（a）离子缔合物。稀土离子与无机配体形成离子缔合物，稳定性不高，仅存在于溶液中。各种无机配体与稀土配合，稳定顺序大致如下

$$PO_4^{3-} > CO_3^{2-} > F^- > SO_4^{2-} > SCN^- > NO_3^- \approx Cl^- > Br^- > I^- > ClO_4^-$$

（b）不溶的加合物或称不溶的非螯合物。这类配合物中仅有安替比林衍生物的稀土配合物在水中稳定，其他如氨或胺类稳定性均弱。用磷酸三丁酯（TBP）溶剂萃取稀土时，在有机相中生成 $RE(NO_3)_3 \cdot 3TBP$ 的中性配合物。

（c）螯合物。螯合物因形成环状结构，比其他类型配合物稳定。分子型螯合物难溶于水，易溶于有机溶剂。这类螯合剂主要为 β-二酮类（如 PMBP、TTA 等）及 8-羟基喹啉，在稀土萃取分离中，得到广泛应用。

RE^{3+} 同各种氨基多羧酸生成组成为 1 : 1 的螯合物。同乙二胺四乙酸（EDTA）生成螯合物的反应广泛应用于镧系元素的分离和分析。由于乙二胺四乙酸在水中的溶解度小，实际上常用的是二钠盐，化学式以 Na_2H_2L 表示，L^{4-} 代表 EDTA 酸根。

Na_2H_2L 与 RE^{3+} 的螯合反应如下

$$[RE(H_2O)_n]^{3+} + H_2L^{2-} \longrightarrow [REL(H_2O)_m]^- + (n-m)H_2O + 2H^+$$

生成螯合物易溶于水，螯合离子的稳定性随溶液酸度的增大而减低，随 RE^{3+} 碱度的减小（原子序数的增大）而增大。

5.2　稀土配合物的配位数与空间结构

配位化学中配位数（CN）的定义并不统一，在文献中也有分歧。例如，剑桥结构的数据库等将配位数定义为："配位数是与中心原子相配合的配体的数目"，而徐光宪则定义为"配位化合物（包括配位络离子）及金属有机化合物中的中心离子的配位数是指与它结合的 σ 配体的配位原子数或 π 配体所提供的 π 电子对数"，后者更能反映配位化学的本质。

现将镧系元素三价离子和 d 区过渡元素三价离子形成配位化合物的成键情况和配位性质对比于表 5-1 中。

表 5-1　4f 和 3d 金属三价离子的对比

	镧系元素原子	第一过渡系金属离子
轨道	4f	3d
离子半径	106~85pm	75~60pm
配位数	6，7，8，9，10，12	4，6
典型的配位多面体	三角棱柱体 四方反椎体 十二面体	平行正方体 正四面体 正八面体
轨道间的相互作用	金属配位体轨道间的相互作用很弱	金属配位体轨道间的相互作用强
键的方向	键的方向性不明显	键的方向性很强
键的强度	单价配位体所形成的键，其强度按照配位体电负性的次序：F，OH⁻，H_2O，NO_2^-，Cl⁻减弱	键的强度由轨道相互作用的大小决定，一般是按照配位体场强的次序：CN⁻，NH_3，H_2O，OH⁻减弱
溶液中的配合物	离子型，配位体交换快	常是共价型，配位体交换慢

稀土离子配合物是多种多样的，配位数从 3 到 12 都有报道。稀土元素与过渡金属相比，在配位数方面有如下几个突出的特点。

（1）有较大的配位数。例如，3d 过渡金属离子的配位数常是 4 或 6，而一般来说稀土元素的配位数大于 6，其中配位数 7、8、9 和 10 较常见，尤其是 8 和 9，这一数值比较接近 6s、6p 和 5d 轨道的总和。稀土离子具有高配位数的原因有两个：一方面是稀土离子有较高的正电荷，特征氧化态为正三价，从满足电中性角度来说有利于生成高配位数的配合物；另一方面稀土半径大，因为只形成离子键配合物，空间因素也有利于形成高配位数的配合物。例如，当配位数同为 6 时，

Fe^{3+} 和 Co^{3+} 的离子半径分别为 55pm 和 54pm，而 La^{3+}、Gd^{3+} 和 Lu^{3+} 的离子半径则分别为 103.2pm、93.8pm 和 86.1pm。

（2）稀土离子的 4f 组态受外层全充满的 $5s^25p^6$ 所屏蔽，在形成配合物中贡献小，与配体之间的成键主要是通过静电相互作用，以离子键为主，故受配位场的影响也小，配位场稳定化能只有 4.18kJ/mol；而 d 过渡金属离子的 d 电子是裸露在外的，受配位场的影响较大，配位场稳定化能 ≥418kJ/mol。因而稀土离子在形成配合物时，键的方向性不强，配位数可在 3~12 范围内变动。而 d 过渡金属离子的 d 组态与配体的相互作用很强，可形成具有方向性的共价键。

（3）在某些双核或多核配合物中，同一种中心离子可具有不同的配位环境。如在穴状配体配合物 $[(222)(NO_3)RE][RE(NO_3)_5(H_2O)]$ 中，RE＝Nd、Sm、Eu，在配阳离子中，中心离子的配位数为 10，而在络阴离子中，中心离子的配位数为 11。

（4）稀土化合物的配位数既与稀土中心离子有关，也与配体有关。配位数常随稀土中心离子原子序数的增大、离子半径的减小而减小，也随配体体积的增大而减小。如当配位数为 8 时，La^{3+} 的离子半径为 116pm，到 Lu^{3+} 的 97.7pm，收缩约 15.8%，致使空间位阻随原子序数的增大而增大，配位数随原子序数的增大有可能减小，并发生结构的改变，也可能存在过渡区，在此区存在多晶形现象。

（5）由于稀土的配位数（CN）较大，故生成配合物的多面体也不同于 d 过渡金属离子。稀土配合物所形成的多面体类型很多，如三方棱柱（CN＝6）、四方反棱柱（CN＝8）、十二面体（CN＝8）和三帽三方棱柱（CN＝9）等。而 d 过渡金属离子的配合物常形成四面体（CN＝4）、平行四边形（CN＝4）和八面体（CN＝6）等。

归纳稀土离子在不同价态和不同配位数条件下的有效离子半径的数据得知：

（1）同一离子的配位数越大，有效离子半径越大。例如，La^{3+} 在配位数分别为 6、7、8、9、10 和 12 时，其有效离子半径分别是 103.2pm，110pm，116.0pm，121.6pm、127pm 和 136pm。

（2）稀土离子的配位数越大，稀土中心离子与配体之间的平均键长越长。

（3）同一元素，当配位数相同时，正价越高，有效半径越小。例如，同为 6 配位的铈，Ce^{3+} 的有效半径为 101pm，而 Ce^{4+} 的有效半径为 87pm；同为 8 配位的钐，Sm^{2+} 的有效半径为 127pm，而 Sm^{3+} 的有效半径则为 102pm。

（4）当配位数相同及价态相同时，原子序数越大，离子半径越小，这就是镧系收缩的结果。

决定稀土配合物配位多面体的主要因素是配位体的空间位阻，即配位体在中心离子周围在成键距离范围内排布时，要使配位体间的斥力最小，从而使结构稳定下来。以下按中心离子的配位数，分别讨论常见的配位多面体的几何构型。

（1）三配位稀土配合物的数量很少。大多数三配位稀土配合物具有不规则的平面三角形构型 ［图5-1（a）］。例如，Y（—O—⟨CMe / CMe⟩）$_3$的三个 O—Y—O 键角分别为 119.3（5）°，117.5（6）°和122.5（6）°，其平均值为119.8°，很接近120°的标准数值。

Eu ［—N—（SiMe$_3$）$_2$］$_3$是合成较早并引起较多关注的一个化合物。它在溶液中的偶极矩为零，说明它是平面结构；但在晶体中三个 N—Eu—N 键角的平均值是 116.6°，这说明分子骨架为一扁平的三角锥体 ［图5-1（b）］。

（2）四配位稀土配合物的配位多面体总是采取四面体构型（图5-2），当然有时由于配位体的空间阻碍不同，这些四面体常发生畸变。但到目前为止，还没有发现一例像过渡金属中某些情况下所出现的平面四边形构型。例如，在 Lu（—⟨Me / Me⟩）$_4$中由于四个配体位阻一样，因而配位多面体与理想四面体的偏离不大。又如，Li（C$_4$H$_8$O）$_4$·Lu（C$_8$H$_9$）$_4$的配位数也是为4的 σ 键的有机镧系化合物，4个 Lu—C 键（242～250pm）近似地指向四面体的顶角。

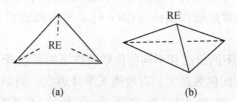

图 5-1　三配位稀土配合物的配位多面体

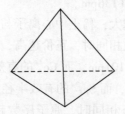

图 5-2　四配位稀土配合物的配位多面体

（3）五配位稀土配合物，其配位多面体大体上有三种类型，即四方锥、三角双锥和变形的三角形（图 5-3）。例如，在 $Yb(\ —O\ \overset{\displaystyle CMe_3}{\underset{\displaystyle CMe_3}{\bigcirc}}\ —Me)_2\,(THF)_3$

中，两个酚氧基和两个 THF 上的氧原子构成了一个平面，四个氧距此平面的偏差只有 7pm，而 Yb 距此平面的距离为 47pm，第三个 THF 的氧所形成的 Yb—O 键与平面有一个 78.3°角，为四方锥的锥顶，目前属这一类的配合物居多。

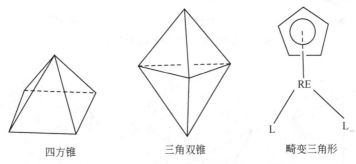

四方锥　　　　　　　三角双锥　　　　　　畸变三角形

图 5-3　五配位稀土配合物的配位多面体

（4）六配位稀土配合物比五配位稀土配合物显著地增加了，它们的配位多面体主要是八面体、三角棱柱和只适用于金属有机化合物的畸变四面体（图 5-4），其中以八面体居多，实测的八面体与正八面体均有一定的变形，变形的方式有两种：即沿四重轴拉长或压缩。这种情况下，可保持三重轴的对称性，如在配合物 $\{Pr\,[(C_2H_5O)_2POO]_3\}_n$ 中，八面体的配位多面体中三组独立的 O—Pr—O 键角分别为 180°，181.6°和 179.4°，比较接近 180°的标准值，而在 $[(n\text{-}C_4H_9)_4N]_3Nd(NCS)_6$ 中，八面体对位的三组 N—Nd—N 键角分别为 157.7°、173.7°和 166.3°，它们与 180°的标准值都有较大偏差。从这两例中我们可以看到，后者偏离正八面体的原因不是位阻，而是在三重方向有压缩所致。六配位的配合物采用三角棱柱构型的较少，但在 $Er(Me_3CCOCHCOCMe_3)_3$ 配合物中，配位多面体就采取了这种构型。

（5）七配位稀土配合物比六配位稀土配合物在数量上略有减少。归纳出三种结构型式（图 5-5），即单帽三棱柱、单帽八面体和五角双锥。其中以单帽三棱柱为最多，如在 $Pr_2(Me_3CCOCHCOCMe_3)_6$ 的双核配合物中，有两个 β-二酮上的氧原子作为 μ_2-O 将两个镨原子连接起来，因此中心原子的配位数是 7，配位多面体为单帽三棱柱构型。

（6）八配位稀土配合物在稀土配合物中最多。从已知结构的八配位稀土配合物中归纳出六种配位多面体的构型，即四方反棱柱、三角十二面体、双帽三棱

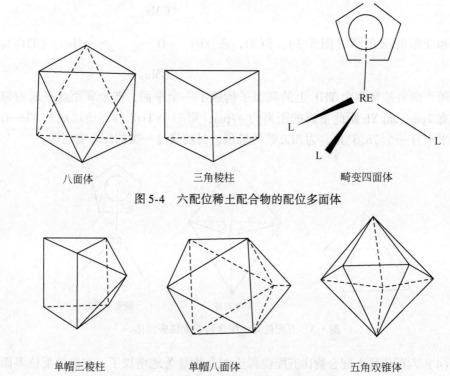

图 5-4 六配位稀土配合物的配位多面体

图 5-5 七配位稀土配合物的配位多面体

柱、双帽八面体、D_4 立方体和在金属有机化合物中适用的四面体，其中以前两种最为常见，有关构型见图 5-6。

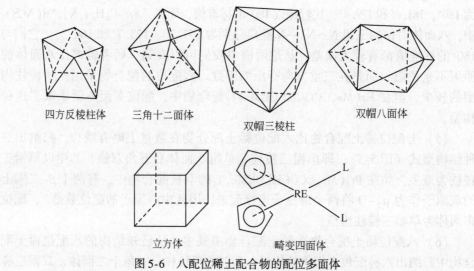

图 5-6 八配位稀土配合物的配位多面体

　　值得指出的是，在八配位的配合物中出现最多的四方反棱柱和三角十二面体之间的关系十分密切。因为只要很小的空间重排，它们之间就可以相互转化。

　　(7) 九配位稀土配合物略少于八配位稀土配合物而居第二位。从九配位稀土配合物中归纳出两种常见的结构型式，即单帽四方反棱柱和三帽三棱柱，它们的结构见图 5-7。例如，在已知结构的五种谷氨酸的稀土配合物中，中心离子的配位数全部是 9，它们的配位多面体全部属单帽四方反棱柱。又如，草酸钕 $[Nd_3(C_2O_4)_3 \cdot 10.5H_2O]$ 中钕与 9 个近邻氧离子配位，形成三帽三棱柱的多面体。

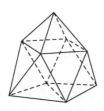 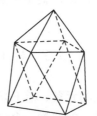

三帽三棱柱体　　　　　　　单帽四方反棱柱体

图 5-7　九配位稀土配合物的配位多面体

　　(8) 高配位数的稀土配合物：与配位数为 8 和 9 的配合物相比，配位数为 10、11、12 的配合物在数目上显著减少，但随着大环化学的迅速发展，它们的数量正在不断增加，配合物具有较高的配位数，这是稀土配位化学的一大特点。

　　在这类配合物中，含有冠醚、穴醚或其他多齿配体的化合物占有相当大的比例。由于受配体本身几何构型的限制，使它们的配位多面体常常不能用常规的多面体来描述。但对那些较简单的环所形成的配合物，仍可加以讨论。例如，十配位的苯并 12 冠 4 的配合物 $[B12C4]Pr(NO_3)_3$ 的配位多面体与双帽四方反棱柱比较接近 [图 5-8(a)]；十一配位的 15 冠 5 的配合物 $(15C5)$ $Eu(NO_3)_3$ 的配位多面体与单帽五方反棱柱 [图 5-8(c)] 比较接近。

　　在高配位数的配合物中有一类配合物，它们是由多个相同的多齿配体所构成，它们的配位多面体也是可以讨论的。如 $(Ph_4As)_2Eu(NO_3)_5$ 和 $[Nd(NO_3)_3(H_2O)_4]$，它们都是十配位的。前者的配位多面体可用双帽四方反棱柱描述；后者的配位多面体与双帽十二面体接近 [图 5-8(b)]；配位数为 12 的稀土化合物，因它的对称性最高、互斥最小，最合适的多面体是规则的二十面体。$(NH_4)_2[Ce(NO_3)_6]$ 就属于这种构型。6 齿中性配体如 18C6 等与稀土硝酸盐生成的化合物配位数也为 12。

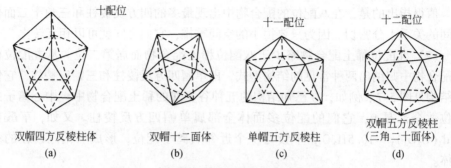

图 5-8　高配位数的稀土配合物的配位多面体

5.3　稀土配合物的化学键

　　稀土元素是亲氧的元素。稀土配合物的特征配位原子是氧，它们与很多含氧的配体如羧酸、冠醚、β-二酮、含氧的磷类萃取剂等生成配合物。配位原子配位能力的顺序是 O>N>S，在水溶液中水分子也可作为配体进入配位，水合的热焓计算值为$-3278 \sim -3722kJ/mol$，这表明 RE^{3+} 与水较强的相互作用。因此，要合成含纯氮配体的稀土配合物，必须在非水溶剂中或在不含溶剂的情况下进行，而对于 d 过渡金属离子，配位原子配位能力的顺序是 N>S>O 或 S>N>O。

　　黄春辉等曾收录过 1391 个稀土配合物，按化学键分类表明，在 1391 个稀土配合物中，含有 RE—O 键的就有 1080 个，占全部配合物的 77.6%，其中仅含 RE—O 键的有 587 个，占全部配合物的 42.2%。而同为氧族的 RE—S 键的配合物只有 46 例，含 RE—Se 的只有 7 例，含 RE—Te 的配合物只有 10 例。稀土也能与氮族元素形成化学键，含有 RE—N 键的配合物共有 318 个，含有 RE—P 键的配合物只有 15 个，而含 RE—As 的配合物还未见到。含有稀土与碳的化学键的配合物在通常情况下很不稳定，但在无水无氧的条件下，它们还能稳定存在的共 407 例。含有 RE—Si 键的配合物则很少。

5.3.1　稀土与无机配体生成的配合物

　　稀土与大部分无机配体生成离子键的配合物，但当生成含磷的配合物时，化学键具有一定的共价性。

　　稀土与无机配体形成配合物的稳定性的顺序为

$$Cl^- \approx NO_3^- < SCN^- < S_2O_3^{2-} \approx SO_4^{2-} < F^- < CO_3^{2-} < PO_4^{3-}$$

　　与含磷配体形成的配合物基本是螯合型的，故稳定性较高。稀土的无机含磷配合物的稳定性的顺序为

$$H_2PO_4^- < P_3O_9^{3-} < P_4O_{10}^{4-} < P_3O_{10}^{5-} < P_2O_7^{4-} < PO_4^{3-}$$

稀土的无机含磷配合物中，当含有质子时，其稳定性低于不含质子的，环状的低于直链的并随链长的增长而下降。

5.3.2　稀土与有机配体通过氧生成的配合物

1. 稀土与醇的配合物

稀土与醇生成溶剂合物和醇合物。在溶剂合物中，氧仍与醇基中的氢连接；在醇合物中，稀土取代了醇基中的氢。

醇的溶剂合物的稳定性低于水合物。因此，在水醇混合溶剂中，当水量增大时，稀土离子的溶剂化壳层中的醇逐步被水分子所取代。

稀土无水氯化物易溶于醇而溶剂化，其饱和溶液在硫酸上慢慢蒸发可析出溶剂化的晶体 $RECl_3 \cdot nROH$，碳链的增长和支链的存在均会使 n 值减小。

稀土无水氯化物在醇溶液中与碱金属醇合物之间发生交换反应生成醇合物 $RE(OR)_3$。$pK_a > 16$ 的脂肪族一元醇只能存在于非水溶剂中，在水中将分解成稀土氢氧化物沉淀析出。

2. 稀土与酮的配合物

稀土与酮可形成溶剂合物。由于稀土与 β-二酮配合物具有优良的萃取性能、发光性能和挥发性，可作为激光工作物质、发光材料、萃取剂、核磁共振位移试剂等而被人们重视，并进行广泛的研究。β-二酮有两种形式。

酮式：R—C—CH₂—C—R′　　醇式：R—C—CH=C—R′ 醇式脱去质子后

与稀土生成螯合物

由于生成螯合环，并包含电子可运动的共轭链，使 β-二酮与稀土生成的配合物在只含氧的配体中是最稳定的。

生成 REL_3 后，配位数为 6，由于稀土离子的半径较大，配位数较高，故配位仍未饱和，仍可与水分子、溶剂分子、萃取剂 [如三辛基氧膦（TOPO）、磷酸三丁酯（TBP）和三苯基氧膦（TPPO）等] 或含有电子给予原子（N、O）的中性分子 "路易斯碱"（如 NH$_3$、联吡啶）等结合，常生成配位数为 8 或 9 的配合物。例如，噻吩甲酰三氟丙酮 $\langle\!\langle\!\!_S\!\rangle\!\rangle$——COCH$_2$COCF$_3$（TTA）与 Eu^{3+} 可生成 Eu(TTA)$_3$(TPPO)$_2$ 和 Eu(TTA)$_3$·Dipy 等配合物。

当存在过量的 β-二酮时，也可生成配位数为 8 的络阴离子 REL$_4^-$，并可与无机或有机阳离子生成盐。例如，与三乙基氨阳离子可生成 [NH(C$_2$H$_5$)$_3$][Eu(TTA)$_4$] 等配合物。

20 世纪 60 年代，为探寻稀土液体激光工作物质，曾对稀土的 β-二酮配合物的吸收光谱、荧光光谱和从配体到稀土中心离子的能量传递进行了大量的研究。

由于稀土的 β-二酮配合物中存在着 β-二酮配体的高的吸收系数，以及到 Eu^{3+}、Tb^{3+} 等稀土离子高的能量传递效率，使它们成为所有稀土有机配合物中发光效率最高的一类稀土配合物，而引起人们的极大兴趣，开展了许多研究，并得到一些规律。

（1）发光效率与配合物结构的关系密切相关，即配合物体系共轭平面和刚性结构程度越大，配合物中稀土发光效率也就越高，因为这种结构稳定性大，可以大大降低发光的能量损失。

（2）配体的取代基对中心稀土离子发光效率有明显的影响。

（3）稀土发光效率取决于配体最低激发三重态能级（T_1）位置与稀土离子振动能级的匹配情况。Tb-BFA 几乎得不到高强度的发光，其原因在于 BFA（苯甲酰三氟丙酮）的 T_1 能级（~21400cm^{-1}）与 Tb^{3+} 的 $^5D_4$（~21000cm^{-1}）太接近。

（4）惰性结构的稀土离子 La^{3+}、Gd^{3+}、Y^{3+} 等影响 β-二酮配体的光谱性能，延长配体的磷光寿命（在 77K 以下）。

（5）协同配体是影响稀土发光效率的另一个重要因素。如 Eu·TTA 配合物的发光效率比 En·TTA·Phen 的低得多，其原因是 Phen 对 Eu^{3+} 也有能量传递。由于利用加入第二配体形成三元配合物能提高发光效率。近年来对稀土与 β-二酮的三元配合物，甚至四元、五元等多元配合物也开展了许多研究。鉴于稀土 β-二酮配合物的高发光效率，稳定的化学性质，及可以固体或液体形式存在，具有广阔的应用前景。

作为发光稀土配合物优良配体的 β-二酮类化合物主要有乙酰丙酮（ACAC）、苯甲酰丙酮（BA）、苯甲酰三氟丙酮（BFA）、α-噻吩甲酰三氟丙酮（TTA）和 β-苯酰三氟丙酮（β-NTA）等。其中 ACAC 是 Tb^{3+} 绿色荧光配合物的优良配体，其价格便宜。TTA 是 Eu^{3+} 红色发光配合物的优良配体，在所有有机配体中它的

Eu^{3+}配合物荧光强度最高。

3. 稀土与羧酸的配合物

稀土与脂肪族一元羧酸如甲酸生成难溶的化合物。稀土与乙酸配合物的溶解度最大,其后随着碳键延长,生成的一元羧酸盐的溶解度越小,生成的 1∶1 配合物的稳定性也越小。

有实用价值的是用乙酸溶液为洗脱液,钇的洗出位置在轻镧系部分 Sm—Y—Nd 之间,可利用其从钇族稀土中分离钇。

稀土与脂肪族二元羧酸生成难溶的中性盐,其中草酸是稀土分离、分析常用而重要的试剂,其溶度积很小 $[K_{sp}$ 为 $10^{-25} \sim 10^{-29}(\text{mol/L})^4]$,在 pH = 2 的酸性溶液中利用饱和的草酸可使稀土定量沉淀而与很多杂质离子 (如 Fe、Al 等) 分离。稀土草酸盐沉淀在草酸铵或碱金属草酸盐溶液中有一定的溶解度,可生成 $\text{RE}(\text{C}_2\text{O}_4)_n^{3-2n}$ 配离子,其中 $n = 1$、2、3,其稳定常数大于一元羧酸。

随着碳链的增长 (丙二酸、丁二酸、戊二酸),配合物的稳定性低于草酸。

对于不饱和的二元羧酸,如顺式丁烯二酸和顺式甲基丁烯二酸,可与稀土生成可溶性配合物;但反式丁烯二酸和甲基反丁烯二酸,由于羧基的反式位置引起的空间位阻,则不能生成这种可溶性配合物。

稀土二元羧酸的配合物的稳定常数 lg$K$ 常与配体的解离常数 pK_a 呈直线关系,pK_a 越大,生成的配合物的稳定性也越大。

稀土与多元羧酸,如均丙三羧酸、丙烯三羧酸、乙撑四羧酸也能生成配合物。稀土与芳香族羧酸,如苯甲酸、硝基苯甲酸、氯苯甲酸、苯乙酸等生成中性盐,苯甲酸可形成 REL_n^{3-n} 的配合物,与邻苯二甲酸、萘酸生成难溶的中性盐。

倪嘉缵等[11]系统地对 200 多个稀土羧酸配合物的结构进行了归纳和总结,重点对配合物的结构骨架、羧酸的配位方式及稀土离子的配位数进行了讨论。观察到稀土羧酸配合物具有十分复杂而有趣的结构,是稀土化学中内容丰富的研究领域。目前虽已完成了大量工作,但仍有一些感兴趣的问题。如二聚结构普遍存在,四聚结构也有发现,但至今却未发现三聚和五聚,其原因有待查明。此外二价及四价稀土羧酸配合物的结构也是尚待开发的研究领域。

稀土与羧酸能形成稳定的配合物,具有良好的化学性能和较好的发光性能,人们曾进行过许多研究。任慧娟等合成了一系列芳香族羧酸配合物,研究了它们的光致发光性能。合成出组成为 $\text{Eu}_2\text{L}_3 \cdot 6\text{H}_2\text{O}$ 的邻苯二甲酸铕发光配合物,在紫外光的激发下配合物发出铕的红色荧光;合成了组成为 $[\text{EuL}(\text{H}_2\text{O})_5] \cdot 7\text{H}_2\text{O}$ 的均苯三甲酸铕发光配合物,在紫外光的激发下配合物也发出铕的红色荧光;合成出化学组成为 $\text{Tb}(\text{HL}) \cdot 5\text{H}_2\text{O}$ 的均苯四甲酸铽发光配合物,在紫外光的激发下配合物发出铽的绿色荧光；合成了组成为 $Eu_{4/3}L \cdot 7H_2O$ 的均苯四甲酸铕发光配合物，在紫外光的激发下配合物发出铕的特征红色荧光。

任慧娟等合成了化学组成为 $Tb_2L_3 \cdot 6H_2O$ 的邻苯二甲酸铽发光配合物。将制得的发光配合物与黏胶纤维复合，制得稀土发光黏胶纤维，对所合成的发光纤维进行荧光光谱测试表明，在紫外光 270nm 的激发下，发射峰位于 540nm 附近，它归属于 $^5D_4 \rightarrow {}^7F_5$ 跃迁，是 Tb^{3+} 的特征绿色发光。

尽管羧酸类稀土配合物的发光亮度目前尚不及 β-二酮的稀土配合物，但是其光稳定性优于后者。目前，该类稀土配合物与农用聚乙烯（PE、PVC）混合、制备成稀土配合物光转换农用薄膜。当太阳光照射农膜时可将对作物有害的紫外光转变为对植物光合作用有利的红光，并提高棚内温度和地温，使作物提早定植、延长生长期，从而达到增产的目的。同时由于稀土配合物具有吸收紫外光的能力，又可以延长大棚膜的使用寿命。

稀土与羟基羧酸如羟基一羧酸生成 REL_n^{3-n} 的配合物，其中 $n \leqslant 4$，它们的稳定性大于相同碳键长的一元羧酸，其原因在于羟基中的氧参与稀土配位而成环。

巯基羧酸稀土配合物的稳定性小于羟基羧酸，这是由于 S 对稀土的亲和力小于 O，而且 S 的体积又大于 O，从而妨碍了生成闭合的五元环。

稀土与羟基二羧酸如苹果酸（$COOHCHOHCH_2COOH$）比草酸的稳定性更高，表明了它们的结构是类似的，即羧酸与 α-羟基（或酮基）的氧与稀土也形成稳定的五元环。

稀土与羟基三羧酸，如柠檬酸（H_3Cit）

$$COOHCH_2-\overset{\overset{\displaystyle OH}{|}}{\underset{\underset{\displaystyle COOH}{|}}{C}}-CH_2-COOH$$

与稀土可形成稳定的配合物，最早用于离子交换分离稀土中。柠檬酸与稀土在酸性介质中既可形成配阳离子 $[RE(H_2Cit)]^{2+}$ 和 $[RE(HCit)]^+$，在 pH 6~8 和 $H_3Cit/RE=1$ 时又可生成中性盐 RECit 沉淀，当柠檬酸过量时还可生成络阴离子 $RE_2Cit_3^{3-}$ 和 $RECit_2^{3-}$。

稀土与芳香族羟基羧酸如水杨酸 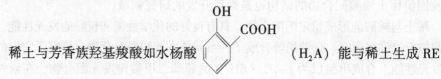（H_2A）能与稀土生成 RE

$(RE)_n^{3-n}(n=1、2、3)$ 的配合物。5-磺基水杨酸

$$\underset{HSO_3}{\overset{OH\quad COOH}{\bigcirc}}$$

（H_3SSA）与稀

土生成 1∶1 和 1∶2 的 $RE(SSA)$ 和 $RE(SSA)_2^{3-}$ 可溶性配合物，羟基参与配位生成五元环。

5.3.3　稀土与有机配体通过氮原子或氮与氧原子生成的配合物

稀土与 N 的亲和力小于 O，在水溶液中，由于稀土与水的相互作用很强，弱碱性的氮给予体不能与水竞争取代水，而强碱性的氮给予体，又与水作用生成氢氧根（OH^-），而使溶度积很小的稀土氢氧化物沉淀（$-\lg K_{sp}$ 为 19~24），因此很难制得稀土的含氮配合物。自 1964 年以后，利用适当的极性非水溶剂作为介质，合成出一系列含氮的配合物，配位数可达 8~9，表明 RE^{3+}—N 之间有明显的相互作用。其主要是静电的相互作用。如合成出具有弱碱性的氮给予体生成的配合物 $RE(Phen)_3A_3$、$RE(Dipy)_3A_3$（其中 $A=SCN$）、$RE(Phen)_2X_3$、$RE(Dipy)_2X_3$、$REPcX$（其中 $X=Cl$）等，又如合成出具有强碱性的氮给予体生成的配合物，$RECl_3 \cdot (NH_3)_n (n=1~8)$，$RECl_3 \cdot (CH_3NH_2)_n (n=1~5)$；无水稀土氯化物可在乙腈中与多齿的胺如乙二胺(en)，1，2-丙二胺（pn）作用生成粉末状的配合物，$[RE(en)_4]\ X_3 \cdot (X=Cl、Br)$、$RE(pn)_4Cl_3$ 等，但在空气中会很快水解。

稀土与氨基酸配合物的研究引起人们的极大兴趣，因为氨基酸是组成蛋白质等与生命有关的单元物质，α-氨基酸在等电点（$pH \approx 6$）时为两性：

$$R\!-\!\underset{H}{\overset{NH_3^+}{\underset{|}{\overset{|}{C}}}}\!-\!COO^-$$

比较稀土的一元羧酸和氨基酸的配合物表明，稀土与 N 和 O 原子同时配位时，可提高配合物的稳定性。

氨羧配位剂是常用于稀土分离和分析的配合物，其中的乙二胺四乙酸 [EDTA，$(HOOCH_2C)_2N\!-\!CH_2\!-\!CH_2\!-\!N(CH_2COOH)_2$]；氨三乙酸 [NTA，$NH(CH_2COOH)_3$]；

羟乙基乙二胺三乙酸（HEDTA）和二乙基三胺五乙酸（DTPA）等被人所熟知。其中 DTPA 是 8 齿配体，但对 $NdDTPA^{2-}$ 的吸收光谱研究表明，只有 3 个 N 原子和 3 个羧基的 O 原子参与配位，另两个羧基不进入内界。DTPA 在医学上还可作为人体内排除放射性元素的络合剂和在核磁成像上作为造影剂等。

稀土与同时含 N 和 O 原子的配体生成配合物时，其组成取决于配体的性质、

溶液的 pH 和稀土与配体的比例。如 Nd 与 DTPA 或 EDTA 可在很宽的 pH 范围内生成稳定的 1∶1 配合物。

EDTA 与稀土生成的 1∶1 配合物稳定常数 $\lg K_1$ 较大，而且随原子序数的增大而增大，平台区较小。因此，它对整个稀土的分离都是合适的，不像有些氨羧配位剂如 DTPA，只是在轻镧系部分的 $\lg K$ 是随原子序数的增大而增大，但随后却出现较宽的平台区（在此区间分离因素接近 1，不能用于分离），故用于分离有一定局限性。

离子交换法分离速度较慢的主要原因是稀土离子—络合剂—离子交换剂之间到达平衡较慢，如在含 Pr、Nd 的 EDTA 溶液中，即使在高速搅拌下也需要约 30h 才到达平衡，对钇族稀土的平衡更慢，约需 72h。为提高交换速度，可在 EDTA 中加入羧基酸，如柠檬酸（H₃Cit）、酒石酸等，使生成混合配体的配合物，既可加速平衡速度，又可提高分离因素。

稀土的有色配合物在稀土分析化学中很有用，许多稀土分析用的显色剂不仅摩尔消光系数高，可达 30 000 ~ 60 000，而且一系列变色酸的双偶氮衍生物甚至在 pH = 1 时即可形成有色配合物，在此条件下，可大大减少阴离子的干扰。

为了形成稳定的有色配合物，配体必须是具有 π 电子的体系，而且具有可与稀土螯合的基团。芳香族化合物，特别是含偶氮基团的化合物，可满足第一个条件。含有多个 O 和 N 等给予原子（特别是在邻位上）的配体，可满足与稀土螯合的第二个条件。目前最常用于稀土比色和络合滴定的是二甲酚橙、偶氮胂Ⅰ和偶氮胂Ⅲ等。

5.3.4　稀土与大环配体及其开链类似物生成的配合物

这类配体可分为

（1）冠状配体：即含几个配体的单环分子，如冠醚和环聚胺。

（2）穴状配体：如聚环聚醚，有 2 个胺桥头，具有三维的腔，对不同阴离子可设计大小不同的腔，有些可含两个键合的亚单元，可形成双核配合物。

（3）多节配体：是非环状的开链的冠状配体和穴状配体的类似物。

多节配体的配合物稳定性不如冠状或穴状的配合物

穴状配体　　　　　　　　　　　　　多节配体

这类配体命名规则和符号是以 C 代表冠状配体，以 P 代表多节配体，其前的数字表示环中的总原子数，其后的数字表示杂原子数，如 18C6 代表有 6 个杂原子的 18 元环。一般杂原子为硫原子；如写为 $S_6$18C6 则表示氧被杂原子 S 所代替。

穴状配体以固定在 N 桥头的每个脂肪链的—CH_2—CH_2—O—单元数目表示，并写在括号内。

由于稀土与极性溶剂（如水）生成相当稳定的溶剂合物，因此，这类配合物必须在非水溶剂（如丙酮、乙腈或苯）中制备。稀土离子既可能封囊在腔内，也可能在腔外，常还可与阴离子或溶剂分子配合。

配合物的组成可以是稀土∶配体为 2∶1、3∶2、4∶3、1∶1、1∶2 等，在溶液中还可以是 1∶3。这取决于：①离子直径与腔的直径比 Di/Dco；②阴离子的性质，特别是它与稀土离子的配位能力和空间位阻；③大环的柔软性，是否能容纳稀土离子。

值得注意的是 RE^{3+} 配合物的光化学还原性质，如当甲醇中存在 18C6 时，用氩离子激光波长为 351～363nm 的光能使 $EuCl_3$ 还原，Eu^{2+} 的 320nm 带增强 10 倍。在存有 18C6 和（2，2，2）时，用 KrF 准分子激光器的 248nm 的光辐照 $SmCl_3$，能使蓝色的 Sm^{2+} 的寿命从几秒增至 3～4h；但用汞灯辐照时却由于多光子过程而不成功。带有配合了 Eu^{3+} 的 B15C5 的金属（Zn）卟啉：

当用<500nm 的光辐照时发生从金属卟啉的三重态至 Eu^{3+} 的分子内的电荷迁移，使 Eu^{3+} 还原成 Eu^{2+}。由于 Eu^{2+} 的体积较 Eu^{3+} 大而从冠醚的腔内排出。

RE^{2+} 的大环配合物难以制备，因易于氧化，产物中常只含 30%～60% 的 RE^{2+}。

5.3.5　稀土通过碳生成的金属有机化合物

1956 年 Birmingham 合成出稀土环戊二烯配合物,从而表明了稀土与碳也可以形成 π 键。随后出现了大量的稀土金属有机配合物,并在烯烃的均相聚合方面得到应用。如环辛二烯基钕配合物 $Nd(C_8H_{11})Cl_2 \cdot 3THF$ 与不同烷基铝 (Et_3Al、$i\text{-}Bu_3Al$、HAl)组成的催化体系可催化丁二烯聚合,获得高顺式的聚丁二烯。这类稀土金属有机配合物可用于合成聚丁橡胶。

稀土还可以通过硼或氢生成配合物,如稀土的三硼氢化物 $[RE(BH_4)_3]$,稀土的二硼氢化物 $[RE(BH_4)_2Cl]$ 等,但它们的合成条件较难。

5.3.6　稀土配合物的主要类型

表 5-2 列出稀土元素配合物的主要类型。

表 5-2　稀土元素配合物的主要类型[12]

类型		稀土离子价态	配合物的组成
离子缔合物		+3	$REX^{2+}(X = Cl^-、Br^-、I^-、NO_3^-、SCN^-、ClO_4^-)$;$RESO_4^+$;$REC_2O_4^+$;$RE(H_3COO)_n^{(3-n)+}$　$(n=1\sim3)$
		+4	$Ce(OH)^{2+}$;$Ce(SO_4)_n^{(4-2n)+}$
不溶的加合物		+3	$RECl_3 \cdot xNH_3(x=1\sim8)$;$RECl_3 \cdot xCN_3NH_2(x=1\sim5)$;$REX_3 \cdot 6Ap(X=SCN^-、I^-、ClO_4^-)$;$RE(NO_3)_3 \cdot 3TBP$;$RE(ClO_3)_3 \cdot 4DMA$
螯合物	分子型	+3	$RE(On)_3$;$RE(Diket)_3 \cdot xH_2O$　$(x=1\sim3)$;$(BH)RE(Diket)_4$
		+4	$Ce(On)_4$;$Ce(Diket)_4$
螯合物	离子型	+2	$Eu(EDTA)^{2-}$;$Eu(CyDTA)^{2-}$
		+3	$RE(REHOHCOO)_n^{(3-n)+}$　$(n=1\sim4)$;$RE(Mal)^+$;$RE(Cit)_n^{(3-3n)+}$　$(n=1\sim3)$;$RE(Gluc)^{2+}$;$RE(Cup)^{2+}$;$RE(C_2O_4)_3^{3-}$;$RE(EDTA)^-$;$RE(CyDTA)^-$;$RE(NTA)_n^{(3-2n)+}$　$(n=1、2)$
其他		+3	M^IREF_4;$M_3^IREF_6$;$(BH)_3RECl_3$
		+4	$M_3^IREF_7$　$(RE=Ce、Pr、Nd、Tb、Dy)$;$M_3^IREF_6$　$(RE=Ce、Pr)$;$(BH)_2CeCl_6$

注:①组成中通常存在水分子,未标出。②缩写符号:Ap—安替比林;DMA——N,N-二甲基乙酰胺;On—8-羟基喹啉;Diket—β-二酮;Mal—苹果酸;Cit—柠檬酸;Gluc—羟基乙酸;Cup—铜试剂;B—有机磷或胺类。

5.4　稀土配合物的合成

随着稀土配合物化学的发展，已从早期合成的含氧配合物发展至目前合成出一系列含 C、N 和 π 键的有机和无机配合物及一系列金属有机配合物；从合成结构比较简单的单齿或双齿配合物发展至目前合成出一些大环配合物、原子簇配合物及与生物有关的配合物。

稀土配合物的合成采用如下方法。

（1）稀土盐（REX_3）在溶剂（S）中与配体（L）直接反应或氧化物与酸（H_nL）直接反应。

$$REX_3 + nL + mS \longrightarrow REX_3 \cdot nL \cdot mS$$

或

$$REX_3 + nL \longrightarrow REX_3 \cdot nL$$

或用稀土氧化物与酸（H_nL）直接反应：

$$RE_2O_3 + 2H_nL \longrightarrow 2H_{n-3}REL + 3H_2O$$

（2）交换反应。

$$REX_3 + M_nL \rightarrow REL^{-(n-3)} + M_nX^{(n-3)}$$

利用配位能力强的配位体 L′ 或螯合剂 Ch′ 取代配位能力弱的配位体 L、X 或螯合剂 Ch：

$$REX_3 \cdot nL + mL' \longrightarrow REX_3 \cdot mL' + nL$$

或

$$RE(Ch)_3 + 3HCh' \longrightarrow RE(Ch')_3 + 3HCh$$

也可利用稀土离子取代铵、碱或碱土金属离子：

$$MCh^{2-} + RE^{3+} \longrightarrow RECh + M^+$$

其中，$M^+ = Li^+$、Na^+、K^+、NH_4^+ 等。

（3）模板反应。

在配合物形成过程中，从原料直接形成配体，如稀土酞菁配合物的合成：

在合成稀土配合物时，所选用的稀土与配体的物质的量比，将影响所生成配合物的组成和配位数，介质的 pH 将决定配合反应及生成配合物的形式，特别是在水溶液中合成时，必须控制介质的 pH，使不生成难溶的稀土氧氢化物沉淀。

常用的溶剂是水，水与有机溶剂组成混合溶剂或非水溶剂。用非水溶剂时有如下优点：

（1）可防止稀土及其配合物的水解，特别是使用碱度高的配体时更为适用。例如，合成纯氮配合物需要在非水溶剂中进行。

（2）可以溶解作为配体的各种有机物和作为稀土原料的稀土有机衍生物。

（3）可利用各种方法和在较宽的温度范围内进行合成。

（4）可获得固定组成的、不含配位水分子的稀土配合物。

5.5　稀土配合物的稳定性

稀土离子形成配合物时，其逐级配合反应及逐级稳定常数 K_i（$i=1$、2、$\cdots$、n）为

$$\mathrm{RE^{3+} + L^{m-} \Longrightarrow REL^{3-m}} \qquad K_1 = \frac{[\mathrm{REL}]}{[\mathrm{RE}][\mathrm{L}]}$$

$$\mathrm{REL^{3-m} + L^{m-} \Longrightarrow REL_2^{3-2m}} \qquad K_2 = \frac{[\mathrm{REL_2}]}{[\mathrm{REL}][\mathrm{L}]}$$

$$\mathrm{REL_{n-1}^{3-(n-1)m} + L^{m-} \Longrightarrow REL_n^{3-nm}} \qquad K_n = \frac{[\mathrm{REL_n}]}{[\mathrm{REL_{n-1}}][\mathrm{L}]}$$

其总配合反应为

$$\mathrm{RE^{3+} + nL^{m-} \Longrightarrow REL_n^{3-nm}}$$

总稳定常数 β_n 可表示为：$\beta_n = \dfrac{[\mathrm{REL_n}]}{[\mathrm{RE}][\mathrm{L}]^n} = K_1 K_2 \cdots K_n$

反应的自由 ΔG 表示为

$$\Delta G = RT\ln\beta_n$$

或

$$\Delta G = \Delta H - T\Delta S$$

目前，大部分热焓 ΔH 的数据都是根据稳定常数随温度的变化而求得，只有一些数据是用量热法求得。从实验求得不同温度 T 的 β_n 和求得 ΔH，可用上式求得 ΔG 和熵 ΔS。

稀土配合物的稳定性可用稳定常数来表征。从大量的数据中发现，稀土配合物稳定常数不是简单地随原子序数增加而有规律地变化。一般来说，三价轻稀土元素随原子序数递增离子半径减小，同类型配合物的稳定常数平行地递增；而重稀土元素（Ⅲ）稳定常数则依赖于配体。稀土元素配合物稳定常数随原子序数增加的变化有三种类型（图 5-9）。

（1）轻镧系的 $\lg K_1$ 是随原子序数的增大而增大，呈上凸曲线；重镧系的 $\lg K_1$

在 Tb 或 Er 处有最大值（如 DTPA、EEDTA）。

（2）轻镧系和重镧系的 $\lg K_1$ 都随原子序数增大而增大，在钆处发生转折（如 EDTA、NTA、CDTA、磺基水杨酸等）。这是最常见的一种变化类型。

（3）在轻镧系处是上凸曲线；在重镧系处或是常数（吡啶二酸），或有最小值（如氧撑二乙酸），或兼有最大和最小值（如 EGTA）。

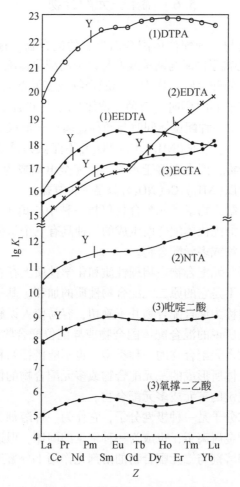

图 5-9　稀土配合物的稳定常数随原子序数变化的几种类型

由此可见，在轻镧系部分，配合物稳定常数 $\lg K$ 都是随原子序数的增大而增大。但在重镧系部分却比较复杂。原因之一是随原子序数的增大发生镧系收缩，导致空间位阻增大而使 $\lg K$ 减小或呈现最小值；当配位数发生改变后（常是随原子序数的增大和离子半径的减小而变小），调整至有利的空间结构时，$\lg K$ 值有可能再进行增大。这也反映在熵 ΔS 的改变上，因为 ΔS 表示体系中有序程度的改变，包括粒子数的改变和这些粒子的振动和转动等运动方式的改变。当水和离子内界的水分子的排列发生变化，或当水分子从水和离子的内界中排出，或配体与水分子进入内界，都可引起 ΔS 的改变。

5.6　稀土三元配合物

一种中心离子只与一种配位体配合而生成的配合物，称为二元配合物，如 $Eu(TTA)_3$。一种中心离子同时与两种或两种以上的配位体配合而生成的一种具有三个组分或多个组分的配合物，称为三元配合物或多元配合物，如 $Eu(TTA)_3 \cdot$ Phen 是由一种中心离子 Eu^{3+} 同时与两种配位体 TTA 及 Phen 配合生成的一种配合物，故为三元配合物，一种配位体同时与两种金属离子形成的配合物，也是三元配合物，如 $[FeSnCl_5]$。但是 $(NH_4)_2Ce(NO_3)_6$ 不能认为是含两种金属离子和一种配位体的三元配合物，因为它溶于水时，便完全电离成为 NH_4^+、Ce^{+4}、NO_3^- 等简单的三种离子，所以 $(NH_4)_2Ce(NO_3)_6$ 只是一种复盐。

书中所指的三元配合物或多元配合物仅指一种中心离子（即稀土离子），同时与两种或两种以上的配位体配合而生成的一种具有三个组分或多个组分的配合物，即稀土三元配合物或多元配合物。

三元配合物与原二元配合物在物理性质和化学性质上存在着显著的差别，即三元配合物的性质并不是它的原二元配合物性质的加和。基于这个原因，把三元配合物或多元配合物称为混合配合物并不确切，容易使人误解为它是其原二元配合物的混合体。一般所说的混合配体配合物或异配位配合物或杂配位体配合物，仅是指三元配合物或多元配合物的一种类型，也不能概括两种金属离子同时与一种配位体或几种配位体所形成的三元配合物或多元配合物的情况。至今尚未见到两种稀土离子直接成键的三元或多元配合物。

值得重视的是水分子是一种极性分子，它作为一种溶剂，往往与溶于水中的金属离子结合成水合金属离子，也成为一种常见的配体，但这与化合物中含有结晶水不同。由于水和溶剂与二元配合物的溶剂化作用十分普遍，故三元配合物存在具有普遍性。

在生物体内稀土离子处于多种生物配体共存的环境中，三元和多元配合物也是稀土离子存在的重要形式。因此，研究稀土三元和多元配合物具有更重要的实际意义。

5.6.1　三元配合物的形成

对于二元配合物，可以根据它们的配合物稳定常数来了解配合物形成的难易与稳定性的大小。但对三元配合物，目前测得的稳定常数很少，且测得的多为简单配位体三元配合物的。因此，只能根据以下几个原理推断三元配合物的形成及其稳定性。

（1）配位饱和原理：如果形成的二元配合物配位不饱和，那么，当有其他配位体存在，而且这种配位体也能与这种中心离子形成二元配合物时，该配位体就很容易加入二元配合物中，形成更稳定的配位饱和的三元配合物。稀土离子具有较高的正电荷和较大的离子半径，有利于形成三元配合物。

（2）竞争能力相当原理：配合物的中心离子，如果能分别同几种配位体形成二元配合物，那么这几种配位体也就有可能同时与这种中心离子形成三元配合物或多元配合物。由于各种配位体对中心离子的配位能力有所不同（也就是各种配位体争夺中心离子的本领有大有小），当两种配位体对中心离子的配位物能力相近时，这两种配位体就较易同时与中心离子配合形成三元配合物。如果两种配位体对中心离子的配位能力彼此相差很大，则形成三元配合物的能力就差。

判断两种配位体同时与一种中心离子配合形成三元配合物的能力时，除了要比较它们的二元配合物的稳定常数外，还应该考虑这两种配位体在溶液中的浓度。

（3）软硬酸碱原理：软硬酸碱原理完全是经验的总结，这种原理还处于对配合物的形成及其稳定性的定性解释阶段。

软硬酸碱理论，把金属配合物的形成看成是一种酸碱反应。金属离子在形成配合物时接受配位体的电子对，故称之为电子接受体；配位体在形成配位键时给出电子对，故称之为电子给予体。电子接受体的性质类似 H^+，因此它是广义的酸。电子给予体的性质类似 OH^-，因此它是广义的碱。配合物即为广义的酸碱中和反应的产物。酸和碱因其性质的不同而有软硬之分。电子接受体中，凡是正电荷多，体积小，缺乏易受激发的外层电子，难于极化，难还原的，称为硬酸，反之则为软酸；电子给予体中，凡是负电荷多，半径大，易极化，即介电子轨道容易变形的，称为软碱，反之则称为硬碱。介于软硬之间的称为交界酸和交界碱，或居间酸和居间碱。

用软硬酸碱原理来推断配合反应能不能发生，其所依据的基本法则是：硬酸与硬碱（如 RE^{3+}、Fe^{3+}、Al^{3+} 与 F^-），软酸与软碱（如 Ag^+、Cd^{2+} 与 I^-、CN^-）都能形成稳定的配合物；而硬酸与软碱或软酸与硬碱，如 Al^{3+} 与 I^- 或 CN^- 就很难形成稳定的配合物；交界酸与软、硬碱以及交界碱与软、硬酸都能络合，如 Sn^{2+} 与 F^- 或 SCN^- 都能络合，吡啶与 Mn^{2+} 或 Ag^+ 都能络合。

硬性配位体不易极化，与金属离子成键时配位键的电子对不易偏向金属离子，金属离子的正电荷不受配位体电子对电荷的影响，故仍然保持正电荷，因此容易再结合硬性配位体。相反，软性配位体容易极化，与金属离子成键时电子偏向金属离子，使金属离子正电荷减弱，软性增加，因而更倾向与软性配位体结合。

5.6.2 三元配合物的稳定性与稳定常数

同类型的配位体与一种金属离子所生成的二元配合物的稳定性，一般比所生成的三元配合物的稳定性小。例如，Nb^{5+} 或 Ta^{5+} 在弱酸性介质中与 EDTA 生成螯合物很不稳定，但有邻苯二酚或邻苯三酚存在时，生成 $Nb^{5+}(Ta^{5+})$ –EDTA–邻苯二酚三元配合物，其稳定性却大大提高。

类似的情况相当普遍。由于第二配位体参与配位，使第一配位体与中心离子的结合能力加强，从而提高它们的反应活性，使得它们所形成的三元配合物具有更高的稳定性，这称为第二配位体的活化作用。异配位体三元配合物的形成，大多是由这种作用的结果。对这种作用，一般解释为，与金属离子结合的第一配位体是一个大体积的多基配位体，它与金属离子配合时有剩余空间配位位置，形成配位不饱和的二元配合物。当体积较小的第二配位体向它靠拢时，第二配位体就可在这些剩余空间位置上，以满足中心离子配位数的要求，形成配位饱和的异配位体三元配合物。由于剩余空间被第二配位体占用，溶液中的 OH⁻ 就不能占这些位置，从而避免了配合物中心离子的水解与聚合作用，因而配合物能在溶液中稳定存在。

其次第一配位体一般是大分子的多基配位体，它与金属离子生成的螯合物具有一定的立体结构，在它的剩余空间位置被第二配位体占用之后，原来配合的空隙得到填充，配合物的结构就变得更加"紧密"，不易受到其他离子的侵袭，这就更有利于配合物稳定性的增强，若第二配位体具有较强的极化性能，会促使第一配位体与中心离子的极化变形，使彼此之间的电子云重叠更大，配位键的稳定性增强，从而使配合物的稳定性得到提高。

用 M 表示金属离子，A 和 B 表示两种不同的配位体，三元配合物的生成反应可以有以下四种类型（为书写方便起见，反应式中各离子的电荷都省略）。

（1）生成反应：

$$M + A + B \longrightarrow MAB$$

其生成常数或稳定常数为

$$K_{MAB}^{M} = \frac{[MAB]}{[M][A][B]}$$

或

$$M + aA + bB \longrightarrow MA_aB_b \qquad K_{MA_aB_b}^{M} = \frac{[MA_aB_b]}{[M][A]^a[B]^b}$$

（2）取代反应：

$$MA_2 + B \longrightarrow MAB + A$$

其取代稳定常数为

$$K_{MAB}^{MA_2} = \frac{[MAB]}{[MA_2][B]}$$

（3）加合反应：

$$MA + B \longrightarrow MAB$$

其加合稳定常数为

$$K_{MAB}^{MA} = \frac{[MAB]}{[MA][B]}$$

（4）重配反应：

$$MA_2 + MB_2 \longrightarrow 2MAB$$

其重配稳定常数为

$$K_r = \frac{[MAB]^3}{[MA_2][MB_2]}$$

或　　　$aMA_n + bMB_n \longrightarrow nMA_aB_b$（式中 $n = a + b$），则 $K_r = \dfrac{[MA_aB_b]^n}{[MA_n]^a[MB_n]^b}$

以上各种稳定常数（重配稳定常数 K_r 除外）的右上角表示参加反应的中心离子的形式，右下角表示形成配合物的类型。

表 5-3 列出稀土–N–羟乙基乙二胺三乙酸盐（HEDTA）与亚氨基二乙酸盐（IMDA）或 N–羟乙基亚氨基二乙酸盐（HIMDA）形成的三元配合物的 $\Delta\lg K$（0.1mol/L　KNO_3，25℃）。

表 5-3　稀土–N–羟乙基乙二胺三乙酸盐（HEDTA）与亚氨基二乙酸盐（IMDA）或 N–羟乙基亚氨基二乙酸盐（HIMDA）形成的三元配合物的 $\Delta\lg K$（0.1mol/L　KNO_3，25℃）

M	$-\Delta\lg K$		M	$-\Delta\lg K$		M	$-\Delta\lg K$	
	IMDA	HIMDA		IMDA	HIMDA		IMDA	HIMDA
Y	1.68	4.83	Sm	2.07	4.61	Ho	1.60	4.42
La	2.66	3.96	Eu	1.96	4.49	Er	1.69	4.62
Ce	2.68	4.39	Gd	1.72	4.44	Tm	2.27	5.09
Pr	2.60	4.44	Tb	1.60	4.34	Yb	2.68	5.33
Nd	2.43	4.57	Dy	1.55	4.27	Lu	3.10	5.62

影响配合物稳定性的因素是多方面的，而且这些因素往往相互影响。

（1）统计因素：若溶液中同时存在两种配位体，它们对一种金属离子具有相同的配位能力，则从统计的角度来看，形成三元配合物的概率比形成二元配合物的概率高。

（2）静电效应：设金属离子 M 和配位体阴离子 A 和 B 都为点电荷，即它们之间纯粹以静电作用结合成离子键。在这种假设的基础上来进行配合物生成能的计算，以估计三元配合物的稳定性。

（3）反馈 π 键及电荷离域作用的影响：配合体与中心离子形成配合物时，配位体中给予体原子的未共用电子对，进入到中心离子外层电子空轨道上，形成配位键。三元配合物中配位体之间的共同效应，就通过 σ-π 配键来实现的，由此将提高配合物的稳定性。

（4）空间效应：体积大的多基配位体，如 NTA 及 EDTA，它们要同 M^{2+} 金属离子形成 $[M(NTA)_2]^{4-}$ 或 $[M(EDTA)_2]^{6-}$ 型的配合物就比较困难。这是因为配位体之间的障碍大而产生的排斥作用难于克服。

5.6.3　三元配合物的类型

各种配位体与中心离子进行配合反应时，具有不同的反应机理，配位体与中心离子将出现不同的配位方式。根据它们不同的反应机理和不同的配位方式，可以把三元配合物分为五种类型：异配位体三元配合物、离子缔合三元配合物（离子对配合物）、三元胶束配合物、三元杂多酸配合物和异核三元配合物等。

1.　异配位体三元配合物

这类配合物是指在其内界直接与中心离子配位的是两种不同的电负性配位体（即带负电荷的配位体）或电中性配位体的配合物。这类配合物也有称作混合配位体或杂配位体三元配合物的。在此类配合物中，中心离子一般具有较高的配位数，当一种配位体与中心离子结合时，不容易达到最高配位数，即容易形成一种配位不饱和的配合物，可让第二配位体进入配合物的内界，直接与中心离子配位，以满足中心离子配位数的要求，这就是异配位体三元配合物的结构特点。

根据上述结构特点，若要形成这类三元配合物，则一般应具备以下条件。

（1）中心离子能分别与两种配位体单独发生配合反应。这是形成异配位体三元配合物的先决条件。

（2）中心离子具有形成配位不饱和的配合物的性质，即中心离子要有较高的配位数。

（3）由于配合物的空间效应，在两种配位体中最好有一种是体积较小的配位体（如 H_2O_2、F^-、NH_2OH 等），以免阻碍另一多基配位体与中心离子的直接配位。

能满足上述要求的中心离子大都是具有高氧化数的金属离子，如稀土离子以

及 Fe^{3+}、Al^{3+}、Sn^{IV}、Ti^{4+}、Zr^{4+}、Hf^{4+}、V^{V}、Nb^{V}、Ta^{V}、W^{VI}、Mo^{VI}、U^{VI}、Th^{4+} 等。这些金属离子在形成配合物时，都有较高的配位数（一般为 6～8），故易于形成配位不饱和的配合物。其次，这些金属离子所带的正电荷比较多，对配位体的吸引能力较强，因此，较多的配位体同这些金属离子有配位能力，使这些金属离子有条件和不同的配位体形成异配位体三元配合物。

如 Ce^{3+}（La^{3+} 或 Pr^{3+}）可分别与 F^- 或茜素氨羧配位剂形成二元配位合物，这些二元配合物一般也不容易达到配位数 $n=6$ 的要求，因此，若三者共同存在，在适当的条件（如 pH 5～6）下，它们便可生成稳定的蓝色异配位体三元配合物：

F^- 是体积小的配位体，它在配合物中只占有很小的配位空间，因此并不阻碍茜素氨羧配位剂进入配合物内界与 Ce^{3+} 直接配位。

根据上述形成这类配合物的特点，我们可以从这类配合物的中心离子和配位体这两个方面来看这类配合物的反应特征。

（1）由于这类配合物的中心离子大多数是具有高氧化数的金属离子，它们在水溶液中常容易水解，成为羟基聚合配合物。

（2）辅助配位剂常是单基或二基配位体，有一些虽然本身具有两个以上的配位原子，但在形成配位不饱和的配合物时，也常只是以二基配位的形式与金属离子配合，不会占用中心离子更多的配位数。

例如，酒石酸 $O{=}C{-}C{-}C{=}O$ ，其中带 ∗ 的 4 个氧原子是配位原子，下接 OH OH OH OH（∗ ∗ ∗ ∗），在与金属离子配合时，常只以其中两个氧原子参加配合作用。

（3）形成异配位体三元配合物的多基配位体，一般是含有—OH、—COOH、—N＝N—及芳环氮作为配位基团的配位体，如酸性染料或酸性偶氮染料。这是因为高氧化数的金属离子大都是硬酸，因而容易与属硬碱的基团反应。

（4）1，10-菲罗啉（Phen）或 2，2′-联吡啶（Dipy）等二基配位体与 Cu^{2+}、

Ni^{2+}、Zn^{2+}、Mn^{2+} 及 RE^{3+}（RE 表示稀土元素）等形成的异配位体三元配合物，其稳定性比相应的二元配合物会高得多。

2. 离子缔合三元配合物（离子对配合物）

这一类型配合物中，两种配位体不是在配合物的内界共同与金属离子直接配合，而是一种配位体与金属离子配位后，占用了金属离子的全部配位位置，形成配位饱和的配合物；或两种配位体的配位能力差异较大，不易直接配位，但中心离子与配位体之间的正负电荷在形成二元配合物时彼此并未中和，因此形成带电荷的二元配合物。当第二种带相反电荷的配位体离子参与反应时，便形成离子缔合的三元配合物。例如，由金属离子 M，电负性配位体 A，有机碱或碱性染料 R 等三种组分组成的配合物。其组成形式有两种：胺化合物型和铵盐型。

金属离子处于缔合物的配阳离子部分的，即具有 [MR_x] [A_y] 形式者，为胺化合物型；金属离子处于络阴离子部分的，即具有 [MA_x] [RH]$_y$ 形式者，为铵盐型。当某些具有较强碱性的有机碱与金属离子配合时，特别是与那些硬性较强的金属离子配合时，这些有机碱对金属离子有较强的配位能力，容易形成胺化合物型。同理，如果电负性配位体对金属离子的争夺能力较强，易与金属离子形成络阴离子时，就容易形成铵盐型缔合配合物。当有机碱和电负性配位体对金属离子的争夺能力接近时，也可能形成直接配位的异配位体三元配合物 [MA_xR_y]。

（1）胺化合物型：胺化合物型三元缔合配合物，一般是由某种金属离子与 1，10-菲罗啉、吡啶、联吡啶及喹啉等有机碱形成的络阴离子，与另一种可以电离出 H^+ 而带负电荷的酸性染料缔合而成。

此类配合物的形成，对光度法测定混合稀土中单个稀土元素具有一定意义。NaF 对 La^{3+}、Ce^{3+}、Pr^{3+} 和 Y^{3+} 有较强的配位能力，而对 Lu^{3+} 与 Eu^{3+} 的配位能力较弱，因此当 F^- 和 1，10-菲罗啉共同存在时，只有镥与铕可以与后者形成络阴离子，再与四溴荧光素（TBF）阴离子在 pH 5 ~ 6 时形成玫瑰红的三元缔合配合物：

式中，RE 代表 Eu^{3+} 或 Lu^{3+}。La^{3+}、Ce^{3+}、Pr^{3+} 和 Y^{3+} 则由于被 F^- 络合而不能形成

这类胺化合物型的三元配合物。上述配合物的组成为 RE : 1, 10-菲罗啉 : TBF = 1 : 2 : 3。因此，利用形成此类配合物可以光度法测定 La、Ce、Y、Eu 混合物中的 Eu，测定 Y 中的 Lu。

（2）铵盐型：铵盐型三元缔合配合物，主要由金属离子与 F⁻、Cl⁻、Br⁻、I⁻、SCN⁻、CH⁻、水杨酸、邻苯二酚、邻苯三酚、草酸或某些酸性染料的阴离子等电负性配位体形成配位饱和的络阴离子，再与碱性染料、安替比林及其衍生物、苯胺、二苯胍等阳离子缔合而成。铵盐型的离子缔合三元配合物，因其有机阴离子的种类不同又可分为以下几种。

（1）与碱性染料阴离子形成的离子缔合三元配合物。

（2）与有机碱阴离子形成的离子缔合三元配合物：这一类有机碱有安替比林及其衍生物，二安替比林甲烷及其衍生物，苯胺，二苯胍，α-安息香，吡啶，等等。

安替比林具有如下结构：

其分子中的氮原子及氧原子上都有未共用电子对，在酸性溶液中也可以结合 H⁺ 而成为阳离子。经研究发现 H⁺ 不直接与氮原子的自由电子对结合，而是与羰基上的氧结合，通过共轭体系，使电子云移向羰基，从而氮原子显示正电荷。

从安替比林的结构可以看出，两个氮原子和一个羰基靠近，因而这里的电子云密度就较大，当结合 H⁺ 时，电子云移向羰基，所以安替比林与 H⁺ 结合的能力相对地比碱性染料更强；另外，电子云密度大，又会削弱 H⁺ 的正电荷强度，同时，处于杂环上的两个氮原子上都有取代基，使阴离子不易靠近，削弱了阴离子与安替比林阳离子之间作用的库仑力，这就造成了安替比林阳离子对阴离子的缔合有一定的选择性。某些形成络阴离子后电负性较小、稳定性较差的元素就不易与安替比林生成稳定的电荷配合物；只有那些形成络阴离子后电负性较大、稳定性较高的元素才容易与安替比林形成稳定的缔合配合物。这类配合物容易被有机溶剂萃取，因此，某些化学性质相似的元素，如 Zn 与 Cd、Co 与 Ni、Se 与 Te、Sc 与稀土、铂族元素等，利用它们与安替比林缔合能力的差别，用有机溶剂萃取，可将它们分离。例如，可在 pH 3.5 的 NaClO₄ 介质中，用有机溶剂萃取钪-

桑色素–安替比林缔合三元配合物并用光度法测定钪，稀土元素含量 50～200 倍于钪时也不干扰测定。

（3）与高分子胺形成的离子缔合三元配合物：溶于有机相中的高分子胺（伯胺、仲胺、叔胺或季铵盐）可以将水相中的无机酸萃取进入有机相，在有机相中得到高分子胺（铵）盐。其反应式为

$$R_3N_{(有机相)} + H^+A^-_{(水相)} \rightleftharpoons R_2NH^+A^-_{(有机相)}$$

式中，R 为含 7 个以上碳的烷基，HA 表示无机酸（如 HCl、HNO_3、H_2SO_4 等）。有机相中胺盐的无机酸根又可与水相中络阴离子（金属离子与无机酸根形成的络阴离子）进行交换使金属的络阴离子萃取进入有机相。其结合反应式如下：

$$R_3NH^+A^-_{(有机相)} + MA^-_{m(水相)} \rightleftharpoons R_3NH^+MA^-_{m(有机相)} + A^-_{(水相)}$$

式中，M 为与无机酸根形成络阴离子（MA^-_m）的金属离子。在有机相中得到的这种高分子胺盐也是属于铵盐型缔合三元配合物。其反应特征与上述两种不同的是：高分子胺首先在有机相中形成无机酸的高分子胺盐，然后这种铵盐中的无机酸根再与水相中的金属络阴离子进行交换，从而在有机相中得到高分子胺盐型的离子缔合三元配合物。

这类反应具有溶剂萃取与离子交换两种作用，故有人称这类反应为液态阴离子交换反应，这类高分子胺称为液态阴离子交换剂。各种金属离子与无机酸根形成的络阴离子的稳定性各不相同，因此它们进行液态阴离子交换反应的能量也就不一样，所以这类反应的选择性比较高。例如，在浓硝酸介质中以乙醚萃取硝酸铈（Ⅳ）铵制得光谱纯的铈。其萃取机理如下：

$$(C_2H_5)_2O_{(0)} + H_{(0)}^+ \rightleftharpoons (C_2H_5)_2OH^+_{(0)} \quad （生成配离子）$$

$$2(C_2H_5)_2OH^+_{(0)} + Ce(NO_3)_{6(a)}^{2-} \rightleftharpoons [(C_2H_5)_2OH^+]_2Ce(NO_3)_{6(0)}$$

总反应可写为：

$$2(C_2H_5)_2O_{(0)} + 2H_{(a)}^+ + Ce(NO_3)_{6(a)}^{2-} \rightleftharpoons [(C_2H_5)_2OH^+]_2Ce(NO_3)_{6(0)}$$

总之，形成铵盐型离子缔合三元配合物的反应，常在酸性介质中进行，它在萃取光度分析或萃取分离中应用较多。

3. 三元胶束配合物

金属离子与显色剂（一般是三苯甲烷类的酸性染料）反应时，在某些长碳链季铵盐、长碳链烷基吡啶、动物胶或聚氯乙烯醇等表面活性剂存在的情况下，可形成三元胶束配合物。例如，氯化十六烷基三甲基胺（CTMAC）是一种长碳链季铵盐。

这种离子缔合性三元配合物的结构，与上述第二类很相似但其作用机理和配

合物的性质，却有它自己的特点，因此，把它另作一类，称为三元胶束配合物。

可以归纳出三元胶束配合物不同于离子缔合（离子对）三元配合物的如下一些特点：

（1）在三元胶束配合物中，组成络阴离子的有机配位体一般是酸性染料（主要是三苯甲烷类酸性染料）。酸性染料电离出 H^+ 后与金属离子形成络阴离子，并与胶束阳离子形成三元胶束配合物。三元胶束配合物通常不在强酸性介质中形成，而离子缔合（离子对）三元配合物一般是在较高的酸度下形成的。

（2）三元胶束配合物有胶束增溶现象，而离子缔合三元配合物则水溶性小，易溶于有机溶剂。

（3）由于胶束表面具有较强的正电荷，它会促使溶液中酸性染料发生电离作用，使金属离子与染料的配位能力加强，提高染料在金属离子周围的配位数目，形成高配位数的络阴离子和高配位数三元胶束配合物。离子缔合三元配合物就没有这个特点。

4. 三元杂多酸配合物

由两种简单的含氧酸组成的复杂的多元酸，称杂多酸，或二元杂多酸，也可认为是一种三元配合物。例如，由 H_3PO_4 和 H_2MoO_4 所组成的磷钼杂多酸 $H_2[P(Mo_3O_{10})_4]$，可以认为是以 1 个 H_3PO_4 分子作为中心体，结合 4 个三钼酸酐（Mo_3O_9 作为配位体）所形成的一类特殊的配合物；还有一种见解认为磷钼多酸是由 1 个 H_2PO_6 结合 6 个二钼酸酐所组成的配合物 $H_7[P(Mo_2O_7)_6]$。

如果杂多酸是由三种简单含氧酸所组成，则为三元杂多酸。例如，由磷酸、钼酸与钒酸所组成的三元杂多酸，称为磷钼钒杂多酸。它的组成为：$P:V:Mo = 1:1:11$，化学式为 $H_4[P(Mo_{11}VO_{40})] \cdot nH_2O$，其络阴离子为 $H[PMo_{11}VO_{40}]^{3-}$ 或 $[PMo_{11}VO_{40}]^{4-}$。因此，可以认为磷钼钒杂多酸是由一个钒酸根取代 12-磷钼酸分子中的一个钼酸根而成。

与钒相似，锑（Ⅲ）、铌（Ⅴ）、钛（Ⅳ）、锆（Ⅳ）、钍（Ⅳ）等也能和磷钼酸反应，生成三元杂多酸。但其组成却有所不同。

三元杂多酸与二元杂多酸相比，具有如下的一些特点。

（1）三元杂多酸比一般相应的二元杂多酸的吸光度更高。所以用磷钼钒黄光度法测定磷，其灵敏度比用磷钼黄的灵敏度高。

（2）二元杂多酸的稳定性受溶液酸度的影响较大，三元杂多酸的稳定性受溶液酸度的影响较小。例如，用磷钼杂多酸进行光度法测定时，pH 条件控制比较严格，而且要在钼酸盐过量较多的情况下它才能稳定；三元杂多酸则在较宽的 pH 范围内都是稳定的，并只需稍为过量的钼酸盐就能反应完全。

（3）三元杂多酸进行光度法测定时，一般比相应的二元杂多酸选择性好。

5. 异核三元配合物

由两种不同的金属离子与一种配位体所形成的三元配合物，称为异核三元配合物。这类三元配合物直接用于分析化学的并不多，而且对它的研究也比较少。

异核三元配合物（不包括杂多酸）用于测定的例子并不多，但在各种分析过程中出现异核三元配合物也并不是偶然现象。例如，在用氯仿萃取 Ga^{3+}-安替比林（Ant）-PAR 的三元配合物时（有 $NaClO_4$ 存在），如果存在 Ga 的同族元素 Al、In 及第三副族的 Sc、Y、La 等元素，则它们也会同时被萃取。经研究发现，这时它们形成了双核配合物。例如，In^{3+} 与 Ga^{3+} 形成了双核配合物。这种双核多元配合物的形成，是由于在萃取条件下，其中心离子部分水解为羟基配离子 $[GaOH]^{2+}$ 和 $[InOH]^{2+}$，它们通过氧原子连接成具有氧桥结合的双核配离子。

总之，一种多基配位体可以同时和几种金属离子反应时，若这种多基配位体的分子"顶端"存在合适的配位基（如酒石酸、甲基百里酚蓝所含的配位基），那么这些金属离子就有可能分别在这个分子的两端与配位基螯合而形成异多核三元配合物。

5.6.4 三元配合物的特性与应用

三元配合物与相应的二元配合物之间，在物理性质和化学性质上存在着很大的差异。

1. 三元配合物的反应选择性

当两种配位体同几种金属离子都能形成二元配合物时，这两种配位体由于争夺金属离子的能力不同，与这些金属离子生成三元配合物的机会就不一样。两种配位体对一种金属离子争夺能力相当时，它们就可能与这种金属离子形成三元配合物；两种配位体对另一些金属离子争夺能力相差较大时，则这些金属离子只与其中竞争力较强的一种配位体形成二元配合物。因此三元配合物的形成反应具有很好的选择性。

所有的稀土元素都可以同茜素氨羧配位剂（AC）生成二元红色配合物，但当有 F^- 存在时，只有 La^{3+}、Ce^{3+}、Pr^{3+}、Nd^{3+}、Sm^{3+} 及 Eu^{3+} 等轻稀土元素能形成蓝色的三元配合物（其组成比为轻稀土：AC：F^-=1：1：1），重稀土则不形成三元配合物。Sm^{3+}（Eu^{3+}）与噻吩甲酰三氟丙酮（TTA）及 1, 10-菲罗啉形成三元配合物，可被苯萃取，有强烈荧光，其他稀土则没有这种现象。在连续配位滴定 Th^{4+} 与稀土时，用铀试剂作指示剂，在 pH≈2 用 EDTA 滴定 Th^{4+} 以后，调节

pH >4，再滴定稀土，由于形成 Th^{4+}–EDTA–铀试剂的有色三元配合物，使指示剂受到封闭，因而无法进行稀土的滴定；但有磺基水杨酸存在时，由于形成无色的 Th^{4+}–EDTA–磺基水杨酸三元配合物，而使铀试剂游离出来，这样，就有可能连续滴定稀土。这是利用三种配位体（铀试剂、EDTA、磺基水杨酸）与一种金属离子（Th^{4+}）形成两种不同的三元配合物，来提高分析反应选择性的一个例子。以上所举的例子，说明了由于在一定条件下，各种配位体对金属离子的竞争能力存在着差异，使得三元配合物的形成反应具有很好的选择性。

在弱酸性溶液中 H_2O_2 与邻苯三酚之间不发生氧化还原反应，但溶液中若有 Nb^{5+} 存在，由于形成了三元配合物或多元配合物。在 H_2O_2 与邻苯三酚之间有了 Nb^{5+} 作为电子转移的"桥梁"，因而可以发生氧化还原反应（在配合物分子内的氧化还原反应）。

有些情况下，三元配合物的形成，可以保护中心离子不被氧化。

2. 三元配合物的溶解度与萃取性能

若三元配合物中心离子的配位已达饱和，但电荷未被中和，即配合物是带电荷的，则这种三元配合物就容易受水的极性分子吸引，成为亲水化合物而溶于水。若形成的配合物为电子中性物质，则其极性大大减弱，它就难溶于水，而易溶于有机溶剂。分析化学上利用这类配合物难溶于水的性质，可对一些元素进行沉淀分离或进行重量测定；同时，又可利用它易溶于有机溶剂这一性质，对一些元素进行萃取分离或萃取光度法测定。

例如，Sc^{3+} 与 SCN^- 形成的 $[Sc(SCN)_6]^{3-}$ 络阴离子时可溶于水，但在其酸性溶液中，加入四乙基铵阳离子 $[(C_2H_5)_4N]^+$，它们就会形成电中性的 $[(C_2H_5)_4N]_3[Sc(SCN)_6]$ 三元缔合配合物沉淀，这可用于重量法测定钪。

此外，在溶剂萃取中协同效应的发生，也是由于形成了某些疏水性增强的三元络合物的缘故。例如，在环己烷中，以含 0.02mol/L 噻吩甲酰三氟丙酮（TTA）的有机溶剂萃取 $UO_2(NO_3)_2$ 时，萃取效率很低，但如果同时有三丁基氧化膦（TBPO）存在，萃取效率就大大提高，这就是由 TBPO 的协同作用的结果。没有 TBPO 存在时，生成的 $UO_2(TTA)_2(H_2O)_2$ 二元配合物中含有两个配位水分子，因而配合物具有很大的亲水性；当有 TBPO 存在时，它将配合物中的两个水分子置换出去，形成不带水的三元配合物，其亲水性就大大削弱，在有机溶剂中的溶解度大大提高。

溶液中的金属离子与配位体的浓度一定时，在一定温度下，配合物的形成反应与解离反应之间达到一个相对的平衡，即配合平衡，根据平衡时各部分的浓度，可以求得配合物的稳定常数。

3. 三元配合物的颜色

一些二元配合物形成三元配合物时，往往由无色变成有色，或者由原来较浅的颜色变得更深。这种变化可用于化学分析。

Fe^{3+} 与 EDTA 在较宽的 pH 范围内形成的是浅黄色配合物，而 Fe^{3+} 与 H_2O_2 并不形成有色配合物，如果在 pH = 10，有 Fe^{3+}、H_2O_2 及 EDTA 共存在，它们就会形成紫色 Fe^{3+}–H_2O_2–EDTA 三元配合物，颜色变得较深。像这样由原来无色变成有色，由原来颜色较浅变得较深的现象，称为配合物的深色效应。

深色效应的产生，主要是由配合物对光的最大吸收波长位置发生红移的结果。在可见光范围内，紫色光的波长最短，红色光的波长最长。如果配合物对光的吸收波长向长波方向移动，我们就说这个配合物对光的最大吸收波长发生了红移，反之则为蓝移。

我们日常见到的白光，是由七色光混合而成，它们彼此之间各自成互补关系，即其中一种颜色的光可与另一种颜色的光按一定比例混合成白光。这两种光，常称互补色光。例如蓝色光与黄色光按一定比例混合成白光；绿色光又与紫色光互补成白色光，等等。溶液中 Fe^{3+}–EDTA 配合物之所以呈黄色，就是由于它吸收了白光中的蓝色光（与黄色光互补的光），而黄色光没有被吸收掉。因此 Fe^{3+}–EDTA 黄色配合物，在蓝色光的波长范围（430～480nm）内出现对光的最大吸收。当形成 Fe^{3+}–H_2O_2–EDTA 三元配合物时，溶液呈紫色，这是由于它吸收了白光中的绿色光（500～560nm）的结果。当 Fe^{3+}–EDTA 二元配合物变成 Fe^{3+}–H_2O_2–EDTA 三元配合物时，配合物对光的最大吸收波长的位置向长波方向移动了 70～80nm。

三元配合物对光的吸收发生红移的原因与三元配合物的分子内受激发电子的起始能量有所升高有关，也就是说，配合物中可以移动的电子从低能态激发到高能态所需能量变小了。

例如，Ce^{3+} 与茜素氨羧配位剂所形成的二元配合物呈红色，当有 F^- 参加反应，生成 Ce^{3+}–茜素氨羧配位剂 –F^- 三元配合物时，配合物呈蓝色：其最大吸收波长发生明显的红移。因为 F^- 是一个电负性很强的离子，它具有强烈的亲电子性质，在它进入三元配合物后，络合物中茜素氨羧配位剂的电子云受 F^- 的吸引，使其分子内电子云更向金属离子方向偏移，结果邻位羟基氧上电子云密度减小，氧与氢结合的键减弱，致使—OH 电离出 H^+，这时配合物的颜色与茜素氨羧络合剂完全电离后的颜色相似。

羟基—$\ddot{O}$H 是一个给电子基团，它直接与蒽醌的共轭 π 键相连接，在氧原子上有两对未共用的电子对，在 H^+ 解离后，氧原子上又增加了一对未共用—$\ddot{O}$:$^-$，这样就使氧的给电子能力加强，即电子云移动的能力加强，因此，要激发试剂分子内的电子，就无需吸收更大的能量，也就是说，电离后的试剂分子，只要吸收较小能量的光，就可以使电子激发了。

光的波长与它所具有的能量成反比，即光的波长越长，它所具有的能量越小。因此，如果配合物对光的吸收能量变小，就意味着它对光的吸收波长向长波方向移动，即发生红移。

由二元配合物形成三元配合物时配合物对光的吸收发生红移的现象是十分普遍的，尤其是形成胶束三元配合物时红移现象更为显著，由于红移往往使配合物对光的吸收能量变小。这就可能使更多的电子易激发跃迁，致使红移后的吸收峰变高，即吸收光强增大，故显色反应的灵敏度很高，这是三元配合物之所以广泛用于光度分析的一个重要原因。

红移或蓝移是三元配合物中受激发电子吸收光的能量的总体表现。中心离子对光的吸收，配位体分子的能级变化及中心离子与配位体之间的电荷迁移变化对光的吸收均有影响。

(1) d 轨道能级分裂：分裂的情况主要取决于配位体的空间分布。分裂后的 d 轨道能量差 ΔE，一般都在可见光谱范围之内，所以含 d 外层电子的过渡金属离子在水溶液中成水合离子，在水分子的配位场作用下分裂的 d 轨道电子，从低能量的 d 轨道跃迁到高能量的 d 轨道所吸收光的能量都在可见光谱区，因而呈现出不同的颜色。

当水合离子中的水分子被其他配位体所替代时，由于配位场强发生变化，d 轨道能量差就会改变，从而引起吸收光的波长的变化。如果配位体与中心离子生成的配合物几何构型发生改变，s 轨道就发生新的分裂，产生新的 d→d 跃迁。

此外，配位体与中心离子不同，d 轨道能级分裂的 ΔE 值也可能不同，一般是中心离子电荷越高，离子半径越大，ΔE 也越大。对同一金属离子，配位体不同，配位场强弱也不一样，它们有以下顺序：

$I^- < Br^- < Cl^- \sim SCN^- < F^- \sim$ 尿素 $< OH^- \sim NO_2^- \sim HCOO^- < C_2O_4^{2-} < H_2O < NCS^- < EDTA \sim$ 吡啶 $\sim NH_3 <$ 乙二胺 $<$ 二乙三胺 $<$ 联吡啶 < 1，10-菲罗啉 $< NO_2$(硝基) $\ll CN^-$

配位体场强不同，引起 d 轨道能级分裂的 ΔE 也不同，因此对光吸收波长也就不一样，结果呈现不同的颜色。

与二元配合物不同，在三元配合物中含有两种不同的配位体，这不但可能改变原来二元配合物的构型，使不对称性增加，而且第二配位体也会进一步分裂中心离子的 d 轨道，这就可能减小某些 d 轨道的能量差，使 d→d 跃迁的 ΔE 变小，光的吸收发生红移，但当 ΔE 变大时，则可能发生紫移。

对于三价稀土离子除 Ce^{3+} 以外，由于它们均为 f→f 跃迁，它们受到外场的影响较小，故稀土三元配合物的颜色变化并不显著。仅 Ce^{3+} 的 5d 电子裸露在外，受外场影响较大，形成三元配合物时颜色加深。

（2）配位体内的电子跃迁，如前面提到的茜素氨羧配位剂与 Ce^{3+} 形成的配合物，当有 F^- 参与反应，形成三元配合物时，由于 F^- 的影响，使茜素氨羧配位剂分子内的电子云发生移动，产生电子跃迁，配合物由红色变为蓝色，吸收光谱发生红移。

（3）"电荷迁移"的跃迁：配合物中的电子从配位体跃迁到金属离子的轨道上（或反过来）时所产生的光吸收，属"电荷转移"吸收。这种吸收光谱强度，一般比 d→d 跃迁的吸收光谱强度大得多。当过渡金属离子是氧化性离子，配位体是还原性离子时，电荷转移比较容易，电子所需激发能量较小，"电荷转移"跃迁最容易。例如，Fe^{3+} 与 SCN^- 生成的配合物就是这样。如果形成三元配合物，则第二配位体不但本身发生"电荷转移"的跃迁，还对第一配位体的电荷转移产生影响，产生新的"电荷转移"。

二甲酚橙指示剂在 pH>6 时，它本身呈红色，金属离子与它生成的配合物颜色也呈红色，因此无法用二甲酚橙在中性或碱性介质内作为络合滴定的指示剂。但是如果在 pH 6~10.5 的溶液中加入溴化十六烷基三甲基铵或溴化十六烷基吡啶，二甲酚橙溶液的红色就会变为柠檬黄色，这时它们与 Zn^{2+}、Ca^{2+}、Mg^{2+}、Mn^{2+}、Cd^{2+}、Ni^{2+}、La^{3+} 等离子则生成深红色或深蓝色三元配合物。于是可以在碱性介质中，以二甲酚橙为指示剂，作上述离子的配位滴定。

4. 稀土三元配合物的发光

稀土配合物发光是由稀土离子与有机物配体结合而成，配合物中的配体与稀土离子存在着能量转移和发光的竞争。为提高稀土离子的发光效率与强度，期待着配体有较大的吸收和高效率的能量传递。特别是对于大多数具有 f-f 跃迁吸收的稀土离子，由于它们的吸收强度低，更需要通过分子内的能量传递将有机配体的吸收的能量转移给稀土离子以获得高的发光效率。稀土配合物的发光及其应用请详见《稀土发光材料——基础与应用》。

文献曾总结出部分稀土配合物发光过程中的一些原则：①配体的三重态能级必须高于稀土离子的最低激发态能级才能发生能量传递；②当配位体的三重态能级远高于稀土离子的激发态能级时不能进行能量的有效传递；③若配体的三重态与稀土最低激发态能量差值太小，则由于三重态热去活化率大于向稀土离子的能量传递效率，致使荧光发射变弱。例如，α-噻吩三氟乙酰丙酮（TTA）和二苯甲烷（DBM）的三重态能量比 Eu^{3+} 的最低激发态 $^5D_0$ 和 Tb^{3+} 的最低激发态 $^5D_4$ 都高，但它们都只能与 Eu^{3+} 很好匹配，配合物发出较强的红色荧光；而不能与 Tb^{3+} 很好匹配，配合物没有荧光产生。这可能是由于 TTA 与 DBM 的三重态能量虽然高于 Tb^{3+} 的 $^5D_4$，但其差值太小。

　　稀土离子倾向于高配位，当稀土离子形成配合物时，由于电荷的原因，配位数往往得不到满足，此时常有溶剂分子参与配位。但如果用一种配位能力比溶剂分子强的中性配体（称为第二配体）取代溶剂分子，则可望提高配位化合物的荧光强度，如 $Eu(TTA)_3 \cdot Phen$ 的发光强度比 $Eu(TTA)_3 \cdot 2H_2O$ 要强得多。又如 $Tb_2(C_6H_3S_2O_8)_2 \cdot (DMF)_5$ 的吸收和发射峰均比 $Tb_2(C_6H_3S_2O_8)_2 \cdot (H_2O)_5$ 强。

　　加入第二配体形成三元配合物的主要作用：

　　（1）常用溶剂分子（如水分子）参加配位时，溶剂中的 O—H 基团参与配位，由于与 OH 声子的振动耦合，将使稀土离子的荧光强烈猝灭，水分子中的 O—H 高频振动使配体在吸收能量部分地传给水分子，并以热振动的形式损耗，因此使发光的量子效率降低。第二配体引入，将部分甚至全部取代水分子的位置，减少能量损失，提高发光效率。

　　（2）如果第二配位体的三重态能级高于稀土离子的最低激发态能级，如 2,2′-联吡啶（Dipy）和邻菲罗啉（Phen）的三重态能级分别为 22 913 cm^{-1} 和 22 132 cm^{-1}，比 Tb^{3+} 的 $^5D_4$ 能级（20 454 cm^{-1}）高，则可能实现第二配体直接将能量转移给中心离子。

　　（3）第二配体也能作为能量施主。吸收的能量传递给第一配体，然后第一配体再将能量传递给中心离子，两步能量传递可能导致配合物的荧光寿命延长和荧光强度提高。如在 Sm^{3+}–DBM–TOPO 中存在着第二配体 TOPO 向第一配体 DBM 的能量传递。

　　（4）第二配体还可能起能量通道的作用，即将第一配体吸收的能量传递给中心离子。如在 Eu^{3+}–3,4-呋喃二甲酸–邻菲罗啉的三元配合物 $EuH(FRA)_2 \cdot Phen \cdot 4H_2O$ 中，H_2FRA 的最低三重态能级高于 Phen 的最低三重态能级，存在着从 H_2FRA 配体向 Phen 配体的分子内能量传递，由于 Phen 的最低三重态能级与 Eu^{3+} 的发射能级匹配良好，因此其 Eu^{3+} 三元配合物的发光性能优于相应的二元配合物。由此得知，依据能量匹配原则和配体间的分子能量传递机制，可以设计出发光性能优良的稀土配合物。

　　（5）对于某些含第二配体的三元配合物和相应的二元配合物的激发光谱基本相同，表明主要是第一配体来吸收能量。在此，第二配体可能仅起着增加中心离子配位数，稳定配合物的结构，改变中心离子的配位环境，进而影响配合物发光性能的作用。

　　加入惰性稀土离子对稀土配合物发光的影响，文献中曾有过许多报道，如 La^{3+}、Gd^{3+}、Lu^{3+} 和 Y^{3+} 等离子加入后，也观察到可使稀土配合物的发光增强。

惰性稀土离子的加入对稀土配合物的发光起微扰作用，其影响的可能原因为

（1）加入惰性稀土离子后，由于惰性稀土离子的半径与发光稀土离子的半径不同，造成微小的结构畸变，这种结构畸变将会改变稀土离子与配体三重态的相互位置，引起波长位移，及其能量传递的有效性。

（2）由于惰性稀土离子的加入，稀释了发光稀土离子的浓度，将减小发光离子的相互作用，减小了激活离子的浓度猝灭。

（3）惰性离子形成的稀土配合物与激活离子配合物分子发生三重态到三重态的分子间能量传递，增强发光离子的能量来源。

（4）惰性稀土离子的加入使得配体的刚性增强，共轭体系加大，导致发光增强。

（5）由于形成了桥联的异核配合物，其中存在向发光离子的分子的能量传递。

稀土配合物用于 OEL 器件的发光材料，具有发射谱带尖锐，半峰宽窄（不超过 10nm），色纯度高等优点，这是其他发光材料无法比拟的，可用以制作高色纯度的彩色显示器。作为 OEL 器件的发光材料，稀土配合物还具有内量子效率高，荧光寿命长和熔点高等优点。

属于这类发光的 OEL 材料，以 Eu（Ⅲ）和 Tb（Ⅲ）配合物为主。前者发红光，最大发射波长在 615nm 附近，相应于 $Eu^{3+} {}^5D_0 \rightarrow {}^7F_2$ 跃迁。在 OEL 材料中，红色发光材料最为薄弱，Eu（Ⅲ）配合物发光效率高，色纯度高，受到人们极大的重视。

稀土配合物的 OEL 发光材料的性能与配体的结构密切相关，理想的配体应满足以下两个条件。

（1）一般来说，配体的共轭程度越大，配合物共轭平面和刚性结构程度越大，配合物中稀土离子的发光效率就越高。因为这种结构稳定性大，可以大大降低发光的能量损失。

（2）按照稀土配合物分子内部能量传递原理，配体三重态能级必须高于稀土离子最低激发态能级，且匹配适当，才有可能进行配体-稀土离子间有效的能量传递。

作为 OEL 材料，人们研究较多的稀土配合物的配体是 β-二酮类化合物，如乙酰丙酮（ACAC）、二苯甲酰甲烷（DBM）、α-噻吩甲酰三氟丙酮（TTA）等。Tb（ACAC）$_3$、Tb（ACAC）$_3$Phen、Eu（DBM）$_3$Phen、Eu（TTA）$_3$、Eu（TTA）$_3$Phen、Eu（TTA）$_3$Bath 和 Eu（DBM）$_3$Phen 等是比较常见的稀土配合物 OEL 材料。

β-二酮的稀土配合物作为 OEL 材料的优势，在于其发光亮度高；但光稳定性差又是它难以克服的固有缺陷。近年来出现了羧酸类化合物的稀土配合物 OEL

材料。尽管羧酸类化合物的稀土配合物 OEL 材料的发光亮度目前尚不及 β-二酮的稀土配合物，但是其光稳定性优于后者，亮度可以通过改进设计、合成新型的羧酸类配体和改进器件结构获得提高。

在发光配合物的结构中引入第二配体，可以明显地提高 OEL 器件的发光亮度。例如，Tb(ACAC)$_3$ 二元配合物双层 OEL 器件亮度仅为 7cd/m^2（驱动电压 20V），引入第二配体 Phen 构成三元配合物 Tb(ACAC)$_3$Phen，双层 OEL 器件最大亮度可达 210cd/m^2（驱动电压 16V）；Eu(DBM)$_3$ 二元配合物双层 OEL 器件亮度仅 0.3cd/m^2（驱动电压 18V），而三元配合物 Eu(DBM)$_3$Phen 的双层 OEL 器件亮度为 460cd/m^2（驱动电压 16V）。从配合物的结构来看，第二配体的引入可以满足稀土离子趋向于高配位数的要求，从而提高配合物的稳定性；更主要原因是第二配体在提高配合物载流子传输特性方面起着至关重要的作用。而且，第二配体的结构不同，对材料电致发光效率的影响明显不同，如 Eu(DBM)$_3$Phen 的 OEL 器件发光亮度为 460cd/m^2，而以 Phen 的结构改性衍生物 Bath 作为第二配体的配合物 Eu(DBM)$_3$Bath，OEL 器件的发光亮度可提高到 820cd/m^2。一般来说，同为第二配体，共轭程度越高，所形成的配合物发光的激发能越低，EL 效率越高。黄春辉等采用 ITO/TPO(40nm)/Tb(PM/P)$_3$(TPPO)$_2$(40nm)/Alg(40nm)/Al 结构研制出最大亮度可达 920cd/m^2 的高亮度绿色发光器件。Christon 等报道了新型 β-二酮材料 Tb(PMIP)$_3$Ph$_3$POTPPO，它的最大发光亮度可达 2000cd/m^2。

稀土-聚合物二元配合物与小分子第二配体如 8-羟基喹啉（Oxin）、邻菲罗啉（Phen）和 α-噻吩甲酰三氟丙酮（TTA）等合成的 Eu^{3+} 三元配合物，这些三元配合物的荧光强度明显高于二元配合物，例如，Eu^{3+}-PBMAS-TTA 三元配合物的荧光强度比 Eu^{3+}-PBMAS 二元配合物提高 610 倍。这是由于小分子可以使稀土离子配位数趋于满足，不致出现浓度猝灭现象。

参 考 文 献

[1] 朱声逾，周永洽，申泮文. 配位化学简明教程. 天津：天津科技出版社，1988

[2] 徐光宪. 稀土. 北京：冶金工业出版社，1995

[3] 黄春辉. 稀土配位化学. 北京：科学出版社，1997

[4] 苏锵. 稀土化学. 郑州：河南科技出版社，1993

[5] 倪嘉缵，洪广言. 中国科学院稀土五十年. 北京：科学出版社，2005：57-80

[6] 洪广言. 稀土配合物发光材料，黄锐，冯嘉春，郑德. 稀土在高分子工业中的应用. 北京：中国轻工业出版社，2009：213-246

[7] 曹锡章，王杏乔，宋天佑. 无机化学. 北京：高等教育出版社，1978

[8] 罗宗铭. 三元络合物及其在分析化学中的应用. 北京：人民教育出版社，1981

[9] 洪广言. 稀土发光材料——基础与应用. 北京：科学出版社，2011：407-413

[10] 黄春辉，李富友，黄维．有机电致发光材料与器件导论．上海：复旦大学出版社，2005：384-445

[11] 马建方，倪嘉缵．稀土羧酸配合物的结构．化学进展，1996，8（4）：259-276

[12] 刘光华．稀土固体材料学．北京：机械工业出版社，1997

第6章　稀土金属与合金

6.1　稀土金属与合金

稀土金属不仅是研究稀土本征性质的基础，也因其具有特殊的物理化学性能，已作为重要的合金元素被广泛应用于制备新型稀土金属间化合物功能材料的原料以及在钢铁、有色金属中作为除杂净化剂、变质细化剂、微合金剂和各种添加剂等。

6.1.1　稀土金属

稀土金属除镨和钕为淡黄色外，其余均具有银白和银灰色的金属光泽。

稀土金属的硬度不大，一般是比较软的，镧和铈与锡相似，随原子序数的增加而变硬。金属具有良好的延展性，随原子序数增加而加大，其中以铈、钐和镱为最好，如铈可拉成金属丝，又可压成金属箔，但杂质的存在会大大减小其延展性。

稀土金属密度随着原子序数增加而增大，在原子半径较大的 Eu 和 Yb 处出现两个峰值。钪的相对密度为 2.99，钇为 4.47，镧系金属为 6~10，而且随原子序数的增加而增加。

稀土金属熔点很高，镧系金属的熔点随原子序数增加而升高。除金属镧以外，从铈到镥熔点大约增加了 110%。值得注意的是铕和镱两个元素，它们的熔点特别低，而且原子体积也不仅不随原子序数增加而增加，反而减小，这是由于它们原子的电子构型分别处于 $4f^7$ 的半满和全满状态，致使原子核对 6s 电子的吸引力减小。铕和镱两个元素熔点降低的反常现象称为"双峰效应"。钇的熔点接近于钇副族元素熔点的中间值，其中铒的熔点为 1529℃，而钇的熔点为 1522℃，钪的熔点为 1541℃。

稀土金属的导电性并不好，如以汞的导电性为 1 时，镧为 1.6 倍，铈为 1.2 倍，铜却为 56.9 倍。稀土金属之间导电性能也有较大差异，其中镧和镱较好，钆和铽最差。基本上随着温度升高，轻稀土金属导电性能逐渐下降，而重稀土金属则略有增加。大多数稀土化合物是离子键型，它们导电性较好，可用电解法制备稀土金属。

　　稀土金属及其化合物的磁性取决于钪的 3d 电子、钇的 4d 电子和镧系元素的 5d 及 4f 电子。大多数三价稀土离子和 Eu^{2+}、Sm^{2+}，由于它们在 4f 轨道上都有未偶合的电子，它们显示出顺磁性，而没有未偶合电子的如 Sc^{3+}、Y^{3+}、La^{3+} 和 Lu^{3+} 就显示出抗磁性，但总的来说，钪、钇、镧、铈、镱、镥都属于抗磁性物质，铈（Ce^{4+}）、镨、钕、钐、铕、镱（Yb^{2+}）均为顺磁性物质，而钆、铽、镝、铒、铥均为铁磁性物质。

　　稀土金属是典型的活泼金属（需保存在煤油中），活泼性与 Mg 相似，强于 Al。稀土的金属性由镧到镥递减，这是因为随着原子序数增加原子半径的减少，失去电子的倾向变小。

　　稀土金属的电负性值较小（表 6-1）。电负性（早期称负电性，又称化学亲和力）是关系两元素间物理化学反应的重要参数。电负性表示基团吸引电子的能力，电负性大的元素易成为负离子，电负性小的易成为正离子。化学活性最高的非金属元素氟（3.9）和氧（3.5）的电负性值最高，而化学活性最强的金属如铯（0.75）和铷（0.8）、钾（0.8），其电负性最低。两个元素电负性差值越大，它们之间形成的离子型化合物越稳定。

表 6-1　稀土金属的电负性

金属	电负性	金属	电负性	金属	电负性
Sc	1.27	Pm	1.20	Ho	1.21
Y	1.20	Sm	1.18	Er	1.22
La	1.17	Eu	0.97	Tm	1.22
Ce	1.21	Gd	1.20	Yb	0.99
Pr	1.19	Tb	1.21	Lu	1.22
Nd	1.19	Dy	1.21		

　　镧系元素除铕和镱外，它们的电负性彼此相近，都为 1.17~1.22，它们与镁（1.2）的电负性值相近，而铕和镱的电负性值不在此范围，它们略低于 1。而钪的电负性值为 1.27，所以钪与同样成分生成的金属间化合物的热稳定性更大。

　　稀土金属的化学活性很强，能形成多种多样的化合物，包括氢化物、氯化物、硅化物、碳化物、有机/无机盐和配合物，这是稀土金属在冶金工业中作为净化、除杂、细化变质剂的基础。

　　稀土金属在空气中不稳定，其稳定性大小随原子序数递增而增大；换言之，原子半径越大的稀土金属抗氧化能力越弱；轻稀土金属较重稀土金属活泼，镧是最活泼的、最易被氧化的，镥、钪是最耐空气氧化的。

　　稀土金属是被广泛应用的还原剂，它能将铁、钴、镍、铬、钒、铌、钽、锆、钛、硅等元素的氧化物还原成金属。由于稀土金属的还原能力有大小，加上稀土金属镧的蒸气压比钐、铕、镱和铥的小得多，可以用镧（铈）将钐、铕、镱、铥从其氧化物中还原成金属。然而稀土金属的活性比碱金属和碱土金属低一些，所以工业上常用锂和钙作为还原剂，将稀土金属从其卤化物中还原出来。

稀土金属室温晶体结构常见的是镁型密排六方结构，这类结构中的轴比 c/a 接近于 1.6。从钇到镥的所有稀土金属（除镱外）以及钪和钇都具有类似的结构。

有些稀土金属存在几种同素异形体，包括 Sc、Y、La、Ce、Pr、Nd、Pm、Sm、Gd、Tb、Dy 和 Yb，这些金属在高温时均属于体心立方结构。但镧、铈、钕等属于双-c 六方密堆积结构，其 c_0/a_0 近似为 3.22。钐有独特的晶体结构，在元素周期表中还没有一个元素具有这种结构。钐为菱形的，在该杂化六方单胞中 c 轴的长度大约是一般六方结构轴长度的 4 倍。铕属钨型体心立方结构，它与其他稀土金属晶格不属于同种构型。体心立方结构原子的堆积密度为 68%，而六方密排结构原子的堆积密度为 74%。室温下三价稀土金属晶体结构随原子序数的增大按下列顺序变化：面心立方→六方密堆积（有双轴）→菱形→密排六方。

稀土金属原子和离子的电子结构是稀土金属物理和化学的基础。稀土金属的某些性质列于表 6-2 和表 6-3。

表 6-2 稀土金属的某些性质

元素	原子序数	相对原子质量	原子半径/pm	密度/(g/cm^3)	熔点/℃	沸点/℃	热中子捕获截面（巴/原子）	三价离子半径/pm	三价离子颜色	氧化电位 E_{298}（R→$R^{3+}+3e^-$）	RE^{3+} 磁矩/μ_B
Sc	21	44.956	164.1	2.99	1 539	2 730	24.0	68	无色	2.08	0.00
Y	39	88.906	180.1	4.47	1 509	3 337	1.38	88	无色	2.372	0.00
La	57	138.906	187.7	6.19	920	3 454	9.3	106.1	无色	2.522	0.00
Ce	58	140.12	182.4	6.77	793	3 257	0.73	103.4	无色	2.483	2.56
Pr	59	140.908	182.8	6.78	935	3 212	11.6	101.3	黄绿	2.462	3.62
Nd	60	144.24	182.1	7.00	1 024	3 127	46	99.5	紫红	2.431	3.68
Pm	61	(145)	181.0	7.26	1 035	3 200		(98.)	粉红	2.423	2.83
Sm	62	150.36	180.2	7.54	1 072	1 778	5 600	96.4	淡黄	2.414	1.50
Eu	63	151.96	240.2	5.26	826	1 597	4 300	95.0	淡粉红	2.407	3.45
Gd	64	157.25	180.2	7.88	1 312	3 233	46 000	93.8	无色	2.397	7.94
Tb	65	158.925	178.2	8.27	1356	3041	46	92.3	淡粉红	2.391	9.7
Dy	66	162.50	177.3	8.54	1407	2335	950	90.8	淡黄绿	2.353	10.6

元素	原子序数	相对原子质量	原子半径/pm	密度/(g/cm^3)	熔点/℃	沸点/℃	热中子捕获截面（巴／原子）	三价离子半径/pm	三价离子颜色	氧化电位 E_{298}(R→R^{3+}+3e$^-$)	RE^{3+}磁矩/μ_B
Ho	67	164.930	176.6	8.80	1 461	2 720	65	89.4	淡黄	2.319	10.6
Er	68	167.26	175.7	9.05	1 497	2 510	173	88.1	淡红	2.296	9.6
Tm	69	168.934	174.6	9.33	1 545	1 727	127	86.9	微绿	2.278	7.6
Yb	70	173.04	194.0	6.98	824	1 193	37	85.8	无色	2.267	4.5
Lu	71	174.967	173.4	9.84	1 652	3 315	115	84.8	无色	2.255	0.00

表 6-3　稀土金属的某些物理性质

稀土金属	密度/(g/cm^3)	熔点/℃	比热容（298K）/[$J/(mol \cdot K)$]	熔化热/(kJ/mol)	升华热/(kJ/mol)	剪切模量/GPa	杨氏(弹性)模量/GPa
Sc	2.989	1 541	25.5	14.1	380.7± 4.2	31.3	79.4
Y	4.469	1 522	26.5	11.4	416.7± 5.0	25.8	64.8
La	6.146	918	27.1	6.20	430.9± 2.04	14.9	38.0
Ce	6.770	798	26.9	5.46	466.9	12.0	30.0
Pr	6.773	931	27.4	6.89	372.7	13.5	32.6
Nd	7.008	1 021	27.4	7.14	370.6± 4.2	14.5	38.0
Pm	7.264	1 042	~27.3	~7.7	(267.8)	16.6	42.2
Sm	7.520	1 074	29.5	8.62	206.3± 2.9	12.7	34.1
Eu	5.244	822	27.7	9.21	177.8± 2.5	5.9	15.2
Gd	7.901	1 313	37.1	10.0	400.6± 2.1	22.3	56.2
Tb	8.230	1 365	28.9	10.79	393.1	22.9	57.5
Dy	8.551	1 412	27.7	11.06	297.9±1.4	25.4	63.2
Ho	8.795	1 474	27.2	17.0（估计）	299.9± 12.1	26.7	67.1
Er	9.066	1 529	28.1	19.9	311.7± 31.8	29.6	73.4
Tm	9.321	1 545	27.0	16.8	293.9± 3.3	30.4	75.5
Yb	6.966	819	26.7	7.66	159.8± 7.9	7.0	17.9
Lu	9.841	1 663	26.8	22（估计）	427.4	33.8	84.4

　　为纪念稀土发现 200 年，1988 年 9 月在美国召开第 18 届国际稀土研究会上，K. A. Gschneidre 把稀土冶金及其应用开发分成三个时代，即蒙昧时代（1787 ~ 1949 年）、启蒙时代（1950 ~1969 年）与黄金时代（1970 年至今）。

蒙昧时代（1787~1949 年）的重要事件

1827　制备出第一种稀土金属（铈 Ce）

1875　第一次用电解法制备稀土金属（镧 La、铈 Ce 和镨钕混合稀土）

1908　稀土在冶金方面第一次重要应用，用混合稀土-铁制成打火石

1911　发表第一个稀土金属二元相图（锡铈 Ce-Sn 系）

1912　Moseley 用 X 射线分析证实稀土只可能含有 15 个镧系元素和钪、钇两个同族元素

1925　首次提出了"镧系收缩"专用术语

1931　电解法制备"纯"轻镧系元素（块状金属）

1935　发现稀土金属（钆 Gd）的铁磁性

1937　制备出"纯"的镧系金属粉末，并确定了镧系金属的晶体结构

1947　Spedding 及同事们用离子交换法第一次成功地分离了相邻镧系元素

1948　Morrogh 和 Williams 开始用 Ce（铈合金）添加剂生产球墨铸铁

1949　参与美国曼哈顿计划的科学家发表了用离子交换法分离稀土元素。美国 F. H. Spedding 等改进了离子交换法，制出千克量级的纯单一稀土金属，并很快投入生产，从此稀土进入启蒙时代。

随着分离技术的不断提高，单一稀土氧化物纯度的提高，制备的稀土金属纯度可达到 99%，甚至制备某些金属的纯度可达到 99.99%，这为稀土研究提供了极为优越的基础条件，也有助于发现许多稀土令人惊奇的特性和行为。

启蒙时代（1950~1969 年）的重要事件

1949~1950　开始研究稀土"价态浮动"，发现铈在低温或高压下发生价态变化（γ 面心→α 面心）

1951　发现 LaB_6 高的热离子发射特征

1953　开发利用金属热还原 R_2O_3 法制备高蒸气压金属（R=Sm、Eu、Tm 和 Yb）

1953~1954　确定 Sm 的独特结构

1958　发现 Ce（铈）的固态临界点

1959　《稀有金属期刊》（JLCM）第一期出版（一本系统报道冶金学研究的重要期刊）

1960　在美国加利福尼亚的 Arrowhead 城召开首届稀土研究会议

1960　发现重镧系金属独特而非常复杂的磁结构

1962　在稀土二元合金内部发现存在钐（δ）相

1963　最后一个稀土元素 Pm 得到金属态

1966　在美国 Ames 的艾奥瓦州大学建立稀土资料中心（RIC）

1966　首次成功地应用固态电解法提纯稀土金属钇

1966　发现高强磁稀土–钴（YCo_5）

1967　提出了 $SmCo_5$ 具有超强永磁特性

1967　在稀土金属镱（Yb）上进行第一次直接费米面测量（Haas- van Alphen 振荡）

经过启蒙时代稀土元素的基础和应用得到很大的发展，由于提供了必要的基础和高纯稀土，使对稀土的认识提高到一个新的层次，结合先进技术，发现许多新性质和新材料。使稀土进入一个黄金时代，除在稀土金属与冶金领域也在其他新性质、新材料方面也获得惊人的发展，使稀土成为发展高技术新材料必不可少的技术元素。

黄金时代（1970 至今）的重要事件

1970　发现 $LaNi_5$ 系材料独特的吸氢性质

1970　首次制出稀土的非晶合金

1970　开始实现钢中加混合稀土合金以控制钢中金属硫化物夹杂的形状

1971　发现 RFe_2 相中巨大的磁畴

1976　在纯元素（Ce）中观察到多孔（Kondo）散射

1978　第一卷《稀土物理化学手册》出版

1979　首次 Spedding 奖在美国北达科他州 Fargo 第 14 届稀土研究会议上授于 W. E. Wallace

1980　$PrNi_5$ 成功地用于超低温制冷机上

1981　发现 $LuCo_2$ 的自旋振动能在小于 10T 磁场中被抑制

1981　发现高强磁体稀土–铁永磁体

近三十年来稀土的冶金及其应用开发又取得了很大的进展，每隔三五年就会有一次突破，应该说目前仍然是稀土发展的黄金时代。

6.1.2　稀土金属合金

稀土合金主要包括有混合稀土金属、稀土中间合金、含稀土铝、镁、铜、锌、钛、钨、钼等有色金属合金以及稀土金属间化合物等。可塑的稀土合金可通过压力加工方法制造出块材、板材、箔材、棒材、线材与管材等。由于受稀土金属晶格结构、杂质含量等因素影响，目前稀土金属和稀土基合金材料力学性能较低，一般不作为结构材料应用。稀土金属在钢铁中溶解度很低，稀土金属在有色金属中的溶解度一般也很低。稀土中间合金是混合稀土金属或单一稀土金属和有色金属铝、镁、铜、锌、钛等通过电解法或熔炼对掺法制成 Al–RE、Cu–RE、Mg–RE、Zn–RE、W–RE、Mo–RE 等稀土中间合金，RE 含量大约在 10% 以上，主要在有色金属合金加工熔炼中作为有色金属合金化和微合金化元素、净化剂及变质剂等。稀土中间合金已广泛应用于冶金机械制造和军事工业部门。

目前单一稀土金属及其中间合金绝大多数用于生产钕铁硼、钐钴永磁和超磁致伸缩等稀土金属新材料和有色金属合金，还有一小部分稀土金属用于制备特殊性能的功能材料。

稀土金属与稀土金属间能发生相互作用。如果两种稀土金属在相应温度下的晶体结构一样，它们可形成连续固溶体；如果两种稀土金属晶体结构不同，它们只能形成有限固溶体；只有属于不同副族（铈族和钇族）的两种稀土金属才能形成金属间化合物。

钇和钪在合金中的行为与重稀土金属相似；而镱在镁合金中的行为与轻稀土相似，铕、镱的熔点和弹性模量也与轻稀土镧、铈相似。

稀土金属与过渡族金属（铁、锰、镍、金、银、铜、锌）及镁、铝、镓、铟、铊等能形成许多合金，而且在其二元和多元合金体中有很多金属间化合物形成。例如，Ce-Zn 体系中有 9 个，Au-Yb 和 Co-Ho 体系中有 8 个，在 Mg-Al-Dy 和 Mg-Al-Sm 体系中分别有 10 个和 12 个。这些化合物有的熔点高、硬度大、热稳定性高、弥散分布于有色合金基体或晶界，对抗高温、抗蠕变、提高合金强度起着重要作用。其中不少稀土金属间化合物具有特殊功能而被广泛应用于高新技术中，如已知的 $SmCo_5$、Sm_2Co_{17}、Ce-Co-Cu-Fe、$Nd_2Fe_{14}B$、SmFeN、$Tb_{0.27}Dy_{0.73}Fe_{2-x}$、$LaNi_5$、$La_2Mg_{15}Ni_2$ 等。可以预料，会有更多、更新、更好的金属间化合物新材料陆续问世。

只有钽/铌和钨/钼及其合金与稀土金属之间的互相作用很小，钽和钼几乎不与稀土金属及其卤化物作用。因此，在真空或惰性气体中，钽可在 1700℃ 下使用，钼可在 1400℃ 下使用，它们被用作熔盐电解的电极及稀土金属、稀土合金的承载坩埚。

稀土金属化学活性很高，具有细化、净化、孕育、变质、强化、提高耐热性能和改善工艺性能等作用。因此被广泛用于有色金属冶金和加工领域，用来改善和提高有色金属和合金性能，开发出具有不同性能、功能和用途的新材料，从而扩大有色金属材料品种、应用领域和使用价值。

稀土在冶金工业中显示出特殊的化学活性，主要表现出：

（1）净化作用。除去或减少金属及合金中的气体、非金属和低熔点金属杂质的有害影响。

（2）细化晶粒、组织（如由柱状晶变为等轴晶）和变质作用。例如，铸铁中使片状石墨球化，改变钢中条形硫化物为球状，将镁合金中呈粗大汉字状的 Mg_2Si 变为分散细小粒子，使铝中溶质硅变为稀土硅化物而提升电导率，使镁合金中的铁变为稀土铁化合物而提升耐腐蚀性能。

(3) 利用稀土元素表面活性作用，降低金属液及合金液表面张力，改进流动性能和铸造性能；利用稀土在浇铸过程中在固液界面前沿富集、凝固后在表面形成复合氧化物层，改善表面多种性能。

(4) 加入稀土元素产生微合金化/合金化，能够改善合金耐热、耐腐蚀、高强、耐磨等综合性能。

现仅对某些重要的稀土合金作简要的介绍。

1. 稀土发火合金

稀土发火合金是应用最早的稀土合金，它是用铈为主的混合稀土金属配以纯铁 18% ~ 22% 和少量的镁 2.0% ~ 3%、锌 0.5% ~ 2.5%、铜 0.5% ~ 2% 组成，该发火合金具有发火率高、硬度大、耐腐蚀及耐磨等特点，作为生产打火石的原料获得较好应用。

2. 稀土钢

稀土加入钢中，可以改善钢的凝固组织，可起到脱氧、脱硫、脱硫氧、改变夹杂物形态和组织的作用，在洁净钢中微量稀土可以深度净化钢液，稀土与钢中低熔点有害元素如 P、Pb、As、Bi、Sb 等反应形成高熔点化合物，降低或消除低熔点元素对钢带来的有害作用，可以有效起到合金化的作用。稀土能够提高钢的抗大气及耐其他介质腐蚀性能，提高钢的高温抗氧化能力，提高钢的高温强度和塑性，提高钢的韧性、耐磨性、耐腐蚀性、抗疲劳性能，改善焊接性能及低温性能，提高抗氢致脆性等。微量稀土元素在钢中可以深度净化钢液，变质有害夹杂物，改善钢的组织，提高钢的各项性能，有着不可替代的独特微合金化作用。稀土有望作为发展新世纪高强韧钢、高品质钢的重要元素，在提高钢的各项特殊性能中发挥其独到的作用。

在 20 世纪七八十年代，稀土在钢中应用，主要集中在变质硫化物的作用，提高钢的横向冲击性能，当时通常把这种钢称为稀土处理钢。随着钢的洁净度越来越高，稀土在钢中合金化、微合金化和复合微合金化的作用也越来越凸显，且相继开发出了具有自主创新的稀土耐候钢、稀土重轨钢、稀土低合金钢、稀土合金钢等。稀土在钢中变质硫化物的同时往往也发挥了合金化、微合金化作用

3. 稀土硅铁合金

含硅的稀土中间合金种类甚多，主要包括稀土硅铁合金（RE 17% ~ 23%、Si 44% ~ 59%、Fe 10% ~ 30%、Ca 1% ~ 5%、P <0.1%）、稀土硅铁镁合金

（RE 6% ~9%、Mg 7% ~11%、Si 44% ~50%、Fe 22% ~30%、Mn、Ca、Ti 及 P 小于 0.1%）、钇基重稀土合金（RE 20% ~ 40%、Ca 2% ~ 8%、Si 25% ~ 45%、Fe 20% ~30%）及稀土硅钙合金（RE 15% ~30%、Ca 7% ~ 25%、Si 46% ~56%、C<0.2%、P、S 各小于 0.05%）等。这一类稀土中间合金中，稀土硅铁合金是炼钢的脱氧剂，在铸造行业主要用作钢铁铸件的孕育剂以及配制球化剂稀土硅铁镁合金的主要原材料。稀土硅铁镁合金作为球化剂在铸铁中能促使石墨形态从片状改变为球状或蠕虫状、细化铸铁共晶团，中和铸铁中的反球化元素，改善和提高铸铁的机械性能。钇基重稀土合金抗球化衰退能力强，能使石墨保持球化状态，提高铸铁韧性和延展性，已成功应用于大断面铸铁件、稀土耐热钢等领域。稀土硅钙合金用作钢的硫、氧净化剂、低熔点金属和磷的中和变质剂和铸铁的蠕化剂。

硅热还原法制取稀土硅铁合金的工艺是我国最早开发出来的一种独创性方法。硅热还原法是以白云鄂博矿的稀土富渣、稀土精矿渣或稀土精矿等为稀土原料，75 硅铁为还原剂，石灰为熔剂，当炉渣含氟量较低时，也加入萤石为辅助熔剂，在电弧炉内制备稀土硅铁合金。

1956 年中国科学院上海冶金研究所邹元曦等创造性地研究成功在电弧炉中用 75 硅铁作还原剂，从含 REO 4% ~6% 的包头钢铁公司炼铁高炉渣中回收稀土，制取稀土硅铁合金的工艺。包钢稀土一厂首先采用该工艺，开始生产稀土硅铁合金。1966 年冶金部包头稀土研究院成功地研制出含稀土的中贫铁矿矿石和低品位稀土精矿球团直接入高炉脱铁去磷，制取 REO>10% 的富渣，再用硅热法冶炼稀土硅铁合金的工艺，使我国硅铁合金的生产步入了新的阶段，合金成本远低于国外的同类产品。

在硅热还原法制取稀土硅铁合金过程中，主要的化学反应是硅还原稀土氧化物，同时伴有硅还原其他氧化物、造渣及合金化等化学反应。稀土硅铁合金冶炼过程的反应十分复杂。

由几种有关氧化物的生成热和生成自由焓可知，稀土元素对氧有较大的亲和力，最主要的稀土氧化物（Ce_2O_3、CeO_2、La_2O_3）的稳定性与 MgO 和 Al_2O_3 的稳定性相接近，比 SiO_2 更稳定。因而在一般冶炼条件下，用硅直接还原稀土氧化物极为困难。特别是当反应物都是纯物质时，反应在一般冶炼条件下不能进行。而硅热法制取稀土硅铁合金实际上是熔融态还原过程，反应体系由液态渣相和合金相组成，还原反应在两相之间进行，而且参加反应的物质并非纯物质。硅还原稀土氧化物的反应可示意为

$$2/3(RE_2O_3)+[Si] \Longrightarrow 4/3[RE]+(SiO_2)$$

能否制备成硅铁稀土合金，也与稀土氧化物活度有关。增大反应物稀土氧化

物的活度有利于反应进行。

　　总之，根据多年的试验和生产实践，可以推断硅热还原法制取稀土硅铁合金的反应，是在大量石灰参与反应的条件下，硅首先将石灰还原成钙形成硅钙合金，硅钙再将稀土氧化物还原成稀土金属，也不排除硅直接将稀土氧化物还原成稀土金属的可能性。稀土金属进一步与硅合金化，以硅化物相存在于合金中。这是一个相当复杂的氧化还原反应过程，因此，通过控制冶炼工艺条件，如炉料配比、还原温度和时间等可以有效地控制合金组成。

4. 稀土铝合金

　　铝及铝合金具有品质轻，导电热性能好，耐腐蚀性能好，塑性好、易加工，易于回收利用等优点。因此，在工程结构材料领域被认为是最经济实用、具有竞争力、最易加工的轻金属材料。将适当的稀土适量地加入合金中，将会产生不同程度的有益作用。

　　1) 除气作用

　　铝及铝合金在熔炼及浇注过程中容易吸气和析出夹杂物，直接影响其产品的质量。氢是唯一能大量溶解于铝熔体中的气体。在铝及铝合金熔体内加入适量的稀土（0.1% ~ 0.5%）可使所得铸件的针孔率和气孔率明显下降。其原因在于：

　　(1) 稀土与氢有较大的亲和力，能大量吸附和溶解氢，稀土与氢生成稳定的高熔点化合物（REH_2 或 REH_3），降低了熔体内的溶解态氢含量，使铝的含氢量和针孔率明显降低，而高熔点的稀土化合物以渣的形式被排除。

　　(2) 氢气泡在铝及铝合金内不可能成核，只能通过非均质成核。成核的核心可以是熔体内的固态颗粒、型壁、固液接口前沿以及初生相等。在熔体内加入稀土后，由于稀土的化学性质极为活泼，它能与熔体内的夹杂 Al_2O_3 反应，使得夹杂物含量下降或改变夹杂物的形貌（球化、细化），而且，稀土对熔体在凝固过程中的一些初生相（如铝硅合金内的初生硅相）也具有变质作用，初生相由粗大的条片状转变为细小的球状，使得气泡在熔体内的成核核心大量减少，进而减少了铝及铝合金铸件内的气孔。

　　2) 除杂作用

　　稀土在铝及铝合金中的净化作用表现为：明显减少铝液中的含气量、减少铝液中的夹杂物、降低铝液中的有害元素含量等，从而降低了铸件针孔率和孔隙度。铝和铝合金熔体内的夹杂主要是铝的氧化物，夹杂物对铝及铝合金的危害不仅在于其对材料性能有不利的影响。在铝和铝合金熔体内加入一定量的稀土后，可有效地降低熔体夹杂物的含量。稀土在熔体除杂过程中主要从两个方面产生作用。

　　（1）稀土元素在铝及铝合金内的固溶度较低，在熔体凝固过程中，稀土将在晶界处或固液界面处富集，而氧化夹杂的 Al_2O_3 在凝固过程中同样也在晶界处富集，这样就为稀土和夹杂 Al_2O_3 提供了良好的接触反应条件。

　　（2）稀土是表面活性元素，当稀土用于表面覆盖剂时，在熔体表面形成稀土复合氧化物，使得表面氧化膜更加密致，进一步阻止了熔体的氧化。

　　3）细化作用

　　稀土在铝及铝合金中的细化作用主要表现在细化晶粒及枝晶。使沿晶内分布的粗大块状相消失，形成球状相，晶界处条状及碎块状化合物明显减少。稀土元素在铝合金中具有良好细化作用的主要原因是：由于稀土的加入，可以增加液态金属的结晶核心、过冷度，且在析出相或生长相的表面生成一层吸附膜，阻碍晶粒继续长大，进而达到细化晶粒的目的。

　　4）变质作用

　　变质处理是指在金属及合金中加入少量或微量的变质剂，用以改变合金的结晶条件，使其组织形貌得到改善并提高合金力学性能的过程，变质剂又称孕育剂。稀土作为变质剂具有很好的长效性、重熔稳定，且无腐蚀作用。稀土对铝合金的变质处理方法通常是直接添加单一稀土或混合稀土，采用添加铝稀土中间合金或添加稀土化合物（如氯化物）等。由于稀土元素较活泼，直接添加时烧损严重，故一般以中间合金或稀土化合物形式加入。稀土作为变质元素在铝硅合金中使针、片状共晶硅变成颗粒，并使初晶硅的尺寸有所减小。

　　5）微合金化

　　稀土在铝合金中主要以 3 种形式存在，即固溶在基体 α（Al）中、偏聚在相界和枝晶界；固溶在化合物中或以化合物形式存在。当稀土含量较低时，稀土主要以前两种形式分布。固溶在基体中的稀土起到了有限固溶强化的作用。偏聚在相界、晶界和枝晶界处的稀土具有如下的作用。

　　（1）偏聚在相界、晶界和枝晶界处的稀土增加了合金的变形阻力，促进位错增殖，有利于提高合金的强度。

　　（2）由于稀土偏聚在相界、晶界和枝晶界处，加大了过冷度，具有细化晶粒的作用，同时可以改变铝合金组元 Si、Fe、Mg 的形态，减小针状晶，增加球状晶，从而提高铝合金的机械性能。

　　（3）稀土沿相界、枝晶和晶界分布，形成连续或不连续的网膜，提高了铝合金晶界强度和抗蠕变能力，使晶间裂纹不易扩展，进而提高合金的热强度。

　　当稀土加入量足以形成金属间化合物时，与合金中的元素形成许多新相，这些新相大多具有粒子化、球化和细化等特征。这些呈弥散分布的高熔点化合物具有很好的热稳定性与耐热性，同时稀土与杂质形成化合物并在晶界析出，改变了组织原来的固溶存在方式，消除了分布在晶界处微量杂质有害作用的同时，又强化稳定了晶界，延缓合金元素在高温下的扩散速度，提高了合金的耐热性和高温性能。

稀土元素与其他合金元素形成稳定的化合物相是提高铝合金耐热性能的主要途径。

随着 RE 含量增加，晶间稀土化合物数量增加，铝合金高温强度显著增加，但晶间脆性相的增多将导致合金塑性下降，因此，RE 的添加应控制在合适的比例。

6）活化作用

稀土的性质极为活泼，能与绝大多数物质或元素进行反应，降低熔体表面的张力。稀土在铝及铝合金中的其他各种作用（净化、细化、变质、微合金化等）均可直接或间接地利用稀土的活化作用进行解释。

7）强化作用

（1）固溶强化：通过加入合金元素形成固溶体，使金属强度提高的现象称为固溶强化。固溶强化的机理为：由于溶质原子与基体金属原子的大小不同，因而使基体的晶格发生畸变，造成一个弹性应力场。此应力场与位错本身的弹性应力场交互作用，增大了位错运动的阻力。此外，溶质原子还可以通过与位错的化学交互作用而阻碍位错运动，从而导致强化。

根据固溶强化机理可知，影响合金元素固溶强化作用的主要因素是错配度和固溶度两方面。对于不同的稀土元素，由于其在铝中的错配度与固溶度均不同，因此在选择稀土元素作为固溶强化合金元素时，应对错配度与固溶度进行综合考虑，错配度越大、固溶度越高的稀土元素对铝合金的固溶强化潜力越大。

（2）时效沉淀强化：时效沉淀强化是在固溶强化的基础上，通过时效热处理在基体内析出第二相粒子，从而实现强化的目的。时效强化的前提条件是合金元素在高温时在基体金属内有较大的固溶度，而且固溶度要随温度的降低而减小，减小得越多，高温与低温下的固溶度差越大，就可以利用淬灭热处理得到过饱和程度越大的固溶体，从而在然后的时效过程中析出越多的第二相强化粒子，以获得更大的强化效果。此外，时效强化的效果还与强化相即过饱和固溶体在时效过程中析出的第二相的结构和特性有关。由于稀土元素在铝合金内的固溶度不高，因此，稀土在铝合金中的时效强化作用也只是作为一个附加手段来进行。

（3）弥散强化：当金属中添加某一合金元素，并使其量超过极限溶解度时，超过极限溶解度的部分则不能溶入，过剩元素常与其他合金元素作用形成高熔点、热稳定性高的金属间化合物。在两相交界的接口上，原子排列就不再是完整的，其结果是相界就会阻止位错的滑移；弥散分布的第二相质点，对位错起钉扎作用，也阻止位错的滑移，从而使金属强化。这种由过剩相产生的强化，通常称为弥散强化。例如，高性能的铝钪金主要是由于在合金内存在处于弥散分布的 Al_2Sc 相，从而提高合金的力学性能。

（4）细晶强化：晶粒的大小是决定材料力学性能的重要因素。一般地，晶粒越小，材料的力学性能越好。晶粒大小对材料性能影响源于晶界，因为晶界是位错运动的障碍，在一个晶粒内部，必须塞积足够数量的位错才能提供必要的驱动力，使相邻晶粒中的位错源开动并产生宏观可见的塑性变形。因而，减小晶粒尺寸将增加位错运动障碍的数目，使材料的强度得到提高，同时又不降低其塑性和韧性。稀土元素中，钪对铝合金的细化作用较为明显。

通过除气、除杂净化的作用，良好的细化、变质作用以及改善合金熔铸工艺性能，全面提升铝及铝合金力学性能和综合物理性能，也提升了合金的塑性。此外，稀土原子半径较大，原子扩散较慢，可减缓再结晶过程。稀土与铝（锆）等元素形成细小、弥散的金属间化合物，提高合金再结晶温度和延展性，减少挤压阻力，提高加工速度，改善冲压性能，从而改善铝合金加工过程和性能。

稀土与铝及铝合金中的元素发生合金化及微合金化作用，形成热稳定性能好的高熔点金属间化合物，以第二相粒子弥散分布于晶界及晶内，减慢晶界滑移和晶内位错运动，提高铝合金力学性能，特别是耐热、抗高温蠕变性能的主要途径，晶粒细化、固溶化和时效沉淀也起着相当大的作用。通过上述作用，使铝合金组织得以细化，使其腐蚀电位变正，电化学反应电阻增加，腐蚀速度降低。向铝合金中加入稀土金属或通过微弧氧化在合金表面层形成致密的结合力强的多元氧化物涂层，从而提升其耐腐蚀和耐磨性能。此外，稀土还能提高铝合金电导率、导热性能和铝箔电容，减小热膨胀系数，提高其光学性能，使其表面更光亮、美观，所以，稀土铝合金的应用领域在不断扩大。

稀土对于提高铝合金的性能具有多重功能，因此，为获得高性能的铝合金，往往在铝合金内加入适量的稀土元素。由于稀土元素较活泼易氧化，烧损严重，且由于稀土的熔点与铝合金的熔点差异较大，直接添加时烧损严重，且不易均匀加入，故一般以中间合金的形式加入铝合金内。稀土铝中间合金的制备方法，目前主要有混熔法、电解法和还原法三种。

（1）混熔法：混熔法一般也称对掺法，是将稀土或混合稀土金属按比例加到高温铝液中，直接制得中间合金。此法的优点是设备简单、便于操作、溶解速度快、合金元素加入方便，合金成分含量稳定。缺点是稀土金属在铝液中容易局部过浓，易发生包晶反应，产生夹杂物，稀土烧损大，成本高。配制稀土铝中间合金时，稀土含量一般选择在共晶成分附近，选择合适的熔烧温度。

（2）电解法：电解法主要有两种方法。一是在较低温度下液态铝阴极上电解稀土氯化物制取一系列稀土铝合金；二是电解铝时，向工业铝电解槽中加入稀土氧化物或稀土盐类，使得加入的稀土氧化物或稀土盐类与氧化铝一起电解，即稀土与铝共沉积以制取稀土铝合金。

在现行工业铝电解槽中添加稀土化合物（氧化物、碳酸盐、稀土氯氧化物等），既可制取中间合金（含稀土 6% ~ 10%），也可制取应用合金（一般含稀土 0.2% ~ 0.4%）。

稀土铝合金的电解制备工艺是向工业铝电解槽中添加稀土化合物的过程，即先把电解质壳面打破，推盖一层热料，然后撒上稀土化合物（稀土氧化物或碳酸盐或稀土氯氧化物），上面再盖一层 Al_2O_3，稀土化合物即进入电解质中，为制取 Al–RE 应用合金，电解质中稀土含量控制在 0.06% ~ 0.08%，可使 RE^{3+} 与 Al^{3+} 共析出，电解制得稀土合金中稀土含量达到 0.2% ~ 0.4%。按电解槽容量，严格按计算量分期分批向电解槽中加入稀土化合物，三天之内即可达到平衡稳定操作。正常操作时，每天加入一次稀土化合物。与普通铝电解相比，电解工艺条件基本相同，而电流效率可提高 1% ~ 2%，稀土收率达 92% 以上，产品质量稳定。

（3）铝热还原法：铝热还原法的关键是熔剂的选择。熔剂的作用，一是降低体系的熔点同时又改变体系的物理化学性质，如降低表面张力和黏度等；二是起到配位剂的作用，使得在体系中的 RE^{3+} 和 Al^{3+} 与其发生络合反应，而前者是使稀土的存在状态发生改变，后者是离子被络合，降低体系的自由熔，使还原过程向所希望的方向进行。一旦稀土被还原，在大量液态铝存在下立即与铝形成合金，这种合金化作用要释放能量供给体系，以利于还原过程进行。采用铝热还原法的优点是工艺简单，操作方便，不需要额外的设备投资和能源消耗。适用于铝加工厂大量生产稀土铝合金，此法由于避免了二次重熔造成的大约 10% 的稀土烧损和减少了中间环节，生产成本明显降低。稀土一次合金化铝可达 85% 以上。其缺点是铝热还原法只能得到含 60% ~ 65% 的粗合金，必须精炼才能获得应用合金。

中国科学院长春应用化学研究所鲁化一等提出了用碱金属氟化物为稀土氧化物的络合剂，以改变原料中稀土存在的状态，用碱金属氯化物为熔剂，以降低体系的熔点和改善其物理化学性质，在 740 ~ 850℃ 熔化铝的过程中直接加 RE_2O_3，以制取稀土铝合金。

5. 稀土镁合金

镁合金具有质轻、高比刚度、高阻尼、减振降噪、抗电磁波辐射、加工和回收时不产生污染等特点，而且镁资源丰富，可供持续发展，因此镁合金被誉为

"21 世纪轻质、绿色结构材料"。稀土对镁合金性能的提高主要包括：①提高镁合金力学性能；②提高镁合金耐腐蚀抗氧化性能；③提高镁合金摩擦磨损性能和疲劳性能。

稀土金属在钢铁中溶解度很低，稀土金属在有色金属中的溶解度一般也很低。但是稀土金属在金属镁中溶解度却例外，最大可达12% ~41%，产生固熔强化、时效沉淀强化和形成弥散强化相，从而提高了铸造和变形稀土镁合金综合性能。因此，稀土镁合金作为结构材料有重要的应用前景。

稀土元素在镁合金中的主要作用包括净化熔体等五个方面。

（1）净化熔体：稀土元素化学性质很活泼，可以与镁合金中的氢、氧、硫等元素相互作用，并将溶液中的铁、镍、铜等有害金属夹杂物转化为金属间化合物的形式除去，提高合金的抗腐蚀能力。

（2）改善合金的铸造性能和加工性能：稀土加入镁合金中可以降低合金在液态和固态下的氧化倾向，改善其铸造性能。

大量研究结果表明，添加合适的稀土元素可以提高镁合金液的流动性。主要原因是，一方面稀土是表面活性元素，能够减低合金液的表面张力；另一方面，稀土与镁能形成简单的共晶体系，结晶温度间隔小。

（3）细晶强化作用：在稀土镁合金中，添加稀土元素在固液界面前沿富集引起成分过冷，过冷区形成新的成核带而形成细等轴晶；另外，稀土的富集阻碍 α-Mg 晶粒生长，进一步促进了晶粒的细化；在加热和退火过程中阻碍再结晶及晶粒长大。

（4）固溶强化作用：纯金属经过适当的合金化后，强度、硬度提高的现象，称为固溶强化。固溶强化的效果取决于溶质原子的性质、浓度及溶质与溶剂原子的直径差。一般来说，溶质原子和溶剂原子之间的直径差越大，溶质的浓度越高，其强化效果越好。它的作用原理是：通过在合金中加入溶质元素原子和位错交互作用，导致溶质引发局部点阵畸变，提高其均匀化温度和弹性模量，减慢扩散和自扩散过程，降低位错攀移的速度。大部分稀土元素在镁中具有较大的固溶度，稀土原子溶入镁基体中，三价稀土离子置换二价镁离子，增强了电子云密度，使基体产生晶格畸变、增强原子间的结合力；稀土元素固溶强化的作用主要是稀土原子质量远大于镁原子，稀土原子半径也大于镁原子，稀土原子在镁中扩散系数小，减慢原子扩散速度，阻碍位错运动，从而强化基体，提高合金的强度和高温蠕变性能。

（5）弥散强化作用：稀土与镁或其他合金化元素在合金凝固过程中形成稳定的金属间化合物，这些含稀土的金属间化合物一般具有高熔点、高热稳定性等特点，它们呈细小化合物粒子弥散分布于晶界和晶体内，在高温下可以钉扎晶界，抑制晶界滑移，同时阻碍位错运动，强化合金基体。

由于稀土金属与镁的密度相差悬殊，大多数稀土金属的熔点比镁的熔点高，二者难以在较低温度下直接均匀混熔而不产生成分偏析，所以常在熔炼稀土镁应用合金时，先制成稀土镁中间合金，也称为稀土镁母合金，它是产生镁基稀土应用合金的中间体材料。

稀土镁中间合金可以通过混熔法、电解法和还原法制备。混熔法和还原法报道的不多，电解法是目前生产稀土镁中间合金的主流方法。

6. 稀土铜合金

铜及铜合金由于具有很好的导电、导热性能，良好的耐腐蚀性，无磁性和对水中微生物及藻类的防腐性等一系列特殊性能，以及便于铸造，易于塑性加工和良好的可焊接性等工艺性能，已成为现代工业的重要材料。被广泛应用于电子、机电、航空、航天等部门。工业用铜一般含有多种杂质，其杂质总量甚至可达 0.05%~0.8%，其中有些杂质含量虽不大，但往往严重影响纯铜或铜合金材料的优良性能。很多杂质（有的只含有万分之几或十几万分之几）剧烈降低铜的导电性、导热性和压力加工性能。例如，氧、硫和铜形成的脆性化合物（Cu_2O 及 Cu_2S）降低了铜的塑性，冷拉时会使铜产生毛刺，并降低铜的导电性、耐腐蚀性和焊接性能。又如在 H_2（或 H_2、CO、CH_4 等还原气氛）中加热时，H_2（或 CO）渗入铜中，与 Cu_2O 作用产生高压水蒸气（或 CO_2），形成微小气泡或显微裂缝，压力加工时，易使铜破裂。由于稀土具有很强的化学活性，当加入铜或铜基合金时，除了与 Cu 生成化合物外，还与铜与铜合金中的其他合金元素和非金属夹杂物发生作用。

在铜或铜合金中加入稀土添加剂，能有效地脱气和去除杂质，改善或提高各种性能。

(1) 稀土对铜及铜合金组织的影响和作用：①细化组织。在铜及铜合金中添加稀土，具有细化晶粒，减少或消除柱状晶，扩大等轴晶区等作用。②改变杂质形态和分布。③稀土在铜中的合金化作用。稀土在铜中的溶解度很小，一般仅千分之几到万分之几，但稀土与铜能生成多种金属间化合物。它在常温下的韧性和强度普遍比纯铜高一至数倍，某些稀土金属（如 Y、Ce 等）与铜形成的金属间化合物相，还可能具有耐热性和高温抗氧化性能，因此，稀土在铜中的合金化，对于提高铜及铜合金的机械性能、耐热性和高温抗氧化性有良好作用。

(2) 稀土对铜及铜合金工艺性能的影响：① 稀土对铸造性能的影响。由于稀土元素具有脱氧除气的作用，因而它们能减少铸锭的夹杂物和气眼，使结晶组织细密，还能使铸锭柱状晶区的宽度减小，晶粒细化。②稀土对热、冷变形性能的影响。添加稀土在一定范围内（变形度小于 14%）有利于降低合金表面冷加工后的残余应力值，改善冷变形性能；当合金冷变形度超过一定范围（大于 17%）后，加稀土会使残余应力急剧上升，恶化合金的冷变形性能。③稀土对焊接性能的影响。焊接金属中的杂质如微量 Pb、Fe、Si、Bi 可引起热裂纹，添加稀土元素可有效防止这一倾向。④添加稀土有利于改善切割加工性能。

（3）稀土对铜及铜合金导电性能的影响：关于稀土对铜及铜合金导电性影响的机理一般认为是稀土对铜及铜合金的净化和晶粒细化作用所致。因为，一方面加入稀土使铜晶粒细化界增加，电子散射概率增大，导致电阻率增大，导电性下降；另一方面，稀土的净化作用使铜中杂质减少，晶格畸变减弱，电子散射概率减少，导电性能改善。这两个对导电性起相反作用的因素同时存在，其影响随稀土加入量的变化而变化。

（4）稀土对提高铜及铜合金耐腐蚀性的作用：一般认为铜及铜合金中加入稀土后耐腐蚀性能均有不同程度的提高，其原因可能在于：①稀土的净化作用，消除了铜基体中的杂质，减少了原电池的数目。②在铜及铜合金表面形成致密的氧化层，阻止基体原子的扩散。③提高铜及铜合金的腐蚀电位。④稀土的加入缩小了铜合金的结晶温度范围。

（5）稀土在改善铜及铜合金耐磨性方面的作用：耐磨铜合金的理想组织为软基体+硬质点，硬质点要均匀弥散分布于基体相上。微量稀土可以提高铜合金的耐摩擦性能。稀土可细化晶粒，减轻偏析，使质点分布均匀，提高铜合金的综合力学性能，却不降低硬度，从而提高铜合金的耐磨性。稀土和铜可形成金属间化合物，这些金属间化合物粒子较硬，分布于基体中，成为位错运动的阻力；而且稀土可以有效地改善夹杂物的存在形式和分布，减少其弱化晶界的可能，减少了承受载荷时沿晶界开裂的概率，因而提高了耐磨性。稀土加入量对铜和铜合金的耐磨性有一个最佳值。

（6）稀土对铜及铜合金力学性能的影响：主要表现在硬度、强度、常温塑性、高温塑性、疲劳强度等的影响。

稀土在铜及铜合金中应用，单一稀土加入时价格较贵，且效果不一定很好，混合稀土尤其是镧铈或镧镨铈混合稀土较单一稀土便宜，所以常用混合稀土金属或铜与混合稀土制备的中间合金加入。也有添加稀土化合物的，熔炼时，经它和一定量的碳粉混合，高温下被碳还原出来一定量的稀土金属进入铜液中，达到添加稀土的目的。

7. 稀土金属间化合物

稀土金属间化合物是由稀土金属与其他金属或与同类金属之间形成的金属化

合相，利用稀土金属间化合物的特殊物理化学性质，采用各种加工制造技术制备成各种不同用途的新型稀土功能材料。主要的稀土金属间化合物功能材料简介如下。

(1) $SmCo_5$、Sm_2Co_7、$Nd_2Fe_{14}B$ 及 $Sm_2Fe_{17}N_x$ 等。稀土金属间化合物是具有优异磁性能的稀土永磁材料，可分为烧结永磁体和黏结永磁体。钐钴永磁材料具有良好高温使用稳定性和抗腐蚀性能，主要用于制作行波器和环行器的器件，在军事和航空航天等领域中获得重要应用。

钕铁硼永磁体具有很高的磁感强度和磁能积。钕铁硼的用途十分广泛，主要用于电子、计算机、医疗等高新技术领域，其中以 VCM、MRI 和各类电机/发电机三种用途为主。

钐铁氮黏结磁体中稀土含量比钕铁硼磁体低，居里温度为 740K 左右，室温各向异性约为 15~16T，比 NdFeB 高，钐铁氮的抗氧化性和耐腐蚀性优于钕铁硼磁体，可望有良好的前景。

(2) $RENi_5$ 储氢合金。AB_5 型 MM-Ni-Co-Al-Mn 混合稀土系多元合金，在合金中混合稀土含量约占 34%。储氢合金作负极材料应用于镍氢电池，具有能量密度高、寿命长、无记忆效应、优异的大电流放电特性和快速充电等特点。主要用作便携式家用电器、数码照相机、笔记本电脑、便携式电动工具和油电混合车或电动汽车的电源等。

(3) TbDyFe 超磁致伸缩材料。稀土超磁致伸缩材料比传统磁致伸缩材料具有磁致伸缩系数大、应力大、低电压电流驱动、滞后小、响应快和磁力机械耦合系数大等特点。目前 Terfenol-D 合金（$Tb_{0.3}Dy_{0.7}Fe_{1.95}$）的超磁致伸缩材料可制成最大直径为 75~100mm，长度 >250mm 的棒材，超磁致伸缩系数达到（2000~2400）$\times 10^{-6}$。稀土超磁致伸缩材料可应用的领域十分广泛，目前主要应用制作水声换能器和电声换能器，已成功用于海军舰艇声呐探测、水下油井探测、扬声器、降噪声器和振动控制系统、海洋勘探与地下通信等领域。超磁致伸缩材料还用来制造智能振动时效装置，超声授能器、传感器和精密制动器等应用器件。

(4) TbDyCo 稀土-铁族金属非晶薄膜磁光材料。稀土铁非晶薄膜具备磁光盘存储所要求的特征，即要求磁化方向与膜面垂直，磁畴稳定，室温矫顽力大，居里温度需在 100~200℃ 内以及磁光克尔旋转角或法拉第旋转角必须大。国内外积极研发用稀土-铁族金属非晶态薄膜作磁光存储介质，大力研制和生产可擦除、大容量的磁光光盘存储系统。磁光光盘具有磁记录和磁泡系统两者的优点，可用于高级录音机、光录像机、计算机和信息存档。

表 6-4 列出在功能材料中所用的稀土中间合金。

表 6-4　用于功能材料的主要稀土合金

应用领域	新材料	稀土中间合金
永磁材料	$Nd_2Fe_{14}B$, PrFeB (Pr, Nd)FeB, Ce-Co-Cu-Fe	NdFe, DyFe, (Nd, Dy) Fe, (Pr, Nd)Fe, Ce-Co, Ce-Cu
磁致伸缩材料	$Tb_{0.27}-Dy_{0.73}-Fe_{2-x}$(Terfenol-D) $Tb_xDy_{1-x}Fe_y$	DyFe, TbFe
磁光材料	Gd-Co, Tb-Co, Tb-Fe, Tb-Fe-Co, Gd-Tb-Fe	Gd-Co, Gd-Fe, Tb-Fe
储氢材料	$LaNi_5$	LaNi, 富 LaNi
磁致冷材料	$PrNi_5$, $(ErAl_2)_{0.312}-(HoAl_2)_{0.198}-$ $(Dy_{0.5}Al_2)_{0.490}$	PrNi, ErAl, HoAl, DyAl
磁蓄冷材料	$(ErDy)Ni_2$, Nd_3Ni, $Er(NiCo)_2$, GdErRh	ErNi, DyNi, NdNi, ErCo
高导电材料	Al-RE, Al-Zr-RE, Cu-RE	Al-La, Al-Ce, Cu-RE
高温合金及其涂层材料	M-Cr-Al-RE (M = Fe, Co, Ni, RE = Y, La)	YFe, YNi, Y_A-Ni, Al-Y, Al-La
耐腐蚀涂层材料	Al-RE , Zn-5Al-0.05RE, Zn-1Al-0.1RE, Zn-Al-Mg-RE	RE-Al, RE-Zn RE-Al-Zn
耐磨材料	Al-Cu-Mg-Zn-RE	Al-RE
新型结构材料 高强铝合金	Al-Zn-Mg-Cu-RE, Al-Zn-Mg-RE Al-5Fe-Ce, Al-8.7Fe-4.3Gd	Al-RE, Al-Gd
高强镁合金	Mg-Zn-Zr-Y（MB_{25}, MB_{26}）	MgY, 富 Y-Mg
高强锂铝合金	Li-Al-Mg-Zn-Zr	LiAlRE

6.2　稀土金属及合金冶炼的原料制备

　　稀土金属冶炼工艺研究是在 19 世纪中期由瑞典化学家莫桑德（K. G. Mosander）首次用金属钠、钾还原无水氯化铈制备金属铈开始。在 12 年以后赫太克兰德（Hitekrand）和诺顿（T. Norton）又首次以氯化物为原料用熔融盐电解法制备了金属铈和金属镧。进入 20 世纪 30 年代以后逐步发展了稀土氯化物和氟化物金属热还原和熔盐电解两项工艺技术，开始工业化生产轻稀土混合金属。

　　稀土金属及合金冶炼工艺方法依据其原理可分为两大类：一是根据稀土元素的电化学性质，采用熔融盐电解工艺方法。原则上采用该方法可以制得全部 17 种稀土金属，但实际上选择生产工艺方法时，必须考虑能耗、原辅材料、消耗最低、三废量最小且易回收处理等因素。目前熔融盐电解法还只用于生产熔点低、沸点高的轻稀土金属和具有低共熔点的稀土合金（包括轻重稀土合金）。二是根据稀土化合物的热力学性质，采用金属热还原工艺方法，它也适用于冶炼提取全部稀土金属。从经济成本考虑，采用该方法更适合用于生产熔点和沸点均高的重稀土金属和熔点、沸点较低的金属钐、铕和镱。此两种工艺方法无论在机理和工艺设备方面都十分成熟。

20 世纪 80 年代中期以来，科学技术的发展促进了新的稀土金属冶炼方法的出现。如机械合金化法：该法的基本过程是将反应物放在高效的研磨机内粉碎，固体反应物的粒度磨得很细（如小于 400 目），使晶格发生极大的畸变，降低反应的活化能，使一些难以进行的还原反应和合金化反应等化学反应能够进行。但该法还原稀土化合物制备稀土金属及其合金还处于研制和技术开发阶段，目前还不能用于工业生产。

熔盐电解法和金属热还原法制备稀土金属，使用的原料是稀土氯化物、氟化物；还原–蒸馏法制备稀土金属，使用的原料是稀土氧化物。稀土金属的提炼方法是多种多样的，而所用的稀土原料都应是无水的化合物。因此，制备无水稀土化合物是制备稀土金属的基本而关键的前提。

6.2.1　无水稀土氯化物的制备

无水稀土氯化物是一种三价固体化合物，其特征是吸湿性强、易溶于水。它们的某些物理性质如表 6-5 所示。它们的饱和蒸气压随原子序数增大而增加，在 850℃下就会挥发。制备无水稀土氯化物的方法，在工业上和实验室中广为使用的有三种：结晶水合稀土氯化物（或称结晶稀土氯化物）的减压（真空）脱水法；用不同的氯化剂在较高温度下氯化稀土氧化物的氯化法和在有碳存在下用氯气直接氯化稀土精矿或熔盐的高温氯化法。

表 6-5　稀土氯化物的某些物理性质

氯化物	颜色	熔点/K	沸点/K	晶系	晶格常数/($\times 10^{-1}$ nm)			密度/
					a	b	c	(g/cm^3)
$LaCl_3$	白	1135	2023	面心立方 UCl_3 型	7.468		4.366	3.858
$CeCl_3$	白	1185	2003		7.436		4.304	
$PrCl_3$	浅绿	1059	1983		7.410		4.250	
$NdCl_3$	鲜紫	1031	1963		7.381		4.231	4.139
$PmCl_3$	浅蓝				7.397		4.211	
$SmCl_3$	浅黄	955			7.378		4.171	

续表

氯化物	颜色	熔点/K	沸点/K	晶系	晶格常数/($\times 10^{-1}$ nm)			密度/(g/cm^3)
					a	b	c	
$EuCl_3$	黄	分解	分解	面心立方 UCl_3 型	7.369		4.133	4.410
$GdCl_3$	白	875	1853		7.363		4.105	
$TbCl_3$	白	855	1823	斜方 $PuBr_3$ 型	3.86	11.71	8.48	
$DyCl_3$	黄绿	920	1803		6.91	11.97	6.40	4.412
$HoCl_3$	淡褐	993	1783		6.85	11.85	6.39	
$ErCl_3$	粉红	1049	1773		6.80	11.79	6.39	
$TmCl_3$	浅黄	1097	1763	单斜	6.75	11.73	6.39	
$YbCl_3$	白	1138	分解		6.72	11.65	6.38	
$LuCl_3$	白	1198	1753		6.32	11.50	6.39	
YCl_3	白	982	1783		6.927	11.94	6.44	
$ScCl_3$	白	1230	1240	斜方 $FeCl_3$ 型	6.970			

1. 含水稀土氯化物的真空脱水

市售由湿法处理稀土精矿而得到的稀土氯化物产品都含有结晶水。按照结晶水的水分子数目的不同可分为两种类型：镧、铈和镨的水合氯化物呈 $RECl_3 \cdot 7H_2O$ 型，包括钇在内的其他镧系元素水合物呈 $RECl_3 \cdot 6H_2O$ 型，随着稀土元素原子序数的增大，水分子的结合强度增加。水合氯化物中的结晶水可用加热方法除去，在加热脱水过程中，结晶水是分阶段脱掉的，先逐步生成含水分子少的中间水合物，最后转化成不含水分子的无水氯化物，如镧和钕的水合物的脱水步骤如下：

$$LaCl_3 \cdot 7H_2O \longrightarrow H_2O \uparrow + LaCl_2 \cdot 6H_2O \longrightarrow$$
$$3H_2O \uparrow + LaCl_3 \cdot 3H_2O \longrightarrow 2H_2O \uparrow + LaCl_3 \cdot H_2O \longrightarrow LaCl_3$$
$$NdCl_3 \cdot 6H_2O \longrightarrow 2H_2O \uparrow + NdCl_3 \cdot 4H_2O \longrightarrow H_2O \uparrow + NdCl_3 \cdot 3H_2O \longrightarrow$$
$$H_2O \uparrow + NdCl_3 \cdot 2H_2O \longrightarrow H_2O \uparrow + NdCl_3 \cdot H_2O \longrightarrow NdCl_3$$

稀土氯化物与水作用极易发生水解，因此，在大气气氛下的 $RECl_3 \cdot nH_2O$ 脱水过程中存在着生成稀土氯氧化物的反应：

$$RECl_{(s)} + H_2O_{(g)} \longrightarrow REOCl_{(s)} + 2HCl_{(g)}$$

实验表明，REOCl 化学反应的平衡常数随温度升高而变大，而 REOCl 的化学稳定性也随着镧系元素原子序数的增加而提高，由钐到镥（包括钇）的水合氯化物的脱水温度比轻稀土高，因而，重稀土的水合氯化物的脱水更容易生成氯氧化物。稀土氯氧化物具有 PbClF 型结构，但 TmOCl、YbOCl 和 LuOCl 例外。在 RE—O—Cl 体系内还有可能生成组成为 RE_3O_4Cl 型的化合物。稀土氯氧化物是高熔点化合物，这是在制备稀土金属的过程中，造成稀土金属损失和氧、氯污染的主要原因。

含水稀土氯化物在敞开体系中进行脱水，除生成氯氧化物外，还有可能生成氧化物。

为了抑制脱水过程中产物发生水解，工业上制备无水稀土氯化物采用在有氯化铵存在下的真空加热脱水法。加氯化铵的目的在于使脱水过程中发生的水解产物 REOCl 被氯化铵氯化：

$$REOCl + 2NH_4Cl \xrightarrow{\triangle} RECl_3 + 2NH_3 \uparrow + H_2O$$

氯化铵的加入量为结晶料的 30%，二者混匀后，在 300℃ 下烘干制成半脱水料，再送入脱水炉内进行真空加热脱水。脱水产物质量还与升温程序有关。升温程序分：室温 →100℃→120℃→155℃→200℃ 几个阶段。各阶段的保温时间视料量和料种类而定。升温速度过快，容易生成水解产物。在脱水过程中，脱水炉内真空度应保持不低于 66.7Pa，最终脱水温度应达到 350℃。最终产物中含 8% ~ 10% REOCl 和 5% H_2O，最佳无水稀土氯化物产品可含 2% ~3% REOCl 和 0.5% 的水。

传统的水合稀土氯化物真空加热脱水法制备无水稀土氯化物的产品含水不溶物高，为解决这个问题，中国科学院长春应用化学研究所和上海跃龙化工厂开发了结晶稀土氯化物熔融脱水加碳氯化法。该法是将含结晶水的稀土氯化物原料加入到有碳存在的熔融盐中，使其瞬间发生脱水，用氯气作氯化剂，使脱水产生的水解产物（REOCl）被氯化成 $RECl_3$ 进入熔体。这样得到的熔盐中水不溶物含量可降低 3% 左右。另外，熔融状态的熔盐可随即送入电解槽电解制取稀土金属。工业实验表明，这种脱水和电解联合在一起生产混合稀土金属的工艺与传统的方法比较，电流效率提高了 10%，稀土收率提高了 6%。

2. 稀土氧化物直接氯化

用四氯化碳、四氯化碳和氯的混合物、硫的单氯化物、氯化氢、五氯化磷、氯化铵或有碳存在下的氯气等氯化剂与稀土氧化物在高温下作用可制得无水稀土氯化物。这种氯化方法氯化效率高，其中大多数氯化剂用来制取试剂用途的氯化物。大批量生产无水稀土氯化物的常用方法是氯化铵氯化法和有碳存在下的氯气高温氯化法。

氯化铵氯化法比较简单，只需将氯化铵混入氧化物原料中，无需专门的合成设备和控制装置。此外，氯化温度也不是太高。氯化铵氯化反应为

$$RE_2O_{3(s)} + 6NH_4Cl \longrightarrow 2RECl_{3(s)} + 6NH_3\uparrow + 3H_2O\uparrow$$

$$2CeO_{2(s)} + 8NH_4Cl \longrightarrow 2CeCl_{3(s)} + 8NH_3\uparrow + 4H_2O + Cl_2\uparrow$$

实际上氯化铵与不同的稀土氧化物作用，先生成 $nNH_4Cl \cdot RECl_3$ 型的中间化合物，它们的组成与镧系元素原子序数有关。当氯化铵与 La→Nd 的轻稀土氧化物反应时，可生成等结构的 $2NH_4Cl \cdot RECl_3$ 型的复合化合物，反应式为

$$RE_2O_{3(s)} + 10NH_4Cl \longrightarrow 2(2NH_4Cl \cdot RECl_3)_{(s)} + 6NH_3\uparrow + 3H_2O\uparrow$$

140℃时反应开始，生成的复合化合物在395℃时发生分解。此种复合化合物的生成与氯化剂和氧化物的配比有关，当混合物中 $NH_4Cl : RE_2O_3 > 10 : 1$（物质的量比）时，得到的是完全溶于水的稀土氯化物。氯化铵与重稀土（由 Dy→Lu）氧化物通过如下反应生成 $3NH_4Cl \cdot RECl_3$ 型的中间化合物。

$$RE_2O_{3(s)} + 12NH_4Cl =\!=\!= 2(3NH_4Cl \cdot RECl_3)_{(s)} + 6NH_3\uparrow + 3H_2O\uparrow$$

但是，氯化铵与由 Sm 到 Gd 的氧化物作用时，整个反应过程就分三步进行：先生成 $3NH_4Cl \cdot RECl_3$ 型中间化合物，进一步分解为 $2NH_4Cl \cdot RECl_3$，最后生成单一的 $RECl_3$。

无论是 $2NH_4Cl \cdot RECl_3$ 还是 $3NH_4Cl \cdot RECl_3$，随着镧系元素原子序数增加，热稳定性逐渐升高，这可能和它们配位合能力增强有关。

应当指出，氯化铵与铈、镨和铽的氧化物作用时，反应产物中都含有氯氧化物，得不到纯的无氧稀土氯化物。因此，对铈、镨、铽的氧化物进行氯化时，应当加入能使 4 价化合物转变成 3 价化合物的还原剂。

稀土氧化物被氯化剂转化成稀土氯化物的程度用氯化率表示：

$$氯化率(\%) = \left(1 - \frac{水不溶物煅烧后的质量}{稀土氧化物的质量}\right) \times 100\%$$

稀土氯化物应完全溶于水，不溶物是未被氯化的氧化物或氯化不完全的氯氧化物。

实践表明，在 NH_4Cl 用量为理论用量的 2～3 倍、氯化温度为 300～350℃时，氯化率近100%，收率达90%以上。氯化时间与氯化料装载量及氯化反应器的结构有关，氯化温度过高与氯化时间过长都会降低氯化率。

用氯化铵氯化得到的稀土氯化物都含过量的 NH_4Cl，可采取在空气中、真空中或在硫化氢气流中进行加热脱气的方法除掉，也可采用急速熔融方法除掉。

对制备中重稀土的无水氯化物来说，单纯用氯化铵作氯化剂，无水氯化物的质量仍不能令人满意，主要是产品中含氧，不完全适用于冶炼金属。为了能大批量生产高质量的无水稀土氯化物，有人提出将氯化钾和稀土氧化物混在一起，用氯化铵氯化，生成一种 K_2RECl_6 型化合物的复盐工艺。这种化合物含氧量最低，易溶于水，它们的颜色取决于进入组成中的稀土离子，但都有相同的结构。

氯化的原料配比（物质的量比）是：镧和钕为 $RE_2O_3 : KCl : NH_4Cl = 1 : 6 :$

11, 重稀土元素和钇为 1∶6∶13, 配好的原料装入混料器混匀后, 经料斗装满以预热到 650℃ 的石墨坩埚中。在石墨坩埚外壁用热电偶监控反应过程的温度, 氯化温度控制在 900~1000℃。制备复合氯化物的稀土收率为 97%~98%。

这种氯化方法的优点是氯化过程在液相中进行, 大大强化了热量交换和传质过程。

3. 稀土精矿高温加碳氯化

20 世纪 70 年代, 国内针对包头稀土精矿是氟碳铈矿和独居石两种矿物的混合矿的特点, 开发了稀土精矿高温加碳氯化方法。这是一种大规模能连续化生产无水稀土氯化物的工业方法。

氯化炉内发生的主要核心反应如下。

在炉内 1000~1200℃ 的高温下, 氟碳酸盐首先发生热分解, 可能生成稀土氧化物或氟氧化物:

$$RECO_3F_{(s)} \longrightarrow REOF_{(s)} + CO_2 \uparrow$$

$$3RECO_3F_{(s)} \longrightarrow RE_2O_{3(s)} + REF_{3(s)} + 3CO_2 \uparrow$$

因此, 氟碳铈矿精矿的氯化反应, 实质上是稀土氧化物的氯化反应, 是放热的:

$$RE_2O_{3(s)} + 3C_{(s)} + 3Cl_{2(g)} \longrightarrow 2RECl_{3(l)} + 3CO \uparrow$$

$$2CeO_{2(s)} + 4C_{(s)} + 3Cl_{2(g)} \longrightarrow 2CeCl_{3(l)} + 4CO \uparrow$$

如果原料中有磷酸稀土 (独居石), 则发生如下反应:

$$REPO_{4(s)} + 3C_{(s)} + 3Cl_{2(g)} \longrightarrow RECl_{3(l)} + POCl_3 \uparrow + 3CO \uparrow$$

$$Th_3(PO_4)_{4(s)} + 12C_{(s)} + 12Cl_{2(g)} \longrightarrow 3ThCl_{4(l)} + 4POCl_3 \uparrow + 12CO \uparrow$$

稀土精矿中的氟一般是以稀土氟化物和萤石形式存在, 当精矿中含有 SiO_2 时, 就有可能发生脱氟反应:

$$4REF_{3(s)} + 3SiO_{2(s)} \longrightarrow 2RE_2O_{3(s)} + 3SiF_4 \uparrow$$

$$2CaF_{2(s)} + SiO_{2(s)} \longrightarrow 2CaO_{(s)} + SiF_4 \uparrow$$

在上述反应式中生成的 SiF_4 因其沸点低而挥发掉, 从而降低了稀土氯化物的水不溶物和酸不溶物。在有碳存在的高温氯化过程中, 除稀土矿物被氯化外, 其他氧化物成分都与氯气作用, 发生下列反应:

$$CaO_{(s)} + C_{(s)} + Cl_{2(g)} \longrightarrow CaCl_{2(l)} + CO \uparrow$$

$$Fe_2O_{3(s)} + 3C_{(s)} + 3Cl_{2(g)} \longrightarrow 2FeCl_3 \uparrow + 3CO \uparrow$$

$$2FeO_{(s)} + 2C_{(s)} + 3Cl_{2(g)} \longrightarrow 2FeCl_3 \uparrow + 2CO \uparrow$$

$$Al_2O_{3(s)} + 3C_{(s)} + 3Cl_{2(g)} \longrightarrow 2AlCl_3 \uparrow + 3CO \uparrow$$

$$MgO_{(s)} + C_{(s)} + Cl_{2(g)} \longrightarrow MgCl_{2(l)} + CO \uparrow$$

$$1/2TiO_{2(s)} + C_{(s)} + Cl_{2(g)} \longrightarrow 1/2TiCl_4 \uparrow + CO \uparrow$$

$$1/5（Nb，Ta）_2O_{5(s)}+C_{(s)}+Cl_{2(g)} \longrightarrow 2/5（Nb，Ta）Cl_5 \uparrow +CO \uparrow$$

$$SiO_{2(s)}+2C_{(s)}+2Cl_{2(g)} \longrightarrow SiCl_4 \uparrow + 2CO \uparrow$$

$$P_2O_{5(l)}+3C_{(s)}+3Cl_{2(g)} \longrightarrow 2POCl_3 \uparrow +3CO \uparrow$$

$$BaO_{(s)}+C_{(s)}+Cl_{2(g)} \longrightarrow BaCl_{2(l)}+CO \uparrow$$

$$P_2O_{5(l)}+5C_{(g)} \longrightarrow 2P \uparrow + 5CO \uparrow$$

　　高温氯化可得到两种形态的氯化产物：沸点在 1000℃以上的碱金属、碱土金属和稀土金属的氯化物呈熔融状态，留在炉内；低沸点的 Th、U、Nb、Ta、Ti、Fe、Si、P 和 C 等的氯化物，呈气态，氯化过程中逸出炉外。必须指出，$ThCl_4$ 是升华物质。为使精矿中的铁全部转化成低沸点的 $FeCl_3$，氯气必须过量，否则易生成高沸点的 $FeCl_2$，以熔态进入稀土氯化物内。

　　高温氯化的最终产品是无水稀土氯化物，其质量取决于稀土精矿品位及所含杂质种类与含量。

6.2.2　无水稀土氟化物的制备

　　无论是用熔盐电解法，还是用金属热还原法制备单一稀土金属，特别是制备高纯重稀土金属及它们的合金，稀土氟化物都是主要原料。与其他镧系元素卤化物比较，稀土氟化物具有吸湿性小，不易水解，在空气中稳定性好等优点。

　　根据稀土元素本身性质上的差异，稀土元素和钇的氟化物主要是三价化合物，而钐、铕、镱还具有二价的氟化物；铈、镨和铽还有四价的氟化物。

　　稀土三氟化物是一种高熔点的固态化合物，不溶于热水和稀的矿物酸，但稍溶于氢氟酸和热的浓盐酸中，并随着相对原子质量的增大，溶解度减小。硫酸能将它们转化成硫酸盐，同时放出 HF。它们的某些物理性质见表6-6。

表 6-6　镧系氟化物的某些物理性质

氟化物	颜色	熔点/K	沸点/K	相变温度/K	密度/(g/cm³)	晶系	晶格常数/(×10⁻¹ nm)		
							a	b	c
LaF_3	白	1 766	2 600		5. 936	六方	7. 186	7. 352	
CeF_3	白	1 703	2 600		6. 157	六方	7. 112	7. 279	
PrF_3	绿	1 668	2 600		6. 140	六方	7. 075	7. 238	
NdF_3	紫	1 648	2 600			六方	7. 030	7. 200	
PmF_3	紫红	1 680	2 600			六方	6. 970	7. 190	
SmF_3	白	1 579	2 600	828	6. 925	斜方	6. 669	7. 059	4. 405
EuF_3	白	1 649	2 550	973	7. 088	斜方	6. 661	7. 019	4. 396

续表

氟化物	颜色	熔点/K	沸点/K	相变温度/K	密度/(g/cm³)	晶系	晶格常数/(×10⁻¹nm)		
							a	b	c
GdF_3	白	1 504	2 550	1 173		斜方	6.570	6.984	4.393
TbF_3	白	1 445	2 550	1 223	7.236	斜方	6.513	6.949	4.384
DyF_3	浅绿	1 427	2 500	1 303	7.465	斜方	6.460	6.906	4.376
HoF_3	棕红	1 416	2 500	1 343	7.829	斜方	6.404	6.875	4.379
ErF_3	粉红	1 413	2 500	1 348	7.814	斜方	6.354	6.846	4.380
TmF_3	白	1 431	2 500	1 303	8.220	斜方	6.283	6.811	4.408
YbG_3	白	1 430	2 500	1 258	8.168	斜方	6.216	6.786	4.434
LuF_3	白	1 455	2 500	1 218	8.440	斜方	6.151	6.758	4.467
YF_3	白	1 425	2 500	1 325	5.069	斜方	6.353	6.850	4.393
ScF_3	白	1 500	1 800						

从镧到钕，以及钕与铽的三价氟化物具有六方晶系，包括钇在内由钐到镥的稀土三价氟化物有两种变体：室温下为斜方晶系，而在高温下为六方晶系。

当用氢或金属钙还原钐、铕和镱的三氟化物时，会生成黄色的二氟化物。它们具有萤石型的结构，在空气中稳定。它们的物理性质见表6-7。

表6-7　钐、铕和镱的二氟化物的物理性质

氟化物	熔点/K	沸点/K	晶格常数 a/nm	生成热-$\Delta H_{计算}$/(kJ/mol)
SmF_2	1 690	2 700	0.581	1 154
EuF_2	1 689	2 700	0.584	1 234
YbF_2	1 680	2 650	0.557	1 201

在室温下用氟处理相应的氯化物，可以得到四价的铈和铽，用液态氟化氢处理 Na_2PrF_6 能获得 PrF_4。它们是白色的晶体。铈、镨、铽晶格常数和密度见表6-8。

表6-8　铈、镨、铽四氟化物的晶格常数与密度

化合物	密度/(g/cm³)	晶格常数/nm		
		a	b	c
CeF_4	4.80	0.126	1.060	0.82
PrF_4	4.94	0.124	1.054	0.81
TbF_4	5.88	0.121	1.030	0.79

稀土氟化物作为制取金属的直接原料，其杂质含量的多少，对金属质量有重要影响。氟化物中的氧是金属中氧的来源之一。在制取高纯稀土金属时，要用高纯的无水稀土氟化物。

无水稀土氟化物制备方法已有不少研究，按方法性质分类，可分为湿法氟化和干法氟化法两大类。其中在科研和生产实践中使用广泛的有：氢氟酸沉淀-真空脱水法、氟化氢铵氟化法和氟化氢氟化法。要得到高质量的无水氟化物，还必须将上述方法制得的产品进一步提纯。进行氟化的原料一般都是氧化物。

1. 氢氟酸沉淀-真空脱水法

该法是制备无水稀土氟化物的一种湿法氟化法。它包括先用氢氟酸从含稀土的溶液中沉淀水合稀土氟化物和在真空中加热脱去结晶水两大步骤，优点是操作简便，而且可直接有湿法工序产出的稀土溶液中（无论是盐酸溶液、硝酸溶液或硫酸溶液）沉淀出氟化物，可省去制取稀土氧化物和再由氧化物转化成氯化物溶液的步骤而降低生产氟化物的成本。因此此法在当前稀土金属制备中获得最广泛的应用。

通常是在稀土氯化物溶液或硝酸盐溶液中进行氢氟酸沉淀，由于沉淀出的稀土氟化物呈胶状，不易过滤。为了改善过滤状况，国内外曾提出从稀土碳酸盐浆液中进行沉淀的方法。生成的稀土氟化物沉淀，容易过滤与洗涤。上述几种沉淀反应如下：

$$RECl_3 \cdot nH_2O + 3HF \longrightarrow REF_3 \cdot n'H_2O + (n-n')\ H_2O + 3HCl$$

$$RE(NO_3)_3 \cdot nH_2O + 3HF \longrightarrow REF_3 \cdot n'H_2O + (n-n')\ H_2O + 3HNO_3$$

$$RE_2(CO_3)_3 \cdot (n+3)\ H_2O + 6HF \longrightarrow 2REF_3 \cdot nH_2O + 3H_2O + 3CO_2 \uparrow$$

对轻稀土和钇 n 为 $6 \sim 8$，对重稀土 n 为 $2 \sim 4$；n' 为 $0.3 \sim 1.0$。

氢氟酸浓度一般为 $40\% \sim 48\%$，它的消耗量一般是理论量的 $110\% \sim 120\%$。从水溶液中沉积出的氟化物沉淀物体积大，吸附有不少的氯离子或硝酸根和其他杂质，必须用水充分洗涤，否则它们会留存在煅烧过的氟化物产品内，成为污染金属质量的来源。水洗采用倾析法。过滤后的沉淀物在 $100 \sim 150℃$ 下干燥，脱去吸附水，得到只含结晶水的稀土氟化物。含结晶水的稀土氟化物的晶体与无水三氟化物的结构一样。

结合在水合氟化物中的水分子散布在空格子处，生成不同的 F···H—O 型氢键，严重妨碍氟原子的移动。因此，脱水过程在加热条件下进行，使氟原子的位置发生变化，氟化物也从亚稳态变到稳定态。水合氟化物除去水分子的过程是逐步发生的，例如，对于脱去 $LaF_3 \cdot 0.5H_2O$ 的结晶水，发生在 $60 \sim 80℃$ 与 $80 \sim 300℃$ 的两个温度区间内，而脱去 $CeF_3 \cdot 0.5H_2O$ 的结晶水发生在 $60 \sim 80℃$、

80 ~ 360℃和 380 ~ 450℃三个温度区间内。脱水反应如下：

$$REF_3 \cdot n' H_2O \longrightarrow REF_3 + n' H_2O$$

根据热分析表明，在空气中水合稀土氟化物脱水主要阶段发生在 500℃以前，最终脱水温度在 500 ~ 600℃，在完全脱水过程中，同时也发生高温水解，生成氟氧化物（REOF），得不到纯无水氟化物。因此，脱水过程需在真空中加热进行。真空度要高于 0.1333Pa，脱水温度不低于 300℃。在真空中脱水的热谱图取决于脱水炉内的真空度。这样得到的无水氟化物是异相同性的，并带有结晶缺陷的晶体，易吸水。

另外一种脱水方法就是将水合稀土氟化物放在无水氟化氢气流中脱水，最终脱水温度为 600 ~ 650℃。这种氟化氢气氛保护下脱水方式可以使水合氟化物在脱水过程中进一步氟化，产品较在真空中脱水的好。

氢氟酸沉淀法是当前大量生产无水混合稀土氟化物的主要方法，根据矿物原料和湿法提取工艺不同，制得的无水混合稀土氟化物中杂质含量也有很大差别。

由于氢氟酸沉淀是在水溶液中进行，一般使用塑料容器，脱水设备的材质必须耐高温腐蚀，一般采用镍基合金或纯镍作内衬材料。

湿法制备无水稀土氟化物的方法是由沉淀和脱水两步工序组成，流程较长，操作步骤多，影响稀土回收率。

2. 氟化氢气体氟化法（干法氟化法）

最适合的还是稀土氧化物直接氟化，反应过程为

$$RE_2O_{3(s)} + 6HF_{(g)} \xrightarrow{700℃} 2REF_{3(s)} + 3H_2O \uparrow$$

在最佳反应温度（600 ~ 750℃）下反应速率与所选择的设备性质有关。

此法的缺点是操作复杂，特别是对强腐蚀性氟化氢气体的防护和炉气处理有较多的困难。

有人认为要制备高纯的无水稀土氟化物，最佳工艺是将无水氟化氢气体在低温下与稀土氧化物反应，然后，将得到的氟化物在氩气和氟化氢混合气氛下的铂坩埚内熔融。

3. 氟化氢铵氟化法

该法也是一种干法氟化法，它用氟化氢铵作氟化剂直接与稀土氧化物作用，制取无水稀土氟化物，其氟化反应为

$$RE_2O_{3(s)} + 6NH_4F \cdot HF_{(s)} \xrightarrow{300℃} 2REF_{3(s)} + 6NH_4F_{(s)} + 3H_2O \uparrow$$

实验室内曾用此法制取过全部稀土氟化物。一般是将稀土氧化物与过量

30% 的试剂纯氟化氢铵均匀混合，盛入铂舟内，然后放入镍铬合金管中，在电阻炉内加热，在 300℃下进行氟化、保温 12h，氟化反应完成后，升高炉温，在 400~600℃的高温下通入干燥的空气或氮气气流，排除反应过剩的氟化氢铵蒸气和反应过程中生成的氟化铵与水蒸气。为了避免在高温下可能造成稀土氟化物发生氧化，可以在真空下除去这些气体产物。

研究表明，氟化反应过程中，氟化温度、氟化氢铵与稀土氧化物的配料比和氟化方式对稀土氟化物质量有影响，主要是影响产品的含氧量和转化程度。可以采取多次反复氟化的方法来提高质量。

氟化氢铵氟化法的基本特点是：氟化率很高，对钇可达 99.5%，对镧可达99.99%。另外，工艺过程和设备都简单，易于操作，反应温度较低，设备寿命长，劳动条件较好。

6.3　热还原法制取稀土金属

稀土氧化物是稳定的化合物，很难使其直接还原成纯金属（除钐、铕、镱和铥外），因此一般多用它们的氟化物、氯化物为原料进行钙热还原、锂热还原。因为氯化物、氟化物较溴化物、碘化物稳定、较不易吸潮，易制成纯原料且在还原过程中生成的熔渣流动性好，便于同金属分离。

稀土金属按其熔点和沸点不同，可分为三组：由镧至钕，它们的熔点较低，但沸点很高，可采用其氯化物为原料进行金属热还原；钐、铕、镱和铥熔点和沸点较低，适合采用还原-蒸馏法直接由它们的氧化物制得海绵状金属；其余七种金属钆、铽、镝、钬、铒、钇和镥它们熔点高且沸点也高，适合金属热还原其氟化物直接制备纯的致密金属。

根据被还原金属熔点，还原温度一般控制在高出熔点 50℃为宜。

选择还原剂金属主要有三个方面：一是热力学及物理化学性质。在选定热还原原料为稀土卤化物如稀土氟化物情况下，还原剂金属氟化物生成的自由能负值必须大于被还原金属氟化物生成的自由能负值。这是决定它可以作为还原剂的热力学条件。此外它的熔点要低于被还原金属的熔点，流动性和化学稳定性要好。二是它要具备适宜的纯度，尤其氧、氮、氢的含量应尽量低，因稀土金属化学性质异常活泼。这些杂质在还原过程中与稀土金属作用生成高熔点化物，而进入渣相，提高了渣的黏度，造成稀土金属与渣分离困难，降低金属的回收率。三是还原剂金属形状要适中。尽可能使还原剂金属与还原的原料有更多、更大的接触表面以提高较好的还原扩散条件，还原剂金属应在单位质量下，有更多的表面积。当前工业生产中较多使用小颗粒蒸馏金属钙。

6.3.1 钙热还原法制取稀土金属

近年来生产熔点和沸点均高的稀土金属主要采用钙热还原法。

1. 钙热还原稀土氟化物

（1）钙热还原稀土氟化物的最终化学反应式为

$$3Ca + 2\,REF_3 \xrightarrow{1450 \sim 1750℃} 3CaF_2 + 2RE$$

（2）采用钙还原稀土氟化物的方法制备高熔点致密稀土金属的优点是：热还原产物氟化钙及稀土金属的熔点相近，氟化钙的蒸气压低，使反应过程进行得平稳，氟化钙流动性好，便于金属凝聚和分离。还原用的金属钙易提纯、货源稳定，稀土氟化物较氯化物不易水解，且还原过程易于操作。

钙热还原稀土氟化物是高温冶炼过程，而且需要保护性气氛。冶炼设备必须满足工艺设计的温度、真空度、还原气氛、炉产能力和操作的要求。一般的还原冶炼温度都在金属和渣的熔点以上 $50 \sim 100℃$，并调节控制冶炼设备的温度要达到1800℃，控温精度±10℃；炉体真空达到 10^{-5}Pa。满足这些工艺要求的冶炼设备有真空感应炉、真空电阻炉。真空感应炉升温、降温快，是较理想的还原设备。

原材料是影响还原过程、产品质量的重要条件。无论是用于干法和湿法制备的稀土氟化物都均含有一定量的氧，不仅会增加产品中含氧量，而且还会影响还原过程使金属与渣分层不好、降低金属的回收率。稀土氟化物中的氧含量应控制在0.1%以下。还原剂金属钙用钙粒或钙屑，都应是重蒸馏过的，其氧、氮等杂质含量要低。稀土金属和氟化物都有化学腐蚀性，因此使用的坩埚材料需耐氟化物腐蚀并不与稀土金属作用。常用的坩埚材料对稀土金属和卤化物的化学稳定性见表6-9。

由表6-9可知，最好的坩埚材料是钽，其次是钨、铌、钼；而氧化物耐火材料在高温下迅速被腐蚀。钙热还原稀土氟化物用的坩埚材料多数是由钽片氩弧焊或电子束焊接而成。

表6-9 常用坩埚材料对稀土金属和卤化物的化学稳定性

材料	腐蚀情况
氧化镁	在1200℃前不发生作用
氧化钙	在1000℃前是稳定的
氧化铍	在1250℃前不发生作用

材料	腐蚀情况
Al_2O_3、ZrO_2、ThO_2、SiO_2	与熔融镧系金属发生反应
钽	在1700℃前于真空和惰性气氛中不与金属及其卤化物发生作用，但与钪、镥发生较显著的作用
铌	于1500℃在稀土金属中溶解1%～2%
钼	在1400℃前对金属及其卤化物是稳定的
钨	于高温下缓慢地被腐蚀，但对卤化物是稳定的
铜、镍、铁	与金属发生作用的速度随温度而变
石墨	与熔融金属缓慢作用，对卤化物稳定
陶瓷	迅速被腐蚀

还原时的保护气氛使用氩气。工业氩气均含有少量至微量的氧、氮、二氧化碳和水分，因此在使用时需进行净化，以除去这些杂质。

钙热还原稀土氟化物法只能得到工业纯的稀土金属。单一金属中稀土杂质和非稀土杂质含量取决于原料纯度、还原剂金属钙的纯度、还原过程工艺条件和操作环境。一般稀土金属的纯度为95%～98%。为了提高还原产品的纯度，需要用较纯的氟化氢气体干法氟化稀土氧化物，所得到含氧、氮、过渡金属尤其是铁含量少的稀土氟化物。还原剂钙含有氧、氮、氢及碱金属和碱土金属，需要再蒸馏提纯，并在保存、使用过程避免氧化及吸收空气中水分。

2. 钙热还原稀土氯化物

钙热还原稀土氯化物的最终反应式为

$$2RECl_{3(l)} + 3\ Ca_{(l)} \xrightarrow{\ 850\sim1100℃\ } 2\ RE_{(l)} + 3\ CaCl_{2(l)}$$

参加还原反应的氯化物熔点较氟化物的熔点低400～600℃，这就减少了杂质的污染，同时也简化了还原设备。钙热还原铈组稀土氯化物制取镧、铈、镨、钕是有效的，较之熔盐电解法具有收率高杂质少的优点。用此法制备熔点高的重稀土金属未获得满意的结果，主要是由于钇组稀土金属熔点高，在熔点以上还原时氯化物蒸气压高，挥发损失大，而在金属熔点以下还原时，只能得到粉末状的金属，混于渣中不易与渣分离，从而降低了稀土金属的回收率。

还原工艺条件主要是还原温度、还原剂用量以及还原熔炼时间。这些工艺最佳条件可用正交设计方法确定。由于还原炉料化学性质活泼，还原过程必须在惰性气氛中进行。因此还原设备除需达到1100℃温度可调的要求外，还要有真空系统和充氩气的设备。还原炉可用电阻也可用感应炉。为了在还原熔炼温度下缩短熔融的炉料与坩埚接触时间，延长坩埚的使用寿命，使用还原-浇铸设备较为合理。

还原金属中的杂质主要是还原剂钙、无水稀土氯化物原料、氢气及坩埚带入的杂质。如果用未经进一步提纯的原料和材料，还原产品的杂质含量可达 0.3% ~ 0.5% 。

6.3.2 锂热还原法制取稀土金属

锂热还原稀土氯化物的最终化学反应式为

$$RECl_{3(l)} + 3\ Li_{(g)} \xrightarrow{\ 850\sim1100℃\ } 3\ LiCl_{(g)} + RE_{(l)}$$

锂热还原稀土氯化物工艺的优点：锂热还原稀土氯化物与钙还原不同。锂热还原的过程是在气相中进行；还原产出的稀土金属固体结晶中杂质含量较少。

锂热还原稀土氯化物工艺的还原设备要求与钙热还原稀土氯化物的类同。不同的是锂热还原氯化钇工艺中反应器分两段加热区，还原和蒸馏过程在同一设备中进行。无水氯化钇放在上部的钛制反应器坩埚中（也是 YCl₃ 蒸馏室），还原剂金属锂放置在下部的坩埚中，然后将不锈钢反应罐抽真空至 7Pa 后开始加热，温度达到 1000℃ 时保持一定时间，使 YCl₃ 蒸气与锂蒸气充分反应，还原出来的金属钇固体颗粒落在下部坩埚。还原反应完成后，只加热下部坩埚，把 LiCl 蒸馏到上部坩埚。还原反应过程一般需要 10h 左右。为了用该法得较纯的金属钇，无水 YCl₃ 用分析纯盐酸溶解、在干燥氯化氢气体中脱水并将无水 YCl₃ 真空蒸馏处理。还原剂锂用 99.97% 高纯锂。这样制得金属钇中杂质含量很低，纯度达到 99.91% 。

6.3.3 还原-蒸馏法制备稀土金属

用金属热还原法还原蒸气压高的稀土金属卤化物制取相应的稀土金属的试验均未成功，只能得到低价的卤化物。蒸气压值较高的稀土金属如 Sm、Eu、Yb、Tm 甚至 Dy、Ho、Er 可以用它们的氧化物，通过蒸气压低的镧、铈金属还原-蒸馏制得。

还原-蒸馏最终化学反应式为

$$RE_2O_{3(s)} + 2\ La_{(l)} \xrightarrow{\ 1200\sim1400℃\ } 2RE\uparrow_{(g)} + La_2O_{3(s)}$$

$$2\ RE_2O_{3(s)} + 3\ Ce_{(l)} \xrightarrow{\ 1200\sim1400℃\ } 4RE\uparrow_{(g)} + 3\ CeO_{2(s)}$$

式中，RE_2O_3 为 Sm_2O_3、Eu_2O_3、Yb_2O_3、Tm_2O_3 等。

还原-蒸馏法的优点是直接用稀土氧化物为原料，还原和蒸馏过程同时进行简化工序，此外还原-蒸馏产生的渣也是稀土氧化物，减少非稀土杂质的污染，便于提高稀土金属产品的纯度。

还原–蒸馏设备可用真空感应炉或真空电阻炉，真空感应炉升温、降温速度快，便于控制还原–蒸馏区和冷凝区的温度，已广泛应用于工业生产。

还原–蒸馏的主要工艺条件是蒸馏温度、时间和炉料配比。

提高温度对反应的进行是有利的。在实践中，为了提高反应速率，都从还原–蒸馏反应动力学方面考虑，将反应放在高真空中进行，使气相生成物迅速逸出反应区，形成不可逆过程。此外，还原剂适当的粒度、清洁表面、适宜的配料比（按化学计量过量20%～40%）都对还原反应充分进行有利。在工艺操作上，对松散的炉料进行适当的压制以改善被还原氧化物与金属还原剂表面接触性质。这些有利于还原–蒸馏反应的工艺措施都与反应的化学过程密切相关，它是多相反应，经过中间的化学反应是：在还原温度下还原剂金属熔化与固态被还原氧化物作用形成中间相；被还原出来的金属如 Sm 与还原剂金属形成合金；被还原金属从液态中间合金中蒸馏出反应区。在反应开始阶段反应速率的限制性环节是被还原的金属从中间合金中蒸出来的速率，而当炉料中形成较厚的固态渣后，限制性环节则是扩散速度。

根据反应机理设计工艺操作。首先将被还原稀土氧化物与过量20%～50%的还原金属屑混匀，经过压锭装入干净的坩埚中，在其上部装上冷凝器，然后将这个装置放入炉子的高温区。当系统压力小于 0.1Pa 时开始加热到还原–蒸馏温度并保持一定时间。被还原金属蒸出反应区，冷凝在冷凝器上。当冷凝器的温度为300～500℃时，冷凝的金属具有较大的结晶颗粒，于空气中稳定，但冷凝温度较低时，冷凝的金属颗粒较细，在空气中易燃。在还原–蒸馏 Eu_2O_3 时，还原反应最为剧烈，还原–蒸馏温度较低，同时由于铕活性大，操作需在惰性气氛中进行。

一次还原–蒸馏产品纯度可达 99.5% 以上，其气体杂质、坩埚杂质含量可经过重蒸馏和升华进一步降低。

6.3.4 中间合金法制备稀土金属

中间合金法适用于制备熔点高、沸点低的钇族稀土金属，如钆、钇、镝、镥等。中间合金法分两个工艺步骤，第一步是还原制备稀土中间合金（如镁合金），第二步是真空蒸馏去除合金中的镁和钙，得到海绵状稀土金属。其还原、合金化和造渣的化学反应可写为

$$2\ REF_{3(1)} + 3\ Ca_{(1)} \xrightarrow{\ 950～1100℃\ } 3\ CaF_{2(s)} + 2\ RE_{(s)} \quad （还原）$$
$$CaF_{2(s)} + CaCl_{2(1)} \longrightarrow CaF_2 \cdot CaCl_{2(1)} \quad （低熔点渣）$$
$$RE_{(s)} + Mg_{(1)} \longrightarrow RE \cdot Mg_{(1)} \quad （中间合金）$$

上述反应是基于钙热还原稀土氟化物，在还原过程中降低稀土金属和氟化钙渣的熔点，在炉料中添加了熔点低，蒸气压高的合金化组元金属镁和氯化钙造渣

剂。它们的加入量根据相图选择熔点低的化合物组成。

用该法还原制备金属钇时，镁和 $CaCl_2$ 配料分别按原子比 $Y : Mg = 1 : 1$，$CaF_2 : CaCl_2 = 1 : 1$，还原剂钙过量 $10\% \sim 25\%$，还原温度为 $950℃$。实际上还原反应是不可逆的，因为在还原过程中被还原出来的稀土金属与镁作用生成稳定的、熔点低的镁合金，同时熔点高的 CaF_2 与低熔点的 $CaCl_2$ 进行造渣反应生成熔点低的稳定化合物。还原是在氩气气氛中进行。

中间合金法的优点是显著降低了钙热还原温度，只需 $950 \sim 1100℃$，而稀土氟化物钙热还原制备钇族稀土金属需 $1450 \sim 1700℃$。由于还原温度较低，减少了稀土金属对坩埚材料的腐蚀，不需要昂贵的钽材料坩埚，用钛材坩埚就可满足工艺要求，同时还减少了还原设备，有利于工业生产。

该法制备的钇组重稀土金属的杂质含量较直接还原法制得的致密稀土金属中的含量低。

6.3.5　稀土金属粉末

稀土金属是活泼金属，其粉末的化学活性就更大，较难制备和保存。一般的机械制粉法得不到质量好的稀土金属粉末。稀土氧化物生成自由能远比水及一氧化碳生成自由能负值大，因此不能用氢或碳还原氧化物得稀土金属粉末。目前采用的方法是稀土金属氢化、氢化物脱氢的工艺。稀土金属极易与氢作用生成稀土氢化物，如经过真空预处理的铈和钇在 $20℃$ 时就开始与氢作用，但多数稀土金属在温度 $300 \sim 400℃$、氢压 $p \geqslant 1.01 \times 10^5 Pa$ 时与氢合物生成 REH_x 化合物。H/RE 原子比随氢化温度和氢压而异。稀土金属形成氢化物后晶形发生变化，增加了晶格常数，体积变大。因此致密的稀土金属氢化以后变成质地松脆，易于研磨的物质。稀土氢化物的密度、体积变化见表6-10。稀土金属氢化物的解离压较大并随温度和 H/RE 比值增加而提高。LaH_x 等解离压与 H/RE 成分的关系见图6-1。

表 6-10　稀土金属制成氢化物后体积变化

稀土氢化物 REH_x	稀土金属密度 $/(g/cm^3)$	氢化物密度 $/(g/cm^3)$	密度变化 $/\%$	每克体积变化 $/\%$
$CeH_{2.69}$	6.73	5.55	− 17.5	+ 23.6
$PrH_{2.34}$	6.51	5.56	− 14.6	+ 16.9
$LaH_{2.76}$	6.69	5.83	− 12.8	+ 14.7
$YH_{1.6}$	4.91	4.24	− 13.3	+ 15.7
$NdH_{2.0}$	7.004	5.93	− 15.1	+ 13.3
$SmH_{2.0}$	7.536	6.52	− 13.4	+ 16.7
$GdH_{2.0}$	7.895	7.08	− 13.1	+ 12.6

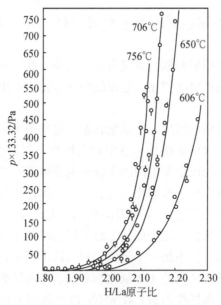

图 6-1　La-H 体系等温解离压与 H/La 原子比

由上述可见，在标准状态下当 H/RE<1.8 时，氢化物解离压还是比较低，为了使 REH$_x$ 完全分解需要在高真空和较高温度下脱氢。

稀土金属氢化物制备工艺是将具有清洁表面的稀土金属块放入钼制舟皿内，再装入氢化炉进行真空脱气。在真空度为 0.01 ~ 0.0001Pa 下加热至氢化温度并保温 1~2h 后，通入净化过的氢气，压力保持 1.01×10^{5}Pa，此时发生氢化反应：

$$RE + x/2H_2 \xrightarrow{300 \sim 400℃} REH_x$$

稀土氢化物经研磨，粒度达 200μm 后，装入钽坩埚中，迅速放入高真空炉内进行脱氢。稀土氢化物只有在 500 ~ 600℃ 才能显著地分解，但还不能完全分解成稀土金属，而需要在真空中加热更高的温度才能得到稀土金属粉末。

脱氢的升温速度以反应炉内压力不大于 0.1Pa 和防止炉料烧结为标准。脱氢的最高温度应在稀土金属熔点以下 300 ~ 600℃。用该工艺制金属镱、铕和钐粉末较为困难，因为它们的氢化物在 500℃ 时极易挥发，其他稀土金属粉末都能用此种工艺方法制得。

稀土金属粉末杂质含量取决于稀土金属的纯度和氢气纯度。由于氢化反应温度较低，坩埚对产品的污染很小。在金属粉末制备过程中可能增加的杂质是氢和氧。在粒度 200μm 左右时氢和氧含量一般分别为 0.03% ~ 0.05% 和 0.1% ~ 0.8%。为了防止氧化和空气中水的作用，稀土金属粉末产品在充有惰性气体的密封容器中保存。

6.4　熔盐电解法制取稀土金属（钷除外）和稀土合金

熔盐电解法被广泛用来制取大量混合稀土金属、单一轻稀土金属（钷除外）和稀土合金。与金属热还原法相比，它比较经济方便，不用金属还原剂，又可连续生产。

稀土卤化物熔盐属强电解质，在熔融状态下是离子导体，因此具有良好的导电及离子迁移性能。在这样的熔盐体系中放入惰性电极并在两极间加直流电压，将出现电化学过程。在阴极上发生阳离子获得电子被还原成金属原子，而在阳极上则发生卤素阴离子放出电子被氧化为气态分子。该过程与化学电池相反，即为电极过程。为发生电解过程必须在两极间施加与化学电池电动势相反的直流电压，且要达到足够大的数值，这个能使电解过程长时间进行的最小外电压值称为该熔盐体系的分解电压。它不是一个定值，而与许多因素有关。

电解法通常是将稀土金属的无水氯化物和钠、钾或钙的氯化物相混以降低熔点，用铁罐作阴极，石墨棒作阳极，在 850℃ 以上进行电解。稀土金属呈液态析出沉在罐底，易于取出。采用熔盐电解法已制取了多种稀土合金，分别用于导电材料、磁性材料、耐腐蚀材料，或改善某些材料的性能。探索具有特殊性能的稀土合金材料（含稀土合金镀层），是熔盐电解法制取稀土合金的一个重要的研究领域。

稀土熔盐电解技术先后解决了电极和槽体材料耐稀土金属和氯盐的腐蚀问题。但是电流效率一直较低，轻稀土混合稀土金属电解的电流效率不超过 40%，这说明电解的电化学过程严重地偏离法拉第定律，存在着影响 RE^{3+} 在阴极上放电还原析出的因素。这些影响因素主要有以下三个方面。

（1）稀土熔盐电解工艺条件包括电极电流密度、电解温度、电解质组成对电流效率的影响。目前工业电解槽基本上都控制在最佳工艺条件下运行，但电流效率仍然为 30% ~40% 。

（2）各种杂质元素对电极过程的影响。电极电位比稀土离子更正的金属离子如 Cu^{2+}、Mn^{2+} 等，会先于稀土离子在阴极上析出，而电极电位比 Cl^- 更负的阴离子如 SO_4^{2-}、PO_4^{3-} 等会先于 Cl^- 在阳极上析出。两种离子都影响电极过程，降低电流效率，因此在原料的标准中都限制了它们的最高含量。

（3）变价稀土离子如 Sm^{3+}、Eu^{3+} 对电极过程的影响。这些变价离子难以在阴极上还原成零价态而只还原为 Sm^{2+}、Eu^{2+}。它们在阳极上又获得电子被氧化为三价态，形成还原–氧化–还原的循环，空耗电量并在电解质中积累。为消除稀土变价元素的影响，目前稀土金属电解已使用分组后的稀土氯化物，即（La、Ce、

Pr、Nd）Cl$_3$，电流效率约提高5%以上。

以上三方面的研究都在一定程度上确定了影响稀土熔盐电解过程的因素，并提高了电流效率，但电流效率仍然较低，说明还存在着更重要的因素。

6.4.1　稀土熔盐电解的特点及其影响电流效率的因素

就电解质而言，熔盐电解与水溶液电冶金的根本区别是以混合盐自身（没有水溶剂）在高温下熔融作为电解质。熔盐电解制取稀土金属和合金的特点综述如下。

（1）熔盐的电导性大，离子扩散速度和化学反应速率快，稀土离子与液态稀土金属的界面之间具有较大的交换电流，因此，电解稀土金属的阴极电流密度可以达到 4~10A/cm^2（有的甚至达到30~40 A/cm^2）。RE^{3+}在固态惰性阴极和在稀土金属自身液态阴极上析出时不存在明显的极化，它的析出电位与其平衡电位相近，而 RE^{3+}由于合金化的去极化作用，在如铝、镁、锌等液态阴极上的析出电位则明显地向正方移动。

（2）稀土离子的析出电位较负，因此在电解质中如有电位较正的阳离子杂质，将先于稀土析出。这就给原料带来了苛刻的要求，同时也对电解质成分的选择带来了更多的限制。

（3）轻稀土金属的化学活性强，其熔点又比铝、镁高，在高温熔化时它几乎能与所有元素作用。因此选择电解槽、电极（含导电体）、金属或稀土合金盛器材料很困难。

（4）稀土氯化物容易吸水和水解。稀土金属能分解水，又与氧、碳、硫、氮、磷及许多金属杂质有很强的亲和力，因此电解槽中常有稀土的氯氧化物、氧化物、碳化物、氮化物、高熔点稀土金属间化合物生成，它们与熔盐以及熔盐中的稀土金属一起伴存，形成泥渣，影响正常电解和产品质量。所以要求稀土氯化物和稀土氟化物原料要脱水完全，脱水料应保存在密闭干燥容器中，电解空间的湿度低和空气含量应尽量少，在制取纯稀土金属时要用惰性气体保护等。

（5）某些稀土金属，特别是钐、铕等在熔盐电解过程中呈现多种价态变化，在阴极上不完全放电，成为低价离子，而后又被氧化成高价状态，如此循环往复，空耗电解电流，因此，稀土原料中要尽量降低其含量。当其在电解质中积累到一定程度导致电流效率下降时，就要调换电解质，补充新料。为了限制 Sm^{3+}、Sm^{2+}在两电极上还原氧化，可以考虑借助盛金属的瓷坩埚把阴极和阳极区间适当隔开。

（6）稀土金属尤其是钕在其自身氯化物熔盐中的溶解度比镁在氯化镁中要大数十倍，溶解速度也快，溶解生成的低价稀土化物，如 NdCl$_2$ 和原子簇离子如

Nd_n^{m+}，又容易被阳极析出的氯气和空气中的氧所氧化，也容易在阳极上被氧化成高价离子，这是稀土电解电流效率不高的重要原因之一。为了减少稀土金属在熔体中的损失，要选择合适的电解质和添加剂，电解温度宜低不宜高。在确定电解槽型时，要对电极形状、电极插入深度、电流密度、电解质循环速度等参数进行充分考虑，使氯气又快又易地从阳极逸出，避免或减少阴极产物与金属（或稀土合金）、电解质或空气、电解泥渣、耐火材料等相互作用以及溶于电解质中稀土金属的氧化。

（7）稀土金属化学活性高，易氧化，除了少数场合用它作还原剂、吸气剂外，稀土金属自身很少被单独使用。稀土金属往往作为合金（含金属间化合物）的组分之一，或作为添加剂用于冶金或新材料之中。在新材料中，稀土中间合金比稀土金属应用多一些，这是因为稀土中间合金更易加入，稀土烧损和成分偏析少，而且电解制取稀土中间合金比制取稀土金属要方便得多，电流效率和原材料单耗等技术经济指标也较好，因此稀土合金的生产工艺和产品在不断发展，日益活跃。

实践证明，合适的熔盐体系是电解制取稀土金属或合金的必要基础条件。因此，了解和研究稀土熔盐本身以及含稀土的混合熔体的物理化学性质极为重要。而在制订熔盐电解生产稀土金属或稀土合金产品结构方案时，除了依据需要外，首先要了解稀土金属的熔点和稀土合金的相图，以判断熔盐电解法的可行性，然后参照稀土氯化物、氟化物及各有关混合盐的熔点、沸点等诸性质，决定采用哪类稀土熔体。

6.4.2 稀土氯化物熔盐电解

众所周知，稀土氯化物熔盐电解的电流效率较低，影响熔盐电解稀土电流效率的因素又复杂，主要因素有以下六方面。

1）电解质组成的影响

稀土氯化物电解制取混合稀土金属和单一轻稀土金属镧、铈、镨所用电解质工业上通常是由稀土氯化物与氯化钾组成（实际上电解质中常含有少量 NaCl、$CaCl_2$ 和 $BaCl_2$）。制取混合稀土金属的电解质中含 RE_2O_3 26% ±6%；生产镧、铈、镨的电解质中含 RE_2O_3 24% ±4%，其余为 KCl。当稀土氯化物浓度过低时，将会使电位较负的 K^+、Na^+、Ca^{2+} 等共同析出；当稀土氯化物浓度过高时，由于稀土金属在自身熔盐中的溶解度较大，电解质更易与空气中的水分和氧作用而变黏，金属不易凝聚，阳极气体析出也困难。

2）电解温度的影响

稀土氯化物熔盐电解在工业制取混合稀土金属控制在 870℃ 左右，制取金属铈控制在 870~900℃，制取金属镧控制在 920℃左右，制取金属镨控制在 930℃左右。温度过高，会加速金属的溶解和与电解质的作用，熔盐挥发损失增加，电解质循环加剧，氧化损失加速，同时又加剧了金属、熔盐与电极、坩埚材料之间的作用。若温度过低，电解质黏度变大，金属不易凝聚，也不利于金属与渣泥和电解质的分离。

3）电流密度的影响

（1）阴极电流密度：它与稀土氯化物浓度、电解质循环状况以及电解温度等有关。适当提高阴极电流密度，可使阴极电位变负，有利于 RE^{3+} 完全放电；提高电流密度还有利于电流效率的提高，因为阴极电流密度支配着金属析出速度和溶解速度的相对比例，析出多而快，意味着减少金属的相对溶解损失。但阴极电流密度过高，碱金属被析出的概率增大，甚至阴极区域电解槽过热。陶瓷槽阴极电流密度一般取 3~6A/cm^2，800A 石墨坩埚电解槽的阴极电流密度一般取 5~6A/cm^2 为宜。

（2）阳极电流密度：石墨阳极电流密度一般控制在 0.6~1.0 A/cm^2 为佳；太小时阳极增大，电解槽容积随之增加；阳极电流密度太大时，导致电解质循环加剧，二次作用增强，石墨损失也增加，当其超过阳极临界电流密度时便发生阳极效应。

4）极间距离的影响

阴阳两极之间距离的选择要充分考虑到电极形状及配置方式、电解质循环状态、电流密度、电流分布以及电解槽有无隔板等情况。极间距离过小时，电解质循环加剧，被溶解的金属和放电不完全的低价离子，从阴极区扩散对流到阳极区更容易，在阳极上氧化或受氯气作用而消耗的概率增加。与此同时，阳极产物（氯气）和高价离子也易被带到阴极区域与金属作用或在阴极上被还原。极间距离过大时，槽电压升高，电解槽过热（因为电流通过电解质产生的热量与极间距离和电解质电阻成正比），致使金属溶解和熔盐挥发损失增多；所以工业电解槽力求极间距离可自由调节升降。这对保持电解过程正常稳定进行、对提高电流效率是极为重要的。

5）原料质量的影响

（1）水和水不溶物的影响：工业生产中使用的脱水料，一般含有 5% 左右的水分，结晶稀土氯化物则含水超过 30%。原料中的水分与稀土氯化物和金属作用产生 REOCl 和 RE_2O_3，它们以泥渣形式分散在电解质中或覆盖在金属表面上（有时混夹入金属内部），使金属不易凝聚。自然，也会有一部分水被电解，一方面消耗电流；另一方面，在阴极上析出氢，氢和稀土金属作用生成氢化物；在阳极上析出氧，氧与石墨作用生成氧化碳，显然都是不利的。由于原料中带入的水分而产生 HCl 气体，又给尾气处理增加了困难。因此人们一直在努力改善 $RECl_3 \cdot 6H_2O$ 脱水剂的工艺。

（2）非金属杂质的影响：硫、磷、碳等对稀土电流效率影响的实验结果表明，随着电解质中 SO_4^{2-}、PO_4^{3-} 含量的增加，电流效率明显下降。这可能是由于在熔盐中存在如下反应：

$$2RE + RE_2(SO_4)_3 \longrightarrow 2RE_2O_3 + 3SO_2 \uparrow$$

SO_2 又与稀土金属作用生成高熔点稀土硫化物，聚集在阴极上或分散于熔体中，妨碍稀土金属的析出和凝聚。磷酸根的影响与此类似。因此要求结晶稀土氯化物中 $SO_4^{2-} < 0.03\%$，$PO_4^{3-} < 0.01\%$。

碳对稀土电解电流效率有很大的影响。当电解质中加入0.45%石墨粉时，熔盐就变黑，金属产品呈分散状态，电流效率下降6%；若石墨增至0.75%时，就得不到稀土金属。这是由于在电解过程中，碳与稀土金属作用生成高熔点化合物，并使金属难以聚集。所以，要求石墨坩埚或石墨阳极不能长时间在空气中加热空烧。一定要选择密致的石墨坩埚和阳极，以防石墨粉混入熔体中。

（3）金属杂质的影响：为了获得较高的电流效率，要求原料中较稀土金属析出电位更正的金属杂质越少越好。原料中硅、铁、锰、钙含量对稀土电流效率影响的研究表明，电流效率随着原料中硅、铁、锰、钙等含量的增加而降低，其中以硅、铁、锰的影响较明显，而钙的影响较小。这是因为硅、铁、锰离子的析出电位均较稀土为正，将优先于稀土析出；铁在电解过程中还存在 $Fe^{3+} + e^- \rightleftharpoons Fe^{2+}$ 过程而消耗电流。硅在高温下与稀土金属作用，生成高熔点化合物，沉积在阴极上而妨碍稀土金属凝聚。钙在电解质中积累，电解质黏度随之有所增加。此外，铅也能与稀土金属生成高熔点化合物，而使电流效率降低。

（4）钐、钕的影响：生产实践证明，稀土氯化物熔盐电解制取稀土金属的电流效率比单一金属镧、铈、镨的都低，其规律是由镧到钕随原子序数增加电流效率随之降低；用固态阴极（惰性）电解 $SmCl_3 - KCl$ 混合熔盐，几乎得不到金属钐。

钐是影响电流效率的一个重要因素。而决定电解质中钐含量及其积累速度的是电解质中钐的起始浓度和原料中钐的含量。为此工业生产中要求原料中控制钐含量越少越好。

钕在氯化钕中的溶解度较高，在熔盐中又有多种价态，因此，在钕的熔点以上电解时，电流效率很低。钕对混合稀土金属电解也有明显影响。钕影响电流效率的原因，主要是金属钕在稀土氯化物熔盐中的溶解度和溶解速度大造成的，即金属钕析出后被迅速溶解成为低价钕离子，后又被析出，如此循环往复。

6）槽型的影响

生产混合稀土金属时，1000A 石墨槽的电流效率较高，但也存在不少缺点；

万安规模陶瓷槽产量大、电压低，但电流效率又太低。因此，设计一个电流效率高、自控程度高、密封好的新槽型，仍是今后的一个重要研究课题。

关于金属在自身熔盐中的溶解行为，过去把这种溶解产物看成是胶体溶液，又称"金属雾"。但近代观点认为：金属溶于熔盐中生成低价化合物，或形成原子簇离子，是真溶液。这一现象是熔盐电解液态活性金属所共有，是区别于水溶液电解的一个特征，是降低电流效率的一个重要因素。

稀土金属在其自身氯化物熔盐中的溶解度很大，所以系统电流效率（氯化物体系）普遍低；由于不同的稀土金属在其自身氯化物中的溶解度和溶解速度不尽相同，因此，各个稀土金属的电流效率也有差异，其中轻稀土金属的溶解度随原子序数增加而增大，这可用"镧系收缩"来解释；钕、钐的溶解度大于镧、铈、镨是因为前二者的原子半径比后三者的小，更易进入熔盐的空隙。

工业生产中，为了减少金属在氯化物熔盐中的损失，进行了不少研究。结果表明，向熔体中添加具有析出电位较 RE^{3+} 更负的阳离子盐类，可降低稀土金属的溶解损失。

6.4.3　稀土氧化物在氟化物熔盐中电解

稀土氧化物在氟化物熔盐中电解制取稀土金属的电极过程，与铝电解的电极过程基本相似，并进行过研究。

1. 溶解反应

加入电解槽中的稀土氧化物在熔体中呈离子状态存在，除具有变价稀土元素外，其他稀土离子均呈三价。以具有 Ce^{3+} 和 Ce^{4+} 的铈离子为代表，它们在氟化物中溶解反应可能存在如下三种形式。

（1）简单的解离。

$$Ce_2O_3 \rightleftharpoons 2Ce^{3+} + 3O^{2-}$$
$$CeO_2 \rightleftharpoons Ce^{4+} + 2O^{2-}$$

（2）有碳存在条件下，与碳发生化学反应。

$$2CeO_2 + C \rightleftharpoons 2Ce^{3+} + 3O^{2-} + CO \uparrow$$

（3）CeO_2 与熔体中同名离子盐发生化学反应。

$$CeO_2 + 3CeF_4 \longrightarrow 4CeF_3 + O_2 \uparrow$$

这个反应能促进 CeO_2 进入电解质内，有利于弥补氧化铈在氟化物熔盐中溶解度低和溶解速度慢的缺陷。

稀土氧化物在熔体中解离后生成的稀土阳离子和氧阴离子，在电场的作用下，分别向阳极和阴极迁移，在两极表面放电，发生阴极过程和阳极过程。

2. 阳极过程

稀土氧化物电解都是用石墨作阳极。可能发生的反应有一次电化学和二次化学反应。

（1）一次电化学反应。

$$O^{2-}-2e^- \longrightarrow 1/2O_2, \quad 1/2O_2+C \longrightarrow CO$$

$$2O^{2-}+C-4e^- \longrightarrow CO_2 \uparrow$$

$$2O^{2-}-4e^- \longrightarrow O_2 \uparrow$$

这三个反应可能同时发生。在电解温度低于857℃或高电流密度下，阳极主要产物是CO_2，但在较高（900℃以上）温度下，生成CO的反应在热力学上占优势。鉴于实际中电解槽操作条件多变，石墨阳极上析出的一次气体可能是以CO和CO_2为主要组成的混合物。

（2）二次化学反应。

阳极生成的一次气体，通过熔融电解质从界面逸出，熔体上面灼热气体与石墨阳极作用，发生下列反应：

$$CO_2 + C \longrightarrow 2CO \uparrow$$

$$O_2 + C \longrightarrow CO_2 \uparrow$$

$$O_2 + 2C \longrightarrow 2CO \uparrow$$

高于1010℃时，最后一个反应得到充分发展，其平衡成分相当于99.5% CO。

阳极气体除与石墨阳极发生上述三个反应外，还可能在熔体内与溶解在电解质中的金属发生下列反应：

$$RE+3/2CO_2 \longrightarrow 1/2RE_2O_3+3/2CO \uparrow$$

$$RE+3/2CO \longrightarrow 1/2RE_2O_3+3/2C \uparrow$$

上述两个反应都会使阴极产生的金属重新发生氧化。

（3）阳极气体组成。

从电解槽排出的槽气中，发现有少量的氟化物和氟碳化合物。它们的产生估计有两种情况，一是当电解时，加入电解槽中的氧化物或电解质等物料是潮湿的，含的水分与熔体中的氟离子作用：

$$2F^-+H_2O \longrightarrow O^{2-}+2HF \uparrow$$

$$3F^-+H_2O \longrightarrow OF^{3-}+2HF \uparrow$$

二是当阳极表面含氧离子不足时，出现氟离子在碳阳极上放电，发生$nF^-+mC-ne^- \longrightarrow C_mF_n$反应。通常认为在"阳极效应"时发生如下反应：

$$4F^-+C-4e^- \longrightarrow CF_4 \uparrow$$

主要气体之间谁占优势，这取决于电解操作温度。例如，在 870 ~ 900℃ 下，电解 CeO_2 时，槽气组成为 95.2% CO_2、4.4% CO 和 0.4% O_2；在 1000℃ 以上的高温电解槽中，阳极气体的主要成分是 CO。

（4）阳极效应。

稀土氧化物电解操作中产生的阳极效应与电解质中氧化物浓度的降低或不足有关。

发现当氧化物在电解过程中消耗殆尽时，出现槽压不稳、阳极上显现火花放电、熔体液面不活跃并呈现血红色。虽然电解仍在进行，但阳极不产生气体，阴极不析出金属，电解质熔体中产生出大量的 Ce^{4+}，随着电解过程延续，Ce^{4+} 浓度增加，推测此时在阳极上可能发生了 $Ce^{3+} - e^- \longrightarrow Ce^{4+}$ 的氧化反应和在阴极上发生了 $Ce^{4+} - e^- \longrightarrow Ce^{3+}$ 的还原反应。两个反应呈稳定状态，另一个现象就是在阳极上有 CF_4 气体产生。

3. 阴极过程

稀土氧化物在熔融电解质中解离出的三价正离子，在电场作用下向阴极移动，按反应

$$RE^{3+} + 3e^- \longrightarrow RE$$

在阴极上有金属析出。在轻稀土金属中，由于钐是变价离子，在一般电解情况下，它在阴极上可能不是以金属形态析出，而是被还原成低价离子：

$$Sm^{3+} + e^- \longrightarrow Sm^{2+}$$

综合上述，可以将稀土氧化物在氟化物熔盐中电解制取稀土金属，总反应式为

$$RE_2O_{3(s)} + C_{(s)} =\!=\!= 2RE_{(l)} + 3/2\ CO_{2(g)}$$

整个反应消耗的物质是稀土氧化物和阳极碳，反应产物之一是气体。从动力学上看，阳极过程控制着稀土电解槽中的反应速率和反应途径。

该工艺是以粉末的稀土氧化物为溶质，以同种稀土元素的氟化物为主要溶剂，氟化锂、氟化钡为混合熔盐的添加成分。氟化锂的作用在于提高电解质的导电性，降低熔体的初晶温度和电解质的密度，但电解条件下对稀土金属有溶解作用，特别是对金属钇表现明显。氟化钡能降低混合熔盐的熔点，抑制氟化锂的挥发，它在电解时，不会与金属作用，能起稳定电解质的效果。通常，电解制取轻稀土（如镧、铈）时，采用三元系的电解质，而电解制取中稀土金属时，多采用二元系。目前使用的混合熔盐体系的缺点是氧化物在电解质中的溶解度很小，只有 2% ~ 5%。

氟化物熔盐在高温下进行具有很强的腐蚀性，传统的工业耐火材料都难以用

来作稀土氧化物电解槽槽体材料。在生产规模不大的情况下，都用石墨坩埚作电解槽。阴极通常选用钼或钨的金属型材。阳极材质都是石墨，但形式多样。由于金属呈液态聚集，电解温度比金属熔点高，这就使电解槽槽体材料和电极材料在选择上受到限制。

6.4.4　稀土氯化物电解与稀土氧化物–氟化物电解制取稀土金属工艺的比较

在氯化物熔盐体系中电解稀土氯化物生产稀土金属已有 80 多年历史。电解的主要对象是铈族混合稀土金属与熔点较低的镧、铈和镨等单一稀土金属。目前世界上使用的稀土金属总量中绝大部分是由氯化物电解法生产的。

作为一种冶炼工艺，稀土氧化物电解法开发于美国，但首先在日本实现了工业化生产。氧化物电解工艺比氯化物工艺对原料的适应性强，具有生产多种稀土金属和合金的能力。

氯化物电解法的突出优点是组成电解质的熔盐体系的熔点比氟化物熔盐体系的低，从而使电解操作温度低。此外，组成氯化物熔盐体系的稀土氯化物、氯化钾和氯化钠等氯盐的价格都较组成氟化物熔盐的稀土氟化物、氟化钾和氟化钡等氟盐要低。氯盐的腐蚀性弱于氟盐，可采用廉价的普通工业耐火材料作氯化物电解槽的槽衬材料和金属收集器，这就大大降低了电解操作费用。目前氧化物电解法使用的电解槽槽体和槽衬材料仅局限于价格高昂的石墨和钼、钨等难熔金属。但稀土氯化物熔盐电解法制取混合稀土金属存在下面一些主要问题。

（1）稀土氯化物在空气中易吸潮，发生水解，不仅储存困难，而且在加入电解槽之前需进行真空加热脱水，否则结晶料中的氯氧化物会在电解过程中增加渣量，妨碍金属凝聚。

（2）稀土氯化物熔盐体系具有比氟化物熔盐体系要高的蒸气压。因此，熔体的挥发性大，特别是以 $NdCl_2$、$SmCl_3$ 和 YCl_3 为主组成的熔盐体系。而且，挥发程度都是随熔体中稀土氯化物浓度的升高而增加。

（3）稀土金属在自身熔融氯化物中的溶解度也相当高。

上述三点都是造成氯化物熔盐电解法生产稀土金属比稀土氧化物–氟化物电解法的三项主要技术经济指标（电流效率低，稀土金属回收率不高和电耗大）要低得多的主要原因。

（4）氯化物电解过程中会产生大量的氯气。为保证生产现场和工厂周围环境不受氯气污染。必须装设庞大的氯气回收处理装置系统、投资多、占地面积大，无疑会给电解生产增加操作费用。

稀土氧化物电解法在电解过程中排出的阳极气体基本上是 CO_2 和少量的 CO 组成的混合气体。可直接排入大气。在环保方面显示了稀土氧化物–氟化物电解法的优越性。

6.4.5　熔盐电解法制取稀土合金

熔盐电解法制取稀土合金是普遍采用的方法，与其他方法（如金属热还原法和混溶法）相比，具有合金不偏析、产品质量好、易实现连续化、可大规模生产等优点。

采用熔盐电解法能制取多种稀土合金，如稀土铝系列合金，稀土镁合金，锌基稀土合金，镍基稀土合金，钕铁，镝铁合金等。这些合金通常有两方面用途：①作为制取高熔点稀土金属的中间合金，如钇的熔点高达1526℃，要想制取液态钇有困难，可先电解制取钇锌合金或钇镁合金，然后蒸馏除去锌或镁得纯钇；②作中间合金以添加剂形式加入钢铁或有色金属中，或作为应用合金直接使用。

熔盐电解法制取稀土合金有氯化物和氟化物两种电解质体系。依据阴极上的电化学行为不同，则有如下两种方法：

（1）以合金组元为阴极电解稀土合金，由于阴极状态不同，又分为液态阴极电解和固态自耗阴极电解两种。

（2）电解共析出制取稀土合金。

1. 氯化物熔盐电解法制取稀土合金

氯化物体系熔盐电解法制取稀土合金具有电解温度低，电解质易于制取、电解槽结构简单、材料容易获得、易于操作等优点，因此为国内外广泛采用。

1）以合金组元为阴极电解稀土合金

熔盐电解法制取稀土合金的阳极过程与熔盐电解制取稀土金属完全相同。

以合金组元之一为阴极，使稀土在其上析出，并与作为阴极的组元合金化，生成低熔点合金，因此可在低于稀土金属熔点的温度下进行电解，采用低熔点电解质与低熔点合金匹配。

以合金组元为阴极进行电解，在直流电场作用下，电解质中的稀土离子RE^{3+}向阴极迁移、扩散，并在阴极上进行电化学还原，其速度都很快。在阴极上析出的稀土金属与阴极组元进行合金化，生成低熔点合金或金属间化合物，整个过程的控制步骤是稀土向阴极本体扩散这个较慢的环节。当稀土沉积速度超过它向体内扩散的速度时，阴极表面便形成富稀土的高熔点合金硬壳、妨碍电解正常进行；来不及向阴极体内扩散的稀土有时从阴极上游离出来，合金的电流效率随之降低。

（1）液态阴极电解：利用非稀土液态金属阴极制备稀土合金，具有明显的去极化作用。在氯化物熔体中，用液态阴极电解可制取稀土铝、稀土镁、稀土锌铝、稀土锡等一系列合金。由于液态阴极熔盐电解质密度的差别，有上部液态阴极和底部液态阴极两种形式。

以 $RECl_3$–KCl–NaCl ［KCl/NaCl = 1 : 1（物质的量比)］作电解质，用液态铝阴极制取稀土合金，可作为底部液态阴极的例子，$RECl_3$ 含量为 30% 左右，也可加入 0 ~ 20% 的 $CaCl_2$，在 690 ~ 750℃ 较低温度下电解，根据电解槽的容量，加入一定数量的铝作阴极，放入槽底部的合金接受器中，阴极电流密度小于 $2.5A/cm^2$，合金中采用机械搅拌，可加快稀土向合金内部扩散、提高合金化速度，搅拌速度为 20 ~ 30 次/min。不用机械搅拌，向熔体中添加 1% ~ 2% 的氟化物可防止或减少造渣及阴极枝状物的生成。根据阴极金属铝的质量，确定通过的电解电量，控制合金中稀土含量在 10% 左右（合金的低共熔点附近)。电流效率达 80% 以上（有的高于 95%），稀土直收率近于 100%，总收率在 90% 以上。与以往高温下电解制取稀土铝合金相比，显著降低了材料消耗和耗能。

以液态金属镁作阴极电解钕镁合金，由于镁的密度小，浮在电解质表面，故称上部液体阴极，以 $NdCl_3$–KCl–NaCl 为电解质，$NdCl_3$ 含量为 20%，电解温度 (820±20)℃，阴极电流密度为 $1.5A/cm^2$。电解初期液镁阴极浮在电解质上部，电解过程中，随着钕的不断析出，并与液态镁阴极形成合金，阴极合金的密度随钕含量的增加而增大，当其大于电解质的密度时，合金阴极开始下沉，落入底部接受器中，此时阴极导电钼棒也要随之下落，以保持与合金的接触。电解过程中，不断搅拌合金，可加快钕向合金内部扩散，强化合金过程，消除合金浓度梯度，电流效率和钕回收率均能显著提高。镁合金中钕含量可达 30% 左右。该工艺电流效率为 65% ~ 70%。钕直收率达 80% ~ 90%。同样，可用上部液态镁阴极电解制取钇镁合金。

（2）自耗阴极电解：以合金组元作阴极，当阴极金属的熔点过高时，就不能用液态阴极进行电解。在此情况下，若稀土与阴极形成合金的熔点较低，可采用可溶性固态自耗阴极电解。如铁、钴、镍、铜、铬、锰等都可作阴极，电解温度控制在阴极金属的熔点以下，形成的稀土合金的熔点以上。通过采取缩小阴极面积，增大阴极电流密度的办法使其局部过热，到达如下要求：①使析出的金属立即与阴极合金化；②阴极表面温度高于合金熔点，使合金呈液态从阴极表面滴落下来，收集在接受器中，或落在凝固熔盐层上。这样固态阴极不断消耗。在氯化物熔体中用自耗铁阴极电解制取钕铁合金研究得较为充分。

自耗固态阴极电解，以钕铁合金为例，采用 $NdCl_3$–KCl 或 $NdCl_3$–KCl–NaCl 混合熔体作电解质，以铁作自耗阴极，电解槽与电解稀土金属所用的圆形石墨槽基本相同。随着阴极析出的稀土与固态铁阴极合金化，当达到合金的熔点时，便呈液态滴落下来，收集在接受器中。随着阴极的不断消耗，阴极棒应不断下降，以保持电流密度的稳定, 保证电解正常进行。

在氯化物熔体中以合金某一组元为阴极进行电解, 可制取多种稀土合金。见表 6-11。

表 6-11　电解氯化物熔体制取的稀土合金的种类

阴极形态	合金系列	合金种类
液态阴极	铝系	Al-RE, Al-La, Al-Ce, Al-Nd, Al-Y
	镁系	Mg-Y, Mg-Nd, Mg-RE
	锌铝系	Zn-Al-RE
自耗固态阴极	铁系	Fe-Ce, Fe-Pr, Fe-Nd, Fe-Y, Fe-Dy, Fe-RE
	钴系	Co-Ce, Co-Pr, Co-Nd, Co-Y, Co-Dy, Co-Ho, Co-Eu, Co-RE
	镍系	Ni-La, Ni-Y
	铜系	Cu-La, Cu-Ce

2) 共析出电解稀土合金

共析出电解稀土合金是指两种或两种以上的金属离子在阴极上共同析出并合金化制取合金的方法。熔盐电解混合稀土金属就是多种稀土元素共析出的典型实例。钇镁、富钇镁等合金可用电解共析出的方法制取。

2. 氟化物熔盐电解法制取稀土合金

利用 RE_2O_3-REF_3 体系电解制取稀土合金的电流效率比氯化物体系高, 原料不易吸水, 电解过程不产生对环境污染的氯气, 因而受国内外的重视, 开展了一系列研究。

电极过程及合金化: 稀土氧化物在氟化物熔体中, 首先溶解、解离, 然后在两极上发生电化学反应。

阴极过程有两步: 第一步是稀土离子被还原析出稀土金属

$$Re^{3+} + 3e^- \longrightarrow RE$$

然后稀土金属与阴极金属合金化, 形成稀土合金。

采用液态铝、镁阴极电解稀土合金, 和氯化物熔体一样, 稀土在阴极上的电化学沉积速度受析出的稀土金属向液态阴极内部扩散速度的限制。搅拌液态阴极和提高温度是加速合金化速度、提高合金中稀土含量的有效措施。

固态自耗阴极电解稀土合金, 存在稀土离子在固态阴极上获得电子生成稀土金属以及稀土金属向固态阴极金属扩散形成低熔点合金、并凝聚成合金球而滴落到合金接受器中这两个过程。电解温度低于阴极金属熔点, 而高于生成的合金的熔点; 采用高电流密度可提高阴极区温度, 加速稀土金属与阴极金属合金化的速度。合金组成通常控制在该合金低熔点组成附近。

电解槽结构与上述氯化物熔盐体系制备稀土合金相似，以石墨作阳极，合金组元之一作阴极。利用上部液态镁、铝作阴极，在 YF_3-Li 熔体中电解被溶解的 Y_2O_3，在 760℃下电解制得了含钇为 48.8% 的 Y-Mg 合金和含钇 22.6% 的 Y-Al 合金。

6.5　高纯稀土金属制备

稀土金属的纯度可略分为：稀土粗金属（90%～98%）、纯金属（>99%）和高纯稀土金属（>99.99%）。一般所说的稀土金属纯度是指某一稀土金属的含量与稀土金属总量的比值，以百分数表示，通常是以 100% 减去稀土金属杂质总和（不包括非稀土金属）而得。

一般工业纯稀土金属中的杂质含量为 1%～2%，即使严格控制金属的制备过程，在制得的金属中杂质含量也达 0.5%。工业纯稀土金属是指用金属热还原法和熔盐电解法大量制备的稀土含量在 95%～99% 的稀土金属，纯度高于 99.5% 的稀土金属需经提纯处理方可得到。工业纯稀土金属经特殊工艺处理除去其中的杂质得到纯度高的稀土金属称高纯稀土金属。高纯稀土金属中稀土元素的含量可达到 99.9% 以上。工业纯稀土金属产量大，价格低，可满足一般工业部门的要求；而高纯稀土金属则主要提供研究镧系元素的物理化学性质和其他对纯度要求高的特种功能材料的制备上应用。

单一稀土金属中的杂质，根据杂质元素的种类可分为稀土杂质和非稀土杂质。

稀土杂质含量的多少反映稀土元素分离程度的好坏，稀土纯度的高低。现代稀土元素分离技术的发展，对单一稀土元素的纯度就稀土杂质而言可达到 99.9999%。尽管现有的稀土金属提纯方法对除去金属中的稀土杂质效果较差，但是可以用含稀土杂质极低的高纯稀土氧化物作原料生产稀土金属，使稀土杂质在制备稀土金属前已被除去。

非稀土杂质是指除稀土杂质元素以外的其他金属和非金属杂质。其主要来源：

（1）生产工艺过程中所用的原料，如稀土氟化物、稀土氯化物中的杂质。

（2）辅助材料，如还原工艺中的金属钙、镁、锂，电解工艺中使用的氯化钾、氯化钠、氯化锂等中的杂质。

（3）工艺过程中使用的容器，如金属热还原中使用的钽、钼、钛、钨坩埚，熔盐电解中使用石墨电解槽，还原和电解使用的工具、操作气氛等以及与生产工艺相联系的过程带进的铁、铝、镍、硅、氧、氮等杂质。

稀土金属的提纯具有如下特点：

（1）稀土金属性质活泼，易于与金属和非金属杂质作用，因此提纯过程必须在惰性气氛保护下或真空中进行，同时要注意金属盛装容器对稀土金属的污染。

（2）任何一种稀土金属提纯方法对除去稀土金属中稀土杂质的效果均较差。因此，制备高纯稀土金属应使用含稀土杂质尽量最低的稀土金属作为被提纯的金属原料。

（3）任何一种提纯稀土金属的工艺方法都不能同时除去稀土金属中的各种杂质。因此，在选择提纯方法时应综合考虑杂质的种类，纯度要求，方法对杂质的去除效果，采用几种方法相结合除去杂质。

6.5.1　稀土金属的提纯或精炼方法

由于各单一稀土金属性质的差异和提纯的杂质不同，已经发展了多种提纯稀土金属的方法。但没有任何一种方法可以适应于所有各单一稀土金属的提纯，也没有任何一种方法对某种稀土金属中的所有杂质均有提纯效果。因此，一般是两种或多种提纯方法联合使用。

稀土金属的纯化机理是以工业纯稀土金属为原料。轻稀土金属如 La、Ce、Pr 和 Nd 是用熔盐电解法制备的；而重稀土金属 Sm、Tb、Dy 和 Y 等是用热还原法制备的。它们中的杂质含量和种类差别较大，但间隙杂质 C、N、O 和 H 是共同的，最主要的沾污杂质，约占杂质总量的 95%。金属杂质多为 Ca、Fe、Al、Si、Ta 和 Mo。

稀土金属提纯方法主要由三个物化性质即蒸气压、熔点和反应活性所决定。其中最主要的是蒸气压，它决定了该金属是否能用升华或蒸馏法精炼，以及杂质用蒸馏法去除到何种程度。表 6-12 按熔点时的蒸气压顺序给出了稀土金属适宜的精炼方法。

表 6-12 清楚地表明，稀土金属在熔点时的蒸气压差别如此之大，由 Ce 到 Tm 在 14 个数量级。

表 6-12　稀土金属的熔点及在熔点时的蒸气压和精炼方法

金属	蒸气压/t	熔点/℃	精炼方法
Ce	8×10^{-13}	798	真空熔炼，区熔，固态电迁移（真空）
La	3×10^{-10}	918	真空熔炼，区熔，固态电迁移（真空）
Pr	2×10^{-9}	931	区熔，固态电迁移（真空）

续表

金属	蒸气压/t	熔点/℃	精炼方法
Nd	3×10^{-5}	1021	区熔，固态电迁移（真空，惰性气体）
Gd	2×10^{-4}	1313	区熔，固态电迁移（真空，惰性气体），蒸馏
Tb	8×10^{-4}	1356	区熔，固态电迁移（真空，惰性气体），蒸馏
Y	2×10^{-3}	1356	固态电迁移（真空，惰性气体），蒸馏
Lu	8×10^{-3}	1663	固态电迁移（真空，惰性气体），蒸馏
Sc	8×10^{-3}	1541	固态电迁移（惰性气体），蒸馏
Er	2×10^{-1}	1529	固态电迁移（惰性气体），升华
Ho	6×10^{-1}	1474	固态电迁移（惰性气体），升华
Dy	7×10^{-1}	1412	固态电迁移（惰性气体），升华
Eu	9×10^{-1}	822	升华
Sm	7	1074	升华
Yb	18	819	升华
Tm	185	1545	升华

提纯稀土金属效果较好的方法主要有真空熔炼法、真空蒸馏法、区域熔炼法、电迁移法、电解精炼法等。但是，其中任何一种方法也只能除去稀土金属中的某些杂质。为了获得满意的精炼效果往往采用多种方法联合，如悬浮区熔-电迁移联合法。

1. 真空熔炼法

还原法或电解法制得的稀土金属中含有氟化物、氯化物、钙、镁等易挥发杂质。这些杂质可采用真空熔炼法除去。真空熔炼去除杂质是指在某一温度下将金属在真空中熔炼，使那些蒸气压较高的杂质被蒸馏除去，使基体金属得以净化这一过程。

真空重熔对于大多数稀土金属去除蒸气压高的杂质如 Ca 和 F 等均是很有效的。通常采用真空电弧或电子束加热。F 的定量去除至少需加热到 1800℃，30min，加热到高于熔点 200~700℃也使得 C、O 和 N 显著地净化。Sc、Y、La、Ce、Pr、Nd、Gd、Tb 和 Lu 都可用此法去除挥发杂质。

对于蒸气压低的稀土金属，真空熔炼法是作为其后进一步精炼的初始方法，也是目前最普遍应用和处理量大的稀土金属的提纯方法。

2. 真空蒸馏法

真空蒸馏法提纯稀土金属是利用某些稀土金属与杂质之间在某一温度下蒸气

压之间的差别，在高温高真空下加热处理，使稀土金属与杂质分离制备高纯金属的方法。

此法对被提纯金属最基本的要求是要有足够高的蒸气压，获得可实际应用的蒸馏或升华速率，并且要在低于氧化物共蒸馏或升华的温度下进行，通常约为1600℃。因此，主要用于重稀土金属的精炼，因为它们有足够高的蒸气压。Sc、Sm、Eu、Gd、Dy、Ho、Er、Tm 和 Yb 用此法成功地进行了纯化。

真空蒸馏可去除包括部分稀土金属在内的金属杂质和间隙杂质，是广泛应用、处理量较大的重稀土金属提纯的常用方法。

真空蒸馏与被提纯的金属和杂质的沸点、蒸气压物理性质以及提纯过程所保持的总压力和温度有关。只要在某一温度下基体金属与杂质的蒸气压存在差别，就可以用蒸馏法进行提纯。实际上，考虑蒸馏效率、提纯效果等因素，蒸馏提纯要在一定温度下在真空中进行，同时对工艺条件应做严格控制。

稀土金属的真空蒸馏提纯就是利用某些稀土金属蒸气压这一特性，在高温真空下蒸馏使稀土金属与杂质分离进行提纯。蒸馏可以升华或蒸发形式来完成。升华或蒸发提纯金属取决于该金属的蒸气压与熔点之间的关系。如果金属在低于其熔点下蒸气压较高。例如，Sm、Eu、Yb 等，能得到足够大的蒸馏速度，则可采用升华提纯；如果要把金属加热到其熔点以上才能使金属的蒸气压达到较高的数值，如 Dy、Er 等，获得较高的蒸馏速度，则应采用蒸发提纯。

对于 Sm、Tm、Yb、Sc、Dy、Ho、Er 等蒸气压较高的稀土金属可在较低温度下，如低于1500℃下蒸馏提纯。在较低温度下对于去除 C、N、O 以及 Ta 等效果较好，但是在蒸馏温度超过1650℃时，由于易挥发的低价稀土氧化物将与金属一起蒸发出来，因此对去除氧受到影响。目前实际采用的蒸馏温度对不同稀土金属为 1000 ~ 2200℃。

真空蒸馏提纯金属的可能性与工艺条件主要由基体金属和金属中杂质的熔点、它们在某一温度下的蒸气压等性质来决定，而蒸馏装置则应根据基体金属以及杂质的性质来选择。

根据稀土金属的熔点、蒸气压以及蒸馏提纯的工艺条件，大致可将稀土金属的蒸馏提纯划分为四个组。表6-13 中列出这四个组金属的熔点、沸点、蒸气压、蒸馏工艺条件等特点。

真空蒸馏法无疑是稀土金属精炼非常有效的方法，特别是对于占稀土金属中杂质总量95%以上的间隙杂质 C、N、O 和 H 的精炼是非常成功的，也是其他精炼方法无法比拟的，得到了迄今最高纯度的稀土金属 [>99.99%（原子分数）]，并有望达到纯度为99.999%。但它也存在着明显的缺点：精炼所需时间太长，产率很低，设备复杂昂贵，能耗大，原料纯度要求高等。目前仅在某些研究领域中用于制取少量超高纯金属。

表 6-13　稀土金属蒸馏提纯分类

稀土金属	熔点	沸点	蒸气压	蒸馏工艺条件
Sc, Dy, Ho, Er	较高 1400~1540℃	较低 2560~2870℃	较高	在接近金属熔点的温度下蒸馏，~1700℃
Y, Gd, Tb, Lu	较高 1310~1660℃	高 3200~3400℃	低	蒸馏温度较高，~2000℃
Sm, Eu, Tm, Yb	较低 820~1070℃（Tm 为 1545℃）	低 1200~1950℃	高	熔点以下升华提纯，或在稍高于熔点下蒸馏，~1000℃
La, Ce, Pr, Nd	低 800~1000℃	高 3070~3460℃	低	高温下蒸馏，~2200℃冷凝物为液态

3. 区熔精炼

区熔精炼原理是熔解在金属固相和液相中的大多数杂质的浓度不同，其比值 $K=c_固/c_液$ 定义为杂质分配系数。当金属棒的一端微小区域熔化并使熔区沿着金属棒向另一端移动时，使金属熔点降低的杂质，即 $K<1$ 的杂质，随着熔区向棒的另一端移动；而使金属熔点升高的杂质即 $K>1$ 的杂质，则向相反方向移动。这样，经过反复几次区熔，就会使杂质在金属棒两端富集。对于 $K\approx1$ 的杂质，其区熔效果很差。

实践证明：稀土金属的区熔对于"移动"金属杂质是有效的，而对"重新分布"间隙杂质 C、N、O 和 H 效果欠佳。该法被限制于蒸气压很低的 La、Ce、Pr、Nd、Tb 和 Y，在超高真空或 Ar 气氛下精炼某些特殊的杂质，如坩埚沾污的 Ta 或 W。

此法设备简单，提纯效果好，提纯效率和收率高，所以常被用来生产高纯金属。区域熔炼提纯可分为

（1）水平区熔提纯。金属锭料水平放置在一个长槽状容器中，熔区水平通过锭料，为减小容器对被提纯金属的污染，有时采用水冷铜制容器，使金属锭料本身形成一个壳体保护被净化的金属。

（2）悬浮区熔提纯。金属锭料垂直放置，不用容器盛装，锭料两端固定不动，锭料加热时靠金属表面张力保持一个狭窄的熔区，熔区沿锭长自下而上移动通过锭料。

熔区可采用感应加热或电子轰击加热。

　　影响区熔提纯的主要因素有：熔区温度、熔区通过锭料的次数、熔区的宽度和移动速度以及区熔炉的真空度等。在选择区熔提纯的工艺制度时对各因素必须综合考虑，充分发挥区域熔炼的特点。

　　区域熔炼长期没能用于稀土金属的提纯，其原因是稀土金属性质活泼，在水平区熔提纯时缺少合适的容器盛装金属锭料。另外，操作气氛不适宜，锭料易于吸收气体，金属被污染，一些间隙金属杂质也不能完全除去，提纯效果不佳。

　　区熔精炼和固态电迁移法联合应用时，稀土金属获得满意的精炼效果。该法有时可作为稀土金属单晶生长的一种方法。

4. 电迁移法（也称固态电迁移法）

　　电迁移法是一种应用溶解在固体（或液体导体）中的原子在直流电场的作用下能够顺序迁移（特别是在金属熔点附近具有较高的迁移率）的原理提纯金属的方法。当高强度直流电通过液态或固态合金和金属时，其中杂质组分原子发生相对的电迁移，样品中出现杂质浓度的再分配。电迁移法已成功地用于除去稀土金属中的 O、C、N、H 等杂质和部分金属杂质。

　　在直流电作用下，稀土金属中基质原子的移动速度（自迁移）与许多杂质（特别是间隙杂质）原子的移动速度相比是很缓慢的，因而可以忽略，由此，使稀土金属中杂质特别是间隙杂质有效地"再分布"。迄今，用固态电迁移（SSE）精炼的稀土金属中，间隙杂质 C、N、O 和 H 及 3d 过渡金属（Fe、Ni 和 Cu），总是由阴极向阳极迁移。使一些杂质特点是间隙杂质"再分布"——富集于阳极端，从而使靠近阴极端的试样得以"纯化"。

　　稀土金属与 O、C、N、H 等元素的亲和力很大，所以制备含这些杂质低的金属比较困难。但是这些杂质能在稀土金属晶格间迁移，因而电迁移法提纯稀土金属对于除微量 O、N、C、H 效果明显，所用设备也比较简单。

　　影响电迁移提纯的因素有：

　　（1）电场强度。增加试棒的电流，提高电场强度可使电迁移提纯试棒的纯度提高。但是，由于电流增加会使试棒的温度随之升高，因此最大电场强度受试棒所能散出的热量所限。在真空条件，热量靠辐射散发，惰性气氛对试棒的传导冷却有利。小直径试棒可使试棒表面积与体积之比增加，使单位体积样品散发的热量增加，从而增加电场强度，但减小试棒直径使可获得的提纯的金属减少。

　　（2）试棒长度。试棒长度增加有利于电迁移提纯的试棒纯度提高。

　　（3）合理选择电迁移率与扩散系数的比值，有利于试棒提纯。

　　（4）温度。温度升高，电迁移率增加，但温度的提高又受到被提纯的金属的熔点、金属的蒸气压和试棒散热量所限。

（5）气氛。被提纯的试棒所处的周围环境气氛以及容器内壁对提纯效果有影响。在压力大于 $1.33 \times 10^{-10} Pa$ 时，环境污染明显降低。

（6）试棒夹头结构。电迁移提纯时，试棒冷端夹头可能有杂质扩散到试棒中，使试棒受到污染。

（7）组成梯度。提纯了的试棒由于其中杂质分布不均匀。杂质可能相反地向已提纯了的试棒扩散。

一些在其熔点附近蒸气压高的稀土金属不宜采用电迁移法提纯。

悬浮区熔–电迁移联合法提纯稀土金属是在一个试棒上同时进行区域熔炼和电迁移提纯。该法利用区熔提纯去除稀土金属中的金属杂质和电迁移法去除稀土金属中的氧等气体杂质效果显著的特点，将试棒两端垂直固定在电极上，通以直流电，在试棒上造成一个移动的熔区，试棒中的杂质在电场作用下，在熔区上下移动重新分布，从而稀土金属得到提纯。在区熔提纯中，熔区从试棒的下端（始端）向上移动，金属杂质集中在试棒上端（末端）。在电迁移中试棒下端接阴极，上端接阳极，氧等气体杂质向阳极端移动，集中在试棒的上端。两种方法联合提纯结果是在试棒的下部得到较纯的金属。

5. 电解精炼法

熔盐电解精炼法提纯金属是将金属在一定的熔盐体系中经电解除去杂质提纯金属的方法。电解精炼法提纯稀土金属周期短，对除去某些杂质有较明显的效果。

稀土金属的电解精炼是在熔盐介质中进行的，即以 LiF 或 LiF-BaF$_2$ 或 LiCl-LiF 和稀土氟化物为熔体，粗稀土金属为阳极，纯稀土金属为阴极，通过阳极溶解、阴极沉积的电化学过程精炼稀土金属的方法。其基本原理是控制阳极溶解电位、使电活性强的稀土金属优先溶解后在阴极沉积，而电活性弱的金属杂质如 Ta、W 和 Fe 等不发生阳极溶解，因而达到去除金属杂质的效果。电解精炼应注意电解熔体的选择及其纯度。要尽量避免使用吸水性和腐蚀性都很强的 LiCl。LiF、BaF$_2$ 和稀土氟化物要经过蒸馏提纯，以防止熔体中存在较稀土离子电位偏正的杂质离子在阴极上优先析出而沾污阴极稀土金属。

6. 光激发分离纯稀土金属

该新方法是使用电子束先将稀土金属气化，然后用特定波长的激光，如为分离提纯钕选用 577.61nm 的激光进行照射使其离子化，而其他稀土金属原子则难被离子化。在电场中离子吸收电子而还原成零价态的金属。利用该法除去了钕中的锆，后者的含量从原来的 1.5% 下降至 0.09%。目前用该法制成了高纯稀土金属薄膜，但用于生产高纯稀土金属还需较长时间。

6.5.2 稀土金属单晶的制备

为准确地测定稀土金属的磁、电等性质，需要稀土金属单晶。单晶的制备过程也是纯化和除杂的过程。近年来稀土金属合金单晶在新的功能材料中得到应用。制备稀土单晶较制备其他金属单晶困难，其主要原因是：①稀土金属活泼，易被杂质污染；②某些稀土金属蒸气压高；③稀土金属有相变。

制备金属单晶的方法一般均可用于制备稀土金属单晶，主要方法有电弧熔炼–退火再结晶法、区域熔炼法和提拉单晶法。

1. 电弧熔炼–退火再结晶法

电弧炉熔炼的稀土金属多晶锭，加热至一定温度下，保温一定时间（或给予多晶一定的形变，如锤击），再进行退火，可得到稀土金属单晶。

对有晶格转变的稀土金属，可将电弧炉熔铸的金属锭料加热到相变点以上，保温一定时间后再冷却到相变点以下，并重复几次这种升温冷却过程来制备稀土金属单晶（表6-14）。

表6-14 某些稀土金属电弧熔炼–退火再结晶法制备单晶的工艺条件

稀土金属	电弧熔炼–退火再结晶工艺条件
Gd	①电弧炉熔铸 Gd 锭，在 1225℃下加热 24h，得单晶 ②以 25℃/min 的速度升温，直到 1225℃退火得单晶
Tb	①电弧炉熔铸 Tb 锭，锤击变形后在 1220℃下加热 25h，得单晶 ②在低于 Tb 熔点 125℃下加热 18h，得单晶；在 1200℃下加热 18h，升温到 1250℃保温 6h，最后在 1300℃下保温 18h，得单晶
Ho	①电弧炉熔铸 Ho 锭，在 1340℃下加热 24h 后将锭料轻微锤击变形，再在 1340℃下加热 16h，再锤击变形，再在 1360℃下加热 18h，得单晶 ②在低于 Ho 的熔点 125℃下加热 18h 得单晶
Er	在低于 Er 的熔点 125℃下加热 18h 得单晶
Tm	在 1350℃下保温 6h 得单晶
Y	在 1350℃下保温 8h 得单晶
Sm	电弧炉熔铸 Sm 锭，917℃保温 96h 得单晶

2. 区域熔炼法

区域熔炼法制备稀土单晶是以稀土金属多晶棒为原料，用可移动的加热线圈或电弧加热稀土棒料，形成可移动的熔区，用籽晶引晶，然后以适当的速度缓慢移动熔区，使多晶体熔融-凝固而成单晶的方法（表6-15）。

表 6-15　区域熔炼法制备的某些稀土单晶

稀土金属	制备工艺	单晶尺寸
Y	电弧加热，冷水铜坩埚	$\phi 1.2cm \times 3cm$
Gd	悬浮区熔	
Sc、Y	感应加热，水冷铜容器	
Pr	电子束悬浮区熔	$0.6cm \times 0.4cm \times 4cm$
Er	电弧区熔	$\phi 1.3cm \times 10cm$
Pr、Nd	悬浮区熔、水冷坩埚	$\phi 1cm \times 2cm$

3. 其他制备单晶方法

（1）提拉法制备单晶。提拉法是将金属或合金在保护气氛下加热熔化，然后用一定取向的籽晶引提熔体，按一定速度旋转提拉上升，熔体在上升过程中逐渐凝固结晶的制备单晶方法。此法的缺点是坩埚容器对金属有污染。用冷坩埚悬浮熔炼解决了此问题，制得了 $2cm \times 1cm$ 的 Gd、Y 单晶。提拉法对制备铈单晶尤为有效，几乎能制备任何尺寸的铈单晶。

（2）布里奇曼法（坩埚下降法）。将稀土金属装入一个特制的坩埚中，并在炉内加热。在坩埚下降过程中，温度降低，坩埚中熔体由底部缓慢结晶而生成单晶，而熔于金属中的坩埚杂质浮在液态金属上部而实现纯化。此法缺点是坩埚杂质对金属有污染。

（3）在气态下培育单晶。在金属蒸气中引入籽晶，并使其保持一定的温度，同时控制蒸气浓度，籽晶可以从蒸气中吸取金属原子继续长大。

（4）电迁移法。与稀土金属电迁移法提纯相类似，也可采用电迁移法制得高纯稀土单晶。但是，此法缺点是结晶的方向与棒长方向平行，且尺寸受棒的直径所限。

参 考 文 献

[1] 唐定骧，刘余九，张洪杰，等. 稀土金属材料. 北京：冶金工业出版社，2011
[2] 徐光宪. 稀土（中）. 2 版. 北京：冶金工业出版社，1995

［3］苏锵．稀土化学．郑州：河南科学技术出版社，1993

［4］倪嘉缵，洪广言．稀土新材料及新流程研究进展．北京：科学出版社，1998

［5］倪嘉缵，洪广言．中国科学院稀土研究五十年．北京：科学出版社，2005

［6］洪广言．无机固体化学．北京：科学出版社，2002

第7章 稀土生物无机化学

生物无机化学是在生物学和无机化学的边缘上发展起来的一门新学科。它是研究生命活动的科学之一。它的主要任务是在分子水平上研究生命金属和生物配体之间的相互作用，所形成的生物配合物的结构和性能，以及在活体中的功能。稀土生物无机化学是生物无机化学的重要分支。稀土元素虽然不是"生命元素"，可是人们发现，它也具有许多生理作用。

早在19世纪已发现铈盐可作防腐剂和抗妊娠呕吐的药物，1913年又发现稀土具有抗血凝性。然而，当时并未引起人们对稀土生物效应的足够重视，稀土的生物效应是在20世纪40年代随着核技术的发展而被人们所关注。以后又因稀土的性质与钙类似，可作为含钙蛋白质的结构探针而开展了许多有关稀土的生物化学研究。随着稀土资源的开发和应用的发展，稀土广泛进入了人类赖以生存的生态环境，如核爆炸中的稀土同位素散落于大气层，稀土同位素存在于反应堆废水中，稀土也随彩色电视、Ni-H电池等进入千家万户，尤其是使用稀土微肥和稀土饲料添加剂以及某些诊疗稀土制剂已试用于临床，将通过某些渠道进入人体。因此，稀土对环境和人体健康的影响日益受到关注。

"稀土生物无机化学"是20世纪70年代初出现的新课题。1972年美国第十届稀土研究会首次将稀土生物无机化学作为专题进行讨论，此后，稀土生物无机化学的研究日趋活跃。我国开展稀土生物无机化学的特点是紧密结合稀土在农业及医药中的应用而开展稀土生物效应的化学基础研究。我国大量推广使用稀土微肥和稀土饲料添加剂，于是通过食物链等渠道进入人体的稀土元素的毒理效应及其作用机理引起人们的强烈关注，为进行环境及人体安全性评价提供基础数据。倪嘉缵编著的《稀土生物无机化学》总结了我国在此领域的最新成果，指出了稀土生物无机化学的研究方向，有力地推动了我国稀土生物无机化学的发展。

稀土生物无机化学将系统研究稀土与生物分子的作用以及所生成的生物配合物结构、功能，在此基础上揭示稀土生物效应，并进而考察稀土在生命活动中的作用，从而阐明稀土对人体健康及环境的影响。稀土生物无机化学的研究也是从分子水平探索生命奥秘的有效途径。稀土生物无机化学的发展将促进配位化学、生物化学、临床学和环境化学等学科的发展。

7.1　稀土在动植物中的分布

稀土元素在自然界中广泛存在，但十分分散，导致矿物中稀土元素含量并不高。稀土元素的储量约占地壳的 0.016%。稀土元素在地壳中含量的克拉克值为 0.023 6%。但整个稀土元素在地壳中丰度则比一些常见元素要高，如比锌大三倍，比铅大九倍，比金大三万倍。宇宙间到处都有稀土元素，如有人测定了大气中稀土元素的含量如表 7-1。

表 7-1　大气中稀土元素的浓度

稀土元素	浓度/($\mu g/g$)
La	0.001 3 ~ 0.009 1
Ce	0.003 3 ~ 0.018
Sm	0.000 25 ~ 0.001 4
Eu	0.000 049 ~ 0.000 81
Yb	0.000 084
Lu	0.000 018 ~ 0.000 051

20 世纪初开始对稀土元素的生物活性进行研究，一些学者肯定了稀土元素对动植物生长有一定的刺激作用。随着微量、超微量稀土元素分离分析技术的发展，稀土放射性同位素的制备和示踪应用，陆续报道了不少稀土元素在环境及动植物中的含量和分布的测定值，稀土元素与氨基酸、蛋白质和某些酶的相互作用，以及稀土元素在生物内存在状态的研究等，为深入研究稀土元素的生物效应提供了重要的信息。

7.1.1　稀土在植物体内的分布

在很多生物学过程中，金属离子起着极其重要的作用。因此随着稀土元素的生物活性的研究及其应用的发展，人们开展了生物体内稀土元素的含量、分布和存在状态的研究。植物的化学元素成分，反映着植物在一定的生长环境下从土壤中吸取或积蓄的矿物养分。其量受植物的不同科、属和种的选择性吸收能力，植株的生理状态，以及它们的生长环境所制约。

稀土元素普遍存在于植物体内，国内外已有大量关于植物体内稀土元素含量的报道。植物中稀土含量因种类不同差别很大，且受环境条件、地域和土壤类型等影响很大，平均含量为 0.002% ~ 0.057%。

与地壳中稀土元素含量 0.0165% 相比，植物体内的含量甚低，一般为

$0.002\% \sim 0.003\%$。植物性食品中的稀土元素含量还要低一个数量级。表 7-2 汇集了一些植物和食品中稀土元素的测定值。

表 7-2 一些植物和食品中稀土元素的测定值

名称	产地	RE_xO_y 含量/$(\mu g/g)$	名称	产地	RE_xO_y 含量/$(\mu g/g)$
稻米	湖北	$<0.05 \sim 0.83$	番茄	天津	<0.05
	江西	$0.10 \sim 1.02$	莴笋	江西	0.22
玉米	湖北	$<0.05 \sim 0.09$	韭菜	天津	0.24
	黑龙江	$<0.05 \sim 0.17$		山东	1.38
	山东	$<0.05 \sim 0.40$	小白菜	山东	0.55
	天津	$<0.05 \sim 0.39$	菠菜	北京	0.321 ± 0.013 *
	云南	$0.31 \sim 0.35$	青蒜	山东	1.80
	山东	<0.05	黄瓜	天津	0.39
	美国	$<0.05 \sim 0.22$	西瓜	天津	<0.05
大豆	美国	$0.34 \sim 1.71$	橙	江西	<0.05
	山东	2.70	辣椒干	江西	<0.05
小麦	湖北	$0.26 \sim 1.84$	薯干	江西	$0.88 \sim 0.98$
	黑龙江	$0.34 \sim 1.59$		山东	2.38
	山东	$1.77 \sim 3.15$	原糖	古巴	$1.20 \sim 3.27$
	河南	$1.10 \sim 2.08$	奶粉	英国	~ 15.47
	北京	$0.31 \sim 0.43$	茶叶	江西上饶	0.670 ± 0.014 *
	加拿大	$0.11 \sim 0.91$		四川宜汉	0.256 ± 0.004 *
	澳大利亚	$0.47 \sim 1.71$		庐山	0.870 ± 0.061 *
	美国	$0.34 \sim 1.97$	绿豆	泰国	~ 0.47
	阿根廷	$1.05 \sim 1.35$	芝麻	江西	3.60
	山东	1.77	油菜籽	江西	12.77
牧草	内蒙古	0.41	花生豆	江西	$<0.05 \sim 1.42$

* 为 RE 含量，$\mu g/g$。

植物体内稀土元素含量差异很大。除因植物种属不同、同一植株不同器官而异外，还随外界环境及植株年龄、采集时间而变化，尤以土壤和季节的改变为甚。

表 7-3 列举了矿区及非矿区生长的几种植物体内的稀土含量，表明矿区植物稀土含量均比非矿区的高，但随植物种属不同，其积蓄稀土元素的量差异颇大。

表 7-3　矿区及非矿区植物中的稀土含量（RE_xO_y，$\mu g/g$）

	马尾松	假黄杨	油菜	椿树	家槐	杨树
矿区	65	19	47.5	5	6.3	3.1
非矿区	8	4.8	8.4	4.6	5.8	2.1
矿区/非矿区	8.12	3.96	5.65	1.08	1.08	1.48

　　植物体内稀土元素的含量因季节不同而变动。同一株植物的老叶和幼叶中稀土元素的含量也不同。据报道山核桃老叶片中的稀土含量比幼叶高 2~3 倍。

　　稀土元素在植株各部位的分布很不均匀。如稀土元素在橡胶树中的分布，吸收根中稀土含量最高，果肉中最低。其含量递减顺序为：吸收根>树皮≥叶片>果皮>果肉。

　　对作物喷施农用稀土后，稻米、油菜籽、甘蔗汁、辣椒果等食品部分的稀土含量变化不大（表 7-4），而增产明显。

表 7-4　几种农作物可食部分的稀土含量（$\sum RE_xO_y$，$\mu g/g$，干基）

样品	处理	稀土总量	显著性检验
稻米	对照组	4.11 ± 0.15	不显著
	稀土组	4.03 ± 0.15	
油菜籽	对照组	40.5 ± 0.5	不显著
	稀土组	38.7 ± 1.3	
甘蔗汁	对照组	4.73 ± 0.5	不显著
	稀土组	4.30 ± 0.16	
辣椒果	对照组	37.6 ± 2.2	不显著
	稀土组	41.8 ± 0.9	
辣椒籽	对照组	17.6 ± 1	显著差异
	稀土组	21 ±2	
茶叶	对照组	10.3 ± 0.3	显著差异
	稀土组	(29.3 ±1.9) ~ (87.8 ±1.8) （随采摘批次而异）	

　　而茶叶与上述情况不同，喷施稀土后新生的叶芽中，稀土含量明显上升，按小区连续采样，随着采摘次数的增加，叶芽中的稀土含量逐渐下降。

　　对施用农用稀土后植株内稀土元素含量变化情况的研究表明：无论施用稀土与否，植物体内的稀土元素主要来源于土壤，施用稀土可促使植株吸收土壤中的稀土元素。值得考虑的是农作物从农田土壤中取走了不可忽视数量的稀土元素。

国内外学者比较广泛地研究了植物体内单一稀土元素的分布情况。观察到，不同植株对单一稀土元素的吸收、输运具有选择性。

稀土对不同植物的影响不同，研究指出大多数植物中的稀土含量是较低的，但是有少数植物具有相对高的稀土含量。因此，必须注意不能盲目施肥。

7.1.2　稀土在人体和动物体内的分布

稀土的毒理、药理研究和稀土农用试验都利用实验动物进行。除了观察给药剂量与动物体征外，尚需观测稀土元素在实验动物体内的输运、分布和积累，以探讨致毒机制。

关注人体和自然界动物体内稀土元素的分布是非常重要的基础工作。关于稀土元素在动物和人体内分布的研究结果，大致可分为两类：①自然环境中人体和动物体内稀土元素的分布；②实验动物体内稀土元素的分布。

稀土元素进入了自然界的生物链，随着环境中稀土浓度增加，生物体和人体内稀土浓度提高。例如，某生产硝酸稀土的冶炼厂，稀土作业区人发稀土浓度比对照区高几倍。因此稀土元素进入生物圈对人类健康的影响应颇为人们重视。寻找动物体和人体一个安全、允许的稀土浓度范围，是解决稀土安全使用的关键。

表 7-5 中列出从文献查到的人体各组织中稀土元素含量的参考数据，由于测试方法、技术水平和工作目的不同，所取得的结果仅供参考。

表 7-5　人体各组织中稀土元素含量（$\mu g/mL$ 或 $\mu g/g$）

人体组织	元素	浓度	例数	人体组织	元素	浓度	例数
血清	Ce			全血	Ce	<0.1	1
	Dy	—	39		Dy	<0.002	1
	Er	<0.1	39		Er	<0.006	1
	Eu	<0.03	39		Eu	<0.006	1
	Gd	<0.2	39		Gd	<0.004	1
	La	<0.1	39		Y	<0.008	96
	Lu	0.44	39		Yb	<0.0047	1
	Nd	<0.05	39	骨	La	<0.006	44
	Pr	<0.03	39		Y	<0.2	44
	Sm	<0.05	39	人发	La	<0.07	718
	Tb	<0.07	39			<0.15	2
	Tm	<0.09	39	肌肉	Y	0.65	6
	Y	<0.1	39	甲状腺	Y	<0.004	26
	Yb	<0.1	39	尿（24h）	Ce	<150	2

人体组织	元素	浓度	例数	人体组织	元素	浓度	例数
	La	36	2	牙齿	Ce	0.07	28
		0.71	1	（釉质）	Dy	<0.08	28
	Sm	0.28	2		Er	<0.09	28
		2.05	1		Eu	<0.04	28
胰腺	Y	2.75	29		Gd	<0.08	28
肺	Ce	<250			Ho	<0.02	28
	Dy	0.05			La	<0.02	28
	Er	0.002			Lu	<0.02	28
	Eu	0.002			Nd	0.045	28
	Gd	0.001			Pr	0.027	28
	La	0.02			Sm	0.08	28
	Nd	0.01			Tm	0.02	28
	Sm	0.0062			Y	0.007	28
	Y	0.003			Yb	<0.1	28
		<920		皮肤	La	0.072	5
血浆	Ce	—			Sm	0.072	4
	Dy	<0.002	1	心脏	La	0.0012	11
	Er	<0.006	1		Ce	0.003	11
	Eu	<0.004	1		Sm	0.006	11
	Gd	<0.002	1		Y	<3.400	30
	La	—	1	肝	Ce	0.008	7
	Lu	<0.0006	1		La	0.008	11
	Nd	<0.002	1		Y	<50	30
	Pr	<0.05	1	肾	Ce	0.003	7
	Sm	<0.002	1		La	0.003	7
	Tb	<0.0006	1		Y	<150	29
	Tm	<0.0006	1	前列腺	Y	<1700	12
	Y	<0.01	1	淋巴结	Ce	0.04	5
	Yb	<0.002	1	脾	Y	<1300	30

孟路等[6]研究了正常人血浆中稀土含量（表7-6）及其物种分布。结果表明正常人血浆中含有痕量的稀土（总量为 $1.4 \sim 13.3 \mu g/L$）。

表7-6　正常人血浆中稀土含量　（$n=11$，$\mu g/L$）

元素	含量范围	中位数	平均值	元素	含量范围	中位数	平均值
La	0.17 ~ 3.8	0.25	0.87	Ce	0.05 ~ 3.6	0.19	0.23
Pr	0.014 ~ 0.81	0.08	0.16	Nd	0.16 ~ 0.67	0.21	0.21
Sm	0.06 ~ 0.68	0.18	0.21	Eu	0.02 ~ 0.36	0.11	0.13
Gd	0.05 ~ 1.05	0.19	0.35	Tb	0.02 ~ 0.34	0.02	0.09
Dy	0.07 ~ 0.42	0.09	0.13	Ho	0.02 ~ 0.24	0.015	0.06
Er	0.05 ~ 0.47	0.069	0.11	Tm	0.007 ~ 0.18	0.018	0.042
Yb	0.06 ~ 0.64	0.07	0.29	Lu	0.05 ~ 0.11	0.057	0.06
Y	0.05 ~ 9.2	0.45	1.13	ΣRE	1.4 ~ 13.3	2.2	4.07

表7-7 列出广东省 25 例男女随机样品骨灰中轻稀土元素的总量，说明稀土元素随人的年龄增长，而在骨中积聚。

表7-7　骨灰中轻稀土总量

年龄/岁	10 ~ 20	21 ~ 40	41 ~ 60	61 ~ 80	81 ~ 90
样本数（n）	2	8	4	6	5
平均值/（$\mu g/g$）	1.07	1.76	2.12	2.43	2.54

以每天 $1800 mg/kg$ 剂量的稀土硝酸盐混合于基础精饲料中，从幼年大鼠开始自由进食 8 个月后，解剖并分析脏器中稀土含量（表7-8）。其结果说明：稀土经胃肠道吸收很少，且主要分布在骨、脾和肝脏，以骨和脾含量最高。

表7-8　大鼠用含稀土饲料喂养 8 个月后脏器中稀土含量　（$\mu g/g$）

元素	处理方式	肝脏	肾	肺	脾	骨
镧	饲喂	0.617	0.290	0.251	1.499	3.952
	对照	0.025 7	0.087 8	0.083 9	<0.016	0.399
铈	饲喂	0.878	0.610	0.365	3.12	2.721
	对照	0.191	<0.198	0.243	0.315	0.683
钐	饲喂	0.016 5	0.013 2	0.009 2	0.005 64	0.683
	对照	<0.000 5	<0.001 4	0.005 7	0.003 9	0.015 7

稀土化合物在动物体的吸收、分布及代谢与其给药途径、化学形态有关。总的来说，口服、肌肉或皮下注射吸收得少而慢，呼吸道吸收比前者稍快，腹腔注

射或静脉注射吸收得快而多。这是因为稀土离子在与动物体接触时，水解成氢氧化物或生成难溶磷酸盐，使口服、肌注或皮注的吸收少而慢。静脉注入的稀土离子，主要与血液中的血清蛋白结合，生成稳定的配合物，因而利于吸收和输运。稀土进入体内后，优先积聚在肝、脾、骨髓和卵巢等网状内皮系统的器官或组织中。稀土经消化道进入动物体内时先进入肝脏，然后再由肝进入其他组织器官。由呼吸道吸收的稀土粉尘，则主要先沉积在呼吸道和肺部，然后再进入肝、骨等，一小部分经消化系统比较快地排出。但不论以何种途径进入动物体内，稀土都会在各器官组织间进行再分配。稀土经消化道进入体内时，几乎不被吸收到血液中，其大部分由粪便排出。而经其他各种途径进入体内，排出缓慢。静脉注射，稀土大部分留在机体内的各器官组织中。稀土进入肝脏较快，排出也容易，主要通过胆汁排出。稀土进入骨骼缓慢，排出也较困难，主要是由肾脏排出。这说明稀土与骨中某些成分有着牢固结合，可能稀土进入骨骼后与黏多糖结合，也可能稀土进入磷酸钙结晶中，沉积在细胞间质中间成为骨组织，其机理尚不清楚，有待研究。

　　稀土元素的化学形态不同，则在体内表现出的行为也不同。如 La-EDTA 配合物比 $LaCl_3$ 在肝和脾中积累的程度小，而在肌肉和骨骼中聚集的程度大。

　　单一稀土元素性质相近，但它们在动物体内的分布有差别。文献报道，La ～ Sm 轻稀土主要分布在肝中，Eu ～ Gd 在肝和骨中含量相等，Tb ～ Lu 重稀土主要集中在骨中，而肝脏含量很少。

7.2　稀土与生物分子的作用

7.2.1　稀土与氨基酸的作用

　　稀土能与很多生物大分子，如蛋白质、核酸和糖类，以及构成它们的结构单元——氨基酸和核苷酸等发生作用。

　　氨基酸不仅是蛋白质等生物大分子的结构单元，而且氨基酸本身也具有重要的生物功能，氨基酸是一类最基本而又十分重要的生物配体。金属氨基酸配合物不仅本身具有重要的生物功能，如谷氨酰胺铜参与金属离子输送。而且金属氨基酸配合物也是金属蛋白、金属酶等生物大分子为保持其结构稳定和维持其生物活动所必需的非肽活性中心。稀土与氨基酸的作用是稀土生物无机化学研究的基本课题，它也可作为研究稀土与生物大分子作用的模型化合物。稀土与氨基酸配位作用的研究对配位化学也是重要的丰富和发展。

　　氨基酸是构成蛋白质的最基本单元，氨基酸彼此间通过肽键相连并以特定的

空间结构组成了种类繁多的蛋白质。蛋白质水解的最终产物即为氨基酸，出现于蛋白质中的氨基酸有二十多种，其结构通式为

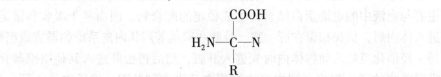

均为含 α-氨基的羧酸。生物体也含有游离的 β-氨基酸，如 β-丙氨酸，但它不存在于蛋白质中。除甘氨酸外，其他氨基酸均有 L 和 D 两种构型，但目前已知的天然蛋白质中氨基酸均属于 L-型。除甘氨酸外，氨基酸具有旋光特性，L-型和 D-型异构体也可称为旋光异构体。氨基酸除含有氨基、羧基外，有的尚含有羟基、巯基、芳香环或吲哚。依据氨基酸分子中氨基和羧基数目，可将氨基酸分为中性、酸性和碱性三大类，也可根据氨基酸 R 基团极性而分为极性和非极性氨基酸两类。两性性质是氨基酸代表性特点。氨基酸酸性羧基—COOH 可解离，而其碱性氨基酸可接受 H^+，故氨基酸通常以两性离子形式存在 $[R—CH(NH_3^+)COO^-]$。

　　氨基酸含有多种配位基团，氨基酸典型配位原子是氧和氮原子，其中羧酸是重要的配位基团。根据软硬酸碱理论，作为硬酸的稀土离子应优先与氨基酸氧配位原子配位，其次是氨基，而氨基酸氮配位原子与稀土离子作用较弱。对于既含有氧又含有氮配位原子的配体，氧配位原子与稀土离子配位，使稀土离子水化层受到破坏；氮配位原子则可继续以配体与稀土离子作用而不必破坏稀土离子水化层，即在这种情况下氮配位原子容易与稀土离子配位。当溶液 pH 较高时，氨基酸的—NH_3^+基团也发生去质子化反应，此时氨基酸的羧基氧和氨基氮均可配位于稀土离子，形成了五元螯合环。而低 pH 条件下，通常氨基酸仅以羧基氧与稀土配位。某些氨基酸尚含有羟基。

　　依据 Born 方程，如果配键是离子型的，则电荷为 e，半径为 r 的离子的配合物稳定性与 e^2/r 之间应存在线性关系。对三价稀土离子，其配合物稳定常数应随稀土离子半径减小而增加。实验证明，稀土氨基酸体系中配合物稳定常数随稀土离子半径减小而呈增加趋势，有的体系表现出较明显的线性关系，依此可认为稀土与氨基酸配合物的配位键主要是离子型的，并含某种程度的共价性，正是配位键某种程度的共价性致使稀土氨基酸配合物稳定常数与稀土原子序数的关系在某种程度上偏离典型的线性关系。

　　固态配合物中观察到：①氨基酸基本是以其羧基氧与稀土配位，对含潜在的硫配位原子的氨基酸，硫原子不参与配位，如稀土半胱氨酸、蛋氨酸固态配合物中硫原子均不配位。②氨基酸以酸根阴离子或中性的两性离子形式存在，如用稀土碳酸盐和稀土异丙醇盐法合成的配合物中，氨基酸以阴离子形式存在，而大部分固态配合物中，氨基酸则以两性离子存在。③在弱酸条件下生长的单晶中，氨基不

参与配位，仅在较高 pH 下制备的晶体有配位的氨基。此外，羟基、硫原子也是潜在的配位原子。在特定条件下，羟基也可与稀土离子配位，如镝与丝氨酸 1∶1 配合物晶体。

氨基酸羧基与稀土离子键合方式较多，目前已发现的主要有 5 种（图 7-1）。其中前 2 种是较普遍的键合方式，而后 3 种较少见。氨基酸羧基配位方式多是导致稀土氨基酸配合物结构多样性的重要因素之一。

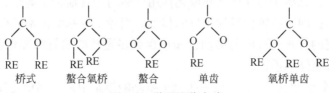

桥式　　螯合氧桥　　螯合　　单齿　　氧桥单齿

图 7-1　羧基配位方式

生物体内稀土离子处于体液环境中，如血液、消化液、唾液等，稀土离子将与体液中氨基酸等生物配体作用。因此研究溶液中稀土与氨基酸的作用应更有利于模拟体内稀土与氨基酸生物分子的作用特点。

许多氨基酸与稀土配合物的稳定常数和热力学函数已被测定。由稳定常数可知，稀土能与氨基酸生成比较稳定的配合物。稀土与各种氨基酸能生成 1∶1 配合物，某些氨基酸与稀土也能生成 2∶1 配合物。表 7-9 列出稀土与氨基酸 1∶1 配合物的解离常数。

表 7-9　稀土与氨基酸 1∶1 配合物的解离常数

稀土	氨基酸	解离常数 K_d	pH	温度/℃
La	肌氨酸	0.25	3 ~ 8	25
Nd	丙氨酸	0.23	—	22
Nd	丙氨酸	0.15	4.0	22
Nd	组氨酸	0.50	4.0	22
Nd	丝氨酸	0.10	—	22
Nd	丝氨酸	0.08	4.0	22
Nd	苏氨酸	0.13	4.0	22
Pr	丙氨酸	0.30	4.6 ~ 5.0	39
Pr	氨苄青霉素	0.13	4.0 ~ 4.6	25
Eu	甘氨酸	0.20	3.6	25
Eu	甘氨酸	0.01	3.8	—
Eu	丙氨酸	0.18	3.6 ~ 4.5	25
Eu	铃兰氨酸	0.28	4.6 ~ 5.0	37
Lu	肌氨酸	0.13	3 ~ 8	25

　　通过已测定的结果观察到，稀土与氨基酸配合物的稳定性存在某些规律：

　　(1) 钇的位置。钇的离子半径位于钬和铒之间，通常钇配合物的许多性质类似于钬、铒。然而，在稀土氨基酸配合物稳定性顺序中，钇配合物稳定性明显向轻稀土方向移动，例如，L-丝氨酸体系，钇配合物稳定常数值位置移至镨、钕之间，在苏氨酸、苯丙氨酸、天冬氨酸、天冬酰胺等体系钇位置均明显向轻稀土方向移动。钇位置移动可用稀土离子与氨基酸配体之间极化作用解释。对于没有 4f 电子的钇离子，钇离子与配体之间极化作用虽然弱于其他稀土离子，导致钇配合物稳定性减弱，即钇位置向轻稀土方向移动。当稀土氨基酸体系的极化作用进一步加强，则钇的位置还可向前移动，如在含有多重链的酪氨酸和色氨酸体系中，钇的位置已移至镧的前面。

　　(2) "四分组效应"。已发现一些稀土氨基酸体系中配合物稳定性与稀土原子序数之间关系呈现 "四分组效应"，如蛋氨酸、丝氨酸、天冬氨酸、天冬酰胺等体系均呈明显的 "四分组效应"。

　　(3) 配合物稳定常数的变化规律与配体氨基酸质子化常数相一致，即配合物的稳定性与氨基酸配体的碱性间具有线性依存关系。

　　(4) 配合物稳定性与测定条件的关系。不同作者采用的实验条件的差异，使所得数据可比性差。在 pH 电位法测定条件下，溶液 pH 较高，由氨基酸的质子化常数可知，在该滴定条件下，不仅氨基酸配体羧基是去质子化的，而且其氨基也发生明显解离。这样氨基酸的羧基和氨基均可与稀土离子配位，生成的配合物稳定性明显增强。而在 NMR 测定条件下，通常溶液的 pH 小于 5，此时氨基酸的氨基基本是质子化的 ($-NH_3^+$)，故氨基酸仅能以其去质子化的羧基与稀土离子配位，因而生成的配合物稳定常数值明显偏小。

　　(5) 温度是影响稀土氨基酸配合物稳定常数的重要因素，在一定温度范围 ΔH 变化甚小，可视为常数。

　　(6) 溶液离子强度的不同会引起配合物体系中各物种的活度系数变化，从而导致稀土氨基酸配合物稳定常数的变化。

　　(7) 溶剂分子通过与配体竞争稀土离子或者通过稀土离子竞争配体的机制而影响稀土配合物稳定性。

　　稀土与生物大分子或氨基酸相互作用的研究结果显示，生物体内可能存在着稀土生物大分子。但是在体内稀土元素含量极微，分离过程复杂，直接从生物体内观察、检测、分离并获取稀土生物大分子的工作尚不多见。

　　体内稀土离子处于多种生物配体共存的环境，三元或多元配合物也应是稀土离子的重要存在形式，并与稀土离子的代谢及其生物效应密切相关。

　　胺多羧酸是一类十分重要的配体。稀土与胺多羧酸、氨基酸可生成稳定的三元配合物。EDTA、HEDTA、NTA 等可与稀土生成稳定的配合物，在这些配合物中，稀土离子的配位数尚未达到饱和，同时由于 EDTA 等配体与稀土离子强的配位作用，致使稀土离子的水化层受到破坏。这将有利于较弱的配体氨基酸继续与稀土离子配位而生成三元配合物。但另一方面，由于 EDTA 等配体的配位，明显减小了中心稀土离子的有效电荷，同时也产生较强的空间位阻作用。这将减弱氨基酸与稀土离子的作用（与氨基酸二元体系相比）。稀土与胺多羧酸、氨基酸三元配合物也具有某些有趣的荧光特点。三元体系中仍发射稀土离子的特征荧光光谱，但发射强度明显增强，表明配体与中心离子间出现了能量传递作用，这种能量传递作用应是以配合物的形成为基本条件。

稀土氨基酸配合物尚具有杀菌和促进农作物生长的作用。它既可以防治农作物病、虫害，又能使农作物增产和改善其品质。在小麦分蘖、拔节、孕穗等生长期间喷施稀土混合氨基酸配合物能提高小麦叶中叶绿素含量，明显促进小麦的生长发育。稀土氨基酸配合物也能促使小麦营养成分的合成，提高麦粒中蛋白质等的含量，改善小麦品质。稀土氨基酸配合物容易渗入植物细胞内部，发挥其防治病、虫害的作用。由于稀土氨基酸配合物可促进小麦生长发育，也即增强了小麦的抗病能力。近年来我国柑橘、棉花、蔬菜、西瓜、茶叶等作物上也进行了施用稀土氨基酸配合物的实验，均收到良好的效果。稀土氨基酸配合物作为饲料添加剂的应用也有报道。此外，稀土氨基酸配合物的药物活性也受到关注。

7.2.2　稀土与肽链的作用

氨基酸分子通过肽键（酰胺键）相连而组成肽，依据组成肽的氨基酸数目，肽可分为二肽、三肽、多肽。肽是具有极其重要生物功能的蛋白质分子的构造单元。此外，生物体内存在一些具有特殊功能的三肽、多肽。例如，谷胱甘肽参与细胞内的氧化还原作用，是某些酶的辅酶，并对一些巯基酶有激活作用。在人体内还有一些具有激素功能的多肽，如催产素和加压素均为八肽。

肽在生物体内种类繁多，分布广泛。有些小肽在体液中浓度很高，起着特定的生理作用，如谷胱甘肽，在人细胞膜的稳定及胞内酶的还原等过程起着重要作用。肽含多种官能团，能与多种金属离子成键，它们无疑会成为与进入体内稀土离子作用的基本配体之一。

与氨基酸相比，肽不仅种类繁多，结构复杂，而且通常溶解性差，难以获得纯品，因此，关于肽与稀土作用的研究不及氨基酸类广泛和系统。

二肽是最简单的肽。稀土与二肽作用的研究将为探索稀土与复杂多肽以及蛋白质等生物大分子的作用开辟重要的可行途径。

二肽分子含羧基—COOH 和氨基—NH_2，在酸性溶液中羧基和氨基均可质子化。溶液中，随着 pH 的升高，二肽分子的羧基首先发生解离，此时，—COO⁻可与稀土离子配位。当溶液 pH 更高时，二肽分子的—NH$_3^+$也可解离，同时由于羧基的配位使稀土离子水化层受到破坏，这时—NH$_2$也可以与稀土离子配位，生成比较稳定的配合物。稀土与二肽的配位作用类似于稀土与氨基酸的作用。但由于二肽分子空间位阻作用颇大，并且稀土二肽配合物螯合环体积比较大，稀土二肽配合物稳定性较小。

稀土二肽配合物稳定性与稀土原子序数间呈现某种规律性变化。例如，稀土与 DL-丙氨酰-DL 丙氨酸 1∶1 配合物稳定性与稀土原子序数间存在较为明显的"四分组效应"（图 7-2）。而在 0.075～1.0mol/L（KNO$_3$）离子强度下稀土与甘氨酰-甘氨酸生成 1∶1、1∶2 和 1∶3 配合物的稳定常数值均随体系离子强度的增加而减小，同时配合物的稳定性按 La、Pr、Nd、Sm、Tb、Dy、Yb 顺序递增，这反映了稀土与甘氨酰-甘氨酸配位作用以离子性为主的特点。

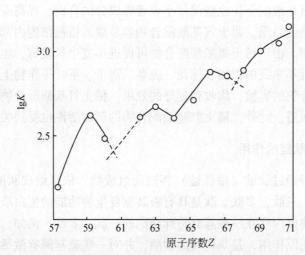

图 7-2　稀土与 DL-丙氨酰-DL-丙氨酸配合物 lg$K$ 值与稀土原子序数的关系

生物分子的活动性与其构象十分密切。构象的研究是探索稀土离子对生物分子的结构、生物功能影响的重要途径。

溶液中二肽分子构象研究是考察多肽以及蛋白质生物大分子的结构、功能及其相互关系的基础。以稀土离子为探针、用 NMR 法研究了一些二肽分子的溶液构象。

7.2.3　稀土与蛋白质和酶的作用

蛋白质和酶是生物体内重要的生物大分子配体，它们在生命活动中起着十分重要的作用。然而，许多蛋白质、酶等生物大分子如果离开微量的金属离子，则将丧失其活性。金属离子与蛋白质、酶分子以一定的化学键和特定的空间构型通过一定方式结合，才使蛋白质、酶生物大分子保持大结构稳定且具有生物活性。研究稀土与蛋白质、酶的作用将进一步阐明蛋白质、酶的结构和功能，并揭示稀土的生物效应。

1. 稀土与蛋白质的作用

　　蛋白质是生命的存在形式。金属蛋白质配合物在生命活动中起着离子输运、载氧、信息传递等重要功能。蛋白质是结构十分复杂的生物大分子，这决定了稀土与蛋白质作用的复杂性、多样性。蛋白质大分子往往含有多种配原子和多个氨基酸残基，故蛋白质分子与金属间的配位作用十分复杂。

　　稀土与许多不同蛋白质的配位行为及配合物的稳定常数已被研究过。稀土与蛋白质配合物的稳定常数变化范围较宽。不同的蛋白质稀土配合物稳定常数差异很大，有的相差甚至可达 1~2 个数量级，这表明不同蛋白质配合物中，稀土与蛋白质的结合部位、配位微环境以及配合物中成键情况有其特殊性。

　　稀土与蛋白质配合物比较稳定，这反映了蛋白质这一类生物大分子配体含有多个能与稀土离子结合部位，并且一些结合部位含有不止一个配位质子，稀土与蛋白质配合物一般是多齿螯合配合物。

　　曾经研究了某些蛋白质稀土配合物解离常数与温度的关系，Gd^{3+} 与牛血清蛋白（BSA）配合物的解离常数与温度关系示于图 7-3。由图 7-3 可知，Gd^{3+} 与牛血清白蛋白配合物解离常数随温度增高而减小，即该配合物稳定性随温度升高而增强，表明 Gd^{3+} 与该配合物的配体反应是吸热过程。

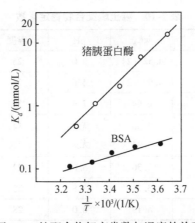

图 7-3　钆配合物解离常数与温度的关系

人血清白蛋白是血浆蛋白质的主要成分之一，它可与许多低相对分子质量物质结合，以降低其血中浓度，从而起一定的缓冲作用或输运作用。将机体所需物质和废物分别运至需要部位或排泄器官。人血清白蛋白是由 585 个氨基酸组成的单肽链蛋白质，它含有一个色氨酸残基和多个酪氨酸残基。在 Tb^{3+} – 人血清白蛋白体系中，激发波长为 296nm 时观察到人血清白蛋白 214 位色氨酸残基 355nm 的荧光峰和 Tb^{3+} 的四个特征荧光峰，并观察到 214 位色氨酸残基与 Tb^{3+} 间的能量转移而导致的 Tb^{3+} 荧光增强现象，由此测定了 pH=6.2、27℃ 条件下，Tb^{3+} 与人血清白蛋白配合物的解离常数为 2.0×10^{-4} mol/L。Ca^{2+} 不能同 Tb^{3+} 有效竞争该结合点，而 Gd^{3+}、Eu^{3+} 可有力竞争 Tb^{3+} 的结合部位。依据 Forster 偶极–偶极无辐射能量传递机理，计算求出 Tb^{3+} 与人血清白蛋白 214 位色氨酸残基之间的距离为 1.38nm。用核磁共振法求得了 Gd^{3+} 与人血清白蛋白配合物的解离常数为 9.4×10^{-4} mol/L（27℃，pH=6.3），其键合数为 4。此外，人血清白蛋白及一些低相对分子质量物质与稀土生成三元配合物。

2. 稀土与酶的作用

生命活动是许多生命活性物质参与的高度精细的按照特定程序在规定部位进行的多种化学反应的总结果。酶是效率高、选择性强的生物催化剂。已研究过的 1300 余种酶中约 1/3 含金属（金属酶）。金属离子参与构成酶活性中心而使酶具有催化活性并保持其结构稳定。金属离子在酶中主要功能是路易斯酸、桥联作用、模板作用、结构作用和电子传递作用等。

表 7-10 列出了一些酶与稀土作用的稳定常数。表中数据表明稀土与酶配合物比较稳定，同时不同配合物的稳定常数相差也较大。

表 7-10　稀土酶配合物稳定常数

酶	稀土	$\lg K_A$	pH	温度	研究的其他稀土
碱性磷酸酶	Gd	4.52（2）	8.0	25	
α-淀粉酶	Gd	4.59（2）	4.6	25	
无机焦磷酸酶	Eu	6.64	7.4	30	
溶菌酶	La	3.30	无关	54	
	Gd	3.44	无关	25	
磷脂酶 A_2	Gd	3.30	5.8	22	
原磷脂酶 A_2	Gd	3.74	5.8	22	
丙酮酸激酶	Gd	4.19	6.0	28	La, Nd, Tm

酶	稀土	$\lg K_A$	pH	温度	研究的其他稀土
核糖核酸酶	Nd	4.89	5.6	25	Eu
葡萄球菌核酸酶	Gd	5.05	7.0	30	
牛胰蛋白酶	Tb	3.59	6.3	23	Gd, Yb
猪胰蛋白酶	Tb	2.94	6.3	25	所有其他稀土

　　酶的结构十分复杂，往往含有多个可与稀土离子配位的结合部位，故酶与稀土的配位作用比较复杂。例如，溶菌酶相对分子质量为 14 500，是一个包括 129 个氨基酸残基的多肽链组成。用核磁共振法和光谱法证实了 Gd^{3+} 可与溶菌酶发生配位作用。晶体结构表明，固态时 Gd^{3+} 或者键合于谷氨酸–35 的羧基侧链，或者是天冬氨酸–52 的羧基侧链，上述两结合距离是 0.356nm，而溶液中，通常认为 Gd^{3+} 与上述两个羧基形成螯合配位。处于键合状态的 Gd^{3+} 的水化层受到明显破坏，其水合数小于 4，这可作为 Gd^{3+} 与溶菌酶间发生螯合作用的证据之一。谷氨酸–35 和天冬氨酸–52 的羧基侧链均处于该酶的活性中心，当该酶与 Gd^{3+} 配位后，活性应受到抑制，而实验上的确也证实了这一点。

　　稀土与酶分子的键合作用导致酶的活性的变化，稀土元素对某些酶活性影响的研究结果汇总于表 7-11。从表 7-11 可以看出，稀土元素对酶活性的影响有如下几个特点。

　　(1) 稀土既可以激活某些酶，也可以抑制某些酶的活性。

　　(2) 稀土对酶活性的影响与稀土离子半径有一定关系。曾经研究了一系列稀土离子对腺苷酸谷氨酰胺合成酶生物合成活性的影响，结果示于图 7-4，该图示出了胰蛋白酶原转化为胰蛋白酶的酶催化反应速率与稀土离子半径的关系，由图 7-4 可见，稀土对腺苷酸谷氨酰胺合成酶生物合成活性的激活作用随稀土离子半径增加而减弱。

表 7-11　稀土对酶活性的影响

酶	天然激活剂	稀土的作用
乙酰胆碱酯酶		竞争抑制
醛缩酶	Mn^{2+}	抑制
肌酸激酶	Mg^{2+}	抑制
无机焦磷酸酶	Mg^{2+}	可逆抑制
磷酸甘油酸激酶	Mg^{2+}	竞争抑制
丙酮酸激酶	Mg^{2+}	竞争抑制

续表

酶	天然激活剂	稀土的作用
葡萄球菌核酸酶	Ca^{2+}	竞争抑制
脱氢酶		抑制
溶菌酶		抑制
谷氨酰胺合成酶	Mn^{2+}	激活
Ile–tRNA 合成酶	Mg^{2+}	激活
磷脂酶 A_2	Ca^{2+}	激活
核糖核酸酶		激活
燕麦叶钙依存蛋白激酶	Ca^{2+}, Mg^{2+}	抑制
豚鼠肝转谷氨酰胺酶	Ca^{2+}	抑制

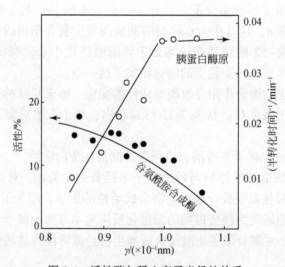

图 7-4　活性酶与稀土离子半径的关系

（3）稀土离子对酶活性的影响与其浓度有密切关系。例如，胰蛋白酶原转为胰蛋白酶的反应，1 mmol/L Nd^{3+}对该反应的加速作用相当于 Ca^{2+} 的 10 倍；而稀土离子浓度高时（10～100mmol/L），则观察到对上述反应的抑制作用。稀土浓度高时出现的抑制作用是由于胰蛋白酶活性受到抑制。胰蛋白酶的天冬氨酸–194 的羧基和丝氨酸–190 的羟基是稀土离子的键合部位，其中丝氨酸–190 的羟基处于该酶的活性中心。当稀土离子浓度高时，正是稀土离子与胰蛋白酶的键合作用导致该酶活性受到抑制。在低浓度下，稀土离子可以激活凝血酶原和细菌 α–淀粉酶，而在高浓度时，则起抑制作用。

研究稀土与肽和蛋白质的作用，有助于阐明稀土鞣革和羊毛染色的机理。

7.2.4　稀土与核酸和核苷酸的作用

核酸是另一类大分子生物配体。根据核酸的生物功能和化学结构，又可分为核糖核酸（RNA）和脱氧核糖核酸（DNA）两类。核酸是由许多核苷酸聚合而成的高聚物。核酸水解可得到核苷酸，再进一步水解则产生核苷和磷酸。核苷是由核糖和碱基组成。核苷酸不仅是核酸的基本组成单元，而且还有一些自由核苷酸存在于细胞内，并具有重要的生物功能，如可作为生物体内能量储存和利用的主要物质以及生物体内基本调节物质。核酸不仅是生物体基本组成物质，而且是遗传信息的载体，在生物个体的繁育、遗传和变异等生命过程中起极为重要的作用。相对分子质量巨大、结构复杂的核酸分子为金属离子提供了生物大分子配位环境。金属离子与核酸的作用不仅影响核酸分子结构，而且和核酸的生物功能密切相关。

稀土-核苷酸配合物可以作为酶反应的竞争抑制剂，并可以作为顺磁探针描绘稀土在酶上的键合位置。稀土与核酸和核苷酸的作用是特别引人注意的。

核苷碱基的羰基和核糖的羟基与稀土离子的配位作用均较弱，这导致核苷与稀土离子的作用很弱。

由于核苷酸分子含有 $1 \sim 3$ 个磷酸根，使核苷酸与稀土的作用远远强于相应的核苷。曾测定了某些核苷酸与稀土作用的稳定常数。随着溶液 pH 的提高，核苷酸分子逐级解离，对稀土离子的亲和力也明显增强。故核苷酸稀土配合物稳定常数与 pH 关系密切，而稀土离子、嘌呤和嘧啶碱本身的性质对核苷酸与稀土离子的亲和力影响较小。正如预期那样，核苷酸分子中磷酸根数目的增加导致其与稀土离子亲和力作用增强，故它们与稀土亲和力作用顺序是：核苷三磷酸>核苷二磷酸>核苷一磷酸。

以稀土离子为结构探针，用 NMR 方法测定一些核苷酸的溶液构象。稀土离子与核苷酸磷酸根两个氧配位。稀土离子位于 O—P—O 平面，并具有有效对称轴，该轴穿过稀土离子和 O—P—O 二面角。稀土与磷原子无直接键合作用。溶液中稀土核苷酸配合物也是处于多种构象的平衡中。

已系统地测定了 14 个稀土元素与腺苷三磷酸（ATP）配合物在 pH = 8 时的解离常数（表 7-12）。稀土与 ATP 配合物相当稳定，并且重稀土配合物稳定性明显高于轻稀土，稀土与 ATP 可生成 $1:1$、$1:2$ 甚至 $1:3$ 配合物。稀土离子可与体内生物金属离子竞争 ATP 配体，如稀土可取代 Mn^{2+}-ATP 配合物中 Mn^{2+}。稀土-ATP 配合物可抑制丙酮酸激酶、肌酸激酶、磷酸甘油激酶等酶的活性。

表 7-12　稀土腺苷三磷酸配合物解离常数（pH 8）

配合物	$K_d/(\mu mol/L)$	配合物	$K_d/(\mu mol/L)$
La	0.33 ± 0.06	Tb	0.094 ± 0.024
Ce	0.35 ± 0.06	Dy	0.049 ± 0.009
Pr	0.31 ± 0.07	Ho	0.099 ± 0.010
Nd	0.29 ± 0.05	Er	0.086 ± 0.019
Sm	0.22 ± 0.01	Tm	0.038 ± 0.010
Eu	0.16 ± 0.04	Yb	0.024 ± 0.006
Gd	0.087 ± 0.005	Lu	0.044 ± 0.011

　　核酸对稀土离子的亲和力高于核苷酸。利用荧光测定法研究 Eu^{3+} 与牛胸腺 DNA 的键合作用。在不同 NaCl 浓度时，测定的配合物生成常数表明，随着盐浓度的增加，生成常数减小。体系的激发光谱仅有一个激发峰，Eu^{3+} 可能键合到牛胸腺 DNA 的同种类型配位基，最可能的配位基是 DNA 的磷酸根。通过荧光发射寿命测量求得每个 Eu^{3+} 可能有 7 个水分子与之键合，Eu^{3+} 配位数可能为 8 或 9，这意味着 DNA 可能仅提供一或两个配位基团，这一结果与根据 $^7F_0 \rightarrow {}^5D_0$ 跃迁的红移所得计算值相一致。

　　转移核糖核酸（tRNA）可与稀土离子键合。当 Tb^{3+} 和 Eu^{3+} 键合到大肠杆菌 tRNA 大分子上时，稀土离子的荧光强度剧烈增强。

　　稀土对核苷酸、环核苷酸等的作用，已作过详细的报道。大部分稀土对核苷酸中的磷酸二酯键具有水解断裂作用，其中以铈离子的作用最为强烈，可能与三价铈在溶液体系中容易形成四价状态有关。

7.2.5　稀土与糖类化合物的作用

　　糖类化合物在生物体内具有多种功能。糖类化合物是与蛋白质、核酸、脂类等合成生物体的基本物质。糖类化合物降解代谢，还可以提供生物活动所需能量。糖类化合物另一重要功能是充当生物体结构物质，如细胞间质中的黏多糖等。

　　稀土离子对简单的不带电荷的糖类亲和力相当弱。然而，NMR 和圆偏振荧光光谱可检测到这种弱的亲和作用。羟基的引入明显增强了糖类化合物对稀土离子的亲和力。

　　稀土与糖蛋白中氨基酸残基的作用强于与糖基的作用。即使氨基酸残基受到糖蛋白分子中取代基的空间位阻作用，氨基酸残基的羟基和氨基也对稀土离子有较强的亲和力。酸性取代成分的引入可以提高对稀土离子的亲和作用。

多糖和多元醇如果在相邻的碳原子上有三个顺式的羟基，则它们一般能与金属离子成键。

7.2.6　稀土与维生素的作用

维生素是生物生长和代谢所必需的微量有机物。许多维生素是构成辅酶或辅基必不可少的成分，参与生物体内的酶反应体系，在生物生长和代谢中具有特殊的生理功能。研究维生素与稀土作用对于探索稀土进入生物体后对生育因子的影响有着重要意义。

维生素按其溶解性质分为脂溶性和水溶性两类。脂溶性维生素通常不与金属离子配位，而多数水溶性维生素一般对金属离子显示较高的亲和力。

维生素 C_2 称抗坏血酸，它是 L–型己糖衍生物，在体内参与氧化还原反应，反复接受和放出氢，起传递的作用。用 pH 电位法和量热滴定测定了一系列稀土与维生素 C 的 1∶1 配合物的稳定常数和热力学函数。配合物稳定常数和热力学函数值表明在生理条件下，维生素 C 以负一价阴离子（HA^-）形式与稀土离子配位，其亲和作用比较弱。

已合成出 Pr^{3+} 与维生素 B_6 的固体配合物。用 NMR 和荧光方法已详细研究了稀土与 B_6 的配位作用。

7.2.7　稀土与卟啉的作用

卟啉是卟吩的衍生物，卟吩是由 4 个吡咯环通过 4 个—CH—基连接而构成的大环化合物（图 7-5），卟吩的吡咯环上编号位置的氢原子被一些基团取代，则生成一系列卟啉化合物。卟啉环上叔氮呈弱碱性，侧链上羧基显弱酸性，因此卟啉具有两性性质，其等电区域为 pH 3 ~ 4.5。

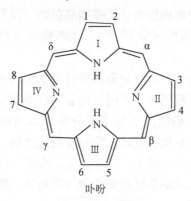

图 7-5　卟吩的结构

卟啉可与 Fe^{2+}、Fe^{3+}、Mg^{2+}、Co^{2+}、Cu^{2+} 和 Zn^{2+} 等离子形成配合物。其中一些金属配合物具有重要生物功能，如亚铁血红素是 Fe^{2+} 与原卟啉配合物，光合作用所必需的叶绿素是 Mg^{2+} 与卟啉衍生物的配合物。

稀土与卟啉配合物可作为研究血红素蛋白结构和功能的 NMR 探针。卟啉环上两个 =NH 基团与稀土作用时可失去两个质子，这样环上 4 个氮原子将配位于中心稀土离子。稀土与氮配位原子作用较弱，故稀土卟啉配合物的合成不易，制备方法比较复杂。卟啉为负二价配体，与稀土形成配阳离子，其配合物含对阴离子，如羟基、乙酸根等。已合成一系列稀土四芳基卟啉配合物。配合物中配体质子化学位移明显增大，通过测定偶极位移比，可以认为 Eu^{3+} 和 Yb^{3+} 分别位于卟啉平面外 $0.18nm$ 和 $0.16nm$。稀土四芳基卟啉配合物溶于有机溶剂，可作为研究有机分子结构的位移试剂，还合成了稀土与八乙基卟啉等的固体配合物。

7.2.8　稀土与磷脂的作用

生物膜是由膜脂、膜蛋白及少量碳水化合物组成的超分子体系，膜脂一般可分为磷脂、胆固醇和糖脂三大类，磷脂是膜脂的主要组成部分，它是由甘油骨架、非极性的长链脂肪及极性的磷酸所组成，其一般结构式为

其中，R_1、R_2 表示脂肪酸烃链，R_3 为胆碱等基团。

人红细胞膜所含的主要磷脂为：①磷脂酰胆碱（简写 PC），②磷脂酰乙醇胺（简写 PE），③磷脂酰丝氨酸（简写 PS），④磷脂酸（简写 PA），⑤鞘磷脂（简写 SM 或 Sph）。

磷脂是一类双亲性分子，具有含磷酸根的亲水头部和两条疏水性的脂肪酸长链，当该双亲性分子周围环境是水相时，则能形成脂双层，由封闭的双层结构组成的泡囊，称为脂质体。磷脂分子除了本身具有不同构象外，又是一种二维流体，能在同一单层中进行扩散、翻转、弯曲等快速运动。脂双层随着组成结构及温度的变化可从凝胶态变为液晶态，相变温度的高低与脂双层的流动性有关，磷脂除了双层结构外还存在非双层结构如六角形结构等，磷脂脂质体是一种理想的人工模拟膜。

金属离子能改变磷脂的表面电荷密度，不同离子与磷脂的结合牢固程度为：

$Ce^{3+}>La^{3+}>Ca^{2+}$，稀土离子能与 Ca^{2+} 竞争磷脂上的结合位点。稀土离子和磷脂结合常数的测定，不同方法相差甚远，有时竟达两个数量级。一般稀土与酸性磷脂的结合（结合常数约为 $10^5 L/mol$）要比中性磷酸（结合常数为 $10^2 \sim 10^3 L/mol$）强。

稀土离子与 PC 形成 1∶2 配合物。在 pH 3 ~ 7 范围内其作用与 pH 无关，但随阴离子的改变对其结合的牢固程度有一定影响，随下列次序而增大：$Cl < Br^- < NO_3^- < SCN^- < I^- < ClO_4^-$。

由于稀土离子具有特征的荧光光谱，因而经常被用于研究稀土与磷脂的作用，如研究其配位形式及配位水的数量。

7.3　稀土离子与细胞膜作用[7]

稀土进入动物体后最初的靶部位是各种细胞，因此回答稀土与细胞膜的作用，能否跨细胞膜转运，进入细胞后对胞内物质的作用及其对功能的影响等，是稀土生物无机化学、稀土毒理学共同关心的问题。

细胞膜不仅是细胞内部环境与外部环境的屏障，并具有许多重要生物功能，对保证细胞的正常物质运输和代谢具有重要意义。

有许多稀土的生物效应是稀土与细胞膜相互作用的表现。这个过程由稀土与细胞膜间的静电相互作用和键合作用，然后引起一系列变化，包括细胞膜上的磷脂、蛋白质等的构象改变，再进一步膜结构和功能改变。同时，还可能在金属离子促进下使膜脂和膜蛋白氧化或水解，其产物又引起一系列新的反应，从而产生生物效应。例如，稀土诱导红细胞溶血、钙通道阻断、影响细胞信号传导等。

由于细胞膜结构和功能十分复杂，通常采用模拟研究其与稀土离子的作用。二棕榈酰磷脂酰胆碱（DPPC）是一种常用的人工膜。

稀土与模拟细胞膜（磷脂脂质体）的研究已有许多报道，如稀土与 DPPC 等磷脂脂质体的作用位点、作用后构象的变化及相变温度的变化等。稀土与红细胞膜的作用首先是确定其对细胞膜的破坏而产生溶血现象，用体外实验方法确定了稀土的临界溶液浓度为 $1 \times 10^{-6} mol/L$，只是 Ca^{2+} 的临界溶血浓度的 1%。但如加入 EDTA 络合稀土离子则在一定时间内的溶血是可逆转的。

稀土离子对细胞膜的亲和力较高，其解离常数达微摩尔数量级。此外，细胞膜上还有一种或多种亲和力较弱的稀土离子键合部位。已证实稀土离子可键合到膜蛋白、膜糖蛋白的唾液酸残基以及磷脂双层上。生理学研究还表明钙离子通道的外表也应是稀土离子高亲和力键合部位。虽然稀土离子可键合到细胞表面，但它们不能穿透人造磷脂双层。

稀土离子还能升高膜电位以及干扰钙离子透过膜的通量。通常稀土离子（特别是高浓度稀土离子）加入后，由于钙离子从细胞膜的外表被稀土离子竞争取代，钙离子的流出量迅速而明显增加。对许多种细胞，稀土离子可以封住所有已知的钙离子进入细胞的通道，使钙离子进入细胞的流量受到抑制，并由此影响与细胞钙离子摄取有关的生理过程。

1. 稀土的跨细胞膜转运

对稀土离子能否通过细胞膜进入细胞是国内外长期有争议的问题。王夔等系统地研究了稀土的跨膜行为，如用不同剂量的 $LaCl_3$ 灌胃饲养大鼠 90 天后，测得所有剂量组的大鼠红细胞膜及胞浆中稀土的含量均高于对照组。由此，从动物水平证实稀土可跨膜进入红细胞膜。

用激光共聚焦显微技术（CLSM）跟踪了稀土进入红细胞的过程，发现稀土离子跨膜时间（t_a）与胞外稀土浓度 c 在 $1\times10^{-6} \sim 1\times10^{-5}$ mol/L 范围内具有线性关系。实验证明稀土通过被动扩散进入细胞是重要途径之一。稀土也能以络阴离子状态通过红细胞的阴离子通道载体转运进入细胞，并用 CLSM 跟踪了大鼠红细胞摄入 RE $(Cit)_2^{3-}$（Cit 为柠檬酸根）的动态过程。

总之稀土以什么机制跨膜进入细胞与细胞种类、稀土的物种、浓度及作用条件等有关，在许多情况下是几种机制并存，当然也有一些稀土不能跨膜进入细胞内的报道，但往往与所研究的细胞种类及实验方法有关。

2. 稀土进入动物细胞后的物种分布

进入血液的稀土与血液成分作用可形成难溶组分、可溶性大分子（蛋白质）配合物、可溶性小分子配合物及极少量的稀土离子。它们与细胞的作用及其毒性差别很大。为阐明核磁成像造影剂 $[Gd(GTPA)(H_2O)]^{2-}$ 的毒性，早在 1990 年 Jak-son 用数学模型法计算了稀土进入血液后的物种分布，指出当 Gd 的浓度为 1×10^{-5} mol/L 时并有运铁蛋白（Tf）存在时，主要物种为 $[Gd(Tf)(HCO_3)]$；当浓度大于 1×10^{-4} mol/L 时主要物种为 $[Gd(Cit)(OH)]$，但没有计算血清中其他蛋白质的物种，而且采用稀土与运铁蛋白的结合常数过高，因而具有较大的偏差。计算结果长期以来并未获实验的验证。

3. 稀土对线粒体及 DNA 的影响

研究进入细胞的稀土对线粒体、染色体、DNA 等作用是稀土细胞化学的另一重要任务，如用大鼠肝细胞与稀土离子培养后，证明稀土能进入肝细胞的细胞核，对核结构产生影响。在稀土离子（La^{3+}、Gd^{3+}、Yb^{3+}）诱导人细胞株 7701 的凋亡过程中，线粒体膜通透性增强，膜电位降低，线粒体细胞色素 C 的释放明显增强。当 La^{3+} 与分离的线粒体作用后使线粒体发生肿胀，降低其形成 H_2O_2 的速率，当稀土离子浓度大于 $2\times10^{-5}mol/L$ 时对线粒体脂质过氧化及膜蛋白的氧化有明显的促进作用。

稀土与 DNA 的作用，不同的报道并不一致。有报道认为低剂量时对细胞中 DNA 的损伤有抑制作用，但高剂量（$200\sim100\mu g/mL$）的氧化钇和氧化镨均能引起淋巴细胞 DNA 的损伤，也有报道认为有些稀土配合物可以提高肿瘤细胞对辐射的敏感性。

4. 稀土对血红细胞的影响

用从人红细胞中提取的血红蛋白（Hb）与稀土作用后测定其载氧能力，当氧分压为 $P_{O_2}<666.6Pa$ 时，正常的 Hb 氧饱和度<5%，但当存在 Ce^{3+}、Pr^{3+}、Tb^{3+}（浓度为 $1\times10^{-5}\sim1\times10^{-4}mol/L$）时氧的饱和度增加到 20%～30%，说明当有稀土存在时 Hb 不容易放出氧，这时 Hb 的二级结构发生改变。动物实验证明，以不同剂量 $CeCl_3$ 灌饲大鼠后，抽取红细胞测定 Hb 含量，对剂量为 $20mg/kg$ 体重的试验组，观察到 Hb 含量略有升高，在该剂量下喂养 40 天后发现低氧分压下（<2000Pa）氧结合能力增强，氧分压增高时 Hb 对氧亲和力减弱，喂养 80 天后在高氧分压下 Hb 结合氧能力大于对照组。对影响 Hb 载氧能力的机制研究指出，当血液中的铈离子进入肝细胞后，使二磷酸甘油部分水解而增加氧的亲和力，但铈与珠蛋白结合后改变血红蛋白的高级结构，既可增加又可降低氧的亲和力，铈离子也能通过推动羟自由基生成，使 Fe^{2+} 氧化成 Fe^{3+}，而降低氧亲和力。

倪嘉缵等[18]发表了小鼠实验结果，观察并检测了钐在鼠肝细胞中的分布与沉积，以及对肝细胞的影响。揭示钐可以进入肝细胞质、线粒体与细胞核。

7.4　稀土的生物效应

7.4.1　稀土与钙离子的生物效应

从细胞、亚细胞乃至分子水平上的研究成果启示人们，既然某些稀土元素可以进入动植物细胞并与蛋白质较稳定地结合，那么稀土元素的某些生物效应可能是它们影响细胞的生理化过程所致。

在生物体内，钙离子对于维持细胞正常功能、肌肉收缩、信息传递、神经冲动传导及骨骼的形成等起着十分重要的作用。稀土离子性质与钙离子极为相似：①接近相等的离子半径，配位数及配合物的几何构型等相似；②同属硬酸类阳离子，优先与氧、氟配位原子作用，化学键基本是无方向的离子键；③水合离子配位数相同。这样稀土离子能在许多生物化学过程中取代钙的位置，取代后有些过程中仍保持钙的性质，但也会产生与钙完全不同的一些生物化学性质，故稀土进入体内引起的生物效应主要与钙有关，因此，稀土离子也可作为研究钙离子行为的生物探针。

稀土离子与钙也有许多不同点，如 RE^{3+} 高的电荷半径比；稀土具有钙离子所不具备的光、磁性质，从而能作为"探针"用来研究含钙蛋白和含钙酶的结构；稀土离子中有些元素具有氧化还原反应以及非三价状态，这对在生物体系中参加有关电子传递的反应，以及与活性氧组分的作用具有重要意义。

另外稀土在配合物中与水的交换速率要比钙慢，其配合物的稳定性要高于钙的配合物。同时还不能忽视各单一稀土元素之间的差别所引起生物化学反应及生物化学过程的差别，如"镧系收缩"能反映在各单一稀土对有关酶活性的影响，当稀土与脱钙的 α-淀粉酶作用后，能使其活性得到恢复，并且其恢复程度与稀土的离子半径呈线性关系；不同稀土离子对胶原酶 A 的活性抑制程度以 Sm^{3+} 最高（因与钙的半径最接近），而 La^{3+} 几乎不产生抑制作用；一定浓度的稀土离子能抑制乳酸脱氧酶的活性，而钙离子对该酶的活性影响很小。各单一稀土进入动物体内后，在器官中的分布及积累的差异，如轻稀土 La ~ Sm 进入动物体后主要分布在肝脏（约50%），骨中仅25%；中稀土（Eu ~ Gd），在肝脏中的分布约为30%，在骨中为40%；而 Tb ~ Lu 的重稀土大部分在骨中积累。稀土离子与钙离子的结构、性质进行比较见表 7-13。

表 7-13　RE^{3+} 与 Ca^{2+} 性质的比较

性质	RE^{3+}	Ca^{2+}
电子构型	[Xe] $4f^{1 \sim 14}$	[Ar]
离子半径/pm	86 ~ 122（CN = 6 ~ 9）	100 ~ 118（CN = 6 ~ 9）
键型	离子键	离子键
配位数（CN）	6 ~ 12（常见为 8 及 9）	6 ~ 12（常见为 6 及 7）
优先配位原子	O>N>S	O>N>S
水合数	8 或 9	6
水的交换速率/s^{-1}	~5×10^7	~5×10^8
扩散系数	La^{3+} 1.30	1.34
晶体场稳定化能	很小（241kJ/mol）	0
电荷	3	2
光、磁、电性质	特征	无

从表 7-13 数据可以看出，RE^{3+} 与 Ca^{2+} 无论性质及结构都很相似，其不同之处是 RE^{3+} 的结合稳定性要高于 Ca^{2+}，因离子势大，对以离子键为主的化合物，则 La^{3+} 的结合稳定性高于 Ca^{2+}，因而有人将稀土离子称为"超级钙"，它不但可以占

据钙的位置，还将取代包括结合的 Ca^{2+}；另一种不同之处是，稀土离子因具有 4f 电子而能产生一系列的光、磁效应，成为研究生物化学中含钙蛋白等的探针。

实验数据指出，不同配位数的钙可以选择配位数相同、半径相似的稀土对钙进行取代，如钙的配位数为 6，则相同配位数而离子半径最接近的稀土元素为 Ce^{3+} 及 Pr^{3+}。表 7-14 列出了不同配位数的其半径最接近 Ca^{2+} 的稀土离子。

表 7-14　不同配位数的其半径最接近 Ca^{2+} 的稀土离子

钙的配位数	镧系元素的配位数			
	6	7	8	9
6	Ce^{3+}, Pr^{3+}	Eu^{3+}, Gd^{3+}	Er^{3+}	$>Ln^{3+}$
7	$>La^{3+}$	Ce^{3+}	Eu^{3+}	Er^{3+}
8	$>La^{3+}$	La^{3+}	Pr^{3+}	Eu^{3+}
9	$>La^{3+}$	$>La^{3+}$	$>La^{3+}$	Pr^{3+}

稀土所引起生物效应，主要表现在下列几方面：

（1）对生物体内多种效应的抑制作用。

在 Ca^{2+} 存在下，稀土离子能抑制由变应原和免疫球蛋白 A 所诱导兔腹膜巨细胞所产生的组织氨释放。这种抑制效应在稀土浓度为 $10^{-6} \sim 10^{-9}\,mol/L$ 范围内与稀土的浓度和离子半径有关。在 Ca^{2+} 存在下，Dy 是最强的抑制剂，Ca^{2+} 不存在时，这种抑制作用随稀土离子半径的减小而有规律地增加。

（2）影响各种酶的活性。

稀土离子能引起低血糖的发生和脂质交换紊乱的作用机理存在着不同的观点。目前人们普遍认为低血糖和脂质交换变化的原因是由于在稀土作用下，肝中新陈代谢基本机制的紊乱。因为肝糖原在调节血液中葡萄糖水平上起着重要作用，糖合成减少，则出现低糖。稀土离子引起糖交换紊乱，在于细胞膜结构的破坏，因而导致肝中糖原水平降低和脂肪数量增加的一系列酶活性的降低。

同时，在稀土的作用下引起动物机体中糖交换的变化，伴随着脂肪代谢的紊乱。

当给动物注射稀土盐时，核糖结构的变化能引起由细小颗粒酶所催化的生化过程的紊乱。

（3）影响核酸交换。

已知稀土离子对核酸酶活性有抑制作用。Mg^{2+} 活化的核糖核酸聚合酶受 La^{3+} 的抑制作用在 60% 以上。轻、重稀土按不同方式影响核酸交换。

（4）对线粒体有很大的亲和力。

稀土离子渗入线粒体，可能引起氧化链的紊乱。例如，老鼠肝中线粒体能够

吸收 La^{3+}，并伴随着线粒体的膨胀。当 La^{3+} 浓度增加时，线粒体膜受损伤，但细胞壁本身在聚集。这种聚集作用是在介质中存在无机磷酸盐的条件下发生的。已经证明，稀土此时的性质是作为 Ca^{2+} 输运的竞争抑制剂而进入线粒体。有人认为，Ca^{2+} 通过线粒体膜的载体是磷脂，而稀土同样具有与磷脂结合的能力，从而能够封锁线粒体对 Ca^{2+} 的输运。

（5）稀土本身表现出催化活性。

La^{3+} 和 Ce^{3+} 能催化类似磷酸盐之类的含磷化合物的分解。有趣的是，除简单的磷酸酯和焦磷酸盐外，稀土离子还能催化单磷酸己糖、双磷酸己糖、1，3-双磷胞嘧啶核苷酸和 1，3-双磷腺嘌呤酸等一系列具有很大生物意义的磷酸盐的分解。稀土也能催化某些双磷酸酯、ATP、P—O—P 键合 N—P 键的分解，以及偏磷酸和正磷酸的转化。

在酶催化中，观察到稀土对基质的特别功能。即观察到稀土与基质生成中间配合物，然后这一配合物被分解。

7.4.2 纳米氧化铈的生物效应

2007 年 S. Babu 等[10]用电子自旋共振证明了 3～5nm 的氧化铈有清除自由基的性质。2009 年美国由 J. Colo[11]为首组成的化学医疗研究团队，首先在美国《纳米药物》学术刊物上发表了一篇"用氧化铈的纳米粒子保护正常细胞避免由放射性引起的肺炎"的论文。2011 年又是同一团队，在同一刊物上发表了"氧化铈纳米粒子保护胃肠皮层避免放射引起的伤害，而且氧化铈降低了活性氧（ROS），还促进了体内超氧歧化酶-2（MnSOD）的生成"，有利于调节体内的 ROS，对健康有益。这里的氧化铈纳米粒子也是 3～5nm，它具有较强的还原性，而且在多个部位有 Ce^{3+}，也就有多个还原位[12]。氧化铈纳米粒子足够小，能穿过细胞膜进入细胞内，由电镜（TEM）微观照片获得证明，纳米氧化铈的原子簇在细胞质的内部和 DNA 接近[13]。

J. Colo 等用细胞培养和无胸腺的裸鼠作实验对象，证明 3～5nm 的氧化铈粒子在用放射性治疗过程中能保护正常细胞核正常组织，同时仍使癌细胞凋亡，达到治疗效果。因为 3～5nm 的氧化铈具有 44% 的 Ce^{3+}，进入正常细胞消除放疗引起的过多的 ROS，从而保护了正常细胞核组织。

与诸多还原剂相比较，3～5nm 的氧化铈是较强、较持久的还原剂。它的作用点是多方位的，作用时间较为长久，因为 Ce^{3+} 被氧化为 Ce^{4+} 后，随环境改变（周围无氧化剂时）又会和溶液中的 H^+ 作用，还原为 Ce^{3+}，这一机制得到了可见紫外吸收光谱的证明和纳米氧化铈模拟 SOD 活性测定抗氧化活性结果的印证。中国科学院研究生院周克斌等[14]在体外实验中用光滴定体系（photometric system）直接证明纳米氧化铈（5～10nm，15～20nm）具有清除羟基自由基的活性，并提出了纳米氧化铈活性再生的机理。

原本是无机材料的氧化铈，由于美国 J. Colo 和 C. H. Baker 研究团队的工作开创了纳米氧化铈在医疗、保健领域的新应用。

早在 2006 年人们发现铈和钇的纳米粒子具有抗氧化和保护神经细胞的作用[15]。M. Das 等认为氧化铈纳米粒子具有活性再生能力；对成年老鼠的脊柱神经有保护和修复作用[16]，至今人们对纳米氧化铈治疗疾病和保健作用越来越感兴趣，新的发现也在不断涌现。其中也有负面工作的报道，如 Tseng 等报道当5nm 的氧化铈注入老鼠血管时观察到肝结构的改变和氧化性损伤[17]，这可能与氧化铈成球状聚合有关。另外，Lee 等从基因组（genome-wide）的角度来观察裸露纳米氧化铈对老鼠神经细胞的影响，发现纳米粒子引起基因转录（gene transcription）改变，这种改变与纳米粒子的化学性质和粒子的大小有关，这种差错会引起神经系统的疾病。

有关稀土的生物效应更详细的介绍请参考倪嘉缵[2]编著的《稀土生物无机化学》以及王夔[9]主编的《稀土的生物效应及药用研究——细胞无机化学研究》。

7.5　稀土药用

将稀土化合物作为治病的药物，可追溯到 20 世纪初。早在 1906 年一种商品名为 Ceriform 的外用杀菌药就已在欧洲市场上出售，其主要化学成分为硫酸铈钾，其他铈盐也具有抑菌能力，而且颜色很浅，对创面的刺激性及污染性小，因而人们将其作为外用抗菌药物使用。在 20 世纪中叶草酸铈已被作为止吐药物用于临床，在当时是缓解妊娠早期反应呕吐的首选药物，其后还在处方中用于治疗各类型的胃肠病，曾被列入多国药典。1920 年曾将铈、钕或镨的硫酸盐溶液静脉注射于结核病患者，取得甚为令人鼓舞的结果。据报道，国外近年来仍然有将稀土的 3-硫磺基异烟酸盐和乙酰丙酸盐作为抗凝血剂在临床上使用。1982 年英国 Martindsle 药典 28 版将硝酸铈作为治疗烧伤药物收载。

稀土制剂对某些病症具有明显疗效或可供诊断药剂，已被用于临床，据报道，一种含有镧系离子的混合溶液，具有增进血液循环作用和保护细胞免受反射性伤害的功能。一些稀土制剂具有抗炎、抗癌等多种功能。三价铈离子能抑制线粒体的氧化磷酸作用。稀土四环素配合物可用来检查脑癌、胃癌。稀土放射核可用于放射垂体切除，乳房癌及其他器官和组织肿瘤的治疗。一些稀土螯合物可用作诊断肺、大脑、肾等病变的扫描剂，并用于确定区域的血流图和肾功能。

7.5.1 稀土的临床药用

1. 稀土化合物在抗凝血方面具有重要医用价值

稀土是典型的抗凝血剂。以有机配合物的形式应用于医学实践中。目前已发现，稀土化合物的抗凝血性质不仅与稀土阳离子有关，而更重要的还取决于阴离子。

很早就有人发现，稀土的盐类在体内外都能减缓血液的凝固，特别是静脉注射，其抗凝血作用立即产生，并且能持续一天左右。稀土化合物作为血液抗凝剂的一个重要优点是作用迅速，与目前临床使用的抗凝剂肝素相当，并且具有效应长期性，因而被作为抗凝血剂得到药物学家的重视。Osier 使用左旋糖酸镨、钕盐的混合物为抗凝血药物，对 48 名患者的临床观察表明患者虽有血栓形成，但无栓塞出现。

不同稀土离子的抗凝血作用是有差异的，通过测定一系列左旋糖酸稀土、钛铁试剂稀土、氯化稀土和 2-萘磺酸稀土等的抗凝血作用，发现所有稀土化合物均有一定的抗凝血能力，使凝血酶原时间（PT）、凝血酶时间（TT）和白陶土部分凝血活酶时间（KPTT）等有一定延长。

香豆素类化合物是目前临床常使用的一类口服抗凝血药物，能抑制凝血酶原的合成，可用于治疗和防止血管栓塞，在心血管手术中很有效。双香豆素乙酯和二（4-羟基香豆基-3）乙酸可与稀土结合形成稳定的稀土配合物，经小鼠试验表明其急性毒性比配体低，而镧和钕配合物的抗凝血性能则有明显提高。

凝血是很复杂的过程，已经肯定钙离子起着重要作用，钙的失调势必使凝血过程受到抑制。稀土的抗凝血作用机理目前尚未定论，一般较能接受的解释是稀土与钙离子的拮抗作用所致，这一点已被很多实验证实。

2. 稀土化合物作为抗炎、杀菌药物研究的很多

在 20 世纪 60 年代，人们就发现钛铁试剂和磺基水杨酸稀土是潜在的抗炎、杀菌药物，随后各种杀菌药物不断地被合成出来。

很早就已知低浓度的稀土化合物溶液具有抑菌作用。用微量热法测定四种稀土硝酸盐对大肠杆菌的代谢抑制作用表明，它们的抑制能力随浓度增大而增大，抑制能力强弱依次为：$Ce>Nd>Pr>La$。六水硝酸铈 $[Ce(NO_3)_3 \cdot 6H_2O]$ 具有较好的杀菌能力，浓度为 0.25% 的水溶液对绿脓杆菌、金黄色葡萄球菌、肺炎杆菌、奇异变形杆菌、粪链球菌、大肠杆菌、产碱假单胞菌及表皮葡萄球菌都有强杀作用，0.5% 溶液对枸橼酸杆菌具有强杀作用。

将铈和钕的化合物制成软膏，通过对脓包疮、虫咬皮炎、多发性疖疮等 174

病例的疗效观察，证明具有一定的杀菌消炎作用，对由细菌感染引起的浅表性皮肤病具有较好的疗效，总有效率85.1%，与临床常用的白霉素制剂比较无明显差异（白霉素临床44例，总有效率82%）。而且稀土制剂副作用小，无明显不良反应，施药时间短，一般在5~7天便可见效。

某些稀土化合物具有杀菌作用，并已应用于临床。例如，稀土的缩氨基硫脲配合物具有抗真菌活性。

近年来，大量的研究表明，牙周病的临床呈现主要是炎症，病因主要是由菌斑所引起的。用含3%的磺基水杨酸钕和0.1%洗必泰的漱口液，对斑菌的抑制有效，特别是在减轻牙龈炎症方面效果很好，说明稀土离子有明显的抗炎作用。实验证明，含磺基水杨酸钕的复方漱口剂副反应小，毒性低，是一种有前途的口腔用药。

稀土化合物具有抗炎作用。据报道，东欧国家曾制出"Phlog"软膏，用来治疗接触性、过敏性皮炎。其疗效不次于肾上腺皮质激素药物，具有抗炎、解痒、不易复发的功能。由于不含抗生素和激素，长期使用无副作用。稀土化合物的抗炎作用，是由于三价稀土离子与细胞磷脂有较强的亲和力，它能稳定在溶酶体上，通过稳定细胞膜及溶酶体膜，抑制溶酶体分泌，从而达到抗炎作用。

3. 稀土离子对烧伤有很好的疗效

烧伤药物是稀土药物应用较新的领域。Fox 和 Monafo 等发现2.2%的硝酸铈 $[Ce(NO_3)_3 \cdot 6H_2O]$ 和1%磺胺嘧啶银（AgSD）的复方悬浊液，对烧伤有很好的疗效，将其制成水包油型霜剂，产品均匀、柔软、细腻，易于涂布，易于水洗，也可以制成乳膜剂型，对烧伤创面有很好的疗效。

稀土离子对烧伤的疗效可能在下列几方面起作用：

（1）稳定细胞膜及溶酶体膜。稀土离子与细胞磷脂和肽链上的羧基等含氧基团有较强的亲和力，因此能稳定在细胞膜及溶酶体膜上，从而抑制溶酶体释放炎症物质。烧伤为高温、射线、化学药品等因素造成的炎症创面，使用含硝酸铈药物，能使创面炎症减轻，加速愈合，从动物实验及临床应用均可观察到这一点。

（2）类似肾上腺皮质激素的作用。稀土离子能抑制血液中细胞成分的增殖及液体从血管中的过度渗出，从而促进肉芽组织的生长及上皮组织的代谢。其原因可能是 Ce^{3+} 对 Ca^{2+} 有拮抗作用，因而对垂体或肾上腺等起了调节作用。在临床应用中表现为创面渗出较少，肉芽组织生长较快，愈合也较早。

（3）对细菌的抑制作用。浓度2.2%的硝酸铈的抑菌能力较强，抑菌谱也较广，与磺胺嘧啶银有相互补充和协同的作用，因而能清除致炎细菌，迅速控制严重感染的创面，使其转为阴性，为进一步治疗创造条件。

4. 稀土具有很好的镇痛、镇静和解热作用

磺基水杨酸稀土具有很好的镇痛、镇静和解热作用。磺基水杨酸混合稀土的镇痛作用较强，起效快，10min 即达 120%，30min 达到高峰 151%，至 120min 能保持 97.1%，磺基水杨酸钕起效也较快，10min 为 109.9%，磺基水杨酸镧起效较慢，90min 达 110%，120min 到最高峰。这些稀土配合物的镇痛作用都比阿司匹林好，阿司匹林 120min 才达最高峰 98.4%。钕和混合稀土的磺基水杨酸化合物在镇静试验中表明，都有显著提高睡眠百分率作用。

5. 稀土化合物有抗动脉硬化作用

近年来在心血管病防治中，稀土对冠状动脉粥样硬化（atherosclerosis，AE）的抑制作用引起人们的关注。

通过兔和猴的试验证明，作为钙拮抗剂的氯化镧可预防由膳食引起的主动脉和冠状动脉粥样硬化，动脉组织中的钙在主动脉粥样过程中起关键作用，所以预防动脉硬化的关键是抑制钙流通和沉着，具有调节钙浓度、使动脉中细胞外钙沉着的物质，即使在高血胆固醇和高血脂蛋白的情况下也可预防动脉硬化发生。

6. 稀土在肿瘤诊断和防治中的作用

发现稀土的某些稳定同位素具有抗肿瘤活性。例如，硫酸铈对兔子的Ърогдн-Пирса 转移性肿瘤的发展有明显的抑制作用。

稀土能在肿瘤中大量积累，并且一旦进入肿瘤，就破坏了 Ca^{2+} 和 Mg^{2+} 的交换。

已经证明，稀土与甘氨酸的配合物比无机盐具有更大的活性。给患病动物注射稀土后，由于稀土离子破坏了有机体中 Ca^{2+}、Mg^{2+} 和 P 的代谢作用，使肿瘤和脾中这些元素的含量增加。稀土抗肿瘤的作用机理与这一过程有关。

流行病学调查结果表明，稀土作业工人的肿瘤发生率明显低于对照组人群。动物实验也发现：给小鼠长期灌服稀土后，观察到小鼠对移植的肉瘤有明显的抑制作用。进一步研究还证实：稀土元素一方面可对抗人类多种肿瘤细胞株（如乳腺癌、肺癌、胃癌、白血病等）生长和增殖，另一方面又可促进正常细胞的生长，这就为稀土应用于肿瘤治疗提供了一定的实验依据。

稀土抗癌的机制，多数研究认为主要有以下几方面：①稀土对癌组织有较强的亲和力，稀土与癌组织结合后可干扰癌细胞的代谢和 DNA（脱氧核糖核酸）的合成；②稀土像一把"剪刀"可以剪切核酸链，使其发生水解、断裂；③稀

土能选择性破坏恶变或癌变的细胞内部的超微结构；④稀土能抑制癌基因表达，同时又能增强抑癌基因的表达。

稀土在医药方面的应用还有一些有趣的发现。例如，为了防止小儿龋齿，先用酸性氟磷酸溶液处理牙质后，再用氯化镧溶液处理，结果在牙质的表面形成厚度为 $10\mu m$ 的不溶性氟化镧覆盖膜，使牙质的耐酸性提高 10 倍之多。还有人研制出含稀土的牙粉、牙膏和漱口剂，每天用它刷牙 2 次，经 4 天可使牙污减少。

应用 Nd∶YAG 激光治疗消化道息肉（包括大肠、胃、十二指肠、贲门和食管息肉）、鼻咽部囊肿、早期闭角型青光眼、咽部血管瘤等病症，取得很好疗效。

7.5.2　稀土的药理

稀土对动物器官、组织的作用已有不少报道。例如，稀土对眼睛局部使用后，观察到眼球结膜炎，但对虹膜无影响。稀土盐类对完整皮肤无损害，对有伤痕皮肤可引起广泛的损害。这与盐的酸根和金属离子与皮肤组织中蛋白质、脂质、磷酸酯酶等的作用有关。

稀土对平滑肌有损害。

稀土元素可使狗的心脏麻痹、降低起搏能力。La 和 Tb 能引起青蛙髓磷脂神经纤维膜表面电势的移动。现已查明，铈盐可增加大脑、肾上腺和心脏的邻苯二酚胺的含量。Pr、Nd、Sm、Eu、Gd、Tb 和 Dy 的氯化物能抑制凝血酶、纤维蛋白酶和牛血清的重钙化反应。La、Ce、Y、Sm 的盐类可以降低老鼠的免疫抵抗力和血液中的溶菌酶、补体和 β-赖氨酸。全部的免疫学活性对[144]Ce 最敏感。[144]Ce 可使兔子的血液中产生 Hoigne 抗体、白细胞溶素和细胞溶素的出现。La 能够抑制组胺的过敏性释放，同时又可在缺乏抗原的情况下引起组胺的释放。

稀土尘埃可使肺泡网状组织的发病率增加。Tm 显示出对肿瘤组织较高的亲和性。而重稀土较轻稀土有更强的致肿瘤毒害。

[144]Ce 可以引起鼠小肠的有丝分裂系的染色体畸变，包括 DNA 合成细胞的减少及核体数目的增加。还可以在鼠的眼、骨髓、睾丸中引起染色体畸变。

稀土螯合物对动物组织存在着特殊的作用，Sc、Y、La、Sm 和 EDTA 的螯合物可增加稀土的尿排泄；而 Sc 和 Y 与 NTA 的螯合则导致稀土在动物骨骼中呈高的浓度；在排除[144]Ce 和[91]Y 上，EDTA 比 DTPA 更有效，但两者的螯合物都能引起肾积水；DTPA 与[169]Yb 的螯合物可用来诊断脑膜炎和脑脊髓液流动的研究；骨骼中的[151]Eu 的浓度可被 DPTA 降低。

7.5.3　稀土的毒性

20 世纪 80 年代纪云晶等曾系统地研究了稀土的毒理学并提出了混合稀土硝

酸盐经口摄入的无作用剂量为 20~200mg/kg。近年来许多工作均在致力于从分子水平及基因水平寻找更为灵敏的生物标志物，王夔等以 2mg/kg La（NO_3）$_3$ 体重剂量，每天灌胃饲养大鼠 6 个月后发现腿骨中 La 含量明显高于对照组，电镜观察表明：骨小梁变细、变薄、断裂并出现大量窝陷，结晶度增加，腿骨结构发生变化。

稀土对动物肝脏的影响已有许多报道，如用小剂量混合稀土硝酸盐喂饲大鼠后的作用。卢然等[8]研究了用不同剂量组的混合稀土硝酸盐灌胃饲养大鼠 6 个月，并停止给药 1 个月后测定大鼠肝脏水溶性部分的稀土，指出剂量为 2mg/kg，6 个月后鼠肝水溶性部分混合稀土中 La^{3+} 的含量为 35.62ng/g 蛋白，停药 1 个月降至 28.62 ng/g 蛋白，剂量为 0.2mg/kg，La 含量为 24.71，停药 1 个月后降至 15.34 ng/g 蛋白，均高于对照组。稀土在大鼠肝脏中的累积速度为 La>Ce>Pr，但在血清中未观察到明显的累积。对肝脏水溶性部分的蛋白进行分层分离后获得 6 种以上含稀土的组分，证明均为各种酶类如谷氨酸脱氢酶、天门冬氨酸氨基转移酶、胆碱酯酶、亮氨酸氨基肽酶、碱性磷酸酶、γ-谷氨酰转肽酶等。该结果指出即使剂量小于 2mg/kg，如长期从口摄入也会引起稀土在肝脏中的积累。从以上稀土对骨细胞及肝脏的作用，可说明如何用更灵敏的生物标志物重新确定稀土的无作用剂量是当前稀土毒理学中急需回答的问题。

稀土对动物组织有明显影响。对于不同的给药途径，稀土的急性致死量文献中已有报道。稀土引起的全身中毒症状主要有恶心、呕吐、腹泻、呼吸困难、心跳加快、全身抽搐等症状，严重者心跳、呼吸停止并迅速死亡；若未立即死亡，将发生弥漫性腹膜炎、腹膜粘连、血性腹水、肝混浊肿胀、局灶性肺出血等病理现象。稀土的毒性作用已引起了人们的重视。

稀土元素的毒性症状包括扭动、共济失调、呼吸困难、脚趾背面的轻度拱起等。在给药 48~96 h，有一个延迟致死的死亡率高峰。如果动物存活 30 天，可出现一般性的腹膜炎、出血性腹水和病灶性感染的肝坏死。螯合剂、柠檬酸盐或 EDTA，可使毒性缓解。

对小白鼠静脉注射，Dy_2O_3 或 Gd_2O_3 50mg，5 个月后在鼠肺产生许多病灶。毒性增加次序为：La<Nd<Y；显然这与离子半径的缩小次序相同。钕盐的毒性次序为：氯化物<丙酸盐<乙酸盐<3-硫代异烟酰肼盐<硫酸盐<硝酸盐。这个次序相应于盐的溶解度的增大。对兔子静脉注射 Nd_2O_3 或 Ce_2O_3，8 个月后发现了肉芽瘤。动物长期暴露于相同氟化物或氯化物的烟尘中，可以引起充血、支气管炎、肺气肿等，并可诱发肉芽瘤。

氯灭酸与消炎痛的稀土盐的 4% 悬浮水溶液注入鼠腹腔，有急性中毒症状，6h 后恢复正常。它们的毒性较稀土氯化物为小。

RE^{3+}对肝脏的毒害是由于稀土离子能使其 RNA 和 RNA 聚合酶 A、B 的合成受到抑制，并导致肝的低血糖症状，但这种毒害可被 "Siliybin" 制剂解除。

总之，稀土元素具有较低的急毒性，但暴露于其中的皮肤和肺会产生肉芽瘤，这两点是至关重要的。

7.6　稀土生物探针

了解生命金属在生物分子中所处环境、配位基团、对称性等，对于阐明生物分子结构、功能是很有帮助的。诚然，X 射线结构分析可以提供分子结构的全貌，但在众多的生物大分子（蛋白质、酶、核酸等）中能够制备出单晶样品的甚少，况且生物大分子的晶体结构和液态结构并非完全相同，大都有一定差异。在生物体系中，正是液态生物大分子的结构与功能，其液态结构的研究是必不可少。

稀土离子具有未充满 f 层电子，具有特殊的光、磁活性，在较宽的频带内可呈现一系列跃迁。当稀土离子的配位环境改变时，将导致其光、磁性质的变化，从而可用稀土离子为生物探针，运用荧光光谱、核磁共振、圆二色或紫外可见光谱等实验手段研究稀土离子在生物体内的行为、生物分子结构及一些生物化学过程。

钙、镁离子是重要的生物元素，在生命活动中起重要作用，如肌肉收缩、神经传质释放、DNA 合成、糖原代谢等均与钙离子有密切关系。因为稀土离子与 Ca^{2+}有相似的离子半径，在生物体系中一般能与 Ca^{2+}结合在相同的位置上，从而引起稀土离子的光学和磁学参数的变化，通过磁共振或荧光光谱的测量，可深入了解 Ca^{2+}的结构情况。因此，稀土离子可用于研究 Ca^{2+}、Mg^{2+}等金属离子与生物大分子作用的结构探针。

（1）探测 Ca^{2+}、Mg^{2+}、Mn^{2+}等金属离子的键合位置。

（2）研究稀土离子本身的键合作用：稀土离子除可以置换 Ca^{2+}外，往往还有另外的键合位置。

（3）作为特种探针：稀土离子的某些作用是十分有趣的。如利用肌质网可以进行稀土离子的判别。已知所有三价稀土离子在痕量 Ca^{2+}存在下（ ~10^{-6} mol/L），都能抑制由 Mg^{2+}所活化的骨骼肌质网三磷酸腺苷酶的活性。但使用离子半径与 Ca^{2+}接近的稀土离子时，几乎观察不到抑制作用，而使用半径与 Ca^{2+}偏差较大的稀土离子时，抑制作用增强。

有关稀土离子探针分类及理论已有专门介绍，这里仅扼要地介绍其应用。

7.6.1 核磁共振成像

由于核磁共振成像或磁共振成像（MRI）具有无损伤的安全性，可向任意方位扫描等技术灵活性，涵盖质子密度、弛豫、化学位移等多参数特征以及高对比度，已成为医药诊断的重要手段。

当氨基氮配体配位于顺磁稀土离子，配体观察核的 NMR 导致位移有三部分组成，即配合物生成位移、接触位移和偶极位移。

虽然 MRI 给出优异的软组织成像，但在临床应用中，约 1/3 的诊断需靠造影剂。造影剂进入人体后，通过改变其附近局部组织或细胞中水质子的弛豫速率而提高正常与患病部位的成像对比度或显示器官的功能状态。造影剂均为顺磁性物质（电子的磁矩约为质子磁矩的 660 倍），进入人体后明显增加弛豫速率 $1/T_1$ 和 $1/T_2$（T_1，T_2 均为弛豫时间），改善程度由造影剂本身的特征和所用的磁场决定。Gd^{3+} 螯合物是用得最广泛的 T_1 造影剂，自 1988 年临床应用以来，Gd(DTPA) 的全球用量估计已超过 30T。Gd^{3+} 具有独特的性质适于作造影剂，首先它是唯一含七个不成对电子的离子，因而具有较大的磁矩；其次其电子对称分布的 S 态（轨道角动量为零）保证电子弛豫很慢（$\sim 10^{-9}$ s），适合作造影剂。

MRI 造影剂要求在保证安全性的前提下，充分发挥 Gd^{3+} 的顺磁性弛豫增强作用。但 $GdCl_3$ 等盐类化合物毒性较大，不能作为造影剂。Gd 的二乙三胺五乙酸（DTPA）配合物 $(NMG)_2Gd(DTPA)$（其中 NMG 为 N-甲基葡萄糖胺根）是用于人体的第一个 MRI 造影剂。

作为 MRI 造影剂，应在体内解离极少，不被体内 Ca^{2+}、Cu^{2+} 和 Zn^{2+} 等金属离子竞争配位，并可在较短时间内排出。

Gd(DTPA) 和 Gd(DOTA) 均属非特异性细胞外液间隙造影剂。静脉注射后分布于血浆和细胞间隙中，经肾排出，体内滞留时间 1h 左右。它在脑肿瘤检测中很有效，最近也用于血管成像。

7.6.2 稀土荧光探针

稀土离子作为荧光探针一般可获得配合物中心离子的配位数、中心离子的局部对称性、配位体形式电荷之和、直接与金属离子键合水的数目及两个金属离子间的距离等结构信息，通过测定高分辨荧光光谱，由高分辨荧光光谱谱线分裂情况给出晶体中金属离子的格位数和局部对称性。

在这方面应用的发光离子主要是 Eu^{3+}，这是由于 Eu^{3+} 的光谱相对简单，可以得到比较明确的结论。Eu^{3+} 的电子结构为 $4f^6$，在静电场作用下，电子间排斥作用可产生 119 个谱项，由于自旋和轨道偶合作用产生 295 个光谱支项，Eu^{3+} 进入分子结构后，配位场的作用使其简并的能级变成许多 Stark 能级或 J 亚能级，但 Eu^{3+} 的基态 $^7F_0$ 和长寿命激发态 $^5D_0$ 是非简并的，它们不会因晶体场的影响而发生分裂。而在不同的晶体场中，$^5D_0$ 能级的能量是不同的，因此在 Eu^{3+} 配合物的高分辨荧光光谱中，若 $^5D_0 \rightarrow ^7F_0$ 只观察到一条跃迁谱线，则说明配合物中 Eu^{3+} 只有一种格位；若观察到两条谱线则配合物中 Eu^{3+} 可能有两种格位。当然，当配合物中 Eu^{3+} 有两种或多种格位时，由于能量相差不多，也可能只观察到一条较宽的谱带。

此外，还可以根据高分辨荧光光谱的谱线分裂情况来确定中心离子的局部对称性，已知 Eu^{3+} 的 $^5D_0 \rightarrow ^7F_j$ 跃迁按 7 个晶系，32 个点群进行分类。这样，就可以根据配合物的高分辨荧光光谱谱线数目来判断 Eu^{3+} 的对称性。

另外，也可以根据 Eu^{3+} 的 $^5D_0 \rightarrow ^7F_1$ 和 $^5D_0 \rightarrow ^7F_2$ 跃迁的相对强度来简便地分析中心离子格位的对称性，Eu^{3+} 的 $^5D_0 \rightarrow ^7F_1$ 跃迁为磁偶极跃迁，在不同对称性下均有发射，其振子强度几乎不随 Eu^{3+} 的配位环境而变，而 $^5D_0 \rightarrow ^7F_2$ 属电偶极跃迁，它的发射强度受 Eu^{3+} 配位环境发生明显变化，它又称为超灵敏跃迁，$^5D_0 \rightarrow ^7F_2$ 跃迁与 $^5D_0 \rightarrow ^7F_1$ 跃迁谱线的相对强度比可以说明中心离子的格位的对称性高低、配合物是否具有中心对称要素。当中心离子处于反演中心时，$^5D_0 \rightarrow ^7F_2$ 跃迁的发射强度弱于 $^5D_0 \rightarrow ^7F_1$ 跃迁的发射强度。

生物样品中存在的核酸、蛋白质及氨基酸等，稀土元素中的 Eu（Ⅲ）和 Tb（Ⅲ）作为代替放射性同位素和非同位素标记的荧光探针具有很大的潜力。特别是 Tb^{3+} 已被广泛地应用于研究 DNA 与生物体内 Mg^{2+} 的作用及其功能，使用稀土离子作为生物分子的荧光探针具有量子产率高、Stokes 位移大、发射峰窄、激发和发射波长理想及荧光寿命长等优点。Tb^{3+} 对核酸的作用具有高选择性和特异性。例如，对 Tb^{3+} 作为核酸和核苷酸荧光探针的研究发现只有含鸟嘌呤的核苷酸才能有效地敏化 Tb^{3+} 的发光，Tb^{3+} 与核酸作用时发现它只与单链核酸敏化发光，由此可提供有关核酸的结构信息。

Tb^{3+} 还被广泛地用作蛋白质中 Ca^{2+} 结合部位的探针，Tb^{3+} 与蛋白质结合后，一般可通过偶极–偶极无辐射能量转移导致 Tb^{3+} 的敏化发光，结合在不同蛋白质上的 Tb^{3+}，或同一蛋白质的不同结合部位的 Tb^{3+}，会导致处于不同化学环境的 Tb^{3+} 的敏化发光。正是这一特点，将有可能利用稀土荧光探针研究生物大分子金属离子结合部位和结构类型，Tb^{3+} 还可用来研究在特定的物理化学条件下蛋白质具体的平衡构象。对 Tb^{3+} 和 Eu^{3+} 荧光寿命的测定还可以给出蛋白质大分子构象及构象动力学方面的信息。

（1）稀土荧光探针用于研究生物分子活性部位的微环境。

铽（Ⅲ）、铕（Ⅲ）与生物分子结合后，通常可发生由生物配体向稀土离子的能量转移从而导致稀土离子荧光的敏化。并且由于稀土离子的配位微环境的改变，稀土离子发射的荧光光谱强度和谱带结构随之改变。上述稀土离子荧光光谱变化正是稀土作为荧光探针考察生物分子活性部位的微环境的基础。

发光滴定法常用于考察生物分子活性部位的特点。以稀土探针溶液滴定被研究的生物分子，得到发光强度随滴定稀土探针溶液加入量而变化的滴定曲线，由该滴定曲线的形状可以判断生物分子的金属离子结合部位数、结合部位是否等同，以及结合部位与芳香族氨基酸残基位置的相对远近。例如，使用铕（Ⅲ）作为钙离子的探针研究牛乳清蛋白的金属结合部位。牛乳清蛋白是相对分子质量为 14 200 的蛋白质，发光滴定法研究表明每个牛乳清蛋白分子具有两个以上结合部位。

稀土荧光探针研究阐明了生物大分子中钙离子的键合有以下特点。蛋白质中钙可分为两类。即"结构钙"和"功能钙"，钙在这些蛋白质中的配位数通常为 8～9；钙离子表现为硬酸阳离子，对氧的亲和力明显强于氮；当结合部位有芳香发色团时，由于出现生色团至稀土离子的能量转移，导致稀土离子荧光强度剧增；生物大分子中钙离子的键合位置可被稀土离子占据。此外，稀土离子还有其他特有的键合位置。

稀土荧光探针也可用于研究生物分子荧光发色团和探针离子之间的距离。

（2）用稀土荧光探针可测定不含金属离子的生物大分子与金属离子的作用，并可求得金属离子的结合位置数及结合常数。

根据离子间的竞争还可测定非荧光金属离子与生物大分子结合的性质。以铕（Ⅲ）为探针，向铕（Ⅲ）-生物大分子水溶液中加入其他稀土离子，监测该体系中铕（Ⅲ）的 $^7F_0 \rightarrow {}^5D_0$ 激发光谱的变化，其峰强度减小正比于被置换出的铕（Ⅲ），这样可测得其他离子的相对结合常数。如果生物大分子具有一个或一个以上等同的、相互独立的稀土离子键合位置，由此可得到可靠的结合常数，如猪胰蛋白酶的研究。若生物大分子有两个或两个以上不等价的稀土离子结合部位，则由此得到的结果是近似的，如各种稀土离子在小白蛋白中钙结合部位的结合及关于调钙蛋白的类似研究。稀土离子在调钙蛋白中钙（Ⅱ）结合部位的相对结合常数中钕（Ⅲ）的最大，这与钕（Ⅲ）离子半径最接近与钙（Ⅱ）的事实相一致。

（3）稀土荧光探针是一个探测生物大分子溶液中构象的有前途的新方法。

生物分子的活性与其构象十分密切。构象的研究是探索稀土离子对生物分子的结构、生物功能影响的重要途径。

水溶液中自由铽（Ⅲ）和铕（Ⅲ）的 $^5D_4 \rightarrow {}^7F_j$ 和 $^5D_0 \rightarrow {}^7F_1$ 电子跃迁为宇称禁阻的 4f→4f 跃迁，其振子强度很小，故相应的荧光很弱。但如果它们键合于生物大分子，并且在键合部位附近有芳香族氨基酸残基存在时，则铽（Ⅲ）和铕（Ⅲ）的荧光强度将显著增强，这种荧光敏化作用的强弱取决于单位时间从能量给予体到受体的一个能量量子的转移概率。

（4）稀土生物大分子的荧光标记。

利用稀土的荧光增强现象可作为生物大分子的荧光标记。荧光标记的主要原理是：用 Eu^{3+} 标记蛋白质（抗体或抗原），通过时间分辨荧光分析技术来检测 Eu^{3+} 的荧光强度，由于 Eu^{3+} 的荧光强度与所含抗原浓度成比例，从而可以计算出测试样品中抗原的数量（浓度）。其过程为先将 Eu^{3+} 与蛋白质中羧酸形成不发光的稀土羧酸的配合物，这种配合是定量的，然后把标记的蛋白质分子溶到增效液中，其中含有表面活性剂的胶束体系，再把标记的 Eu^{3+} 溶解下来，最后与在增效液中存在的 β-二酮和中性配体形成发光的稀土三元配合物。在该胶束体系中的表面活性剂可以防止 Eu^{3+} 发光的无辐射能量损失。如非离子表面活性剂 Triton 可以将水分子从 Eu^{3+} 配合物周围排斥开，并使 Eu^{3+} 的配合物包裹在 Triton 的胶束中，加入第二配体（即增效剂如三辛基氧膦与 Eu^{3+} 配位，进一步增强铕配合物的发光强度），这样可使 Eu^{3+} 的定量灵敏度提高到 $10^{-14} \sim 10^{-17} mol/L$。

（5）荧光免疫分析。

免疫分析技术是基于抗原和相应的抗体特异性结合反应的一项常用的分析方法，用于检测体液中某种生物活性物质的含量，如激素、药物、蛋白质、多肽、酶、肿瘤相关抗原、维生素、病毒及细菌等，这些物质的含量高低与某些疾病有着密切关系。免疫分析技术是目前临床检验应用得最多的一项技术。放射性同位素 ^{125}I 是免疫分析技术最常用的示踪物，其灵敏度高、受环境影响小、无背景信号干扰，但是它存在放射性危害。半衰期短和检测复杂等固有缺点。稀土离子特别是 Sm^{3+}、Eu^{3+}、Tb^{3+} 和 Dy^{3+} 具有独特的光学性质，与一些有机配体可形成高效的、稳定的荧光配合物。稀土配合物的许多独特优点，使它非常适用于荧光免疫分析中生物分子的荧光标记：①发射光谱峰范围相当窄，是类线状光谱，受环境扰动小，有利于提高分辨率；②Stokes 位移大（~250nm），发射光谱与激发光谱不会相重叠，有利于排除非特异性荧光的干扰；③荧光寿命长，有利于采用分辨检测技术；④4f 电子受外层电子的屏蔽，f→f 跃迁受外界干扰小，配合物荧光稳定；⑤配合物的激发波长因配体的不同而异，但发射光谱为稀土的特征发射，发射波长不因配体的不同而异。这些独特的光学性质使稀土离子能成为免疫分析技术的示踪物。因为稀土离子没有放射性同位素的固有缺点，而利用时间分辨荧光光谱仪能非常灵敏地检测稀土离子的含量。此外，不同稀土离子形成的配合物，最大发射波长不同，荧光寿命也不同，这样，可以选择适当的延迟时间和窗口测量时间，配以不同的滤光片，能很精确地测量混合物中不同稀土离子的含量。这一性质决定两种以上的稀土离子可以用来作多重标记物，测量同一样品中不同物质的含量。稀土离子作为示踪物，灵敏度、准确度都可以与^{125}I相媲美，而其线性范围宽、分析速度快、检测简便性及标记物稳定性远超过^{125}I。因此，稀土离子被认为是^{125}I的最有前途的替代物。

荧光免疫分析中的主要问题是测量过程中的高背景荧光干扰而使测试的灵敏度受到限制，这些背景荧光来自塑料、玻璃及样品中的蛋白质等，其荧光寿命一般在1~10ns。表7-15中列出了一些常见荧光基团的荧光寿命。由此可见，若用荧光素作为标记物，用时间分辨技术仍不能消除干扰，因此必须用具有比产生背景信号组分的荧光寿命更长的荧光基团作为标记物才能发挥时间分辨测量的优点。从表7-15中可以看到某些镧系元素，如铕（Ⅲ）的螯合物的荧光寿命比常用的荧光标记物高出3~6个数量级，因此很容易用时间分辨荧光计将其与背景荧光区别开。

表7-15　一些荧光基团的蛋白质的荧光寿命

物　质	荧光寿命/ns
人血清蛋白（HSA）	4.1
细胞色素C	3.5
球蛋白（血球蛋白）	3.0
异硫氰酸荧光素	4.5
丹磺酰氯	14
铕螯合物	10^3 ~ 10^6

7.6.3　吸收光谱

在可见和近紫外区，稀土离子具有典型的尖锐而复杂的吸收光谱，这种光谱特点反映出稀土离子4f轨道受到环境的充分屏蔽作用。然而，稀土离子某些光谱线十分敏感于稀土离子所处的周围环境，例如，Nd^{3+}的$^4I_{9/2} \rightarrow {}^4G_{5/2}, {}^2G_{7/2}$跃迁，这种超敏跃迁光谱线可被用于研究稀土离子与生物分子的作用。

以Nd^{3+}为探针，采用吸收光谱法研究牛血清白蛋白、胰蛋白酶、胰蛋白酶原、氨基酸等生物分子与Nd^{3+}的亲和作用。生物分子对Nd^{3+}光谱形状影响甚微，但光谱线强度变化明显，故由此可考察生物分子与Nd^{3+}的亲和作用的强弱。曾测定了Nd^{3+}–葡萄球菌核酸酶、Nd^{3+}–大肠杆菌谷氨酰胺合成酶的示差光谱，并定性地考察了Nd^{3+}配位微环境的特点。如果蛋白质分子中稀土离子键合部位有芳香基团时，则稀土离子的键合将引起蛋白质分子紫外吸收光谱变化。Tb^{3+}–转铁蛋白体系差示光谱出现了245nm和295nm的尖而强的吸收，光谱特点表明稀土离子的键合改变了酪氨酸残基的局部环境。

7.6.4　稀土用于磷酸化蛋白的富集[19,20]

　　蛋白质的可逆磷酸化修饰是生物体内普遍存在的信息转导调节方式，几乎参与生命活动的所有过程，在细胞的增殖、发育和分化，细胞信号转导、转录和翻译，细胞的周期调控、蛋白质降解和新陈代谢，细胞生存、细胞凋亡和肿瘤发生等方面发挥着重要的作用。目前已知许多人类疾病的发生都与异常的蛋白质磷酸化修饰有关。显然，通过探索生理和病理状态下蛋白质磷酸化规律对于阐述生命本质和疾病发生机制具有十分重要的意义，因此，磷酸化蛋白/多肽的鉴定和磷酸化位点的确定成为目前蛋白质组学研究的一个热点。

　　由于蛋白质磷酸化是一种动态过程，磷酸化蛋白的丰度很低，化学计量比十分小、非磷酸化肽质谱信号强烈抑制磷酸化肽质谱信号，因而难以用质谱直接检测。因此，在检测前，进行富集，提高其相对含量，改善质谱对磷酸肽的信号响应是十分必要的。尽管目前有多种富集方法可以选择，但都存在不少问题，如抗体需要量较大、费用昂贵、富集效率不高，以及存在对非磷酸肽的非特异性富集等。

　　倪嘉缵、张吉林等针对蛋白质组学研究中富集低含量磷酸化蛋白/多肽用于质谱分析检测所面临的挑战，利用稀土离子对磷酸根部分的高选择性亲和作用和催化水解作用以及磁性粒子的快速磁分离特点，设计合成了新型稀土基磁性亲和材料，实现了质谱检测前对复杂生物蛋白质样品酶解液中的磷酸化肽的高选择性捕获、快速磁分离提纯和方便的磷酸化肽质谱标记。

　　鉴于稀土离子对磷原子高选择性亲和作用和对膦酸酯键催化断裂水解作用，稀土基亲和材料能够被利用捕获磷酸化肽和使磷酸化肽去磷酸化作用产生 $80Da$ 质量数 HPO_3 的丢失，从而起到亲和材料、无机酶和磷酸化肽质谱信号标记的作用，达到选择性捕获和直接鉴定识别磷酸化肽的目的。此外，考虑到磁分离的便捷性和高效性，把 Fe_3O_4 粒子作为磁性核等包覆在稀土亲和材料内部，将有助于简化分离过程，提高分离效率。设计合成了 $REPO_4$（$RE = Yb$，Gd，Y），$Fe_3O_4@SiO_2@CeO_2$，$Fe_3O_4@La_xSi_yO_5$，$Fe_3O_4@REPO_4$（$RE = Eu$，Tb，Er）等一系列稀土基亲和材料，实现了磷酸化肽的选择性捕获、快速磁分离提纯和容易通过 $80Da$ 质量数 HPO_3 的丢失特征质谱峰识别磷酸化肽。该研究有利于提高宝贵的稀土资源的附加值，其稀土基亲和材料在磷酸化肽的选择性捕获、方便的质谱标记和快速磁分离提纯应用方面潜力巨大。该研究成果对蛋白质组学研究将起到积极的促进作用，也开拓了稀土在生物医学领域中的新应用。

参 考 文 献

[1] 徐光宪. 稀土. 北京: 冶金工业出版社, 1995
[2] 倪嘉缵. 稀土生物无机化学. 2版. 北京: 科学出版社, 2002
[3] 杨频. 生物化学中的稀土元素. 科学通报, 1985, (7): 31-36
[4] 石凤, 朱天培, 倪嘉缵. 稀土生物无机化学 (Ⅰ). 稀土, 1986, (3): 56-64
[5] 石凤, 朱天培, 倪嘉缵. 稀土生物无机化学 (Ⅱ). 稀土, 1986, (4): 44-52
[6] 孟路, 丁兰, 陈杭亭, 等. 正常人血浆中稀土含量及其物种分布. 高等学校化学学报, 1999, 20 (1); 5
[7] 李晶, 杨晓达, 王夔, 等. 我国稀土生物无机化学研究进展. 中国稀土学报, 2004, 22 (1):1-6
[8] 卢然, 倪嘉缵. 稀土对肝脏作的机理. 中国稀土学报, 2002, 20 (3): 193-198
[9] 王夔, 杨晓改. 稀土的生物效应及药用研究——细胞无机化学研究. 北京: 北京大学医学出版社, 2011
[10] Babu S, Velez A, Wozniak K, et al. Electron paramagnetic study on radical scavenging properties of Ceria nanopartictes. J Chemical Physicals Letters, 2007, 442: 405-408
[11] Colo J, Herrera L, Smith J, et al. Protection from radiation-induced pneumonitis using Cerium oxide nanoparticles. J Nanomedicine, 2009, 5: 225-231
[12] Colo J, Herrera L, Smith J, et al. Cerium oxide nanoparticles protect gastrointestinal epithelium from radiation-in-duced damage by reduction of reaction oxygen species and upregulation of superoxide dismutase 2. J Nanomedicine, 2010, 6: 698-705
[13] Pagliari F, Mandoli C, Forte G. Cerium oxide nanoparticles protect cardiac progenitor cells from oxidative stress. Acs Nano, 2012, 6 (5): 3767-3775
[14] Xue Y, Zhou K. Yao X, et al. Direct evidence for hydroxy radical scavenging activity of Cerium oxide nanoparfices. J Phys Chem C, 2011, 115: 4433-4438.
[15] Schubert D, Dargusch R, Raitano J, et al. Cerium and Yrium oxide nanopart. Cles are neuroprotectice. Biochem Biophys Res Commun, 2006, 342: 86-91
[16] Das M, patil S, Bhargava N, et al. Auto-catalytic ceria nanoparticles offer neuroprotection to adult rat spinal cord neurons. Biomaterials, 2007, 28: 1918-1925
[17] Tseng M T, Lu X, Duan X, et al. Alteration of hepatic structure and oxidative stress induced by intravenous nanoceria. Toxicol Appl Pharmacol, 2012, 260: 172-182
[18] 卢然, 朱严楣, 陈杭亭, 等. 镧在 Wistar 大鼠肝脏中的物种分布. 无机化学学报, 2000, 16 (2): 273
[19] 程功, 王志刚, 刘彦琳, 等. 基于纳米结构材料的磷酸化蛋白/多肽富集和分析研究进展. 化学进展, 2013, 25 (4): 620-632
[20] Cheng G, Zhang JL, Liu YL, et al. Monodisperse REPO$_4$ (RE = Yb, Gd, Y) hollow microspheres covered with nanothorns as affinity probes for selectively capturing and labeling phosphopeptides. Chem Eur J, 2012, 18 (7): 2014-20

第 8 章 稀 土 催 化

8.1 稀土的催化

　　稀土元素具有未充满电子的 4f 轨道和镧系收缩等特征,呈现出独特的化学性能,作为催化剂的活性组分或载体使用时表现出优异的性能。研究表明,稀土具有调节催化剂表面的酸碱性、提高催化剂的储/放氧能力、增强结构稳定性、提高贵金属组分的分散度等优点,从而明显提高催化剂的性能。如 La 在分子筛催化剂中可以调节催化剂表面的酸碱性能、增强结构的稳定性,从而提高催化剂的性能;又如 Ce 作为催化剂具有良好的储/放氧能力及氧化性能等。稀土催化剂已在石油化工、石化燃料的催化燃烧、机动车尾气净化和有毒有害气体的净化等许多重要的化学过程中得到广泛应用。

　　稀土元素的实际应用是从催化剂开始的。1885 年,韦尔斯巴克(Welsbach)首先将含 99% ThO_2 和 1% CeO_2 的硝酸溶液浸渍在石棉上制成了催化剂,用于汽灯罩制造工业。

　　20 世纪 60 年代后,对稀土元素(主要是氧化物)的催化作用进行了广泛研究,归纳得到了一些规律性的结果。

　　(1)在稀土元素电子结构中,4f 电子位于内层,受到 5s 及 5p 电子的屏蔽,而决定其化学性质的外层电子的排布又都相同,因此,稀土和 d 族过渡元素的催化作用相比没有明显的特异性。

　　(2)在大多数反应中,各稀土元素之间的催化活性变化不大,最大不超过 1~2 倍,尤其是重稀土元素之间,活性几乎没有明显的变化。这和 d 族过渡元素完全不同,它们之间的活性有时甚至可相差几个数量级。

　　(3)稀土元素的催化活性基本上可以分为两类:与 4f 轨道中电子数(1~14)相对应呈单调变化,如加氢、脱氢、酮化学;与 4f 轨道中电子的排布(1~7,7~14)相对应呈周期变化,如氧化。

　　(4)文献结果表明,稀土既可作为主催化剂组分,又可用作助催化剂或混合催化剂中的次要成分;含稀土的工业催化剂大多数稀土含量较少。但近年来,稀土作为主催化剂组分的研究取得了明显的进展,在 CO 氧化、氯化烃催化燃烧、烯烃环氧化和烷烃转化等反应中表现出较高的催化活性。

稀土催化剂受到极大重视的原因是：

（1）稀土化合物具有广泛的催化性能，包括氧化还原和酸碱性能，而且在多方面还鲜为人知，有许多有待开发的领域。

（2）稀土元素和其他元素之间有很大的互换性，既可以作为催化剂中的主要成分，又可以作为催化剂的次要成分或助催化剂，用稀土化合物可以制成功能各异的催化剂材料，供不同的反应使用。

（3）稀土化合物，特别是氧化物，具有相对高的热稳定性和化学稳定性，为广泛使用这类催化剂提供了可能性。

研究表明，稀土在催化剂中可以①提高催化剂的储/放氧能力；②有利于提高活性金属的分散度，改善活性金属颗粒界面的催化活性；③减少贵金属用量；④提高 Al_2O_3 等材料的热稳定性；⑤促进水气转化和蒸气重整反应；⑥提高晶格氧的活动能力；⑦调节催化剂的表面酸碱性；⑧增强结构的稳定性等，从而使催化剂的性能得到显著提高。

稀土催化剂按其组成大致可分为氧化物、稀土复合氧化物、稀土分子筛和稀土金属间化合物等。

稀土氧化物在 NO 还原、甲烷部分氧化、甲烷氧化偶联等反应中的催化性能均有研究报道。如对甲醇还原的催化反应，催化剂 La_2O_3 的反应速率为 Al_2O_3 或 ZSM-5 负载金属盐催化剂的 2～5 倍，活性比 Al_2O_3 或 ZSM-5 负载金属盐催化剂多两个数量级，显示出很好的催化性能。又如在甲烷氧化反应中，由于 La_2O_3 和 Nd_2O_3 表面具有较高的碱度以及较多的中强碱性位，这两种氧化物的活性远高于 ZrO_2 和 Nb_2O_5。

氧化铈在稀土催化剂材料中占有最重要的地位，认识其在催化氧化中的作用和拓展它在催化剂中的应用具有十分重要的意义。

基于 Ce 元素具有 Ce^{3+}/Ce^{4+} 的可变价特性，氧化铈具有良好的储/放氧性能，在贫氧或还原条件下，CeO_2 表面的一部分 Ce^{4+} 被还原成 Ce^{3+}，并产生氧空位；而在富氧或氧化条件下，Ce^{3+} 又被氧化为 Ce^{4+}，即 CeO_{2-x} 又转化成 CeO_2，从而实现氧的释放-储存这一循环过程。基于 CeO_2 强的储/放氧能力，到目前为止，CeO_2 直接作为催化剂的应用过程主要有 CO 氧化和氯代烃催化燃烧等氧化反应，由于 CeO_2 氧空位具有较好的 NO 吸附和解离能力，因此，CeO_2 也被用于 NO 还原反应过程中。

相比于其他氧化物，CeO_2 表面氧空位的形成能较低。例如，CeO_2（111）表面的氧空位形成能（2.0 eV 左右）要远低于 TiO_2（101）晶面的氧空位形成能（4.8 eV），但是 CeO_2 晶面的氧空位形成能受其形貌和晶面影响较大。而且，在 CeO_2（111）晶面和次晶面上都可以形成氧空位，两种氧空位的形成能差别也不大，其中次晶面氧空位的稳定性稍好。研究还发现，由于 CeO_2 晶面几何结构的弛豫以及 4f 电子的高度局域化，在 CeO_2 晶面和次晶面形成氧空位后留下的两个电子可以多种形式局域在 Ce 原子上，同时 Ce^{4+} 被还原成 Ce^{3+}。

采用传统方法制备的块状 CeO_2 对 CO 氧化反应的活性较低，然而，纳米 CeO_2 的活性显著提高。文献制备了具有不同维数或不同形貌特征（包括 CeO_2 纳米线、纳米片、纳米棒、纳米多面体、纳米球、纳米管等纳米结构材料）的纳米 CeO_2，发现它们对 CO 氧化反应的活性要远高于采用传统方法制备的块状 CeO_2，这是由于当颗粒尺寸减小到纳米尺度时，CeO_2 的比表面积和缺陷浓度（如氧空位）显著增加，从而提高了其 CO 氧化活性。更进一步的研究表明，比表面积也是影响活性晶格氧量的重要参数，纳米 CeO_2 具有较高的比表面积，有利于提高 CO 氧化反应中控速步骤（晶格氧提取）的反应速率，从而提高 CO 氧化性能。除了比表面积和颗粒大小，纳米 CeO_2 优先暴露晶面，对其储/放氧能力和催化氧化活性也有很大的影响。例如，与三维 CeO_2 纳米材料相比，由于表面具有大量的（100）晶面，使得二维的 CeO_2 纳米片具有更好的储/放氧能力。研究还发现，与（111）晶面相比，（100）或（001）晶面占主导的表面结构通常具有更高的 CO 氧化活性。但是，最近的研究发现 CeO_2 晶面并不是决定其对 CO 氧化反应活性的最主要的表面结构因素。

与催化 CO 氧化反应一样，CeO_2 的结构和形貌对其在氯代烃催化燃烧反应中的催化性能也有较大的影响。对于纳米棒、纳米立方体和纳米八面体等具有不同形貌特征的纳米 CeO_2 在二氯乙烷催化燃烧反应中，纳米棒的催化燃烧活性要明显高于纳米立方体和纳米八面体，其原因是二氯乙烷在 CeO_2 上的催化氧化反应主要是利用其晶格氧，而不同形貌 CeO_2 的储/放氧能力和结构稳定性存在很大差异，因此导致 CeO_2 的形貌会对氯代烃燃烧反应的催化活性产生较大的影响。

虽然稀土氧化物对某些化学反应显示出一定的催化活性，并可通过进行纳米制备减小其颗粒尺寸，增大比表面积或调变表面晶面组成等提高催化活性，但还是远低于反应所需的理想状态，而且纳米稀土氧化物的热稳定性也不能令人满意，在高温下容易烧结，从而导致催化活性的下降。因此，通过在稀土氧化物中引入其他组分形成固溶体或制成具有特定结构（如钙钛矿型和六铝酸盐型）的复合氧化物，以及将稀土氧化物作为载体负载其他活性组分等来提高它的性能是一个有效的途径，一直受到研究者的关注。

除了表面氧空位的形成，氧空位的迁移也是影响催化材料储/放氧性能的关键因素。在 CeO_2 晶格中引入其他组分形成固溶体是提高 CeO_2 材料催化性能的有效方法之一，如果引入的阳离子低于 +4，会导致电荷不平衡，产生大量的氧空位，提高体相氧的迁移，从而使储/放氧能力大大增强；如果引入的阳离子为 +4，

通过改变 CeO_2 的体相结构，增强体相氧的迁移和扩散，改善其氧化还原的动力学行为，从而提高其储/放氧能力，因此，铈基固溶体比单纯 CeO_2 具有更好的氧化反应活性，而且固溶体的高温稳定性也要远优于 CeO_2。如为了提高 CeO_2 对 CO 氧化的活性，通常采用其他元素对其进行改性形成复合氧化物或者固溶体，如 Zr、Cu、Mg、La、Pr、Eu、Fe、Hf 等。

目前，CO 氧化催化剂大致可分为贵金属和非贵金属两大类。贵金属催化剂通常具有很好的低温活性，但是成本较高，且稳定性和抗水性能较差，非贵金属催化剂价格低廉，热稳定性好，但是低温活性较差。随着研究的不断深入，非贵金属催化剂的低温活性不断得到提高，已接近贵金属催化剂。

稀土基钙钛矿型复合氧化物是催化反应中常用的催化剂，广泛应用于汽车尾气净化、NO_x 消除、挥发性有机化合物催化燃烧、加氢、光催化、电催化等催化过程和化学传感器中。在典型的稀土基钙钛矿复合氧化物中，La、Pr、Nd 和 Gd 等稀土元素占据 A 位，Mn、Co 等过渡金属元素占据 B 位，其中 $LaMO_3$（M = Co 或 Mn）在催化氧化反应中的研究最为广泛，包括用 Eu^{2+}、Sr^{2+}、Ce^{4+}、K^+ 对 A 位的 La^{3+} 进行取代，以及 Fe^{3+} 和 Ni 对 B 位进行取代，通常，低价态的金属离子取代 A 位，会形成氧空位及低于化学计量比的钙钛矿（$La_{1-x}Sr_xMnO_3$ 除外，因为 Sr 对其进行 A 位取代会导致氧过量并形成阳离子空位）；高价态的金属离子取代 A 位，经形成 A 空位。B 位取代可以形成非化学计量比的钙钛矿。影响稀土基钙钛矿复合氧化物催化性能最关键的两个因素是氧的流动性和 B 位离子的价态（即氧化还原性能），通过 A 位或 B 位取代所产生的氧空位或晶格空隙有利于提高钙钛矿氧的流动性，同时可很好地调变 B 位离子的价态，从而提高其对氧化反应的催化活性。

除了 A 位和 B 位的元素组成，稀土基钙钛矿复合氧化物的织构性质对其性能也有较大的影响，尤其是比表面积。研究发现，在不同温度下焙烧制备的稀土基钙钛矿复合氧化物，对甲烷氧化的催化活性与其比表面积具有较好的线性关系，由于钙钛矿结构通常需要在高温下焙烧合成，导致其比表面积普遍较低（≤ $10m^2/g$），因此，许多研究者致力于设计新的制备方法来合成具有高比表面积的稀土基钙钛矿复合氧化物，以提高这类催化剂的催化活性。

提高稀土基钙钛矿复合氧化物比表面积的另一种方法是将其负载在具有高比表面积的载体上（如 Al_2O_3）或者分散在介孔 SiO_2 孔道内。采用 Al_2O_3 作为载体时，某些稀土基钙钛矿复合氧化物在高温下容易和 Al_2O_3 反应形成铝酸盐，导致催化剂活性下降。

研究发现，负载于 $\gamma\text{-}Al_2O_3$ 上的 CeO_2 和 La_2O_3 双组分催化剂催化还原 SO_2 的活化温度比单个 CeO_2 或 La_2O_3 下降 50 ~ 100℃，而且具有更高的活性。钙钛矿型和萤石型稀土复（混）合氧化物催化剂在催化还原脱硫中也表现出良好的应用前景。研究发现稀土（Ce、Tb 和 Er）能极大地加强 V_2O_5–WO_3–TiO_2 催化剂催化还原 NO_x 的热稳定性，抑制催化剂比表面积的减少及其相态向金红石相的转化。

也有研究者认为，比表面积并不是影响稀土基钙钛矿复合氧化物催化活性的决定因素，相反，表面结构、形态、粒度等性质是决定其催化性能的关键因素。

与稀土氧化物和稀土复合氧化物等非贵金属催化剂相比，贵金属催化剂在反应中通常具有更高的催化活性。虽然贵金属催化剂具有较高的催化活性，但与稀土氧化物和复合氧化物催化剂相比，高温稳定性较差，尤其在氧化气氛中进行高温反应时催化剂的活性会急剧降低，这主要与载体比表面积的减少和贵金属组分的烧结等有关。为了提高稀土（复合）氧化物负载贵金属催化剂的高温稳定性，必须要提高载体的热稳定性和抑制贵金属的烧结。尤其是在 CO 氧化、甲烷催化燃烧、易挥发性有机化合物（VOCs）催化燃烧等氧化反应中，在贵金属氧化催化剂中，无论是作为载体还是助催化剂，稀土的添加可以提高贵金属催化剂的活性或稳定性。

稀土催化剂已在工业上应用，并具有良好的应用前景。如汽车尾气净化稀土催化剂，合成橡胶稀土催化剂，石油裂化稀土催化剂和石油化工稀土催化剂以及燃烧催化剂等。

8.2　汽车尾气净化稀土催化剂

随着交通运输业的发展，汽车尾气已成为当今世界环境的一大污染源。安装催化净化转化器是降低汽车尾气对环境污染的有效方法。用于汽车尾气净化的催化剂有多种，其中，贵金属催化剂具有活性高、净化效果好的优点。但是，它的价格昂贵，贵金属催化剂易患铅中毒、汽车需使用无铅汽油，限制了它的广泛应用。为此，人们希望寻找一些价格低、性能好、不含贵金属的催化剂作为代用品，而稀土便是最受人们关注的代用品之一。稀土催化剂用于净化汽车尾气有价格低、热稳定性和化学稳定性好、活性也较高、寿命长，特别是具有抗中毒的特性和净化效果好等优点。因而，极受人们的重视。所以稀土催化剂是一种具有实际使用价值、很有发展前途的汽车尾气净化催化剂。

汽车尾气中的有害成分主要有一氧化碳（CO）、碳氢化合物（HC）、氮氧化物（NO_x）。

降低汽车尾气对环境污染的技术分为机内净化和机外净化两大类。机外催化净化装置，人们称为催化净化器或催化转化器。

除去汽车尾气中有害成分的催化反应如下：

$$CO+1/2O_2 \longrightarrow CO_2$$
$$^*CH_4+2O_2 \longrightarrow CO_2+2H_2O$$
$$^*NO_x+xCO \longrightarrow 1/2N_2+xCO_2$$

（＊分别代表多组分烃类和氮的氧化物）

由上述反应可见，汽车尾气的催化净化反应既包括 CO、HC 的氧化，又包括 NO_x 的还原。因此，需要研制一种能使两类反应同时进行的三效催化剂（图 8-1）。为了达到同时净化 CO、HC 和 NO_x 的目的，人们研制了一种由氧化钇稳定的氧化锆传感器来精确调节控制空燃比（A/F），使尾气中氧的含量适宜，并恒定，以便同时净化三类有害气体。

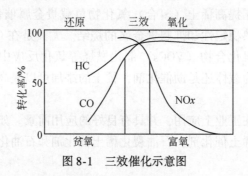

图 8-1　三效催化示意图

汽车尾气净化催化剂目前要解决的难点是：

（1）在更宽 A/F 比的工作范围内，特别是富氧条件下，提高对氮氧化物还原的选择性。

（2）降低起燃温度，减少冷启动时污染物的排放。

汽车尾气净化三效催化剂主要有三部分构成：催化剂载体（通常用陶瓷——堇青石蜂窝载体、金属蜂窝体、氧化铝小球和金属网状骨架等）、活性涂层（也称第二载体，常由 Al_2O_3、BaO、CeO_2、ZrO_2 等组成）和活性组分（Pd、Pt、Rh 等）。稀土可作为陶瓷载体的稳定剂和活性涂层。

稀土氧化物在汽车尾气净化催化剂中得到广泛应用，目前研究最多为 CeO_2-ZrO_2（CZO）固溶体。其中铈/锆物质的量比、固溶体的结构、掺杂离子的性能等是影响铈锆固溶体储/放氧能力及催化活性的关键因素。

CeO_2 具有较低的氧空位形成能及良好的储/放氧性能，但在高温下 CeO_2 容易烧结，使得颗粒长大和比表面积减小，从而导致其储/放氧性能降低。因此，提高 CeO_2 的热稳定性具有非常重要的意义，而 ZrO_2 的加入通过形成铈锆固溶体可以明显提高 CeO_2 的高温稳定性，同时还可以提高其低温活性。

CeO_2 具有高的储氧能力，但其体相氧的迁移速率太慢，在反应过程中并不能有

效地提供体相氧，使得 CeO_2 自身的供氧能力较低，通常仅为 $0.0024mol-O_2/mol-$
Ce。随着 Zr 的引入，储/放氧效率得到明显提高，且铈锆固溶体（$Ce_xZr_{1-x}O_2$）的
储/放氧性能与 Ce/Zr 物质的量比紧密相关，当 $x=0.5$ 时（$Ce_xZr_{1-x}O_2$）储/放氧效
率达到最大值，可提高两个数量级，达到 $0.23mol-O_2/mol-Ce$。当 Ce/Zr 物质的量
比低于 1 时，随着 Zr 含量的增加，氧化物会从立方相转变成四方相和单斜相，导
致铈锆固溶体的储/放氧效率降低。

有关铈锆固溶体的储/放氧能力及其影响因素的研究较多，其中影响最大的
因素是 Ce/Zr 原子比。实验研究结果表明，Ce/Zr 原子比为 1 的铈锆固溶体通常
具有最好的储/放氧性能，尤其是结构均匀的 $Ce_{0.5}Zr_{0.5}O_2$ 固溶体，具有高达 89%
的储/放氧效率（相对于理论储/放氧值）。

其原因可能是 $Ce_{0.5}Zr_{0.5}O_2$ 具有较高的表面酸性和晶格氧流动性。

由于 Zr^{4+} 的半径小于 Ce^{4+} 半径，因而 Zr^{4+} 的存在使得 CeO_2 晶格的膨胀更加容
易，所以被 Zr^{4+} 包围的 Ce^{4+} 更容易在不同价态之间进行变换，从而提高储/放氧
性能。

由于 Ce^{4+} 和 Ce^{3+} 半径存在差异（Ce^{4+} 为 0.097nm，Ce^{3+} 为 0.114nm），使得铈
锆固溶体的储/放氧过程常伴随着体积的收缩和膨胀，而空间上的膨胀会阻碍还
原过程的进行和导致铈锆固溶体的分相，从而降低铈锆固溶体的储/放氧性能，
因此，在铈锆固溶体中引入 Al_2O_3 和 SiO_2 等半径比较小的粒子，可有效缓解空间
膨胀，使还原过程更容易进行，从而进一步提高铈锆固溶体的储/放氧能力。

铈锆固溶体优异的催化性能取决于良好的储/放氧能力及高热稳定性，而这
些性能又与其结构密切相关，高比表面积和单一的物相结构是铈锆固溶体获得高
性能的基本条件，虽然比表面积对总的储氧能力没有影响，但是会影响其储/放
氧速率，因此，高的比表面积有利于提高储/放氧能力。此外，晶化程度、亚晶
格变形、原子的排列规律等也对其性能具有较大的影响，其中晶化程度如果过高
会使氧交换能力受到限制，而亚晶格变形则会增加阴离子的移动性，从而提高其
储/放氧能力。

Ca^{2+} 和 Mg^{2+}、碱金属以及三价稀土离子的引入可以改善铈锆固溶体的性能，
如 Ca 的引入可明显减小铈锆氧化物的颗粒度，强烈影响 Ce 与 O 的相互作用，当
引入适量的 Ca 时可提高表面氧的活性，如果 Ca 的加入量过多时，结构均匀性变
差，在表面会形成 Ce、Ca 碳酸盐物相，使 O 的活性受到抑制。

同样，在铈锆固溶体中引入 Fe（Co、Ni、Mn 和 Cr）、Cu、Y（La）、Bi 元
素也能提高铈锆固溶体中氧的流动性和储/放氧性能。

铈锆固溶体具有比 CeO_2 更好的储/放氧性能，因此，在汽车尾气净化三效催
化剂、CO 氧化、碳氢燃烧、固体氧化物燃料电池等众多过程中广泛应用，使得

铈锆固溶体的研究最受关注。

利用纳米技术及复合稀土化合物优化催化剂性能，获得了更良好和稳定的涂层配方、催化剂配方和催化剂制备工艺。利用纳米稀土催化剂提高汽车催化净化性能是一种具有实际使用价值、很有发展前途的途径。作者用纳米 La_2O_3 和 CeO_2 作为汽车尾气净化催化剂涂层的添加剂，比较了纳米涂层和非纳米涂层，在浸渍相同活性组分时的温度-转化率曲线表明，催化活性大有提高，CO 50% 转化率时的温度降低了近 40℃；同时用纳米稀土氧化物一次涂层的量比非纳米稀土氧化物一次涂层量高近一倍。其主要原因是纳米粒子的表面活性强，附着力强，涂层的比表面积大，活性部分在其表面分散得好。

8.3 合成橡胶稀土催化剂

合成橡胶是以石油为原料发展起来的新兴石油化学工业。在石油炼制和催化裂化过程中，生成大量有价值的单体，如乙烯、丙烯、丁二烯和异戊二烯等，通过聚合方法可将单体合成高分子化合物。上述几种单体均为合成通用橡胶品种的重要单体。其中丁二烯和异戊二烯等双烯类单体尤为重要。在双烯单体聚合时，由于聚合方法不同，获得的聚合物结构和性能有很大差别。20 世纪 50 年代，在高分子合成领域内，发现了一类新型的 Ziegler-Natta 催化剂，它可以使许多单体进行定向聚合，合成出结构规整的聚合物，为合成橡胶工业的发展开辟了新的途径。许多新的合成橡胶品种相继问世，如顺式-1，4-聚丁二烯（顺丁橡胶）、顺-1，4-聚异戊二烯（异戊橡胶）、乙烯-丙烯共聚橡胶（乙丙橡胶）等陆续实现了大规模工业化生产。这种催化剂通常是由周期表中Ⅳ～Ⅷ族过渡金属盐与Ⅰ～Ⅲ族金属烷基化合物组成的，其中应用较为广泛的是含 3d 电子的过渡金属（Ti、Co、V、Ni、Cr 等）盐及铝的金属烷基化合物。将含 4f 电子的稀土元素应用于合成橡胶催化剂中是 20 世纪 60 年代初开始的。我国首先将稀土催化剂用于丁二烯定向聚合，合成出具有高顺-1，4 结构的聚丁二烯，为合成顺丁橡胶提供了新的催化体系。研究发现，在橡胶合成中使用稀土催化剂，橡胶的质量好，伸长率大，成本低，产量大，加工性能好，动力消耗低。

中国科学院长春应用化学研究所沈之荃等在稀土催化合成橡胶方面的研究工作起步较早，不仅将稀土催化剂应用于丁二烯定向聚合，也首次公开报道稀土催化剂定向聚合异戊二烯。由于各国科学家的共同努力，稀土催化剂的活性不断提高，催化剂应用范围不断扩大。

表 8-1 列出与传统的铁、钴、镍催化剂相比，稀土催化剂聚合丁二烯反应具有如下特点：

（1）以饱和烃己烷为溶剂，利于环保。

（2）单体转化率高，甚至可以达到100%。

（3）不易发生交联反应，生成凝胶。

（4）以乙烯基环己烯表示的二聚物生成速率最低，可减少二聚物对环境的污染。

（5）温度对聚合产物的结构和性能影响不大，最高聚合温度可达120℃，可实现完全的绝热聚合。

此外，稀土催化剂聚合丁二烯产物的相对分子质量可随单体转化率的增加而增大，具有"活性"聚合的特点，而其他催化剂体系通常在单体转化率为40%左右，聚合产物的相对分子质量呈现极大值。

表 8-1 稀土催化剂聚合丁二烯反应特点

催化体系	钴（Co）	镍（Ni）	钛（Ti）	钕（Nd）
溶剂	苯，环己烷	己烷，甲苯，苯	甲苯，苯	己烷，环己烷
最大聚合温度/℃	80	80	50	120
单体转化率/%	55~80	<85	<95	100
1, 4单元的摩尔分数/%	96	96	93	94~99
1, 2单元的摩尔分数/%	2	2	3	0~5
乙烯基环己烯生成率/%	2	2	4	<1
结构	可调	支化	线形	高度线形
支化度	中等/高	高	中等	极低
凝胶含量	变化	较低	较高	极低
M_w/M_n	中等	宽	窄	可调

具有工业化应用价值的合成顺丁橡胶用稀土催化剂可分为两类：①稀土化合物、烷基铝和氯化物组成的三元催化剂体系；②氯化稀土配合物和烷基铝组成的二元催化剂体系。三元催化剂体系因稀土化合物具有来源方便、便于计量、活性高和聚合产物相对分子质量容易调控等优点，而成为目前制备顺丁橡胶的主要催化剂体系。在17种稀土元素中，镨和钕具有最高的催化聚合活性，因此，钕化合物是优选的催化剂组分。也可利用来源丰富、廉价易得的去除铈的镨钕富集物作为催化剂的组分。

同其他 Ziegler-Natta 催化剂一样，催化双烯定向聚合的稀土催化剂也是由两种重要组分组成，一种是稀土盐，另一种是金属烷基化合物（通常使用的是AlR₃烷基铝化合物），其组成及获得的双烯聚合物微观结构见表8-2。

表 8-2 双烯聚合稀土催化剂的组成及其对聚合物结构的影响

催化体系	聚合物中顺-1,4 链节含量/%	
	聚丁二烯	聚异戊二烯
$REX_3 \cdot 3ROH-AlR_3$	96~98	90.5~96
$REX_3 \cdot 3TBP-AlR_3$	96~98	~94
$RECl_{3-n}(OR)_n-AlR_3$	97	~94
$RE(naph)_3-AlR_3-Al_2Et_3Cl_3$	97	94~97
$REL_3-AlR_3-Al_2Et_3Cl_3$	97	~94

注：ROH 为醇类或醚类、胺类化合物；TBP 为磷酸三丁酯或其他中性磷酸酯；naph 为环烷酸基或其他羧酸基团；L 为酸性磷酸酯基团；RE 为稀土元素。

由表 8-2 可见，稀土催化体系可根据组分数分成二元和三元体系。二元体系是由无水稀土卤化物与醇类、醚类、胺类及磷酸酯类形成配合物再与烷基铝组成的催化体系；三元体系是由稀土的羧酸盐或酸性磷酸酯形成的盐与烷基铝及其他含卤素试剂组成的催化体系，这些含卤素试剂可以是烷基卤化铝，也可以是卤代烷、$SnCl_4$、SCl_5-PCl_3 等其他卤化试剂。

在二元催化体系中，REX_3 中不同卤素对聚合活性及聚合物的结构均有一定影响。其活性顺序为 Cl>Br>I>F，对聚合物的顺-1,4 结构含量，除 I 对异戊二烯聚合物影响较大以外，其余卤素对聚合物结构影响不大。二元体系中，不同烷基铝对聚合活性有较大影响，其活性顺序为：$Al(C_2H_5)_3 > Al(i-C_4H_9)_3 > Al(i-C_4H_9)_2H$。不同烷基铝对聚合物的结构影响不大。

研究比较多的三元催化体系是环烷酸稀土盐催化体系 $RE(naph)_3-AlR_3-Al_2Et_3Cl_3$。该体系催化聚合丁二烯和异戊二烯时，聚合活性较高，催化剂制备比较容易，催化剂各组分溶解在汽油中，使用比较方便。加入第三组分主要是与稀土盐进行交换反应，使稀土周围带有卤素基团。在三元体系中，各种卤素催化活性的顺序为：Br>Cl>I>F。

不同烷基铝对三元体系催化活性和聚合结构的影响见表 8-3，由表 8-3 可见，其活性顺序不同于二元体系，各种烷基铝的活性顺序为：$Al(i-C_4H_9)H > Al(i-C_4H_9)_3 > Al(C_2H_5)_3 > Al(CH_3)_3$。烷基铝种类不同对聚合物结构影响不大。

表 8-3 不同烷基铝对聚合的影响

烷基铝	转化率/%	聚异戊二烯微观结构/%		
		顺-1,4	反-1,4	3,4
$Al(CH_3)_3$	20	94	0	6
$Al(C_2H_5)_3$	41	95	0	5

续表

烷基铝	转化率/%	聚异戊二烯微观结构/%		
		顺-1, 4	反-1, 4	3, 4
$Al(i-C_4H_9)_3$	60	94	0	6
$Al(i-C_4H_9)_2H$	>70	94	0	~6

注：催化体系为 $RE(naph)_3-AlR_3-Al_2(C_2H_5)_3Cl_3$。

在三元催化体系中，各种不同配体的稀土盐活性顺序为：$Nd(P_{507})_3 > Nd(P_{229})_3 > Nd(P_{204})_3 > Nd(naph)_3 > Nd(oct)_3 > Nd(C_{5\sim9}COO)_3 > Nd(acac)_3 \cdot 2H_2O$，在聚合异戊二烯时，酸性磷酸酯的稀土盐活性高于羧酸稀土盐。各种配体的稀土盐对聚丁二烯和聚异戊二烯微观结构影响不大，均可获得较高的顺-1, 4 结构聚合物。

催化双烯聚合物的催化剂，组分间的加入方式及催化剂配制后放置时间都将影响聚合活性。不同稀土元素的催化活性也有很大不同，轻稀土的催化活性高于重稀土，无论是二元体系还是三元体系，对于丁二烯和异戊二烯聚合的活性顺序为：$Nd > Pr > Ce > Gd > Tb > Dy > La \sim Ho > Y > Er \sim Sm > Tm > Yb > Lu \sim Sc \sim Eu$。

稀土催化剂不仅可以使丁二烯和异戊二烯定向聚合，成为有用途的橡胶，同时也可聚合戊二烯-1, 3 及己二烯等。比较有价值的是进行丁二烯和异戊二烯共聚，获得丁二烯-异戊二烯共聚橡胶。该种共聚橡胶主链双键两种单体单元均为高顺式结构（>95%），具有优异的低温性能，是一种性能较好的合成胶种。

稀土催化双烯聚合工艺通常采取溶液聚合方式，将催化剂加入单体和汽油的溶液中实现聚合反应。单体浓度一般为 0.1~0.15kg/L。

高分子材料的结构与性能有着密切的关系。由于催化体系不同，合成的聚合物结构有很大的不同。稀土催化聚合的双烯聚合具有许多结构特点，因而也具有许多特殊的性能，钕-顺丁二烯与传统的顺丁橡胶结构特性列于表 8-4。由表 8-4 可见，稀土顺丁橡胶具有顺-1, 4 结构含量高、支化度低、相对分子质量高等特点，因而生成胶的玻璃化温度和结晶温度低，熔融温度高。分子链的较高规整性及线形分子和相对分子质量高，使得稀土顺丁橡胶的生胶强度大，胶的黏性高，这些都有利于提高硫化胶的性能及轮胎加工过程中的工艺行为。

表 8-4　稀土顺丁橡胶与其他顺丁橡胶分子特性的比较

品种	Buna 系列						Ni-BR
	CB22	CB23	CB24	CB55	CB11	CB10	
催化剂微观结构	Nd	Nd	Nd	Li	Ti	Co	Ni

品种	Buna 系列						Ni-BR
	CB22	CB23	CB24	CB55	CB11	CB10	
顺-1, 4 含量/%	98	98	98	38	93	95	96
1, 2 含量/%	<1	<1	<1	11	4	2	2
宏观结构							
M_w, 10^4	60	59	100	29	71	51	70
M_n, 10^4	8.5	11.5	7.8	10	13	11	5.0
M 支链/%	5	5	3	3	10	15	20
玻璃化温度/℃	−109	−109	−109	−83	−105	−107	−107
结晶温度/℃	−67	−67	−67		−51	−54	−65
熔融温度/℃	−7	−7	−7		−23	−11	−10

实用的橡胶制品需要经过硫化。稀土顺丁橡胶与其他顺丁橡胶在硫化后的性能有很大区别，将顺丁橡胶与天然橡胶 1∶1 混用时，制作胎侧的性能比较结果可知，稀土顺丁橡胶动态疲劳寿命、动态磨耗及生热等性能指标都优于传统的顺丁橡胶。

用稀土催化剂很容易制备相对分子质量较高的顺丁橡胶，高相对分子质量的顺丁橡胶可以作为充油橡胶的基础胶。将石油炼制过程中的残渣油填充到基础胶中，不仅可以改善橡胶的加工行为，也可使炭黑等配合剂在橡胶中均匀分布，从而提高硫化胶性能。不同相对分子质量的稀土顺丁橡胶充油量有所不同，相对分子质量高的充油量也高；各种油品对充油胶的性能也有很大影响，所以稀土充油橡胶要根据基础胶的相对分子质量大小，选择合适的充油量和油品，使其硫化胶性能指标达到和超过普通顺丁橡胶的水平。

日本理化学研究所、普利司通、JSR 共同开发出了可在实际反应条件下合成顺式结构（CISSE）含量高达 99% 的顺丁二烯（超高顺式 BR）的钆金属茂配合物催化剂。使用该催化剂聚合活性提高，且使用量仅为原来的 1/5000。

异戊橡胶是一种结构和性能最接近于天然橡胶的合成胶种，它可以部分或全部代替天然橡胶使用，是一种综合性能优异的合成橡胶。现在工业化生产的异戊橡胶大都采用钛系和锂系催化剂。稀土异戊橡胶的顺-1, 4 结构含量介于锂系和钛系异戊橡胶之间。性能测试结果表明，不同顺-1, 4 结构的异戊橡胶硫化后性能有些差别，硫化胶的抗张强度随顺-1, 4 结构含量减少而降低，而对其他性能指标，如 300% 定伸强度、伸长率、永久性变等影响不大。

异戊橡胶在加工过程中，会发生相对分子质量降解现象。稀土异戊橡胶的分子结构不同于钛系异戊橡胶，稀土异戊橡胶相对分子质量较高、分子支化度低、凝胶含量低等，对硫化胶的性能影响不大。

稀土催化剂的研究，开辟了定向聚合催化剂的新途径，具有重大的理论意义和实际意义，越来越多稀土橡胶品种相继问世，如稀土顺丁橡胶、稀土异戊橡胶、稀土丁苯橡胶、稀土丁戊橡胶、稀土乙丁橡胶、稀土乙戊橡胶等。

与此同时，稀土也被广泛地应用于橡胶加工的助剂，并显示出很好的效果。如稀土硫促进剂、稀土交联剂、稀土填充剂、稀土偶联剂、稀土硫化物颜料等。

8.4　石油裂化稀土催化剂

石油炼制工业是稀土应用的一个重要领域，也是使用并消耗稀土的一个大户。在石油炼制工业中，稀土主要用来制备含稀土的沸石裂化催化剂。

汽油、柴油是工业和交通运输中的重要动力燃料，这些产品是通过原油加工炼制而得。原油是复杂的烃类混合物，用蒸馏的方法可把它分离为不同沸点的馏分，沸程低于 200℃ 的馏分为汽油馏分油，200～300℃ 为煤油馏分油，300～350℃ 为柴油馏分油，350～500℃ 为减压馏分油。以上各种馏分油还需进一步加工精制，方能得到成品油。通常用蒸馏的方法只能得到约 30% 的汽油和柴油。剩下的重质馏分油还可以进一步加工，大分子的烃类过热裂化、催化裂化或加氢裂化，可进一步获得轻质油品。热裂化得到的产品质量低，而加氢裂化的费用高，只有催化裂化符合发展要求而得到广泛采用。催化裂化是炼油工业中用重质油制取汽油的重要二次加工过程。重质油通过催化裂化加工，可再由裂化原料中得到约 80% 的汽油、柴油和约 15% 的气体。所产生的汽油辛烷值高，马达法辛烷值可达 80，安定性也好，适于作高级车用汽油的组分。气体中含有大量的丙烯和丁烯是发展石油化工的宝贵原料，可用来进一步生产聚丙烯、丙烯腈、合成橡胶和其他化工产品。目前，世界原油产量的 1/4～1/3 是经过催化裂化得到的。原油的催化裂化已成为世界工业上实现的最大规模的催化过程。催化裂化用的裂化催化剂也是世界上催化剂生产中数量最多的一类催化剂。

裂化催化剂的发展，早期用的是天然白土催化剂，后发展为无定形硅酸铝催化剂。20 世纪 60 年代开发成功沸石裂化催化剂，含沸石的裂化催化剂在工业上应用后，与无定形硅酸铝催化剂相比，在相同的焦炭产率下，多产汽油 15%～20%；或在相同的转化率下，可提高装置的处理量 30% 以上，而且可以减少气体产物的生成。1962 年沸石类催化剂开始在工业上推广应用。由于它有良好的活性、选择性和稳定性，因此迅速在工业上应用。从此进入了使用沸石裂化催化剂的时代。随着沸石催化剂的应用，稀土–Y 分子筛（REY）代替无定形硅铝酸盐作为催化裂化剂，使汽油产率增加了 10% 以上，被誉为 "炼油工业的技术革命"。稀土作为一个组分引入到裂化催化剂中，可提高重油裂化速率、催化活性、延长使用寿命，有良好的选择性和稳定性，抗金属污染能力强，汽油转化率高。从而开始了稀土在裂化催化剂中应用的新局面。由于它特异的催化性能，使催化裂化工艺发生了一场革命性的变化。

　　20世纪70年代后是沸石类裂化催化剂进一步发展的阶段。随着沸石催化剂用量的增加，稀土在裂化催化剂中的用量也迅速增长。到80年代初期，随着人们对环境保护的重视，要求汽油少加铅和无铅化。进入80年代中期，由于提高汽油辛烷值和渣油加工的需要，催化剂中的沸石也由含稀土多的Y型沸石（REY）逐渐改用含有少量稀土或不含稀土的超稳Y型（USY）。因而，多年来在裂化催化剂中占重要地位的REY型沸石，逐渐改用超稳Y型沸石。超稳Y型沸石是一种改性的Y型沸石，它是将NaY型沸石用NH_4^+交换，然后经高温焙烧使晶格收缩，晶格骨架趋于稳定，故称超稳Y型沸石。因为超稳化是采用NH_4^+进行交换，而不用RE^{3+}，所以随着超稳Y型沸石的采用，裂化催化剂中稀土的用量将会减少。在此阶段中，提高了汽油的辛烷值，降低了焦炭的产率，也为重油裂化提供了更为合适的催化剂。尽管近年来裂化催化剂中的沸石有一部分改用超稳Y型沸石，稀土用量降低了，但稀土在裂化催化剂中仍是必不可少的活性组分。

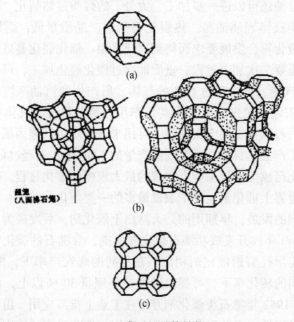

图 8-2　沸石的晶体结构

（a）削角八面体：顶角均有一个硅（铝）原子，边上有一个氧原子，笼形孔道，

称β笼；（b）八面体沸石（X型、Y型）；（c）A型分子筛

　　裂化催化剂中采用的沸石为八面沸石，沸石是铝硅酸盐晶体矿物，早期它被用作吸附剂分离不同大小的分子，故又称分子筛或称为沸石分子筛。

　　合成好的沸石是钠型的，无论是 NaX 型沸石或 NaY 型沸石都不具有裂化活性，还需采用离子交换的方法将钠离子交换成其他阳离子才具有裂化活性。通常可选用的阳离子为二价的钙、锰离子或三价的稀土离子。这些交换的阳离子中以稀土离子交换而得的沸石活性最高，稳定性好，适合作裂化催化剂。这也是沸石裂化催化剂必须采用稀土已取得最佳效果的主要原因。另外，采用的沸石类型的不同，沸石中含有的稀土量也不同。

　　表 8-5 列出几种沸石裂化催化剂的稀土含量。

表 8-5　几种沸石裂化催化剂的稀土含量（%）

催化剂牌号	REO	单一稀土含量				
		La_2O_3	CeO_2	Nd_2O_3	Pr_6O_{11}	Sm_2O_3
CBZ-1	3.5	21.0	50.3	19.7	5.7	3.2
CBZ-2	2.0	28.1	43.5	20.5	5.7	3.2
CBZ-3	2.5	44.1	25.8	20.7	7.2	2.2
CBZ-4	1.5	55.9	12.4	22.0	8.3	1.4
Super-D	3.2	22.5	50.0	19.6	5.9	3.0
Super-D（E）	3.9	34.3	36.8	20.2	6.5	2.2
Super-D（M）	5.0	22.5	49.4	19.6	5.7	3.1
CCZ-220	2.6	29.3	42.2	21.0	4.9	2.6
MZ-3	2.3	57.4	13.5	21.3	7.3	1.0
MZ-6	2.1	59.0	12.0	21.3	6.6	1.0
MZ-7P	3.4	50.3	16.7	29.1	3.7	0.2
HEZ-55	2.6	58.0	11.8	22.0	7.4	0.8
EKZ-4	4.0	65.7	21.2	11.1	2.0	
Y-7-15（中）[①]	4.0	34.0	47.4	12.5	5.2	0.9
Y-7-15[①]	3.2	25.6	51.4	16.8	6.1	0.1
CGY-1[①]	2.5	28.9	48.9	16.0	5.2	1.0

①为国产催化剂，其余为国外的催化剂。

　　各种混合稀土原料制成的催化剂活性都较好。测定的单一稀土对催化剂性能的影响结果可知，钇、镧、铈、镨、钐等单一稀土，均有较好的活性，其中以镧、钐更好些。

　　沸石裂化催化剂中 REO 的含量在 1.5%～5.0%，多数在 2.0%～3.5%。单一稀土的分布，以含镧和铈为主，两者合占约 70%，有的以含镧为主，有的以含铈为主。

含沸石的裂化催化剂与无定形的硅铝裂化催化剂相比，虽然两者均含有质子酸，但沸石催化剂所含质子酸数量比硅铝催化剂约多 70 倍，因而裂化活性高。由稀土交换的沸石制成的催化剂约为硅铝催化剂活性的 100 倍，而由 Ca、Mn 交换的沸石制成的催化剂约为硅铝催化剂活性的 30 倍。同时稀土交换的沸石催化剂稳定性更高。

在分子筛中引进稀土可以调节催化剂的酸性和孔径分布，根据 RE^{3+} 的种类、交换量和引入方式的不同，可对分子筛的酸中心数目、强度分布等进行调节，从而调变催化剂的性能；产生电子缺陷，形成氧化还原活性中心；提高分子筛的水热稳定性。

关于沸石催化剂的催化活性机理有三种观点：①认为是由于催化剂中产生了质子酸的酸性中心或非质子酸的酸性中心引起。②认为多价阳离子在沸石中的不对称分布，使沸石表面的多价阳离子和负电中心之间产生静电场。静电场使吸附的烃类分子极化，而具有较高的反应能力。③认为由于沸石中的多价阳离子使结构羟基活化，产生较强的质子酸中心。

稀土离子的引入不仅显著增强了 Y 型分子筛的结构稳定性，而且调变了分散的酸性，从而提高了 REY 分子筛对催化裂化反应的催化性能。

但是，传统的 FCC 汽油具有烯烃含量高（40% ~ 45%，甚至可达到 65%）的特点，不符合当前世界燃料清洁化的发展要求，相对于 Y 和 β 分子筛，ZSM-5 分子筛的孔径较小，对 FCC 汽油具有很好的裂化选择性，能够使汽油中的烯烃选择性地裂化为 C3 和 C4 烯烃，从而达到在降低 FCC 汽油烯烃含量的同时增产丙烯，如果采用稀土元素对 ZSM-5 分子筛进行改性，可有效调节 ZSM-5 分子筛表面的酸量和酸强度，从而进一步调整产物的选择性。

除了传统的催化裂化应用领域，稀土在烯烃改性微孔分子筛在乙醇脱水制乙烯、乳酸脱水制丙烯酸、甲烷活化及碳链增长、正丁烷直接转化制异丁烯、1-丁烯的双键位置异构化、甲苯酰基化等反应中的应用也有不少的报道，其高活性几乎都与稀土对于分子筛酸性质的调节作用有关。

与微孔分子筛相比，介孔分子筛具有连续可调的孔径和较高的表面积，结构上使得其作为催化材料使用时对大分子参与的催化反应表现出较好适应性。

采用浸渍法将稀土氧化物直接负载到介孔分子筛表面是最简易的制备方法，由于硅基介孔材料具有较大的比表面积，因此稀土氧化物在介孔材料中具有较好的分散性，但是在反应过程中稀土氧化物易流失，导致其催化活性较低。用嫁接法制备时，通过稀土金属配合物与介孔分子筛表面的—OH 或者经过修饰的介孔分子筛表面反应，以点对点的方式将稀土物中（活性组分）嫁接到介孔分子筛面，因此具有较高的活性组分分散度和稳定性。

与采用浸渍法制备的介孔分子筛负载稀土氧化物催化剂相比，水热法可使少量 Ce 以四配位 Ce^{4+} 存在于 Ce-MCM-41 介孔分子筛骨架中，导致其活性远高于采用浸渍和交换法制备的 Ce-Ex-MCM-41 和 Ce-Im-MCM-41 催化剂。

在制备稀土离子取代的硅基介孔分子筛时，由于稀土离子半径远大于 Si^{4+}，使得稀土离子进入骨架的位阻很大，导致在制备过程中只有少量的稀土离子能够进入骨架，其余稀土离子以高分散的状态存在介孔分子筛表面。由于目前还没有一种非常有效和直接的表征手段对这两种不同存在状态的稀土离子进行鉴别，因此，稀土离子在介孔分子筛中存在的位置和状态对其催化性能的影响目前还是不清楚。

美国 Argonne 国家实验室 2007 年发明了一种用于 NO_x 尾气催化处理的沸石型陶瓷催化剂——Cu-ZSM-5。该技术首先在沸石载体上涂敷一层 Cu-ZSM-5，再用氧化铈加以修饰，从而使催化剂的催化效率达到 95%～100%，并延长了使用寿命。

稀土除了在石油炼制分子筛催化剂中发挥着不可代替的作用外，稀土作为一种非常重要的助催化剂，在烯烃的氨氧化、低碳烷烃的芳构化、芳烃类化合物的异构化等催化剂中也发挥了较大的作用。

8.5 石油化工稀土催化剂

稀土化合物有着多方面的催化和助催化能力，稀土催化剂一般具有稳定性好、选择性高、加工周期短等优点。稀土作为脱氢、氧化、聚合等反应催化剂，已在合成氨工业中产生显著经济效益。在石油化工中，稀土被广泛用作炼油催化剂、化肥催化剂、高分子的聚合反应催化剂、有机合成催化剂及环保催化剂等。

20 世纪 60 年代以后，在石油化工的一些重要过程中，如烃类氧化、氨氧化、氧氯化、含氧化合物的转化等过程中得到了普遍重视，进入 70 年代则出现了许多稀土催化剂的化工过程，如氨氧化、合成氨、除硫、汽车尾气净化等。总的来说，稀土作为催化剂适用的范围相当广泛，几乎涉及所有的催化反应。无论是氧化还原型的，还是酸碱型的，均相的还是多相的，这充分显示了稀土催化剂性能的多样性。但是，含稀土的工业催化剂大多只含较少量的稀土，一般只用作助催化剂或混合催化剂中的次要成分，这可能和稀土的催化性能无明显的独特性有关。如下简介几种重要石油化工过程中稀土催化剂的应用。

1. 甲烷化

甲烷化反应：

$$3H_2 + CO\ (CO_2) \longrightarrow CH_4 + H_2O$$

是化肥生产和油品分离中精制原料气以及城市煤气增热的重要反应，所以所用催化剂均为载担型的镍，但这类催化剂的稳定型和使用寿命问题尚未解决，这与催化剂中活性组分镍的分散度和烧结性有关。这两种特性是相互矛盾的，要防止高分散的镍烧结相当困难。大量事实证明，尽管稀土氧化物本身对这一反应并无活性，但在这类催化剂中添加稀土氧化物确实可使催化剂活性、耐热性、寿命甚至抗硫性能都有所提高，对改善这类催化剂的催化性能有明显效果。

2. 天然气、轻质油水蒸气转化

在由天然气或轻质油经水蒸气转化制取合成气（$CO + H_2$）的反应中，使用的也是含镍的催化剂，所不同的只是反应温度比甲烷化高得多。这里，如果在镍催化剂中加入稀土，同样也能提高催化剂的催化剂性能，除了催化剂的活性、稳定性、耐热性外，最重要的还能提高催化剂的抗结炭性能。

3. 中温水煤气变换

合成氨及制氢工业中的一个重要过程是在 300～500℃ 范围内，通过铁-铬系中温变换催化剂的作用使 CO 和 H_2O 反应生成 CO_2 和 H_2 以除去 CO，稀土作为这类催化剂的助催化剂可以起到 K_2O、MgO、ZnO、CaO 等多种调变助剂和结构助剂的作用，避免多种添加剂对结构和活性带来不良影响。例如，在铁-铬系催化剂中添加适量的 CeO_2，采用共沉淀工艺，可以制得性能良好的催化剂（BNM型）。通常铁-铬系催化剂中的铬是对环境和人体有害及污染的毒物，添加稀土，如 CeO_2 还可以减少甚至不用这种组分。添加稀土后的铁-铬系催化剂，还可以减少炭的沉积。通常认为，稀土氧化物可起到电子助剂的作用，有助于 CO 的解离，减少积炭。

4. 烃类重整

重整是石油加工中仅次于裂解的重要工艺，通常都用载担型贵金属催化剂 Pt/Al_2O_3。如何防止一个贵金属烧结而失活以及如何提高这类催化剂的热稳定性一直是有待解决的问题。在开发双金属如 Pt-Re、Pt-Sn 的基础上，进一步通过添加稀土氧化物等耐高温助催化剂以提高其抗热性，已成为解决这些问题的热点。

5. 甲烷氧化偶联和选择氧化

甲烷氧化偶联是在合理利用天然气的一项新课题。由于可用蕴藏丰富的甲烷直接合成碳-2 化合物，因而引起了世界各国的普遍重视。稀土氧化物由于具有碱性，是在这一反应中受到特别关注的催化剂体系。除了简单稀土氧化物外，还有由碱、碱土、稀土、过渡金属组成的一些复合氧化物，而且各有其特点。目前，在广为研究的催化剂体系中，由碱、碱土、稀土组成的催化剂，如 Li-RE-MgO，其中，碱土金属氧化物（MgO、CaO）被认为是较好的活性组分，但如果加入 Li 和 RE（指镧系元素），那么，乙烯、乙烷的回收率和选择性就能大大提高，选择性可达 95%，回收率达 24%。由碱金属-稀土和第四主族元素 Sn 组成的 Li-Sm-Mn-Sn 催化剂以及由稀土组成的复合氧化物，例如 $La_{1-x}Pb_xAlO_3$ 等，也都有很好的活性。含少量碱土的稀土催化剂，如 La_2O_3 和 $BaCO_3$（BaO），已成为这一反应中最吸引人的催化体系。

6. 烃类氧化和氨氧化

由丙烯氧化制丙烯醛以及氨氧化制丙烯腈是一种重要的石油化工过程。稀土氧化物作为这类反应中所用催化剂的助催化剂，具有提高选择性、防止结炭等作用。例如，在由 P-Mo-Bi-Fe 组成丙烯氨氧化合成丙烯腈的催化剂中添加 CeO_2 后（DB-83 型催化剂），由于在体相中生成了 $Ce_2(MoO_4)_3$ 等新相，防止了 MoO_3 的升华，使活性相获得了稳定。磷钼钒杂多酸的稀土盐类是异丁烷、异丁酸、异丁烯（叔丁醇）氧化制甲基丙烯醛和甲基丙烯酸及其酯的有效催化剂。

含稀土的复合氧化物具有优异的高温氧化性能，除了可作为烃类完全氧化、汽车废气处理的催化剂外，还是氨氧化制硝酸的催化剂。而这一反应的催化剂主要是贵金属铂，因此含稀土的复合氧化物如能在这一反应中获得应用，就可以起到节省贵金属的作用，有明显的经济效益。

中国科学院长春应用化学研究所对组成 $La_{1-x}A_xBO_3$（A = 碱土金属、Ca、Sr，B 为过渡金属）的钙钛石型复合氧化在氨氧化制成硝酸的反应中的催化作用进行了系统研究。发现组成 $La_{1-x}Ca_xMnO_3$ 的催化剂在 700～900℃ 范围内，NO 的产率随 x 的增加而提高，在 $x = 0.8～0.9$ 处时达到最大值。实验证明，制备催化剂的焙烧条件对催化性能有很大影响。组成 $La_{1-x}Sr_xCoO_3$ 的催化剂和含锰的相比，活性和耐硫性更佳，同时，比具有尖晶石结构的 Co_3O_4 更稳定。经这类催化剂担载在合适的载体上，如浮石、$AlPO_4$、Al_2O_3 等，不仅可以达到相同的活性，而且稳定性还可以有所提高。含镍的稀土复合氧化物在这一反应中也具有相当的活性。

7. 甲醇氧化和转化

稀土杂多酸催化剂还是甲醇转化成低级烯烃很有开发前景的一种催化剂。

在开发中的稀土钼酸盐催化剂是一种新型的催化剂，在各种稀土钼酸盐中，催化剂 $2/3Ce-1/2MoO_4$ 和 $2/3Eu-1/3MoO_4$ 中的 Ce 和 Eu 易于氧化还原，要比不易变价的 La 活性高得多。经 XPR 研究，这类催化剂的结构为缺陷重石结构，和钼酸铁一样，其中也含有过量 MoO_3，在反应中起着重要作用。

8. 水解、酯化

稀土化合物可直接参与水解、酯化等催化反应。如稀土磷酸盐作为卤化芳烃气相水解制酚的催化剂始于 20 世纪 70 年代初，在由间氯甲苯常压气相水解间甲酚的反应中发现，由镧盐、铈盐及工业混合稀土氧化物为原料，均可制成间氯甲苯水解的磷酸盐催化剂。在 360~400℃ 常压下测得了间氯甲苯在 $LaPO_4-Cu$ 和 $LaPO_4$ 催化剂上水解的动力学，发现氯氧化氢和间甲酚对反应均有抑制作用。

稀土氧化物可作为酸–碱催化剂用于酸类的酯化反应。例如，La_2O_3、Nd_2O_3、Er_2O_3 等稀土氧化物在邻二甲酸二辛酯的合成反应中都具有催化活性。Nd_2O_3 和 Er_2O_3 的催化效果优于 La_2O_3。在对稀土氧化物的系统研究中发现，在这一反应中，轻稀土氧化物的活性优于重稀土，其中 Sm_2O_3 与 Nd_2O_3 的活性最高。

稀土（主要是其氧化物）在石油化工催化剂中主要作为助催化剂，总结稀土催化剂的结构和反应性能间的关系，得到了一些规律性的结果，概括为如下。

(1) 稀土氧化物作为载担型金属催化剂的助催化剂时，最主要功能是通过提高活性组分表面上的分散度，从而提高催化剂的活性或选择性。作为助催化剂大都用于烃类高温水蒸气转化和重整的镍系列以及铂系催化剂中，以达到提高这些金属的分散度和活性以及防止其表面烧结和提高稳定性的目的。

(2) 稀土氧化物作为载担型金属催化剂可防止活性组分的烧结，从而提高抗结炭性能，提高催化剂的稳定性。如在镍系催化剂中添加稀土，特别是 La_2O_3 对提高其抗结炭性能有重要作用。

(3) 在氧化物催化剂中添加稀土氧化物也可以由于调变表面酸碱性，起到防止结炭的作用。

(4) 通过稀土氧化物和其他过渡金属氧化物合成新的复合氧化物，制成一系列适用于高温氧化的催化剂。作为催化剂含稀土复合氧化物的有多种，如钙钛石型（ABO_3）、重石型（ABO_4）、烧绿石型（$A_2B_2O_7$）等，这些复合氧化物中，稀土离子一般处于 A 位，大都是作为稳定晶格的组成、部分借以控制活性成原子价态，可作为活性点起催化作用。

（5）由于某些稀土氧化物特有的非化学计量性，在反应中可以起储氧和输氧的作用，从而提高催化剂的反应活性。稀土氧化物中的非化学计量氧化物，在氧化反应中，单个稀土氧化物大都起完全氧化催化剂的作用，不管反应物怎样，其活性序列并不按原子序数呈单调变化，总是在 Ce、Pr 和 Tb 处出现三个峰值。它们之所以出现高活性，这和它们易于形成非化学计量化合物有关，这是因为稀土元素以三价离子最为稳定，通常呈倍半稀土氧化物，而这三种稀土元素为了生成 $4f^0$ 或 $4f^7$ 的稳定状态，都可以形成多种高价氧化物，在通常条件下，则以 CeO_2、Pr_6O_{11}、Tb_4O_7 最为稳定。但因条件的不同又可形成种种非化学计量的化合物。以镨的氧化物为例，由 TPD（温度脱附谱）可见，镨的氧化物至少有五种：

$$\alpha \qquad \beta \qquad \gamma \qquad \delta$$
$$PrO_2 \rightarrow PrO_{1.83} \rightarrow PrO_{1.80} \rightarrow PrO_{1.78} \rightarrow PrO_{1.67}$$

Tb 的氧化物 TPD 谱中有 α 峰（500℃）和 β 峰（750℃），相当于 $TbO_{1.81} \rightarrow TbO_{1.71} \rightarrow TbO_{1.50}$。在 CeO_2 的 TPD 谱中也能观测到相应氧脱附峰，这一结果说明，这些氧化物的晶格氧很容易储存和放出，不同于一般的 3d 元素氧化物。稀土氧化物的这一特性，在某些催化剂中起着独特的作用。例如，在汽车尾气处理的三效催化剂 $Pt-Pd-Rh/Al_2O_3$ 中加入 CeO_2 作为助催化剂，即可以使催化剂在尾气气氛很大的氧化还原范围内变动的情况下操作，就是利用了 CeO_2 能同时储存和释放氧，可与活性金属之间进行氧的传递（溢流）而实现。稀土氧化物的这种氧的溢流作用，还可以在 Pt/CeO_2、Fe、Co/La_2O_3 等甲烷或碳的燃烧催化剂中观察到。

（6）由于稀土氧化物的碱性和碱土氧化物相近，在镧系元素内电负性随原子序数增大，而由镧系收缩其离子半径依次减小，故碱性呈单调减小。高价氧化物的碱性低于倍半稀土氧化物。稀土氧化物的这一特性在被用作 $CO+H_2$ 反应的催化剂载体中表现得特别明显。稀土氧化物的碱性影响催化剂的酸碱性。即影响催化活性金属的活性。

最近在研究甲烷氧化偶联的反应中也发现，稀土氧化物之所以具有较高的活性，与其碱性有关。

8.6　燃烧催化剂

目前我国的能源主要是煤炭、石油、天然气等化石燃料，通过燃料的直接燃烧而获得能量，2005 年我国每万元国内生产总值能耗为 1.43t 标准煤。能源的大量开发和利用，也造成了大量的有害污染物排放。2004 年全国工业废气排放总量达到 237 181 亿标立方米, 其中燃料燃烧过程中废气排放量占 58.8% (139 344 亿标立方米)。因此, 高效、节能、环保的燃烧新技术的研究与开发具有十分重要的意义。

稀土燃烧催化剂是一种新型的燃烧催化剂, 有两方面用途:

(1) 可促使工业废气中的有机物完全氧化, 达到清除污染的目的。

(2) 可促使气体燃料在低温起燃, 也能促使稀薄气体的起燃, 从而改善能源的利用方法和开拓新能源。用催化燃烧法处理较高浓度的工业废气时, 可以同时达到上述两项目的。即既治理了污染又获得高温燃气。

催化燃烧作为一种环境友好过程, 越来越受到人们的关注, 催化燃烧是在催化剂的作用下, 使燃料与空气在催化剂表面进行非均相的完全氧化反应。与传统的火焰燃烧相比, 催化燃烧具有: ①起燃温度低, 燃烧稳定; ②可在较大的油/气比范围内实现稳定燃烧; ③燃烧效率较高; ④污染物 (NO_x、不完全燃烧产物等) 排放水平低; ⑤噪声低等优点, 为此引起人们的重视。

天然气催化燃烧用催化剂可分为: ①负载型贵金属 (Pt、Pd) 催化剂; ②负载型非金属催化剂 (Ni、Co、Cu、Fe 等); ③复合氧化物催化剂 (其中主要含有稀土的钙钛矿型、尖晶石型、萤石型、六铝酸盐等氧化物等), 其中贵金属催化剂具有其他催化剂不可比拟的高活性。虽然贵金属催化剂具有高的催化活性, 但是贵金属资源有限, 加上在高温下会发生烧结和蒸发流失, 导致催化活性降低。

氧化物型催化剂因具有优良的热稳定性, 受到人们的重视。六铝酸盐具有很高的结构稳定性, 利用一些可变价态的过渡金属离子取代六铝酸盐 ($A_{1-x}A^*{}_xB_xAl_{12-x}O_{19}$) 中的 A 位和 B 位, 可在保持体系热稳定性的同时, 提高其催化氧化的活性。

钙钛矿型复合氧化物 (ABO_3) 具有良好的热稳定性和氧化活性, 在天然气等烃类的催化燃烧中得到了广泛的应用。通过部分掺杂或替代 A 离子或 B 离子, 由于离子半径不同产生缺陷或空位, 可提高催化活性。其中最具代表性的有 $LaMnO_3$、$LaCoO_3$ 及掺杂的钙钛矿型复合氧化物。但钙钛矿的比表面积较低, 限制了它的使用范围, 用适当的方法提高其比表面积是研究的热点。文献研究了 $La_{0.8}Sr_{0.2}MnO_3$ 钙钛矿型稀土催化剂对甲苯的催化燃烧。

天然气高温催化燃烧器性能取决于所用催化剂的起燃和高温特性, 一般应具备①油/气混合物在尽可能低的温度下被点燃; ②催化剂有大的比表面积和高的热稳定性; ③催化剂床层两端的压差尽可能低; ④对热冲击不敏感; ⑤在高温 (1300℃ 以上) 长时间操作, 催化剂的活性仍可保持。

已有 CeO_2 在甲烷催化燃烧、氯代烃催化燃烧等氧化反应中可直接用作催化剂的报道。

1. 氯代烃催化燃烧

随着化学工业的迅速发展,含氯的有机废气(CVOCs)作为反应中间物或副产物被大量直接排放至空气中,严重威胁到人类的生存环境和健康。目前还不能从源头上完全阻止 CVOCs 污染的产生,对已产生的 CVOCs 污染物只能采用后处理方法加以消除。催化燃烧法是消除 CVOCs 污染最有效的方法之一。

最近的研究发现,CeO_2 在氯代烃催化燃烧反应中可以用作主催化组分。目前,用于氯代烃催化燃烧的稀土基催化剂主要有 CeO_2 和过渡金属掺杂的 CeO_2(包括铈锆固溶体),以及分子筛负载的 CeO_2 催化剂等。

CeO_2 的制备方法和形貌对其在氯代烃催化燃烧反应中的性能具有很大的影响。如 CeO_2 的不同形貌对其在二氯甲烷、三氯乙烯、氯苯、氯代苯酚等氯代烃催化燃烧反应中的催化性能有很大的影响,其中 CeO_2 纳米棒的催化燃烧活性明显高于纳米立方体和纳米八面体。其原因是氯代烃在 CeO_2 上的催化氧化反应主要是利用其晶格氧,而不同形貌 CeO_2 的储氧能力和储氧稳定性存在很大的差异,因此导致 CeO_2 的形貌对氯代烃燃烧反应的催化活性产生较大的影响。

在铈基复合氧化物中,铈锆固溶体具有比 CeO_2 更好的储/放氧性能,因此,在众多反应过程中具有广泛的应用。研究表明,铈锆固溶体对 1,2-二氯甲烷和三氯乙烯等氯代烃的催化燃烧也具有较好的活性,反应主要产物是 CO_2、HCl、Cl_2 以及少量的多氯副产物。而且铈锆固溶体的催化活性取决于 Ce/Zr 比,当 Ce/Zr = 1 时,$Ce_{0.5}Zr_{0.5}O_2$ 的催化活性最好,原因是 $Ce_{0.5}Zr_{0.5}O_2$ 具有较高的表面酸性和晶格氧流动性。铈锆固溶体催化剂经高温处理后会使催化活性下降,且部分氧化的副产物增多(高温处理降低了完全氧化能力),但是高温处理有利于 HCl 的生成。

对于 CVOCs 催化燃烧催化剂,要解决的关键问题之一是要提高催化剂的使用寿命。尽管 CeO_2 对氯代烃的催化燃烧表现出十分优异的性能,但是在使用过程中容易失活。这主要是由于反应过程中产生的 Cl 不能及时从催化剂表面脱附,并与 CeO_2 发生强的吸附作用,使 Ce^{4+} 和 Ce^{3+} 之间的氧化还原过程受到抑制,导致表面活性氧量下降和 CeO_2 催化剂的迅速失活。通过在 CeO_2 中引入 Cu、Ni、Co、Fe、Mn 等过渡金属氧化物,可提高催化剂的活性和稳定性,其中以 MnO_2 的效果最为显著。

2. 甲烷催化燃烧

在甲烷催化燃烧反应中,Ce 是复合氧化物催化剂的重要组成部分,也可作为贵金属催化剂中的助催化剂,提高催化剂的氧化还原性能、热稳定性和甲烷催化燃烧活性。

研究表明，对于氧化物和复合氧化物催化剂，表面晶格氧的可还原性是影响其甲烷催化燃烧活性的重要因素。研究发现，在单一稀土氧化物 REO （RE＝Eu，Gd，Tb，Dy，Ho，Er，Tm，Yb，Lu 和 Y 等）催化甲烷燃烧反应时，对于甲烷与 REO 表面氧反应所产生的中间产物——羟基、晶格氧的活性是控制其最终生成 H_2O 或 H_2 的关键因素。

同时，氧化物和复合氧化物催化剂的甲烷催化燃烧活性还受到晶格氧的迁移能力、表面氧空位浓度等因素的影响。因此，可以通过调变这些因素来提高铈基催化剂的氧化还原性能，从而提高对甲烷催化燃烧活性。例如，当采用过渡金属 Cu、Mn、Fe、Co 或 Ni 等对 CeO_2 进行改性时，改性离子可取代 Ce 离子进入氧化铈晶格形成固溶体，提高其氧化还原性能和对甲烷催化燃烧活性。当在 CeO_2 掺杂 La、Pr 或 Fe 时，可以通过增加 CeO_2 表面的氧空位浓度和提高氧的流动性，提高 CeO_2 对甲烷催化燃烧的活性。

另外，采用特殊的合成方法制备高比表面积和高热稳定性的铈基催化剂，也可以提高催化剂的活性和高温稳定性。

在催化甲烷燃烧的贵金属催化剂中，钯催化剂的活性最高，其中 PdO 是活性位。但是，在高温下 PdO 容易烧结或分解转变成金属 Pd，导致活性下降。因此，对钯催化剂的研究重点是要提高其热稳定性。CeO_2 作为载体或者对催化剂进行改性后，可显著提高催化剂中 PdO 活性相的热稳定性，从而提高催化剂对甲烷燃烧的催化活性。

8.7 催化净化

工业排放的 SO_x、NO_x 和易挥发性有机化合物 （VOCs） 等有毒、有害气体也是大气的污染，严重地影响了人们的身体健康和城乡经济发展，同时由装饰材料等造成的室内空气污染也越来越引起人们的重视。

稀土氧化物是非常有应用前景的吸收剂，如 CeO_2/Al_2O_3 用于同时脱除烟气中的 SO_2 和 NO_x，脱氮脱硫效率都大于 90%。在催化氧化脱硫方面，CeO_2 良好的氧化性能可促使 SO_2 氧化成 SO_3，所具有的碱性可以吸附 SO_x 形成硫酸盐，然后经还原、Claus 反应可转化为单质硫。同时 La_2O_3 或 CeO_2 所形成的钙钛矿型、萤石型的稀土复合氧化物在烟气催化还原脱硫方面也显示良好的应用前景，如 La_2O_3 在反应气氛中可生成 La_2O_2S，可催化 COS 与 SO_2 的反应，从而抑制毒性更大的 COS 的形成。

VOCs 催化净化是当前研究最为活跃的领域。催化燃烧法是具有操作温度低、净化效率高、无需辅助燃料、二次污染物生成量少等优点，被认为是最有效和最有应用前景的 VOCs 净化技术。1997 年美国 VOCs 净化用催化剂的销售额约达 10亿美元，且以年平均 20%~25% 的速度增长，是近年来环保催化剂应用方面增长最快的领域。催化氧化法主要适用于中高浓度以上的有机废气的净化，对于低浓度的 VOCs 的催化净化，则需要运用吸收、热脱附和催化燃烧的联合技术。目前的研究主要集中在：①三苯系 VOCs（苯、甲苯、二甲苯等）的催化净化；②卤代 VOCs 的催化净化；③萘、蒽等芳香族多环芳烃（PAHs）的催化净化；④大风量、低浓度条件下 VOCs 的催化净化等。作为 VOCs 净化氧化催化剂，稀土元素在其中依然发挥着不可替代的作用，如提高催化剂的热稳定性、增加催化剂的活性、减少活性组分的用量、降低成本、延长催化剂的寿命等。在含氯有机物的消除方面，含稀土氧化物催化剂也是非常有效的催化剂，如在水蒸气中进行氯代有机物的催化分解，三氯乙烯在低温的催化燃烧等。

在 Cl 化工领域的许多催化反应中，稀土作为一种重要的助剂，在提高催化反应性能、增强锡合金稳定性、改善产物分布等方面发挥了重要作用。

在光催化净化方面，稀土的引入可以扩大二氧化钛的光吸收区，为二氧化钛空气净化在室内弱光和可见光条件下的有效应用开拓了更大空间。

K. T. Ranjit 等通过溶胶–凝胶法合成了 RE_2O_3/TiO_2（RE = Eu、Pr 和 Yb）光催化剂，发现掺杂后的 RE_2O_3/TiO_2 光催化剂能使水杨酸和苯乙烯酸完全矿化，且其对水杨酸和苯乙烯酸的吸附量比未掺杂稀土元素的 TiO_2 催化剂分别高出了 3 倍和 2 倍。

以催化材料为核心的催化科学和技术是现代化学工业发展的基础，约 90% 的化学过程都依赖于催化剂，每一种催化新材料的发现，都推动化学工业的跳跃式发展。稀土元素因特有的催化活性能在多种催化材料中发挥重要的和不可替代的作用。但稀土作为一个独特的催化功能组分或重要的助催化剂，如何在催化材料更好地发挥它的作用和开拓其在新的催化过程中的应用，仍有许多问题有待解决。

参 考 文 献

[1] 徐光宪. 稀土（下）. 2 版. 北京：冶金工业出版社，1995
[2] 黄锐，冯嘉春，郑德. 稀土在高分子工业中的应用. 北京：中国轻工出版社，2009
[3] 沈之荃. 稀土催化剂在高分子合成中的开拓应用. 高分子通报，2005，(4)：1-12
[4] 詹望成，郭耘，郭杨龙，等. 稀土催化材料的制备、结构及催化性能. 稀土与应用，2012，(1)：1-26
[5] 倪嘉缵，洪广言. 中国科学院稀土研究五十年. 北京：科学出版社，2005
[6] Dai Q G, Huang H, Zhu Y, et al. Catslysis oxidation of 1, 2-dichloroethane and ethyl acetate

over nanocrystals with well-defined crystal planes. Appl Catal B, 2012, 117-118: 360-368

[7] Yuan Q, Duan H H, Li L L, et al. Homogeneously dispersed ceria nanocatalyst stabilized with ordered mesoporous alumina. Adv Mater, 2010, 22: 1475-1478

[8] Liang X, Xiao J J, Chen B H, et al. Catalytically stable and active CeO_2 mesoporous spheres. Inorg Chem, 2010, 49: 8188-8190

第9章 稀土纳米化学

科学技术的飞跃发展对材料提出越来越高的要求，不仅要求材料具有一定的化学组成与结构，也对材料与原料的颗粒度及形态提出相应的要求。

纳米粒子（或称为超微粒子）指的是颗粒尺寸为 1~100nm 的粒子组成的新型材料。由于它具有小尺寸效应、表面效应、量子尺寸效应以及宏观量子隧道效应，使之具有常规固相材料不具备的特殊性能，如比表面积特别大，熔点降低，磁性增强，光吸收能力增强，化学反应性能提高等特性，并展现出引人注目的应用前景，为此引起了世界各界的重视。

稀土元素独特的 4f 电子构型使其具有特殊的光、声、电、磁学性质，被誉为新材料的宝库。在发光材料、磁性材料、储氢材料、光学材料等方面曾起过里程碑的作用。目前，世界各国都在激烈地竞争，企图在稀土新材料方面取得突破性进展。将稀土纳米化，即变成平均粒径为 1~100nm 的纳米粒子，不仅有助于深层次地探索稀土原子的奥秘，也将更有利于发现新性质、合成新材料和开拓新应用，因此开展稀土纳米材料的研究与应用对于我们稀土大国来说，将是一次新的机遇，具有重要的意义[1-7]。目前稀土纳米材料的研究与开发已成为当前的一个热点，并正在向各个稀土应用领域渗透。

9.1 稀土纳米材料的制备技术

纳米材料的制备技术是当前纳米材料科学研究中的基础，占据极为重要的地位。其关键是控制颗粒的大小、获得较窄的粒度分布和所需的形态，所需的设备也尽可能结构简单，易于操作。一般制备要求是获得的纳米粒子表面洁净，粒子的形状及粒径、粒度分布可控（防止粒子团聚），易于收集，有较好的稳定性，产率高等。

制备技术及其工艺过程的研究、控制对纳米粒子的结构、形貌及物化特性具有重要的影响。有关纳米粒子的制备方法甚多，许多方法作为研究纳米粒子是可行的，但若进行大量制备尚不成熟。纳米粒子的制备方法分类也各不相同，如分为干法和湿法、粉碎法和造粒法、物理方法和化学方法等。制备纳米粒子中最基本的原理应分成两种类型：一是将大块的固体如何分裂成纳米粒子，二是在形成颗粒时如何控制粒子的生长，使其维持在纳米尺寸。

稀土及其化合物纳米材料既是一种新材料，又能作为新材料的原料。对稀土纳米粒子的制备及其性能的研究，已有许多报道，制备方法甚多，如水热法、水解法、醇盐法、热分解法、沉淀法、络合沉淀法、溶胶-凝胶法、微乳液法、模板法和机械合金法等，也报道了一些多种方法组合的技术，如沉淀-水热法、微乳液-水热法等。这些方法作为制备稀土纳米粒子是可行的，而进行工业生产尚存在许多技术问题。现按原始物质的状态进行分类介绍各种主要制备方法。

9.1.1　固相法制备纳米粒子

由块状固体物质制成粉末往往是将固体粉碎的过程，常用的粉碎方法所得到的平均粒径难以小于100nm，且视材料的性质，对某些材料需采用强化或某些化学、物理手段，如低温粉碎、超声波粉碎、爆炸等才能获得纳米粒子。用粉碎方法操作比较简单、安全，但容易引入杂质，纯度低，容易使金属氧化、颗粒不均匀和形态难以控制。

1. 高能球磨法（或称机械合金化法）

高能球磨法于1988年由日本京都大学的Shingn等首先报道，并用此法制备出纳米Al-Fe合金。由于该法不需要昂贵设备、工艺简单、被认为有较好的工业前景，近年来发展较快，已用这种方法制得多种纳米金属和合金，并受到材料科学工作者的重视。

高能球磨法是利用球磨机的转动和振动使硬球对原料进行强烈的撞击、研磨和挤压，把材料粉碎为纳米级微粒的方法。

德国西门子公司采用高能球磨及随后进行固态反应的方法制出纳米晶稀土永磁材料，如Nd-Fe-B、Sm-Fe-N磁体。NdFeB粉体是在氢气气氛下行星式球磨机内进行合金化，将各种元素粉末混合，与直径10mm的钢球一起装入球磨机容器内，球磨时铁和钕的颗粒相互碰撞，聚集在一起，并通过碰撞将硼捕获并镶嵌在Fe/Nd界面内，再进一步球磨则得到细化的层状显微组织。球磨30h后进行热处理（600 ℃，1h）才形成$Nd_2Fe_{11}B$硬磁相。在700 ℃退火15~30min可以获得最佳矫顽力，$Nd_2Fe_{11}B$相的晶粒大小约为50nm。

人们用高能球磨法成功地制备了各类结构的纳米材料，获得一些经验与结果。

（1）对纯金属纳米粒子的制备中观察到在单组分的系统中，纳米粒子的形成仅仅是机械驱动下的结构演变。研究结果表明高能球磨易使具有bcc结构（如Fe、Cr、Nb、W等）和hcp结构（如Zr、Hf、Ru）的金属形成纳米晶结构，而对于具有fcc结构的金属（如Cu）则不易形成纳米晶。纯金属在球磨过程中，晶粒的细化是由于样品的反复形变，局域应变的增加引起缺陷密度的增加，当局域切变带中缺陷密度达到某临界值时，晶粒破碎，这个过程不断重复，晶粒不断细化直至形成纳米晶结构。对于具有 fcc 结构的金属，由于存在较多的滑移面，应力通过大量滑移带的形成而释放，晶粒不易破碎，则较难形成纳米晶。

（2）纳米金属间化合物，特别是一些高熔点的金属间化合物通常制备比较困难，而采用高能球磨法已经制备出 Fe-B、Ti-Si、Ti-B、Ni-Si、V-C、W-C、Si-C、Pb-Si、Ni-Mo、Nb-Al、Ni-Zr 等多种合金的纳米晶。研究结果表明，在一些合金体系中或一定成分范围内，纳米金属间化合物往往作为球磨过程的中间相出现。如 Oehring 等在球磨 Nb-25% Al 时发现，球磨初期首先形成 35nm 左右的 Nb_3Al 和 Nb_2Al，然后迅速转变为具有纳米（10nm）结构的 bcc 固溶体。对于具有负混合热的二元或三元以上的体系，球磨过程中介稳相的转变取决于球磨体系以及合金成分，如 Ti-Si 合金体系，在 Si 含量为 25% ～60%（原子分数）的成分内，金属间化合物的自由能大大低于非晶以及 bcc 和 hcp 固溶体的自由能，在此成分范围内球磨容易形成纳米结构的金属间化合物，而在上述成分范围之外，由于非晶的自由能较低，球磨易形成非晶相。

（3）高能球磨在制备介稳材料方面一个突出的优点是可以较容易地得到一些高熔点和不互溶体系的介稳相。如二元体系 Ag-Cu 在室温下几乎不互溶，但当 Ag、Cu 混合粉末经 25h 高能球磨后，开始出现具有 bcc 结构的固溶体；球磨 400h 后，bcc 固溶体的粒径减小到 10nm。

（4）高能球磨法已用于制备金属-氧化物复合材料。如用此法制备出加入 1% ～5% 几十纳米直径颗粒 Y_2O_3 复合 Co-Ni-Zr 合金，由于纳米级 Y_2O_3 的弥散分布，使合金的矫顽力提高约两个数量级。

高能球磨法制备的纳米粉体的主要缺点是晶粒尺寸不均匀，易引入杂质，但是高能球磨法制备的纳米金属和合金材料产量高，工艺简单，并能制备出常规方法难以获得的高熔点的金属和合金纳米材料。

2. 固相热分解法

常用的高温固相反应法合成纳米粒子（如氧化物和氧化物之间的固相反应）是相当困难，因为完成固相反应需要较长时间的煅烧或采用提高温度来加快反应速率，但在高温下煅烧易使颗粒长大，同时颗粒与颗粒之间牢固地连接，为获得粉末又需要进行粉碎。

热分解法制备纳米粒子是一种化学方法。通常是将盐类或氢氧化物加热，使之分解，能得到各种氧化物纳米粉末。如用稀土草酸盐在水蒸气存在下，热分解制得 14 个稀土氧化物纳米粉末，其粒径在 10～50nm，比表面积为 150～50m²/g[8]。

　　用热分解稀土柠檬酸或酒石酸配合物,可获得一系列稀土氧化物纳米粒子[9]。制备工艺如下:称取一定量的稀土氧化物,用盐酸溶解,调节溶液的酸度后,加入计算量的柠檬酸或酒石酸,加热溶解、过滤、蒸干,取出研细后放入瓷坩埚内,于一定温度下灼烧一段时间。即可得到所需的稀土纳米粒子。用柠檬酸盐热分解反应为

$$2RE(O_2C)_3C_3H_4OH +9O_2 \xrightarrow{\triangle} RE_2O_3+5H_2O+12CO_2$$

　　实验中观察到配比对产物有一定影响。在Y_2O_3与柠檬酸(HA)的物质的量比分别为1:1、1:2或1:3时,均能制备出Y_2O_3的纳米粒子,其粒径均能达到100nm以下,而Y:HA为1:3时产物的分散性好、粒径较小,测得该样品的比表面积为$26m^2/g$,粒径<40nm。用酒石酸代替柠檬酸,在Y:HA为1:3时制备的Y_2O_3纳米粒子所得结果类同。

　　用柠檬酸盐热分解所得稀土氧化物纳米粒子均为多晶,对比实验观察到,重稀土氧化物的纳米粒子的粒径较轻稀土氧化物小。

9.1.2　液相法制备纳米粒子

　　液相法是目前实验室和工业上应用最为广泛的制备纳米粒子材料的方法。液相法制备纳米粒子材料可简单地分为物理法和化学法两大类。

　　(1)物理法:从水溶液中迅速析出金属盐,它是将溶解度高的盐的水溶液雾化成小液滴,使液滴中盐类呈球状迅速析出。为了使盐类快速析出,可以通过加热干燥使水分迅速蒸发,或者采用冷冻干燥使水生成冰,再使其在低温下减压升华成气体脱水,最后将这些微细的粉末状盐类加热分解,制得氧化物纳米粒子材料。如冷冻干燥法、热煤油法等。

　　(2)化学法:通过溶液中反应生成沉淀,它是使溶液通过水解或离子反应生成沉淀物。生成沉淀物的化学物质种类很多,如氢氧化物、草酸盐、碳酸盐、氧化物、氮化物等,将沉淀加热分解,可制成纳米材料,这是应用广泛又具有实用价值的方法。

　　在晶体形成的过程中,核起到了重要作用。在纳米材料的液相合成中成核极具有重要性。虽然已经有许多工作尝试研究这一现象,但由于它们的尺寸过小,迄今为止,人们对核仍然处于不断认识过程中。研究成核过程面临的最大困难是目前没有任何仪器能精确地对"核"进行捕获、鉴定和分析,一旦晶体生长到透射电子显微镜能观察到的时候,其尺寸已经远超出核的范畴。

　　通过分解形成纳米晶的过程,常用解释成核的理论是在1950年提出的LaMer模型(图9-1)。在均相反应体系纳米粒子的形成主要经历两个过程,即成核过程和生长过程。这两个过程强烈依赖于反应体系中组成粒子物质的过饱和度,也

就是组成物质的浓度 c 与溶解度 c_s 之差（$c-c_s$）。

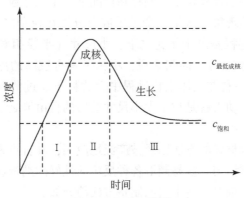

图 9-1　LaMer 模型

当过饱和度较小时，粒子的生长速率大于成核速率，此条件下粒子以生长为主；当过饱度较大时（此时溶液中组成粒子的物质的浓度大于临界成核浓度），粒子以成核为主。因此，从成核-生长的角度在控制合成纳米粒子时，理想的方法是将两个过程在最大程度上分开。

由于成核、生长两个过程是分开进行的，反应初期形成的核可以同步地生长，而反应后期没有二次成核，就不容易出现粒子尺寸大小不均的情况。但在实际合成当中，由于纳米粒子的临界成核浓度并不容易检测和控制，在粒子生长过程中加以控制则显得十分重要。

在溶液中，一旦团簇生长到一定尺寸（临界尺寸），这时团簇中的原子都会被束缚到固定的结构中，结构的变化便异常困难，这个临界点标志着纳米粒子的形成。通常，这些纳米粒子是单晶、单重孪晶或者多重孪晶的结构，并且在合成产物中是混杂在一起的。想要获得最终产物是均一的一种类型的结构，则需要在合成中严格控制条件来实现。晶体形成过程中，热力学因素和动力学因素同时在起作用。晶体结构的多样性是热力学的自由能统计分布决定的，动力学因素则可以有效地进行人为地控制，从而改变产物中晶体的结构。

对于任一给定的溶液浓度，在平衡时粒子的尺寸都存在一个临界值，称为临界尺寸。当纳米晶尺寸小于临界尺寸时，具有负的生长，即纳米晶要溶解；当纳米晶尺寸大于临界尺寸时，晶体的生长速率与晶体的尺寸相关。当溶液中粒子的平均尺寸大于临界尺寸时，尺寸分布趋向集中，这种条件下，较小粒子的生长速率比大粒子快；当溶液浓度因粒子生长被消耗减小时，临界尺寸变得比平均尺寸大，此时由于部分小粒子收缩至最终消失而大粒子继续生长，使得尺寸分布变宽。

Ostwald 熟化现象是在纳米材料合成中常见的现象之一。Ostwald 熟化是指当溶液中大尺寸粒子和小尺寸粒子共同存在情况下，小尺寸粒子会发生溶解，而大尺寸粒子继续生长的现象。这是一个原子或者分子在粒子之间重新分布的过程。这个小粒子溶解的过程是由于相比之下，小尺寸（半径相对较小）粒子具有比大粒子更高的化学势（μ）。换句话说，小粒子具有较高的蒸气压和较大的溶解度。Ostwald 熟化是一种在晶体生长过程中大的粒子通过消耗小的粒子而长大的现象。这一过程的驱动力就是粒子大小尺寸前后的自由能之差，以致使体系能量最低。

由溶液制备纳米材料的方法已经被广泛地应用，其特点是容易控制成核，添加的微量成分和组成均匀，容易制取各种反应活性好的纳米粒子，并可得到高纯度的稀土纳米材料。现对一些主要的制备方法简介如下。

1. 沉淀法

沉淀法是液相化学反应合成金属氧化物纳米材料最普通的方法。根据最终产物的性质，也可以不进行热分解工序，但沉淀过程必不可少。沉淀法可以广泛用来合成单一或复合氧化物纳米材料。该法的优点是反应过程简单，成本低，便于推广和工业化生产。

化学沉淀法是在金属盐类的水溶液中，控制适当的条件使沉淀剂与金属离子反应，产生水合氧化物或难溶化合物，并转化为沉淀，然后经分离、干燥或热分解而得到纳米粒子。

制备纳米材料的沉淀法包括直接沉淀法、共沉淀法和均匀沉淀法等。直接沉淀法是仅用沉淀操作从溶液中制备氢氧化物或氧化物等纳米粒子的方法；共沉淀法是将沉淀剂加入到混合金属盐溶液中，促使各组分均匀混合沉淀，然后加热分解以获得纳米粉末。在用上述两种方法时，沉淀剂加入可能会使局部沉淀剂浓度过高，造成局部沉淀不均匀性。但如果控制溶液中沉淀剂的浓度，使之缓慢地释放，且沉淀能在整个溶液中均匀地出现，这种方法称为均相沉淀法。通常是通过溶液中的化学反应使沉淀剂慢慢地生成，从而克服由外部向溶液中加沉淀剂而造成沉淀剂的局部不均匀性，造成沉淀不能在整个溶液中均匀生成的缺点。

均匀沉淀法比较理想的沉淀剂为尿素。尿素水溶液在 75℃ 左右发生水解反应：

$$(NH_2)_2CO +3H_2O \longrightarrow 2NH_4OH+CO_2$$

生成了沉淀剂 NH_4OH，由此生成的沉淀剂 NH_4OH 在金属盐的溶液中分布均匀，浓度低，使得沉淀物均匀地生成。由于尿素的分解速率受加热温度和尿素浓度的控制，因此可以通过控制尿素分解速率、NH_4OH 生成速率来控制粒子生长的速率，这样生成的纳米粒子团聚现象大大减少。采用该法制备纳米粒子时，溶液的pH、浓度、沉淀速率、沉淀的洗涤、干燥方式、热处理等均影响微粒的尺寸大小。李艳红等[10]用均相沉淀法制备了 Y_2O_3：Er^{3+}，Yb^{3+} 红外变可见上转换纳米材料。

中国科学院长春应用化学研究所的"碳酸盐沉淀法制备了稀土氧化物超微粉末"（ZL93103702.6）具有操作简便，成本较低和适于工业化生产的特点。在300L反应釜中每次处理稀土氧化物3kg。实验证明，该方法具有设备简单，工艺成熟，质量稳定等特点。经测定稀土氧化物粒径为 30～40nm，团聚颗粒为300nm。该法可用于制备各种稀土氧化物，若与现有分离流程相结合，将有利于降低成本。曾研究了稀土浓度、沉淀剂浓度、沉淀温度、沉淀酸度、沉淀剂滴加速度等对稀土纳米粒子粒径与形态的影响。其中稀土浓度、沉淀温度、沉淀剂浓度是主要影响因素。

（1）稀土浓度的影响：稀土浓度是能否形成均匀分散纳米粒子的关键。实验中以氧化钇为例，当钇（以 Y_2O_3 计算）浓度为 20～30g/L 时，沉淀过程非常顺利，碳酸盐沉淀经烘干、灼烧成氧化钇纳米粒子，经透射电镜分析，粒径小、均匀、分散性好；当钇浓度达到35g/L时，初始沉淀就出现团聚，沉淀接近完全时搅拌都难以进行，碳酸盐经烘干或灼烧成氧化钇，经电镜分析表明，此时，碳酸盐严重团聚并呈条状，灼烧成氧化物仍然堆聚而且颗粒较大。

（2）沉淀温度的影响：在化学反应中，温度是一个起决定性的主要因素。以碳酸氢铵为沉淀剂形成碳酸盐沉淀时，当温度低于50℃时，沉淀形成较快，生成晶核多而粒径小，反应中 CO_2、NH_3 逸出量较少，但沉淀过滤、水洗时很难过滤，并呈黏糊状，用乙醇洗多次后烘干，虽然粒径很小，但堆积严重，分散性不好；碳酸盐烘干后较硬，灼烧成氧化钇仍有块状存在，研细后，经电镜分析，团聚严重，粒径较大。当沉淀温度达到 60～70℃，就产生一个溶解-沉淀过程，沉淀速率相应缓慢，这时碳酸盐水洗、过滤很快，颗粒很松散，不形成堆积，经烘干、灼烧成氧化物，电镜分析表明，粒径很细、均匀，形态基本为球状。

（3）沉淀剂浓度的影响：选择碳酸氢铵为沉淀剂，主要是碳酸氢铵便宜易得，对环境污染小，控制操作条件、形成稀土纳米粒子的粒径小，适于工业上大批量生产。实验表明，当碳酸氢铵浓度<1mol/L 时，形成的氧化钇粒径很小，而且均匀，当碳酸氢铵浓度>1mol/L 时，会出现局部沉淀、造成团聚，另外还会产生 CO_2、NH_3 较多，对操作及环境不利。

综合实验结果，在合适的条件下，制备出粒径为 10～500nm 的氧化钇纳米粉末，比表面积为 $29m^2/g$，密度为 $4.47g/cm^3$。X射线衍射分析表明，纳米氧化钇为立方晶系，灼烧温度达800℃时完全晶化。

董相廷等[11]以乙醇为分散剂和保护剂，用沉淀法制备了一系列稀土纳米氢氧化物和氧化物，发现了立方 RE_2O_3 的粒径尺寸存在镧系收缩现象，而平均晶格畸变率随之增大，并且衍射峰强度随原子序数变化呈倒"W"形的双峰结构特征。

2. 络合沉淀法

用络合沉淀法制备稀土纳米粉体的原理是在稀土化合物纳米晶的合成过程中有络合剂存在，在控制晶核生长的情况下进行沉淀。采用络合沉淀法制备纳米 Y_2O_3 的方法是将硝酸钇溶液与络合剂如 EDTA 或 NTA 等混匀后用稀氨水调至 pH 为 9，此时溶液仍均匀透明，加入一定量的草酸铵，由于在高 pH 时钇离子与 EDTA 配位能力强，无沉淀生成，待草酸铵完全溶解后稍加放置，往溶液中滴加 3mol/L 的 HNO_3，随着酸度增加，稀土离子与 EDTA 络合能力减弱，草酸钇沉淀析出，直至 pH 为 2 时，沉淀完全，沉淀经过滤、水洗、干燥，得到草酸钇微粉，然后经灼烧，即可得到纳米 Y_2O_3 粉体，其平均粒径在 40 ~ 100 nm[12]。

柠檬酸也是常用的稀土离子络合剂，在制备稀土化合物反应过程中，柠檬酸根可以选择性地吸附在生长粒子的不同晶面上，改变了不同晶面的相对表面能，能够影响不同方向的生长速率，获得不同形貌的产物。Lin 等[13]用柠檬酸钠作配位剂合成出了不同晶体结构和不同形貌的稀土氟化物纳/微米晶体材料。与油酸和亚油酸作络合剂相比，柠檬酸钠作络合剂克服了羧酸络合剂的后处理过程复杂的难题。人们通过此方法还合成出了许多稀土材料，主要有 YVO_4：Er^{3+}、β-$NaYF_4$、α-$NaYF_4$：RE^{3+}（RE=Eu, Tb, Yb/Er, Yb/Tm）、$La(OH)_3$。

表面活性剂在纳米材料液相合成中也能够有效地控制纳米颗粒的尺寸、形貌和分散性。Li 等[14]用 CTAB 作表面活性剂合成出了枝杈状的 $NaYF_4$ 纳米晶，掺入不同的稀土离子后，获得了上转换和下转换荧光材料。Kaneko 等[15]利用癸酸的表面修饰和引导晶体各向异性生长的作用，制备出了 5 ~ 8nm 的方形 CeO_2 纳米晶。Tang 等[16]在 PEG 存在下制备出了 $Y(OH)_3$ 纳米管。利用以上表面活性剂还合成了 YVO_4：Eu 和 $CePO_4$、$CePO_4$：Tb 等纳米材料。

3. 水解法

水解法是利用金属盐在酸性溶液中强迫水解产生均匀、分散的粒子。该法要求实验条件控制必须严格，条件的微小变化会导致粒子的形态和大小发生很大的改变。这些条件主要包括：金属离子、酸的浓度、温度、陈化时间、阴离子的影响等。

水解法制备 Y_2O_3 稳定的 ZrO_2 纳米粒子[17]操作简便，只需按比例混合 $ZrCl_4$ 和

YCl_3 溶液，加入适量的水，溶液 pH=2，放入恒温浴中（100℃），水解 100h 后取出沉淀物干燥，将此沉淀物放入 800℃ 炉中灼烧 1h，即得 Y_2O_3 稳定的 ZrO_2 纳米粒子。得到的产品收率高，粒度均小于 100nm，均匀、易分散。实验结果表明，Y_2O_3 的含量（摩尔分数为 3%~30%）对 ZrO_2 纳米粒子的粒径影响不大，它仅起稳定剂的作用。将 100℃ 水解的 Y_2O_3-ZrO_2 沉淀干燥，分别在不同温度下灼烧 1h，直至 800℃ 晶化才完全，粒径较小。超过 1000℃ 时，由于温度过高，使微晶生长速率加快，长成大晶粒。X 射线衍射分析证明，Y_2O_3-ZrO_2 纳米粒子属于立方晶系。

董相廷等[18]合成了表面修饰十二烷基苯磺酸钠（DBS）的 CeO_2 纳米粒子的有机溶胶，纳米粒子呈球形，粒径约 3nm，分布均匀，呈透明状态。

4. 水热法和溶剂热合成

水热和溶剂热方法可以在大大低于传统固相反应所需温度的情况下实现无机材料的合成。相对于其他合成方法，水热和溶剂热方法所合成的产物是物相均匀、纯度高、晶形好、单分散、形状及尺寸可控的纳米微粒。

水热法是指在特制的密闭反应器（高压釜）中，采用水溶液作为反应介质，通过将反应体系加热至临界温度（或接近临界温度），在反应体系中产生高压环境而进行无机合成与材料制备的一种有效方法。在水热法中，水起到两个作用：液态或气态是传递压力的媒介；在高压下，绝大多数反应物均能部分溶解于水，促使反应在液相或气相中进行。依据水热反应类型不同，可分为水热氧化、还原、沉淀、合成、分解和结晶等反应。由于水热合成的产物具有较好的结晶形态，有利于纳米粒子的稳定，并可通过实验条件的改变调控纳米粒子的形状，也可用高纯原料合成高纯度的纳米粒子，为此引起人们的重视。

水热法工艺流程简单、条件温和、易于控制，适于纳米金属氧化物和金属复合氧化物陶瓷粉末的制备。水热法的不足在于：其只适用于氧化物材料或对水不敏感的材料的制备和处理，对于一些对水敏感（水解、分解、不稳定）的体系水热法就不适用。

水热法制备 Y_2O_3 稳定的 ZrO_2 纳米粒子[17]是将制取的氯氧化锆和氯化钇水溶液按所需比例混合，向混合溶液中逐滴加入（1:1）氨水，边滴边搅拌，直到生成白色沉淀。将沉淀与母液一起转移到不锈钢反应釜中，反应釜放入自动控温的电炉中，逐渐升温至 200℃，保持 2h。取出后，将沉淀过滤、洗至无 Cl^-，再把洗涤后的沉淀在烘箱中 110℃ 干燥 24h，即得到 Y_2O_3 稳定的 ZrO_2 纳米粒子。其粒径小于 100nm。水热法制备 Y_2O_3 稳定的 ZrO_2 纳米粒子时，其粒度与溶液的pH、氨水的浓度和滴加速度有关。若 pH 小，则腐蚀反应釜，并影响粉末生成速率；若氨水滴加速度过快，使局部浓度过高，则以较快的速率形成沉淀，使沉淀不易分散，造成粉末集聚，使粒度变大。因此，用水热法制备纳米粒子时必须严格控制溶液的 pH 和氨水的滴加速度。

用有机溶剂代替水作溶媒，采用类似水热合成的原理制备纳米材料作为一种新的合成途径已受到人们的重视。非水溶剂在其过程中，既是传递压力的介质，也起到矿化剂的作用。以非水溶剂代替水，不仅大大扩大了水热技术的应用范围，而且由于溶剂处于近临界状态下，能够实现水热条件下无法实现的反应，并能生成具有介稳态结构的材料。具有特殊物理性质的溶剂在超临界状态下进行反应有利于形成分散性好的纳米材料。

近年来，水热法和溶剂热合成在制备不同形貌的低维稀土化合物（稀土氟化物、磷酸盐、钒酸盐、钼酸盐、硼酸盐及其氧化物）的研究中得到了极其广泛的应用。

在有络合剂存在下通过水热反应制备相应的稀土化合物纳米晶。常用不同的络合剂如油酸、亚油酸、柠檬酸钠和 EDTA 等，先将稀土阳离子络合，然后在水–乙醇混合溶剂中，加入相应的阴离子盐溶液，最后通过水热反应制备出相应稀土化合物纳米晶。Li 研究组[19]用亚油酸作络合剂制备出了六方相和正交相的稀土氟化物纳米晶，研究发现随着离子半径的减小，稀土氟化物的生长模式发生了很大的改变。

用油酸作保护剂和络合剂，能够更好地控制粒子的形状和提高纳米晶的稳定性，使纳米晶粒子具有憎水性的表面，最终产物容易分离。Li 研究组[20,21]用油酸作络合剂成功地合成出了稀土磷酸盐和稀土钒酸盐纳米晶，得到的钒酸盐纳米晶大多为片状，分散性很好，而磷酸盐则分别出现了菱形、六边形、长方形和棒状几种形状，大小很均匀，分散性极好，在实验的基础上作者提出了详尽而合理的合成机理，这有助于研究者更好地理解控制生长趋势的动力学因素，为今后实现对各种纳米材料的结构、成分和形状的可控合成创造了良好的空间。利用此方法自组装出了均匀六边形 $YPO_4 \cdot 0.8H_2O$ 纳米晶（图9-2）。

EDTA 是用途很广泛的螯合剂，对稀土离子具有很强的螯合作用，近年来在制备稀土纳米材料的过程中得到了广泛的应用。Tao 等[22,23]用 Na_2H_2EDTA 作保护剂和水热过程，合成出了具有八面体结构的 YF_3 纳米晶，结果显示 Na_2H_2EDTA 浓度的增加会使纳米晶的尺寸变小，运用类似的过程，在初始反应物中加入一定量的 $Eu(NO_3)_3$ 后，制备出了均匀分散的发光 YF_3：Eu 八面体纳米晶。Qian 等[24]通过改变水热时间和温度，用 NaF 作为氟源，获得了纺锤状的 YF_3：RE^{3+} 纳米粒子。EDTA 络合剂在制备其他稀土材料方面也获得了很好的效果，如 $NH_4RE_2F_7$、$NaHoF_4$ 和 $NaSmF_4$、$NaREF_4$（RE = Y，Dy ～ Yb）、$LaVO_4$、$LaVO_4$：

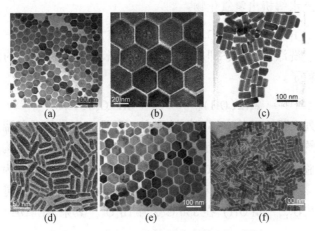

图 9-2　REPO$_4$·xH$_2$O 纳米晶的 TEM 照片

(a) Dy；(b) Er；(c) Ho；(c) Tm；(e) Yb；(f) Lu

Eu、NaRF$_4$（R=Ce，Y，Gd）、CeVO$_4$。

5. 醇盐法

醇盐法是利用金属醇盐水解制备纳米粒子的一种重要的方法。其水解过程不需要添加碱，因此不存在有害负离子和碱金属离子。其突出的优点是反应条件温和、操作简单，可作为制备高纯度微粒原料的理想方法，其缺点是成本昂贵。

金属醇盐是金属或者金属卤化物与醇反应而生成含 M—O—C 键的金属有机化合物，其通式为 M(OR)$_n$，其中 M 是金属，R 是烷基或丙烯基等。金属醇盐的合成与金属的电负性有关，碱金属、碱土金属或稀土金属等可以与乙醇直接反应，生成金属醇盐。

$$M+nROH \longrightarrow M(RO)_n+n/2H_2$$

金属醇盐容易进行水解，产生构成醇盐的金属的氧化物、氢氧化物或水合物沉淀，沉淀经过滤，氧化物可通过干燥，氢氧化物或水合物脱水成纳米粒子，或经煅烧后可以转变为氧化物微粒。

醇盐法的特点是可以获得高纯度、组成精确、均匀、粒度细而分布范围窄的纳米粒子。

稀土醇盐是一种活泼的有机化合物，当有水存在时，不易得到，因此需要无水氯化物作为原料。用无水氯化物与醇钠发生置换反应，可得到 RE(OC$_2$H$_5$)$_3$。反应式如下：

$$RECl_3+3NaOC_2H_5 \longrightarrow RE(OC_2H_5)_3+3NaCl$$

稀土醇盐经水解析出氢氧化物：

$$RE(OC_2H_5)_3 + 3H_2O \longrightarrow RE(OH)_3\downarrow + 3C_2H_5OH$$

再经过滤、洗涤、烘干，即成 $RE(OH)_3$ 纳米粒子。进一步灼烧脱水，可得到 RE_2O_3 纳米粒子。

$$2RE(OH)_3 \xrightarrow{\text{干燥、脱水}} RE_2O_3 + 3H_2O$$

表 9-1 中列出稀土醇盐水解后沉淀形态，可见，经水解后各稀土的氢氧化物形态不同。经灼烧后的 X 射线衍射分析表明，除 La_2O_3 为六方结构外，其余均为立方结构。实验中观察到，$Ce(OH)_3$ 在洗涤过程中 Ce^{3+} 易于氧化为 Ce^{4+} 的氢氧化物。各种稀土氢氧化物灼烧成稀土氧化物纳米粒子的温度不同，$Pr(OH)_3$ 在 350℃ 转变为 Pr_6O_{11}，$Tb(OH)_3$ 在 850℃ 变为 Tb_4O_7，其余 $RE(OH)_3$ 在 850℃ 均生成 RE_2O_3[25]。

表 9-1　稀土醇盐水解后沉淀形态

$RE(OH)_3$	La	Ce	Pr	Nd	Sm	Eu	Gd	Tb	Dy	Ho	Er	Yb	Y
形态	c	c	c	c	a	c	a	c	a	a	c	c	a

注：c 为晶体，a 为无定形。

电镜分析得知，轻稀土氢氧化物的粒度较小、分散性好，$La(OH)_3$、$Pr(OH)_3$、$Nd(OH)_3$ 为棒状，其他氢氧化物呈颗粒状，某些重稀土的氢氧化物出现堆聚现象。当在 850℃ 灼烧 2h 生成氧化物后粒度和形状均发生了变化，结晶形与无定形的氢氧化物均转变成结晶形的氧化物。$La(OH)_3$ 灼烧后由棒状变成粒状，粒径的变化不大。Pr_6O_{11} 仍为棒状，但形状变得不太规则。Nd、Sm、Eu 等的氢氧化物变为氧化物后形状、粒径无显著变化。重稀土的氢氧化物灼烧后，纳米粒子的分散程度发生很大变化，其氧化物微晶呈球形。所有稀土氢氧化物，氧化物纳米粉末的粒径均在 $10 \sim 50\text{nm}$。

6. 溶胶–凝胶法（Sol-Gel 法）

溶胶–凝胶技术是制备纳米结构材料的特殊工艺。这不仅因为它从原子、分子水平开始，而且在分子尺度上进行反应，最终制备出具有纳米结构特征的材料。因此，溶胶–凝胶技术是纳米制备工艺最合适的方法之一。溶胶–凝胶工艺通过不同化学反应的组合，把前驱体和反应物的均匀溶液转变为无限相对分子质量的氧化物聚合物。这个聚合物是一个包含相互连通的三维骨架。理想情况下，在结构上溶胶–凝胶是各向同性的、均一的。溶胶–凝胶法的化学过程如下所示：

$$原料 \xrightarrow{\text{水解}} 活性单体 \xrightarrow{\text{聚合}} 溶胶 \xrightarrow{\text{凝胶化}} 凝胶 \xrightarrow[\text{热处理}]{\text{干燥}} 纳米粒子或材料$$

　　首先将原料分散在溶剂中，然后经过水解反应生成活性单体，活性单体进行聚合首先成为溶胶，进而形成具有一定空间结构的凝胶，最后经过干燥和热处理制备出所需要的材料。

　　最基本的反应有

　　（1）水解反应：$M(OR)_n + xH_2O \longrightarrow M(OH)_x(OR)_{n-x} + xROH$

　　（2）缩合反应：$—M—OH + HO—M— \longrightarrow —M—O—M— + H_2O$

　　　　　　　　　$—M—OR + HO—M— \longrightarrow —M—O—M— + ROH$

　　在较高的温度下也可以发生如下的聚合反应：

　　　　　　　　$—M—OR + RO—M— \longrightarrow —M—O—M— + R—OR$

　　在水解过程中这些反应可能同时进行，从而也就可能存在多种中间产物，因此是非常复杂的过程。

　　多元体系的水解和聚合应更为复杂，简要的表示为

　　　　$M_1(OR)_n + M_2(OR')_m + H_2O \longrightarrow —(RO)_{n-1}M_1—O—M_2(OR')_{m-1}$

　　溶胶-凝胶法中存在各种影响反应的因素。可通过采取①选择原料的组成；②控制水的加入量和生成量；③控制缓慢反应组分的水解；④选择合适的溶剂等方法，实现控制水解和聚合反应速率。

　　目前采用溶胶-凝胶法制备材料的具体工艺或技术相当多，但按其产生溶胶-凝胶过程不外乎三种类型：即传统胶体型、无机聚合物型和配合物型。

　　值得引起重视的是务必要区分溶胶-凝胶法与络合物热分解法，前者存在从溶液→溶胶→干凝胶过程，而后者仅是将制备的络合物干燥后，再进行热处理过程。

　　溶胶-凝胶法与其他化学合成法相比具有许多独特的优点：

　　（1）由于溶胶-凝胶法中所用的原料首先被分散在溶剂中而形成低黏度的溶液，因此就可以在很短的时间内获得分子水平上的均匀性，在形成凝胶时，反应物之间很可能是在分子水平上被均匀地混合。

　　（2）由于经过溶液反应步骤，就很容易均匀定量地掺入一些痕量元素，实现分子水平上的均匀掺杂。

　　（3）与固相反应相比，化学反应将容易进行，而且仅需较低的合成温度。一般认为，溶胶-凝胶体系中组分的扩散是在纳米范围内，而固相反应时组分扩散是在微米范围内，因此反应温度较低，容易进行。

　　（4）选择合适的条件可以制备出各种新型材料。

　　溶胶-凝胶法也存在某些问题：

　　（1）目前所使用的原料价格比较昂贵，有些原料为有机物，对健康有害。

　　（2）整个溶胶-凝胶过程所需时间很长，常需要以周、月计。

（3）凝胶中存在大量微孔，在干燥过程中又将除去许多气体、有机物，故干燥时产生收缩。

用溶胶-凝胶法制备稀土纳米粒子已有许多报道，在此仅举几个例子，予以说明。

1）溶胶-凝胶法合成 $LaMO_3$（M＝Fe、Cr、Mn、Co）

$LaMO_3$（M＝Fe、Cr、Mn、Co）是典型的 ABO_3 钙钛矿型复合氧化物，此类化合物具有极其广泛的用途，可作为多种无机功能材料。合成并研究这类材料的纳米粒子，将有助于改进材料的性能和发现新的特性。

用溶胶-凝胶法制备 $LaMO_3$ 纳米粒子的工艺如下：按化学计量比称取一定量的 La_2O_3，用去离子水调成糊状，用 6mol/L HNO_3 溶解后，蒸至近干，然后用 NH_4OH 调至 pH＝3，加入计算量的硝酸铁、硝酸铬、硝酸锰或硝酸钴溶液以及与金属离子等物质的量的柠檬酸，加热溶解成为一透明溶液，溶液过滤后经 100℃ 回流 5h，将溶液转移到烧杯内，于 70℃ 下缓慢蒸发，逐渐形成溶胶，继续蒸发形成凝胶，将此凝胶经 110℃ 烘干 24h，使其完全干燥，成为干凝胶，取一定量的干凝胶于不同温度下焙烧，可获得 $LaMO_3$ 的纳米粒子。

对 $LaMO_3$ 的凝胶和在不同温度焙烧的 X 射衍射分析，可获得类似的结果。以 $LaFeO_3$ 为例，其不同温度下（450℃、500℃、600℃）灼烧样品的 X 射线衍射分析可知，干凝胶为无定形，未出现任何衍射峰，灼烧温度高于 450℃ 时，生成纯相的 $LaFeO_3$。晶体结构均为正交晶系，空间群 Pbnm。

将不同温度焙烧所得到的粉末进行电镜分析，观察到纳米 $LaFeO_3$ 粒子呈球形，大小较均匀，测得粒子尺寸与焙烧温度的关系可知，随着焙烧温度的升高，$LaFeO_3$ 粒子的平均粒径明显增加（图 9-3）。所以要获得纳米 $LaFeO_3$，应尽量采用较低的焙烧温度，以获得粒径较小的纳米粒子。

采用 BET 法测定了纳米粒子样品的比表面积，结果可知，随着焙烧温度升高，粒径增大，比表面积减小。干凝胶也具有较大的比表面积。

为了研究 $LaFeO_3$ 纳米粒子形成过程的化学变化，对干凝胶进行了热分析，由热分析谱（图 9-4）可见，在干凝胶焙烧生成 $LaFeO_3$ 超微粉末的过程中，加热温度低于 150℃ 时将失去表面水和结构水，并伴有一定的失重，在 155℃ 左右时发生有机物的分解反应，引起较大的失重现象，在 335℃ 左右时为硝酸盐等化合物分解，而在 428℃ 以后则质量恒定，整个过程失重约为 92%。

从不同温度样品的 X 射线衍射分析表明，$LaMO_3$ 的晶化温度各不相同：$LaFeO_3$ 为 450℃，$LaCoO_3$ 为 550℃，$LaCrO_3$ 和 $LaMnO_3$ 均为 600℃。

采用溶胶-凝胶法合成了一系列 ABO_3 型稀土-过渡金属复合纳米氧化物，发现其电学性质可分为两类[2]：对于 $LaFeO_3$、$LaCrO_3$ 的电阻率随着粒径的增大而

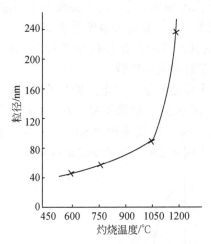

图 9-3　LaFeO₃ 的粒径与焙烧温度的关系

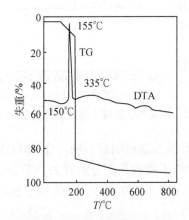

图 9-4　LaFeO₃ 干凝胶的热分析

增大，活化能随粒径增大而降低；而对 $LaMnO_3$、$LaCoO_3$ 的电阻率随着粒径的增大而减小，活化能随粒径减小而降低。

2）溶胶-凝胶法合成 CeO_2 纳米粒子[26,27]

CeO_2 是一种价廉而用途极为广泛的材料。CeO_2 纳米粒子的合成方法是：称取 10.6g 草酸铈，用蒸馏水调成糊状，滴加浓 HNO_3 和 H_2O_2 溶液，使其完全溶解，加入 18.6g 柠檬酸，使其溶解成透明溶液。过滤后于 50～70℃下缓慢蒸发形成溶胶，继续加热，观察到有大量气泡产生和白色凝胶形成，体积膨胀，并有大量棕色烟放出，将凝胶于 120℃ 干燥 12h，得到淡黄色的干凝胶，将干凝胶在不同温度下进行热处理，可得到 CeO_2 的纳米粒子。

为了研究 CeO_2 合成温度和相变化，对干凝胶及不同温度下焙烧 2h 的样品进行 X 射线衍射分析。结果可见，热处理温度低于 230℃ 时为无定形，而焙烧温度在 250~1000℃ 时均为纯相的面心立方 CeO_2 纳米粒子。随着焙烧温度的降低，衍射峰逐渐变宽，这是由于粒径变小所致。

为了研究反应过程中样品质量的变化，测定了干凝胶在不同焙烧温度下焙烧 2h 的样品的质量变化（图 9-5），结果可见，在 250℃ 以前，随着焙烧温度的增加，烧失量明显地增加，250℃ 时失重约为 50%，250~800℃ 焙烧失重仅略有增加，失重也不明显，这表明在 250℃ 分解反应基本完成。

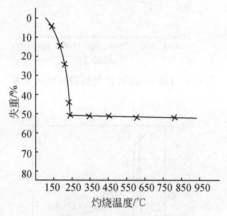

图 9-5　不同灼烧温度干凝胶的质量变化（2h）

不同温度焙烧 2h 后样品的颜色明显不同。在 230℃ 以下，随着焙烧温度的升高，样品的颜色加深，这与干凝胶逐渐分解有关。至 240℃ 时部分生成 CeO_2，但仍有少量碳存在，焙烧温度高于 250℃ 时，CeO_2 粒子逐渐增大，颜色由深黄色逐渐过渡到黄白色（表 9-2）。

表 9-2　不同熔烧后样品颜色的变化

样品	干凝胶	150℃	200~230℃	240℃	250~600℃	700~800℃	1000℃
颜色	淡黄色	土黄色	深土黄色	灰黄色	深黄色	浅黄色	黄白色

从电镜照片可知 CeO_2 纳米粒子基本呈球形，其粒径与焙烧温度有关（图 9-6）。从图 9-6 可见，粒径随焙烧温度的升高呈指数增加。

铈是一种变价元素，有 +3 或 +4 两种价态，用溶胶-凝胶法制备 CeO_2 纳米粒子的过程中 Ce 的价态变化是一个有趣的问题。从样品的 X 射线衍射图中可知，当焙烧温度低于 230℃ 时，样品均为无定形，在 250℃ 时生成 CeO_2 纳米粒子，平均粒径为 8nm。用 XPS 研究 Ce 的价态和含量随焙烧温度的变化，示于图 9-7。

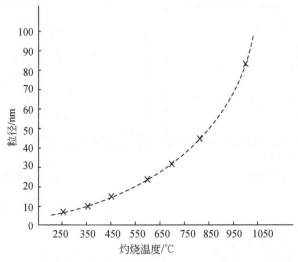

图 9-6　不同灼烧温度 CeO_2 粒径的变化

从图 9-7 中可知，Ce^{3+} 的 $3d_{5/2}$ 结合能约为 885.3eV，Ce^{4+} 的 $3d_{5/2}$ 的结合能约为 882.5eV。不同样品中 Ce^{3+}、Ce^{4+} 的相对含量明显不同，随着焙烧温度的升高，Ce^{3+} 含量降低，Ce^{4+} 含量增加，结果列于表 9-3 中。

表 9-3　Ce^{3+} 和 Ce^{4+} 含量与焙烧温度的关系

样品	干凝胶	200℃	210℃	220℃	230℃	250℃
Ce^{4+}/%	31.5	33.6	35.0	51.1	56.1	100
Ce^{3+}/%	68.5	66.4	65.0	48.9	43.9	0

归纳用溶胶-凝胶法制备 CeO_2 纳米晶形成过程的研究结果表明：柠檬酸干凝胶在低于 230℃ 下热处理，产物为非晶，干凝胶中 Ce^{3+} 与 Ce^{4+} 共存，随着焙烧温度的升高，Ce^{3+} 被氧化，到 250℃ 时，Ce^{3+} 全部转变为 Ce^{4+}。同时 CeO_2 纳米晶的粒径随焙烧温度升高而增大，平均晶格畸变率随焙烧温度的增加而降低。

刘桂霞等[28] 用溶胶-冷冻法制备纳米 Gd_2O_3：Eu^{3+} 发光材料。

7. 微乳液法

微乳液法是近二十年来发展起来的制备纳米粒子的有效的新方法，与其他制备方法相比，微乳液法具有装置简单、操作容易、粒子尺寸可控、易于实现连续生产等诸多优点。微乳液制备纳米颗粒的突出优点在于：以微乳体系中微乳液滴为"纳米微反应器"，在乳滴中的化学反应生成固体，以制得所需的纳米粒子。

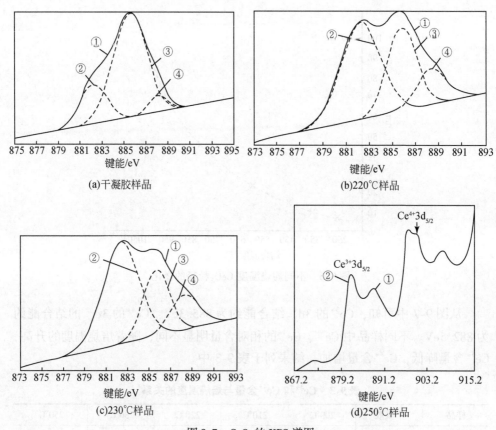

图 9-7　CeO$_2$ 的 XPS 谱图

通过人为控制微反应器的大小以及水体积及反应物浓度等其他反应条件，可以控制成核、生长，获得粒度分布均匀、分散性良好，各种结构、形态、粒径的单分散的纳米粒子。因此广泛地应用于各种纳米粒子的制备。同时，粒子表面往往包有一层表面活性剂分子，使粒子间不易聚结；通过选择不同的表面活性剂分子可对粒子表面进行修饰，并控制微粒的大小。另外如不除去表面活性剂，可均匀分散在多种有机溶剂中形成分散体系，以利于研究其光学特性及表面活性剂等介质的影响。

微乳液是由油、水、乳化剂和助乳化剂在适当比例下组成的各向同性、热力学稳定的透明或半透明胶体分散体系。根据连续相的不同，可分为正相（O／W）微乳液、反相（W／O）微乳液和双连续相微乳液。由于微乳液法具有所合成的微粒及壳厚可控性，所以是制备核-壳型纳米材料行之有效的方法之一。

一般情况下，将两种互不相溶的液体在表面活性剂、助表面活性剂作用下形成的热力学稳定、各向同性、外观透明或半透明、粒径在 1～100nm 尺度的分散体系称为微乳液。

作者[29]用反相胶束微乳液法制备了氧化钇纳米微晶并进行了表征。其制备步骤如下：

①将氧化钇（99.99%）用稀硝酸 [V（水）：V（硝酸）= 3：1] 溶解，配成 0.5mol/L 的水溶液。②称取 5g 十六烷基三甲基溴化铵（CTAB），溶于 200mL 环己烷中，加入 2mL 硝酸钇水溶液，搅拌，滴加正丁醇（AR）至体系由乳白色不透明乳状液转为无色澄清稳定微乳液为止。③称取 5g CTAB 溶于 200mL 环己烷中，加入 2mL 氨水，搅拌，滴加正丁醇至体系由乳白色乳状液转为无色澄清稳定微乳液为止。④将②和③快速混合，搅拌，可观察到体系由无色透明转为呈现淡蓝色乳光的胶体溶液，蒸馏至干，溶剂可回收重复使用，将所得产物置于坩埚内，在空气气氛中，分别经 500～800℃高温处理 2h，制得氧化钇纳米微晶。

此法的独特之处是在体系中形成表面活性剂和助表面活性剂包覆的"微反应器"。"微反应器"的形状、粒度及性质对产物的形态和性质有很大影响。正丁醇作为助表面活性剂在体系中起调节界面张力，改变"微反应器"形貌、增加表面活性剂溶解度和降低无机盐溶解度等多方面作用。

作者[30]在卵磷脂的微囊中合成出 EuF_3 纳米线。并利用 Eu^{3+} 作为荧光探针，对其形成过程进行了探讨。

8. 喷雾热分解法

喷雾热分解法是将溶液通过各种物理手段进行雾化获得纳米粒子的化学和物理相结合的一种方法。其基本过程包括溶液的制备、喷雾、干燥、收集和热处理，其特点是颗粒分布比较均匀，但颗粒尺寸范围取决于制备的工艺和喷雾方法。

喷雾热分解法先以水–乙醇或其他溶剂将原料配制成溶液，通过喷雾装置将反应液雾化并导入反应器内，在其中溶液迅速挥发，反应物发生热分解，或者同时发生燃烧和其他化学反应，生成与初始反应物完全不同的具有新化学组成的无机纳米粒子。此法起源于喷雾干燥法，也派生出火焰喷雾法，即把金属硝酸盐的乙醇溶液通过压缩空气进行喷雾的同时，点火使雾化液燃烧并发生分解，制得纳米粒子，这样可以省去加温区。

当前驱体溶液通过超声雾化器中雾化，由载气送入反应管中，则称为超声喷雾法。而通过等离子体引发反应发展成等离子喷雾热解工艺，雾状反应物送入等离子体尾焰中，使其发生热分解反应而生成纳米粒子。热等离子体的超高温、高电离度大大促进了反应室中的各种物理化学反应。等离子体喷雾热解法制得的粉末粒径可分为两级：其一是平均粒径为 20 ~ 50nm 的颗粒；其二是平均尺寸为 1μm 的颗粒。粒子形状一般为球状颗粒。

喷雾热分解法制备纳米粒子时，溶液浓度、反应温度、喷雾液流量、雾化条件、雾滴的粒径等都影响到粉末的性能。

喷雾热分解法的优点在于：

（1）干燥所需的时间极短，因此每一颗多组分细微液滴在反应过程中来不及发生偏析，从而可以获得组分均匀的纳米粒子。

（2）由于起始原料是在溶液状态下均匀混合，所以可以精确地控制所合成化合物的组成。

（3）易于通过控制不同的工艺条件来制得各种具有不同形态和性能的纳米粒子。此法制得的纳米粒子表观密度小、比表面积大、粉体烧结性能好。

（4）操作过程简单，反应一次完成，并且可以连续进行，有利于生产。

9. 溶剂蒸发法

沉淀法一般情况下沉淀要水洗、过滤，对于制备纳米粒子会带来许多困难，为此开发了溶剂蒸发法。典型的例子是热煤油法，此法起始原料一般为金属硫酸盐，也可利用溶于水的其他盐类，其操作大致如下：将按所需制备的材料组成配制的盐溶液与等体积的煤油（其沸点在 180 ~ 210℃）和适量的乳化剂如 Span85，在强烈的搅拌下形成油包水的乳化液，然后将此乳化液逐滴加入到不断搅拌的热煤油（>170℃）的蒸馏装置中，使之快速脱水和干燥，所得无水盐与油相分离，并进行热分解，可得到纳米粒子。

此法可以制备出一系列尖晶石型、钙钛矿型和橄榄石型的复合氧化物纳米粒子。

10. 冷冻干燥法

冷冻干燥法是先使欲干燥的溶液喷雾冷冻，然后在低温、低压下真空干燥，将溶剂直接升华除去后得到纳米粒子。采用冷冻干燥法时首先选择好起始金属盐溶液，其原则是①所需组分能溶于水或其他适当的溶剂，也可使用胶体。②不易在过冷状态下形成玻璃态，一旦出现玻璃态就无法实现水的升华。③有利于喷雾。④热分解温度适当。在喷雾冷冻时为防止组分偏析和增加冷冻样品表面以加快真空干燥速度，最好的办法是用氮气喷枪把初始溶液高度分散在制冷剂中，容易得到粒径一致的固态球状粒子，使用液氮作制冷剂，能达到深度低温，冷却效果好，组分偏析程度小。在真空升华干燥时把液氮冷冻的冻结物放在用冷浴冷却的干燥器中进行真空干燥，冰将直接升华。最后将冷冻干燥的金属盐球在适当气氛下进行热分解，可以分别获得氧化物、复合氧化物和金属超微粉末。

冷冻干燥法的优点在于：

（1）能在溶液状态下获得组分均匀的混合，适合于微量组分的添加，能有效地合成复杂的功能陶瓷材料纳米粒子。

（2）制得的纳米粒子粒径一般在 $10 \sim 50nm$ 范围内。

（3）操作简单，特别有利于高纯陶瓷材料的制备。

该法的缺点是：设备效率比较低，分解后气体往往具有腐蚀性，直接影响所使用设备的寿命。

11. 微波合成法[31]

微波合成法是近十余年来迅速发展的新兴制备方法。微波合成法是在按一定比例混合好的原料，并加入掺杂剂，然后在一定的条件下利用微波提供反应所需的能量，使其发生反应来制备材料的方法。

微波法是利用频率为 $2450MHz$ 的微波辐射所产生的微波热效应作用在固相反应混合物的组分中，使其分子中的偶极子作高速振动，由于受到周围分子的阻碍和干扰而获得能量，并以热的形式表现出来，使介质温度迅速上升，驱动化学反应进行。但并非所有的物质都能使用微波法来合成，反应起始物的化学形式必须是偶极分子。

微波合成法显著优点是快速、省时、耗能少、操作简便，只需家用微波炉即可制得产品。$Y_2O_3 ： Eu^{3+}$ 等荧光粉都已被成功利用微波法合成出来。经分析，各种发光性能和指标都不低于常规方法，产品疏松且粒度小，分布均匀，色泽纯正，发光效率高，有较好的应用价值。

X. H. Liao 等用微波辐射含有 $(NH_4)_2Ce(NO_3)_6$、PEG 和 NaAc 的水溶液，合成了粒径为 $2.0nm$ 的单分散的 CeO_2 纳米晶。此方法具有反应时间短，反应物纯度高且粒度分布窄的优点。

12. 有机/无机前驱体热分解法

有机/无机前驱体热分解法是在高温有机溶剂中加热分解有机或无机前驱体来制备无机物纳米晶的一种常用的方法。该方法的优点是：在有机相中进行无机物的合成反应能够更好地控制反应速率，而且有机分子的保护作用可以大大提高纳米晶的分散性，使粒子的结晶度更高。该方法的缺点是反应条件过于苛刻，需要严格的无水无氧操作、反应温度高、原料价格昂贵、毒性大，易燃易爆，且反应过程复杂。

Zhang 等[32]利用长碳链烷基胺（十八胺、十六胺和十二胺）作稳定剂和溶剂，加热分解钇铽油酸盐前驱物制备了 Y_2O_3：Tb 纳米晶和纳米棒。Yan 等[33,34] 在油酸/十八胺/十八烯的混合溶剂中加热分解几种稀土有机盐制备出了稀土氧化物纳米晶；在油酸/十八胺的混合溶剂中加热分解 $RE(BA)_3(H_2O)_2$ 和 $Ce(BA)_4$ 前驱体，制备出了稀土氧化物纳米多面体、纳米片和纳米盘，这种系统合成为其他氧化物纳米晶的制备提供了良好的契机。

Gao 等[35] 在油酸/十八胺/十八烯的混合溶剂中加热分解 [Eu(Phen)(Ddtc)$_3$] 前驱体，在氮气保护下得到的是单分散的 EuS 纳米晶，无保护气体条件下得到了六边形 Eu_2O_2S 纳米晶。

Han 等[36] 用稀土无机盐 [$RE(NO_3)_3$] 代替稀土有机盐，在十二烯/十八胺的混合溶剂中，加热分解稀土硝酸盐固体，合成出了稀土氧化物纳米带。

Wei 等[37] 以 NaF 代替 $Na(CF_3COO)$ 作氟源，用氮气作保护气，在有机溶剂中加热分解稀土-油酸的配合物，通过液-固两相反应过程合成出了油溶性的六角晶相六边形的 $NaYF_4$：Yb，Er 纳米片。利用类似的合成方法 Liu 等[38] 获得了油溶性的上转换荧光 LaF_3：Yb，Er 纳米晶。

Haase 等以结晶 H_3PO_4 和 $La(NO_3)_3 \cdot 7H_2O$、$EuCl_3 \cdot 6H_2O$ 作为前驱体，在三-(乙基己基) 磷酸酯溶剂中，加入三辛胺进行热分解反应，制备出 $LaPO_4$：Eu 纳米晶，类似的过程制备出了 $CePO_4$：Tb 纳米晶；将稀土硝酸盐换成稀土氯化物，合成出了发光强度很高的 $LaPO_4$：Ce，Tb 纳米晶；适当地改变反应条件，制备出了稀土磷酸盐发光核壳纳米粒子和蓝、绿和红色上转换发光 RE^{3+}-$LuPO_4$ 和 $YbPO_4$ 纳米晶。

13. 超声化学法

超声化学法被认为是一种十分有效的制备新材料的技术。超声波所产生的化学作用来自于超声波的气穴效应，即液体中微气泡的形成、长大和内爆性的崩溃。气泡内爆性的崩溃所产生的绝热压缩或崩溃气泡内气相中振动波的形成作用使液体局部点过热，瞬间可达到 5000 K，1800atm，冷却速率超过 108 K/s。这些极端的反应条件已经被用来合成各种各样的材料，同时由于超声化学的作用，增加了壳层材料与被包覆的核芯颗粒表面的相互作用，有利于形成化学键的连接，也是一种有效的制备核-壳型粒子的方法。朱玲、曹学强等[39-41] 采用超声化学法合成了稀土磷酸盐、稀土氟化物和稀土钒酸盐纳米发光材料。采用超声化学法成功制备出 $CePO_4$：Tb 和 $CePO_4$：Tb/$LaPO_4$（核-壳）纳米棒；$CePO_4$：Tb 纳米棒直径为 10～30nm，长度为 200nm，$CePO_4$：Tb/$LaPO_4$（核-壳）纳米棒的 $LaPO_4$ 的厚度为 2～10nm；$CePO_4$：Tb 和 $CePO_4$：Tb/$LaPO_4$（核-壳）纳米棒均具有 Ce^{3+}（5d-4f）和 $Tb^{3+5}D_4$-^7F_J 的特征发射；与 $CePO_4$：Tb 纳米棒相比，$CePO_4$：

Tb/LaPO$_4$（核-壳）纳米棒的光谱强度及荧光寿命均有较大的提高。采用超声化学法得到具有四方相锆石结构的纺锤状的 YVO$_4$：Eu^{3+}纳米粒子，其直径为 90~150nm，长度为 250~300nm；超声辐射对样品的形貌起着关键性作用，在其他反应条件相同的情况下，未采用超声辐射的情况下只能得到团聚严重的纳米颗粒；荧光测试表明纺锤状 YVO$_4$：Eu 样品表现为 Eu^{3+} $^5D_0$-^7F_J（$J=1~4$）的特征跃迁，以 $^5D_0$-$^7F_2$ 电偶极跃迁（614nm）为最强峰，属于红光发射。

超声波辅助合成方法是利用能量辐射来作为外加推动力完成有关合成反应。它的优点是操作简单、反应迅速、产率高、节省能量、不需要高温、压力和催化剂、产物纯度高等。

Zhu 等[39]以 Eu(NO$_3$)$_3$ 和 KBF$_4$ 为原料，在室温环境下，超声辅助合成了单晶 EuF$_3$ 纳米花（图 9-8）。在反应过程中未加任何模板和表面活性剂，简化了后处理过程。而且以 KBF$_4$ 作为氟源，有效地控制了 F$^-$ 的释放速率。作者使用不同的氟源（KBF$_4$，NaF，NH$_4$F），超声处理 Ce（NO$_3$）$_3$ 溶液，获得了不同形状的 CeF$_3$ 纳米晶，研究结果表明超声辐射对粒子的形貌起了决定性的作用。

图 9-8　EuF$_3$ 纳米晶的 SEM 照片

Zhang 等[42]用 PEG600 作表面活性剂，在超声辐射过程中，向 Ce(NO$_3$)$_3$ 溶液中滴加 NaOH 溶液，制备出了 CeO$_2$ 纳米棒。

14. 静电纺丝法

近 10 年来，高压静电场纺丝技术制备纳米纤维激起了人们的浓厚兴趣。

静电纺丝技术的设备主要包括 3 部分：高压装置、喷丝装置和收集装置。其中，高压装置可以提供 1~30kV 的直流电；喷丝装置为一个注射管，用来盛放前驱体溶液。它连有一个金属针制成的喷丝嘴，前驱体溶液就是由这里喷出从而形成纳米纤维；收集装置一般为接地的金属板，它们的形式多种多样，因而收集到的纤维的排列形式也就各有不同。

影响静电纺丝技术的因素很多，它们包括①溶液性质：如黏度、弹性、导电性和表面张力；②操作条件：包括电场强度、固化距离、溶液供给速度等；③环境条件：如温度、湿度、空气流速等。

影响纤维直径的因素：

(1) 溶液黏度越大，制得的纤维直径越大。而溶液的黏度取决于溶液中高分子的浓度，故在配制无机/有机溶液时，必须控制各组分及溶剂的量，配制出静电纺丝所需要的最佳黏度。

(2) 一般情况电压越大纤维直径越细。这是由于喷丝受到的电场力变大。但当电压大到某一值以后，纤维的直径就会随着电压的升高反而增大。这是由于电压越大，溶液的供给速度就越快，同一时间内喷出的溶液就越多，因而纤维直径就越大。若在溶液中适当加入一些电解质以提高溶液的导电性能，就可以制得更细的纤维。

(3) 后处理过程中的煅烧温度。煅烧温度越高，所得纤维直径就越细。这是由于温度越高，多余物质排出的就越彻底。但当温度达到一定值以后，由于多余物质已经排除彻底，纤维直径不再随温度的升高而变化。

静电纺丝技术已能够制备包括纳米丝、纳米线、纳米棒、纳米管、纳米带、纳米电缆。静电纺丝技术所制备的纳米纤维尺寸长、直径分布均匀、成分多样化，既可以是实心，也可以是空心。

董相廷课题组[43-45]利用静电纺织技术制备出 Y_2O_3：Eu^{3+}纳米带和同轴静电纺丝技术制备 $ZnO@CeO_2$纳米电缆以及 YF_3：Eu^{3+}纳米纤维高分子复合纳米纤维并进行了表征。

15. 燃烧法

燃烧法是指通过前驱物（硝酸盐、尿素等）的燃烧合成材料的一种方法，其具体过程是：当反应物达到放热反应的点火温度时，在一定气氛下，以某种方法点燃，随后的反应由放出的热量维持，燃烧产物就是所制备的材料。燃烧法是一种具有应用前景的软化学合成方法，与高温固相法相比，它最大优点是快速和节能。但在燃烧过程中伴有污染环境气体产生。

燃烧法尤其是用低温燃烧合成技术制备纳米氧化物具有实验操作简单易行、实验周期短，从而节省了时间和能源。更重要的是反应物在合成过程中处于高度均匀分散状态，反应时原子只需经过短程扩散或重排即可进入晶格位点，加之反应速率快，前驱体的分解和化合物的形成温度又很低，使得产物粒径小，分布比较均匀。利用金属硝酸盐和络合剂反应，在低温下即可实现原位氧化，自发燃烧快速合成产物的初级粉末，大大缩短制备周期。

张辉等[46]以六水硝酸铈和甘氨酸为原料，甘氨酸作为燃烧剂，聚乙二醇20 000为分散剂，采用燃烧法一步合成了纳米二氧化铈粉体。实验通过用直接将配制好的溶液加热至一定温度，产生氧化还原反应燃烧一步合成纳米 CeO_2 粉体，而不需要继续煅烧处理即可得到高纯度粒径小的纳米 CeO_2，从而节省了能源和实验时间。结果表明，反应的最佳温度为 350℃，溶液的 pH 为 5，六水硝酸铈和甘氨酸（Gly）的物质的量比为 1 : 1.6，得到的产物的平均粒径为 6.5nm。

姚疆等用燃烧法合成了纳米级 Y_2O_3 ： Eu^{3+} 和 Gd_2O_3 ： Eu^{3+} 红色荧光粉。

9.1.3　气相法制备纳米粒子

气相合成法的原理就是把欲制备成纳米粒子的相关物料通过加热蒸发或气相化学反应后高度分散，然后再冷却凝结成纳米粒子，整个过程的实质是一种典型的物理气相"输运"或化学气相反应，或者两者的结合。显然，采用具有不同蒸气压的起始原料和气相环境、不同的加热源乃至于不同的加热程序，特别是考虑到加热气化过程究竟是一种简单蒸发–冷凝过程，还是同时伴有不同物料之间或物料与环境气相之间的化学反应过程，因此，气相合成法就将成为变化繁多的一大类方法。气相合成法的生成条件容易控制，即使气相过饱和度大，成核后分散度仍很高，因此具有凝聚小，粒径分布窄，平均粒径和颗粒形貌容易通过生成条件加以调节等特点。有时适当改变气氛，还能对所得粒子进行表面修饰。因此，气相合成原则上只是恰当的选择反应条件包括反应体系、反应器类型和反应动力学参数，即能合成任何单质或化合物的粒径可调的高纯度纳米粉末。特别是这类气相反应法，由于其气氛控制方便，出发原料的制备简单，甚至对其纯度可以要求不高，挥发性原料的精制也比较容易，易获得高纯度产物，所以十分广泛的被应用来制备金属、金属氧化物和其他如氮化物、碳化物、硼化物等一系列难以用其他方法合成的非氧化物纳米粉末。

由气相制备纳米粒子主要有不伴随化学反应的蒸发–凝结法（PVD）和气相化学反应法（CVD）两大类。

1. 蒸发–凝结法

真空蒸发法是用电弧、高频、激光或等离子体等手段，在惰性气体或活性气体中将金属、合金或化合物进行真空加热蒸发，使之气化或形成等离子体，然后骤冷，使之凝结成纳米粒子，其粒径可通过改变惰性气体、压力、蒸发速度等加以控制，粒径可达 1～100nm。

真空蒸发法是进行理论研究和制备纳米粒子最有效的方法之一，其产率视设备大小而定，目前已投入生产。真空蒸发法的装置与普通的真空镀膜相同。具体过程是将待蒸发的材料放入容器的加热架或坩埚中，先抽到 $10^{-4}Pa$ 或更高的真空度，然后注入少量的惰性气体或 N_2、NH_3、CH_4 等载气，使之形成10Pa 至数万

Pa 的真空条件，此时加热，使原料蒸发成蒸气而凝聚在温度较低的钟罩壁上，形成纳米粒子。此法与蒸发镀膜的区别在于，不需总注入保护性载气和不需要将被蒸发材料的蒸气均匀地沉淀在基板上。真空蒸发法制备纳米粒子时，具有产量大、粒径小、粒度分布窄，不易团聚的特点。存在着最佳工艺条件选择、控制结晶形状等问题。

对稀土金属纳米粉的报道不多。中山大学采用惰性气体保护蒸发凝聚的技术制备出粒径为 4~15nm 的稀土金属 Gd 粉末。综合研究表明，纳米 Gd 在某一特征粒径时磁化率获得最小值。

真空蒸发法所得纳米粒子凝聚在钟罩壁上，收集较为困难，为改善其操作，提出油面蒸发法。该法是将金属放在坩埚中加热蒸发，形成蒸气，然后沉积在旋转的油面上，随油的流动收集到容器中，用蒸馏或离心的方法从油中获得纳米粒子。

2. 化学气相沉积法（CVD）

化学气相沉积法也称气相化学反应法，该法是利用挥发性金属化合物蒸气的化学反应来合成所需物质的方法。在气相化学反应中有单一化合物的热分解反应：

$$A(g) \longrightarrow B(s) + C(g)$$

或两种以上的单质或化合物的反应：

$$A(g) + B(g) \longrightarrow C(s) + D(c)$$

气相化学沉积法的特点是①原料金属化合物因具有挥发性、容易精制，而且生成物不需要粉碎、纯化，因此所得纳米粒子纯度高。②生成的微粒子的分散性好。③控制反应条件易获得粒径分布狭窄的纳米粒子。④有利于合成高熔点无机化合物纳米粒子。⑤除制备氧化物外，只要改变介质气体，还可以适用于直接合成有困难的金属、氮化物、碳化物和硼化物等非氧化物。

气相化学反应常用的原料有金属氯化物、氯氧化物（$MO_n Cl_m$）、烷氧化物 $[M(OR)_n]$ 和烷基化合物（MR_n）等。

气相中颗粒的形成是在气相条件下的均匀成核及其生长的结果。为了获得纳米粒子，就需要产生更多的核；而成核速率与过饱和度有关，故必须有较高的过饱和度。

用气相化学反应生成的纳米粒子，有单晶和多晶，即使在同一反应体系中，由于反应条件不同，可能形成单晶粒子，也可能形成多晶粒子，多晶粒子的外形通常呈球状。在许多体系中生成的单晶粒子虽有棱角，但整体上近似球状。由于各晶面的生长速率不同，纳米粒子具有各向异性，但是，在合成时过饱和度很大，则难以生长成各向异性的较大晶体。

反应器的结构，反应气体的混合方法，温度分布等反应条件均对微粒的性质有明显的影响。

氮化物和碳化物等微粒的合成方法已有相当多的专利。由金属氯化物和 NH_3 生成氮化物的反应，有较大的平衡常数，故在较低温度下可以合成 BN、AlN、ZrN、TiN、VN 等超微粉末。而用金属化合物蒸气和碳氢化合物（如 CH_4 等）合成碳化物纳米粒子时，对平衡常数较大的体系，在 1500℃ 以下便能合成，但因它们往往在低温下平衡常数较小，需要高温合成，为此，采用等离子体法和电弧法较多。

3. 等离子体法

等离子体法的基本原理是利用在惰性气氛或反应性气氛中通过直流放电使气体电离产生高温约 10000K 超高温的等离子体，从而使原料熔化和蒸发，此时多数反应物质和生成物成为离子或原子状态，然后使其急剧冷却，获得很高的过饱和度，蒸气达到周围的气体就会被冷凝或发生化学反应形成纳米颗粒。这样就有可能制得与通常条件下形状完全不同的纳米粒子。等离子体温度高，能制备难熔的金属或化合物，产物纯度高。利用等离子体技术制备纳米颗粒已成为近年来的发展趋势，并且在方法和设备上有不断的改进，如高频等离子体法、混合等离子体法、射频等离子体法等。

4. 激光气相合成法

激光气相合成法是利用定向高能激光器光束制备纳米粒子。其包括激光蒸发法、激光溅射法和激光诱导化学气相沉积（LICVD），前两种方法主要是物理过程。

用激光诱导化学气相沉积法制备纳米粒子的基本原理是利用反应气体分子（或光敏剂分子）对特定波长激光的吸收，引起反应气体分子激光光解（紫外光解或红外多光子光解）、激光热解、激光光敏化和激光诱导的化学反应，在一定工艺条件下（激光功率密度、反应池压力、反应气体配比、反应气体流速、反应温度等）使粒子在空间成核和长大，而制备纳米粒子的方法。该法具有清洁表面，离子大小可精确控制，无黏结，粒度分布均匀等优点，并容易制备出几纳米至几十纳米的非晶及晶态纳米微粒。目前 LICVD 法已制备出多种单质、化合物和复合材料纳米粒子。

例如，CO_2 激光最大的增益波长为 10.6μm，而硅烷（SiH_4）对此波长正好呈强吸收。因此，利用 CO_2 激光使硅烷分子热解制备<10nm 的纳米硅粒子，反

应为

$$SiH_4 \xrightarrow{h\nu\ (10.6\mu m)} Si + 2H_2$$

还可以合成 SiC 或 Si_3N_4 纳米粒子，反应为

$$SiH_4\ (g) + 4NH_3\ (g) \xrightarrow{h\nu} Si_3N_4\ (s) + 12H_2\ (g)$$

$$SiH_4\ (g) + CH_4\ (g) \xrightarrow{h\nu} SiC\ (s) + 4H_3\ (g)$$

通过工艺参数的调整，可控制纳米粒子的尺寸。

激光气相合成法有如下特点：

（1）反应器壁为冷壁，为制粉过程带来一系列好处。

（2）反应区体积小而形状规则、可控。

（3）反应区流场和温场可在同一平面，比较均匀，梯度小，可控，使得几乎所有的反应物气体分子经历相似的时间–温度的加热过程。

（4）粒子从成核、长大到终止能同步进行，且反应时间短，在 $1 \sim 3s$ 内，易于控制。

（5）气相反应是一个快凝过程，冷却速度可达 $10^5 \sim 10^6 ℃/s$，有可能获得新结构的纳米粒子。

（6）能方便地一步获得最后产品。

由于 LICVD 具有粒子大小可控、粒度分布窄、无硬团聚、分散性好、产物纯度高等优点，尽管 20 世纪 80 年代才兴起，但已建成年产几十吨的生产装置。

9.2　特殊形态的稀土纳米结构材料

稀土纳米结构材料的研究报道甚多，早期着重于制备纳米粒子。随着纳米科技的发展，纳米概念和定义的拓宽，稀土纳米材料研究也正在迅速发展，已从对零维纳米粒子的研究，逐渐向一维、二维以及三维纳米材料发展；从最初简单的制备稀土纳米粒子，到制备具有特殊形态的稀土纳米材料、进行复合与组装成纳米结构材料；从材料合成，到研究其成因、生长机理、性质、应用和产业化。今后应以合成新材料、研究新性质、开发新应用为主。

合成具有特殊形态的纳米结构材料是目前的热点课题。合成技术已发展到采用多种方法组合的趋势。如微乳液–水热法、共沉淀–微波法等。

9.2.1　一维的稀土纳米线、纳米棒、纳米管

随着 1991 年碳纳米管的问世，迅速掀起了制备一维纳米材料的热潮，发展也较为迅速。目前，对纳米线、纳米棒、纳米管等一维纳米材料已经发展了多种

制备方法。

近几年来一维稀土纳米材料的研究发展迅速，几乎所有的稀土氧化物和氢氧化物一维材料都被合成过，其主要合成方法为水热法和模板法。其中模板主要有软模板如表面活性剂，硬模板如具有阵列孔的阳极氧化铝模板（AAO）和碳纳米管。Li 等[47]用水热法合成了一系列 RE（OH）$_3$单晶纳米线，包括 La(OH)$_3$、Pr(OH)$_3$、Nd(OH)$_3$、Sm(OH)$_3$、Eu(OH)$_3$、Gd(OH)$_3$、Dy(OH)$_3$、Tb(OH)$_3$、Ho(OH)$_3$、Tm(OH)$_3$、YbOOH。图 9-9 列出 La(OH)$_3$纳米线的 TEM 和 HRTEM。

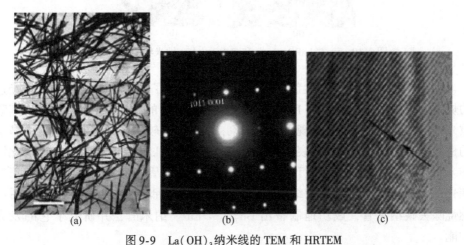

图 9-9 La(OH)$_3$纳米线的 TEM 和 HRTEM

(a) La(OH)$_3$纳米线的 TEM；(b) 单晶 La(OH)$_3$纳米线电子衍射图像；

(c) La(OH)$_3$单晶纳米线的 HRTEM（间距=0.316nm）

Cao 等[48]用水热-微乳法合成了直径为 20~60nm，长为几百纳米到几微米的 LaPO$_4$和 CePO$_4$纳米线和纳米棒，长径比可以由水/表面活性剂的比例决定。Yan 等[49]用水热法合成了六方的 REPO$_4$·nH$_2$O（RE=La, Ce, Pr, Nd, Sm, Eu, Gd）和正交相的 REPO$_4$·nH$_2$O（RE=Tb, Dy）一维纳米材料。图 9-10 示出六方 LaPO$_4$和 CePO$_4$纳米线的 TEM 照片。

尹贻东等[50]用水热-微乳液法合成了 La(OH)$_3$纳米棒。通过改变 ω 值、反应物的浓度、反应时间、反应温度等可以实现对 La(OH)$_3$纳米棒尺寸和形貌的可控合成。并提出用稀土氧化物为原料，既不用催化剂也不用模板，在水热条件下通过溶解-结晶过程合成各种稀土氢氧化物纳米棒，此方法简单可行。

Patra 等[51]在 pH 为 1.8~2.2 条件下，用微波加热含有稀土硝酸盐和 NH$_4$H$_2$PO$_4$ 的水溶液，合成了稀土（La, Ce, Nd, Sm, Eu, Gd 和 Tb）正磷酸盐纳米棒。Feldmann 等[52]采用聚醇介质法合成了直径为 100~200nm，长度为 10~20μm 的 Y$_2$O$_3$：Eu^{3+}纳米棒。

图 9-10　六方 $LaPO_4$（a）和 $CePO_4$（b）纳米线的 TEM 照片

Tang 等[53]采用表面活性剂存在下的水热法合成了 $Tb(OH)_3$ 的纳米管，经过灼烧处理得到了外径为 80～100nm，管壁厚为 30nm 的 Tb_2O_3 纳米管，发现其吸收光谱向高能方向移动并出现了展宽现象，荧光光谱较体相材料出现了更多精密的谱线，认为是纳米粒子的表面效应所致。美国 Brookhaven 实验室制备出氧化铈纳米管并对其结构和性能进行研究，预言氧化铈纳米管将是具有潜在应用价值的催化剂。刘桂霞等[54]利用碳纳米管作为模板，在外部沉积 Gd_2O_3：Eu，然后经燃烧除去碳纳米管，成功地制备出 Gd_2O_3：Eu^{3+} 纳米管，并研究了它的发光性能。

尹贻东等[55]采用水热沉淀转化法合成了 $Gd(OH)_3$、$Sm(OH)_3$、$Dy(OH)_3$、$Ho(OH)_3$ 等纳米束（图 9-11），详细研究了反应速率、时间、pH 对产物尺寸、形貌的影响，并推测 $RE(OH)_3$ 纳米束的形成是由稀土草酸盐网层状晶体结构所决定，也合成出具有六方棱柱体的 $Gd(OH)_3$（图 9-12）。

图 9-11　$Gd(OH)_3$ 纳米束的 ESEM

图 9-12　Gd(OH)$_3$六方棱柱体的 ESEM

9.2.2　二维的稀土纳米薄膜

二维稀土纳米材料主要为薄膜材料，可分成稀土络合物纳米薄膜和稀土氧化物纳米薄膜两大类。稀土氧化物纳米薄膜主要可用物理法和化学法来制备，物理法制备稀土氧化物纳米薄膜是以相应的稀土氧化物或纯金属等为前驱体，通过电子束蒸发或电子束轰击等过程，将前驱体沉积到预置的衬底上而得到所需的稀土氧化物纳米薄膜。目前已成功地制备 La$_2$O$_3$，CeO$_2$，Nd$_2$O$_3$，Eu$_2$O$_3$，EuO，Gd$_2$O$_3$，Dy$_2$O$_3$，Ho$_2$O$_3$，Er$_2$O$_3$，Tm$_2$O$_3$，Yb$_2$O$_3$，Y$_2$O$_3$等稀土氧化物纳米薄膜。采用物理方法制备的薄膜的机械稳定性和化学稳定性高。化学法制膜主要有喷雾热解法、化学气相沉积法和溶胶-凝胶法等，这些方法成本低，易于操作，应用较为广泛。如 Lin 等就采用溶胶-凝胶软刻蚀法合成了一系列稀土氧化物、钒酸盐和正磷酸盐纳米发光薄膜，并进行了图案化处理[56,57]。Jenouvrier 等[58]用溶胶-凝胶过程合成了稀土铒或铥掺杂的钛酸钇（Y$_2$Ti$_2$O$_7$）薄膜，研究了该薄膜的上转换发射与晶化度和稀土离子掺杂浓度的关系，以及镱共掺的影响。

稀土有机配合物具有优良的发光性能，但其较差的光稳定性和热稳定性限制了它们的应用，采用溶胶-凝胶法将稀土配合物引入到有机-无机互穿网络中，不仅解决了纳米粒子的稳定性和分散性问题，而且能制成加工性能好和具有功能性质的薄膜。已制成多种稀土配合物的有机-无机纳米杂化薄膜，有望用于电致发光薄膜。Cong 等[59]采用简单的方法，即在 1，10-菲罗啉存在条件下，在乙醇和 N，N-二甲基甲酰胺形成的混合溶剂中，以聚苯乙烯和聚 4-乙烯吡咯烷酮形成的胶束作为纳米反应器，得到的 Eu（Ⅲ）-(PS-b-P4VP)-Phen-5DMF 配合物在石英或玻璃衬底上经过旋涂自组装成纳米级有序的 Eu（Ⅲ）-嵌段共聚物复合发光薄膜。该薄膜具有强的 Eu^{3+}的特征发射及长的寿命。

9.2.3 三维的稀土纳米材料

三维稀土纳米材料主要为稀土纳米陶瓷。纳米陶瓷具有超塑性，高的断裂韧性，能降低烧结温度和提高烧结速度等优点，其原因在于利用纳米粒子的粒径小、比表面积大并具有高的扩散速度。例如，10nm 的陶瓷微粒比 10 μm 的烧结速度提高 12 个数量级，这是因为纳米陶瓷低温下烧结的过程主要受晶界扩散控制，就导致烧结速度由晶粒尺寸来决定，即烧结速度正比于 $1/\alpha^4$。

掺稀土的 ZrO_2 是一种应用广泛的陶瓷材料，添加 Y_2O_3、CeO_2 或 La_2O_3 等稀土元素的作用在于防止 ZrO_2 高温相变和变脆，生成 ZrO_2 相变增韧陶瓷结构材料。纳米 Y_2O_3-ZrO_2 陶瓷具有很高的强度和韧性。可用作刀具、耐腐零件，可制成陶瓷发动机部件；也用于燃料电池作为固体电解质。

由于掺稀土 ZrO_2 纳米陶瓷的广泛应用，对其陶瓷粉体的制备也有许多研究。作者曾详细的对比研究水解法、沉淀法、水热法等三种方法制备 Y_2O_3 稳定 ZrO_2 纳米粉末[17]。认为水解法较为适宜。经 800℃ 灼烧，粒度<100nm，结晶度较高，也有利于规模生产。

文献中将成分为 ZrO_2-5% Y_2O_3-4% Yb_2O_3（摩尔分数）粒径为 6.3mm 的三元体系纳米粉，经 4000MPa 单向压制成块体，在 1673K 下烧结 1h，相对密度可超过 98%，粒径仍保持纳米级（~35nm），而对相同成分的非纳米粉需要在 1973K 以上才能烧结成致密的陶瓷。

Celerier 等[60]用溶胶-凝胶工艺合成 $La_{9.33}Si_6O_{26}$ 形硅酸盐粉末，该粉末于 1400℃ 下制备了致密的（90%~95%）陶瓷材料，采用溶胶-凝胶粉末可以将灼烧温度降低 200℃ 左右。

9.2.4 影响纳米晶形态的因素

1. 晶体生长速率与形态的相关性

一般来说，晶体在自由的生长体系中生长，晶体的各晶面生长速率是不同的，即晶体的生长速率是各向异性。通常所说的晶体的晶面生长速率 R 是指在单位时间内晶面（hkl）沿其法线方向向外平行推移的距离（d），并称为线性生长速率。

晶体生长形态的变化来源于各晶面相对生长速率（比值）的改变，或者说，晶体的各个晶面间的相对生长速率决定了它的生长形态。常常由于晶体生长速率的改变，导致晶体缺陷的产生，这不仅有损于晶体的完整性，而且晶体的生长形态也要发生变化。影响晶体生长速率的因素有许多。

　　人工晶体生长的实际形态可大致分为两种情况。当晶体在自由体系中生长时，如晶体在气相、溶液等生长体系中生长时可近似看作自由生长体系，晶体的各晶面的生长速率不受晶体生长环境的任何约束，各晶面的生长速率的比值是恒定的，而晶体生长的实际形态最终取决于各晶面生长速率的各向异性，呈现出几何多面体形态。当晶体生长遭到人为的强制时，晶体各晶面生长速率的各向异性便无法表现出来，只能按人为的方向生长。但有时在强制生长体系中，晶体顽强的生长习性也会表现出来的。

　　2. 纳米晶形态与晶体结构的相关性

　　晶体几何形态所出现的晶面符号（hkl）或晶棱符号［hvw］是一组互质的简单整数。

　　按照 Bravais 法则，当晶体生长到最后阶段而保留下来的一些主要晶面是具有面网密度较高，而面网间距 d_{hkl} 较大的晶面。

　　晶体生长形态的变化，不仅与晶体生长条件有关，而且也与晶体结构有关。

　　稀土氢氧化物大部分具有六方相晶体结构，如 La(OH)$_3$、Y(OH)$_3$、Dy(OH)$_3$、Ho(OH)$_3$ 等，随着稀土原子半径的规律性渐变，稀土氢氧化物由六方相 La(OH)$_3$ 渐变为单斜相 Lu(OH)$_3$。

　　六方相结构的稀土氢氧化物，具有各向异性生长特性，有沿 c 轴各向异性生长趋势。在一维纳米结构材料的合成过程中起到了决定性的作用。由此，稀土氢氧化物纳米棒可以通过简单的水热过程得到。实验中既不用催化剂也不用模板，而只用稀土氧化物为原料，在水热条件下，通过溶解–结晶过程生成棒状稀土氢氧化物。

　　图 9-13 示出 REF$_3$ 纳米晶的相图和生长方式。从图 9–13 中可见随着原子序数的增加，稀土离子半径减小，稀土氟化物的晶体结构从六方晶系向正交晶系转变，其纳米晶生长的方式与形貌也各不相同。

　　图 9-14 列出晶体表面能对纳米晶形貌的影响，对于立方晶系若按（100）晶面生长得到的是立方体，若沿着（111）方向生长，将易于形成八面体，若沿着（110）面方向生长，则易于生成十二面体。

　　3. 生长环境相对晶体生长形态的影响

　　晶体形态取决于晶体结构的对称性、结构基元间的作用力、晶格缺陷和晶体生长的环境相等，因此在研究晶体生长形态时，不能局限于某一方面，既要注意到晶体结构因素，又要考虑到复杂的生长环境相的影响。

　　在讨论生长环境相对晶体形态的影响时，应把注意力放在稀薄环境相中的晶

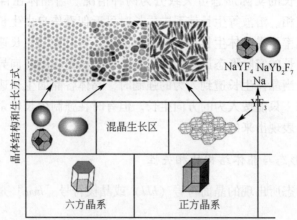

图 9-13　REF₃纳米晶的相图和生长方式[61]

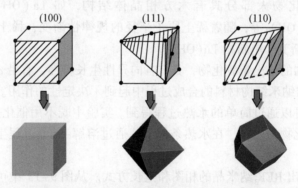

图 9-14　晶面的表面能对纳米晶形貌的影响

体生长。下面简要地介绍溶液的过饱和度、溶液的 pH、环境相成分、溶剂和杂质等对晶体生长形态的影响。这些影响因素也适用于稀土纳半晶。

1）溶液过饱和度的影响

一般来说，晶体的生长速率总是随着溶液过饱和度的增加而变大，但随着过饱和度的增大，要维持整个晶面具有相同的过饱和度是困难的，同时当过饱和度增大时，使杂质易于进入晶体，导致晶体均匀性的破坏，结果被破坏的晶面的生长速率总是大于光滑面的生长速率，从而发生了相对生长速率的改变，这样就影响到晶体的生长形态。

实验证明，当溶液的过饱和度超过某一临界值时，晶体形态就会发生变化。

例如，在低过饱和度的情况下，氯化钠结晶成 {100} 单形，但在高过饱和度的情况下，它便结晶成 {111} 单形。

过饱和度的大小对晶体生长形态所产生的影响，可能是由于面网结构特征不同，因而吸附水分子的作用有差别而造成的结果。

2）溶液 pH 的影响

晶体从水溶液中生长的一个显著特点就是溶液 pH 的变化对晶体生长形态有影响，控制溶液 pH 的大小也是生长优质完整单晶的一个重要条件，但当溶液的 pH 从高于 pH 临界值时（pH_c）改变到低于 pH_c 时，晶体生长的快慢端面发生倒转。

3）环境相成分的影响

当晶体由不同种类的原子所组成时，或者当晶体含有阳离子和阴离子时，环境流体相的成分可影响到晶体的生长形态。例如，钇镓石榴石晶体（$Y_3Ga_5O_{12}$）从富 Y_2O_3 助熔剂 $PbO-PbF_2$ 中生长，所出现的晶体形态仅为 {211} 单形，但当从富 Ga_2O_3 的助熔剂中生长，{110} 单形有了发展。又如钇铝石榴石晶体（$Y_3Al_5O_{12}$）从富 Al_2O_3 的助熔剂中生长，所出现的晶体形态仅为 {110} 单形，但当从富 Y_2O_3 的助熔剂中生长时，{211} 单形又有了发展。钇铁石榴石晶体（$Y_3Fe_5O_{12}$）从富 Y_2O_3 的助熔剂中生长，所出现的晶体形态中占统治地位的为 {110} 单形，相反地从富 Fe_2O_3 助熔剂中生长，在晶体形态中却突出了 {211} 单形。

4）溶剂的影响

过去人们对晶体形态的研究大多花在矿物晶体和人工无机化合物晶体上，近30 多年来，由于对有机非线性光学晶体的研究受到了重视，从而也开始注意到对有机晶体的生长形态的研究。

溶液法是研制有机非线性光学晶体的主要方法之一。与无机晶体水溶液生长不同之点是，有机晶体可选择多种不同有机非水溶剂。溶液中溶质与溶剂之间的相互作用对晶体生长过程有着极为重要的影响。因此，可从分子水平的晶体微观结构来研究溶质–溶剂间的相互作用，研究晶体生长的基元化过程与晶体生长的脱溶剂化过程，进而研究晶体的生长机制与生长动力学规律，这些研究对有机晶体生长理论的发展和实际应用均有重要意义。

形成不同的生长形态，可能是由于溶剂分子与某一晶面上溶质分子具有较强的选择吸附作用，难于脱溶剂化，从而降低了该晶面的生长速率，其结果便引起了晶体生长形态的变化。

5）杂质的影响

当环境相中存在杂质时，有的杂质对晶体生长极为敏感，杂质原子进入到晶体后，不仅直接地影响到晶体的物理性能，而且会使晶体在生长过程中改变形态，同时通过把杂质引入到晶体内的二维结构缺陷，间接地对晶体的物理性能也会产生影响。

一般杂质对晶体生长速率有明显的影响，在一定的过饱和度下，杂质较多地对生长起抑制作用，有时随杂质浓度的增加，而使晶体生长速率减慢，在极端的情况下，杂质可以完全抑制晶面的生长。若把溶剂也看作杂质，晶体从不同溶剂中生长时具有不同的生长形态，这也可归于杂质的影响。

6）通过加入表面活性剂、配位剂等控制和影响产物的形貌

表面活性剂、络合剂既可以作为模板，也将影响产物的形貌。在晶体生长过程中，通过表面活性剂、络合剂等可以改变晶体各晶面间表面能高低的相对顺序。由于在晶体表面吸附稳定性的各向异性，它们在特定晶面的吸附会比其他晶面要强，这种优先吸附将降低被吸附晶面的表面能，阻止垂直于该晶面方向的晶体生长，从而改变晶体的最终形状。

Gao 等[62]选择乙酸根作为络合剂，采用沉淀法合成了八面体形貌的立方相 $NaYF_4$，并且产物的尺寸可通过加入不同量的固体乙酸钠来进行有效调控。实验结果表明，乙酸对这种八面体结构的形成起到了关键性作用。

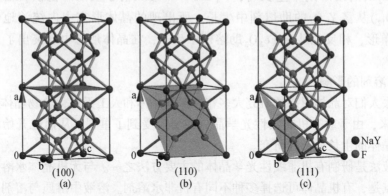

图 9-15　立方相 $NaYF_4$ 结构示意图

(a)（100）晶面投影；(b)（110）晶面投影；(c)（111）晶面投影

α-$NaYF_4$ 与 CaF_2 具有相同的结构。当 CaF_2 在结构中的 Ca^{2+} 用 Na^+ 和 Y^{3+} 替换，就变成了 α-$NaYF_4$ 的结构。如图 9-15 所示，不同的晶面的原子排布不同，导致这些晶面的表面能不同。在 α-$NaYF_4$ 的结构中，（100）方向由一层金属离子和一层氟离子堆积而成，即 M-F 型的堆积方式。（111）方向是 F-M-F 型堆积方式。而（110）方向则是 MF_2 型的堆积方式。由于乙酸根在反应过程中起到非常重要的作用，这意味着乙酸根通过静电吸附可能降低了某个特定晶面的表面能。α-$NaYF_4$ 八面体表面的乙酸根可通过红外光谱证明。各个晶面表面能降低的程度可

能与其金属原子密度有关。各晶面金属原子的密度顺序为（111）>（100）>（110），这表明了（111）面上的金属原子可能被盐酸根所包裹，而且其表面能降低的幅度最大。因此，（100）晶面变成表面能最高的晶面，沿（100）方向生长速率也变成最快的，最后（100）晶面消失，形成了由八个被 Ac⁻ 吸附的（111）面所组成的八面体形貌的 α-NaYF$_4$ 纳米晶。

值得注意的是，水热法和溶剂热法是在特殊环境下的合成，而不同于常温的合成，因此，对形貌影响特别敏感。实验的 pH、配比、时间、温度、溶液浓度、空隙度等均对形态有较大的影响。

另外，所用的合成方法及制备工艺均对纳米晶的形貌有显著影响。

9.3　稀土纳米材料的复合与组装

纳米材料的发展从最初热衷于纳米材料的制备、结构和性能的研究，目前已经开始利用纳米材料的奇特理化性质来设计纳米复合材料，并按照自己的意愿构建和组装新的有特定功能的纳米结构材料，使其在纳米电子器件和器件集成等方面获得应用。

9.3.1　稀土纳米材料的复合

采用表面包覆的方法制备纳米复合材料不仅可以赋予材料新的性能，如提高粒子的稳定性，材料改性和附加新的功能性质等，更重要的是能防止纳米粒子团聚，以获得单分散的纳米粒子。

采用微乳液法合成具有核–壳结构的苯甲酸铕/SiO$_2$ 或苯甲酸铽/SiO$_2$ 的纳米粒子，经光电子能谱和电镜分析表明：SiO$_2$ 壳层的厚度在几个纳米之内，SiO$_2$ 包覆的苯甲酸铕纳米粒子粒度为 5nm 左右。

通过表面包覆处理可获得核–壳结构材料，如 Sun 等[63] 在 Ag 胶体纳米粒子的表面包覆了 Eu(TTA)$_3$·2H$_2$O 配合物，使 Ag 胶体纳米粒子具有更强的发光性能。Zhao 等[64] 采用 Stober 方法将稀土 Eu 纳米配合物引入到胶体 SiO$_2$ 中，测试结果发现复合物表面光滑，形成了核–壳结构，复合球具有 Eu 离子的特征发射，并且其热稳定性比纯的稀土配合物有所提高。

Cui 等采用室温固相法在纳米 CeO$_2$ 颗粒表面包覆 SiO$_2$，都得到了较好的结果[65]。Liu 等采用室温固相法在 Gd$_2$O$_3$：Eu 纳米粒子的表面包覆了一层 SiO$_2$ 的保护膜，包覆后的稀土纳米粒子的分散性得到了提高[66]。

将相对昂贵的稀土材料包覆在相对便宜的非稀土材料上获得核–壳结构的复合材料，可以节省稀土元素的用量，并且可以得到可控形状的稀土纳米粒子。如 Liu

等采用在 SiO_2 球形粒子存在的条件下用均相沉淀的方法制备了 SiO_2/Y_2O_3：Eu 和 SiO_2/Gd_2O_3：Eu 核-壳结构复合材料，由于 SiO_2 的光学透明性，不影响材料的发光性能，同时降低了成本，节省了资源[67,68]。图 9-16 列出 SiO_2/Gd_2O_3：Eu 核-壳结构材料的 TEM 照片，图 9-17 示出具有中空结构的 SiO_2/Y_2O_3：Eu 核-壳结构材料的 TEM 照片。

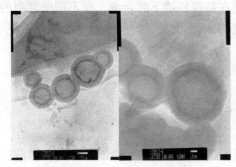 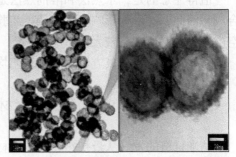

图 9-16　SiO_2/Gd_2O_3：Eu 核-　　　　图 9-17　具有中空结构的 SiO_2/Y_2O_3：Eu 核-
　　壳结构材料的 TEM 照片　　　　　　　　壳结构材料的 TEM 照片

Lin 等采用溶胶-凝胶的方法制备了 SiO_2/YVO_4：Eu 核-壳结构复合发光材料，并对发光性能进行了较详尽的表征[69]。

Cao 等采用简单的化学沉淀法在碳纳米管表面包覆了一层厚度为 15nm 的 Eu_2O_3，形成了核-壳结构复合材料，有望在场发射显示器件中得到应用[70]。刘桂霞等采用沉淀法在经过表面活性剂 PVP 修饰的碳纳米管的表面包覆了一层不同稀土离子掺杂的 Y_2O_3，经过灼烧之后得到了多孔的掺杂 Y_2O_3 的发光纳米管[71]（图 9-18）。

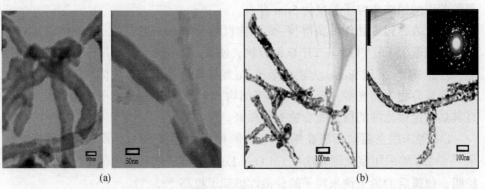

(a)　　　　　　　　　　　　　　(b)

图 9-18　（a）碳纳米管表面包覆 Y_2O_3 前驱体的 TEM；（b）Y_2O_3：Eu 多孔纳米管的 TEM

　　主要的组装技术有平板印刷技术，扫描探针操纵装配技术，分子束外延技术和自组装技术等。其中自组装技术又分为分子自组装和模板自组装。目前此类工作正在积极开展，而稀土纳米材料的组装方面仍鲜有报道。

　　随着对纳米粒子的深入研究，其合成技术也从单纯地控制微粒自发成核与生长，发展到利用特定结构的基质为模板进行合成。特定结构的基质包括多孔玻璃、沸石分子筛、大孔离子交换树脂、Nafion 膜等。模板合成是一种很有吸引力的方法，通过合成适宜尺寸和结构的模板作为主体，在其中生长作为客体的纳米粒子，可获得所期望的窄粒径分布，粒径可控，易掺杂和反应易控制的超分子纳米粒子。

　　Zhang 等曾在氧化铝模板中组装了 Y_2O_3：Eu^{3+} 纳米线[72]。Lan 等报道用氧化铝模板合成 CeO_2 纳米线阵列。Yang 等[73]以多孔阳极氧化铝（AAO）为模板，用硝酸盐为原料，柠檬酸为螯合剂，用溶胶-凝胶法合成了可控尺寸的高度有序的 $LaNiO_3$ 纳米线。

　　Yada 等[74]以十二烷基硫酸钠为模板，用尿素均相沉淀法合成了内径为 3nm 的稀土（Er，Tm，Yb，Lu）氧化物纳米管。Wu[75]采用表面活性剂十二烷基硫酸钠为模板合成了直径为 20～30nm 的 Y_2O_3：Eu 纳米管，并研究了其管状材料与块体材料在光谱方面的区别。

　　对于模板法存在着有机模板难以去除的缺点，以及一维纳米材料的尺寸严格受到模板的限制。

9.3.2　稀土纳米材料的组装

　　Chen 等[76]组装的单斜晶系 Eu_2O_3/MCM-41 体系具有与体相材料明显不同的发光特性。尹伟等将铕的有机配合物组装到介孔分子筛 MCM-41 或 $(CH_3)_3$Si-MCM-41 中，实验结果表明：分子筛颗粒和孔腔表面的疏水环境有利于超分子体系客体的发光。Tsvetkov 等[77]将铒通过自组装技术装入 SiO_2 纳米球组成的反蛋白石结构和多孔阳极氧化铝中形成复合物，并对元素组成、稀土离子的浓度、介质组成和发光性能等进行了研究，这种三维或二维的发光复合物有望在光信息存储与传输方面得到应用。He 等[78]采用超临界流体干燥与沉积法将纳米 CeO_2 组装到介孔 TiO_2 中，得到复合物的光电性能比纯的锐钛矿型纳米 TiO_2 有很大的提高。

　　Gao 等[79]利用四丁基胺在水中水解产生 OH^- 提供的碱性环境，在水和甲苯混合溶剂中，用油酸作保护剂，水热处理 $Ce(NO_3)_3$，通过调节表面活性剂制备出不同尺寸的六个外表面均为（100）晶面的氧化铈纳米立方块，并且实现了这些纳米立方块的定向自组装（图 9-19）。

　　稀土纳米复合材料不仅可使材料改性和赋予材料新的性质，而且能防止纳米

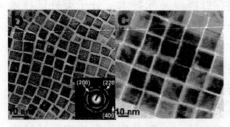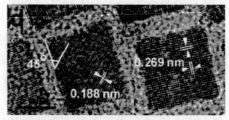

(b, c) 立方氧化铈的TEM　　　　　　　　　　(d) 立方氧化铈的HRTEM

图9-19　立方氧化铈的 TEM （b，c） 及 HRTEM （d）

粒子团聚，提高其稳定性，具有广泛的应用前景。因此稀土纳米材料的复合与组装已成为目前稀土材料研究的新热点。如 Louis[80] 将 Au 纳米粒子与稀土氧化物（Gd_2O_3：Tb）复合形成纳米复合物，该复合物中的 Au 纳米粒子起到了吸收能量，并把能量传递给 Gd_2O_3：Tb 的作用，从而提高稀土氧化物的发光效率，该复合材料可以作为荧光探针使用，用于生物检测等。

　　孟庆国等[81]研究了在 MCM-48 中掺杂 $Eu(DBM)_3 \cdot 2H_2O$；由于 MCM-48 具有三维孔道结构，容易掺杂，掺杂后使 MCM-48 的孔壁从 1.4nm 增加到 1.7nm，说明配合物的进入使孔壁增厚，增强了中孔材料的稳定性。作者假定 $Eu(DBM)_3 \cdot 2H_2O$配合物的分子呈球形，直径在 1.2nm 左右，氢吸附分析，证明稀土配合物进入了中孔孔道。

9.3.3　无机-有机纳米复合[82]

　　无机-有机纳米复合材料是一个新兴的多学科交叉的研究领域，涉及无机、有机、材料、物理、生物等许多学科，如何能制备出适合需要的高性能、高功能的复合材料是研究的关键所在。目前已开发出纳米微粒直接分散、原位合成、前驱体法、层间嵌插、LB 膜技术等多种较为温和而实用的合成方法，它们各具特色。随着研究的深入，技术的突破，应用的开发，人们将能设计并合成出更多性能优异的无机-有机纳米复合材料。

　　无机-有机纳米复合材料综合无机、有机和纳米材料的优良特性，将会成为重要的新型多功能材料，具有广阔的应用前景。无机-有机纳米复合材料并非无机物与有机物的简单加和，而是由无机相和有机相在纳米范围内结合而形成，两相界面间存在着较强或较弱的化学键。近年来有关无机-有机纳米复合材料的制备已有一些报道。最简单的是将纳米粒子分散到有机物中，制成纳米复合材料。作者将纳米稀土氧化物与有机涂料混合用于背投电视，起增大视角的作用。近年来也有许多用纳米稀土配合物与有机物混合制备纳米复合材料，用于薄膜材料中。

王丽萍曾合成了掺 Eu 的聚苯乙烯，并利用原位合成法将其与 H_2S 反应制备含稀土的硫化物，观察到 Eu^{3+} 的特征发射。

9.4　纳米粒子的表征

由于科学技术的不断进步，表征纳米粒子及微粒聚集体的手段越来越多，分辨能力也越来越高，表征手段日益直观化、多样化。例如，直接表征的方法有：扫描电镜（SEM）、透射电镜（TEM）、扫描隧道显微镜（STM）、原子力显微镜（AFM）、场离子显微镜（FIM）。间接测定的方法有：X 射线衍射，电子衍射、电子自旋共振（ESR）、核磁共振（NMR）、红外光谱（IR）、拉曼光谱、光电子能谱（XPS、UPS），紫外可见吸收光谱、荧光光谱、光声光谱、表面光电压光谱（SPS），通过各种表征手段可以获得微粒形态、结构、电子能级等有价值的信息，各种表征手段往往既相互联系，又相互补充。为获得有效而准确的信息，应根据各分散体系的特点，采用相应的表征手段。通常需用多种表征手段才能准确的反映纳米粒子的特征。

9.4.1　X 射线衍射分析

X 射线衍射分析作为纳米粒子的结构分析已获得十分广泛的应用，已作为最基本的手段。对于纳米粒子而言，X 射线衍射谱作为测定粒子尺寸和晶格畸变率的较常见手段。其原理是在相当小的粒径范围内（<100nm），随着粒径变小，衍射峰变宽。根据 Scherrer 公式：

$$D_{hkl} = k\lambda/\beta \cdot \cos\theta$$

式中，D_{hkl} 为垂直于晶面方向（hkl）的晶粒的平均厚度；k 为常数，一般取 0.94 或 0.9；采用 CuK_α 辐射 $\lambda = 0.1542nm$；β 为半峰宽；θ 为衍射角。由此可计算出垂直晶面（hkl）的平均晶粒大小。

X 射线衍射分析中各项参数根据公式有如下关系：

$$(2\omega)^2 \cdot \cos^2\theta = (4/\pi^2)(\lambda^2/D_{hkl}^2 + 32<\varepsilon^2>\sin^2\theta)$$

式中，2ω 为经仪器校正后（hkl）衍射峰的半高宽，θ 为该衍射峰所对应的 Bragg 角，D_{hkl} 为垂直于晶面（hkl）方向晶粒的平均厚度，$<\varepsilon^2>^{1/2}$ 则为平均晶格畸变率。图 9-20 列出 CeO_2 纳米粒子（111）晶面的衍射峰强度（intensity）、平均粒度（D_{111}）或平均晶格畸变率（$<\varepsilon^2>_{111}^{1/2}$）与焙烧温度（$T$）之间的关系，从图 9-20 可见，对于（111）晶面随焙烧温度的升高，晶粒呈指数增大，晶格畸变率则呈指数减小，随着晶粒增大，衍射强度呈线性增大。对于不同晶面而言，平均晶格畸变率不同，具有各向异性的特点。

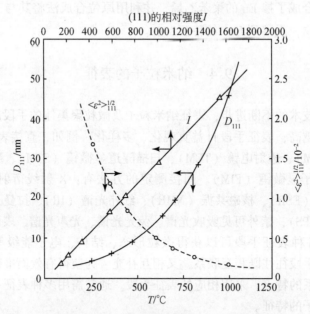

图 9-20　CeO$_2$粒子（111）面的衍射强度（I）、平均粒度（D_{111}）及
平均晶格畸变率$<\varepsilon^2>^{1/2}_{111}$与焙烧温度之间的关系

图 9-21 列出，晶体粒度与平均晶格畸变率的关系。从图 9-21 可见，随晶体粒度增大，平均晶格畸变率明显减小。

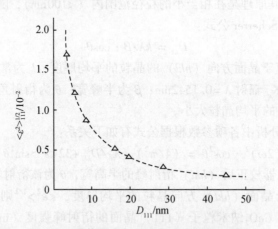

图 9-21　晶体粒度与平均晶格畸变率的关系

9.4.2　比表面积法测粒径

通过测定超微粉末单位质量的比表面积 S，可由下式计算纳米粒子直径（设颗粒呈球形）：

$$d = 6/\rho S$$

式中，ρ 为密度；d 为比表面积的直径；S 为 BET 法测量的比表面积。

采用 BET 空气吸附法，此法属于低温静态吸附。令 Δp_0 为空样品管吸附前后的压力差，Δp 为样品和空样品管共同吸附前后的压力差，m 为样品质量（g），p_1 为吸附平衡时的压力，A、B 为仪器常数，则样品的比表面积为

$$S\ (\text{m}^2/\text{g}) = \frac{\Delta p - \Delta p_0}{m\ (A + Bp_1)}$$

9.4.3　红外光谱分析

纳米粒子的表面活性比普通粉末高，因此在中红外区对 H_2O 和 CO_2 等有强烈的吸附作用，使其呈现出明显的差别。测定不同粒度 CeO_2 样品在 $800 \sim 450\text{cm}^{-1}$ 的红外吸收光谱（图9-22）计算其吸收阈值（表9-4）可知，随着样品粒径的减小，吸收向高波数移动，即发生明显蓝移。其原因在于，粒子越小时，粒子的表面张力越大，内部受到的压力也越大，致使晶格常数减小，使 Ce—O 键的键长缩短，从而使 Ce—O 键的振动增强，发生蓝移。

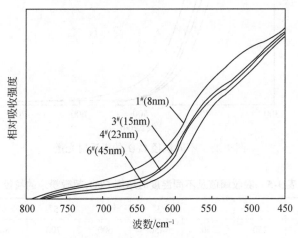

图 9-22　不同粒径 CeO_2 的 FTIR 图

表 9-4　CeO₂ 的红外吸收阈值

序号	1#	3#	4#	6#
样品粒径/nm	8	15	23	45
灼烧温度/℃	250	450	600	800
吸收阈值/cm⁻¹	641	629	621	610

9.4.4　漫反射光谱

测得部分 CeO₂ 纳米粒子的漫反射吸收光谱示于图 9-23。它们在 300~450nm 范围内有宽带吸收。能够观察到，随着 CeO₂ 的粒径减小，吸收带红移。测得所有样品的吸收阈值，结果列于表 9-5 中。从表 9-5 可见，随着 CeO₂ 的粒径增大，吸收阈值减小。

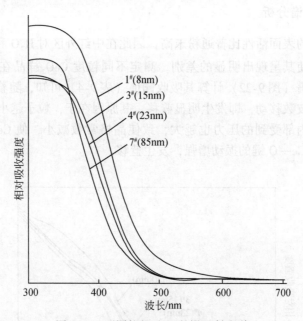

图 9-23　不同粒径 CeO₂ 的漫反射光谱

表 9-5　吸收阈值及不同温度时焙烧 CeO₂ 超微粉末的粒径

样品序号	1#	2#	3#	4#	5#	6#	7#
烧结温度/℃	250	350	450	600	700	800	1000
平均粒径/nm	8	10	15	23	30	45	85
吸收阈值/nm	480	466	462	460	460	440	430
/eV	2.58	2.66	2.68	2.69	2.69	2.82	2.90

9.4.5　表面光电压光谱

表面光电压光谱（surface photovoltage spectroscopy，SPS）已被广泛地用于检测表面态的能级位置和动力学参数。SPS 作为一种光谱技术有许多优点，主要表现在：它是一种作用光谱，可以在不污染样品、不破坏样品形貌的条件下直接进行测试，可测定光学透明或不透明样品；SPS 所检测的信息主要反映的是样品表层（一般在几十纳米至几个纳米）的性质，因此不受基底或本体的影响；由于 SPS 的原理是基于检测和测量由入射光诱导的表面电荷的变化，因而其检测灵敏度很高，大约 $108q/cm^2$（或者由 10^7 个表面原子一个单位电荷），高于标准表面光谱或能谱。

表面光电压是半导体表面的光伏效应，是光致电子跃迁的结果。它源于半导体材料表面（空间电荷区）和本体（中性区）之间的光致电荷转移，其值的大小取决于表面上的净电荷。对于不同加偏压的自由表面，表面上的净电荷是在带隙中存在的，形成表面态的电子能级。当带隙或亚带隙光照射下，电子发生跃迁，跃迁的电子向体相（或表面）迁移，致使表面净电荷 Q_{ss} 发生变化，为了保持体系的电中性，表面空间电荷层的电荷会发生重新分布，最终使 $Q_{ss}=-Q_{sc}$。对表面光电压可能有贡献的光致电子跃迁主要有：①带—带跃迁；②亚带隙跃迁；③表面吸附物质向半导体的光致电荷注入。

表面光电压光谱仪构造示意图示于图 9-24。SPS 测试系主要由光源、分光、信号检测和微机数据处理四部分构成。

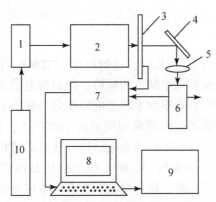

图 9-24　表面光电压谱仪框图

1. 光源；2. 单色仪；3. 滤光镜；4. 反射镜；5. 透镜；6. 样品支架；
7. 同步放大器；8. 计算机；9. X-Y 绘图器；10. 电源

纳米粒子具有特殊的表面性质，用 SPS 研究极为有益。用 SPS 等手段对不同

粒径 CeO_2 纳米晶的光伏特性和量子尺寸效应进行研究，结果表明[83]，CeO_2 纳米晶在 $300\sim450nm$ 的宽带吸收为 O_{2p}-Ce_{4f} 电荷转移跃迁，此吸收带随粒径变小而红移。在深入研究 CeO_2 纳米晶的光伏特性时，发现在光电压光谱中能将漫反射光谱中宽的吸收带分解成两个性质不同的响应峰。见图 9-25 中的 P_1（335nm）和 P_2（410nm）。P_1（335nm）的峰归属于体相氧原子的 2p 电子构成的能带到 Ce 的 4f 跃迁，而 P_2（410nm）峰则归因于表面氧原子的 2p 电子构成的能带到 Ce 的 4f 跃迁，随着 CeO_2 晶粒变小，P_1 峰减弱，而 P_2 峰增强。在电场调制下将能观察到更多有趣的信息。

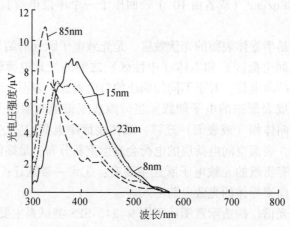

图 9-25　CeO_2 纳米粒子的光电压光谱

9.4.6　电镜分析

电镜分析包括扫描电镜（SEM）、透射电镜（TEM）等，由于透射电镜的放大倍数较大，一般可观察到几个纳米的颗粒。用扫描电镜有时也可以观察纳米粒子的尺寸和形态。用电镜来观察纳米粒子的粒度是一种绝对的测定方法，它具有直观性和可靠性。该方法不仅能观察到纳米粒子的粒径，而且能观察到其形态，利用高倍透射电镜还能观察到颗粒的微细结构和测定晶格相等。用电镜观察到的颗粒粒径，往往不一定是原生粒子。纳米粒子往往是由比其更小的原生粒子组成，而在制备电镜观察样品时，很难使它们全部分散成原生粒子。这也是用电镜法测定纳米粒子时一般平均粒径比用 X 射线衍射法大的原因。由于电镜观察用的粉末数量极少，因此此法不具有统计性。

用透射电镜测量粒径时应尽量多拍摄有代表性的微粒形貌照片，然后用这些电镜照片来测量粒径，主要测量方法如下：①交叉法；用尺任意地测量约 600 颗粒子的交叉长度，然后将交叉长度的算术平均值乘上一统计因子（1.56）来获得平均粒径。②测定约 100 颗粒子中每个颗粒的最大交叉长度，纳米粒子粒径为这些交叉长度的算术平均值。③求出微粒的粒径或等当粒径，画出粒径与不同粒径下的微粒数的分布图，如图 9-26 所示，将分布曲线中峰值对应的颗粒尺寸作为平均粒径。

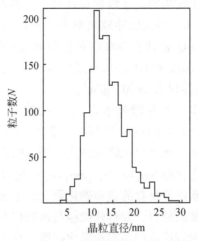

图 9-26　纳米粒子尺寸分布（用 TEM 观察得到）

9.5　稀土纳米材料的特性与应用

合成纳米材料的最终目标是获得材料的新性质，开发新应用。稀土纳米材料已显示出它的应用前景。然而由于稀土离子特殊的电子构型，当处于特征价态+3时，稀土离子的 4f 电子受 $5s^2 5p^6$ 壳层的屏蔽，故受外场如电场、磁场和配位场的影响较小，即使纳米化后，有些性质仍无明显变化。

9.5.1　稀土纳米磁性材料

稀土永磁材料的问世，使永磁材料的性能突飞猛进，永磁材料历史进展有人用下列指数描述其磁能积 $(BH)_m$ 的发展进程：

$$(BH)_m = 9.6 \exp \left[(年-1910)/\tau \right]$$

$\tau = 20$ 年，这意味着每隔 20 年增长 e 倍（2.7 倍）。

稀土永磁铁材料已经历了 $SmCo_5$、Sm_2Co_7 以及 $Nd_2Fe_{14}B$ 三个发展阶段，目前烧结 $Nd_2Fe_{14}B$ 稀土永磁材料的磁能积已高达 $432kJ/m^3$（54MGOe），并已进入规模生产。作为黏结永磁体材料的快淬 NdFeB 磁粉，晶粒尺寸为 20～50nm，为典型的纳米晶稀土永磁材料。

　　日本住友特殊金属公司制得的纳米晶 Nd-Fe-B 磁体具有如下特性：①低稀土浓度，其成分为 $Nd_{3\sim5.5}FeB_{18.5}Co_{3\sim5}Cr_{0\sim5}M_{0\sim1}$ 原子分数（M = Al，Si，Cu，Ga，Pd，Ag，Pt，Au），与其他 Nd-Fe-B 磁体相比，稀土浓度低 1/3 ~ 1/2，因此价格较低；②组织均匀，纳米 Nd-Fe-B 平均粒径为 20nm 以下，能为各种成形方法提供更合适的磁粉，内部磁性均匀；③温度特性好；④经时变化小，在 120℃经过 1000h，加铬纳米 Nd-Fe-B，再次脉冲减磁率为 3.3%，而 MQ 磁体为 9.4%；⑤耐热性、耐腐蚀性好，MQ 磁体在 300℃下急剧氧化，质量增加，纳米磁体在 300℃质量没有变化。在温度 80℃C，相对湿度 90%，放置 200h，纳米磁体增重 $<6\times10^{-3}g/m^2$，而 MQ 磁体则为 $2\times10^{-2}g/m^2$。

　　尽管，目前 Nd-Fe-B 产值年增长率为 18% ~ 20%，但 Nd-Fe-B 永磁体的主要缺点是居里温度偏低（$T_C\approx593K$）最高工作温度约为 450K，此外，化学稳定性较差，易被腐蚀和氧化，价格也比铁氧体高。当前的方向是寻求新型稀土永磁材料。例如，ThMn₁₂ 型化合物 $Sm_2Fe_{17}N_x$，$Sm_2Fe_{17}C$ 化合物。另一方面是研制复合稀土永磁材料。通常软磁铁材料的饱和磁化强度高于永磁材料，而永磁材料的磁晶各向异性又远高于软磁材料，如将软磁相与永磁相在纳米尺度范围内进行复合，就有可能获得具有两者优点的高饱和磁化强度，高矫顽力的新型稀土永磁材料。微磁学理论表明：稀土永磁相的晶粒尺寸只有低于 20nm 时，通过交换耦合才有可能提高剩磁值。尽管目前所获得的纳米复合永磁体的最大磁能积远低于理论值（Nd-Fe-B+α-Fe 为 800kJ /m³），其磁性能高于铁氧体的 5 ~ 8 倍，而低于烧结 Nd-Fe-B 磁体。但其优点是稀土含量减少了 1/2，生产成本降低，此外稀土永磁微粒被 α-Fe 等软磁相所包围，可以有效地阻止被氧化、腐蚀、增强化学稳定性，以及它可以作为黏结永磁体的原料，被广泛应用[84,85]。

　　研制成功硬磁体和软磁体结合的复合磁体，最大磁能积达到 125MGOe，约为 Nd-Fe-B 磁体理论值（64MGOe）的 2 倍。此复合磁体是把厚度为 2.4nm 的 $Sm_2Fe_{17}N_3$（硬磁铁）与厚度 9nm 的 $Fe_{65}Co_{35}$（软磁铁）交互叠合而成异相性多层膜。采用急冷凝固制成非晶合金，再经热处理析出纳米晶的方法。也制得了 Fe_3B-$Nd_2Fe_{14}B$ 纳米复合黏结磁体。其工艺是；原料合金熔炼──→急冷凝固制成非晶合金──→热处理析出纳米晶粒──→ 同树脂混合成形固化──→各向同性黏结磁体的制造。

　　2000 年以前，纳米晶复合永磁材料的磁能积只有 160 kJ/m³（20MGOe）左右。直到 2002 年，Liu 等成功开发了一种新颖的射频快速感应热致密装置并结合混合技术，才使块体各向异性纳米晶复合永磁体的研究有了重大突破。

　　目前，块体各向异性纳米晶复合永磁体性能的最好指标已经接近烧结 Nd-Fe-B 磁体的水平，磁能积达到 440kJ/m³（55MGOe）。

　　磁制冷是利用磁场工作物质电子的自旋取向空间分布的有序度发生变化而引起熵变来实现的, 即磁制冷材料等温磁化时向外界放出热量, 而绝热退磁时从外界吸收热量。与传统的气体制冷技术相比, 它是一种绿色的制冷技术, 具有高效率、耗能低、无污染等优点。目前, 磁制冷技术已广泛应用于低温及超低温领域, 并由低温向高温发展。早期利用顺磁盐作为磁制冷工质, 采用绝热去磁方式成功地获得 mK 量级的极低温; 20 世纪 80 年代, 采用 $Gd_3Ga_5O_{12}$（GGG）型的顺磁性石榴石化合物, 成功地应用于 $1.5 \sim 15K$ 的磁制冷; 20 世纪 90 年代用磁性 Fe 离子取代部分非磁性的 Gd 离子, 由于 Fe 离子与 Gd 离子间存在超交换作用, 使局域磁矩有序化, 构成磁性的纳米团簇, 当温度大于 15K 时其磁熵变高于 GGG, 从而成为 $15 \sim 30K$ 温度最佳的磁制冷工质。1996 年南京大学首先报道在 $RMnO_3$ 钙钛矿化合物中获得磁熵变大于 Gd, 1997 年报道了 $Gd_5Si_2Ge_2$ 化合物的磁熵变可高于金属 Gd 一倍, 高温磁制冷正一步步走向实用化, 据报道, 1997 年, 美国已研制成以 Gd 为磁制冷工质的磁制冷机。如将磁制冷工质纳米化, 则可能拓宽温区。

9.5.2　稀土纳米发光材料

　　稀土发光材料被广泛应用于彩色电视显像管、计算机终端显示、等离子体平板显示器件以及众多的照明领域中。鉴于重要而明确的应用背景, 以及稀土发光材料纳米化后与体相材料相比, 出现了一些新现象如电荷迁移态红移, 发射峰谱线宽化, 新的发射峰出现, 猝灭浓度升高, 荧光寿命和量子效率改变等, 使稀土纳米发光材料的研究成为当前的热点, 但目前仍处于基础研究阶段。张吉林等[86]对稀土纳米发光材料已作了详细的综述。

　　由于大多数稀土离子的 4f 电子受到外层 5s5p 电子的屏蔽, 因此, 稀土化合物纳米化后引起的光谱性质变化不如某些半导体材料如 CdSe、InP、InAs 等显著。但对于含有 5d 的稀土离子其光谱性质将比较明显。稀土纳米发光材料制备已有许多报道, 如共沉淀法、自蔓延燃烧合成、溶胶-凝胶法、微波合成、水热法等。

　　刘桂霞等在用均相沉淀法合成的纳米级球形 Gd_2O_3：Eu 粒子与体相材料比较发现, 其电荷迁移带发生了 17nm 的红移, 认为这种红移现象是由纳米颗粒的表面效应所引起的晶格畸变产生的。同时发现发射峰呈现了宽化现象。

　　与体相材料相比, 稀土纳米发光材料出现了一些新现象, 如电荷迁移态红移、发射峰谱线宽化、出现新的发射峰、猝灭浓度升高、荧光寿命和量子效率改变等（表 9-6）。

表 9-6　不同粒径的 Y_2O_3：Eu^{3+} 的光谱性质

样品	A	B	C	D	E
粒径	3μm	80nm	40nm	10nm	5nm
表面积/体积	<0.01	0.07	0.14	0.49	0.78
电荷迁移态位置	239nm	239nm	242nm	243nm	250nm
611nm 的 HWFM/K	0.8nm	0.9nm	1.1nm	1.3nm	—
$^5D_0$荧光寿命/RT	1.7ms	1.39ms	1.28ms	1.08ms	1.04ms, 0.35ms
猝灭浓度（摩尔分数）	~6%		12%~14%		~18%

随着 Y_2O_3：Eu^{3+}粒径的减小，在吸收和激发光谱中出现的吸收峰位移主要表现在基质吸收带的蓝移和电荷迁移态（CTS）的红移。普遍认为蓝移主要是由于载流子、激子或发光粒子（如金属和半导体粒子等）受量子尺寸效应影响而导致其量子能级分裂显著或带隙加宽引起的；而红移是由于表面与界面效应引起纳米微粒的表面张力增大，使发光粒子所处的环境变化（如周围晶场的增大等）致使粒子的能级发生变化或带隙变窄所引起的。

张慰萍研究组[87,88]观察到，当立方相 Y_2O_3：Eu^{3+} 的颗粒尺寸小于 10nm 时，发射光谱不仅谱线加宽（见表 9-6），而且基本结构也发生变化，在 622nm 处还出现了新的发光峰．他们把宽化现象归结于表面效应，出现的新峰归结于处于样品中的无序相和表面的 Eu^{3+}形成的发光中心。

张慰萍研究组在研究时发现，随着纳米颗粒粒径的变小，荧光寿命随之缩短，然而 Williams 等[89]在纳米 Y_2O_3：0.1% Eu^{3+}荧光寿命研究中却得到了相反的结果。

近年来的一些研究结果表明，掺杂 Eu^{3+} 的纳米硅酸盐和氧化物材料具有比体相材料高的猝灭浓度，纳米粒子的尺寸限域作用和表面态可以影响稀土离子到发光猝灭中心的能量传递过程。

张慰萍研究组采用燃烧法制备出了不同粒径的 Y_2O_3：Eu^{3+} 和 Gd_2O_3：Eu^{3+}纳米晶，其同一掺杂浓度的 Eu^{3+}的$^5D_0 \rightarrow {}^7F_2$跃迁的发射峰强度随着粒径的减小而逐渐降低。他们认为纳米粒子强散射导致对紫外激发光的吸收减弱，对亮度下降起到一定的作用。同时，随着粒径减小，在无序的表面界面形成了很多无辐射弛豫中心，其无辐射跃迁增强可能也是发射光强急剧减小的原因。

作者测定了纳米 CeO_2紫外可见漫反射吸收光谱，它们在 300~450nm 范围内有宽带吸收，能观察到随着 CeO_2粒径减小，吸收带红移，其吸收阈值也随之增大。测定不同粒径纳米 CeO_2的红外光谱表明，由于纳米 CeO_2的表面活性比微米级 CeO_2高，对 H_2O 和 CO_2等有强烈的吸附，在中红外区出现 H_2O 和 CO_2的特征吸收，随着样品粒径的减小，吸收向高波数移动，即发生了明显蓝移。其原因在于粒子越小，粒子的表面张力也越大，内部受到的压力也越大，致使晶格常数减小，使 Ce—O 键的键长缩短，从而使 Ce—O 键的振动增强，发生蓝移。

Yan 等[90]采用燃烧法和水热法合成了掺铕的稀土钒酸盐（$REVO_4$）和硼酸盐（$REBO_3$）纳米粒子，并且研究了其光谱性能与体相材料的差别。Yan 等以 Eu^{3+} 作为荧光探针研究了纳米晶的表面缺陷，也研究了不同粒径 YBO_3：Eu 纳米晶在真空紫外区的发光性质。

纳米 Yb、Er 共掺的稀土化合物，可以用作上转换发光材料[91,92]，如 Pires 等[93]用燃烧的方法合成了 Yb、Er 共掺的 Y_2O_3 纳米发光材料，用 980nm 泵浦二极管激光激发，观察到了红色和绿色的发光，来源于 Er 的特征发射和 Yb 的能级转换。

Song 课题组[94-96]采用水热法合成了稀土离子掺杂的 $REPO_4$、La_2O_3 和 Gd_2O_3 发光纳米线，并且研究了所合成的一维纳米线的发光性能，如局域环境、电子转换、能量转移以及上转换发光的频率等。研究发现，一维的稀土纳米发光材料的发光性能比零维纳米颗粒、微米粒子以及微米棒的发光效率有所提高，因为一维纳米线中的 Eu 离子占据两个格位，其 $^5D_0 \rightarrow {}^7F_j$ 的辐射跃迁速率和 Eu 离子内部的发光量子效率均比其他材料有所提高，具体机理仍在进一步探索之中。

李强等[97]通过在 Y_2O_3：Eu^{3+} 纳米颗粒表面包覆氧化硅、氧化铝的保护膜，测试结果表明包覆后，纳米 Y_2O_3：Eu^{3+} 红粉的发光强度得到了提高。Kompe 等[98]合成发绿光的 $CePO_4$：Tb/ $LaPO_4$ 核-壳结构绿色发光粉纳米粒子的发光量子效率比 $CePO_4$：Tb 提高了 70%。Chen 等[99]分别将 Eu^{2+}、Ce^{3+}、Sn^{2+}、Cu^+ 引入到多孔 SiO_2 玻璃中，经过灼烧处理得到了致密的五色透明的无孔发光玻璃，在近紫外和可见光范围内具有很好的发光性能，发射率分别可达到 97%、70%、100% 和 90%。

Gaponenko 等[100]采用在多孔硅和阳极氧化铝表面的制膜技术来克服膜的裂纹，同时，研究了 Er 和 Tb 的薄膜发光特性并期望应用于光纤放大方面。

Ranjan 等[101]研究 $LaPO_4$：Eu 纳米线发现，一维的稀土纳米发光材料的发光性能比零维纳米颗粒、微米粒子以及微米棒的发光效率有所提高，研究者认为，一维纳米线中的 Eu 离子占据 2 个格位，其 $^5D_0 - {}^7F_j$ 的辐射跃迁速率和 Eu 离子内部的发光量子效率均比其他材料有所提高，具体机理有待探索。

目前更实际的应用是利用纳米稀土氧化物制作细颗粒的荧光粉。于德才等[3]采用纳米 Y_2O_3-Eu_2O_3 为原料制备出细颗粒的 Y_2O_3：Eu 红色荧光粉，发射主峰位于 611nm，颗粒度在 6 μm 以下占 90%，电镜观察表明，颗粒接近球形，相对亮度较高，二次特性较好，用其配制稀土三基色荧光粉时发现：能与绿粉、蓝粉很好的均匀混合；涂覆性能好；可以减少稀土三基色荧光粉中红粉的用量，致使成本降低，已用于非球磨稀土三基色荧光粉中。

9.5.3　稀土纳米催化剂

　　稀土元素及其化合物在催化上一直有着重要的应用。特别是作为石油催化裂化的催化剂早已被人熟知。由于纳米粒子的比表面积特别大，表面能大，活性位置增加，无疑具有更强的催化作用。因此，用纳米粒子作催化剂在实际上已经引起人们的重视。作汽车尾气净化催化剂，稀土已具有不可替代的作用，目前正在研制全稀土汽车尾气净化催化剂，以降低成本和消除环境污染。

　　作者用纳米 La_2O_3 和 CeO_2 作为汽车尾气净化催化剂涂层的添加剂[3]，比较了纳米涂层和非纳米涂层，在浸渍相同活性组分时的温度-转化率曲线表明，催化活性大有提高，CO 50% 转化率时的温度降低了近 40 ℃；同时用纳米稀土氧化物一次涂层的量比非纳米稀土氧化物一次涂层量高近一倍。其主要原因是纳米粒子的表面活性强，附着力强，涂层的比表面大，活性部分在其表面分散得好。

　　研究表明，用稀土 La、Pr、Nd、Gd 掺杂的钴酸盐尖晶石结构对甲烷燃烧起催化的作用[102]。另外，$GdFeO_3$ 具有光催化活性。Niu[103] 用溶胶-凝胶法合成了纳米 $GdFeO_3$，通过对水溶性染料的褪色的实验来表征其光催化性能。结果表明：纳米级的 $GdFeO_3$ 具有高的光催化活性，通过增加辐射时间和 $GdFeO_3$ 的加入量可以提高其光催化性能。

　　TiO_2 是一种优良的光催化剂，当掺入稀土 Y^{3+} 形成纳米复合物后，其催化性能会明显提高。Fan[104] 在用掺杂纳米 Y^{3+} 的 TiO_2 催化苯酚降解的实验中发现，当 Y^{3+} 的掺杂浓度为 1.5% 时，其光催化降解率比 TiO_2 提高了 20%。

9.5.4　稀土纳米光学材料

　　利用纳米微粒的特殊的光学性质制备各种光学材料将在日常生活和高技术领域得到广泛的应用。稀土纳米粒子的光学应用正在开拓。

　　CeO_2 具有高折射率和高稳定性，纳米 CeO_2 薄膜可以用于制备各种光学薄膜，如微充电电池的减反射膜，还可以作各种增透膜、保护膜和分光膜。制成汽车玻璃抗雾薄膜，平均厚度只需 30～60nm，能有效防止在汽车玻璃上形成雾气。

　　太阳光长期暴晒，对人体就会带来危害，发生急性皮炎，促进皮肤老化，甚至患皮癌。日光中对皮肤造成损伤的光线是中波紫外 UVB（290～300nm）和长波紫外 UVA（320～400nm）。大量研究表明 UVA 对玻璃、水、衣物及人的表皮穿透能力远大于 UVB，到达人体的能量占紫外线总能量的 98%；它对皮肤的损害具有累积性且不可逆，会导致皮癌，特别是高纬度、高海拔地区。CeO_2 纳米粒子在 300~450nm 范围内有宽的吸收带，并随着粒径减小，吸收带红移，对紫外光具有良好的吸收性能，可以用于制备紫外吸收材料。国外已将 CeO_2 用于防晒霜。作者研究表明[105]，纳米 CeO_2 对紫外光吸收性能优于常用的 TiO_2，是更好的紫外吸收剂。用纳米 CeO_2 作为紫外吸收剂，可望用于防止塑料制品紫外照射老化，坦克、汽车、舰船、储油罐等的紫外老化。

将稀土纳米材料涂在背投电视显示屏上，获得出人意料的效果。使投影屏视场角度增大，在接近 180° 观察时，图像依然清晰，且亮度不减，颜色鲜艳。

9.5.5　在储氢材料中的应用

氢气是一种取之不尽的环境友好的能源材料，但是对其储存与释放仍然是一个棘手的问题。稀土化合物是优良的储氢材料，稀土中用于储氢的主要是 CeO_2 和 La_2O_3。Jurczyk 等[106]用机械合金化和热处理的方法合成了纳米级的 $LaNi_5$ 型合金，发现用 Al、Co 或 Mn 取代部分 Ni 后其释放容量得到了提高，同时提高了 $LaNi_5$ 的循环使用寿命。

9.5.6　在生物医学上的应用

Guo 等[107]研究了 $ZnO-CeO_2$ 固体纳米粉末对细菌的杀菌效果，研究发现杀菌效果随着纳米粉末颗粒的减小和 CeO_2 浓度的增加而增加。董相廷等[108]发现 CeO_2 纳米晶是细胞色素 C 电化学反应的良好促进剂，且促进作用很稳定。

据英国《新科学家》2003 年报道，纳米药物能延长脑神经细胞的寿命。在实验室的神经细胞通常只能活 25 天左右，但在采用低剂量的氧化铈纳米颗粒后，神经细胞的生命活动通常可达 6 个月。这一发现证明了纳米药物可能有一天能用于治疗与老年有关的身心失调的疾病，如老年痴呆病等。

稀土发光材料与磁性纳米粒子复合制成磁光等多功能材料，文献中已经有许多报道，特别是当前结合生物医学上的应用如生物检测、生物成像、靶向药物以及生物分离等具有重要的应用潜力。其主要制备方法是偶联法和包覆法。如 Xia 等[109]以 $NaYF_4$：Yb^{3+}，Tm 荧光粒子为核，通过高温热分解法表面包覆一层 Fe_3O_4 磁性材料，随后表面修饰多巴胺，同时将 Fe_3O_4 还原为了 Fe_xO_y，制得了 $NaYF_4$：Yb^{3+}，Tm^{3+}@Fe_xO_y 荧光-磁性核结构纳米粒子。在该粒子中，由于 $NaYF_4$：Yb^{3+}，Tm^{3+} 具有吸收光谱和发射光谱都在近红外区（NIR-NIR）的发光特性，从而有效避免了强紫外吸收的 Fe_xO_y 壳层对其光谱的吸收。又如 Zhang 等[110]通过将 2-溴-2-甲基丙酸（BMPA）修饰的 Y_2O_3：Tb 纳米棒静电自组装到 3-氨丙基三甲基硅烷（APTMS）修饰的 Fe_3O_4@SiO_2 表面得到双功能磁性荧光 Fe_3O_4@SiO_2/Y_2O_3：Tb 纳米粒子。

Peng 等[111]报道了一种简单的两步法制备 Fe_3O_4@Gd_2O_3：Eu^{3+}，第一步溶剂

热法制备单分散的 Fe_3O_4 纳米晶；第二步水热法，在 700℃ 下灼烧 2h 后得到一层 Gd_2O_3：Eu^{3+}。该方法中，Fe_3O_4 粒子表面的羟基与稀土离子发生配位作用，故而 $Gd_2(CO_3)_2(OH)_2 \cdot H_2O$ 易于沉积到粒子表面，灼烧后转化为一层 Gd_2O_3：Eu^{3+} 得到 $Fe_3O_4@Gd_2O_3$：Eu^{3+} 双功能纳米粒子。

Liu 等[112]合成了核-壳结构的 $Fe_3O_4@SiO_2 - [Eu(DBM)_3Phen] -NH_2$ 和 $Fe_3O_4@SiO_2 - [Eu(DBM)_3Phen] -FA$ 磁性荧光微球。该粒子同时具有二次团聚磁核的高磁响应性和 Eu 配合物的荧光性质，具有应用于磁共振成像、荧光成像和时间分辨荧光检测等领域的潜力。

9.5.7　其他应用领域

早期报道用 Y_2O_3 纳米粉末均匀地弥散到合金中，能获得强化的超强耐热合金，可用于火焰喷射器喷口。

纳米级稀土化合物已直接用于抛光剂、涂料或橡胶的填充料。

作者曾研究过各种纳米稀土氧化物对橡胶性能的影响。结果可见，加入少量的纳米稀土氧化物对橡胶有一定的改性作用，其中以 CeO_2 和 Nd_2O_3 最为明显。

研制成功纳米稀土氢氧化物作润滑油添加剂（发明专利：ZL98123520.4），纳米稀土氢氧化物颗粒尺寸为 10~50nm，该添加剂与常用的大多数润滑油抗压抗磨添加剂相比，具有低毒、低污染的特性。

利用混合稀土氧化物纳米粉作催化剂的化学灌浆材料（发明专利：ZL93108182.3），实际应用效果较好，其特点是能加速凝固速度，增加强度和黏合力。

纳米涂层材料是近年来纳米材料研究的热点，主要的研究聚集在功能涂层上，美国采用 80nm 的 Y_2O_3 可以作为红外屏蔽涂层，反射热的效率很高。

纳米科学技术在稀土产业中的应用目前仍处于初始阶段，纳米科技已经渗透到稀土应用的各个主要领域，并获得显著的进展和喜人的苗头，纳米材料研究的重要科学意义在于它开辟了人们认识自然的新层次，纳米材料的特性将有助于开发新材料、新应用，带来新的技术革命。对于稀土材料的合成方法报道甚多，也较成熟，但仍需发展稳定而分散性好，并能达到一定产量的制备方法；对于形态各异的稀土纳米材料，重要的是研究其生长过程与成因，以及各种形态与纳米效应的相关性；对于具有 4f 电子的稀土元素，由于外壳层的屏蔽使其在某些性质不如半导体纳米晶变化那么明显。如何真正确认纳米化后稀土材料的特性，有待深入研究；更重要的是发挥稀土纳米材料的优异特性，开发其新的应用。值得欣慰的是有些领域如稀土纳米粉体制备、稀土纳米永磁、稀土纳米催化等已开始形成产业，而有些方面仍在探索，真正形成规模经济，尚需努力。

　　我国著名科学家钱学森先生曾预见：纳米科学技术将是下一段科技发展的重点，会是一次技术革命，从而将是 21 世纪又一次产业革命。

参 考 文 献

[1] 洪广言. 无机固体化学. 北京：科学出版社，2002：23-55

[2] 洪广言. 稀土超微粉末——一种有待开发的新材料. 稀土，1987，(5)：57-60

[3] 倪嘉缵，洪广言. 稀土新材料及新流程. 北京：科学出版社，1998：103-132

[4] 洪广言. 稀土纳米材料的研究进展. 功能材料，2004，35（增刊）：2639-2642

[5] 洪广言. 稀土纳米材料的制备与组装. 中国稀土学报，2006，24（6）：641-648

[6] 洪广言. 稀土纳米材料的应用研究进展. 应用化学，2007，24（增刊）：183-187

[7] 洪广言. 稀土发光材料——基础与应用. 北京：科学出版社，2011

[8] 王增林，唐功本，孙万明，等. 超微稀土氧化物的制备. 稀土，1990，(4)：32-34

[9] 洪广言，李红云. 热分解法制备稀土氧化物超微粉末. 无机化学学报，1991，7（2）：241-243

[10] Li Y H, Zhang Y M, Hong G Y, et al. Upconversion luminescence of Y_2O_3 : Er^{3+}, Yb^{3+} nanoparticles prepared by a homogeneous precipitation method. J Rare Earth, 2008, 26（3）：450-454

[11] Dong X T, Hong G Y. Preparation of rare earth hydroxide and oxide nanoparticles by precipitation method. J Mater Sci Technol, 2005, 21（4）：555-558

[12] 董相廷，于德才，肖军，等. 用络合-沉淀法制备超微氧化钇及其表征. 稀土，1993，10（4）:9

[13] Li C X, Yang J, Yang P P, at al. Hydrothermal synthesis of lanthanide fluorides LnF_3（Ln = La to Lu）nano-/microcrystals with multiform structures and morphologies. Chem Mater, 2008, 20：4317-4326

[14] Liang X, Wang X, Zhuang J, et al. Branched $NaYF_4$ nanocrystals with luminescent properties. Inorg Chem, 2007, 46：6050-6055

[15] Kaneko K, Inoke K, Freitag B, et al. Structural and morphological characterization of cerium oxide nanocrystals prepared by hydrothermal synthesis Nano Lett, 2007, 7：421-425

[16] Tang Q, Liu Z P, Li S, et al. Synthesis of yttrium hydroxide and oxide nanotubes. J Cryst Growth, 2003, 259：208-214

[17] 景晓燕，洪广言，李有漠. Y_2O_3 稳定的 ZrO_2 超微粉末的合成与结构研究. 稀土，1989，10（4）：4

[18] 董相廷，刘桂霞，孙晶，等. 透明纳米 CeO_2 的合成与表征. 中国稀土学报，2002，20（2）:123-125

[19] Wang X, Zhuang J, Peng Q, et al. Hydrothermal synthesis of rare- earth fluoride nanocrystals. Inorg Chem, 2006, 45：6661-6665

[20] Huo Z Y, Chen C, Chu D R, et al. Systematic synthesis of lanthanide phosphate nanocrystals. Chem Eur J, 2007, 13：7708-7714

[21] Zeng J H, Li Z H, Su J, et al. Synthesis of complex rare earth fluoride nanocrystal phosphors. Nanotechnology, 2006, 17: 3549-3555

[22] Tao F, Wang Z J, Yao L Z, et al. Shape-controlled synthesis and characterization of YF₃ truncated octahedral nanocrystals. Cryst Growth Des, 2007, 7: 854-858

[23] Tao F, Wang Z J, Yao L Z, et al. Synthesis and photoluminescence properties of truncated octahedral Eu-doped YF₃ submicrocrystals or nanocrystals. J Phys Chem C, 2007, 111: 3241-3245

[24] Zhang M F, Fan H, Xi B J, et al. Synthesis, characterization, and luminescence properties of uniform Ln^{3+}-doped YF₃ nanospindles. J Phys Chem. C, 2007, 111: 6652-6657

[25] 景晓燕, 洪广言, 李有谟. 醇盐法制备稀土化合物超微粉末. 应用化学, 1990, 7 (2): 92-94

[26] Dong X T, Hong G Y, Yu D C, et al. , Synthesis and properties of cerium oxide nanometer powders by pyrolysis of amorphous citrate. J Mater Sci Technol, 1997, 13 (2), 113-116

[27] 董相廷, 洪广言, 于得财. CeO₂ 纳米粒子形成过程中 Ce 的价态变化. 硅酸盐学报, 1997, 25 (3): 323

[28] 刘桂霞, 王进贤, 董相廷, 等. 溶胶-冷冻法制备纳米 Gd₂O₃：Eu⁺发光材料. 无机材料学报, 2007, 22 (5): 803-806

[29] 吴宗斌, 王丽萍, 洪广言. 反相胶束微乳液法制备氧化钇纳米微晶. 应用化学, 1999, 16 (6): 9

[30] 洪广言, 张吉林, 高倩. 在卵磷脂体系中合成 EuF₃ 纳米线. 物理化学学报, 2010, 26 (3):695-700.

[31] Ma L, Chen W X, Xu Z D. Complexing reagent-assisted microwave synthesis of uniform and monodisperse disk-like CeF₃ particles. Mater Lett, 2008, 62: 2596-2599

[32] Zhang Y X, Guo J, White T, et al. Y₂O₃：Tb nanocrystals self-assembly into nanorods by oriented attachment mechanism. J Phys Chem C, 2007, 111: 7893-7897

[33] Si R, Zhang Y W, Zhou H P, et al. Controlled-synthesis, self-assembly behavior, and surface-dependent optical Properties of high-quality rare-earth oxide nanocrystals. Chem Mater, 2007, 19: 18-27

[34] Si R, Zhang Y W, You L P, et al. Rare-earth oxide nanopolyhedra, nanoplates, and nano-disks. Angew Chem Int Ed, 2005, 44: 3256-3260

[35] Zhao F, Yuan M, Zhang W, et al. Monodisperse lanthanide oxysulfide nanocrystals. J Am Chem Soc, 2006, 128: 11758-11759

[36] Han M, Shi N E, Zhang W L, et al. Large-scale synthesis of single-crystalline RE₂O₃ (RE = Y, Dy, Ho, Er) nanobelts by a solid – liquid-phase chemical route. Chem Eur J, 2008, 14: 1615-1620

[37] Wei Y, Lu F Q, Zhang X R, et al. Synthesis of oil-dispersible hexagonal-phase and hexagonal-shaped NaYF₄：Yb, Er nanoplates. Chem Mater, 2006, 18: 5733-5737

[38] Liu C H, Sun J, Wang H, et al. Size and morphology controllable synthesis of oil-dispersible

LaF$_3$：Yb，Er upconversion fluorescent nanocrystals via a solid – liquid two- phase approach. Scripta Materialia, 2008, 58：89-92

[39] Zhu L, Liu X M, Meng J, et al. Facile sonochemical synthesis of single- crystalline europium fluorine with novel nanostructure. Cryst Crowth Des, 2007, 7：2505-2511

[40] Zhu L, Li Q, Liu X D, et al. Morphological control and luminescent properties of CeF$_3$ nanocrystals. J Phys Chem, 2007, 111：5898-5903

[41] Zhu L, Li J, Li Q, et al. Sonochemical synthesis and photoluminescent propert of YVO$_4$：Eu nanocrystals. Nanotechnology, 2007, 18：055604-055608

[42] Zhang D S, Fu H X, Shi L Y, et al. Synthesis of CeO$_2$ nanorods via ultrasonication assisted by polyethylene glycol. Inorg Chem, 2007, 46：2446-2451

[43] 于长娟, 王进贤, 于长英, 等. 静电纺织技术制备 Y$_2$O$_3$：Eu^{3+}纳米带及其发光性质. 无机化学学报, 2010, 26 (11)：2013-2015

[44] 徐淑芝, 董相廷, 孟广清, 等. 同轴静电纺丝技术制备 ZnO@ CeO$_2$纳米电缆. 高等学校化学学报, 2011, 32 (6)：1255-1260

[45] 侯远, 董相廷, 王进贤, 等. YF$_3$：Eu^{3+}纳米纤维高分子复合纳米纤维的制备与表征. 高等学校化学学报, 2011, (2)：225-230

[46] 张辉, 王亚娇, 郭琴, 等. 燃烧法制备纳米氧化铈. 稀土, 2012, 33 (5)：43-46

[47] Wang X, Li Y. Synthesis and characterization of lanthanide hydroxide single- crystal nanowires. Angew Chem Int Ed, 2002, 41 (24) ：4790-4793

[48] Cao M H, Hu C W, Wu Q Y, et al. Controlled synthesis of LaPO$_4$ and CePO$_4$ nanorods/ nanowires. Nanotechnology, 2005, 16 (2) ：282-286

[49] Yan Z G, Zhang Y W, You L P, et al. General synthesis and characterization of monocrystalline ID- namomaterials of hexagonal and orthorhombic lanthanide orthephoaphate hydrate. J Cryst Growth , 2004, (262)：408-414

[50] 尹贻东, 洪广言. 水热微乳液法合成 La(OH)$_3$纳米棒的形貌控制研究. 高等学校化学学报, 2005, 26 (10)：1795-1797

[51] Patra C R, Alexandra G, Patra S, et al. Microwave approach for the synthesis of rhabdophane- type lanthanide orthophosphate (Ln = La, Ce, Nd, Sm, Eu, Gd and Tb) nanorods under solvothermal conditions. New J Chem, 2005, 29 (5) ：733-739

[52] Feldmann C, Merikhi J. Synthesis and characterization of rod- like Y$_2$O$_3$ and Y$_2$O$_3$：Eu^{3+}. J Mater Sci, 2003, 38 (8) ：1731-1735

[53] Tang Q, Shen J, Zhou W, et al. Preparation, characterization and optical properties of terbium oxide nanotubes. J Mater Chem, 2003, 13：3103-3106

[54] Liu G X, Hong G Y, Dong X T, et al. Preparation and characterization of Gd$_2$O$_3$：Eu^{3+} luminescence nanotubes. J Alloys Compd, 2008, 466：512-516

[55] Yin Y D, Hong G Y. Synthesis and characterization of Gd (OH)$_3$ nanobundles. J Nanoparti Res, 2006, 8：755-760.

[56] Yu M, Lin J, Wang Z, et al. Fabrication, patterning, and optical properties of nanocrystalline

YVO$_4$: A (A = Eu^{3+}, Dy^{3+}, Sm^{3+}, Er^{3+}) phosphor films via sol-gel soft lithography. Chem Mater, 2002, 14: 2224-2231

[57] Yu M, Lin J, Fu J, et al, Sol-gel synthesis and photoluminescent properties of LaPO$_4$: A (A = Eu^{3+}, Ce^{3+}, Tb^{3+}) nanocrystalline thin films. J Mater Chem, 2003, 13: 1413-1419

[58] Jenouvrier P, Boccardi G, Fick J, et al, Up-conversion emission in rare earth -doped Y$_2$Ti$_2$O$_7$ sol-gel thin films. J Luminescence, 2005, 113 (3-4): 291-300

[59] Cong Y, Fu J, Cheng Z Y, et al. Self-organization and luminescent properties of nanostructured europium (Ⅲ)-block copolymer complex thin films. J Polym Sci Part B: Polym Phys, 2005, 43 (16) : 2181-2189

[60] Celerier S, Laberty-Robert C, Ansart F, et al. Synthesis by sol-gel route of oxyapatite powders for dense ceramics : Applications as electrolytes for solid oxide fuel cells. J European Ceramic Society, 2005, 25 (12) : 2665-2668

[61] Wang X, Zhuang J, Peng Q, et al, Hydrothermal synthesis of rare-earth fluoride nanocrystals. Inorg Chem, 2006, 45: 6661-6665

[62] Gao L, Ge X, Chai Z, et al. Shape-cotrolled synthesis of octahedral α-NaYF$_4$ and its rare earth doped subminxrometer particles in acetic acid. Nano Res, 2009, 2 : 565-574

[63] Sun Y Y, Jiu H F, Zhang D G, et al. Preparation and optical properties of Eu (Ⅲ) complexes J-aggregate formed on the surface of silver nanoparticles. Chem Phys Lett, 2005, 410 (4-6):204-208

[64] Zhao D, Qin W P, Zhang J S, et al. Improved thermal stability of europium complex nanoclusters embedded in silica colloidal spheres. Chem Lett, 2005, 34 (3) : 366-367

[65] Cui H T, Hong G Y, Wu X Y, et al. Silicon dioxide coating of CeO$_2$ nanoparticles by solid state reaction. Mater Res Bull, 2002, 37 (13): 2155-2163

[66] Liu G X, Hong G Y, Sun D X. Coating Gd$_2$O$_3$: Eu phosphors with silica by solid state reaction at room temperature. Powder Technol, 2004, 145: 149-153

[67] Liu G X, Hong G Y. Synthesis of SiO$_2$/Y$_2$O$_3$: Eu core-shell materials and hollow spheres. J Solid State Chem, 2005, 178 (5): 1647-1651

[68] Liu G X, Hong G Y, Sun D X. Synthesis and characterization of SiO$_2$/Gd$_2$O$_3$: Eu core-shell submicrospheres. J Couoid Interface Sci, 2004, 278: 133-138

[69] Yu M, Lin J, Fang J. Silica spheres coated with YVO$_4$: Eu^{3+} layers via sol-gel process : A simple method to obtain spherical core-shell phosphors. Chem Mater, 2005, 17 (7) : 1783-1791

[70] Cao H Q, Hong G Y, Yan J H, et al. Coating carbon nanotubes with europium oxide. Chin Chem Lett, 2003, 14 (12) : 1293-1295

[71] Liu G X, Hong G Y. Synthesis and photoluminescence of Y$_2$O$_3$: RE^{3+} (RE = Eu, Tb, Dy) porous nanotubes templated by carbon nanotubes. J Nanosci Nanotechno, 2006, 6 (2) : 1-5

[72] Zhang J L; Hong G Y. Synthesis and photoluminescence of the Y$_2$O$_3$: Eu^{3+} phosphors nanowires in AAO template. J Solid State Chem, 2004, 177: 1292-1296

［73］ Yang Z, Huang Y, Dong B, et al. Template induced sol-gel synthesis of highly ordered LaNiO₃ nanowires. J Solid State Chem, 2005, 178 (4): 1157-1164

［74］ Yada M, Mihara M, Mouri S, et al. Rare earth (Er, Tm, Yb, Lu) oxide nanotubes templated by dodecylsulfate assemblies. Adv Mater, 2002, 14: 309-312

［75］ Wu C F, Qin WP, Qin GS, et al. Photoluminescence from surfactant-assembled Y₂O₃ : Eu nanotubes. Appl Phys Lett, 2003, 82 (4): 520-523

［76］ Chen W, Sammgnaiken R, Huang Y. Photoluminescence and photostimulated luminescence of Tb³⁺ and Eu³⁺ in zeolite-Y. J Appl Phys, 2000, 88 (3): 1424-1430

［77］ Tsvetkov M Y, Kleshcheva S M, Samoilovich M I, et al. Erbium photoluminescence in opal matrix and porous anodic alumina nanocomposites. Microelectron Eng, 2005, 81 (2-4): 273-280

［78］ He W, Zhang X D, Li P, et al. Synthesis and characterization of Nano-CeO₂/TiO₂ mesoporous composites. J Inorg Mater, 2005, 20 (2): 508-512

［79］ Yang S W, Gao L. Controlled synthesis and self-assembly of CeO₂ nanocubes. J Am Chem Soc, 2006, 128: 9330-9331

［80］ Louis C, Roux S, Ledoux G, et al. Gold nano-antennas for increasing luminescence. Adv Mater, 2004, 16 (23-24): 2163

［81］ Meng Q G, Boutinaud P, Franville A C, et al. Preparation and characterization of luminescent cubic MCM-48 impregnated with europium complex. Micro Meso Mater, 2003, 65: 127-136

［82］ 王丽萍, 洪广言. 无机-有机纳米复合材料. 功能材料, 1998, 2 (4): 343-347

［83］ 王德军, 崔毅, 李铁津, 等. CeO₂纳米晶的光电量子尺寸效应. 高等学校化学学报, 1994, 15 (7): 1071-1072

［84］ 都有为, 倪刚. 磁性纳米材料的新进展. 物理, 1998, 27 (9): 524-529

［85］ 孙校开, 赵新国, 等. 纳米复合稀土永磁材料——稀土永磁领域的新方向. 物理, 1996, 25 (10): 588

［86］ 张吉林, 洪广言. 稀土纳米发光材料研究进展. 发光学报, 2005, 26 (3): 285-293

［87］ 张慰萍, 尹民. 稀土掺杂的纳米发光材料的制备和发光. 发光学报, 2000, 21 (4): 314

［88］ Zhang W W, Xu M, Zhang W P, et al. Site-selective spectra and time-resolved spectra of nanocrystalline Y₂O₃ : Eu. Chem Phys Lett, 2003, 376: 318

［89］ Williams D K, Bihari B, Tissue B M, et al. Preparation and fluorescence spectroscopy of bulk monoclinic Eu³⁺ : Y₂O₃ and comparison to Eu³⁺ : Y₂O₃ nanocrystals. J Phys Chem B, 1998, 102 (6): 916

［90］ Jia C J, Sun L D, You L P, et al. Selective synthesis of monazite-and zircon-type LaVO₄ nanocrystals. J Phys Chem B, 2005, 109: 3284-3290

［91］ Matsuura D, Hattori H, Takano A. Upconversion luminescence properties of Y₂O₃ nanocrystals doped with trivalent rare-earth ions. J Electrochem Soc, 2005, 152 (3): H39-H42

［92］ Qiao X S, Fan X P, Wang J, et al. Luminescence behavior of Er³⁺ ions in glass-ceramics containing CaF$_2$ nanocrystals. J Non-Crystalline Solids, 2005, 351 (5): 357-363

[93] Pires A M, Serra O A, Davolos M R. Morphological and luminescent studies on nanosized Er, Yb- Yttrium oxide up-converter prepared from different precursors. J Luminescence, 2005, 113 (3-4):174-182

[94] Song H W, Yu L X, Lu S Z, et al. Improved photoluminescent properties in one-dimensional LaPO$_4$: Eu^{3+} nanowire's. Optics Letters, 2005, 30 (5): 483-485

[95] Song H W, Yu L X, Yang L M, et al. Luminescent properties of rare earth ions in one-dimensional oxide nanowires. J Nanosci Nanotechno, 2005, 5 (9): 1519-1531

[96] Yu L X, Song H W, Lu S Z, et al. Influence of shape anisotropy on photoluminescence characteristics in LaPO$_4$: Eu nanowires. Chem Phys Lett, 2004, 399 (4-6): 384

[97] Li Q, Gao L, Yan D S. Effects of the coating process on nanoscale Y$_2$O$_3$: Eu^{3+} powders. Chem Mater, 1999, 11: 533

[98] Kompe K, Borchert H, Storz J, et al. Green-emitting CePO$_4$: Tb/LaPO$_4$ core – shell nanoparticles with 70% photoluminescence quantum yield. Angew Chem Int Ed, 2003, 42: 5513

[99] Chen D P, Miyoshi H, Akai T, et al. Colorless transparent fluorescence material: Sintered porous glass containing rare-earth and transition-metal ions. Appl Phys Lett, 2005, 86 (23) : Art. No. 231908.

[100] Gaponenko N V, Davidson J A, Amilton B H, et al. Strongly enhanced Tb luminescence from titania xerogel solids mesoscopically confined in porous anodic alumina. Appl Phys Lett, 2000, 76 (8) :1006

[101] Ranjan V. LaPO$_4$: Eu^{3+} nanowires luminesce more efficiently than dots. Mrs Bulletin, 2005, 30 (4): 266-266

[102] Baiker A, Marti P E, Keusch P J. Influence of the A-site cation in ACoO$_3$ (A = La, Pr, Nd, and Gd) perovskite-type oxides on catalytic activity for methane combustion. Catal, 1994, 146: 268

[103] Niu X S, Li H H, Zhang F, et al. Preparation and Photocatalytic Activity of Nanocrystalline Gd@ FeO$_3$. J Rare Earths, 2005, 23 (4): 420

[104] Fan C M, Xue P, Ding G Y, et al. The preparation of nanoparticle Y^{3+}-doped TiO$_2$ and its photocatalytic activity. Rare Metal Materi Eng, 2005, 34 (7): 1094

[105] Hong Y J, Hong G Y, Wang D J. UV-Vis spectra charaters of CeO$_2$ and TiO$_2$. Rare Metals, 2002, 21 (Supple): 136-137

[106] Jurczyk M, nowak M. Application of nanocrystalline LaNi$_5$-type hydrogen absorbing alloys in Ni-MHx batteries. J Rare Earths, 2004, 22 (5): 596

[107] Guo G S, Li D, Wang Z H, et al. Antibacterial characteristics of ZnO-CeO$_2$ nano-powder prepared by laser vapor condensation. J Rare Earths, 2005, 23 (3): 362-366

[108] 董相廷, 曲晓刚, 洪广言, 等. CeO$_2$纳米晶的制备及其在电化学上的应用. 科学通报, 1996, 41 (9) :847-850

[109] Xia A, Gao Y, Zhou J, et al. Cre-shell $NaYF_4$: Yb^{3+}, Tm^{3+} @ $Fe_x O_y$ nanocrystals for dua-modality T2-enhanced magnetic resonance and NIR-to-NIR upconversion luminescent imaging of small-animal lymphatic node. Biomaterials, 2011, 32 (29) : 7200-7208

[110] Zhang Y X, Pan S S, Teng X M, et al. Bifunctional magnetic-luminescent nanocomposites : $Y_2 O_3$/Tb nanorods on the surface of iron oxide/silica core-shell nanostructures. J Phy Chem C, 2008, 112 (26) : 9623-9626

[111] Peng H, Cui B, Li L, et al. A simple approach for the synthesis of bifunctional $Fe_3 O_4$ @ $Gd_2 O_3$: Eu^{3+} core-shell nanocomposites. J Alloys Compd, 2012, 531 (8) : 30-33

[112] Liu Y L, Cheng C, Wang Z G, et al. Synthesis and chatacterization of the $Fe_3 O_4$ @ SiO_2-[Eu (DBM)$_3$phen]Cl$_3$ luminomagnetic microspheres. Material Letters, 2013: 187-190

第 10 章　稀土结构化学

10.1　结构化学基础

结构化学是研究原子、分子和晶体等物质的结构以及结构和性质之间相互关系的一门基础科学。它研究化合物中化学键的本质、组成原子的立体排布以及其性质的相关性，并由此指导具有新特性的新物质的合成。

10.1.1　金属键

在一百多种化学元素中，金属大约占80%，金属具有许多有用的性质，如良好的导电性、导热性和延展性等。金属键可视为多原子共价键的极限情况，以Na原子形成金属的过程为例来说明金属键的本质。我们知道，两个Na原子可通过σ键合成双原子分子Na_2，即

$$Na_2\left[KKLL\left(\sigma 3s\right)^2\right]$$

由Na原子形成Na_2的过程可描述为两个Na原子相互靠近。如图10-1(a)所示，它们的3s电子云发生重叠。按照分子轨道理论，两个3s轨道可以组合成两个分子轨道，一个是成键轨道（σ3s），其能量E_1低于原子轨道的能量E(3s)；另一个是反键轨道（σ^*3s），其能量E_1^*高于原子轨道的能量E(3s)。两个价电子填入成键轨道（σ3s），反键轨道则为空轨道。

当4个Na原子形成Na_4时，如图10-1(b)所示，4个3s轨道相互重叠。4个3s轨道可以组合成4个分子轨道，其中两个是成键轨道，它们的能量E_1、E_2均低于E(3s)；另两个轨道是反键轨道，反键轨道为空轨道。同理当12个Na原子形成Na_{12}时，如图10-1(c)所示，12个3s轨道相互重叠。这时6个能量低于E(3s)的成键轨道填满了电子，6个能量高于E(3s)的反键轨道为空轨道。当Na原子的数目N增大到一块金属钠中所含Na原子的数量级时，N个Na原子形成的"分子"也就是一块金属钠，这时N个3s原子轨道相互重叠并组合成N个分子轨道。由于N是很大的数，故相邻分子轨道的能级差非常微小，即N个能级实际上构成一个具有一定上限和下限的能带，能带的下半部充满了电子，上半部分则空位，如图10-1(d)所示，这就是金属结构的能带模型。

将去掉价电子的金属原子（即正离子）看成是一个圆球，圆球的界面大致

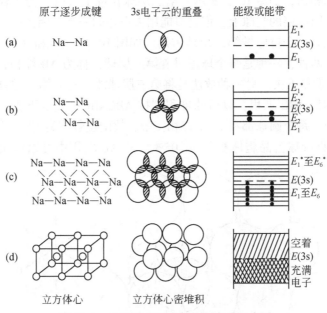

图 10-1　金属键的形成及能级变化示意图

就是正离子电子云的界面。可以将金属理解为数目很大的正离子圆球的堆积物和一群电子的结合体。这些电子称为自由电子，它们不再束缚与某一个原子，它们在圆球的空隙中运动，运动的范围包括整个金属。所以，自由电子和正离子组成的晶体格子之间的相互作用就是金属键。

10. 1. 2　球密堆积和金属的晶体结构

金属键有数目众多的 s 轨道所组成，s 轨道是没有方向性的，它可以和任何方向的相邻原子的 s 轨道重叠，同时相邻原子的数目在空间因素允许的条件下并无严格限制。所以金属键是没有方向性和饱和性的，金属离子应按最紧密的方式堆积起来，这才能使各个 s 轨道得到最大程度的重叠，从而使形成的金属结构最为稳定，能量最低。

晶体中的质点在空间排列的紧密度，在没有其他因素影响下（如价键的方向性、正负离子的相间排列等），是服从最紧密堆积原理的。最紧密堆积的意思就是说质点之间的作用力会尽可能使它们占有最小空间，在这种情况下形成的结构才是最稳定的。堆积紧密度可以用空间利用率，即质点体积占据整个空间体积的百分数来表示。

金属的正离子可以视为圆球，一个圆球周围最靠近的圆球数称为配位数。等径圆球的最紧密堆积方式有两种。第一层圆球的最紧密堆积只有一种方式，每一个球和六个球相切，如图 10-2 所示。第二层球在堆上去时，为了保持最紧密的堆积，应放在第一层的空隙上，但这只能用去空隙的一半，因为一个球周围有六个空隙，只能有三个空隙被第二层球占用。如图 10-3（a）和（b）所示，第三层球的放法有两种，一种是每个球正对着第一层球，称为 AB 堆积，以后的堆积则按 ABAB…重复下去。另一种放法是将第三层球放在正对第一层球未被占用的空隙上方，称为 ABC 堆积，以后的堆积则按 ABCABC…重复下去。在这两种最紧密的堆积中，每个圆球都和 12 个球相接触，故配位数均为 12，空间利用率均为 74.05%，即圆球占晶胞体积的 74.05%。从 AB 堆积中可以取出一个六方晶

图 10-2　圆球的密堆积

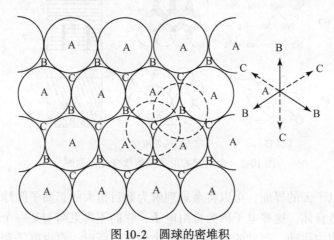

图 10-3　等径球的两种最紧密堆积和一种次密堆积

胞，故这种堆积又称六方密堆积，通常用符号 A_3 来表示；从 ABC 堆积中可以取出一个立方面心晶胞，故这种堆积又称立方密堆积，通常用 A_1 来表示。六方密堆积和立方密堆积是两种最主要的密堆积方式，它们的空间利用率也应该是相等的。

除了 A_1 和 A_3 两种最密堆积以外，还有一种配位数等于 8 的次密堆积方式。如图 10-3（c）所示，与这种堆积方式相对应的晶胞为立方体心。这种次密堆积的空间利用率为 68.02%，并用符号 A_2 来表示。

稀土金属单质的晶体结构属于 A_1 型的有 Ce、Pr、Yb；属于 A_3 型的有 Sc、Y、La、Ce、Pr、Nd、Eu、Gd、Tb、Dy、Ho、Er、Tm、Lu，其中有的金属有两种不同的构型。

从金属晶体的结构常数可以求出两个相邻的金属原子间的距离，这个距离的一半称为金属原子半径。金属原子半径实际上是金属晶体中正离子的半径。一种金属若有两种晶体结构，则有两种金属原子半径。这是因为原子的接触距离与其周围的配位情况有关。如以配位数为 12 的 A_1 和 A_3 型的金属原子半径为 1.00，则配位数为 8 的 A_2 型的金属原子半径约为 0.97。

10.1.3　合金的结构

合金是指两种或两种以上的金属（也包括有非金属参加的场合）经过熔合过程而得到的宏观均匀体系。合金的种类很多，从结构上来看可以分为金属固溶体和金属化合物两大类。它们的结构如下。

（1）金属固溶体：固溶体是指两种或两种以上的固态物质完全混溶后所形成的新的固态物质。固溶体又可分为置换固溶体和间隙固溶体两种。

两种金属 A 和 B 形成置换固溶体 A_xB_{1-x} 时，置换固溶体的结构仍保持 A 或 B 原来的结构型式，只是一部分金属原子 A（或 B）的位置被另一金属原子 B（或 A）无规则地取代。这就是说在一个结构位置上，A 或 B 原子均可能出现，这种出现的可能性可以用相应的概率来表示。

当 A、B 两种金属的结构型式相同，原子半径相差很小，原子的价电子层结构和电负性相近时，则 A、B 两种金属可以按任意的比例形成置换固溶体。

当 A、B 两种金属元素的上述性质差异较大时，则只能形成部分互溶的置换固溶体，或根本不能形成置换固溶体。通常当两种金属原子的半径之差大于 15% 时，即不能形成完全互溶的置换固溶体；当原子半径差大于 25% 时，则不能形成置换固溶体。

在金属结构中，金属原子的密堆积中有很多八面体空隙和四面体空隙（图 10-4 和图 10-5）。某些原子半径很小的非金属元素如 H、B、C、N 等可以无规则地分布在这些空隙中，这就形成了间隙固溶体。例如，C 溶入 γ-Fe（A1）中所形成的间隙固溶体称为奥氏体。当所有空隙都被占满时，这就达到了饱和，再加入溶质则将出现新相。间隙固溶体与纯金属比较，熔点较高，硬度较大。这就是因为除了原来的金属键以外，加入的非金属元素与过渡金属元素形成了部分共价键，因而增加了原子间的结合力；此外，空间利用率的提高也起了一定的作用。

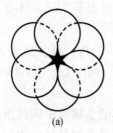
(a)

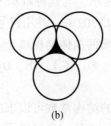
(b)

图 10-4　（a）六个球之间的八面体空隙；（b）四个球之间的四面体空隙

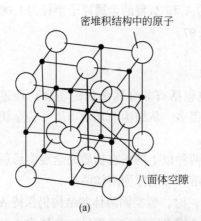
密堆积结构中的原子

八面体空隙

(a)

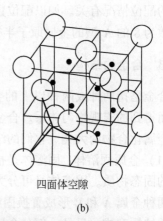
四面体空隙

(b)

图 10-5　fcc 结构中八面体空隙（a）和四面体空隙（b）的位置
（空隙得名于周围原子的排布方式）

　　（2）金属化合物：当 A、B 两种金属原子的半径、结构型式和电负性差别大时，则易形成金属化合物。金属化合物的结构特征表现在它的结构型式一般都与其组分单独存在的不相同，而且 A、B 两种原子在结构中的位置有了分化，即 A、B 原子分别占据确定的结构位置。图 10-6 示出合金 $A_{1/2}B_{1/2}$ 两种可能的结构型式，其中图 10-6（b）为固溶体物相。图 10-6（c）为金属化合物物相，这时 A 原子占据立方体的体心所形成的一套位置，B 原子则占据立方体的顶角所形成的一套位置。金属固溶体为无序结构，金属化合物为有序结构。

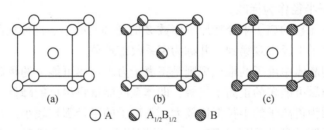

$\bigcirc$ A　$\diagup\!\!\!\!\!\bigcirc$ $A_{1/2}B_{1/2}$　$\oslash$ B

图 10-6　合金 $A_{1/2}B_{1/2}$ 的无序和有序结构示意图

10.1.4　离子晶体和离子键

当两种电负性差大的原子（如碱金属元素与卤族元素的原子）相互靠近时，电负性小的原子将失去电子而成为正离子，电负性大的原子将获得电子而成为负离子。正、负离子之间由于库仑引力而相互吸引，但当正、负离子相互充分接近时，离子的电子云之间又相互排斥，当吸引和排斥作用相等时则形成稳定的离子键。通常正离子或负离子的电子云都具有球对称性，故离子键没有方向性和饱和性。离子键向立体发展即导致离子晶体的形成。

离子晶体可以看成是不等径圆球的密堆积，故在几何因素允许的条件下，正离子将力求与尽可能多的负离子接触，负离子同样力求与尽可能多的正离子接触，这样可使体系的能量尽可能降低。离子晶体往往具有较高的配位数、较大的硬度和相当高的熔点，离子晶体易溶于极性溶剂，熔融后能导电。

在离子晶体中离子键的强度和晶体的稳定性，可用点阵能（或称晶格能）的大小来衡量。点阵能 U 的定义是由气态正离子和负离子生成 1mol 离子晶体时所放出的能量，点阵能可以通过热化学循环来计算，也可以根据静电吸引理论来计算。

在离子晶体中一个离子的近邻有若干个异号离子，在稍远一点的地方又有若干个同号离子，依次类推。故在两种晶体中应考虑一个离子和许多异号或同号离子之间的势能总和。

离子晶体的熔点、硬度等物理性质均与点阵能的大小有关。从大量实验数据可知，随着键长 r_0 的缩短、电价的增加和点阵能的增大，离子晶体的熔点也显著升高；对于同族元素的氧化物具有相同的晶体结构型式和相同的电价，但随着键长 r_0 的增长，点阵能的数值降低，故晶体的硬度也随之减小。

离子半径是指离子在晶体中的接触半径，即以晶体中相邻的正、负离子中心之间的距离作为正、负离子半径之和。但是要确定正离子和负离子的半径，还必须解决如何划分的问题。此外，因晶体的结构型式不同，正、负离子间的距离也不同，所以离子半径还与晶体的结构型式有关。在推算离子半径时，一般采用

NaCl 型的离子半径作为标准。

同价镧系元素的离子半径随原子序数 Z 的增加而减小。这种现象也可在相应元素的金属原子半径中观察到，并称为镧系收缩现象。

在离子型晶体中离子的堆积规则是正离子力求与尽可能多的负离子接触，负离子也力求与尽可能多的正离子接触，即体系的能量将尽可能降低，从而使晶体稳定存在。因为负离子的半径都比较大，正离子的半径都比较小，往往正离子只能嵌在负离子圆球所堆积的空隙中。这种镶嵌关系显然受到正、负离子半径比 r^+/r^- 的限制。

离子的大小和形状（或电子云）在外场的作用下发生变形的现象称为离子的极化。在外电场作用下，离子诱导偶极矩 μ 和电场强度 E 成正比，即

$$\mu = \alpha E$$

α 称为离子的极化率，它在数值上等于离子在单位电场作用下的偶极矩。

在离子晶体中，正、负离子的电子云在其周围异号离子的电场作用下也会发生变化，所以在离子晶体中的正、负离子都有不同程度的极化作用。离子的可极化性表示在外场的作用下其电子云的变形能力，它主要取决于核电荷对外层电子吸引的强弱程度和外层电子的数目，离子极化率的大小可以作为其可极化性的大小的衡量。一个离子能使其他离子极化的能力称为极化力。离子的极化力就取决于这个离子对其周围离子所施电场的强度，电场越大，极化力越强。极化力强的离子则其可极化性小，反之亦然。

表 10-1 列出了一些离子的极化率和离子半径的数值。从表 10-1 中的数据可以看出：

表 10-1 离子的极化率和半径

离子	极化率 $a/\text{Å}^3$	半径 $r/\text{Å}$	离子	极化率 $a/\text{Å}^3$	半径 $r/\text{Å}$	离子	极化率 $\alpha/\text{Å}^3$	半径 $r/\text{Å}$
Li^+	0.031	0.60	B^{3+}	0.003	0.20	F^-	1.04	1.36
Na^+	0.179	0.95	Al^{3+}	0.052	0.50	Cl^-	3.66	1.81
K^+	0.83	1.33	Sc^{3+}	0.286	0.81	Br^-	4.77	1.95
Rb^+	1.40	1.49	Y^{3+}	0.55	0.93	I^-	7.10	2.16
Cs^+	2.42	1.69	La^{3+}	1.04	1.04	O^{2-}	3.88	1.40
Be^{2+}	0.008	0.31	C^{4+}	0.0013	0.15	S^{2-}	10.2	1.84
Mg^{2+}	0.094	0.65	Si^{4+}	0.0165	0.41	Se^{2-}	10.5	1.98
Ca^{2+}	0.47	0.99	Ti^{4+}	0.185	0.68	Te^{2-}	14.0	2.21
Sr^{2+}	0.86	1.13	Ce^{4+}	0.73	1.01			
Ba^{2+}	1.55	1.35						

（1）对同价离子来说，离子半径越大，极化率也越大，因而其可极化性也越大。

（2）负离子的半径一般较正离子的大，故负离子的极化率及其可极化性一般都较正离子的大。常见的 S^{2-}、I^-、Br^- 等都是很容易被极化的离子。

（3）正离子的价数越高其极化率越小，负离子的价数越高其极化率越大。

（4）对于含有 d^x 电子的正离子，其极化率比半径相近的其他正离子的极化率大。

在离子晶体中被极化的主要是负离子，即正离子使负离子极化。但 Ag^+、Zn^{2+}、Cd^{2+}、Hg^{2+} 等含有 d^{10} 电子的正离子也容易被负离子所极化。如果负离子也是很容易极化的离子（如 S^{2-}、I^-、Br^- 等），则正负离子的相互极化可导致电子云的较大变形，并使离子键转变为共价键，这时离子晶体也就转变为共价晶体。离子的极化在离子键中添加了共价键的成分，故键长将缩短，当共价键的成分增加到一定程度时，由于共价键的方向性和饱和性，则配位数将减小，即配位数与离子半径比的关系将受到破坏。

离子的极化对键型、配位数和晶体的结构型式均有影响。哥希密特曾提出影响晶体构型的三个因素：①晶体的化学组成（如 AB 型、AB_2 型、A_mB_n 型、ABO_2 型等）不同，晶体结构也不相同；②离子的半径比或结构单元的大小不同，晶体结构也不相同；③离子的极化程度或结构单元间结合的键型不同，晶体结构也不相同。这些结论一般称之为哥希密特结晶化学定律。

10.1.5　共价键

共价键晶体中的原子是通过共价键结合起来的。由于共价键具有方向性和饱和性，所以在共价键晶体中原子的配位数一般都比较小。又因为共价键的结合力比离子键的结合力强，故共价键晶体的硬度和熔点一般都比离子晶体的大或高。

各类晶体的结构特点和一般性质归纳于表 10-2。

表 10-2　各种类型晶体的特征[16]

晶体类型	离子晶体	共价晶体	金属晶体	分子晶体
结构特征	正、负离子相间地最密堆积，靠静电力结合。键能较高，约 800kJ/mol（200kcal/mol）	组成原子之间靠共价键结合，键有方向性和饱和性。键由中到高，约为 80kJ/mol（20kcal/mol）	正离子最密堆积，以自由电子气为结合力，键无方向性，配位数高。键能约为 80kJ/mol（20kcal/mol）	组成分子之间靠范德华力结合，键能低，约为 8～40kJ/mol（2～10kcal/mol）

晶体类型	离子晶体	共价晶体	金属晶体	分子晶体
举例	NaCl CaF$_2$ Al$_2$O$_3$	Si InSb PbTe	Na Cu W	Ar H$_2$ CO$_2$
热学性质	熔点高	熔点高	熔点由低到高，热传导性良好	熔点低、热膨胀率高
电学性质	低温下绝缘，某些晶体有离子导电现象，熔体导电	绝缘体或半导体，熔体也不导电	固体和熔体均为良导电体	固体和熔体均为绝缘体
光学性质	多为无色透明，折射率较高	透明晶体具有高折射率	不透明，高反射率	呈现组成分子的性质
力学性质	强度较高、硬度较高、质地脆	强度和硬度由中到高，质地脆	具有各种强度和硬度，压延性好	强度低，可以压缩，硬度低

10.2　稀土金属与合金的结构

10.2.1　稀土结构化学的特征

（1）稀土离子的离子半径较大，致使配位数较高，它们的配位数一般都大于6，配位数低的化合物是很少的，如四配位的四面体或平面四方体是很少有的，这不同于 d 过渡金属。

（2）由于配位数较高，致使只需较小的能量即可使近邻配体的位置发生改变，从而导致存在多晶形现象和同素异构现象。即一个化合物可以存在两种或多种的结构，它们之间在一定的温度和压力下显示多晶转变。

（3）由于镧系收缩，离子半径随原子序数增大而减小，当配位数为8时，从 La^{3+} 的 116pm 到 Lu^{3+} 的 97.7pm，收缩约 15.8%，致使空间位阻随原子序数的增大而增大，配位数随原子序数的增大有可能减小，并发生结构的改变。在配位数从大变小的过程中也可能存在过渡区，在此区间的化合物存在多晶形现象。

（4）镧系离子的价态常为三价，具有较高的电荷。

（5）4f 电子处于内层受到 5s^{2}5p^6 的屏蔽，在形成化合物时贡献小，因此，镧系离子与配体之间成键主要是通过静电作用以离子键为主。

（6）当稀土离子固定时，随着配体体积的增大而空间位阻增大，导致配位数的减小。

（7）在三价镧系离子中没有 4f 电子，而且离子半径最大的镧，常在结构上不同于其他镧系离子而呈现镧的特性。

（8）当镧系离子的价态从三价还原为二价时，离子半径增大。其中的 Eu^{2+} 的离子半径接近于同为二价的碱土（Sr^{2+}）而常呈现同构。可根据 Sr 化合物的组成和结构合成类似于它的二价铕的化合物。

10.2.2　稀土金属的晶体结构

在常温、常压条件下，稀土金属有四种晶体结构：①六方体心结构，如钇、钆和大多数重稀土金属都属于此种结构；②立方密集（面心）结构，如铈和镱；③双六方结构，如镧、镨、钕、钷等；④三方结构，如钐。当温度、压力变化时，多数稀土金属发生晶形转变。稀土金属室温晶体结构常见的是镁型密排六方结构，这类结构中的轴比 c/a 接近于 1.6。从钇到镥的所有稀土金属（除镱外）以及钪和钇都具有类似的结构，详见表 10-3。

表 10-3　稀土金属的晶体结构

原子序数	同素异形体	温度范围/℃	晶格	空间群	模型
21	αSc	<1337, RT	hcp	$P6_3/mmc$	Mg
	βSc	1337 ~ m. p.	bcc	$Im3m$	W
39	αY	<1478, RT	hcp	$P6_3/mmc$	Mg
	βY	1478 ~ m. p.	bcc	$Im3m$	W
57	αLa	<310, RT	dhcp	$P6_3/mmc$	αLa
	βLa	310 ~ 865	fcc	$Fm3m$	Cu
	γLa	865 ~ m. p.	bcc	$Im3m$	W
58	αCe	低于 RT	fcc	$Fm3m$	Cu
	βCe	低于 RT	dhcp	$P6_3/mmc$	αLa
	γCe	<726, RT	fcc	$Fm3m$	Cu
	δCe	726 ~ m. p.	bcc	$Im3m$	W
59	αPr	<795, RT	dhcp	$P6_3/mmc$	αLa
	βPr	795 ~ m. p.	bcc	$Im3m$	W
60	αNd	<963, RT	dhcp	$P6_3/mmc$	αLa
	βNd	863 ~ m. p.	bcc	$Im3m$	W
61	αPm	<890, RT	dhcp	$P6_3/mmc$	αLa
	βPm	890 ~ m. p.	bcc	$Im3m$	W
62	αSm	<734, RT	rh	$R3m$	αSm
	βSm	734 ~ 922	hcp	$P6_3/mmc$	Mg
	γSm	922 ~ m. p.	bcc	$Im3m$	W

原子序数	同素异形体	温度范围/℃	晶格	空间群	模型
63	Eu	< m. p. , RT	bcc	$Im3m$	W
64	αGd	<1235, RT	hcp	$P6_3/mmc$	Mg
	βGd	1235 ~ m. p.	bcc	$Im3m$	W
65	αTb	<1289, RT	hcp	$P6_3/mmc$	Mg
	βTb	1289 ~ m. p.	bcc	$Im3m$	W
66	αDy	<1381, RT	hcp	$P6_3/mmc$	Mg
	βDy	1381 ~ m. p.	bcc	$Im3m$	W
67	Ho	<m. p. , RT	hcp	$P6_3/mmc$	Mg
68	Er	<m. p. , RT	hcp	$P6_3/mmc$	Mg
69	Tm	<m. p. , RT	hcp	$P6_3/mmc$	Mg
70	αYb	<-3	hcp	$P6_3/mmc$	Mg
	βYb	−3 ~ 795, RT	fcc	$Fm3m$	Cu
	γYb		bcc	$Im3m$	W
71	Lu	795 ~ m. p. , RT	hcp	$P6_3/mmc$	Mg

　　注：fcc—面心立方；bcc—体心立方；hcp—密排六方；dhcp—双-c密排六方；rh—三方；RT—室温；m. p.—熔点。

　　有些稀土金属存在几种同素异形体，包括 Sc、Y、La、Ce、Pr、Nd、Pm、Sm、Gd、Tb、Dy 和 Yb，这些金属在高温时均属于体心立方结构。但镧、镨、钕等属于双-c六方密堆积结构，其 c_0/a_0 近似为 3.22。钐有完全独特的三方晶体结构，在元素周期表中还没有其他元素具有这种结构，在该杂化六方单胞中 c 轴的长度大约是一般六方结构轴长度的 4 倍。铕有钨型体心立方结构，它与其他稀土金属晶格不属于同种构型。体心立方结构原子的堆积密度为 68%，而六方密排结构原子的堆积密度为 74%。室温下三价稀土金属晶体结构随原子序数的增大按下列顺序变化：面心立方 →六方密堆积（有双轴）→ 三方 → 密排六方。

10.2.3　稀土合金的晶体结构

　　稀土金属与稀土金属间能发生相互作用。如果两种稀土金属在相应温度下的晶体结构一样，它们可形成连续固溶体；如果两种稀土金属晶体结构不同，它们只能形成有限固溶体；只有属于不同副族（铈族和钇族）的两种稀土金属才能形成金属间化合物。

　　钇和钪在合金中的行为与重稀土金属相似，而镱在镁合金中的行为与轻稀土相似，铕、镱的熔点和弹性模量也与轻稀土镧、铈的相似。

稀土金属与过渡族金属（铁、锰、镍、金、银、铜、锌）及镁、铝、镓、铟、铊等能形成许多合金，而且在其二元和多元合金体中有很多金属间化合物形成。这些化合物有的熔点高、硬度大、热稳定性高、弥散分布于有色合金基体或晶界，对抗高温、抗蠕变、提高合金强度起着重要作用。其中不少稀土金属间化合物具有特殊功能而被广泛应用于高新技术中，如已知的 $SmCo_5$、Sm_2Co_{17}、Ce-Co-Cu-Fe、$Nd_2Fe_{14}B$、SmFeN、$Tb_{0.27}Dy_{0.73}Fe_{2-x}$、$LaNi_5$、$La_2Mg_{15}Ni_2$ 等。可以预料，会有更多、更新、更好的金属间化合物新材料陆续开发问世。

目前单一稀土金属及其中间合金绝大多数用于生产钕铁硼、钐钴永磁和超磁致伸缩等稀土金属新材料和有色金属合金，另外还有一少部分稀土金属应用是利用某种特殊性能制备出功能材料。

稀土合金种类繁多，其结构各异，无法一一介绍，现仅以具有重要应用价值的稀土永磁合金和储金合金为例介绍它们的晶体结构。

1. 稀土永磁合金

具有很强磁晶各向异性的材料只能是具有某些特定晶体结构的化合物，这些晶体结构往往含有一个对称性独特的单轴。例如在六角、四方等结构中的 c 轴。

第一代稀土永磁材料 $SmCo_5$ 的晶体结构是 $CaCu_5$ 型，它的晶体结构（含 3 个单胞，a 约为 0.50nm，c 约为 0.40nm）如图 10-7 所示。空间群为 $P6/mmm$，6 度对称的 c 轴为一独特轴。每一个单胞为一个分子式，含一个 RE 原子和 5 个 Co 原子。稀土原子占据具有六角点对称 $6/mmm$ 的特殊晶位 $1a$，过渡金属 Co 原子占据两个晶位 $2c$（与稀土原子同一平面）和 $3g$（处在两稀土原子平面的中间平面上）。

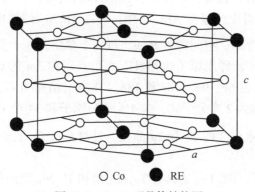

图 10-7　$CaCu_5$ 型晶体结构图

第二代稀土永磁材料 Sm_2Co_{17}，其家族 RE_2Co_{17} 有两种晶体结构，一种

Th_2Zn_{17} 型（a 约为 0.84nm 和 c 约为 1.22nm），另一种是 Th_2Ni_{17} 型（a 约为 0.84nm 和 c 约为 0.82nm），如图 10-8 所示。这两种结构均是从 $CaCu_5$ 结构演变而来的，其关系如下（RE 代表稀土）：

$$3(RECo_5) - RE + 2Co \longrightarrow RE_2Co_{17}$$

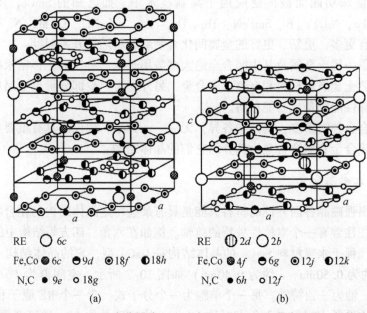

RE ○ 6c
Fe,Co ⊗ 6c ● 9d ⊙ 18f ◐ 18h
N,C ● 9e ○ 18g
(a)

RE ◫ 2d ○ 2b
Fe,Co ⊗ 4f ● 6g ⊙ 12j ◐ 12k
N,C ● 6h ○ 12f
(b)

图 10-8　(a) Th_2Zn_{17}（3 个分子式）和 (b) Th_2Ni_{17}（2 个分子式）晶体结构图

如果取 $RECo_5$ 化合物的三个分子，并将其中一个稀土原子用一个沿 c 轴的 Co 原子对（称为哑铃对）代替，就得到了 RE_2Co_{17} 的结构。在 Th_2Zn_{17} 结构中，稀土原子 RE 被 Co 原子对取代是按 ABC 层序；而在 Th_2Ni_{17} 结构中则是按 AB 层序。Th_2Zn_{17} 结构为三方晶系，空间群为 $R\bar{3}m$。每一个单胞为 3 个分子式，含 6 个 RE 原子和 51 个 Co 原子。稀土原子占据具有六角点对称 $3m$ 的 $6c$ 晶位，过渡金属 Co 原子占据四个晶位 $6c$、$9d$、$18f$ 和 $18h$。Th_2Ni_{17} 结构为六方晶系，空间群为 $P6_3/mmc$。每个单胞为 2 个分子式，含 4 个 RE 原子和 34 个 Co 原子。稀土原子占据具有六角点对称 $\bar{6}m2$ 的 $2b$ 和 $2d$ 晶位，过渡金属 Co 原子占据四个晶位 $6g$、$12j$、$12k$ 和 $4f$。

同 RE_2Co_{17} 一样，RE_2Fe_{17} 也具有 Th_2Zn_{17} 型和 Th_2Ni_{17} 型两种结构。由于 Fe 与 Co 在 RE—T 化合物中相反的电荷特性，RE_2Fe_{17} 为平面各向异性，不能成为永磁材料。但当引入间隙原子 N 后，发现 $Sm_2Fe_{17}N_y$ 具有很强的单轴各向异性，成为潜在的永磁材料。图 10-8 中也给出了间隙原子的位置。

前两代稀土永磁材料为二元金属间化合物，而第三代稀土永磁材料 $Nd_2Fe_{14}B$ 为三元金属间化合物。它的晶体结构为 $Nd_2Fe_{14}B$（a 约为 0.88nm 和 c 约为 1.22nm），如图 10-9 所示，它的对称性与 1-5 和 2-17 结构不同，为四方对称，四度对称的 c 轴为一特殊对称轴。$Nd_2Fe_{14}B$ 结构为四方晶系，空间群为 $P4_2/mnm$。每一个单胞为 4 个分子式，含 8 个 RE 原子，56 个 Fe 原子和 4 个 B 原子。稀土原子占据具有点对称 mm 的 $4f$ 和 $4g$ 晶位，过渡金属 Fe 原子占据 6 个晶位，分别是 $16k_1$、$16k_2$、$8j_1$、$8j_2$、$4e$ 和 $4c$、B 原子占据 $4g$ 晶位。

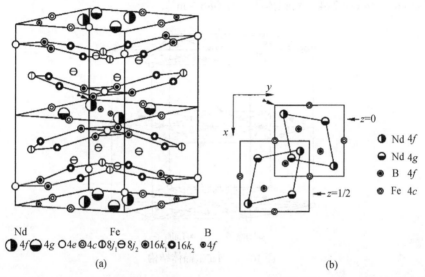

图 10-9　(a) $Nd_2Fe_{14}B$ 晶体结构图；(b) $z=0$ 和 $z=1/2$ 平面沿 (001) 方向上的投影

以上讨论这些具有特殊晶轴的晶体结构中，可以期望得到很强的磁晶各向异性。确实，在这些结构中的 c 轴是磁性独特的，在有些情况下 c 轴是易磁化方向（永磁材料的必要条件），而有些情况下 c 轴为难磁化方向。这些晶体结构的参数总结在表 10-4 中。

表 10-4　$CaCu_5$、Th_2Ni_{17}、Th_2Zn_{17} 和 $Nd_2Fe_{14}B$ 晶体结构的参数

晶体结构	对称性	空间群	z	a/nm	c/nm	RE 晶位	T 晶位
$CaCu_5$	六角	$P6/mmm$	1	0.50	0.40	$1a$	$2c$, $3g$
Th_2Ni_{17}	六角	$P6_3/mmc$	2	0.84	0.82	$2b$, $2d$	$4f$, $6g$, $12j$, $12k$
Th_2Zn_{17}	三方	$R\bar{3}m$	3	0.84	1.22	$6c_2$	$6c_1$, $9d$, $18f$, $18h$
$Nd_2Fe_{14}B$	四方	$P4/mnm$	4	0.88	1.22	$4f$, $4g$	$4c$, $4e$, $8j_1$, $8j_2$, $16k_1$, $16k$

注：z 表示每个晶胞中的参数；a 和 c 表示每个晶胞中的尺寸。

2. LaNi₅合金的晶体结构及氢原子的占位

LaNi₅合金的晶体结构见图 10-10，为 CaCu₅型晶体结构，六方点阵，空间群为 $P6/mmm$。La 原子占据 Ni₁ 与 La 原子共面上的 1a（0，0，0）位，对于两种非等价的 Ni₁ 和 Ni₂ 原子，Ni 原子占据 Ni 与 La 原子共面上的 2c（1/3，2/3，0）和（2/3，1/3，0）位，Ni₂ 原子占据全部为 Ni 原子面上的 3g（1/2，0，1/2）、（0，1/2，1/2）和（1/2，1/2，1/2）位。LaNi₅合金的晶格参数 a = 0.5016nm，c = 0.3982nm，c/a = 0.794，晶胞体积为 0.0868nm³。

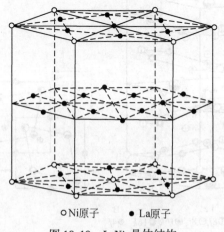

○Ni原子　　●La原子

图 10-10　LaNi₅晶体结构

LaNi₅晶体中氢原子占位与合金的储氢性能密切相关。从几何的角度来看，LaNi₅晶胞由 20 个多面体堆垛而成，其多面体类型如图 10-11 所示。由 2 个 La 原子和 6 个 Ni₂ 原子组成 1 个十二面体 [图 10-11（a）]，2 个 La 原子与 2 个 Ni₁ 原子和 2 个 Ni₂ 原子组成的八面体有 3 个 [图 10-11（b）]，1 个 La 原子与 1 个 Ni₁ 原子和 2 个 Ni₂ 原子组成的四面体有 12 个 [图 10-11（c）]，由 1 个 Ni₁ 原子和 3 个 Ni₂ 原子组成 4 个四面体 [图 10-11（d）]。构成晶体的基本单元是四面体，因为不共面的 4 个原子必然构成 1 个四面体。上述的十二面体分为 6 个四面体，且有 2 种分法。一种分法为 1La，3Ni₂；另一种分法为 2La，2Ni₂。1 个八面体可以分为 4 个四面体，其分法也有 2 种。一种分法为 1La，1Ni₂，2Ni₁。另一种分法为 2La，1Ni₂，1Ni₁。因此，如 LaNi₅晶胞按四面体划分，可以分为 34 个四面体。2 个图 10-11（d）的四面体也可以构成 1 个六面体，因此，也可以认为 1 个 LaNi₅晶胞是由 1 个十二面体、3 个八面体和 12 个四面体组成。

氢就储存在这些间隙中，但并不是所有的间隙都能储氢，这取决于两个条

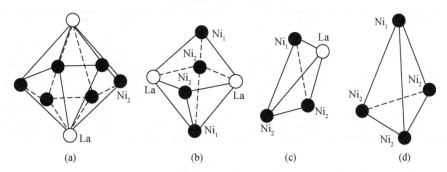

图 10-11　LaNi₅ 晶胞中多面体的类型

（a）十二面体；（b）八面体；（c）四面体；（d）六面体

件：①多面体间隙的半径应大于氢原子的半径；②氢原子同金属原子必须以共价键相结合。这就是说，在合金中一定空隙位置被氢原子占据的状态取决于空隙周围金属原子的电负性和电子分布状况。此外，四面体间隙储氢还要受到 Shoemaker 填充不相容规则的限制，即两个共面体的四面体间隙不能同时被氢原子占据。

四种多面体的间隙特征如表 10-5 所示。氢原子的半径为 0.046～0.053nm，从表 10-5 可以看出，四面体间隙半径比氢原子半径小，不能储氢，其余的间隙每个储存一个氢原子，总共可储存六个氢原子。

表 10-5　多面体的间隙特征

多面体类型	多面体数量/个	坐标	间隙半径/nm
四面体	12	1La, 2Ni₂, 1Ni₁	0.043
六面体	2	3Ni₂, 2Ni₁	0.068
八面体	3	2La, 2Ni₁, 2Ni₂	0.106
十二面体	1	2La, 6Ni₂	0.146

晶体学及中子衍射研究表明，LaNi₅ 晶胞中的间隙可分为五类，即 $3f$（八面体间隙）、$4h$（四面体间隙）、$6m$（四面体间隙）、$12o$（四面体间隙）和 $12n$（四面体间隙）。这五种间隙的特征如表 10-6 所示。研究表明，对于固溶体 LaNi₅Hₓ（$x=0.1$ 和 0.4），氢原子优先占据 $3f$ 和 $12n$ 的位置。图 10-12 给出 AB₅ 中氢的占位位置。

表10-6 5种间隙的特征

间隙种类	位置 (x, y, z)	坐标	间隙半径/nm
$3f$	$1/2, 0, 0$	$2La, 2Ni_1, 2Ni_2$	0.0257
$4h$	$1/3, 2/3, 0.37$	$1Ni_1, 3Ni_2$	0.0301
$6m$	$0.137, 0.274, 1/2$	$2La, 2Ni_2$	0.0551
$12o$	$0.204, 0.408, 0.354$	$1La, 1Ni_1, 2Ni_2$	0.0388
$12n$	$0.455, 0, 0.117$	$1La, 2Ni_1, 1Ni_2$	0.0408

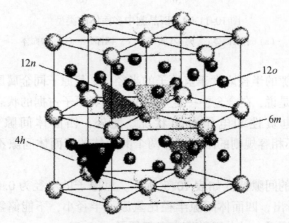

图10-12 AB_5 中氢的占位位置

图10-13是 $LaNi_5$ 二元合金在不同温度条件下的吸氢和放氢压力与氢量之间的关系，简称PCT曲线。常温下一个 $LaNi_5$ 分子可以储存6个H原子，相当于储存1.37%的氢。$LaNi_5$ 常温吸放氢平衡压接近0.2MPa（约2atm），平台平整度好，吸放氢滞后很小。随着温度的升高，有效吸放氢量减小，吸放氢平台升高，平台倾斜度和吸放氢滞后增加。在80℃时，吸放氢平台压分别约为1.5MPa（约15atm）和1.2MPa（约12atm）。在140℃时，吸氢平台压约为5MPa（约50atm）。

10.3 若干重要稀土化合物的晶体结构

10.3.1 稀土氧化物

稀土氧化物易溶于酸，不仅是制备许多稀土化合物的基础原料，而且由于稀土氧化物具有稳定的化学性质，已成为许多结构与功能材料的基质，如 Y_2O_3-ZrO_4 陶瓷，Y_2O_3：Eu 或 Gd_2O_3：Eu 等高效发光材料。

稀土氧化物可分为倍半氧化物 RE_2O_3、低价氧化物 REO、高价氧化物 REO_2

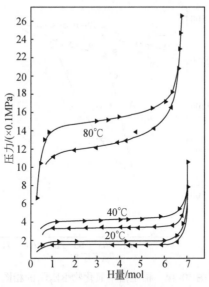

图 10-13　LaNi$_5$ 的等温吸放氢曲线

和混合价态氧化物。除 Ce、Pr、Tb 以外，一般是以三价的倍半氧化物形成存在。而 Ce 常以四价的 CeO$_2$ 存在，Pr 和 Tb 分别以混合价态的非化学计量的 Pr$_6$O$_{11}$ 和 Tb$_4$O$_7$ 的形成存在。

　　稀土倍半氧化物 RE$_2$O$_3$ 的相图示于图 10-14。从相图可见，在不同温度时它们发生多晶转变。在大气压力下的相变温度见表 10-7，它们的熔点和沸点都很高。其中常见的构型为 A、B 和 C 型。A 型为六方晶系，其结构如图 10-15 所示，为 7 配位，其中 6 个氧成八面体包围稀土，另一个氧在八面体的一个面之上。La$_2$O$_3$、Ce$_2$O$_3$、Pr$_2$O$_3$、Nd$_2$O$_3$ 常以 A 型存在。B 型为单斜晶系，其结构如图 10-16 所示，也为 7 配位，其中 6 个氧成八面体排列，另一个 RE—O 键特别长，Sm$_2$O$_3$ 常以 B 型存在。C 型为体心立方晶系，其结构如图 10-17 所示，为 6 配位，相应于从八面配位的萤石结构中去掉两个阴离子，稀土处于两种不同点对称性的格位之中，当去掉体对角线的两个氧形成氧空位时，稀土处于 S$_6$ 对称的格位；当去掉面对角线的两个氧时，稀土处于 C$_2$ 对称的格位，Y$_2$O$_3$ 和（Eu—Lu）$_2$O$_3$ 常以 C 型存在。H 型为六方晶系，除 Lu 和 Sc 以外，其他稀土在高于 2250K 时都可转变为 H 型，而 C 型的立方晶系的 Lu$_2$O$_3$ 和 Sc$_2$O$_3$ 却可一直稳定至熔融。X 型为立方晶系，主要是铈族稀土倍半氧化物的高温构型。

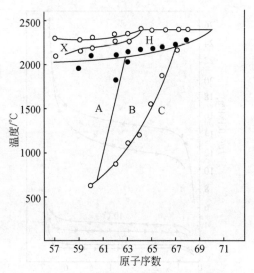

图 10-14　稀土倍半氧化物 RE_2O_3 的相图

表 10-7　在大气压力下 RE_2O_3 的相变温度（K）

氧化物	相变类型						
	C↔A	C↔B	C↔H	B↔A	B↔H	A↔H	H↔X
Sc_2O_3							
Y_2O_3			2583				
La_2O_3						2313	2383
Ce_2O_3						2393	2443
Pr_2O_3						2318	2393
Nd_2O_3	873					2373	2473
Pm_2O_3				2013		2408	2498
Sm_2O_3		1148		2013		2373	2523
Eu_2O_3		1373		2313		2413	2543
Gd_2O_3		1473			2443	2473	2633
Tb_2O_3		1823			2433		2613
Dy_2O_3		2133			2473		2618
Ho_2O_3		2453			2513		
Er_2O_3			2553				
Tm_2O_3			2623				
Yb_2O_3			2653				
Lu_2O_3							

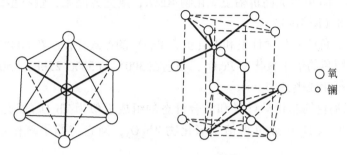

图 10-15　La$_2$O$_3$ A 型结构

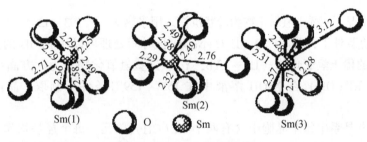

图 10-16　Sm$_2$O$_3$ B 型结构

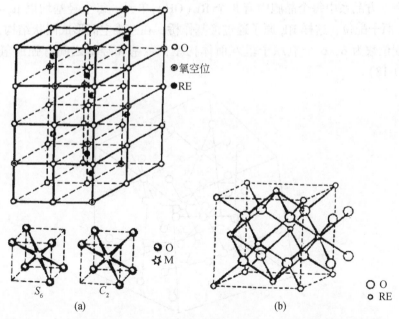

图 10-17　（a）RE$_2$O$_3$ C 型结构及 S_6 与 C_2 两种格位；（b）REO$_2$ 萤石型结构

Ce、Pr、Tb 可生成高价稀土氧化物 REO_2，属立方晶系，萤石型结构，稀土的配位数为 8 （图 10-17）。

Pr 常以黑色的非化学计量和混合价态 Pr_6O_{11} 的形式存在。在 600℃时以 H_2 还原可得苹果绿色的倍半氧化物 Pr_2O_3，当它在 300℃与 5066.25kPa（50atm）的氧气作用时可氧化成黑色的 PrO_2。

Tb 常以褐色的非化学计量和混合价态的组成近似为 Tb_4O_7 的形式存在，在 600~800℃时以 H_2 还原可得倍半氧化物 Tb_2O_3，当它与原子氧作用时可氧化成 TbO_2。

10.3.2　稀土氢氧化物

一般情况下，稀土氢氧化物为胶状沉淀。用水热法，在 193~420℃和 $1.2×10^6$ ~ $7×10^7$Pa 的条件下，将 $RE_2O_3+H_2O+NaOH$ 长时间处理可以从 NaOH 的溶液中生长出晶状的稀土氢氧化物（La~Yb，Y），这些氢氧化物均为六方晶系，Lu 和 Sc 则可用 $RE(OH)_3$ 在 NaOH 溶液中在 157~159℃条件下制取，晶体为立方晶系。

在立方晶系中每个晶胞中含有两个 $RE(OH)_3$ 单元，每个羟基均作三桥与三个 RE 相连，这样每个 RE 周围有 9 个氧，即配位数为9，在分子之间分子内均不存在氢键，9 个氧原子组成一个三帽三棱柱的多面体。

在立方晶系中每个晶胞中有 8 个 $RE(OH)_3$ 单元，每个羟基均以 μ_2-桥与两个 RE 原子配位，这样 RE 原子通过羟基作桥，在三维空间形成网状结构，RE 原子的配位数为 6，6 个氧原子呈八面体构型，羟基和羟基之间有强的氢键生成（图 10-18）。

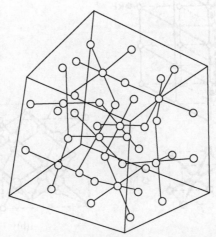

图 10-18　立方晶系的 $RE(OH)_3$ 的晶体结构

10.3.3 稀土氟化物

稀土氟化物作为一种优良的基质受到人们的关注。由于氟化物具有禁带宽度大、声子能量低的特点。稀土氟化物是重要的激光和发光材料，其还可作为抛光材料、摩擦材料等。

稀土氟化物有三种不同结构。LaF_3 ~ PmF_3 为四方晶系（ $P\bar{3}C1 \leftrightarrow P6_3/mmc$ ）；TbF_3 ~ HoF_3 为正交晶系（ $Pnma$ ）；SmF_3 ~ GdF_3 和 ErF_3 ~ LuF_3 及 YF_3 存在 α 和 β 两种同质异相，其中的 α–UO_3 构型为六方晶系。REF_3 的相图示于图 10-19。

YF_3 属于正交晶系，空间群 $Pnma$（ D_{2h}^{16} ），晶胞参数 $a = 6.353$Å，$b = 6.850$Å，$c = 4.393$Å，$Z = 4$，$D_m = 5.069$ g/cm^3。原子的排列见图 10-20，在 YF_3 中 Y^{3+} 的配位见图 10-21。

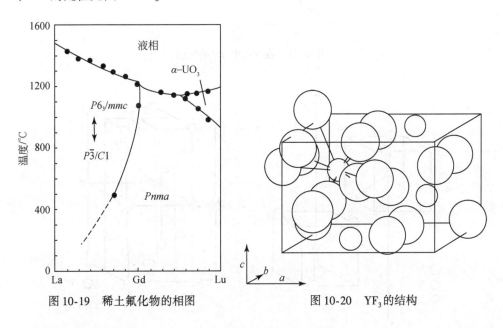

图 10-19 稀土氟化物的相图   图 10-20 YF_3 的结构

$LiYF_4$ 属于白钨矿结构（ $CaWO_4$ ），空间群为 C_{4h}^6（ $I4_1/a$ ），$Z = 2$。图 10-22 给出了 $LiYF_4$ 的晶胞图。其中 Li^+ 相当于 W^{6+}，Y^{3+} 相当于 Ca^{2+}，F^- 相当于 O^{2-}。LiF_4^- 阴离子基团构成一个个小四面体且通过 Y^{3+} 连接起来。Ce^{3+} 取代 Y^{3+} 的格位而具有 S_4 点对称性。

$NaREF_4$（RE＝La，Ce，Gd，Y）基质与 $NaNdF_4$ 同构，即属于六方晶系，空间群为 $P\bar{6}$。Nd^{3+} 在晶胞中占据两种格位，一种是在原点被六个 F^- 构成的三棱柱和三个 F^- 构成的支撑在水平面上的三角锥配置着。另一个是 Nd^{3+} 和 Na^+ 以同样的方式占据着一个 9 配位的格位。表 10-8 给出了 NaREF$_4$ 的晶胞参数。

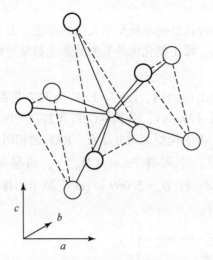

图 10-21　在 YF$_3$ 中 Y^{3+} 的配位

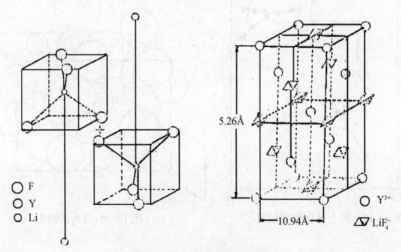

图 10-22　LiYF$_4$ 的晶胞图

表 10-8　NaREF$_4$ 的晶胞参数

NaREF$_4$	NaLaF$_4$	NaCeF$_4$	NaNdF$_4$	NaGdF$_4$	NaYF$_4$
a/Å	6.176	6.148	6.100	6.025	5.969
c/Å	3.827	3.781	3.711	3.611	3.525

二价稀土氟化物——REF$_2$为立方晶系的萤石型结构（F$m3m$，$Z=4$），它们的颜色、晶胞参数随固溶体（RE^{2+}、RE^{3+}）F$_{2+\delta}$组分的改变而改变。EuF$_{2+\delta}$固溶体的颜色随组分的变化不大。室温时 YbF$_2$在空气中稳定，但 SmF$_2$放置几天后分解，从蓝紫色变为 SmF$_{2.4}$红的葡萄酒色。

10.3.4　水合稀土氯化物

以 CeCl$_3$·7H$_2$O 为例（图 10-23）介绍它们的结构特征。CeCl$_3$·7H$_2$O 的结构实际上它的结构式应写作[(H$_2$O)$_7$Ce(μ-Cl)$_2$Ce(H$_2$O)$_7$]Cl$_4$。在此分子中有两个 Cl 作 μ_2桥，将两个 Ce 原子连接起来，每个 Ce 原子还与 7 个水分子配位，因此 Ce 的配位数为 9，配位多面体为一个扭曲的单帽四方棱柱。4 个没有配位的氯原子存在于晶格中，与配位水形成氢键。

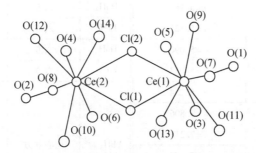

图 10-23　[CeCl$_3$·7H$_2$O]$_2$中[(H$_2$O)$_7$Ce(μ-Cl)$_2$Ce(H$_2$O)$_7$]$^{4+}$的结构

而 GdCl$_3$·6H$_2$O 的结构，实际上是一个未聚合的单分子，分子式应写作 [GdCl$_2$·6H$_2$O] Cl。Gd 的配位数为 8，每个未与 Gd 配位的氯与 6 个 H$_2$O 形成氢键，而配位的氯则与 3 个 H$_2$O 形成氢键。

10.3.5　稀土氢化物

稀土氢化物按其结构可分为三组：第一组，La ~ Nd 的氢化物，REH$_2$具有立方面心结构，能与 REH$_3$生成连续固溶体；第二组是 Y，Sm ~ Lu（除 Eu、Yb 外）的氢化物，其中 REH$_2$具有 CaF$_2$的结构，而 REH$_3$则有六方晶系结构；第三组是 Eu 和 Yb 的二氢化物，属正交晶系，与碱金属的氢化物类似。表 10-9 示出氢化物晶格常数。

表 10-9　氢化物晶格常数

氢化物	晶系	晶格常数/($\times 10^2$ pm)	氢化物	晶系	晶格常数/($\times 10^2$ pm)
LaH_2	面心立方	$a = 5.663$	LaH_3	面心立方	$a = 5.604$
CeH_2	面心立方	$a = 5.580$	CeH_3	面心立方	$a = 5.539$
PrH_2	面心立方	$a = 5.515$	PrH_3	面心立方	$a = 5.486$
NdH_2	面心立方	$a = 5.496$	NdH_3	面心立方	$a = 5.42$
YH_2	面心立方	$a = 5.205$	YH_3	六方	$a = 3.672, c = 6.659$
ScH_2	面心立方	$a = 4.783$			
SmH_2	面心立方	$a = 5.363$	SmH_3	六方	$a = 3.782, c = 6.779$
GdH_2	面心立方	$a = 5.303$	GdH_3	六方	$a = 3.73, c = 6.71$
TbH_2	面心立方	$a = 5.246$	TbH_3	六方	$a = 3.700, c = 6.658$
DyH_2	面心立方	$a = 5.201$	DyH_3	六方	$a = 3.671, c = 6.615$
HoH_2	面心立方	$a = 5.165$	HoH_3	六方	$a = 3.642, c = 6.560$
ErH_2	面心立方	$a = 5.123$	ErH_3	六方	$a = 3.621, c = 6.526$
TmH_2	面心立方	$a = 5.090$	TmH_3	六方	$a = 3.599, c = 6.489$
LuH_2	面心立方	$a = 5.033$	LuH_3	六方	$a = 3.558, c = 6.443$
EuH_2	正交	$a = 6.254$			
YbH_2	正交	$b = 3.806$	$YbH_{2.55}$	面心立方	$a = 5.192$
		$c = 7.212$			
		$a = 5.904$			
		$b = 3.580$			
		$c = 6.794$			

10.3.6　稀土硫属化合物

稀土硫化物结构 RES 的结构属于面心立方的 NaCl 结构，每个 RE 周围有 6 个 S，而每个 S 周围有 6 个 RE，RE 和 S 的配位数均为 6。

稀土倍半硫化物 RE_2S_3 的结构比较复杂，有 α、β、γ、δ、ε、ζ 等六种晶形，α 为正交的 Gd_2S_3 型；β 为四方系的 $Pr_{10}S_{14}O$ 型；γ 为立方的 Th_3P_4 型；δ 为单斜的 Er_2S_3 型；ε 为菱形体的 Al_2O_3 型；ζ 为立方的 Tl_2O_3 型。RE_2S_3 的晶形在一定温度和压力下会发生转变，如

$\alpha La_2S_3 \longrightarrow \beta La_2S_3$（相转变温度 900℃）

$\alpha Nd_2S_3 \longrightarrow \gamma Nd_2S_3$（相转变温度 1180℃）

稀土硫化物 RE_2S_3 的结构类型范围可表示如下：

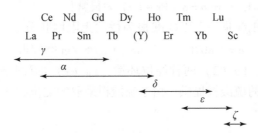

　　REX（X＝S，Se，Te）都是 NaCl 型立方结构。其中的 SmS 存在混合价态，稍加压力即可使它发生从半导体至金属的相变，从黑色变为具有金属光泽的金黄色。

　　REX$_2$ 为四方晶系。RE$_2$O$_2$X 为六方或四方晶系。

10.3.7　稀土硝酸盐

　　最常见的水合稀土硝酸盐为 RE(NO$_3$)$_3$·6H$_2$O，随着中心离子半径的变化它们的结构可分为两类：当 RE＝La、Ce 时，配位数为 11，即 3 个硝酸根以螯合双齿配位，提供 6 个配位数，此外有 5 个水分子配位，所以实际的分子式应为 [RE(NO$_3$)$_3$·5H$_2$O]·H$_2$O，其结构见图 10-24。

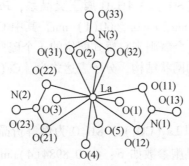

图 10-24　[La(NO$_3$)$_3$·5H$_2$O]·H$_2$O 的分子结构

　　当 RE＝Pr～Lu、Y 时，配位数为 10，即三个硝酸根以螯合双齿配位，提供 6 个配位数，此外 6 个水分子中只有 4 个参与配位，另外两个未配位的水以氢键的方式存在于晶格中。

10.3.8　稀土硫酸盐

　　水合稀土硫酸盐可用通式 RE$_2$(SO$_4$)$_3$·nH$_2$O 表示，其中 n＝3、4、5、6、8、

9，但以 $n=9$ （La、Ce）和 $n=8$ （Pr～Lu）为最常见。

　　$La_2(SO_4)_3 \cdot 9H_2O$ 是一个以硫酸根为桥的无限网状分子，晶体属六方晶系，$a=1.1009$ （2） nm，$c=0.8076$ （20） nm，$C_{6h}^2 P6_3/m$ 空间群 $z=2$ 的分子中，中心离子 La 有 La（1）、La（2）两种配位环境，La（1）的配位数为12，12 个氧原子由 6 个双齿配位的硫酸根提供，由于硫酸根采取的配位方式为

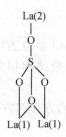

所以对每个 La(1) 占有的硫酸根为 $6\times2/5=12/5$。La（2）的配位数为 9，其中 6 个配位数由 6 个水分子提供，另外 3 个则来自 3 个单齿配位的硫酸根。每个 La(2) 占有的硫酸根为 $3\times1/5=3/5$，所以 La（1）和 La（2）占有的硫酸根为 $12/5+3/5=3$，符合化学式中的比例。未配位的水分子则通过氢键存在于三维的网状结构中，实际上该分子的表达式应为 $\{[La_2(SO_4)_3 \cdot 6H_2O] \cdot 3H_2O\}_n$。

　　四价铈的硫酸根 $Ce(SO_4)_2 \cdot 4H_2O$ 属正交晶系，$Pnma$ 空间群，$a=1.4599$ （2） nm，$b=1.1006(1)$ nm，$c=0.5660(1)$ nm，其中 Ce 的配位数为 8，4 个氧由 4 个水分子提供，另 4 个氧则来自桥式配位的 4 个硫酸根。沿 c 轴方向的晶胞投影，它也是一个三维的网状结构，分子表达式为 $[Ce(SO_4)_2 \cdot 4H_2O]$。

10.3.9　稀土碳酸盐

　　（1）水合碳酸盐：以 $La_2(CO_3)_3 \cdot 8H_2O$ 为例解析晶体结构。该化合物为正交晶系，$Pccn$ 空间群，晶胞参数如下：$a=0.8984(4)$ nm，$b=0.9580(4)$ nm，$c=1.700(1)$ nm，$z=4$，化合物具有 RE^{3+} 和 CO_3^{2-} 为基础交替组成的不规则层状结构，其中 La^{3+} 的配位数为 10，但有两种配位环境：其一是 La^{3+} 与 4 个水和 6 个来自碳酸根的氧配位，此 6 个氧来自单齿配位的碳酸根，另 4 个氧则由 2 个双齿的碳酸根提供，配位多面体具有三角形十二面体构型；另一种配位环境是 La^{3+} 与 2 个水和 8 个来自碳酸根的氧配位，此 8 个氧中 2 个来自单齿配位的二碳酸根，其余 6 个则由 3 个双齿配位的碳酸根提供。8 个水分子中有 2 个未参与配位，而以氢键形式结合于层与层之间。纵观整个分子，碳酸根采取了 2 种不同的配位方式，即

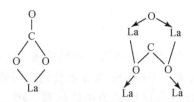

（2）酸式碳酸盐：已知结构的酸式碳酸盐有 [Ho(HCO₃)₃·4H₂O]·2H₂O 和 [Gd(HCO₃)₃·4H₂O]·H₂O，上述两个化合物组成和晶系不完全相同，前者属于三斜晶系，空间群 $P\bar{1}$，后者属于单斜晶系，空间群 $P2_{1/a}$，但其配位情况大体相似，中心离子的配位数均为 10，3 个双齿螯合的 HCO_3^- 共提供 6 个配位数，其余 4 个由 4 个配位水提供，分子间由水通过氢键连接起来。

（3）碱式碳酸盐：稀土的碱式碳酸盐一般都用水热法合成。例如，Y(OH)(CO₃)属正交晶系，$P2_12_12_1$ 空间群，$a=0.4089(1)$ nm，$b=0.6957(1)$ nm，$c=0.8446(1)$ nm，$z=4$。化合物中 Y 为 9 配位，其中 2 个配位数有羟基提供，7 个配位来自碳酸根，即羟基为 μ_2 桥，每个 CO_3^{2-} 提供 7 个配位数，如下所示。

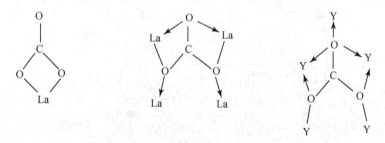

晶胞中分子间的连接如图 10-25 所示。

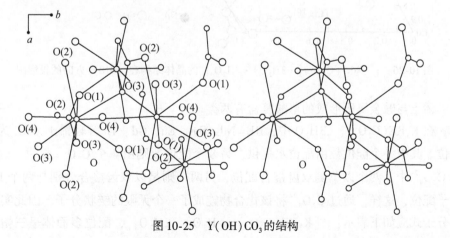

图 10-25　Y(OH)CO₃ 的结构

10.3.10　稀土草酸盐

水合稀土草酸盐可以分成两类结构，较轻的稀土 La～Er、Y 为 10 水合物，单斜晶系；较重的稀土有 Er～Lu 及 Sc 为 6 水合物，三斜晶系。

$Nd_2(C_2O_4)_3 \cdot 10H_2O$ 的晶体结构为单斜晶系，$P2_{1/c}$ 空间群，$a=1.1678(2)$ nm，$b=0.9652(2)$ nm，$c=1.0277(2)$ nm，$\beta=118.92°(2)$ nm，$z=2$，中心离子钕的配位数为 9，3 个来自 3 个配位水，6 个分别由 3 个草酸根提供，这 9 个配位氧原子组成的配位多面体取三帽三棱柱的构型，每个草酸根均以双边双齿形式分别与 2 个钕原子配位，在垂直于 b 轴的方向形成网状结构，因此分子式应写为 $\{[Nd_2(C_2O_4)_3 \cdot 3H_2O] \cdot 7 \cdot H_2O\}_n$，结构见图 10-26。

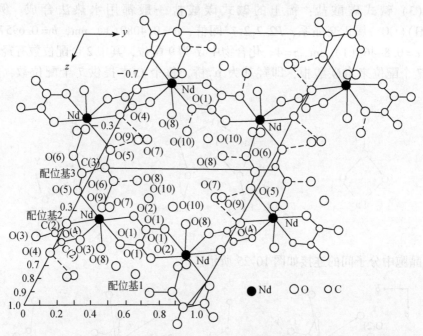

图 10-26　$\{[Nd_2(C_2O_4)_3 \cdot 3H_2O] \cdot 7H_2O\}_n$ 的晶体结构在 (010) 方向的投影图

稀土与碱金属所形成的草酸复盐有两类。

在 $K_3RE(C_2O_4)_3 \cdot 3H_2O$ 中，RE=Nd、Sm、Eu、Gd、Tb 等轻稀土，RE 为 9 配位。其中一个配位数由配位水提供，另 8 个配位数则由 4 个 $C_2O_4^{2-}$ 提供，这 4 个 $C_2O_4^{2-}$ 中，两个以单侧双齿螯合配位，另两个则是以双齿螯合分别与两个 RE 离子配位，这样，通过 $C_2O_4^{2-}$ 将该化合物连成了一个无限的链状分子，因此实际上分子式应如下表示：$\{[K_3RE(C_2O_4)_3 \cdot H_2O] \cdot 2H_2O\}_n$，配位多面体呈三帽三棱柱构型，结构示意图如下：

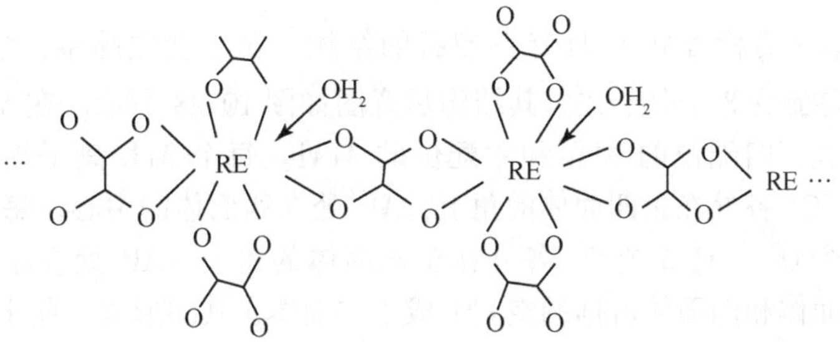

在 $K_8RE_2(C_2O_4)_7 \cdot 14H_2O$ 中 RE=Tb、Dy、Er、Yb、Y，其中 RE 为 8 配位，全部配位数均由草酸根提供，配位多面体取三角十二面体构型，7 个 $C_2O_4^{2-}$ 中，6 个以螯合双齿的形式，分别与两个 RE 配位，剩下的一个 $C_2O_4^{2-}$ 则以双边双齿螯合的形式将两个 RE 连接起来形成一个二聚体。结构示意图见图 10-27。

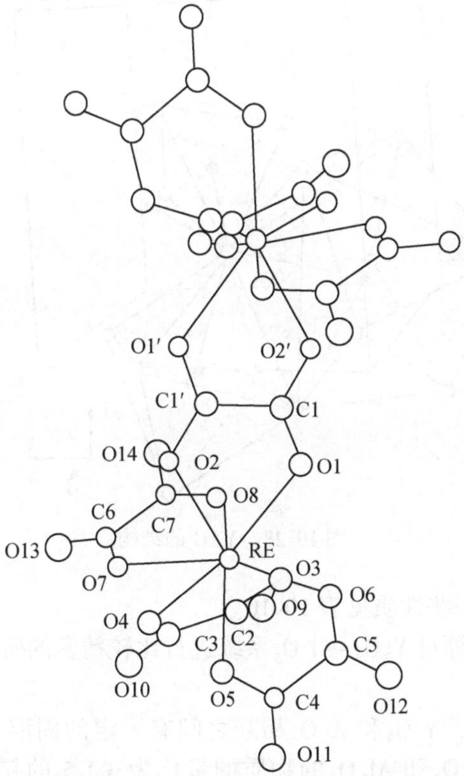

图 10-27 $K_8RE_2(C_2O_4)_7 \cdot 14H_2O$ 分子中阴离子的结构

10.3.11　钇铝石榴石[6]

$Y_3Al_5O_{12}$（简称 YAG）具有石榴石的结构，属于立方晶系，空间群为 O_h^{10}（I_a3d），每晶胞含 8 个分子式。其结构示意图如图 10-28 所示。在 YAG 中 Al 有两种配位方式，四配位的 Al Ⅳ 和六配位的 Al Ⅵ。每个 Al Ⅳ 离子周围共有 4 个 O^{2-}，这 4 个 O^{2-} 各处在正四面体的角上，Al^{3+} 处在四面体的中心。每个 Al Ⅵ 离子周围共有 6 个 O^{2-}，这 6 个 O^{2-} 各处在正八面体的角上，Al^{3+} 处在正八面体的中心。这些八面体和四面体占据的空间形成十二面体，其间形成一些十二面体的空隙。这些十二面体实际上是畸变的立方，每个角上都有 O^{2-} 占据着，中心位置上是 Y^{3+}，故 Y^{3+} 的配位数是 8。由于稀土离子的离子半径与 Y^{3+} 的离子半径相近，所以当 YAG 中掺杂稀土离子时，稀土离子取代 Y^{3+}。

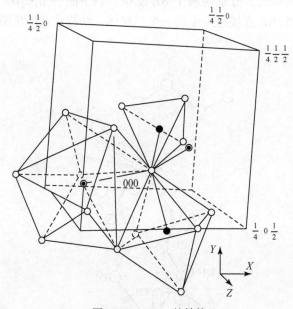

图 10-28　YAG 的结构

对于纯 YAG 的一些性质见表 10-10。

1964 年 Toropov 等对 Y_2O_3–Al_2O_3 系统进行比较精密的研究，所发现的相图见图 10-29。

从图 10-29 可见，Y_2O_3 和 A_2O_3 相互之间有一定的固溶度，且此体系存在三个稳定化合物：①Y_2O_3 和 Al_2O_3 的物质的量比为 3∶5 的钇铝石榴石 $Y_3Al_5O_{12}$；②物质的量比为 2∶1 的单斜晶系化合物 $Y_4Al_2O_9$；③物质的量比为 1∶1 的钙钛矿型的铝酸钇 $YAlO_3$。$Y_3Al_5O_{12}$ 和 $Y_4Al_2O_9$ 是稳定化合物，而铝酸钇只在高温区是稳定的相，低于 1820℃ 时要分解为 $Y_4Al_2O_9$ 和 $Y_3Al_5O_{12}$ 两相混合物。

表 10-10　纯 YAG 的性质

性质	数值
分子式	$Y_3Al_5O_{12}$
相对分子质量	593.7
晶体结构	立方晶系，空间群 $Ia3d$，$a_0 = 12.005\text{Å}$
莫氏硬度	8~8.5
熔点	1950℃
密度	4.55g/cm^3
色泽	无色
化学性质	不溶于水、H_2SO_4、HCl、HNO_3、HF；溶于 $H_3PO_4 > 250℃$；PbO—PbF 体系中共晶温度 $> 550℃$

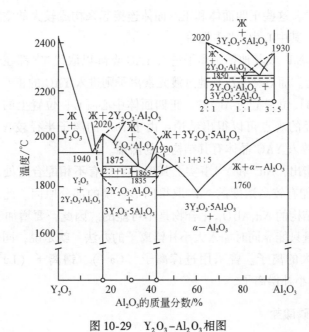

图 10-29　Y_2O_3–Al_2O_3 相图

在 1875℃ 存在着 2∶1+L ⟶ 1∶1 这个包晶反应，这里 L 代表液态。化合物 1∶1 在 1835℃ 转变为 2∶1+3∶5。可以看到 3∶5 这个化合物并无固溶体区，只能严格控制成分的条件下才能得到同成分凝固。如果液态的成分偏在多 Al_2O_3 的一边，则非同成分凝固的结果，YAG 必然会带有 Al_2O_3。如成分偏在多 Y_2O_3 的一边，则非同成分凝固的结果，最后必然有 2∶1+1∶1 作为杂质而同时存在，这些都是 YAG 在生长过程中开裂的根源。

　　石榴石是原指一系列天生矿石而言的，这些矿石的颗粒外形很像石榴子，因此称作石榴石。石榴石的化学成分可以用 $R_3^{2+}R_2^{3+}(SiO_4)_3$ 来代表。这原是一系列硅酸盐，R^{2+} 代表二价阳离子，可以是 Ca^{2+}、Mg^{2+}、Fe^{2+} 或 Mn^{2+}；R^{3+} 代表三价阳离子，可以是 Al^{3+}、Fe^{3+} 或 Cr^{3+}。实验证明，在石榴石中，Al 可以完全取代 Si。这类石榴石的化合式可以用 $[A_3^{3+}][B_2^{3+}][C_3^{3+}]O_{12}$ 来代表。由于 [C] 是三价离子而原来 Si 是四价离子，因此，[A] 也必须是三价离子而不能是二价离子，以求得原子价的平衡。在 YAG 的情形，[A] 是 Y 离子，[B] 是 Al 离子，[C] 也是 Al 离子，因此，YAG 的化合式是 $Y_3Al_5O_{12}$。

　　在 YAG 的情形，[C] 的位置有 Al^{3+} 占据着，[B] 的位置也由 Al^{3+} 占据着，而 [A] 的位置则由 Y^{3+} 占据着。因此可以认为，YAG 的结构是由一些互相连接着的正四面体和正八面体组成的，这些正四面体和正八面体的角上都是 O^{2-}，而其中心都是 Al^{3+}，这些正四面体和正八面体连接起来构成较大的空隙，这些空隙呈畸变立方形，其中心由 Y^{3+} 占据着。

　　实验证明，Nd^{3+} 及其他稀土离子进入 YAG 点阵以取代 Y^{3+} 都在十二面体的中心位置 [A] 上。而 Cr^{3+} 以及其他过渡元素离子则进入 YAG 的正八面体中心位置上，是取代 [B] 位置上的 Al^{3+} 的。正四面体中心 [C] 位置上的 Al^{3+} 则不能替代。从离子半径的观点可以得出结论：由于 Nd^{3+} 的离子半径较 Y^{3+} 的离子半径大，因此 Nd^{3+} 掺入 YAG 晶体有其结构上的困难。

　　这里必须指出，Nd^{3+} 和 Y^{3+} 事实上其离子半径有不相配合之处，这是所有在 YAG 单晶中不能有较高浓度的 Nd^{3+} 取得同形置换的部分原因。此外，已经证明合成石榴石型结构的 $Nd_3Al_5O_{12}$ 化合物是不可能的。因此，要增加 Nd^{3+} 浓度以提高晶体光学质量只能靠同时加入大小补偿离子的办法，就是说，同时加入较小的离子以补偿较大的离子。曾采用过镓离子（Ga^{3+}）、镥离子（Lu^{3+}）和镱离子（Yb^{3+}）作为大小补偿离子。

10.3.12　稀土磷酸盐

　　稀土磷酸盐不仅广泛地存在于自然界中，是一类重要的稀土矿物，如独居石、磷钇矿等，也广泛地应用于稀土分离，更重要的是已在稀土功能材料中获得重要应用，如 $LaPO_4$∶Ce，Tb 为重要的发光材料，NdP_5O_{14} 为高稀土浓度激光材料，近年来又发展稀土磷酸盐在生物医药领域的应用。由于磷酸根的多聚作用可形成多种结构的稀土磷酸盐，现分别介绍如下。

1. 稀土磷酸盐结构

REPO$_4$有两种结构，一种为单斜晶系，RE = La ~ Gd；另一种为四方晶系，RE = Tb ~ Lu、Y、Sc，其晶体学参数列于表 10-11。从表 10-11 可看出，随镧系元素原子序数的增加，其晶胞体积逐渐减小，Y 的位置在 Ho、Er 之间。其中轻稀土的中心离子为 9 配位，9 个氧全部由磷酸根提供，磷酸根的配位方式如（a）配位多面体中有一个五角形的赤道，上下各冠以两个氧。Gd 以后的稀土，中心离子为 8 配位，磷酸根的配位方式如（b）。因此也是一种三维网状的高聚物。

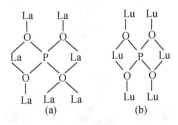

表 10-11　REPO$_4$的晶胞参数

化合物	晶系	空间群	a/nm	b/nm	c/nm	β/(°)	z	配位数
LaPO$_4$	单斜	P2$_{1/n}$	0.6825(4)	0.7057(2)	0.6482(2)	103.21(4)	4	9
CePO$_4$	单斜	P2$_{1/n}$	0.6777(3)	0.6993(3)	0.6445(3)	103.54(4)	4	9
PrPO$_4$	单斜	P2$_{1/n}$	0.6741(3)	0.6961(4)	0.6416(3)	103.63(3)	4	9
NdPO$_4$	单斜	P2$_{1/n}$	0.6722(3)	0.6933(1)	0.6390(2)	103.72(2)	4	9
SmPO$_4$	单斜	P2$_{1/n}$	0.6669(1)	0.6868(2)	0.6351(4)	103.92(2)	4	9
EuPO$_4$	单斜	P2$_{1/n}$	0.6639(3)	0.6823(3)	0.6318(3)	104.00(4)	4	9
GdPO$_4$	单斜	P2$_{1/n}$	0.6621(2)	0.6823(2)	0.6310(3)	104.16(2)	4	9
TbPO$_4$	四方	I4$_{1/a}$md	0.6940(1)		0.6068(1)		4	8
DyPO$_4$	四方	I4$_{1/a}$md	0.6907(2)		0.6046(2)		4	8
HoPO$_4$	四方	I4$_{1/a}$md	0.6882(2)		0.6025(2)		4	8
ErPO$_4$	四方	I4$_{1/a}$md	0.6863(3)		0.6007(3)		4	8
TmPO$_4$	四方	I4$_{1/a}$md	0.6839(1)		0.5986(1)		4	8
YbPO$_4$	四方	I4$_{1/a}$md	0.6816(2)		0.5966(2)		4	8
LuPO$_4$	四方	I4$_{1/a}$md	0.6792(2)		0.5954(2)		4	8
YPO$_4$	四方	I4$_{1/a}$md	0.6882(1)		0.6018(1)		4	8
ScPO$_4$	四方	I4$_{1/a}$md	0.6578(2)		0.5796(2)		4	8

（1）磷钇矿的分子式为 YPO_4，化学组成为 Y_2O_3 61.40%，P_2O_5 38.60%（理论值）。属四方晶系，属四方双锥晶类 D_{4h}—$4/mm$（$L^4 4L^2 5PC$）。晶形为四方双锥及沿 x 轴延长短柱状，常与锆石沿 c 轴成平行连生。其晶体结构列于图 10-30。

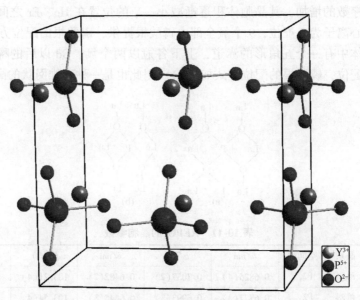

图 10-30　磷酸钇的晶体结构

（2）独居石的分子式为（Ce，Y）PO_4，化学组成 Ce_2O_3 34.99%，$\sum La_2O_3$ 34.74%，P_2O_3 30.27%（理论值）。属单斜晶系，单斜柱晶类 C_{2h}^5–$Pa2_1/n$，常沿（001）发育成板状晶体，有时呈粒状。晶体结构由孤立的［PO_4］四面体组成。分子式和结构都与磷钇矿相似，即 CeO_9 多面体与 PO_4 四面体的三度空间以棱相连，平行 c 轴的 CeO_9–PO_4 链与磷钇矿相吻合，但是横向连接的 CeO_9 多面体取消了沿（001）方向的通道。晶体中的 RE^{3+} 为 8~9 次配位。

2. $KREP_4O_{12}$[7]

碱金属的稀土四磷酸盐（$MREP_4O_{12}$）随着其组成的改变，它们的结构与性能也呈现出某些规律性变化，其中某些晶体也获得应用。如 $MNdP_4O_{12}$（式中 M =Li、Na 或 K）均是高钕浓度、低浓度猝灭的化学计量比激光材料，$LiPrP_4O_{12}$ 也已获得激光输出，$LiTbP_4O_{12}$ 与 $KTbP_4O_{12}$ 有可能作为激光或发光材料，α-$KErP_4O_{12}$ 将可用作工程器件材料。

$KREP_4O_{12}$ 的晶体结构可分为三种类型，即单斜晶系的 α 型（空间群 $P2_1$）、β

型（空间群 $C2/c$）和 γ 型（空间群 $P2_1/c$）

从表 10-12 和表 10-13 可见，无论是 α 型还是 β 型的 $KREP_4O_{12}$ 晶体，它们的晶胞参数均呈现有规律的变化，即随着原子序数的增加、RE^{3+} 离子半径的减小，晶胞体积减少。从 RE—O 键的平均距离可知，与 REP_5O_{14} 一样，随着稀土元素的原子序数的增加，RE^{3+} 的配位能力增强，RE—O 键的平均距离缩短。从表 10-12 和表 10-13 可知，轻稀土元素易于形成 α 型，而重稀土的 $KREP_4O_{12}$ 则易于形成 β 型的结构。这种变化与晶体的结构因素有关。

表 10-12　α-KRE_4O_{12} 晶体的几何结晶学数据

KRE_4O_{12}	离子半径 RE^{3+}/Å	晶系	空间群	晶胞参数/Å				Z	晶胞体积/Å³	RE—O 平均键长/Å
				a	b	c	$\beta/(°)$			
KLa_4O_{12}	1.06	单斜	$P2_1$	7.35	8.53	8.09	92.35	2	506.6	2.50
KCe_4O_{12}	1.03	单斜	$P2_1$	7.33	8.47	8.05	92.35	2	500.0	
KPr_4O_{12}	1.01	单斜	$P2_1$	7.33	8.47	8.04	92.11	2	499.0	
KNd_4O_{12}	1.00	单斜	$P2_1$	7.32	8.46	8.01	92.49	2	495.8	2.46
KSm_4O_{12}	0.96	单斜	$P2_1$	7.29	8.45	8.00	91.58	2	492.3	
KEu_4O_{12}	0.95	单斜	$P2_1$	7.28	8.39	7.98	91.50	2	487.3	
KGd_4O_{12}	0.94	单斜	$P2_1$	7.23	8.35	7.92	91.69	2	478.1	
KTb_4O_{12}	0.92	单斜	$P2_1$	7.23	8.35	7.92	91.72	2	477.5	
KDy_4O_{12}	0.91	单斜	$P2_1$	7.23	8.35	7.91	91.34	2	476.2	
KHo_4O_{12}	0.89	单斜	$P2_1$	7.19	8.30	7.87	91.38	2	469.1	
KEr_4O_{12}	0.88	单斜	$P2_1$	7.18	8.29	7.86	91.43	2	467.8	2.45
KY_4O_{12}	0.88	单斜	$P2_1$	7.28	8.39	7.95	91.19	2	485.3	

表 10-13　β-$KREP_4O_{12}$ 晶体的几何结晶学数据

$KREP_4O_{12}$	离子半径 RE^{3+}/Å	晶系	空间群	晶胞参数/Å				Z	晶胞体积/Å³
				a	b	c	$\beta/(°)$		
$KPrP_4O_{12}$	1.01	单斜	$C2/c$	8.10	12.39	11.16	115.11	4	1014.2
$KDyP_4O_{12}$	0.91	单斜	$C2/c$	7.84	12.28	10.62	113.14	4	940.2
$KHoP_4O_{12}$	0.89	单斜	$C2/c$	7.83	12.27	10.63	113.20	4	938.7
$KErP_4O_{12}$	0.88	单斜	$C2/c$	7.79	12.27	10.52	112.71	4	927.6
$KTmP_4O_{12}$	0.87	单斜	$C2/c$	7.75	12.27	10.47	112.47	4	920.2

α 型的 $KREP_4O_{12}$ 晶体属于无中心对称的结构，可望作为二次非线性光学材料。测定了 $KREP_4O_{12}$ 晶体的晶体结构。由此得知，α-$KREP_4O_{12}$ 单胞中含有两个

$KREP_4O_{12}$分子，不对称单位含一个分子。晶体结构在（001）平面上的投影示意为图 10-31。晶体的基本结构单元是由共顶角的 PO_4 四面体组成的 $(PO_3)_n$ 螺旋带，并围绕着 c 轴无限延伸，其周期性重复单元为 $n=4$；单胞内的两螺旋带在 $b/2$ 处交错。每个四面体与邻近的四面体共享两个 O。RE 局域两个螺旋带之间，并与周围的氧成键。配位的氧来自两个带，每个带贡献四个，八个氧围绕着 RE 组成三角十二面配位多面体。两带借 REO_8 十二面体相互连接，每个带则有四个 REO_8 所环绕。从整体结构看，REO_8 彼此分立（图 10-32）。K 原子居于不规则空隙多面体中。

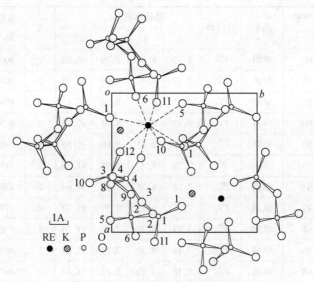

图 10-31　α-$KREP_4O_{12}$ 的晶体结构

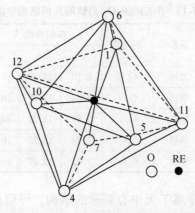

图 10-32　$KREP_4O_{12}$ 晶体中稀土和氧的配位构型图

3. 稀土五磷酸盐[8]

稀土五磷酸盐（REP_5O_{14}）是一类具有笼状结构的稀土多聚酸盐。五磷酸钕是一种高钕浓度、低浓度猝灭的新型的化学计量比激光材料。五磷酸铈是一种迄今为止余辉最短的闪烁体材料，衰减时间仅 12ns。五磷酸镨也是一种化学计量比的激光材料，它能在两个波段（637nm 和 717nm）同时实现激光输出。

M. Bagieu-Beucher 等根据所测得的 REP_5O_{14} 的晶格常数，提出 REP_5O_{14} 晶体分别属于三种不同的结构类型，即单斜晶系 I （空间 $P2_{1/c}$）、单斜晶系 II（空间群 $C2/c$）和正交晶系（空间群 $Pcmm$）。作者也测定了一系列稀土五磷酸盐的晶体结构。

表 10-14　稀土五磷酸盐的晶体结构参数

REP_5O_{14}	离子半径 RE^{3+}/Å	晶系	空间群	晶胞参数/Å				RE-O 平均键长/Å
				a	b	c	β/(°)	
CeP_5O_{14}	1.03	单斜晶系 I	$P2_{1/c}$	8.797	9.074	13.124	90.4	2.475
PrP_5O_{14}	1.01	单斜晶系 I	$P2_{1/c}$	8.78	9.02	13.03	90.5	
NdP_5O_{14}	1.00	单斜晶系 I	$P2_{1/c}$	8.79	9.01	13.0	90.4	2.435
SmP_5O_{14}	0.96	单斜晶系 I	$P2_{1/c}$	8.750	8.944	12.990	90.45	2.431
EuP_5O_{14}	0.95	单斜晶系 I	$P2_{1/c}$	8.74	8.93	12.95	90.45	2.411
GdP_5O_{14}	0.94	单斜晶系 I	$P2_{1/c}$	8.743	8.904	12.93	90.45	2.429
TbP_5O_{14}	0.92	单斜晶系 I	$P2_{1/c}$	8.721	8.877	12.911	90.52	2.392
DyP_5O_{14}	0.91	单斜晶系 II	$C2/c$	12.90	12.79	12.64	91.30	2.368
HoP_5O_{14}	0.89	单斜晶系 II	$C2/c$	12.92	12.80	12.68	91.30	2.344
		正交晶系 III	$Pcmn$	8.726	8.926	12.710		2.321
ErP_5O_{14}	0.88	单斜晶系 II	$C2/c$	12.835	12.705	12.363	91.25	2.324
TmP_5O_{14}	0.87	单斜晶系 II	$C2/c$	12.822	12.709	12.358	91.25	2.319
YbP_5O_{14}	0.86	单斜晶系 II	$C2/c$	12.830	12.676	12.337	91.25	2.317

从表 10-14 可知，随着稀土元素原子序数的增加，REP_5O_{14} 的晶体结构由单斜晶系 I 向单斜晶系 II 和正交晶系 III 转变。这种转变与镧系收缩、三价稀土离子半径减小有关，也与周围离子的配位情况有关。从表 10-14 中得知，随着原子序数的增加，RE-O 键的平均距离减小，这是由于随着原子序数的增加，稀土离子半径收缩，配位能力增强的结果。所测定的晶体的详细结构表明，REP_5O_{14} 晶体的基本结构单位是 PO_4 四面体。稀土离子作为配合中心阳离子与周围独立的八个氧原子构成稍歪扭的“正方”反三棱形配位多面体（图 10-33）。在 REP_5O_{14} 晶体

中稀土离子最短的连接方式是 RE—O—P—O—RE 键，它们成对地连成环状结构。

$$
\begin{matrix}
 & O—P—O & \\
RE & & RE \\
 & O—P—O &
\end{matrix}
$$

测得 Ce—Ce 最短距离为 5.967Å，Tb—Tb 的最短距离为 5.904Å。

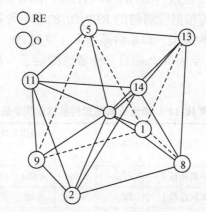

图 10-33　REP$_5$O$_{14}$中稀土和氧的配位构型图

图 10-34 列出 CeP$_5$O$_{14}$晶体带状结构分布图。

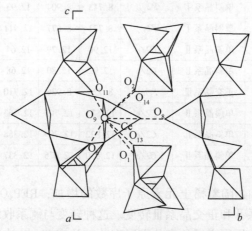

图 10-34　CeP$_5$O$_{14}$晶体带状结构分布图

若将 REP$_5$O$_{14}$晶体置于偏光显微镜下，可观察到亮暗区域相间的一种双折射率的不连续性出现。沿着（001）方向施加一个小的剪切应力，可使亮暗不同区域反复再现，这种可逆转换的性质是铁弹畴固有的特征。所以这种铁弹性孪晶又称为畴。畴的变化幅度从几微米到整个晶体。晶体在室温下通常形成（001）面上的 a 型畴及（100）面上的 b 型畴，其中 a 型畴较常见。表 10-15 列出 REP_5O_{14} 晶体铁弹畴与温度的关系。

铁弹性的确切定义是晶体在无应力（电场）的作用下，具有两个或多个（取向）状态。若外加应力可使这些状态之间从一个状态变换到另一个状态。但在无应力作用下（无电场作用下）这些状态中的任何两个状态在晶体结构上是一样的或是镜面对称，但它们的应变张力是不同的。一般情况下，表示铁弹体的状态变化必须要包括在它们的状态变化过程中不同畴的出现和消失，以及在应变与应力之间的关系中的矩形滞后现象。

表 10-15　晶体铁弹畴与温度的关系[9]

REP_5O_{14}		La	Ce	Pr	Nd	Sm	Eu	Gd	Tb	Dy
RE^{3+}半径/Å		1.06	1.03	1.01	1.00	0.96	0.95	0.94	0.92	0.91
加热过程	畴开始变化	85	95	100	110	130	140	140	145	145
	畴消失	122	127	137	146	157	160	172	173	174
冷却过程	畴消失	115	118	130	135	150	150	160	160	160
	畴恢复	80	90	95	100	110	120	135	140	140

10.3.13　稀土卤酸盐结构

$RE(ClO_4)_3 \cdot 6H_2O$（其中 RE 为 La、Tb、Y、Er）为立方晶系，$Fm3m$ 空间群，部分高氯酸盐的晶胞参数见表 10-16。

表 10-16　一些高氯酸盐的晶胞参数

化合物	$La(ClO_4)_3 \cdot 6H_2O$	$Tb(ClO_4)_3 \cdot 6H_2O$	$Y(ClO_4)_3 \cdot 6H_2O$	$Er(ClO_4)_3 \cdot 6H_2O$
晶胞参数 a/nm	1.2173（5）	1.1926（5）	1.1900（6）	1.1900（7）

其中中心离子的配位数为 6，6 个氧全部来自 6 个水，高氯酸根则不参与配位，稀土离子的配位多面体为八面体，该化合物在晶胞中的堆积可以看成 $RE(H_2O)_6^{3+}$ 的八面体按立方密堆积排列，而 ClO_4^- 的四面体则占据了所有可能的八面体间的空隙，它们与 $RE(H_2O)_6^{3+}$ 并没有紧密联系，空间中允许 ClO_4^- 有一定程度的随机和无序。

$RE(BrO_3)_3 \cdot 9H_2O(RE = La \sim Lu)$ 均是六方晶系，$P6_{3/m}mc$ 空间群。数据表明：La ~ Lu，随着稀土离子的离子半径减小，晶胞参数也随之减小。结构数据还表明，这类稀土化合物中 RE^{3+} 的配位数为 9，9 个配位氧全部由水提供，BrO_3^- 则不参与配位，9 个水分子中的氧组成三帽三棱柱的配位多面体。

10.3.14　稀土氧化物高温超导体与铜酸盐结构

自 1986 年 Bednor 和 Muller 发现 La-Ba-Cu-O 体系的高温超导体以来，所发现的氧化物超导体除 $Ba_{1-x}K_xBiO_3$ 外都属于铜酸盐化合物。这些铜酸盐超导体可以分为六类：①具有 K_2NiF_4 结构的 $(La_{1-x}M_x)_2CuO_4$（其中 M=Ca、Sr 和 Ba）；②具有畸变钙钛矿层状结构的 $REBa_2Cu_3O_y$（其中 RE = Y、Nd、Sm、Eu、Gd、Dy、Ho、Er、Tm、Yb、Lu）；③具有非公度调制结构和超结构的 $(BiO)_2Sr_2Ca_{n-1}Cu_nO_y$（$n$ = 1、2、3、4）；④类似 Bi 系的 $(TlO)_2Ba_2Ca_{n-1}Cu_nO_y$ 和 $(TlO)Ba_2Ca_{n-1}Cu_nO_y$（n = 1、2、3、4、5）；⑤具有层状结构的 $Pb_2Ca_{1-x}RE_xSr_2Cu_3O_8$（其中 RE = RE+Sr 或 RE+Ca）；⑥电子型超导体 $RE_{2-x}Ce_xCuO_{4-y}$（其中 RE = Pr、Nd、Sm、Eu、Gd）。

主要稀土铜酸盐超导体如下：La_2CuO_4（37K），$La_{2-x}M_xCuO_4$（M=Ca、Sr、Ba）（20～40K），$La_{2-x}M_{1+x}Cu_2O_6$，$REBa_2Cu_3O_7$，$REBa_2Cu_3O_{7-x}$（92K），$REBa_2Cu_4O_{8\pm y}$（57～81K），$Bi_{2-x}Pb_xSr_2Ca_{1-x}Y_xCu_2O_8$（0～85K），$Tl_{1-x}Pr_xSr_{2x}Pr_yCuO_{5-y}$（$x=0.2y$ = 0.4）（40K），$TlBa_{1-x}La_{1-x}CuO_5$（$x = 0.2$）（50K），$Pb_2RE_{2-x}Sr_xCu_2O_6$（40K），$Pb_2Sr_2Y_{0.5}Ca_{0.5}Cu_3O_8$（45K），$Pb_{2-x}Bi_xSr_2Y_{1-y}Ca_yCu_5O_8$（79K）。

虽然这些铜酸盐超导体表现出差异很大的超导电性，但从成键结构、晶体结构尤其是固体化学性质等方面来看却表现出很多相同的性质，简单来说就是：①都存在二维的 Cu-O 面，这被认为是超导电性存在的关键；②这种 Cu-O 面被一种电荷源层所隔离，通过化学掺杂该隔离层能控制超导面的荷电量；③在费米能级 E_F 附近的电子能带是 Cu3d 和 O2p 态共同作用的结果；④在掺杂过程中原来所处的反铁磁绝缘态失去它的本征磁矩变成金属态，继而出现超导电性。

从铜酸盐超导体的晶体结构来看，它们都属于相同结构体系 $(ACuO_{3-x})_m(A'O)_n$，即是由缺氧层状钙钛矿 $[CuO_2]_\infty$ 和岩盐型层状 $[A'O]_\infty$ 交错而成的共生结构（即交生现象）。

一般而言，氧化物超导体都是由钙钛矿型结构派生出来的，人们称之为有缺陷的钙钛矿型化合物。毫无疑问，氧化物超导体的晶体结构都或多或少地体现或继承了 ABO_3 型钙钛矿结构的基本特点。

钙钛矿型结构（图 10-35）的化合物一般都是具有理想配比的化学式 ABO_3，其中 A 代表具有较大离子半径的阳离子；B 代表半径较小的过渡金属阳离子。A 和 B 离子的价态之和为+6，以保持中性条件成立。

ABO_3 型钙钛矿结构的化合物的另一特点是，它们的组分可通过部分替代而在很宽的范围内发生变化。也就是说，它们在一定的组分范围内存在，以生成很多保持钙钛矿型基本结构的新化合物，如 $A_{1-x}A_x^1BO_3$ 和 $AB_{1-x}B_x^1O_3$ 型化合物。由

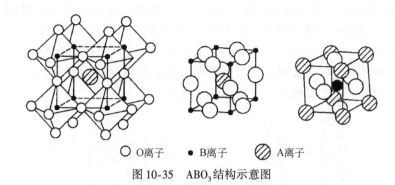

○ O离子　　● B离子　　▨ A离子

图 10-35　ABO$_3$结构示意图

元素部分替代产生的新化合物虽然其结构没发生变化，但是，它们的物理性能往往会发生很大的改变。部分替代后的化合物的电导性、磁性和超导性往往发生很大变化。例如，LaCoO$_3$是很好的绝缘体，在 Sr 部分替代 La 之后，La$_{1-x}$Sr$_{1-x}$CoO$_3$ 变成电导率很高的金属性氧化物。

钙钛矿型氧化物在结构上的另一特点是，在这种结构中都或多或少地存在着氧缺位和 A 晶位阳离子的缺位。氧缺位的发生是普遍存在的，氧缺位的数量也可以在很大的范围内变化。当在真空条件下合成 SrTiO$_{3-x}$时，x 的数值即氧缺位的最大值可达 0.5。在氧缺位如此之高的化合物中，必然发生晶体结构的畸变。氧缺位往往又优先占据某些晶位，如 YBa$_2$Cu$_3$O$_{7-\delta}$氧化物超导体中，氧缺位的有序分布导致在该化合物中存在一维 CuO$_2$链和二维 CuO$_4$平面，而不存在三维的 Cu—O 多面体网络。相反的情况也时有发生，在某些 ABO$_3$型钙钛矿型化合物中也可能会发生氧的过剩，即多余的氧离子以间隙离子存在，如在纯氧气氛中合成 LaMnO$_{3+\delta}$，就会发生氧的过剩。在层状钙钛矿型结构中，情况与 ABO$_3$型化合物相同，但更为复杂。如在高压氧的条件下合成 La$_2$CuO$_{4+\delta}$时，δ 可达 0.05。这时它便成为超导体。对 YBa$_2$Cu$_3$O$_y$而言，在纯氧气氛中（常压），无论如何 y 也不会超过 7。

从晶体结构的观点来看，在 ABO$_3$钙钛型化合物中，A 晶位的阳离子也容易出现缺位，同时造成氧的过剩；而 B 晶位上的阳离子与氧离子组成 CuO$_6$八面体是 ABO$_3$型结构的框架，因此 B 晶位上的离子一般不会出现缺位。

YBa$_2$CuO$_{7-\delta}$在 7−δ>6.4 时是超导材料。在高温时是四方结构，空间群是 $P4/mmm$。低温时转变为正交结构，空间群为 $Pmmm$。a 与 b 的比依赖于氧空位的数量及排列有序的程度；b 方向氧全满时，δ=0；b 方向氧占有一半格位时，δ= 0.5；b 方向全空时，δ= 1.0。当氧含量为 6.5 ~ 7.0 时，YBCO 为超导体。

图 10-36 是在室温下 YBa$_2$CuO$_{7-\delta}$的晶体结构。O(1) 的占有率小于 1，表明这一晶位上的 O 不但易脱离格位，而且也易从晶体中逸出。沿 c 轴可看作是：…

CuO□–BaO–CuO₂–Y□–CuO₂–BaO–CuO□–…其中，Cu(2) 的层是准四方的排列，Cu(1) 最近邻是四个离子，而 Cu(2) 则处在由五个氧离子组成的半个八面体底面的中央。温度升高时，在 CuO□平面上，氧空位的排列开始有序破坏，a 和 b 的差别减小。到正交四方转变温度时，氧空位排列成为完全无序的。$\delta \neq 0$ 时，增多的氧空位主要还是出现在 Cu(1) 层上。

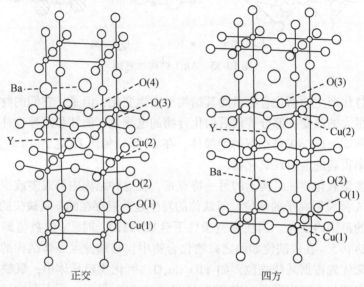

正交　　　　　　　四方

图 10-36　YBa₂CuO₇₋δ的晶体结构

大多数发现的铜酸盐超导体的载流子都是空穴，但 1989 年 1 月 Tokura 在 RE₂CuO₄化合物中用四价 RE 部分取代三价 RE 时发现该超导体中的载流子是电子。因为四价 Ce 是电子施主，它的掺入会抵消原来掺入的 Ba 或 Sr 于 La₂CuO₄后形成的空穴。Hall 系数（电子超导体 RH 是负值，空穴超导体是正值）和 Seebeck 电压的测定都证明了其载流子是电子。电子超导体的发现是继 Bednore 和 Müller 以来的最重大发现，它为明确超导体的理论模型提供了重要帮助。从化学角度和晶体结构看，电子超导材料完全相似于以前的空穴铜酸盐超导体，唯一的差别是在电子超导体中每个 Cu 与 4 个 O 键合，而空穴超导体中每个 Cu 被八面配位的氧所包围，见图 10-37。

10.3.15　一维结构的 Sr₂CeO₄

1998 年发现一种一维结构的发光体——Sr₂CeO₄[12,13]，其发光性质引人注目。关于 Ce³⁺的发光研究人们已经做了很多。而在该物质中铈以 Ce⁴⁺的形式存在，Ce⁴⁺无4f 电子（电子构型为 $5s^2 5p^6 4f^0 5d^0 6s^0$）不能跃迁发光。但在室温下该

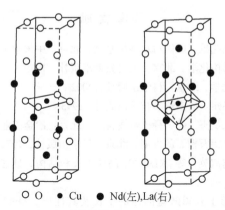

○○ O　● Cu　● Nd(左),La(右)

图 10-37　Nd$_2$CuO$_4$(左)电子超导体和 La$_2$CuO$_4$(右)空穴超导体的结构图

发光体在 254nm 或 365nm 的紫外光激发下都可发出明亮的蓝白色光（色坐标为 $X=0.198$，$Y=0.292$）。对这种发光现象的解释是：正是由于该物质的一维结构才导致其发光。其结构如图 10-38 所示：每个 Ce^{4+} 与六个 O^{2-} 成键构成铈氧正八面体，每个八面体通过共用 2 个 O 彼此连接形成链状结构。在链状结构中，存在两种铈氧键，Ce—O—Ce 和 Ce—O，后者比前者短 0.01nm。Ce—O 键的存在导致电荷迁移的发生，即 O^{2-} 的外层 1 个电子进入 Ce^{4+} 的外层轨道形成亚稳态的 O$^-$—Ce^{3+} 离子对，引起跃迁发光。当 Sr : Ce = 1 : 1 时，如 SrCeO$_3$，该物质的结构变为三维网状，Ce—O 键消失，从而不发光。

Sr$_2$CeO$_4$ 发光体的激发与发射光谱也很有特点，与通常的稀土发光体的窄线光谱相比，该发光体具有明显的宽带激发与发射，很类似 Ce^{3+} 的 5d→4f 跃迁。最大激发和发射分别位于 310nm 和 485nm 附近（我们测得的发射峰位于 461nm），如图 10-39 所示。考虑到该物质的宽带吸收，如果将其作为基质，选择合适的离子掺杂，有可能得到高效发光材料。

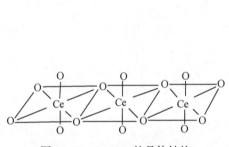

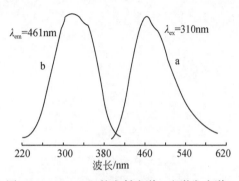

图 10-38　Sr$_2$CeO$_4$ 的晶体结构　　　图 10-39　Sr$_2$CeO$_4$ 的发射光谱 a 和激发光谱 b

参 考 文 献

［1］ 张孝文，薛万荣，杨兆雄. 固体材料结构基础. 北京：中国建筑工业出版社，1980

［2］ 何福城，朱正和. 结构化学. 北京：人民教育出版社，1979

［3］ 洪广言. 无机固体化学. 北京：科学出版社，2002

［4］ 苏锵. 稀土化学. 郑州：河南科学技术出版社，1993

［5］ 唐定骧，刘余九，张洪杰，等. 稀土金属材料. 北京：冶金工业出版社，2011

［6］ 陆学善. 激光基质钇铝石榴石的发展. 北京：科学出版社，1972

［7］ 洪广言，刘书珍，越淑英，等. $KLnP_4O_{12}$ 晶体生长和结构. 硅酸盐学报，1986，14（2）：212-218

［8］ 洪广言，越淑英. 稀土五磷酸盐晶体的生长及其性质. 硅酸盐学报，1983，11（2）：173-180

［9］ 李宝祥，李红军，洪广言. LnP_5O_{14} 晶体铁弹相变的研究. 硅酸盐学报，1984，12（4），478-483

［10］ 洪广言. 高稀土浓度激光材料. 激光科学与技术，1984，5（2）：1-11

［11］ 李言荣，恽正中. 电子材料导论. 北京：清华大学出版社，2001，160-161

［12］ Danielson E, Devenney M, Giaquinta D M, et al. A rear earth phosphor containing one-dimensional chains identified through combinatorial methods. Science, 1998, 1279: 837

［13］ 张雷，洪广言. 一维结构中的发光特性. 人工晶体学报，1999，28（2）：204-209

［14］ 洪广言. 稀土发光材料——基础与应用. 北京：科学出版社，2011

［15］ 徐光宪. 稀土. 2 版（下）. 北京：冶金工业出版社，1995

［16］ 苏勉曾. 固体化学导论. 北京：北京大学出版社，1987

第 11 章　非化学计量比稀土化合物

非化学计量比化合物（又称非整比化合物）是一类特殊的固态化合物。对它们的研究是固体化学中一个重要而活跃的分支。这不仅因为某些非整比化合物有重要的功能特性和应用价值，还因为通过对它们的研究正在揭示有关固体结构、稳定性和动力学方面某些不寻常的信息。

非化学计量比化合物对于传统的化学概念是一种挑战。按定组成定律要求，每一种化合物各组成元素的质量比不应随它的来源、制备方法、存在形态和测定方法而有任何变化。我们经常把各组成元素有确定质量比的化合物称为化学计量比化合物，因这类化合物中的原子数保持固定的简单整数比，它们也被称为整比化合物。而非 化 学 计 量 比 化 合 物则不遵循此规则，并且存 在 更 为 普 遍。非整比化合物已成为一个崭新的现代化学概念。

非化学计量比化合物在功能材料方面的研究和应用较多，一般来说非化学计量比化合物可能改善材料的性能，而且创立了许多新材料。

11.1　非化学计量比化合物

11.1.1　引言

道尔顿（D. Dalton）的定组成或整数比（stoichiometry）的概念是肯定化合物的判据和准则，化合物的许多性质都可以用定组成定律来解释。这个理论可以圆满地解释有机化合物中分子晶体的许多问题，但是发现用来说明原子或离子晶体化合物时，就不一定正确。根据实验结果，贝多莱（C. L. Berthollet）曾指出，在原子或离子晶体化合物中，并不一定总是遵守定组成定律。同一种物质，其组成可以在一定范围内变动。可惜他的观点在当时未受到应有的重视。1912 年库尔纳可夫（H. C. КурНаков）学派在研究二元和多元金属体系的状态图及其他性质–组成图时，发现金属体系中普遍存在着两类化合物。一类是道尔顿体（daltonide）；一类是贝多莱体（berthollide）。道尔顿体是一类具有特定组成的化合物，相应于在状态图的液相线和固液相线上有一个符合整比性的极大值［图 11-1（a）］，而且在其他性质–组成的等温图上，都有一个奇异点（singular point）。贝多莱体是一类具有可变组成的固相，反映在状态图上是在液相线和固液相线上没有一个符合整比性的极大值［图 11-1（b）］，而且在其他性质–组成的等温线图上，也没有一个奇异点。直到 1930 年申克（R. Schench）和丁曼（T. Dingmann）关于 FeO 体系的研究，以及比尔兹（W. Biltz）和朱萨（R. Juza）关于二元化合物分解平衡压的研究，都指出在许多离子化合物或分子化合物中，组成在一定范围内可变的情况是广泛地存在着的。例如，对方铁矿（wustite）物相的研究表明，它的组成是 FeO_{1+x}，$0.09 < x < 0.19$（在900℃）。

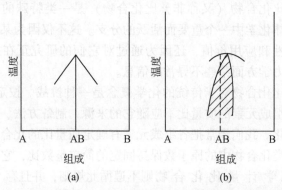

图 11-1　道尔顿体（a）和贝多莱体（b）的典型的温度–组成图

同时瓦格纳（C. Wagner）和肖特基（W. Schottky）对实在晶体和晶格缺陷的统计热力学研究指出，在高于 0 K 的温度时，任何一种固体化合物均存在着组成在一定范围变动的单一物相，而严格地按照理想化学整比组成的或由单纯的价键规则导出的化合物，并无热力学地位。

从近代晶体结构的理论和实验研究的结果表明，具有化学计量比和非化学计量比的化合物都是普遍存在的。更确切地说，非化学计量比化合物的存在是更为普遍的现象。

在固体化学中化合物这一概念已从分子层次扩展到晶体结构层次、从化合物非化学计量比扩展到晶体缺陷，成为同晶体结构相联系的一个概念。从结构上说，虽然非整比晶体的组成有相当宽的变化范围，但它们的 X 射线衍射花样仍始终显示原晶胞的特征，而且晶胞参数随组成连续变化，因而不同于整比化合物。

随着科学技术的发展，非化学计量比化合物越来越显示出它的重要的理论意义和实用价值。由于各种缺陷的存在，往往给材料带来了许多特殊的光、电、声、磁、力和热性质，使它们成为很好的功能材料。氧化物陶瓷高温超导体的出现就是一个极好的例证。为此，人们认为非化学计量比是结构敏感性能的根源。

对于偏离整比（compound deviated from stoichiometry）或非化学计量比（non-stoichiometry）的化合物，可以从两个方面加以规定：

（1）纯粹化学的定义所规定的非化学计量比化合物，是指用化学分析、X 射线衍射分析和平衡蒸气压测定等手段能够确定其组成偏离整比的均一的物相，如

FeO_{1+x}、FeS_{1+x}、PdH_x、PrO_{2-x}、TbO_{2-x} 等过渡元素的化合物。这一类化合物组成偏离整比较大，也称为宽限非整比化合物。

（2）从点阵结构上看，点阵缺陷也能引起偏离整比性的化合物，其组成的偏离极小，以至于不能用化学分析或 X 射线衍射分析观察出来，但是，可以由测量其光学、电学和磁学的性质来研究它们。这类偏离整比化合物也称为窄限非整比化合物，它们具有重要的技术性能，正引起人们的极大关注。

非化学计量比化合物之所以会存在，可由图 11-2 表示的每一摩尔生成吉布斯自由能的图来直观地理解。图 11-2 中化合物 $A_{1-x}B_x$ 的生成自由能曲线，在点 P、Q 处向各自两端成分 A、B 引直线，与点 P、Q 相连，则在 P、Q 范围的组成内就会有均相存在。另外当 A 和 AB，B 和 AB 共存时的 A、B 的化学势可由各自的点 Q'、P' 给出。

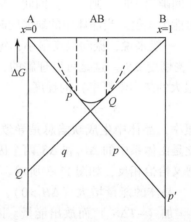

图 11-2　非化学计量比组成的生成自由能

根据化学热力学的定律，任何一个在恒温、恒压进行的自发过程，反应体系的自由能一定是降低的。故

$$\Delta G = \Delta H - T\Delta S < 0$$

式中，ΔG、ΔH 和 ΔS 分别是体系的自由能、焓和熵的变化。因为在固相中，当点缺陷生成时，晶体的体积基本不变，即 $\Delta V \approx 0$，所以 $\Delta H = \Delta U + p\Delta V \approx \Delta U$，其中 ΔU 为内能。

$$\Delta G = \Delta U - \Delta T\Delta S$$

当体系处于热力学平衡时，体系的自由能具有最小值，即 $\Delta G = 0$。在晶体中生成 1mol 缺陷时，所引起的自由能的改变如下式所示

$$\Delta G_f = \Delta H_f - T\Delta S_v - T\Delta S_k$$

式中，ΔH_f 为 1mol 缺陷的生成焓（热）；ΔS_v 是位于 1mol 缺陷周围的原子的振动

熵的变化；ΔS_k是指由于体系混乱度的增加所引起的结构熵的变化（即混合熵）。如果晶体中生成点缺陷是一个自发过程，则过程的ΔG_f必然小于零，那么问题就在于公式中的右边各项中，哪一项是能够决定ΔG_f符号的因素。

因为在晶体中要把点阵上的一个原子或离子去掉，或者将一个原子或离子引进到点阵的格位位置或间隙位置，总是需要一定外界能量，因此，$\Delta H_f > 0$。ΔS_v表示振动熵变，它由缺陷周围原子或离子的振动频率值和正常格点周围原子或离子的振动频率值之差所规定。可以用下式表示

$$S_v = xk\ln\frac{v}{v'}$$

式中，v和v'分别代表晶格中正常格位周围原子和缺陷周围原子的振动频率；x是一个缺陷周围配位的原子数；k是玻耳兹曼常量。当缺陷是一个空位时，$v' < v$；当缺陷是一个间隙原子或间隙离子时，则$v' > v$。因此，振动熵随着缺陷种类的不同，既可能为负值，也可能为正值。当晶体中的缺陷同时存在相应的空位和间隙原子时，ΔS_v可以等于零。一般来说，振动熵变很小，每摩尔不超过十几焦。因此，决定ΔG_f符号的是结构熵变ΔS_k。这是可以理解的，因为结构熵代表着体系趋向最大的混乱度（即最大的热力学概率）的程度。

$$S_k = k\ln W$$

此处，W为热力学概率。晶体中生成缺陷总是导致结构熵的增大，$\Delta S_k > 0$。因此，体系的自由能变化是由体系中的ΔH_f和ΔS_k两个因素决定的，而这两个因素随缺陷浓度变化的趋势又恰恰相反，如图11-3所示。当晶体中有缺陷生成时，

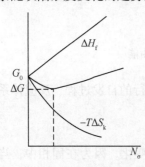

图 11-3　晶体的自由能
随点缺陷浓度的变化

晶体的能量增大（$\Delta H_f > 0$），但是同时又由于熵的增加（$-T\Delta S_k$）而放出能量。因此，在0K以上，由于混乱度的增加，理想的完整晶体变得不稳定，而极易生成带缺陷的晶体。但是随着混乱度的增大，熵增大的趋势逐渐变小，而形成缺陷所需要的能量保持不变。因此，造成的结果是晶体的自由能随着缺陷浓度的增加，先是降低，并趋向一极小值，然后继续增大。很明显，ΔG的极小值对应于晶体中缺陷的平衡浓度。

非整比化合物是晶胞参数随组成连续变化，晶相组成的变化是通过点缺陷形成的。结构随组成连续变化以及自由能是热力学双变值（图11-3），这是非整比相区别于整比相和混合物的主要特点。

11.1.2　非化学计量比化合物和点阵缺陷[1-5]

统计力学证明所有晶体的结构周期性都不可能是完整的，都存在固有的统计无序。晶体中的无序称为晶体缺陷。

从点阵结构来看，点阵缺陷属于一类偏离极小的非化学计量比化合物。对这类化合物的研究无论在理论上还是在实际应用上都具有极其重要的意义。因此，在研究非化学计量比化合物时应该对点阵缺陷及其与非化学计量比化合物的关系有个基本了解。

点阵缺陷是指那些对晶体结构的干扰仅波及几个原子间距范围的缺陷。这一类缺陷包括晶体点阵结构位置上可能存在的空位、间隙原子和外来杂质原子，也包括在固体化合物中部分原子互相错位，即对化合物 MX 而言，M 原子占据了 X 原子的位置或 X 原子占据了 M 原子的位置 [图 11-4（c）]。对于那些不含有外来杂质原子的缺陷称为本征缺陷，如空位缺陷、间隙原子、错位等。主要的点阵缺陷见表 11-1。其中与非化学计量比化合物关系最密切的是点缺陷。

(a) Frenkel缺陷　　　　　(b) Schottky缺陷　　　　　(c) 置换缺陷

图 11-4　在二元化学计量比中本征缺陷的类型

表 11-1　主要的点缺陷

种类	名称
1 瞬变缺陷（transient defect） 2 电子缺陷	声子（phonon） 电子（electron） 空穴（hole）
3 点缺陷（point defects, atomic defects）	空位（vacancy） 间隙原子（interstitial atom） 杂质（impurity） 替代原子（substitutional atom） 缔合中心（associated center）

种类	名称
4 复合缺陷（extended defects）	族（cluster） 切变结构（crystallographically sheared structure） 块结构（block structure）
5 线缺陷（line defects） 6 面缺陷（surface defects）	位错（dislocation） 晶体表面（surface） 晶粒间界（grain boundary）

当一个完整晶体，在温度高于 0K 时，晶体中的原子在其平衡位置附近做热运动。当温度继续升高时，原子的平均动能随之增加，振动幅度增大。原子间的能量分布遵循麦克斯韦（Maxwell）分布规律，当某些具有较大平均动能的原子，其能量足够大时，可能离开平衡位置而挤入晶格的间隙中，成为间隙原子，而原来的晶格位置变成空位。如图 11-4（a）所示。这种在晶体中同时产生的一对间隙原子和空位的缺陷，称为 Frenkel 缺陷。这一对间隙原子和空位也在运动中，或者复合，或者运动到其他位置上去。

如果晶体表面上的原子受热激发，部分能量较大的原子蒸发到表面以外稍远的地方，在原来的位置上就产生了空位，而晶体内部的原子又运动到表面接替了这个空位，并在内部产生了空位。总起来看，就像空位从晶体表面向晶体内部移动一样。这种空位缺陷称为 Schottky 缺陷。Schottky 缺陷是由相等数量的正离子空位和负离子空位所构成，如图 11-4（b）所示。空位的存在可用高倍电子显微镜直接观察到。

Schottky 缺陷的浓度可以由金属膨胀的实验来测定，即分别测定整个晶体的热膨胀系数和晶格参数的热膨胀系数。整个晶体的热膨胀系数既包括晶格本身的热膨胀，又包括 Schottky 空位的生成，所以两项测定值之差就反映了 Schottky 空位的存在和浓度。例如，在接近熔点时，铝的 Schottky 空位浓度约为 1×10^{-3}，空位的生成能约为 0.6eV，在接近于熔点温度下，NaCl 中 Schottky 空位缺陷浓度为 $10^{-3} \sim 10^{-4}$，空位生成能约为 2eV。

晶格中空位生成能和固体的气化潜热值很相近。因此，可以估计出固体中空位的浓度和同一温度下固体周围空间中饱和蒸气浓度相近。

因为在金属或金属间化合物中原子是以各种密堆积的方式排列的，从其中跑出一些原子，形成空位缺陷要比插入一些原子形成间隙容易一些，也就是说，空位缺陷生成能要比间隙缺陷生成能小。例如，在铜中二者分别为 1eV 和 4eV。在同一温度下，固体中空位的浓度也比间隙缺陷的浓度大一些。例如，在 1350K

时，铜中的空位浓度为 10^{-4}，而间隙缺陷的浓度为 10^{-15}。

Frenkel 缺陷和 Schottky 缺陷是离子晶体的主要缺陷，均为本征缺陷。

在晶体中缺少一个原子形成一个空位，必须将引起空位周围发生某种张弛。相反，在间隙位置注入一个原子（填隙原子）也有类似变化。

为了表示固体中各类点缺陷，通常采用的是克罗格（F. A. Kroger）所提出的符号，其符号表示如下：

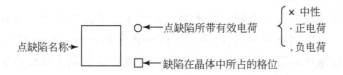

缺陷的名称分别用各自的元素符号代表，空位缺陷用 V（vacancy），杂质缺陷则用杂质的元素符号表示，电子缺陷用 e（electron 的字首）表示，空穴缺陷用 h（hole 的字首）表示。缺陷符号的右下角的符号标志缺陷在晶体中所占的位置，用被取代的原子的元素符号表示缺陷是处于该原子所在的点阵格位。用字母 i（interstitial）表示缺陷处于晶格点阵的间隙位置。这样在 MX 化合物中，如果它的组成偏离化学整比性，那么就意味着固体中存在有空的 M 格位或 X 格位，即 M 空位 V_M 或 X 空位 V_X，也可能存在有间隙的 M 原子 M_i 或间隙的 X 原子 X_i。如果在 MX 化合物的晶体中，部分的原子互相占错了格位的位置，则分别用符号 M_X 和 X_M 来表示，当 MX 晶体中掺杂了少量的外来杂质原子 N 时，N 可以占据 M 的格位，表示为 N_M 或占据 X 的格位，表示为 N_X，或者处于间隙的位置，表示为 N_i。缺陷符号的右上角则标明缺陷所带有的有效电荷的符号，×缺陷是中性的，·表示缺陷带有正电荷，而，表示缺陷带有负电荷。一个缺陷总共带有几个单位的电荷，则用几个这样的符号标出。

有效电荷不同于实际电荷，有效电荷相当于缺陷及其四周的总电荷减去理想晶体中同一区域处的电荷之差。对于电子和空穴而言，它们的有效电荷与实际电荷相等。在原子晶体中，如硅、锗的晶体，因为正常晶体格位上的原子不带电荷，所以带电的取代杂质缺陷的有效电荷就等于该杂质离子的实际电荷。在化合物晶体中，缺陷的有效电荷一般不等于其实际电荷。例如，在 CaF_2 中用 RE^{3+} 取代 Ca^{2+} 可形成 $RE_{Ca}{}^{\cdot}$。

固体中各类点缺陷以及电子和空穴的浓度，在多数情况下是以体积浓度来表示的，即用每立方厘米中所含有的该缺陷的个数来表示。浓度符号用方括号 [ ] 表示。$[D]_V =$ 缺陷 D 的个数/cm^3。此外也可用格位浓度 $[D]_G$ 来表示，即

$$[D]_G = \frac{\text{缺陷 D 的数目}}{1\text{mol 固体中所含的分子数}} = \frac{M}{\rho \cdot N_A} [D]_V$$

式中，ρ 是该固体的密度（g/cm^3）；M 是固体的摩尔质量（g/mol）；N_A 是阿伏伽德罗常量（$6.02 \times 10^{23} mol^{-1}$）。对于一种二元化合物 AB 而言，缺陷的浓度 $[D]_G$ 也可以表示为

$$[D]_G = \frac{\text{缺陷 D 的个数}}{\text{1molAB 中 A 或 B 的亚晶格格位数}}$$

表示电子和空穴浓度时，分别用 n（negative）和 p（positive）表示，而不用 $[e']$ 和 $[h^·]$ 来表示。

对于一个纯的二元化合物，其化学成分为 A 原子和 B 原子，按 $B:A = b:a$ 的比例组成，可以用化学式 $A_a B_b$ 表示。这种化合物具有一定的晶体结构，根据晶体结构的原胞中的格位数和原胞的体积，可以计算出晶体单位体积（cm^3）中所应包含的两种原子的格位数的比值，即格位的浓度的比值：

$$r_L = [L_B]/[L_A] = b/a$$

但在实际晶体中，B 与 A 的比值或多或少地偏离 $b:a$，即 $B:A \neq b:a$，这就是非化学计量比化合物或偏离整比的化合物，它的组成可以用化学式 $A_a B_{b(1+\delta)}$ 来表示，δ 是一个很小的正值或负值。在这个化合物中，B 原子和 A 原子的浓度之比为

$$r_e = [B]/[A] = \frac{b(1+\delta)}{a}$$

则偏离整比的值可由以上两式之差求出：

$$\Delta = r_c - r_L = \frac{b(1+\delta)}{a} - \frac{b}{a} = \frac{b}{a}\delta$$

如果各种孤立的缺陷在整个晶体中杂乱无章地分布着，那么就存在一定的机会，使得两个或更多的缺陷可能会占据着相邻的格位。这样它们就可能互相缔合（association），形成缺陷的缔合体，可以生成二重、三重缔合体。缺陷浓度低时，这种相邻缺陷的缔合数就少。

缺陷的缔合主要是通过单一缺陷之间的库仑引力来实现的，但也可以由于偶极矩的作用力、共价键的作用力以及晶格的弹性作用力而形成缺陷的缔合。另一方面由于热运动，缔合起来的缺陷也可以以一定的概率分解为单一的缺陷。因此，在低温下，容易产生缔合缺陷；反应温度越高，则缔合缺陷的浓度也越小。

缔合缺陷的物理性质不同于组成它的各种单一缺陷性质的加和，因此，把缺陷缔合体看作是一种新的缺陷成分，有时也称为缔合中心。

簇结构与缔合中心之间并没有本质的区别。不同的是，从近代的观点看，缔合中心被认为是由忽略了大小和结构的新的缺陷成分。而作为簇结构处理时，则从结晶学的知识出发把缺陷在点阵中的具体排列作为问题。

缺陷是否容易形成，以及缺陷的类型，都强烈地依赖于结构。从根本上说，

晶体属于何种结构又直接与组成原子的电子结构有关。因此，要说明非整比相的产生，还应该考虑有关原子的相对能级。

　　缺陷生成最可能的过程总是伴随着正负离子氧化态的变化，只有由容易发生这类变化的元素组成的化合物才容易呈现非整比行为。正因为这样，宽组成范围的非整比化合物绝大多数是过渡金属（这里泛指 d 区、镧系和锕系）化合物。

　　大多数非整比化合物是氧化物，但也包括某些氢化物（如 REH_x）、硫化物（如 RE_xS_y）和氟化物［如 Ca/Y（F_{2+x}）］。最令人感兴趣的是正离子能以多种价态存在的氧化物，如过渡金属、稀土和锕系的氧化物，这类非整比化合物常对整比组成有大的偏离。

11.2　非化学计量比稀土化合物

11.2.1　萤石型稀土氧化物

　　对于负离子缺失的萤石型二元稀土氧化物 CeO_{2-x}、PrO_{2-x} 和 TbO_{2-x}（$x=0.0 \sim 0.5$），是一类典型的非化学计量比化合物。它们是最重要的 MO_{2-x} 相氧化物，人们对它们已作过详细的研究。现以 PrO_{2-x} 为例进行深入讨论。镨–氧体系的相图示于图 11-5，从该相图可见 PrO_{2-x} 在冷却时将析出一系列窄相区的 Pr_nO_{2n-2} 氧化物，如 β、δ、ε、ζ 相，它们都可看作整比相，这些相区的组成和稳定范围列于表 11-2。这些相的晶体结构并不相同，例如，Pr_7O_{12} 属于三方晶系，而 $Pr_{11}O_{20}$ 为三斜晶系。加热到一定温度，则形成两个宽限非整比 α 相和 σ 相，它们相隔一个

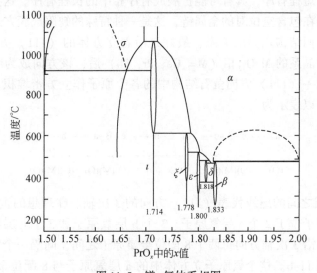

图 11-5　镨–氧体系相图

窄的混溶区覆盖整个组成范围。其中 σ 相是体心立方型的，组成范围为 $x=0.3 \sim 0.4$，α 相是萤石型的 MO_z（参看表 11-2 组成和稳定范围）。从相图中可见，将 $n \geqslant 9$ 的任意一种化合物加热到一定温度以上，均形成非整比的 α-氧化镨。实际上，在 Pr–O 体系中的 α 相在低温下降由四个不同的相区组成（β、δ、ε、ζ 相），值得注意的是，在高温下稳定的 l 相也是 α 相的基本结构单元。

表 11-2　　Pr$_n$O$_{2n-2}$ 组成和稳定范围

氧化物	n	PrO$_x$ 中的 x	T/K 时的稳定范围	T/K
Pr$_4$O$_6$（Pr$_2$O$_3$）	4	1.500	1.500 ~ 1.503	1273
Pr$_7$O$_{12}$（l）	7	1.714	2.713 ~ 1.719	973
Pr$_9$O$_{16}$（ζ）	9	1.778	1.776 ~ 1.778	773
Pr$_5$O$_9$（ε）	10	1.800	1.779 ~ 1.801	723
Pr$_{11}$O$_{20}$（δ）	11	1.818	1.817 ~ 1.820	703
Pr$_6$O$_{11}$（β）	12	1.833	1.831 ~ 1.836	673
PrO$_8$	∞	2.000	1.750 ~ 2.000	1273
			1.999 ~ 2.000	673

　　CeO$_{2-x}$，和 TbO$_{2-x}$（$x=0.0 \sim 0.5$）体系在低温下都显示出与 PrO$_{2-x}$ 类同的行为，都由若干个有序的整比相组成，这些整比相形成化学式为 M_nO_{2n-2} 的同系物，而在较高温度下有两个宽限非整比相是稳定的。在镨–氧体系的相图（图 11-5）上清楚地示出了这 3 个体系有代表性的结构。这一事实说明，高温无序的非整比相中可能存在短程有序，其有可能扩展成有序相中的长程有序。这类体系的主要结构特征是存在包含空位对的金属链，这是一种特殊的缺陷成簇方式。

　　为理解它们结构之间的关系，最好是沿着立方体的（111）方向之一观察。当演变成三方晶系的 M_7O_{12} 相（M= Ce，Pr，Tb）后，该方向成为唯一的 3 次轴方向。沿着这一（111）方向萤石结构中的各个原子作立方密堆积。对氧化物各层次的次序可以表示为

$$—a————b–A–c————a–C–b————c–B–a————b–A–c—$$

$$(O)\quad (O)(M)(O)\quad (O)(M)(O)\quad (O)(M)(O)\quad (O)(M)(O)$$

这里两个 A 层之间的虚线代表（111）方向的 3 次轴。在理想的萤石结构中，A 层中的金属原子位于 2 个 a 层氧原子、3 个 b 层氧原子和 3 个 c 层氧原子构成的立方体中心。沿 3 次轴方向每两个 8 配位金属原子之间，间隔一个氧原子构成的立方体，见图 11-6。这个氧原子立方体中的 a 层氧原子与 8 配位金属原子共享，

b 层和 c 层氧原子属于周围的 C 和 B 金属链，这些金属原子也都是 8 配位的。理想的萤石型氧化物可以看作由这些平行链组成。但是，在 M_7O_{12} 中这些位置并非全由原子占有。MO_8 单元中位于 3 次轴上的两个氧原子缺失，形成一个"空位对"（图 11-6），这种空位对仅存在于 A 层金属的链上，使这种链上包含金属的立方体可以写作 $MO_6(Vo)_2$。周围三个 C 层金属链和 B 层金属链上都没有这种空位对，但因它们都与 A 层金属链上的立方体共用一条边而各有一个空位，可以写作 MO_7V_0。各个 A 层金属链都被套在由 B 层和 C 层金属链构成的腔中。这种平行链的络合结构和萤石型结构有密切的关系，但它属于 $R\bar{3}$ 空间群，空位占有 2 次对称位置。M_7O_{12} 相很可能有这样的结构。

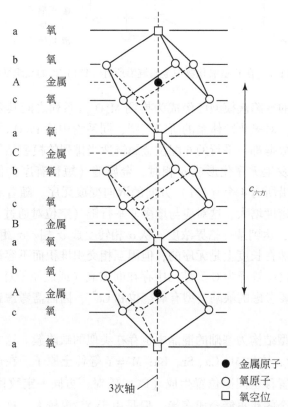

图 11-6　M_7O_{12} 结构中一个包含空位对的金属链（6 配位金属立方体可表示为 $MO_6(Vo)_2$）

在体心立方的 C 型氧化物中也存在这样的链，但它们不再是平行的。空位对存在于立方体的所有（111）方向并混杂堆积，见图 11-7。在这种结构中所有金属都是 6 配位的，但 6 配位分成两类：一类是氧空位对通过 MO_8 的体对角线（空位对在串上）；另一类通过面对角线（从而使不同的链最紧密地堆积）。在萤石型母体结构中，1/4 金属原子成前一类 6 配位，其余 3/4 成后一类 6 配位。

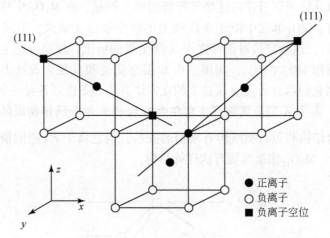

图 11-7　在 C 型氧化物中金属链沿所有（111）轴的交织堆积

这种空位对的缺陷簇模型已经成为推测 M_nO_{2n-2} 系列之间其余物种以及非整比相结构的基础。对氧化镨体系的研究表明，同系物中除 Pr_7O_{12} 外都属于三斜晶系。它们的衍射数据都与平行的 6 配位金属链适当排列的模型结构一致。当这些中间相在高温下发生无序化形成 α 相时，金属链（短程有序）仍然存在，只是它们的长度以及沿所有 4 个（111）方向的取向变成无序。随着氧化物进一步被还原，金属链的密度增大，这对应与增多非平行链（空位对通过 MO_8 立方体的面对角线）的数目，达到某一临界浓度，从 α 相转变成 σ 相。σ 相中有 C 型结构，其中的金属串虽然在长度上是无序的，但因互相交织堆积而不容许发生转变。因此，σ 相的非整比应解释为 C 型结构中存在间隙氧（或氧原子对）。

对 CeO_{2-x} 需要考虑的缺陷类型有氧空位和 Ce^{3+}，因而需考虑这两类缺陷之间的相互作用。

某些以萤石型结构为基础的混晶中也存在类似的缺陷簇。这类混晶可以用通式 MF_2-$M'F_3$ 表示，这里 M＝Ca、Sr、Ba；M′＝Y 等稀土原子。在这类混晶中一个负离子从正常位置移至间隙位置生成（F^-）V_F 对，再同一定数目的附加 F^- 缔合构成缺陷簇。单个的簇再缔合成多簇，但是由于 Y^{3+} 等较大，这一有序化的程度是比较有限的。

11.2.2　ZrO_2-Sc_2O_3

结构研究表明 ZrO_2-Sc_2O_3 体系也是 MO_{2-x} 萤石型结构。在 ZrO_2-Sc_2O_3 体系中发现有一个有序的中间相，其理想组成为 $Zr_3Sc_4O_{12}$（M_7O_{12}），并证实具有三方对称性。还发现有两个 ZrO_2 含量较高的有序相。所有这三个物相都有相当大的组成范围。但是如果使体系达到平衡，这三个物相可能都是整比的，理想化学式为 $Zr_3Sc_4O_{12}$、$Zr_{10}Sc_4O_{26}$ 和 $Zr_{48}Sc_{14}O_{127}$。图 11-8 是 $Zr_{10}Sc_4O_{26}$ 结构中理想的 6 和 8 配位金属原子，与基本的 M_7O_{12} 结构相比（图 11-6），区别仅在于 c 轴增长，以及除 6 配位金属原子外还有 8 配位金属原子。当这样的金属链共用棱边以有序方式组成 3 维结构时，还会出现 7 配位金属原子。$Zr_{10}Sc_4O_{26}$ 中的锆和钪原子无序分布于各个金属原子位置，其中有 1/14 是 6 配位的，6/14 是 7 配位的，7/14 是 8 配位的。在这个意义上说，这类物相是部分有序的。

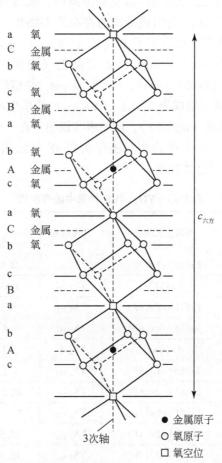

图 11-8　$Zr_{10}Sc_4O_{26}$ 结构中理想的 6 和 8 配位金属原子

在 ZrO_2-Sc_2O_3 体系中锆和钪原子无序地占有金属位置，显然与它们的离子半径近似有关。而在 ZrO_2-Yb_2O_3 体系中，Yb^{3+} 的离子半径显著地大于 Zr^{4+} 的，但这个体系中唯一的有序相 M_7O_{12} 物相仍能存在。这个物相有两种变体，高温相和低温相，它们都有三方对称性，高温相与 $Zr_3Sc_4O_{12}$ 同结构。在低温相中，每个简单三方晶胞中唯一的 6 配位金属位置为锆原子占有，4 个镱原子和另两个锆原子无序地分布于 7 配位位置。在其他的 $ZrO_2-R_2O_3$ （R=稀土）体系中，由于两种正离子的半径差异更大，除在 $ZrO_2-Er_2O_3$ 体系中有证据存在 $Zr_3Er_4O_{12}$ 外，尚未发现有序的中间相。

11.2.3 稀土氟氧化物和氟化物

在三价稀土金属和钇的氧化物-氟化物体系中，发现有富负离子的非整比萤石型物相。在 $YX_{2.13}$ 至 $YX_{2.22}$ 的组成范围内存在许多物相，它们都有稍稍偏离四方对称性的正交晶系晶胞。已测定了 $Y_7O_6F_9$ （$YX_{2.143}$）理想组成物相的结构，它由 7 个萤石型亚晶胞一维堆积成一个正交晶胞（记作 7F），晶胞参数为 $a=542.0pm$，$b=3858\ pm$ （$7\times551.2\ pm$），$c=552.7\ pm$，晶胞组成为 $(Y_7O_5F_9)_4$。空间群为 $Abm2$。曾得到理想组成为 $Y_6O_5F_8$ （$YX_{2.157}$）的孪生晶体，其晶胞有 6 个萤石型亚晶胞一维堆积而成（记作 6F）。这些事实说明存在一个通式为 $Y_nO_{n-1}F_{n+2}$ 的系列，其中包括 $n=7$、6、5 的物相。还存在和 nF 单元相互关联生长形成的物相。表 11-3 列举了若干这类物相。

表 11-3　$YO_{1.5}-YF_3$ 体系中的有序相

分析组成	晶胞	关联生长组分	计算组成	晶胞 b 轴/nm	
				实测	计算
$YX_{2.13(6)}$	23F	$2\times(8F)+1\times(7F)$	$YX_{2.130}$	12.8 (5)	12.67
$YX_{2.14(5)}$	7F	$1\times(7F)$	$YX_{2.148}$	3.85 (2)	3.86
$YX_{2.14(8)}$	19F	$1\times(7F)+2\times(6F)$	$YX_{2.158}$	10.5 (5)	10.49
$YX_{2.14(9)}$	45F	$3\times(7F)+4\times(6F)$	$YX_{2.155}$	24.8 (10)	24.82
$YX_{2.16(5)}$	6F	$1\times(6F)$	$YX_{2.167}$	3.3 (1)	3.31
$YX_{2.17(7)}$	17F	$2\times(6F)+1\times(5F)$	$YX_{2.176}$	9.1 (4)	9.40
$YX_{2.18(8)}$	47F	$2\times(6F)+7\times(5F)$	$YX_{2.191}$	25.2 (10)	26.00
$YX_{2.18(7)}$	57F	$2\times(6F)+9\times(5F)$	$YX_{2.193}$	31.7 (12)	31.54
$YX_{2.22(0)}$	28F	$4\times(5F)+2\times(4F)$	$YX_{2.214}$	15.5 (6)	15.52
$YX_{2.22(5)}$	28F	$4\times(5F)+2\times(4F)$	$YX_{2.214}$	15.7 (6)	15.52
$YX_{2.22(9)}$	41F	$5\times(5F)+4\times(4F)$	$YX_{2.220}$	22.2 (9)	22.74

在 YF_3-CaF_2 固溶体中也发现有非整比的 $(Ca/Y)F_{2+x}$ 萤石型物相。

萤石结构的 CdF_2，它很容易生长成掺有百分之几稀土离子的单晶。根据光学、化学、电学性质的测定，已经证实三价稀土离子 RE^{3+} 取代了 Cd^{2+}，其多余的 +1 电荷被间隙 F^- 的电荷所补偿。稀土离子 $RE_{Cd}^{\cdot}$ 和 F'_i 缔合成一个缺陷对，如图 11-9 所示，$RE_{Cd}^{\cdot}$ 和 F'_i 缔合成中性缺陷 $(RE_{Cd}F_i)^{\times}$。对掺有 Sm^{3+} 和 Eu^{3+} 这两种离子的 CdF_2，它们都是无色的和高度绝缘的晶体。如果将它们在 500℃ 的 Cd 蒸汽中加热几分钟后，掺 Sm^{3+} 的晶体转变为深蓝色的低阻半导体；掺 Eu^{3+} 的晶体仍保持其无色绝缘的性质，但紫外区呈现强的光吸收。这种现象可以作如下解释：在 500℃，间隙 F^- 极易移动并迅速扩散到晶体表面，在表面上和 Cd 蒸汽作用而湮灭（annihilate）。

$$2\ F^-_{(间隙)} + Cd_{(蒸汽)} \longrightarrow CdF_{2(固体)} + 2e^-$$

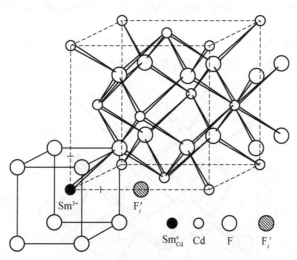

图 11-9　含有缺陷 $Sm_{Cd}^{\times}$ 和 F'_i 的 CdF_2

被释放出来的这两个电子扩散到晶体内部，补偿两个 RE^{3+} 的电荷。这个补偿电子以类 H 状态束缚在 $Sm_{Cd}^{\cdot}$ 上，形成一个施主缺陷 $Sm_{Cd}^{\cdot}$，如图 11-10（a）所示。已测的施主 $Sm_{Cd}^{\times}$ 的能级位于导带底下面 0.085eV 处，如图 11-10（b）所示。这种晶体的导电作用，是由于在室温下一些 $Sm_{Cd}^{\times}$ 电离给出电子到导带中而产生的：

$$Sm_{Cd}^{\times} + 0.085eV \longrightarrow Sm_{Cd}^{\cdot} + e'$$

Eu 在 CdF_2 中的情况则不同，$Eu_{Cd}^{\times}$ 缺陷的电子结构和 $Sm_{Cd}^{\times}$ 不一样，尽管它们的有效电荷符号相同，这是因为电子与 Eu^{3+} 作用发生下列还原反应：

$$Eu^{3+}\ [Xe]\ 4f^6 + e^- \longrightarrow Eu^{2+}\ [Xe]\ 4f^7$$

这个电子已进入 Eu^{2+} 的原子轨道中，而且 Eu^{2+} 的 4f 处于半充满很稳定的状态，所以能量要比（$Eu^{3+} + e^-$）这种类 H 状态低，所以仍为绝缘体。含有 $Eu_{Cd}^{\times}$ 缺

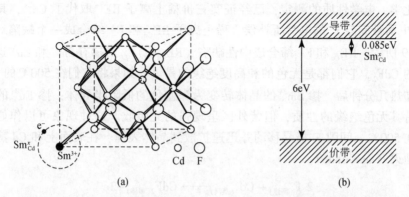

图 11-10　(a) 含有缺陷 Sm_{Cd}^x 的 CdF_2；(b) 缺陷 Sm_{Cd}^x 在 CdF_2 中的能级

陷的 CdF_2 的结构如图 11-11 所示。但在较高的能量激发下，Eu_{Cd}^x 也可能电离给出电子到导带中去，因此，在紫外区有强的光吸收现象。

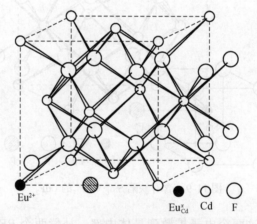

图 11-11　含有缺陷 Eu_{Cd}^x 的 CdF_2

11.2.4　ABO₃钙钛矿化合物

ABO_3 钙钛矿型氧化物可以通过正离子缺失（A 位或 B 位）、氧缺失或氧过量而形成非整比化合物。分别简介如下。

1. A–位空位型

在钙钛矿结构中，BO_3 排列成一个稳定的网络，处于 12 配位位置的大的正离子 A 可以部分或完全缺失。钨青铜类 AWO_3 是一类重要的非整比氧化物，可以将其看作有 A–位空缺的钙钛矿结构的例子。

2. B-位空位型

钙钛矿氧化物中的 B-位空位在能量上是不利的，因为 B-位正离子一般有大的电荷，并且体积小。一旦 B-位产生空位，必定另有补偿因素，如 B—O 共价成键及 B—B 相互作用，B—O 键的共价性随 B 正离子电荷的增大和体积的减小而增大，B—B 相互作用在 AO_3 层取六方堆积时比立方堆积更有利。因而可以预料，B-位空位在高电荷 B 正离子，并取六方变体结构的钙钛矿氧化物中更为多见。事实上，B-位空位钙钛矿确实以六方或六方-立方混合的 AO_3 堆积比 AO_3 单纯的立方堆积更为常见。B-位空位有序的钙钛矿的某些实例如 $Ba_2 Sm^{2+} U^6_{5/6} O_6$ (11)，$Ba_2 Sm_{2/3} UO_6$ (5)，$Ba_2 Ce^{4+}_{3/4} Sb^{5+} O_6$ (7) 和 $Ba_2 Ce^{4+} Sb^{5+}_{4/5} O_6$ (9)，括号中的数字表示每有 1 个空位时的 B-位正离子数，这些空位的有序化可由超结构的形成来揭示。

B 空位有序的钙钛矿氧化物显示出独特的发光性质。例如，$Ba_2 W_2 O_2$ 在低于 150K 发很强的蓝光 (460nm)，这种高效的发光被归因其中 WO_6 八面体的成簇。与 $BaWO_4$ 和 $Ba_3 WO_6$ 比较，它们分别包含孤立的 WO_4 四面体和 WO_6 八面体。有趣的是掺杂不同的稀土激活剂的 B-位空位有序钙钛矿能发射不同的光。例如，12 层 $(hhcc)_3$ 钙钛矿 $Ba_{3-x} Sr_x LaScW_2 \square O_{12}$ 同时用 Eu^{3+} 和 Tb^{3+} 掺杂，就能在 547nm 的观察到绿色的铽发射 ($Tb^{3+}: {}^5 D_4 \rightarrow {}^7 F_5$)，并在 615nm 观察到红色的铕发射 ($Eu^{3+}: {}^5 D_0 \rightarrow {}^7 F_2$)。用 300nm 激发 WO_6 电荷转移带，仅观察到 547nm 绿光；用 340nm 激发从氧至 Eu^{3+} 的电荷转移带，仅观察到 615nm 红光。与此相似，用 Er^{3+} 和 Tm^{3+} 掺的 $Sr_3 La_2 W_2 \square O_{12}$ 在适当激发下发射红光和蓝光，同一基质用 Er^{3+} 和 Tm^{3+} 掺杂发射绿光和蓝光。

3. 负离子缺失的钙钛矿化合物

在钙钛矿结构氧化物中负离子空位非整比化合物 ABO_{3-x} 要比正离子空位更常见。

负离子缺失 $LaNiO_3$ 在空气和氧气气氛中的热重分析表明，生成了一系列通式为 $La_n Ni_n O_{3n-1}$ ($n = 7$、9、13、30) 的物相。已研究过 $La_2 Ni_2 O_5$ 和 $La_2 Co_2 O_5$ 的空位有序化，后者属于褐针镍矿结构类型，而前者属于一种新的钙钛矿新空位有序四方超结构，有 $a = c = 2a_{立方}$，Ni^{2+} 兼有八面体和四方平面配位。电镜研究在轻度还原的 $LaNiO_3$ 中观察到 CS 面。在 1270K 的还原性气氛中用热重法研究 $LaBO_3$ (B = V、Cr、Mn、Fe、Co、Ni) 钙钛矿的稳定性发现，稳定性以下列次序变化：$LaVO_3 \sim LaCrO_3 > LaFeO_3 > LaMnO_3 > LaCoO_3 > LaNiO_3$。

为在组成介于褐针镍矿和钙钛矿间研究负离子的空位有序方式，曾研究过

$Ca_xLa_{1-x}FeO_{1-y}$（组成介于 Ca_2FeO_5 和 $LaFeO_3$ 之间）及 $CaTi_{1-x}Fe_xO_{3-y}$（组成介于 $Ca_2Fe_2O_5$ 和 $CaTiO_3$ 之间），发现存在一个通式为 $A_nB_nO_{3n-1}$（$A = La$、Ca；$B = Ti$、Fe）的物相同系物。属于该系列的 $Ca_2LaFe_3O_8$（$n = 3$）和 $Ca_4Fe_2Ti_2O_{11}$（$n = 4$）分别有 OOTOOT… 和 OOOTOOOT… 的堆积次序。有趣的是，也属于该系列的 $Ca_4YFe_5O_{13}$ 相当于 $n = 2.5$。用高分辨率电子显微镜研究表明，它的结构有 $n = 2$ 和 $n = 3$ 单元按正规交互生长组成，堆积次序为 OTOOTOTOOT…。

在 $Ca_xLa_{1-x}FeO_{3-y}$（$2/3 < x < 1$）的中间组成显示出两种不同类型。当在相对低温（1370K）的非氧化性气氛中制备时，材料有 $Ca_2LaFe_3O_8$（$n = 3$）和 $Ca_2Fe_2O_5$ 碎片的无序交互生长结构。如试样在 1670K，空气中制备，材料变成富氧的，并有完全不同的结构。

在氧高度缺失的 ABO_{3-x} 钙钛矿（$x > 0.5$）中，$La_3Ba_3Cu_6O_{18-y}$ 是一个有价值的实例，其中的 B 位金属处于 3 种不同的配位环境。$La_3Ba_3Cu_6O_{14.1}$ 的结构已被测定。氧空位在钙钛矿结构的 AO 层内有序，在有序结构内沿（001）方向的各层次序为 Cu_2O_4-$A_2O\square$-Cu_2O_4-$A_2\square_2$-Cu_2O_4-$A_2O\square$……这种类型的负离子空位有序化使铜有 3 种不同的配位环境：四方平面、四方锥和畸变八面体。在这一结构中 Cu^{3+} 可能占有八面体位置。

4. 负离子过剩的钙钛矿化合物

负离子过剩非整比钙钛矿化合物不如负离子缺失非整比常见，这可能是由于在钙钛矿结构中引入间隙氧在能量上是不利的，仅有为数不多的体系显示表观的氧过剩非整比：$LaMnO_{3+x}$，$Ba_{1+x}La_xTiO_{3+x/i}$ 和 $EuTiO_{3+x}$。对这类体系的研究提出了 3 种钙钛矿结构容纳氧过剩的可能模型：①在立方钙钛矿结构的 $\left(\dfrac{1}{2}00\right)$ 或 $\left(\dfrac{1}{4}\ \dfrac{1}{4}\ \dfrac{1}{4}\right)$ 位置存在间隙氧；②有完善的氧亚晶格，A、B 位有正离子空位；③生成新的氧化物相。对 $LaMnO_{3.12}$ 衍射的研究表明，氧的过剩是因 La（以 La_2O_3）的部分消除在 A 和 B 位产生空位造成的，钙钛矿的组成变成 $La_{0.94}\square_{0.06}Mn_{0.98}\square_{0.02}O_3$。

一旦有大的氧过剩生成的将是类钙钛矿结构的新相。容纳氧过剩同时保持钙钛矿结构特征的方式之一，是平行于（110）把立方钙钛矿切成组成为 $(A_{n-1}B_nO_{3n+2})_\infty$ 的片，再在两片之间加一层 A 原子叠置起来。这一过程生成通式为 $A_nB_nO_{3n+2}$ 的同系物。这一族的重要实例是 $Ca_2Nb_2O_7$ 和 $La_2Ti_2O_7$，它们是同系物中 $n = 4$ 的物种。

5. 与钙钛矿相关结构的非整比化合物

A_2BO_4 的晶体是与 K_2NiF_4 结构有关的氧化物。这类通式为 A_2BO_4 的氧化物包含 ABO_3 钙钛矿和 AO 氯化钠型结构的交替层。已证实 La_2NiO_4 存在氧过剩非整比。这种结构与钙钛矿结构有密切关系。四方结构的 K_2NiF_4 可以看作由一个晶胞厚度的钙钛矿层沿 c 方向堆积而成，相邻两层彼此错开 $\frac{1}{2}$ $\frac{1}{2}$ $\frac{1}{2}$，使四方结构的 c 轴大致等于立方钙钛矿晶胞边长的 3 倍。

氧化物焦绿石 $A_2B_2O_6O'$，在 A 和 O′ 位可以容许多空位，形成物相 $A_2B_2O_6$ □（ABO_3）和 A□B_2O_6（AB_2O_6）。当 A 和 B 离子高度可极化，并且电正性不太大时，少数 $A_2B_2O_6$ 化合物更易优先采用焦绿石结构，而不是钙钛矿结构。

通式为 ABX_3（X 可以是氧或氟）的钙钛矿的结构更复杂。

11. 2. 5　稀土氧化物高温超导体

缺陷是稀土铜酸盐化合物存在超导电性的必要条件。没有缺陷的存在就难以控制载流子浓度的大小，而载流子浓度的改变会影响到 T_c、J_c、T_N（Neel）温度等的性质。由于铜酸盐超导体中缺陷的复杂性，要研究清楚所有缺陷的作用是很困难的。在稀土超导体中主要存在两种类型的缺陷[9]。

1. 空穴型稀土超导体

在 $La_{2-x}Sr_xCuO_4$ 中，Sr^{2+} 取代 La^{3+} 造成了点缺陷，点缺陷的存在影响了超导体的均匀性，通过高分辨电子显微镜（HREM）观察到 LaSrCuO 中有一种新的扩展缺陷（extended defect），Gai 称这种排出了氧的缺陷为切变缺陷，它随 x 增大到 0.15 而逐步增加，但是这种缺陷在一定程度上能被空隙氧所平衡，所以实际上载流子浓度比预想的要小。

在 YBCO 体系中，由于在孪晶界的 CuO_6 八面体和 CuO_5 角锥体出现了剩余氧，在角锥层之间由于形成 CuO_5 角锥体和 CuO_6 八面体而出现额外的氧，以及由于 Ba 层和 Y 层的无序分布出现额外的 CuO_5 角锥体，从而改变了氧的化学计量比等引起的一系列缺陷都已从 HREM 实验中观察到。一般认为除因 $2Cu^{3+}+O^{2-}\longrightarrow 2Cu^{2+}+1/2O_2+V$ 而产生的空位外还存在其他几种扩展缺陷，主要有 110 孪晶和 90° 位错，后者引起了应变，而前者减轻了应变，所以两者是不一样的，另外还存在堆垛层错和共生缺陷。

目前发现的高 T_c 铜酸盐材料的基质晶体都是高能隙半导体（或绝缘体），其导电性很差，如 La_2CuO_4 有数 eV 的能隙，为了获得超导性，必须进行掺杂或造成缺位，从而在半导体的禁带中引进杂质能级。如 $La_2Cu^{II}O_4$ 是反铁磁绝缘体，以各种方式将空穴引进 Cu-O 层中，通常的方法是在 La 的位置掺入较低价阳离子，如 $La_{2-x}Sr_xCu_{1-x}^{II}Cu_x^{III}O_4$。在 $YBa_2Cu_3O_{7-\delta}$ 中随着 δ 增加，空穴掺入到 Cu-O 面中，使得 CuO_2 面逐渐退化为 Cu-O 链，链的出现导致了在 Cu-O 面中 Cu^{III} 或 O^{-1}

的存在，随即出现超导现象。至今还不清楚为什么高 T_c 超导体都是以这种复杂半导体氧化物形式而并不以简单的具有最好导电性的氧化物材料如 ReO_3 或 RuO_2 作为基体出现。

在掺杂过程中，不同的掺杂程度会改变载流子浓度，甚至载流子类型。但从对超导电性的影响来说并不是掺杂程度越高越好。一般来说，低掺杂水平能使反铁磁绝缘体向金属相转变；高掺杂水平会使超导相向正常金属相转变。这一规律对空穴型铜酸盐超导体具有普遍性。Torrance 发现当掺杂到一定程度后，继续增加 CuO_2 面的电荷，虽然导电性加强了，但将导致 T_c 下降，甚至失超。还不清楚为什么高掺杂会引起超导电性的降低甚至破坏。

此外，氧缺位的比例甚大是铜酸盐超导体另一个不可忽视的特点。按照严格化学计量比做出的氧化物材料一般都是绝缘体，可能正是氧的缺位打开了某些化学键，使金属原子出现价态的涨落（如 $Cu^{I}/Cu^{II}/Cu^{III}$，$Bi^{III}/Bi^{IV}/Bi^{V}$，Tl^{I}/Tl^{III} 等），有利于电子的动态配对。看来氧含量对超导电性同样存在严重影响。一般来说，氧化会降低其 T_c，甚至失超，如在 Tl 系的 2201 中当氧含量增加 0.13 时，T_c 从 80K 降到 0K，这是在较高载流子浓度时，铜酸盐超导体表现出的又一普遍性质。这种性质同样也出现在非 Cu 的 $Ba_{1-x}K_xBiO_3$ 和电子超导体 $Nd_{2-x}Ce_xCuO_4$ 中。

2. 电子型稀土超导体

过去发现的铜酸盐超导体的载流子都是空穴，但 1989 年 Tokura 在 RE_2CuO_4 化合物中用四价 RE 部分取代三价 RE 时发现该超导体中的载流子是电子。因为四价 Ce 是电子施主，它的掺入会抵消原来掺入的 Ba 或 Sr 于 La_2CuO_4 后形成的空穴。Hall 系数（电子超导体 RH 是负值，空穴超导体是正值）和 Seebeck 电压的测定都证明了其载流子是电子。电子超导体的发现是继 Bednore 和 Müller 以来的最重大发现，它为明确超导体的理论模型提供了重要帮助。从化学角度和晶体结构看，电子超导材料完全相似于以前的空穴铜酸盐超导体，唯一的差别是在电子超导体中每个 Cu 与 4 个 O 键合，而空穴超导体中每个 Cu 被八面配位的氧所包围，见图9-6。

实验还发现对两种类型的最佳掺杂水平基本上是相同的，当 $La_{2-x}Sr_xCuO_4$ 和 $Nd_{2-x}Ce_xCuO_4$ 的 $x=0.15$ 时，T_c 均表现出最高值。

11.2.6　稀土氢化物

稀土二氢化物可以形成多种非整比氢化物，即包含氢空位的 MH_{2-x} 和包含氢填隙原子的 MH_{2+x}，即使是整比的二氢化物也包含有相等数目的空位和填隙原子。这种由一个非金属填隙原子加一个相应的非金属空位结构的缺陷称反

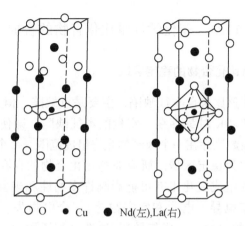

○ ○ O　● Cu　⬤ Nd(左),La(右)

图 11-12　Nd_2CuO_4（左）电子超导体和 La_2CuO_4（右）空穴超导体的结构图

Frenkel 缺陷。在稀土二氢化物中这种缺陷浓度在 873K 下对 LaH_2 可高达 6%，对 CeH_2 和 GdH_2 可高达 3%。

但是在 MH_{2-x} 或 MH_{2+x} 中缺陷主要不是反-Frenkel 型的，前者主要是氢空位，后者主要是氢填隙原子。在高缺陷浓度或低温下，必须考虑这类缺陷间的相互作用。表 11-4 是由理论计算得到的缺陷相互作用能。正号代表排斥，负号代表吸引。从所得结果可以看出，在稀土氢化物中空位间互相吸引，而填隙原子间彼此的排斥是相当弱的。

表 11-4　某些稀土二氢化物中的缺陷相互作用能

氢化物	缺陷	温度范围/K	缺陷相互作用能/（kJ/mol）
LaH_{2+x}	H 填隙子	523～723	+ 1. 26～+0. 76
CeH_{2+x}	H 填隙子	773～1023	～+ 0. 8
GdH_{2-x}	H 空位	1073～1173	-8. 8
YH_{2-x}	H 空位	1153～1473	-5. 0～2. 9

一般来说，非整比氢化物仅见于金属型氢化物，即镧系、锕系和过渡金属氢化物。由于这类金属常有吸氢性强，易形成非整数原子比的物相。确定非整比氢化物的存在尚需鉴定。

另外除稀土氧化物、氟化物、氢化物等外，稀土硫化物也易形成缺陷化合物。

11.3 非化学计量比化合物的合成

11.3.1 非化学计量比化合物的稳定区域

从根本上说，非整比来自本征缺陷，主要是点缺陷。但是，理论可以证明，任何晶态化合物在 $T>0K$ 时都存在一定量的本征缺陷，即使是真正的整比化合物，也环绕着原子整数比存在一个极窄的允许组成范围。一个物相用原子分数表示的允许组成范围称为稳定区域。研究非整比化合物的存在区有其特殊的重要性。因为在存在区的组成变化也有可能影响许多物性和现象，如晶胞常数、密度、扩散、电性（如电导、电子和空穴数等）、介电损失、热传导、光学性质（如碱金属卤化物中的 F 色心、光传导）、磁性（如矫顽力、顺磁共振）及某些力学性质。因此从技术应用来说，必须研究存在的稳定区域。同时，为了精确制备组成准确的非化学计量比化合物的合成条件，也需要研究其化合物存在的稳定区域。

1. 化学计量比的"偏离"的表示

在不含有杂质的二元化合物 MX 晶体中，当阳离子 M 过量或不足时，表示为 $M_{1\pm n}X$，当阴离子 X 过量或不足时，表示为 $MX_{1\pm n}$，其中 n 一般为远小于 1 的值。

由于离子的过量和不足所引起的化学计量组成的"偏离"，可以通过晶体中添加 X_2 或除去 X_2 分子来得到。这可能存在下述 6 种点缺陷。①M 空位；② X 空位；③ M 间隙；④ X 间隙；⑤ X 点阵位置的 M；⑥ M 点阵位置的 X。其中，M 原子过量 $M_{1+n}X$ 为②、③、⑤型，X 原子过量 MX_{1+n} 为①、④、⑥型。此 $1+n$ 值是能保持化合物稳定结构，并具有某种均匀组成的范围。容易生成非化学计量比化合物有下述三个条件。

（1）生成点阵缺陷所需要的能量不大，即由 $1+n$ 的变化所引起晶体的自由能变化小。

（2）M 的各种氧化状态之间的能量差小，化合价易于变化。

（3）不同化合价的每一种离子的半径差别不大。

当 M 为过渡金属元素时，符合上述条件的居多。除了 X＝O、S、Se、Te 等的过渡金属氧化物、硫族化合物以外，X＝H、B、C、N、Si、P 等相应的氢化物、硼化物、碳化物、氮化物、硅化物、磷化物等也易于生成非化学计量比化合物。

在上述的 MX 晶体中，在不使 M 原子总数发生变化的情况下，可以将过量的 X 原子以 M 空位表示，而把不足的 X 原子以间隙 M 原子表示。此时将把来自化学计量组成的"偏离"称为 δ，则可以 $\delta=(N_V-N_i)/N_t$ 来定义，其中，N_t 为 M 点阵位置的总数，N_V 为 M 的空位数，N_i 为间隙的 M 原子数，$\delta>0$ 时 X 原子过量，$\delta<0$ 时 X 原子不足。

2. 非化学计量比化合物的稳定区的实验确定

非化合计量比化合物的组成范围将由①缺陷之间的相互作用能；②温度；③固有无序分数所支配。

确定非化学计量比氧化物稳定区域的实验原理如下：将接近所要求的组成化合物和容易得到的化学计量比的粗试样，长时间保持在合成管中，保持一定的温度（T）和精密调节流通体系中的氧分压（p_{O_2}），使其达到平衡。接着骤冷至 0℃ 左右取出，以精密的化学分析和热重分析决定组成，以 X 射线分析法进行相分析，或直接根据热天平的质量变化确定平衡达到和决定组成。根据多次重复实验，便可求出 T、p_{O_2}、X 之间的关系，并可弄清稳定区域和合成条件。实验中要求选择 O^{2-} 移动速度大的温度，以便热平衡容易达到。另外，实验在达到平衡的准确程度、试样温度、氧分压、组成分析、相分析和骤冷效应等方面容易引进误差，必须细心地加以注意。

当化学计量比晶体的固有缺陷少时，即使平衡压有大幅度的变化，"偏离"幅度也非常小。对"偏离"幅度相当大的，并且幅度有限度的相，需考虑邻近的同种空位对的相互作用能，即在化学计量组成中的"偏离"幅度大，点阵缺陷浓度增加的情况下，缺陷的分布已经不能说成是完全无序，而在由 M 空位之间的相互引力能 $E_{V\cdot V}$ 所决定的临界温度（$T_c=E_{V\cdot V}/2k$）以下时，点阵缺陷浓度只能在某一界限以下时，其相是稳定的。超过某界限时，此缺陷晶体便分裂为空位饱和的相和新相。因此，存在着与某种相所允许的最大缺陷数相对应的临界组成。

11.3.2　非化学计量比化合物的合成

非化学计量比化合物的合成报道甚多，目前散见于文献之中。许多用于制备固体化合物的实验技术均可用于制备非化学计量比化合物。现将主要的合成方法作简要介绍。

1. 高温固相反应合成非化学计量比化合物

用高温固相反应制备非化学计量比化合物是最普遍和实用的方法。在制备时，也视各种化合物的稳定性和技术要求采用不同的方法。合成时应以相图作参考。根据相图确定配料比例、温度、气体的压强、制备方法等。常用骤冷的方法来固定高温缺陷状态。

（1）在空气中或真空中直接加热或进行固相反应，可以获得那些稳定的非化学计量比化合物。

在真空或惰性气体气氛下，在高温条件下，在石英坩埚中放置 Si 单晶，通常其中将含有 1018 的氧原子，这些氧原子是渗入晶格间隙之中。含氧的 Si 单晶，经450℃左右的长时间的热处理，会使晶体中分散分布的氧逐渐地集聚起来，成为一个缔合体，使 Si 单晶的电学性质发生明显的变化。

（2）用热分解法能容易地制得许多非化学计量比化合物。热分解的原料可以是无机物，也可以是金属有机化合物。热分解的温度对所形成的反应产物十分重要。

制备非化学计量比稀土氧化物 Pr_6O_{11} 或 Tb_4O_7，可以用它们的碳酸盐，在空气中加热到 800℃ 以上高温热分解制得。也可以用它们的草酸盐、柠檬酸盐或酒石酸盐，经>800℃ 温度下，分解制得。镨的氧化物体系虽然常写成 Pr_6O_{11}，但实际上是很复杂的，它具有五种稳定相，每一相含有在 Pr_2O_3 与 PrO_2 之间的 Pr^{3+} 和 Pr^{4+}。Tb–O 体系也是很复杂的，属于非化学计量比化合物，Tb_4O_7 最接近于所得稳定固相的真实化学式 $TbO_{1.75}$，其中 Tb^{3+} 和 Tb^{4+} 以等量存在。随着制备细节（包括温度、灼烧时间）的不同，从 $TbO_{1.71}$ 到 $TbO_{1.81}$。

在隔绝空气的情况下，将草酸亚铁加热分解，可以制得 $FeO_{1+\delta}$（δ 是一个数值不大的数）。

（3）在不同的气氛下，特别是在一定的氧分压下，经高温固相反应，合成非化学计量比化合物是最重要的方法。此法既可以直接合成，即在固相反应的同时合成非化学计量比化合物，也可先制成化学计量比化合物试样，然后在一定的气氛中平衡制得所需要的非化学计量比化合物。

如碱金属卤化物色心激光晶体的附加着色过程，就是把晶体放入相应的碱金属蒸气中去建立平衡，即如果要在 KCl 晶体中产生 F 心，就把 KCl 晶体放在 K 蒸汽中，使晶体中阳离子多于阴离子，造成阴离子空位。在制备过程中，需控制着色的温度、金属蒸汽的气压、温度和着色时间，同时为了防止已抛光的晶体表面受到损伤，还需要用惰性气体来保护。经过 K 蒸汽处理后的 KCl 晶体则呈紫红色（或黄褐色）。这是由于晶体中原有的 Schottky 缺陷的阴离子空位 $V_{Cl}^{\cdot}$ 与附着在晶体表面上的原子电离所释放出来的电子缔合，生成 $V_{Cl}^{\cdot}+e$ 的缺陷缔合体。这个与 $V_{Cl}^{\cdot}$ 缔合的电子像原子中的 1s 电子，可以吸收光而激发到 2p 状态，即成为一种色心——F 心。

最引人注目的例子是合成零电阻温度大于 90 K 的 $YBa_2Cu_3O_{7-\delta}$ 的氧化物超导体。对于高温氧化物超导体的制备方法已有许多报道，可采用固相反应合成法、化学共沉积法、溶胶-凝胶法、热分解法、水热法、热压烧结法等。尽管方法各有所不同，但对 $YBa_2Cu_3O_{7-\delta}$ 高温超导相生成的机理进行众多研究后认为，超导相的生成可分为高温烧结，脱氧，冷却吸氧和相变氧迁移有序化四个步骤。无论用何种方法得到的均匀的钇钡铜氧化合物，在较低温度烧结时在 $\left[\frac{1}{2},0,0\right]$ 和 $\left[0,\frac{1}{2},0\right]$ 位置上氧有较大的占有率。随烧结温度升高，晶格中 $\left[\frac{1}{2},0,0\right]$ 和 $\left[0,\frac{1}{2},0\right]$ 位置的氧脱去，当升温至930℃时，$\left[\frac{1}{2},0,0\right]$ 和 $\left[0,\frac{1}{2},0\right]$ 位置的氧被赶尽，生成含有1价铜的缺氧的四方相（$YBa_2Cu_3O_6$），在脱氧过程中伴有吸热效应。缓慢冷却时发生吸氧过程，氧的吸入量与温度有关。在650℃ 以上所吸入的氧，相等概率地分布在 $\left[\frac{1}{2},0,0\right]$ 和 $\left[0,\frac{1}{2},0\right]$ 位置上。在650℃时发生四方相向正交相的转变，此时，吸入的氧易于从 $\left[0,\frac{1}{2},0\right]$ 位置迁移到 $\left[\frac{1}{2},0,0\right]$ 位置上，造成这两个位置上氧的占有率有较大的差异，从而引起晶胞参数 a 和 b 不等，a 与 b 的差值越大，即超导相的正交性越高，意味着 Cu—O 一维链的有序度越高，超导性能越好。

大量研究表明，$YBa_2Cu_3O_{7-\delta}$ 超导体中的氧或者氧空位的含量，以及不同条件下缺陷浓度的变化对超导体的晶形转变和超导特性都有非常重要的影响。这显然涉及不同温度和氧分压条件下，超导体中的非化学计量比和氧的缺陷平衡。$YBa_2Cu_3O_{7-\delta}$ 中的 δ 值代表该化合物晶体中的氧空位含量，其与温度和氧分压有关。有关氧的非化学计量的测定已有一些报道，不同作者测出的 δ 值波动在 $0\sim0.23$。

不同作者所测的 δ 值出现较大差别的原因，除测定方法的误差外与不同气氛下合成的试样有关。因为在 $YBa_2Cu_3O_{7-\delta}$ 中的氧空位属于化学缺陷。其缺陷浓度不仅与温度有关，而且也与氧分压有关。只有形成单一的 $YBa_2Cu_3O_{7-\delta}$ 化合物的正交相时，才能得到正确的氧缺陷值。室温下测得，在空气中合成 $YBa_2Cu_3O_{7-\delta}$ 的 δ 值为 0.237 ± 0.008。

在空气气氛下（$p_{O_2}=0.021MPa$），用合成的试样进行不同温度下平衡氧空位浓度的测定，在每一实验温度下恒温，视其质量在 1 h 内不变时认为达到平衡。所得结果中选用 $7-\delta$ 对温度作图和 $\lg[V'_O]$ 对 $1/T$ 作图，所得结果示于图 11-13 和图 11-14。

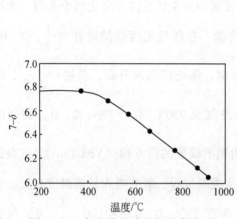
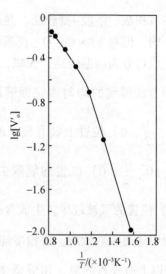

图 11-13　氧非化学计量与温度关系　　　图 11-14　相对氧空位浓度与温度关系

由图 11-13 可见，试样在小于 300℃ 时就开始有失氧，在晶格中形成新的氧空位。这一过程可理解为在空气中当温度升高时，晶体表面上的氧离子丢下两个电子，以分子形式进入气相，可由如下反应表示：

$$O''_o \Longrightarrow V_o^x + 2e^- + \frac{1}{2}O_2$$

O''_o 为晶体格位上的氧离子，V_o^x 为氧空位。晶体表面上的氧空位向晶体内部扩散，然后在表面再进行上述反应，直至平衡。由图 11-13 可见，这一过程随着温度升高而变得更易进行。图 11-14 中给出了氧空位浓度与温度的关系，在图中出现了两条斜率不同的直线。这被认为是反映出正交和四方两种不同晶系。从两条线的交点可以得知晶形转变温度约 600℃，与文献测得的结果基本一致。从图 11-13 中可以看出，晶形转变所对应的超导体的氧含量约为 6.53。根据图 11-14 中两条直线的斜率，按公式还可以求出氧空位的生成焓 ΔH_f。

正交晶系 $\Delta H_f(o) = 0.662$ eV　（63 745 J/mol）

四方晶系 $\Delta H_f(t) = 0.284$ eV　（27 320 J/mol）

由 ΔH_f 值可见，在高温下四方相中形成空位要比正交相中容易得多。另外从图 11-14 可以看出两个晶系的振动熵均为正值，这也说明该晶体中的氧缺陷为空位缺陷。

作者[6]用掺 Pr 的稳定立方氧化锆晶体片放入刚玉坩埚内，加碳保护，在 1200℃ 下退火，7 h 后取出。可以观察到晶片由黄变紫，甚至变成紫黑色。其原因是在高温和还原的条件下退火，给予晶体内部的氧离子提供足够的能量，也使部分氧离子失去电子变成氧原子从表面逸出，氧与碳迅速反应，保持着一定的还原气氛。遗留在晶格中的电子被晶格中的氧空位"俘获"，形成色心。该色心的吸收带位于 580 nm 附近。

2. 掺杂以加速非化学计量比化合物的生成

采用掺杂的方法促使形成稳定的和具有特殊性质的非化学计量比化合物十分普遍，已在许多功能材料上获得应用。合成这类化合物可根据需要采用固相、液相或气相等多种方法进行。

$BaTiO_3$ 的禁带宽度为 2.9eV，对纯净无缺陷的 $BaTiO_3$ 而言，室温下它应是一绝缘体。但是，由于各种原子缺陷的存在，可以在禁带中的不同位置生成与各原子缺陷相对应的杂质能级，从而使 $BaTiO_3$ 具有半导体性质。然而，原子缺陷种类很多，有本征缺陷，也有外来原子缺陷，而且这些原子缺陷的浓度又随各种因素如氧分压、烧结温度、冷却速率和掺杂浓度等而变化。所以，原子缺陷与材料的电导率之间有极其复杂的关系。

在未掺杂的 $BaTiO_3$ 中，所考虑的原子缺陷是氧空位和钡空位。实验表明，在高温和低氧分压下，$BaTiO_3$ 是一种含氧空位的 n 型半导体，氧空位的形成以下式表示：

$$O_O^\times \Longleftrightarrow V_O^\times + \frac{1}{2}O_2（g）$$

上式说明，当氧分压降低时，氧亚晶格中的氧在高温下通过扩散以气体形式逸出；与此相反，当氧分压增高时，上式将向左进行。

实验表明，在高氧分压和降低温度的情况下，$BaTiO_3$ 是一个金属离子不足的 p 型半导体。钡空位的形成可以下式表示：

$$\frac{1}{2}O_2 \Longleftrightarrow O_O^\times + V_{Ba}^\times$$

上式表明，当氧分压上升时，氧可以结合在格点上，产生钡空位 $V_{Ba}^\times$，若氧分压下降，则反应将向左进行，$V_{Ba}^\times$ 将减少。

图 11-15 给出了温度为 900℃、1070℃和 1200℃时，$BaTiO_3$ 的电导率与氧分压之间的关系。图中虚线为计算值、实线为实测值。由图可见，两者能符合较好。

从图 11-15 可见，与空气或纯氧处于平衡状态中的 $BaTiO_3$ 是 p 型半导体，当氧分压下降时，则转变成 n 型半导体。同时，最小的本征电导率（即从 p 型到 n 型电导率的转变区）随温度的升高而向较高氧分压方向移动。这是由于当温度较高时，相对来说氧空位较多，n 型电导会加强的缘故。将 La^{3+} 引进 $BaTiO_3$ 中，可使 $BaTiO_3$ 变成具有相当高的室温电导率的 n 型半导体。这类半导体已获得广泛的应用。引进 La^{3+} 以后，由于 Ba^{2+} 半径（134pm）和 La^{3+} 半径（114pm）相近，

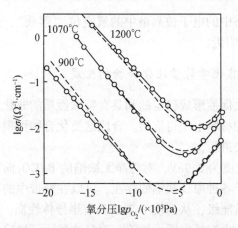

图 11-15　未掺杂 $BaTiO_3$ 陶瓷的高温电导率与氧分压之间的关系

La^{3+} 进入 Ba^{2+} 的位置，并带有过量的正电荷。为了维持电中性，可通过两种方式进行电荷补偿，一是通过导电电子进行补偿，此时，导电电子的浓度将等于进入 Ba^{2+} 位置的 La^{3+} 的浓度，这称为电子补偿；另一是通过金属离子空位来补偿过剩的电子，这称为空位补偿。实验结果表明，低氧分压和高温有助于形成过量电荷的电子补偿，而在高氧分压和较低温度下，则空位补偿将占优势。

实验表明，$BaTiO_3$ 半导体的电性能与高温缺陷状态、烧结气氛、淬火温度和速度密切有关。在低氧分压时，形成 $Ba^{2+}_{1-x}La^{3+}_xTi^{4+}_{1-x}Ti^{3+}_xO_3$，呈现低的电导率，而在高氧分压下形成 $Ba^{2+}_{1-0.5x}La^{3+}_{0.5x}\square_{0.5x}Ti^{4+}O_3$，式中 $\square$ 为钡的空位。

在许多发光和激光材料中，往往掺杂少量的杂质元素，这种掺杂不仅给材料赋予新的性质，而且形成了新的非化学计量比化合物。如用蒸发溶液法从磷酸溶液中生长出掺锰的五磷酸铈晶体 CeP_5O_{14}：Mn，就是一种非化学计量比化合物。从 EPR 谱可知，晶体中锰离子呈 2 价，并根据 Mn^{2+} 发出绿光的特征，表明 Mn^{2+} 位于四面体的结构中，而 Ce^{3+} 在五磷酸盐晶体中则处于八配位、十二面体中。由此推断，Mn^{2+} 位于 CeP_5O_{14} 晶体的层状结构的间隙之中。

CeP_5O_{14}：Mn（Ⅱ）晶体采用高温溶液法生长，即将一定量的磷酸放入黄金坩埚中，按一定的配比加入 $MnCO_3$ 和 CeO_2，加盖后，将坩埚放入不锈钢炉管内，接上水封瓶，缓慢升温，先在约 150℃ 维持数小时，以脱去磷酸中的水分，然后在 250℃ 保持 24 h 使 CeO_2 全部溶解，最后在约 560℃ 下生长约一周以上，关闭电源，用热水使残余母液浸出，则得到 CeP_5O_{14}：Mn（Ⅱ）晶体。

3. 用辐照的方法制备非化学计量比化合物

用辐照的方法制备非化学计量比化合物是一个简单易行的方法。突出的例子是制备 LiF 的色心晶体。它是一种在室温下有较高量子效率、不易潮解、热导率高 $[0.103\ W/(cm\cdot ℃)]$ 的可调谐激光晶体。

为获得大块晶体的均匀着色,采用穿透力很强的 γ 射线。当高能射线打到光学质量好的 LiF 晶体上时,会在晶体内引起电离,生成空穴、空位和自由电子等产物。电子被卤素空位所"俘获"时,则生成 F 心。它的吸收峰在 250nm 处。F 心荧光量子产率很低,不能实现激光振荡,但它是构成其他聚集心的基础,随着辐照剂量的增加 F 心的密度增加,在 $10^9 erg/g$ ($1erg=10^{-7}J$,余同) 时,晶体中除有大量的 F 心外,还产生出 F_2 和 F_2^+ 心。$F_2 \propto [F]^2$,只有一定密度的 F 心存在时,才会出现 F_2 心,它是由两个 F 心沿 (110) 方向结合而成的。F_2 心吸收峰在 450nm 处,荧光峰在 698nm,F_2^+ 心吸收峰在 650nm 处,荧光发射峰在 910nm。这种辐照剂量下的试样刚取出时为果绿色,室温下放置一天后变为淡黄色,即 F_2^+ 吸收峰消失。这种剂量下的试样用来产生 F_2 和 F_2^+ 心振荡是较理想的,色心比较单纯。当增加辐照剂量达到 $3\times10^9 erg/g$ 时,又出现一种新的 F_2^- 心,它的吸收峰在 960nm,荧光发射峰在 1120nm。它是 F_2 心多"俘获"一个电子,结构上类似 F_2 心。F_2^- 心的吸收和 F_2^+ 心的发射重叠,所以用高剂量试样实现 F_2^+ 心振荡时,必须除去 F_2^- 心。当剂量再增加到 $10^{10} erg/g$ 时,在 790nm 又出现一个新的吸收峰,这相应 R 心,它的荧光发射峰在 900nm 处。其结构是三个 F 心在 (111) 面结合而成,并多"俘获"一个电子。由于 R 心不是中心对称,除 790nm 吸收外,还有一个吸收峰在 680nm,埋没在 F_2 等心的吸收带内。用这种高辐照剂量的试样对 F_2 心激光振荡不利,因为 R 心在 680nm 有吸收。但在 530nm 强光作用下 R 心会解离。但此时 F_2 心密度高,可使振荡次数增加到 7000 次,大大超过 $10^9 erg/g$ 下几十次的使用寿命。再增加辐照剂量时,F_2^- 心和 R 心密度继续增加,到 $5\times10^{10} erg/g$ 时 R 心增加要快于 F_2^- 心,这表明 R 心的生成要消耗 F_2^- 心,同时 F_2^- 心已趋于饱和。

用电子束对 LiF 晶体进行着色,也可得到高密度的色心,着色速度也快。色心生成种类主要是和电子密度有关。在 $10^{13}/cm^2$ 时 (电流密度为 $1.6\times10^{-8}A/cm^2$),主要生成 F 心,试样呈淡紫色。电子密度达到 $10^{14}/cm^2$ 时,晶体呈果绿色,包含有 F、F_2 和 F_2^+ 心,放置 2 天变成淡黄色,此时对应于 γ 射线辐照 $10^9 J/g$ 剂量的结果。在 $10^{15}/cm^2$ 时,试样呈红褐色,增加 F_2^- 心,相应于 $10^{10} J/g$ 的 γ 射线剂量。对于 $5\times10^{15}/cm^2$ 电子束,则相应于 $5\times10^{10} J/g$ 的 γ 射线结果。当电子密度达到 $5\times10^{16}/cm^2$ 时,晶体变成黑色,吸收曲线平滑,饱和吸收效应消失。表明晶体温升已超过 F_2^- 心的热分解温度。

采用辐照制造缺陷,制备非化学计量比化合物,还可以用 β 射线、X 射线等。经过辐照后产生的色心,但存在色心的热、光稳定性的问题,有待解决。

4. 高压下合成非化学计量比化合物

近年来在高压和超高压条件下，合成非化学计量比化合物日趋活跃，并具有一定特点。由此，将能发现一些新的化合物和新的性质。

$BaFeO_{3-\delta}$ 属于 $ABO_{3-\delta}$ 型钙钛矿型化合物，在空气中加热合成的 $BaFeO_{3-\delta}$ 有两个稳定的结晶相，一个在 915℃ 以上的高温相（HiBF），$\delta=0.5$ 的稳定化学组成为 $BaFeO_{2.5}$ 的相，另一个是具有六方晶系、$BaTiO_3$ 型构造的低温稳定相（low BF）$BaFeO_{3-\delta}$（$\delta\leqslant0.26$）。图 11-16 示出 $p_{O_2}-T-\delta$ 之间的状态图，随着氧压的增加，$BaFeO_{3-\delta}$ 的低温相向着高温相移动，在 5MPa、1412℃ 时六方晶系的 $BaFeO_{3-\delta}$ 变为高温相 $BaFeO_{2.5}$ 并被熔融。由于氧缺位，即 δ 的变化明显地影响晶体结构和物性。如氧缺位最小的 $BaFeO_{2.95}$ 在 164℃ 有一个磁性转变点，随着 δ 值的增加，磁性转变点的温度向低温方向移动。

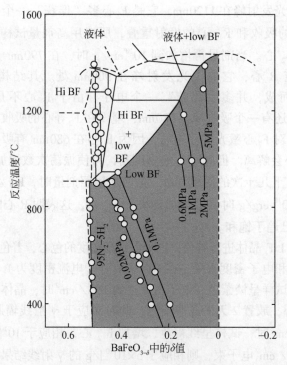

图 11-16　$BaFeO_{3-\delta}$ 体系的状态图

11.4　非化学计量比化合物的表征与应用

11.4.1　非化学计量比化合物的导电性

晶体中原子与离子的迁移总是与点缺陷的运动有关。例如，由于浓度梯度而引起的原子或离子的迁移（即扩散作用）和由于电势梯度而引起的离子在电场内的迁移（即离子电导）都可以看作中性的或带电的缺陷的运动。通过浓度的变化测得扩散系数，通过电介损耗测得由于带电缺陷运动所产生的电导率。

电导率 σ 为电阻率 ρ 的倒数 $\sigma = 1/\rho$。任一固体的导电率都可以表示为

$$\sigma = \sum_j \sigma_j$$

这里的 σ 为总电导率，σ_j 为固体中第 j 种载流子的分电导率，单位为 S/m（每米西门子），这些载流子可以是电子性的（即电子或空穴），也可以使原子性的（负离子性或离子性缺陷）。

在固体中发生许多结构变化都有通过扩散来进行。通常把扩散时伴随着组分间化学反应的称为化学扩散，这是研究固相反应的一个重要课题。

电导率的测定对于氧化物、硫化物等材料的点缺陷的鉴定不仅是有用，而且普遍。在 M_mX_n 型化合物中，若金属离子不足时，X_i、V_M 提供受主能级。由于这种缺陷的浓度依赖于气氛，在金属过剩的条件下，电子浓度和电导率与 $p_{x_2}^{-1/2}$ 成正比；在金属量不足的条件下，空穴浓度和电导率与 $p_{x_2}^{1/n}$ 成正比，因此，随着 p_{x_2} 的增大，电导率的变化是在 n 型区域减少，在 p 型区域增加，取电导率最小值的组成就成为真半导体，基本上是化学计量比组成，其余情况则为非化学计量比。

晶体结构对氧的扩散有明显影响，如在金红石中氧扩散要慢于金属（Ti）扩散，而在萤石型结构中氧扩散快于金属扩散。因此这一过程对氧化还原动力学影响很大，而与其他质量转输过程包括氧化物的全组分传输（如烧结）关系则不大。对整比和非整比组成的 ZrO_2、CeO_2、UO_2、（U，Pu）O_2、PuO_2 等的氧扩散都曾作过很多研究。

整比的金红石结构 TiO_2 晶体的晶胞参数为 $c = 295.9$pm，$a = 459.3$ pm，$c/a = 0.64$。由于 c 轴特别短，晶胞内平行于 c 轴有一个半径约为 77 pm 的沟道。这一事实对金红石型结构中的扩散影响甚大，一般使平行于 c 轴的扩散大大快于垂直于 c 轴的扩散。在金红石中，小的间隙杂质离子，如 Li^+（半径 62 pm）、B^{3+}（25 pm）、Cr^{3+}（63 pm）、Fe^{3+}（64 pm）、Co^{3+}（74 pm）、Ni^{2+}（72 pm）沿 c 轴都能很快地扩散。

1. 离子电导

典型的离子导体主要是碱金属的卤化物，其中的载流子主要是 Schottky 空位对。随着现代技术的发展，一代新型的陶瓷质离子导体得到开发和应用，它们主要是萤石型的氧化物。在萤石型结构中氧自扩散快于金属自扩散，扩散系数常相差 6 个数量级，甚至更多。氧离子的迁移是这类导体导电性的决定因素。这类氧化物离子导体的基质晶体常通过部分还原或掺杂，引入低价正离子，成为缺氧型的非整比化合物或固溶体。低价正离子的引入需要有电荷补偿缺陷，它们可以是氧空位或正离子填隙原子。但是，现有的技术上重要的氧化物离子导体中的电荷补偿缺陷，几乎无一例外的是氧空位。

在有掺杂的情况下，如萤石型氧化物中的基质正离子是 4 价的，即 $m = 4$，在最广泛应用的掺杂两种 M^{3+}（如 Y^{3+}、Sc^{2+}）和 M^{2+}（如 Ca^{2+}、Sr^{2+}）。现已证明这类掺杂固体中的氧空位不再是自由的，它们要与掺杂正离子构成缺陷缔合物。

二元氧化物 CeO_2 和 ThO_2 在室温下有萤石型结构，而 ZrO_2 仅在高温下属于这一结构。ZrO_2 和 HfO_2 在加入二价或三价掺杂离子后仍能保持这一稳定的立方物相。CeO_2 和 ThO_2 还能与许多二价或三价正离子形成固溶体，掺杂浓度可以从零直到很大的数值，而仍保持萤石型结构。

这些萤石型结构氧化物的电导率对掺杂浓度的图上都有一个峰值，如图 11-17 所示。图上显示的是 ZrO_2 固溶体的电导，为便于讨论，掺杂已标在各条曲线旁边。

掺杂的 CeO_2 和 ThO_2 得到了详尽的研究。在 CeO_2 中掺入 Ca^{2+} 的 $Ce(Ca)O_{2-x}$ 中电荷补偿缺陷是氧空位，在高氧分压和低温下该体系以离子电导占优势，在低氧分压和高温下以电子电导占优势。图 11-18 是在 100% 氧气气氛中以离子电导为主的

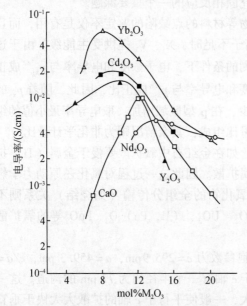

图 11-17　掺杂浓度对 ZrO_2 固溶体电导率的变化

结果。由这些数据可以算得，在 $x = 0.01 \sim 0.14$ 的 CaO 组成范围内，试样的活化能恒定在 (0.62 ± 0.03) eV。

$Ce(Sr)O_{2-x}$ 也有类似的行为，活化能值为 (0.58 ± 0.03) eV，与组成无关。在

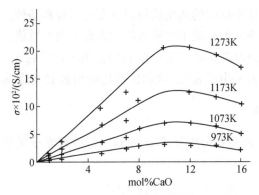

图 11-18　Ce（Ca）O_{2-x} 固溶体的等温电导率

稀溶液范围内 σ 随 x 值有直线变化，只是 σ 值与 Ca^{2+} 掺杂的体系不同。

在 500K 低温下，发现 Ce(Ca)O_{2-x} 的活化能，在 $x = 0.003 \sim 0.15$ 的范围内有平均的恒定值 0.93eV，而且 σ 正比于 $x^{1/2}$，而不是 x，如图 11-19 所示。

在 $x = 0.01 \sim 0.08$ 的稀溶液范围内，等温电导率组成有直线变化。

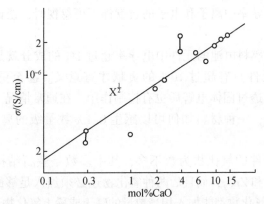

图 11-19　500K 时 Ce(Ca)O_{2-x} 固溶体的等温电导率

2. 电子电导和电子缺陷

在热或其他激发源的作用下，价带中的一个电子可能跃迁到导带，成为一个自由电子，同时在价带中留下一个自由的空穴。晶体中的这类自由电子和空穴称为电子缺陷。另外，电子缺陷也可通过别的途径生成，如氧化物处在一定的氧分压下，则晶体氧与气相氧处于一个平衡之中，可能当晶体氧原子变成 $1/2O_2$，同时留下两个自由电子和一个氧空位。再如在氧化物晶体中，正常位置上的一个氧离子可以变成填隙原子，同时留下一个正常位置的空位，这就是生成了 Frenkel

缺陷。因此，在固体中缺陷的热生成可以有多种途径和条件。

偏离整比或掺杂时的载流子浓度可以大大高于内禀数值。例如，CeO_2 的带隙约为 5.5eV，计算的内禀载流子浓度在 1273K 为 5×10^{14} m^{-3}，但是在这个温度下还原成 $CeO_{1.8}$ 后约为 5×10^{26} m^{-3}，大约比整比物相多 12 个数量级电子。

3. 混合导电性

由于总电导率 σ 是各分电导率 σ_j 之和，每种载流子对总电导率的贡献分数可以定义为

$$t_j = \sigma_j / \sigma$$

这里的 t_j 称为迁移数（transference number）。根据定义，所有载流子的迁移数之和为 1。

在研究离子和电子的混合导体时，一般要涉及离子迁移数 t_i 和电子迁移数 t_e 的相对大小。在 t_i 中包括正离子和负离子的贡献，而 t_e 则是电子和空穴迁移之和 $t_n + t_p$。

对任意一种氧化物 t_i 和 t_e 都不会真正是零，所有氧化物原则上都是混合导电体。但是只有总电导率中离子和电子的贡献都不可忽视时，谈论混合导电性才有实际意义。

在固体电解质燃料电池的元件中电导率超过 1% 的成分就是重要的，而同一材料用于传感器元件只有超过 10% 的贡献才有意义。甚至更小的电子迁移数（如 $<10^{-4}$）对气体透过固体电解质也有控制作用。在通常情况下，如果合理选择温度，氛围和组成，一种材料如何可以感生 0.1% 数量级的离子或电子迁移数，就应予以研究。

能满足这一条件的氧化物为数不多，其中多数是萤石结构的氧化物，包括 CeO_2、ThO_2、HfO_2 和 ZrO_2，而且后两种氧化物还必须加入足够的二价或三价杂质使之稳定化。这些氧化物都能加入相当数量的碱土或稀土氧化物形成固溶体。二价或三价离子进入萤石型晶格取代四价正离子格位后，常促进异常高浓度的氧空位的生成，可达 10% ~ 15%（摩尔分数）。这样高浓度的离子缺陷与相当高的离子迁移率结合起来，产生了很高的离子电导率（10^{-2} ~ 10^{-1} S/cm，1273K），从而满足了混合导电性必须有很高离子导电率的判据。部分离子迁移率数据见表 11-5。

表 11-5　离子迁移率

氧化物	氧缺陷迁移率/[cm^2/(V·s)]
$CeO_2 + 5\%$ Y_2O_3（摩尔分数）（氧空位）	$1.2\exp(-0.87ev/kT) = 4.3 \times 10^{-4}$（1273K）
$ZrO_2 + 12\%$ Y_2O_3（摩尔分数）（氧空位）	$4.2 \times 10^{-1}\exp(-0.99ev/kT) = 5.1 \times 10^{-5}$（1273K）
$ThO_2 + 7.5\%$ Y_2O_3（摩尔分数）（氧空位）	$1.5 \times 10^{-1}\exp(-1.0ev/kT) = 1.7 \times 10^{-5}$（1273K）

这类氧化物的带隙约为 5eV，而且在高温下内禀的电子和空穴浓度也很低。

对于未掺杂的 CeO_{2-x} 由于它的电子迁移率 μ_0 对氧空位迁移之比只有 10 左右，这使它在相当大的 x 值下仍是一种混合导电体。在掺杂后情况有所不同。为理解掺杂后的变化，必须研究不同环境（以氧分压表示）下氧化物中电子缺陷和晶格缺陷的复杂平衡。表 11-6 列出了不同氧分压下的平衡条件和缺陷浓度。表 11-6 中仅指出各种缺陷浓度的主要影响因素，这样也许更切合于实用。除由平衡条件决定的缺陷浓度外，各种缺陷浓度均随温度变化。图 11-20 是（CeO_2）$_{0.95}$ 加（Y_2O_3）$_{0.05}$ 后电导率随温度的变化，实验时的五个不同的温度已标在数据点旁边。从图 11-20 看到，在温度低于 1273K 时，在试样的掺杂水平下（≥1%，摩尔分数），在高的氧分压 p_{O_2} 下，离子导电性占优势，这时的总电导率与 p_{O_2} 无关。在较低的 p_{O_2} 下，经常有电导率 $\propto p_{O_2}^{-1/4}$ 的一个分量，表明显示出 n 型电导率。由总电导率中减去不随 p_{O_2} 变化的两种电导率即得到电子电导率，在图 11-20 的虚线是电子电导率随 $p_{O_2}^{-1/4}$ 的变化。

表 11-6　纯和 Frenkel 型掺杂氧化物中的缺陷浓度

氧分压 p_{O_2}	平衡条件	n	p	氧空位浓度	氧填隙子浓度
低	n 等于氧空位浓度乘2	正比于 $p_{O_2}^{1/6}$	正比于 $p_{O_2}^{1/6}$	等于 $n/2$	正比于 $p_{O_2}^{1/6}$
适中	不掺杂时氧空位和氧填隙子浓度相等	正比于 $p_{O_2}^{-1/4}$	正比于 $p_{O_2}^{1/4}$	仅随温度变化	仅随温度变化
适中	掺杂，掺杂浓度等于氧空位浓度乘2	正比于 $p_{O_2}^{-1/4}$	正比于 $p_{O_2}^{1/4}$	正比于掺杂浓度	反比于掺杂浓度
高	掺杂，p 等于掺杂浓度	反比于掺杂浓度	等于掺杂浓度	正比于 $p_{O_2}^{1/2}$	正比于 $p_{O_2}^{1/2}$
高	不掺杂，p 等于氧填隙子浓度乘2	正比于 $p_{O_2}^{-1/6}$	正比于 $p_{O_2}^{1/6}$	正比于 $p_{O_2}^{1/6}$	等于 $p/2$

由图 11-20 可以看出，在一定的掺杂水平下，两种迁移数 t_i（反映总电导率中离子电导率的贡献）随 T 和 p_{O_2} 变化。如取 t_i 为混合电导的典型值 $t_i=0.5$，把这时的 p_{O_2} 称为 p_n，则 p_n 将随掺杂和温度变化。表 11-7 是若干 CeO_2 基电解质的 1073K 时 p_n 值。数据表明，不同杂质在相同掺杂水平下也有不同的 p_n 值，而且虽然 p_n 一般随掺杂水平的增大而降低，但显示出一种饱和效应，进一步增大掺杂水平 p_n 又有所增大。

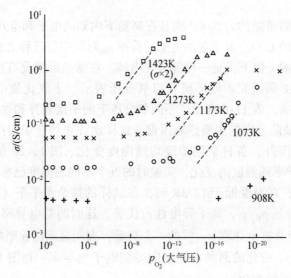

图 11-20 $(CeO_2)_{0.95}-(Y_2O_3)_{0.05}$ 在不同温度下电导率作为 p_{O_2} 的函数

表 11-7 $Ce_{1-x}N_xO_{2-x}$ 体系的 p_n 值

	组成（x）	$lg p_n$（1073K）
N＝Gd	0.05	−14.6
	0.10	−16.0
	0.15	−16.1
	0.20	−16.2
	0.25	−14.0
N＝Ca	0.01	−10.4
	0.05	−14.1
	0.12	−13.9
N ＝Nd	0.02	−12.7
	0.05	−12.5
	0.075	−14.5
N＝Y	0.05	−15.4
	0.022	−13.4
N＝La	0.07	−14.9
	0.15	−15.3

　　掺杂的 ThO_2 最常见的是掺 Y_2O_3，其结果是产生高浓度的氧空位。电导的一般特征与未掺杂的试样相同，但 σ_i 分量显著增大。在还原性条件下，电子电导发

生 p→n 型的转变，因而这类电解质在低的 p_{O_2} 值下应用比较适合，因此它们有极低的 p_n 值：

$$\lg p_n = (-57.9 \times 10^3)/T + 12.4\,(973 - 1873\mathrm{K})$$

未掺杂的单斜 ZrO_2 在高于 1073K 的温度下是一种半导体，在 ~ $10^{-9}\,\mathrm{N/m^2}$ 时从 p 型相 n 型转变。掺杂 Y_2O_3（~ 1%，摩尔分数）后显著增大离子电导。未掺杂的四方 ZrO_2 也有混合电导性，在低于 473K 是离子导电占优势，高于这一温度，半导体性增强。在 ~ $1\mathrm{N/m^2}$ 时发生 p→n 的转变。掺杂的立方 ZrO_2 是一种最常见的固体氧化物电解质。因此这样材料不论在氧化性还是在还原性环境中均有较高的氧离子导电性和较低的电子导电性。

混合型导体有许多实际应用。在很多应用中常利用它们较高的离子电导率，在各种电化学装置中用作固体电解质，以产生电流、电解水或测定不同介质的氧活度。在高温下把化学能转化成电能的固体电解质燃料电池有很高的效率，而且不需要贵金属电极，没有污染。高的离子电导率必定使欧姆损失减小，同时低的电子迁移数 t_e 也必定使输出电压得以提高。类似的装置还能用作电解池，从水蒸气产生 H_2 燃料，这类装置在开路下操作时还能用于监测 M/MO 体系中的平衡氧活度。

11.4.2　非化学计量比化合物的测定

对于"偏离"较大的非化学计量比化合物的测定是可以进行的。但对于晶体中点缺陷的浓度和种类的测定是比较困难的，需要在多方面知识的基础上作综合判断。常用的"偏离"测定方法如下。

1. 化学分析

用化学分析直接确定非化学计量比化合物的组成通常是不容易的。因为一般的定量分析方法的误差为 ± 10^{-3}，而带有本征缺陷的晶体偏离整比的组成一般都是 ≤10^{-3}。但是用化学分析法测定非化学计量比化合物中金属的过量或欠量则是可能的。因为非化学计量比化合物往往是一种多组分的固溶体，其中的各组分具有不同的价态。例如，PrO_{2-x} 和 TbO_{2-x}。这种类型化合物的偏离值可以从直接测定其中非正常价态的原子的浓度来求得。

除了测定试样中金属的浓度外，也可以用化学分析法测定氧或硫的含量。如 BaO 中过量的氧，可由其和水反应时的氧来确定。

2. 微重量法

微重量法广泛地应用于测定晶体中缺陷的种类和浓度。晶体中主要缺陷的浓度直接与偏离化学计量比的程度有关。在 $M_{1-y}X$ 晶体中，M 偏离整比的量就等于阳离子空位的摩尔分数。在 $M_{1+y}X$ 中，M 超过化学计量比的量等于间隙阳离子的摩尔分数。而在真正的 MX_{1-y} 晶体中，y 就等于阴离子空位的摩尔分数。因此，用实验方法测定晶体组成偏离整比的程度，就可以确定主要缺陷的种类及其浓度，并且可以计算出缺陷生成的焓、熵变及电离度等。

微重量法是测量试样随反应条件的改变所发生的质量变化。当把试样 MX 在适当的高温下和给定的 X_2 分压下加热，经过一段时间，$MX-X_2$ 体系达到了热力学平衡，试样的质量趋于恒定，这时表明，在给定的反应条件下试样的化学组成稳定了，试样的偏离整比值 y 也一定。如果反应体系的参数之一改变了，试样就会再吸收一些或放出一些 X 组分，直到建立新的平衡为止。在新的平衡下，试样的质量和试样偏离整比的程度具有不同于前一平衡态新的特征值。例如，当把 $M_{1-y}X$ 试样周围的 p_{x_2} 降低时，下列反应向左移动。

$$\frac{1}{2}X_2 \ (g) \Longrightarrow V_M + X_X$$

$$V_M \Longrightarrow V'_M + h$$

这样就使得 MX 部分分解出 X_2，进入气相，试样质量减少，被游离出的金属离子和电子就分别填充在空位 V'_M 和空穴处，这相当于阳离子空位 V'_M 浓度降低，即偏离整比的程度也降低。同理，当把 MX_{1+y} 试样周围的 p_{x_2} 降低时，由于相应地减少了间隙阴离子 X_i 的浓度，也会导致偏离整比性的降低。对于 $M_{1+y}X$ 晶体而言，如果降低试样周围 p_{x_2} 的分压，试样的质量减少，下列平衡向右移动：

$$MX \Longrightarrow M_i + \frac{1}{2}X_2 \ (g)$$

$$M_i \Longrightarrow M'_i + e$$

这样便增大了间隙阳离子浓度，从而使偏离整比程度增加。同理，当把 MX_{1-y} 试样上的 p_{x_2} 降低时，也会导致同样的结果。

因此，当我们已知在给定温度和一定 p_{x_2} 值下的晶体 MX 中的 y 值时，用微重量法测定试样质量的变化，就可以直接得到 MX 中主要缺陷的种类和浓度的信息。为此可以先从纯金属 M 试样开始，在一个可以在恒温恒压下，测定试样质量变化的石英弹簧秤中进行实验，这种装置中，当试样总质量为 1g 时，可以称准至 $10^{-8}g$，一个光滑的金属表面包含有 10^{15} 个原子/cm^2，如果每个原子和一个氧原子结合，形成一氧化物单层，则由于氧化而增加质量为 $3\times10^{-8}g/cm^2$，如果试样表面积为 $10cm^2$，则质量增为 $3\times10^{-7}g$，这样就可以利用石英弹簧秤测出伴随氧化物晶面的生成或分解时所发生的质量的变化。首先使 M 完全氧化成 MX，并达到恒重，从试样 M 的质量增加可以计算出化合物 MX 中 M 和 X 的摩尔分数，从而求出偏离整比值 y。在不同的实验平衡条件下，可以求出一系列的 y 值，进

而得到各温度下的 y 值和 $p_{x_2}^{1/n}$ 之间的关系。对于 $M_{1-y}X$ 或 MX_{1+y} 类型的化合物，这种关系的函数式可以表示为

$$y = C \cdot p_{x_2}^{1/n}$$

而对 $M_{1+y}X$ 或 MX_{1-y} 类型的化合物，这种关系的函数式为

$$y = C \cdot p_{x_2}^{-1/n}$$

式中的 C 为常数。取上述函数式的双对数作图，可以得到一套 y 值随 p_{x_2} 变化的等温直线，直线的斜率就给出了指数 $1/n$ 的值。利用 $1/n$ 值可以确定缺陷的浓度。实验也可以在等压变温的条件下进行，测得一套 $\lg y \propto f\left(\dfrac{1}{T}\right)$ 函数的等压直线。由这些直线的斜率，可以求出缺陷的生成焓；由直线在纵坐标上的截距，可以求出缺陷生成过程的熵变。

3. 密度测定法

用密度测定法可以更直接地测定缺陷浓度。如果将晶体的真相对密度与根据晶格常数计算所得的 X 射线密度进行对比，不仅可以确定缺陷的浓度，而且可以确定缺陷的种类。图 11-21 为在 Y_2O_3 中掺杂 ZrO_2 时的实测相对密度与根据 O_i 模型或 V_Y 模型，用晶格常数计算出来的 X 射线密度进行对比。生成物的密度增加说明形成氧离子间隙固溶体，而密度下降是生成钇空位固溶体。因此，在 Y_2O_3–ZrO_2 体系中可以推论出 Y_2O_3 中的点缺陷主要是 O_i。

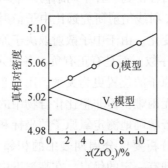

图 11-21　由固体的真密度来确定固体中缺陷的种类和浓度

实线为根据 O_i 和 V_Y 模型的点阵常数计算所得的 X 射线真密度，o 是实际测定值

密度测定法虽然是一种古老的方法，但由于它能够确定缺陷浓度和缺陷类型，因此，随着测定精度的提高，其实用性也增加。一般情况下，缺陷对晶体密度的影响不大，因此要求测量精确度要高。如果晶体中缺陷浓度随温度的变化明显地改变，那么将缺陷所引起的效果与晶体本身所产生的效应加以区别就比较容易。例如，AgBr、AgCl 和 AgI 在较高温度下，晶格尺寸突出地增大，可以认为是

由于生成 Frenkel 缺陷所引起的。

4. 示踪原子法和标记物法

缺陷类型的确定可以利用放射性或稳定同位素示踪原子的方法，测定组分原子 M 或 X 在晶体 MX 中的扩散系数。如果 $D_M \gg D_X$，则表明扩散主要是沿着 M 离子的亚晶格进行，因此，缺陷是存在于 M 晶格中，是 M 离子的空位缺陷 V_M 或间隙缺陷 M_i。如果 $D_M \ll D_X$，则表明缺陷主要是存在于 X 亚晶格中的 X 离子的空位 V_X。也可以利用标记物法来测定晶体中缺陷的种类。标记物法还广泛地应用于研究氧化机理、扩散机理、固相反应和烧结过程。

5. X 射线衍射和中子衍射

由于晶体学研究方法的改进和发展，对非整比的研究是一个很大的推动。结构研究已成为研究非整比化合物最重要的途径。许多重要的结果来自电子显微镜、X 射线衍射、中子和电子衍射的研究。

由定量的 X 射线衍射数据进行结构分析就会得到有关缺陷结构的更直接的知识。根据晶格常数与组成的依赖关系的结果，能够了解到，在非化学计量比化合物中，过去认为是由均匀的非化学计量比化合物物相所构成的，原来是由一系列组成范围很窄的化合物所构成。

X 射线和密度数据相结合得到一种平均结构、平均晶胞的结构数据。

在晶体结构测定中，X 射线衍射研究远比中子衍射用得更为普遍。这种情况在非整比晶体研究中有所变化。由于中子散射取决于原子核，它的散射振幅并不像 X 射线那样正比于原子序数，而是有正有负，各种元素互不相同。用中子衍射测定氢、碳、氧等较轻的原子的位置更为灵敏。用 X 射线衍射法测定重金属氧化物中氧原子的位置一般并无困难，但非整比化合物中的氧亚晶格常常是部分占有的，中子衍射的灵敏度对于精确地测定氧原子的坐标和格位的占有数仍有明显的意义。此外，X 射线衍射分析要区分周期表中的相邻元素或近邻元素是有困难的，而中子衍射在这方面却有一定的优点。在高温下中子的散射强度并不因热运动而衰减，因核对中子的散射是各向同性的。所有这些事实都使得中子衍射在非整比研究中成为一种更常用的衍射技术。

用中子衍射法能获得有关缺陷存在的状态更为精密的认识。除了簇结构以外，还能检验出来自离子的点阵常数的微小位移。

6. 电子显微镜

在结构研究中，最重要的是两种技术：一是 X 射线和中子衍射；另一是电子显微镜。

电子显微镜（常简写为 EM）用于非整比化合物的研究是 20 世纪 70 年代以来的事，尤其是高分辨率透射电子显微镜（HRTEM）的出现，已经能直接观察到缺陷的存在，更是极大地推动了非整比化合物的研究。

电子显微镜技术在提供这类信息上也许更为直接，但提供的仅是沿某一选定方向的投影。X 射线和中子衍射至今仍是精确测定晶体中的原子坐标，以及部分占有位置占有数的唯一方法。上述两种技术在制备的研究中是互相补充的。

非化学计量比化合物还可以用许多现代的物理方法加以综合研究确定。根据元素的本征性质和缺陷能级，用吸收光谱可获得在晶体中缺陷存在的更详细情况，对碱金属卤化物的色心而言，由吸收光谱强度可以推论出过剩的金属量。顺磁共振能提供更强有力的手段，如碱金属卤化物的 F 心，只能用顺磁共振方法才能得到证实。电子–核双共振（ENDOR）可作为研究顺磁性缺陷的有力手段。目前利用超高倍电子显微镜和原子力显微镜已经能直接观察到缺陷的存在部位。

11.4.3　非化学计量比化合物的应用

非化学计量比在功能材料，尤其是稀土功能材料方面的研究和应用较多，已有相当多的报道，唯散见于各类文献中，尚未归纳。非化学计量比化合物不仅能改善或提高材料的性能，而且创立了许多新材料。文中已介绍了多种非化学计量比材料如高温超导材料，$BaTiO_3$：La，Y_2O_3–ZrO_2 等，现再举少数例子加以说明其广泛的应用前景。

1. 激光与发光材料

目前大多数发光材料都有稀土掺杂，如灯用三基色荧光粉中 Y_2O_3：Eu 红粉，$MgAl_{11}O_{19}$：Ce，Tb 绿粉，$BaMgAlO_{17}$：Eu^{2+} 蓝粉等；白光 LED 用的 YAG：Ce；长余辉荧光粉 SrA_2O_4：Eu^{2+}；红外变可见发光材料 $NaYF_4$：Yb，Er；彩色电视用 Y_2O_2S：Eu 红色荧光粉；等离子体系平板显示用（Y，Gd）BO_3：Eu 红粉；高压汞灯用 Y（PY）O_4：Eu^{3+} 红粉；X 射线增感屏用 BaFCl：Eu^{2+}；闪烁晶材料 Lu_2SiO_5：Ce 等。主要的激光材料都是用稀土掺杂如 $Y_3Al_5O_{12}$：Nd、$YAlO_3$：Nd 等晶体。

2. AB_5 型储氢合金[7]

氢能被认为是能够替代石化燃料的最理想的清洁能源。作为储氢材料，具有 $CaCu_5$ 型结构的 $LaNi_5$ 是 AB_5 型储氢合金的典型代表。由于具有储氢量大、易活化、不易中毒等特点，$LaNi_5$ 被认为是热泵、电池、空调器、热–机械能转换等实际应用的候选材料，但这种合金室温下吸氢后单位晶胞体积膨胀率可达 25%，放氢后晶胞体积收缩，这样不断进行吸放氢循环就会导致合金粉化。粉化以后的储氢合金传热性能降低，吸放氢速度下降，细小的粉末可污染气路，自压实后的应力会损坏储存容器。为克服此缺点进行了广泛研究并提出了很多方法。在 AB_5 型储氢合金中非化学计量比化合物在改善合金的容量及稳定性等方面得到成功应用。

　　系统研究了非化学计量比合金 $La_{0.6}Nd_{0.4}Ni_{4.8}Mn_{0.2}M_{0.1}$（M = Cu，Zr）的储氢性能。结果表明，添加 Cu 能提高合金的平台压力，减轻滞后效应；而添加 Zr 能够有效提高合金的动力学性能和抗粉化性能，降低平台压力，但 Cu 和 Zr 的添加使储氢容量有所降低。

　　近年来荷兰 Philips 实验室及美国 Brookhaven 国家实验室等研究表明，具有单相组织结构的高温退火过化学计量比合金 $La(NiM)_6$（M = Cu，Sn，Mn）其晶格参数呈现明显的各向异性变化，该合金结构可明显减小合金吸放氢时的晶格膨胀，并具有良好的电极循环稳定性。

　　图 11-22 是非化学计量比 $LaNi_5$ 型合金的 PCT 曲线，从欠化学计量比（x = 4.9）到过化学计量比（x = 5.14 ~ 5.50），合金氢化物的平台压力变化很大，从 $LaNi_{4.9}$ 的 0.275MPa（2.75atm）上升到 $LaNi_{5.5}$ 的 0.92MPa（9.2atm）。对于化学计量的 $LaNi_5$ 平台压力为 0.37MPa（3.7atm）。表明随着过化学计量比的增加，吸氢特征有很大的变化，即随着 Ni 在化合物中含量的增加，氢化物的稳定性降低。

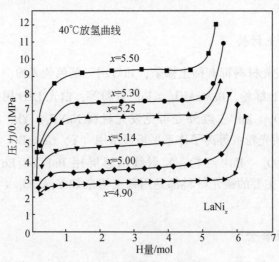

图 11-22　非化学计量比 $LaNi_x$ 的 PCT 曲线

　　对于非化学计量比合金，过化学计量比 AB_{5+x} 更加优势，一方面过量 Ni 原子在 A 侧稀土原子位沿 c 轴方向形成哑铃结构，能够协调合金充放氢过程的膨胀与收缩，明显减小吸放氢的体现膨胀，膨胀量从约 17% 降低到 10%，改善合金的抗粉化能力，提高循环寿命；另一方面，过量的 Ni 已形成富 Ni 的第二相，这种第二相催化性能往往不错，在改善合金动力学特性方面应该具有好处。

3. $Nd_2Fe_{14}B$ 永磁合金

具有四方结构的 $Nd_2Fe_{14}B$ 主相是烧结磁体中唯一的硬磁相。它的体积分数决定了 Nd-Fe-B 永磁合金的 B_r 和 $(BH)_{max}$ 值的大小。在烧结磁体中主相的体积分数在 85% ~ 96%，高磁能积烧结 Nd-Fe-B 磁体的主相约占体积的 96% 或更高。为了改善其性能。一般通过掺杂、取代等形成非化学计量比合金。

开发较高磁性能 Nd-Fe-B 永磁体可从两方面着手：一是用部分 Co（一般不超过 Fe 的 10%）取代 Fe 以提高居里温度；二是提高磁体的内禀矫顽力。而提高内禀矫顽力通常有两种途径：一种是通过提高基相的磁晶各向异性场（可以用 Dy 或 Tb 替代部分 Nd），另一种是联合添加剂 Al、Ga、Nb、Mo、V 等元素以优化磁体的微结构。

为了改善磁体本身的抗氧化和抗腐蚀性能，应尽量降低磁体富钕相的含量和调整富钕相的成分来提高它本身的电化学电位，以便降低它与主相之间的电化学电位差。在 Nd-Fe-B 合金中联合添加剂 Co、Cu 和 Ga 是有效的办法。

提高磁体中晶界相的增韧性是改善烧结 Nd-Fe-B 磁体力学性能的基本方法。为提高晶界相的增韧性，采用添加 Ti、Nb 和 Cu 等元素的方法使晶界相中析出少量的富 Ti、Nb、Cu 沉淀相，因这些沉淀相具有较好的塑性，从而改善磁体的断裂韧性；通过用 Co、Ni 和 Ti 等替代部分 Fe，在磁体内析出 TiB_2，它作为晶间相可以细化晶粒，在主相内析出，可提高合金强度，从而使磁体的抗弯强度提高到 560MPa，$(BH)_{max}$ 仍保持为 $272kJ/m^3$（34MGOe），磁体的切削性能良好，能加工成 $50\mu m$ 的薄磁体；采用在合金 $Nd_{14.1}Dy_{0.5}Fe_{79.0}B_{6.4}$（原子分数）的基础上，再添加晶界合金中的 B 含量，添加量从 0.95% 逐步增加到 6.95%，磁体的抗弯强度普遍提高。B 添加量为 0.95%（原子分数）时，磁体具有最高的抗弯强度，微量添加 B 可使磁体晶界相的分布更加均匀，从而抑制了晶粒的不规则长大。根据材料强韧化的普遍原则，细化晶粒以及采用阻止和延缓裂纹扩展的方法均是提高材料强度和韧性的有效途径。

4. 磁制冷材料

美国能源部的 Ames 实验室在 1997 年发现了具有巨磁热效应的 $Gd_5Si_2Ge_2$ 室温磁制冷材料，该合金比历史上磁热性能最好的 Gd 的磁热效应至少高出两倍，从而使室温磁制冷技术的商用前景趋于明朗。研究表明，通过改变化学计量比合金 $Gd_5Si_2Ge_2$ 中 Si 和 Ge 的比例，可以调节合金的居里温度，但对合金的巨磁热效应有显著的影响。

付浩等[8] 使用纯度为 99.94% 的稀土金属 Gd，研究了非化学计量比的 $Gd_5Si_2Ge_2$ 合金的磁热效应。结果表明：适量的非化学计量比可以使合金保持一级磁相变的特征，并表现出巨磁热效应，而且还使居里点有所提高。设计非化学计量比的原则是尽可能使非化学计量比合金仍然保持合金的组织均匀性、晶体结构的一致性、单相性等，以便尽可能保持计量比合金的一级磁相变的特征。因此，对欠量、过量的计量比例都不宜太大。通过设计适量的非化学计量比的 $Gd_5Si_2Ge_2$ 合金，即两种过量比合金（$Gd_{5.1}Si_2Ge_2$）、（$Gd_{5.2}Si_2Ge_2$）及一种欠量比合金（$Gd_{4.9}Si_2Ge_2$），不但保持或提高合金的巨磁热效应，并使居里点有所提高。

参 考 文 献

[1] 洪广言. 无机固体化学. 北京：科学出版社，2002
[2] 周永治，李家值. 非整比化合物（第十四卷）. 北京：科学出版社，1997
[3] 苏勉曾. 固体化学导论. 北京：北京大学出版社，1987
[4] 洪广言. 稀土发光材料——基础与应用. 北京：科学出版社，2011
[5] 徐如人，庞文琴. 无机合成与制备化学. 北京：高等教育出版社，2001
[6] 徐如人，庞文琴，霍启升. 无机合成与制备化学. 北京：高等教育出版社，2009
[7] 唐定骧，刘余九，张洪杰，等. 稀土金属材料. 北京：冶金工业出版社，2011
[8] 付浩，滕保华，陈云贵，等. 非化学计量比 $Gd_5Si_2Ge_2$ 合金的磁热性能研究. 功能材料，2003，34（1）：29-30
[9] 李言荣，恽正中. 电子材料导论. 北京：清华大学出版社，2001

第 12 章　稀土材料的制备化学

12.1　引　　言

化学不但研究自然界的本质，发现与合成了众多天然存在的化合物，同时也人工创造了大量自然界并不存在的化合物、物相与物态。化学最重要的是制造新物质。合成化学是化学科学当之无愧的核心，是化学家为改造世界、创造未来社会最有力的手段。

合成化学带动产业革命与开拓科学的生长点。发展合成化学不断地创造与开发新物质，为研究组成、结构、形态、性能与合成的相关性，揭示新规律与原理提供了基础，是推动化学科学与相邻学科发展的主要动力。化学合成出的新化合物将作为先进新材料的基础。

稀土材料品种繁多，按其状态可分为气态、液态和固态。对于稀土气态材料罕见报道，而液态材料也鲜见介绍，绝大多数实用的稀土材料呈固态。不同状态的材料的制备方法各不相同，只能根据各种具体的材料来设计和制定合成工艺，以及考虑材料制备过程的各种影响因素。

稀土材料最早的应用是在 1886 年，德国人用硝酸钍加入少量的稀土作白炽灯纱罩。1902～1920 年发现了稀土在打火石、电弧灯上的碳精棒以及玻璃着色方面的应用，但因稀土价格昂贵故用量少，直到 20 世纪 60 年代以后，稀土分离技术的提高（尤其是溶剂萃取和离子交换分离单一稀土技术），研制出高纯稀土金属、单晶及高纯稀土化合物，以及稀土元素基础科学和应用科学的深入研究，大幅度降低了稀土的价格，并迅速地扩大了稀土的新用途，研制出了许多新的稀土材料，并使稀土从传统的应用领域发展到尖端科学和边缘科学领域。

20 世纪 60 年代以来，稀土材料在高技术应用中起重大作用。如 1962 年发现稀土催化裂化分子筛，用于石油工业；1963～1964 年，发现稀土红色荧光粉，用于彩色电视；20 世纪 50 年代末到 60 年代初发现稀土钴合金永磁材料；1964 年发明掺钕钇铝石榴石（YAG）激光晶体用于激光器；1984 年发现稀土高温超导材料等。

稀土元素优异的化学与物理性质，呈现出不同的材料学特征，为稀土材料奠定了基础。

(1) 稀土元素具有相似且异常活泼的化学性质，在化学反应中极易失去价电子，不仅能与氧、氮、氢等气体及许多非金属及其化合物作用生成相应的稳定化合物，而且稀土作为配合物的中心原子，常能以多种配位形式生成配合物，使稀土元素及其化合物广泛用于冶金、石油化工、玻璃陶瓷以及催化剂等。稀土金属具有很低的燃点，已用于生产发火合金。

(2) 稀土金属是强还原剂，它们的氧化物的生成热（La_2O_3 的生成热为 $1.913MJ/mol$）比氧化铝的生成热（$1.583MJ/mol$）还大。因此，混合稀土金属是比铝更好的金属还原剂，它能将铁、钴、镍、铬、钒、铌、钽、钛及锆等元素的氧化物还原成金属。稀土金属在黑色冶金中作为良好的脱硫脱氧的添加剂。

(3) 稀土元素易与过渡金属作用生成金属间化合物。稀土与过渡金属间化合物具有许多优异的性质，如稀土金属及其合金具有吸收大量气体的能力，制成的 $LaNi_5$ 是很好的储氢材料，具有很强的吸氢能力，在标准状态下，吸氢量相当于液态氢的密度，而且吸放氢是可逆的。该材料已用来制备镍氢电池的阴极；$SmCo_5$、$NdFeB$ 等是很好的永磁材料；$SmFe_2$、$Tb(CoFe_2)$ 是很好的磁致伸缩材料，均已用于近代科学技术。

(4) 由于稀土元素具有 4f 层电子，4f 电子能级跃迁的性质，使稀土元素和化合物可以作为优良的荧光、激光、电光源材料和电子材料，彩色玻璃和陶瓷釉料以及其他功能材料等。

(5) 某些稀土（如铕、铈、镱等）具有变价性质，其氧化还原性质可用作脱色剂、防辐射材料及稀土分离等技术领域。如铈已广泛应用于汽车尾气净化剂。

(6) 某些稀土元素具有中子俘获截面大的性质，如钐、铕、钆、镝和铒用于原子反应堆的控制材料，可燃毒物的减速剂；而像铈和钇中子俘获截面小的稀土元素可用于反应堆燃料的稀释剂。

(7) 稀土元素的原子和离子半径决定晶体的构型、硬度、密度和熔点等物理性质，15 个镧系元素性质又呈现出有序的连续变化，这些性质不仅影响着各种材料的性质，而且为合成新材料提供了多种选择。

(8) 稀土元素的原子半径和离子半径都远大于常见金属离子。因此稀土金属在过渡族金属中的固溶度极低，几乎不能形成固溶体，但能形成一系列金属间化合物。由于稀土原子半径较大，可以填补铁等金属及其合金的晶粒新相的表面缺陷，生成可能阻碍晶粒生长的膜，从而使晶粒细化，改善金属或合金的性能。故在冶金过程中可加入稀土金属，使金属的塑性、耐磨性和抗腐蚀性增强。

稀土金属虽然具有典型的金属性质，但一般较软，不像其他金属那样可以单独用作结构材料（个别例外），而多以添加剂的形式使用，以改善母材的性质，其稀土加入量为母材的 0.05% ~1% 。

12.2　材料的制备方法

稀土材料的制备方法甚多，尽管在实验室可采取各种方法制备出高质量稀土材料，但在产业化时，必须考虑产品的产量和质量、工艺的可行性与稳定性、生产成本和技术经济效益等因素。随着技术的发展，制备方法正向高温、高压、高真空、无重力等极端条件下合成发展。

对于稀土金属与合金材料的制备已在第 6 章做了介绍，在第 9 章中又详细地介绍了各种制备稀土纳米材料的方法，其中绝大部分方法可根据材料的要求与特性、适当改变工艺条件用于制备稀土结构与功能材料。故现仅对一些主要的方法简单介绍。

12.2.1　固相反应合成

固相反应合成包括高温固相反应合成，室温或低温固相反应合成和固体的热分解等。

高温固相合成法是目前实验室和产业化中制备稀土材料主要采用的方法。该方法是选择符合要求纯度、粒度的原料按一定比例称量，并加入适量的助熔剂充分球磨、混合均匀，然后在所要求的气氛（氧化、惰性或还原性气氛）中，在1000 ~1600℃ 高温煅烧反应数小时，随后粉碎研磨得到产品。对某些材料灼烧之后，还需经洗粉、筛选、表面处理等工艺才可得到所需的材料。

对于固相反应来说，因为参与反应各组的原子或离子受到晶体内聚力的限制，不可能像在液相反应中那样可以自由地迁移，因此，它们参与反应的机会不能用简单的统计规律来描述，而且对于多相的固态反应，反应物质浓度的概念没有意义，无需加以考虑。一个固相反应能否进行和反应进行速率的快慢，是由许多因素决定的。包括内部因素有：各反应物组分的能量状态（化学势、电化学势），晶体结构、缺陷、形貌（包括粒度、孔隙度、比表面积等）。外部因素有：反应物之间充分接触的状况，反应物受到的温度、压力以及预处理的情况（如辐照、研磨、预烧、淬火等），反应物的蒸汽压或分解压，液态或气态物质的介入等。

固相反应一般经历四个阶段：扩散-反应-成核-生长。影响固相反应速率的主要因素是：①反应物固体的表面积和反应物间的接触面积；②生成物相的成核速率；③相界面间特别是通过生成物相层的离子扩散速度。

由于固相反应是复相反应，反应主要在界面间进行，反应控制步骤的离子在相间扩散，又受到不少未定因素的制约，因而此类反应生成物的组成和结构往往呈现非计量性和非均匀性。这种现象几乎普遍存在于高温固相反应的产物中。

对高温固相法合成材料而言，灼烧的温度、环境气氛、灼烧的时间以及后处理过程都会影响到稀土材料的材料性质。不同的灼烧温度可能导致不同的物相产生，从而影响材料性质；灼烧时炉料周围的环境气氛对材料性能的影响也很大，如炉丝金属蒸汽有可能引入杂质，空气中的氧气有可能使材料氧化变质，因此根据基质和激活剂离子的性质选择灼烧气氛是很重要的；灼烧时间取决于反应速率和反应物量的多少，因此灼烧工艺是保证良好材料性质的重要条件。另外，后处理过程能够除去所用的助熔剂，过量的激活剂和其他杂质，从而改善材料的性质。

由于固相反应合成具有高选择性、产率高、工艺过程简单、成本较低等优点，已成为人们制备固体材料的主要手段之一。到目前为止，高温固相法仍是材料工业生产中应用最广泛的一种合成方法。但高温固相法也存在一些不足之处。例如，反应温度太高，耗时又耗能，反应条件苛刻；温度分布不均匀，难以获得组成均匀的产物；产物易烧结，晶粒较粗，颗粒尺寸大且分布不均匀，难以获得球形颗粒，需要球磨粉碎，而球磨粉碎在一定程度上破坏了材料的结晶形态，影响材料性能；高温下容易从反应容器引入杂质离子；高温下有些激活剂离子具有挥发性，造成材料性能降低；反应物的使用种类也受到一定程度的限制。

另外，用高温固相反应法合成纳米粒子（如氧化物和氧化物之间的固相反应）是相当困难，因为完成固相反应需要较长时间的煅烧或采用提高温度来加快反应速率，但在高温下煅烧易使颗粒长大，同时颗粒与颗粒之间牢固地连接，为获得粉末又需要进行粉碎。

为了促进高温固相反应容易进行，通常采用在反应物中添加助熔剂，即选择某些熔点比较低、对产物性能无害的碱金属或碱土金属卤化物、硼酸等添加在反应物中。助熔剂在高温下熔融，可以提供一个半流动态的环境，有利于反应物离子间的互扩散，有利于产物的晶化。一般硼酸盐类和磷酸盐的熔点比较低，合成时不需要添加助熔剂。

固体反应一般要在高温下进行数小时甚至数周，因而选择适当的反应容器材料是至关重要的，所选的材料在加热时对反应物应该是化学惰性和难熔的材料。常用石英坩埚、刚玉坩埚（氧化铝）以及用玻璃碳、碳化硅做成的坩埚等。

近些年来为改善材料的性能，采用沉淀法或其他方法先制备均一的前驱体，然后再以高温固相反应合成所需的材料。

令人感兴趣的是目前正在发展的室温固相反应法，利用此反应已经合成了由液相方法不易得到的原子簇化合物、新的配合物、发光材料及纳米材料。王丽萍等采用低温固相法制备 ZnS 发光材料。崔洪涛等[7]用室温固相反应法在 Y_2O_3：Eu^{3+} 包覆了氧化铝。该法是一个成本低、过程简单、污染小、方便工业生产的很有潜力的材料合成新方法。

固相热分解法已在工业上获得了广泛的应用，如经常采用稀土草酸盐或稀土碳酸盐等进行热分解而获得稀土氧化物，这是一种简便而有效的方法。

气固反应法也是一种常见有效的制备方法，在制备氟化物、氟氧化物、氮化物、氮氧化物、硫化物等方面已获得应用。如合成氮化物、氮氧化物通常用的是固相反应法和气体氮化（或称为渗氮）相结合的方法。即将金属、氮氧化物和氧化物粉末在高温（1400～2000℃）和 N_2 气氛中反应。氮化反应通常是在氧化铝舟中放入氧化物的前躯体粉末，置于氧化铝管或石英管中与 N_2 或 NH_3–CH_4 气体在合适的气流比例下，高温（600～1500℃）下灼烧。其中 NH_3 或 NH_3–CH_4 气体同时起着还原和氮化的作用。

微波合成法是近年来迅速发展的新兴制备方法[8]。微波法是利用频率为 2450MHz 的微波辐射所产生的微波热效应作用在固相反应混合物的组分中，使其分子中的偶极子做高速振动，由于受到周围分子的阻碍和干扰而获得能量，并以热的形式表现出来，使介质温度迅速上升，驱动化学反应进行。但并非所有的物质都能使用微波法来合成，反应起始物必须有偶极分子，并能吸收微波。

微波合成法的显著优点是快速、省时，耗能少、操作简便。微波合成的各种材料性能和指标都不低于常规方法，产品疏松且粒度小，分布均匀，有较好的应用价值。

12.2.2　燃烧法

燃烧法是针对高温固相法制备中的材料粒径较大，经球磨后晶形遭受破坏而使性能大幅度下降的缺点提出的。在燃烧合成反应中，反应物达到放热反应的点火温度时，以某种方法点燃，随后依靠原料燃烧释放出的热量来维持反应系统处于高温状态，使合成过程独自维持下去直至反应结束，燃烧产物即为目的产物。一般采用燃烧法制备样品后，原则上不再对样品进行加热处理。

燃烧法的反应过程主要是将反应物按化学计量比混合，再加入水和适量的尿素，加热待试样溶解后，将其蒸干，并放入电炉中燃烧即可。用此方法可以大大节约能源，由于燃烧产生的气体可以保护易被氧化的离子，所以不需要额外通入还原性保护气氛，但是该方法制备的产物的纯度及发光性能有待提高。用此方法已成功合成了 $4SrO \cdot 7Al_2O_3$：Eu^{2+}、$BaMgAl_{10}O_{17}$：Eu^{2+} 和 $Ce_{0.67}Tb_{0.33}MgAl_{12}O_{20.5}$ 等荧光体。

燃烧法的优点是不需要复杂的外部加热设备，工艺过程简便，反应迅速，产品纯度高，节省能源，是一种较有前途的制备方法。

12.2.3　溶胶–凝胶法

溶胶–凝胶（sol-gel）法是一种新兴的软化学合成方法，能代替高温固相法制备陶瓷、玻璃和许多固体材料的方法。通过溶胶–凝胶过程合成无机玻璃态材料可以避免传统高温合成方法所采用的高温（高于1400℃），同时还可以得到某些用传统方法得不到的均匀的多组分体系。

溶胶–凝胶法作为低温或温和条件下合成无机化合物或无机材料的重要方法，在软化学合成中占有一定地位，已在制备粉末、玻璃、陶瓷、薄膜、纤维复合材料等方面获得应用。

溶胶–凝胶法是指从金属的有机物或无机物的溶液出发，在低温下，通过溶液中的水解、聚合等化学反应，首先生成溶胶，进而生成具有一定空间结构的凝胶，然后经过热处理或减压干燥，在较低的温度下制备出各种无机材料或复合材料的方法。其工艺过程是首先将原料分散在溶剂中，然后经过水解反应生成活性单体，活性单体进行聚合先形成溶胶，进而形成具有一定空间结构的凝胶，最后经过干燥和热处理制备出所需要的材料。

凝胶的结构随着反应条件的变化而变化，Sakka指出[10]，在不同的反应条件下 $Si(OC_2H_5)_4$ 可以分别生成链状聚合物和网状聚合物，其中链状聚合物可用于拉纤维。

溶胶–凝胶法中各种影响反应的因素可通过采取①选择原料的组成；②控制水的加入量和生成量；③控制缓慢反应组分的水解；④选择合适的溶剂等办法控制水解和聚合反应速率。

溶胶–凝胶法对原料的要求是，原料必须能够溶解在反应介质中，原料本身应该有足够的反应活性来参与凝胶形成过程。最常用的原料是金属醇盐，也可以用某些盐类、氢氧化物、配合物等。

目前采用溶胶–凝胶法制备材料的具体工艺或技术相当多，但按其产生溶胶–凝胶过程不外乎三种类型：即传统胶体型、无机聚合物型和配合物型。

溶胶–凝胶法与其他化学合成法相比具有许多独特的优点：

（1）由于溶胶–凝胶法中所用的原料首先被分散在溶剂中而形成低黏度的溶液，因此就可以在很短的时间内获得分子水平上的均匀性，在形成凝胶时，反应物之间很可能是在分子水平上被均匀地混合，产品均匀性好。

（2）由于经过溶液反应步骤，那么就很容易均匀定量地掺入一些痕量元素，实现分子水平上的均匀掺杂。

（3）与固相反应相比，化学反应将容易进行，而且仅需在较低的温度下合成纯度高的材料，可节省能源。一般认为，溶胶-凝胶体系中组分的扩散是在纳米范围内，而固相反应时组分的扩散是在微米范围内，因此反应温度较低，容易进行。

（4）选择合适的条件可以制备出各种新材料。

溶胶-凝胶法也存在某些问题：

（1）目前所使用的原料价格比较昂贵，有些原料为有机物，对健康有害。

（2）整个溶胶-凝胶过程所需时间很长，常需要以周、月计。

（3）凝胶中存在大量微孔。在干燥过程中有大量液体溶剂、水挥发，干燥时体积收缩。

（4）工序繁琐，不易控制。

12.2.4　沉淀法

沉淀法在制备稀土材料中也占用重要地位。沉淀法是在金属盐类的水溶液中控制适当的条件使沉淀剂与金属离子反应，产生水合氧化物或难溶化合物，使溶质转化成前驱沉淀物，然后经过分离、干燥、热处理而得到产物的方法。该方法在制备粉体材料中是一种具有产率高、设备简单、工艺过程易控制、粉体性能良好的方法，在工业生产中得到广泛应用。

根据沉淀方式的不同，沉淀法可分为直接沉淀法、均相沉淀法和共沉淀法等。

（1）直接沉淀法是在溶液中某一金属离子直接与沉淀剂作用形成沉淀物，但直接沉淀法一般制备的样品粒度分布不很均匀。

（2）为了避免由于直接加沉淀剂而产生局部浓度过高，可以采用均相沉淀法。均相沉淀法是向溶液中加入某种物质，使之通过溶液中的化学反应缓慢地生成沉淀剂，只要控制好沉淀剂的生成速率，就可避免浓度不均的现象，使溶液中过饱和度控制在适当的范围内，从而控制晶核的生长速率，获得粒度均匀、纯度高的产物。

（3）共沉淀法是把沉淀剂加入混合后的金属盐溶液中，促使各组分均匀混合沉淀，然后再进行热处理。目前共沉淀法已被广泛应用于制备钙钛矿型、尖晶石型等稀土材料。但共沉淀法往往存在以下一些问题：沉淀物通常为胶状物，水洗、过滤比较困难；沉淀剂作为杂质易引入；沉淀过程中各种成分可能发生偏析；水洗使部分沉淀物发生溶解。此外，由于某些金属不容易发生沉淀反应，限制了该法的使用。但在稀土功能材料的制备中该法应用得很广泛。如吴雪艳等[9]用共沉淀法合成了（La，Gd）PO_4：RE^{3+}（RE＝Eu，Tb），并研究了它们的光谱特性。作者利用稀土与均苯四甲酸沉淀反应已制备成性能优良的光转换材料。

　　与其他传统无机材料制备方法相比，沉淀法具有如下优点：①工艺与设备较为简单，有利于工业化；②能使不同组分之间实现分子/原子水平的均匀混合；③在沉淀过程中，可以通过控制沉淀条件及沉淀物的煅烧工艺来控制所得粉体的纯度、颗粒大小、分散性和相组成；④样品煅烧温度低，性能稳定，且重现性好。但沉淀法也存在着一些缺点，如所制备的粉体可能形成严重的团聚结构，从而破坏粉体的特性。一般认为沉淀、干燥及煅烧处理过程都有可能形成团聚体，因此欲制备均匀的粉体必须对其制备的全过程进行严格的控制。

　　沉淀法已广泛应用于稀土分离中，通过稀土草酸盐沉淀可以将稀土与非稀土杂质进行分离，也可以采用硫酸复盐沉淀使稀土分组。

12.2.5　水热和溶剂热合成法

　　水热合成法是以液态水或气态水作为传递压力的介质，利用在高压下绝大多数的反应物均能部分溶于水而使反应在液相或气相中进行。水热合成是无机合成化学的一个重要分支，已经历了一百多年的历史。不同于一般的溶液化学，水热合成化学是研究物质在高温和密闭或高压条件下溶液中的行为与规律，是指在一定的温度（100～1000℃）和压力（10～100 MPa）条件下利用溶液中物质化学反应进行的合成，侧重于研究水热条件下物质的反应性能、合成规律以及合成产物的结构与性质。水热合成可分为水热沉淀、水热结晶、水热反应等。

　　水热合成与固相合成的差别主要反映在反应机理上，固相反应的机理主要以界面扩散为其特点，而水热反应主要以液相反应为其特点。显然，不同的反应机理将可能导致不同产物的生成，水热化学侧重于特殊化合物与材料的制备、合成和组装，另外，通过在高温高压条件下进行的水热反应，可以制得固相反应无法制得的物相或物种，或者使反应在相对温和的条件下进行。

　　水热合成十分引人瞩目。与高温固相反应相比，水热法合成材料具有以下优点：

　　（1）明显降低反应温度（水热反应通常在100～200℃下进行）。

　　（2）能够以单一反应步骤完成（不需研磨和焙烧步骤）。

　　（3）很好地控制产物的理想配比及结构形态。

　　（4）水热体系合成时对原材料的要求较高温固相反应低，所用的原材料要求变宽。

　　水热合成化学有以下特点：

　　（1）由于在水热条件下反应物反应性能的改变、活性的提高，水热合成方法有可能替代固相反应合成完成固相中难于进行的合成反应，并产生一系列新的合成工艺。

（2）由于在水热条件下，中间态、介稳态以及特殊物相易于生成，因此能制备出一系列特种介稳结构、特种凝聚态的新合成产物。

（3）能够使低熔点、高蒸气压化合物，以及不能在熔体中生成、高温分解相的物质等在水热低温条件下合成。

（4）水热的低温、高压、溶液等环境，有利于生长缺陷少、取向好、晶形完美的晶体，且合成产物结晶度高，易于控制产物晶体粒度。

（5）由于易于调节水热条件下的环境气氛，因而有利于低价态、中间价态与特殊价态化合物的生成，并能均匀地进行掺杂。

（6）由于在水热和溶剂热条件下合成是极端条件下的合成，因此与常压不同，会产生许多新相和新的反应过程。水热体系由于自身的特点，合成出的产物与高温固相法合成的产物结构上有一定的差别。

将有机溶剂代替水作溶媒的溶剂热合成法是采用类似水热合成的原理制备材料的方法，作为一种新的合成途径已受到人们的重视。非水溶剂在其过程中，既是传递压力的介质，也起到矿化剂的作用。以非水溶剂代替水，不仅大大扩大了水热技术的应用范围，而且由于溶剂处于近临界状态下，能够实现水热条件下无法实现的反应，并能生成具有介稳态结构的材料。具有特殊物理性质的溶剂能在超临界状态下进行反应，有利于形成分散性好的材料。

12.2.6 喷雾热分解法

喷雾热分解法是通过气流将前驱体溶液或溶胶喷入高温的管状反应器中，微液滴在高温瞬时凝聚成球形固体颗粒。

文献[11]采用喷雾热分解法合成了粒径分布范围窄的球状纳米 YAG：Ce 荧光粉颗粒。提高前驱体溶液的浓度和氮气流的速度有利于提高 YAG：Ce 荧光粉的产率。喷雾热解的工艺过程有利于 Ce^{3+} 在基质中的分散，因而 YAG：Ce 荧光粉的发光强度显著提高。

喷雾热分解法的优点在于：

（1）干燥所需的时间极短，因此每一颗多组分细微液滴在反应过程中来不及发生偏析，从而可以获得组分均匀的颗粒。

（2）由于起始原料是在溶液状态下均匀混合，所以可精确地控制所合成化合物的组成。

（3）易于通过控制不同的工艺条件来制得各种具有不同形态和性能的粉末。此法制得的颗粒表观密度小、比表面积大、粉体烧结性能好。

（4）操作过程简单，反应一次完成，并且可以连续进行，有利于生产。

目前，为了提高材料的质量可将几种方法组合在一起，如沉淀-高温固相法，微乳液–水热法，凝胶–微波法等。在众多的合成方法中高温固相合成法仍在工业化生产中具有不可替代的地位。在探索新型稀土材料时，为了提高效率已开展组合化学的方法[12]。

12.3 稀土材料制备的影响因素

各种应用材料可以是晶体、薄膜、粉体以及液体等多种形态，但目前绝大多数应用的材料是固体。制备材料的目的是获得特定化学组分（或缺陷），良好的晶体结构，所需颗粒形态，以及指定性能的材料，在合成时有其特定的工艺要求。在此以稀土发光材料为例，讨论其制备中的影响因素，也适用于其他材料。

（1）使用的稀土发光材料通常为粉体，粉体应具有合适的粒度和形貌，因此，在制备过程中需考虑粉体的合成工艺技术。

（2）通常发光材料应为白色、黄色等浅色粉体，若粉体颜色过深，将产生自吸收，影响发光效率。

（3）发光材料对杂质十分敏感，在原料选择、制备过程等环节应防止杂质的进入。

（4）特定的发光材料对激活离子价态具有一定要求，为获得所需价态的发光离子，制备时需要选择一定的气氛。

（5）在制备过程中，不仅考虑到实验室的少量合成，而应该考虑到产业化的规模生产。

不同体系的发光材料合成工艺均不相同，且各有其特点和窍门。合成工艺对发光材料的影响也极为严重。目前发光材料生产中主要是采用高温固相反应合成，现对其制备中的各种影响因素作扼要的讨论。

12.3.1 原材料纯度与晶形的影响

稀土发光材料作为一类特殊的功能材料，在制备过程中需要高纯度的原料。由于极微量的杂质，工艺条件的微细变化都将会影响稀土发光材料的质量和性能。特别是对难于分离的稀土元素，往往在所用的原料中带有微量的其他稀土元素杂质，将会严重影响材料的发光性能，如在合成 Eu 激活的发光材料时，微量 Sm 就有很大的影响。

需要指出的是目前我们通常所用的稀土氧化物商品的纯度是指总稀土氧化物中所含的其他稀土杂质的含量。例如，4N 商品的 Eu_2O_3 则是指总的稀土氧化物中 Eu_2O_3 含量为 99.99%，其他稀土杂质为 0.01%，用这种纯度标识时非稀土杂质尚未计算在内，若加上 Si、Ca、Fe 等非稀土元素，"4N" 的 Eu_2O_3 纯净度，可能只有将近 2N。因此，必要时需要把这种 4N 高纯单一稀土氧化物进一步提纯。所以，稀土元素的提取和分离，以及单一的不含其他稀土和非稀土杂质的高纯稀土氧化物的制备是合成稀土发光材料的关键问题之一。对于不同稀土材料其对稀土纯度的要求也不同。

稀土三基色荧光粉作为一种高技术的发光材料，对其原材料均有严格的要求。无论选择制备哪一种体系的荧光粉，选择合适的原材料是头等重要的问题。国内某些稀土三基色荧光粉产品的质量不稳定，往往与原材料的质量与来源不能保证有关。如制备 Y_2O_3：Eu 红粉时，非稀土杂质（Fe、Co、Ni、Mn、Zn 等）均会降低红粉的发光亮度，微量的 Ce 对红粉的影响也极为明显。有些原料对一种荧光粉可用，但对另一种荧光粉则影响较大，如含有微量 Pb 的 Eu_2O_3 对制备红粉的影响并不明显，但在制备多铝酸盐蓝粉时则影响很大。又如合成绿粉和蓝粉时，Al_2O_3 中杂质影响也很明显，通常采用硫酸铝铵重结晶法制备得的 Al_2O_3 杂质较少，但此法繁琐而成本较高。

化学试剂纯度的标识方法众多，一般化学试剂分为化学纯（C. P.）、分析纯（A. R.）和保证试剂（G. R.）。纯度更高的化学试剂称为高纯（high purity）、超纯（extra pure）或优级纯（super pure），使用时应该注意其标识中列出的所含杂质的种类和数量是否对特定的用途有影响。

实验室对所用化学品的纯度有时是以其中主要组分含量的百分数或杂质总量的百分数来表示；还有按照物质的各种技术用途所要求杂质的含量极限来分类高纯物质的。如核纯物质（nuclear pure），规定它所含有的中子俘获截面大的元素杂质的含量必须低于 10^{-6}；而发光或光学材料所要求的化学试剂的纯度都属于高纯度，即荧光纯，其中有害元素的含量均应减少到 10^{-6} 以下；而半导体材料要求的纯度更高，如高纯硅中硅的纯度要达到 99. 999 999 99 %，即 10 个 9 的纯度（10N）。即使在这样高纯的硅中，1 cm^3 中仍含有 300 万个非硅的杂质原子。因此可以说化学物质的纯度的含义是相对的。随着科学技术的进步，分析方法的日益精确，对物质性质测试手段更加完善，人们对物质中所含杂质对物质性质的影响的认识就越来越深入、越具体，因此对物质纯度的要求也越高。

对于稀土发光材料所用的稀土元素需保证纯度为 99.9% ~99.99%。对各种杂质的指标，目前尚不能完全明确，但一般过渡金属杂质含量应小于 10ppm 或 5ppm。

原材料晶形对制备荧光粉也有明显影响，最常见的是 Al_2O_3，它通常有两种晶形，γ 型和 α 型，前者密度为 3.67g/cm^3 后者密度为 4.00g/cm^3（其相转变温度为 1150℃）。由于两种 Al_2O_3 的密度相差较大，配料时体积差别很大，对工艺要求不同。为保证 Al_2O_3 晶形的同一性可采用在 1300℃ 下预烧后生成 α-Al_2O_3 再用于配料。

与此同时，在发光材料制备过程中，始终都应注意物质的纯净和保持环境，包括各种器皿、用具，高纯去离子水，各种原料以及工作场所（包括空气）的洁净。

12.3.2　原料的选择和配比

通常制备氧化物类发光材料可直接选择氧化物作为原料，如合成 Y_2O_3 ∶ Eu 红粉，可用 Y_2O_3 和 Eu_2O_3 作为原料，并按其化学计量比配料。但需注意稀土氧化物在空气中吸潮，造成配料时的误差，最好能将稀土氧化物在 800℃ 灼烧后再使用。

在制备含氧酸类发光材料，如 $LaPO_4$ ∶ Ce，Tb，$MgAl_{11}O_{19}$ ∶ Ce，Tb，YVO_4 ∶ Eu 等可选用与酸根相应的氧化物或化合物，如 $(NH_4)_2HPO_4$、Al_2O_3、SiO_2、V_2O_5 等作为发光材料组成中酸根的来源，发光材料组成中的金属离子大多选用相应金属的碳酸盐作为原料，其原因在于碳酸盐分解时 CO_2 逸出，而不会留下其他元素。

通常认为激活剂是置换形成基质材料晶体结构的阳离子中的一个。如果有两种或更多的阳离子，则被置换的离子可能是与激活剂半径相近。例如，在 Eu^{2+} 激活的 $CaMgSiO_4$ 中，离子半径分别为：Eu^{2+}，117 pm；Ca^{2+}，100 pm；Mg^{2+}，72 pm；Si^{4+}，26pm。因此，很可能 Eu^{2+} 将置换一部分的 Ca^{2+}。

对某一特定的化合物，称量组分需要几种量程的天平，精度至少 0.1%，因为偏离最佳组成 1% 以上就可能对荧光粉的亮度产生很大的影响。

所用激活剂的量必须通过反复试验来确定。可以试验一系列浓度，如从每个基质的阳离子有 0.005% 激活剂原子的浓度出发，然后成倍增加，即浓度为 0.01%、0.02%、0.04%、0.08% 和 0.16%。

荧光粉的发光效率取决于其基质，人们为寻求高效稀土荧光粉曾进行过大量的探索。根据基质的组成确定原材料的配比。但由于原材料在高温下挥发，原材料在空气中吸湿等原因往往不能按照化学计量比配料。如对硼酸盐或磷酸盐体系，由于高温下产物分解及 B_2O_3 和 P_2O_5 的挥发，使 B 和 P 的量减少，这往往需要根据不同工艺的情况，在配料时适当过量，这样才能保证获得纯相的荧光粉。在合成多铝酸盐绿粉时，有时为了增加反应速率和降低成本，在原料配比中使用过量的 Al_2O_3，因此，产物中除了有效的荧光粉外，还存在过量的 Al_2O_3，Al_2O_3 能吸附空气中的水分，形成 $Al_2O_3 \cdot xH_2O$，在制灯过程中会造成一定的影响，使灯的性能下降。

在制备 $CaMgSiO_4$ ∶ Eu 时，原料是 $CaCO_3$、$4MgCO_3 \cdot Mg(OH)_2 \cdot 5H_2O$、$SiO_2$、

$x\mathrm{H_2O}$ 和 $\mathrm{Eu_2O_3}$。有时采用过量的 $\mathrm{SiO_2}$，其原因之一是 Mg 和 Ca 离子扩散到二氧化硅中较缓慢，形成被称为低反应性的混合物。产生了一个未起反应的 $\mathrm{SiO_2}$ 的中心核，被具有正确组成成分的荧光材料所包围。

　　在取代方面人们希望通过对基质取代以降低成本，如已报道在 $\mathrm{Y_2O_3}$：Eu 中用 $\mathrm{La_2O_3}$ 部分代替 $\mathrm{Y_2O_3}$，或添加一定量的 $\mathrm{SiO_2}$ 以降低成本，提高亮度。

　　对于激活离子的取代或掺杂，主要希望提高发光效率，使敏化作用更加有效，作者曾根据多元体系中发光增强的设想，合成掺 Ce、Tb、Mn 的多铝酸盐绿粉具有较高的发光亮度。

　　原料的颗粒度对材料制备和性能也有一定影响。利用纳米级稀土氧化物为原料制备 $\mathrm{Y_2O_3}$：$\mathrm{Eu^{3+}}$ 红色荧光粉能获得颗粒度较细的，较均匀的亚球形 $\mathrm{Y_2O_3}$：$\mathrm{Eu^{3+}}$ 荧光粉。其亮度稍优于微米级 $\mathrm{Y_2O_3}$：$\mathrm{Eu^{3+}}$ 制备的红色荧光粉，其能混合均匀，涂敷性能好，光衰较小，并使成本降低。所制备的细颗粒 $\mathrm{Y_2O_3}$：$\mathrm{Eu^{3+}}$ 红色荧光粉进行涂管和二次特性测试结果表明，其光通量稍高于市售优质 $\mathrm{Y_2O_3}$：$\mathrm{Eu^{3+}}$，而光衰小于市售优质 $\mathrm{Y_2O_3}$：$\mathrm{Eu^{3+}}$，色品坐标基本相同。其总体性能达到实用水平。经过制灯观察到如下优点：①用纳米级稀土氧化物制备的细颗粒 $\mathrm{Y_2O_3}$：$\mathrm{Eu^{3+}}$ 红色荧光粉与绿粉、蓝粉的粒度接近，能很好地均匀混合；②涂敷性能好；③由于所研制的 $\mathrm{Y_2O_3}$：$\mathrm{Eu^{3+}}$ 粒度小，比表面积增大，发光颗粒增加，从而可以减少稀土三基色荧光粉中红粉的用量，致使成本降低。

12.3.3　助熔剂的影响

　　为了促进高温固相反应，使之容易进行，可采用在反应物中添加助熔剂的办法，即选择某些熔点比较低、对产物发光性能无害的碱金属或碱土金属卤化物、硼酸等添加在反应物中，助熔剂在高温下熔融，可以提供一个半流动态的环境，有利于反应物离子间的互扩散，有利于产物的晶化。例如，在用 $\mathrm{BaCl_2}$ 和 $\mathrm{BaF_2}$ 及少量 $\mathrm{EuCl_3}$ 在 760℃反应制备 BaFCl：$\mathrm{Eu^{2+}}$ 时，总是加入过量的 $\mathrm{BaCl_2}$ 作为助熔剂，在反应结束后再将多余的 $\mathrm{BaCl_2}$ 洗去。又如在合成 $\mathrm{Y_2O_3}$：$\mathrm{Eu^{3+}}$ 发光材料时，是先将计算量的 $\mathrm{Y_2O_3}$ 和 $\mathrm{Eu_2O_3}$ 溶解在盐酸溶液中，再将钇和铕共沉淀为草酸盐，再加入 NaCl 助熔剂一起焙烧，反应温度可以从 1400℃降低到 1200℃。

　　助熔剂的加入对提高反应速率很有效。助熔剂一般是一些低熔点的物质，常用的有 LiF、NaF、$\mathrm{B_2O_3}$ 等。当百分之几的助熔剂加入样品中，在加热反应时，助熔剂熔化在反应物颗粒表面形成一层液膜，这层膜可以帮助反应物离子的传递，从而加快了反应速率。

　　由于硼酸盐类和磷酸盐的熔点比较低，合成时通常不需要再添加助熔剂。但是制备 $3\mathrm{Sr_3(PO_4)_2 \cdot SrCl_2}$：$\mathrm{Eu^{2+}}$［即 $\mathrm{Sr_5(PO_4)_3Cl}$：$\mathrm{Eu^{2+}}$］是个例外。它的组成是

$Sr_3(PO_4)_2$：$SrCl_2 = 3 : 1$，实验发现合成时使用 3：1.5 或 3：2 的配比时，即过量的 $SrCl_2$ 作为助熔剂时，所制得的产物的发光效率要高一些，晶体也大一些。反应结束后很容易将过量的 $SrCl_2$ 洗去。

助熔剂种类很多，所得效果也不同，如在制备 Y_2O_3：Eu 红粉时，若使用 B_2O_3 或 H_3BO_3 作助熔剂，则产物亮度较高，但产物较硬，而用 NH_4Cl 作助熔剂，NH_4Cl 将分解为 NH_3 和 HCl，也不尽如人意，故在合成中经常采用混合助熔剂 $B_2O_3 + NH_4Cl$ 等。

加入助熔剂，有利于降低固相反应的灼烧温度。然而使用助熔剂也会给荧光粉带来一些问题，其一是由于助熔剂的存在，灼烧后得到荧光粉中含有一定量残余的助熔剂会影响发光性能，通过水洗或溶液洗涤除去助熔剂可以保证荧光粉的纯净；其二，由于助熔剂的存在荧光粉易于烧结，而影响荧光粉晶体的完整性；其三，某些助熔剂有可能与反应物或生成物进行反应生成杂相，故有些专家认为不使用助熔剂可能更好。因此，使用助熔剂品种和用量需要特别注意。

洪广言等[13]研究了助熔剂对发光体 $BaAl_{12}O_{19}$：Mn 结构及发光的影响。在几种不同的助熔剂的作用下合成了 $BaAl_{12}O_{19}$：Mn 发光体，XRD 表明助熔剂不仅有利于基质的结晶成核，而且对基质的不同晶面的生长也有影响，其光谱分析表明不同的助熔剂对其发光的影响不同，H_3BO_3 不利于其发光，AlF_3 对其发光的提高不大，BaF_2 则可以较大地增加其发光强度，其 VUV 光谱显著在 150nm 附近有较强的激发，证实了其可成为用于 PDP 的荧光粉之一。

12.3.4　混合

原料混合是合成材料的关键，特别是采用高温固相反应合成时更为重要。如何保证反应物充分而紧密地接触，是完成固相反应的关键所在，未充分混合将导致产物纯度不高，并有杂相生成。在实验室中原料按比例准确称量后，要使其混合均匀，因为在固相反应中只有不同反应原料的颗粒相接触，反应才能进行。对于少量样品（<20g），可以在玛瑙研钵中用手工混合，玛瑙质地坚硬，表面平滑，不易污染原料，也易于清洗，故优于瓷研钵。一般研磨的颗粒越细越好，以利反应进行。研磨混合时可在样品中加入少量可以挥发的有机液体（丙酮或乙醇较为适宜），使其成为糊状有助于混合均匀。研磨过程中有机液体逐渐挥发，经过 5～10min 研磨，液体挥发完全，研磨完成。

在工业生产中往往采用球磨机进行混合，达到充分混合需要考虑所装原料的量，所用球的品质、数量和不同大小之间的比例，原料的物性如硬度、晶形；原料的含水量也很值得注意，原料的含水量不仅影响研磨的效果，而且可能造成原料挂壁，有时环境温度、空气的湿度等也会对混合造成影响，从而影响产品质量。

采用直接的固相反应虽然有操作简便等优点，但也有明显的缺点。在该方法中，反应物颗粒较大，为了使扩散反应能够进行，就得使反应温度提高，即使用混料机、研磨机等机械方法混合原料，也很难达到十分均匀的程度，因而，得到纯相样品较为困难。如果能使反应原料在高温反应前就已达到原子水平的混合，将会大大加速反应的进行。利用共沉淀方法获得反应前驱体是实现这一目的的重要途径之一，目前已获得广泛地认可。

在制备稀土荧光粉时，通常用共沉淀法使基质离子与激活剂离子均匀地混合，如在 Y^{3+} 和 Eu^{3+} 的硝酸盐溶液中加入草酸，使 Y^{3+} 和 Eu^{3+} 形成草酸盐共沉淀，沉淀物进一步高温反应生成 Y_2O_3 : Eu^{3+} 荧光材料。在制备 $LaPO_4$: Ce, Tb 绿粉时有时也采用液相反应。溶液法的优点在于混合均匀，颗粒均匀，能获得较纯的相，仅操作相对繁杂一些，但为提高质量已在工业生产中广泛采用共沉淀的 Y_2O_3 + Eu_2O_3 为原料制备 Y_2O_3 : Eu 红粉。

12.3.5　温度的影响

一般来说，提高温度有利于提高反应速率，但要主要有些产物温度过高会分解，有些组分（如碱金属氧化物和卤化物）在高温下易挥发，因此，在合成中反应温度是关键因素之一，反应温度不仅与产物形成，荧光粉的粒径大小有关。对于 Y_2O_3 : Eu 红粉，温度在 1400℃以上 Eu^{3+} 才能进入适当格位，能获得亮度较高的荧光粉，而温度较低时亮度明显降低。

根据 Tammann 所提出的定律（只是粗略近似的）若要在通常的实验时间之内使反应达到比较可观的程度（反应的数量达到 1% ~ 100%，时间为 0.1 ~ 100h），则至少需将固体反应物之一加热到它熔点的绝对温度的 2/3 以上（如 Al_2O_3 熔点为 2320 K，要使 Al_2O_3 迅速发生反应，至少加热到约 1550 K，或约相当于 1300℃以上才行。经验表明，加热温度一般为反应物熔点的 70% ~ 80%，反应进行数小时甚至数周可能得到最终产物。

经验证明，在高温合成发光材料时，升降温度的速度，恒温焙烧的时间长短，对于发光材料的性质也有显著的影响。有的合成反应需要缓慢地升温到所需的反应温度，在反应温度下恒温加热一定时间，然后停止加热，让产物在加热炉中缓慢冷却下来，这就是"冷进冷出"。也有"冷进热出"，是在加热反应完成后立即将产物从加热炉中取出冷却，以保持该高温度下产物的晶体状态。有的制备反应必须将反应物在较低的温度下保温一段时间，然后再升温至反应温度进行反应。例如，在使用 La_2O_3、Tb_4O_7、NH_4Br 以及少量助熔剂 KBr 合成 LaOBr : Tb^{3+} 时，需首先在 400℃带盖的坩埚中焙烧 2h，使溴化反应缓慢进行，生成 LaOBr : Tb^{3+}，然后再升温至 1000℃，恒温 30min，使其晶化。而不能直接快速地升至高温，以避免 NH_4Br 未完全反应就快速分解挥发掉。又如用 BaF_2 和 $BaBr_2 \cdot 2H_2O$ 以及 $EuCl_3 \cdot 6H_2O$ 合成 $BaFCl : Eu^{2+}$ 时，需要在 200℃下加热一段时间，为的是将反应物中的结晶水充分地除去，然后再升温至 760℃ 加热 1~2h 使合成反应完成。因此应根据对反应机理的认识和实验经验来制订每一种高温固相反应的升降温度工艺。

1. 容器材料

固体反应一般要在高温下反应数小时甚至数周，因而选择适当的反应容器材料是至关重要的。所选材料在加热时对反应物应是化学惰性和难熔的材料做成的。各种惰性、耐熔的无机材料可以用作反应容器，如 $\alpha\text{-}Al_2O_3$、SiO_2 和稳定化的 ZrO_2 等。常用石英、刚玉（氧化铝）、碳化硅以及玻璃碳等做成的坩埚，最为常用的是 $\alpha\text{-}Al_2O_3$。坩埚都应配备有坩埚盖。使用中要注意，碱金属氧化物对这类无机材料有腐蚀作用，特别是对 SiO_2。容器可以做成坩埚状，也可以制成舟形。

石英：在 1150℃ 以上有失透现象。能抗酸类侵蚀（除 H_3PO_4、HF）、不耐碱类和碱性氧化物。可用于熔化金属、合金及酸性氧化物，在高温时会被 Al、Te、Mg、Mn 侵蚀。

硬质瓷：化学稳定性好，特别能耐大多数酸性熔融物质侵蚀（除 HF、H_3PO_4 外），强碱性稍有侵蚀。可用于熔化金属、合金、盐类，可达 1250℃。

刚玉或氧化铝：对碱类、碱金属或其他金属、玻璃、炉渣、助熔剂等都有一定的抵抗能力；在高温时也不会被 Cl_2、C、CO、H_2、王水等侵蚀；强的无机酸，如 HF 及 H_2SO_4 也几乎不侵蚀。用于熔化高熔点的金属及合金。目前制备发光材料中最普遍的是用刚玉或氧化铝坩埚。

有时我们也选择热稳定性好的金属，如铂、金或镍等作容器，其中铂最为常用，虽然它价格昂贵，但稳定性好，使用铂时应注意 Ba 元素对其有腐蚀作用。另外注意铂可以用各种酸来洗涤，但绝不能用王水浸泡。

2. 加热设备与元件

灼烧时需要各种加热设备。常用的加热炉有小型或大型的箱式电炉、隧道窑炉等。

箱式炉有一个严重的缺点。它们通常是用多孔的耐火砖做成的，在使用过程中要吸收和放出一些在灼烧过程中逐渐积累易挥发的成分。因此，必定存在有害的离子污染的问题。而在具有控制气氛的管式炉中这些问题大可避免。

　　大量生产发光材料的工厂都装备有隧道窑炉，它可以有三段加热温区：预热温区、长的恒温加热区和退火温区。盛有反应物的坩埚装载在链带上，从预热温区进炉，在恒温区发生反应，最后到达退火区的出口。窑炉的温度、链带的移动速度可根据需要加以设定和调整。

　　在制备材料时最普遍使用的加热方式是电热加热，多种电热元件，其所能承受的温度不同，可根据实际需要作选择。现分别介绍如下。

　　（1）电热丝加热：通常是将电热丝缠绕在陶瓷管上，若温度要求不高时，可用玻璃制的炉管。常用的马弗炉是 Ni-Cr 丝加热，其最高使用温度约 950℃，Ni-Cr 丝加粗，可稍提高一些使用温度；用 Pt 丝作发热元件具有无污染的优点，温度可高于 Ni-Cr 丝，但需要注意 Pt 丝作发热元件时，随温度的改变，其电阻率变化很大，如在 1000℃ 时 Pt 丝电阻为室温的 3~4 倍，故使用 Pt 丝炉时必须串接电阻和缓慢升温；用铁铬铝合金电热丝作发热元件温度可高于 1350℃；钼丝和钨丝均可作为电热丝，但在高温下容易氧化，故必须用于惰性和还原气氛中，其使用温度更高，可达 1500℃ 以上。

　　（2）硅碳棒（管）加热：用硅碳棒（管）作为发热元件的电炉，虽然不好调节，但它们是各种电炉中最耐用的。这类炉子大多数可以用到 1350℃，短时间可使用到 1450℃。硅碳发热元件两端必须有良好的接触点。使用此种炉子时应注意 SiC 是一种非金属导体，它的电阻在热时比冷时小，要缓慢加热，随着温度升高应降低电压，以免电流超过容许值。

　　（3）二硅化钼棒加热：二硅化钼棒作为加热元件是目前生产、制备材料中最普遍的元件，其优点是在空气中使用温度高，可达 1600℃ 以上，长期使用在 1500℃，这样的温度范围已基本满足合成荧光粉的要求，因此，使用相当普遍。需要注意的是，二硅化钼加热元件在 400~700℃ 易于氧化，因此，在此温度范围切勿打开炉门，以免空气进入使发热元件损坏。

　　（4）碳管炉和钨管炉：碳管炉是用石墨作为加热元件，它的电阻很小，所以也称为"短路电炉"，但其电流很大，对变压器有较高的要求。用碳管炉能很容易地到达 2000℃ 的高温。在碳管内总是还原气氛。如果需要避免还原气氛则可用衬管，如烧结氧化铝，插在碳管里面。

　　钨管炉的最高温度可达 3000℃。由于钨易被氧化，故钨管炉需要在真空条件下使用（一般需 $10^{-5}~10^{-6}$ mmHg① 的真空）。当电压为 10V，电流为 1000A 则温度可达到 3000℃。

　　（5）高频炉：高频加热是利用套在坩埚外的高频线圈，产生高频磁场而感

---

① mmHg 为非法定计量单位，1 mmHg=133.3 Pa。

应坩埚或原料发热，获得所需的高温。可达2800℃以上。但高频电磁场发射的电磁波对人体及周围环境的会产生较大的影响。目前多改为中频或低频加热。

（6）微波加热：微波加热是近年发展起来的新的加热形式，目前已有许多报道。

随着科学技术的进步，新的加热方式不断涌出。如激光加热，即利用激光能量高度集中的特点，用来加热，甚至可气化各种金属和非金属，其特点是温度高、纯净，特别适用于制备各种薄膜和某些半导体材料；太阳能加热是利用光学元件将太阳能聚焦于一点，利用太阳能的热量达到加热的目的，目前已在晶体材料制备中使用。

12.3.6　灼烧时间

灼烧时间取决于装料的尺寸和形状。装进坩埚或小舟的细粉末应尽量压紧，由于疏松而细粉末往往是很好的绝热体，使热不能很快传导到原料的中心。对 10～50mL 的原料，灼烧半小时通常已足够；对大的坩埚，当原料超过 1000mL 时，可能需要灼烧几小时。

如果有一种或几种反应物是含氧酸盐（常是碳酸盐、草酸盐或硝酸盐），如 $MgCO_3$，在进行高温反应以前样品应在适当的温度下预热数小时，使含氧酸盐在有控制的情况下分解。若将反应物直接加热到高温，分解反应会很剧烈，以致样品会从容器中溢出；对反应缓慢需长时间加热的样品，常定时将试样冷却下来并加以研磨。因为在加热期间，除了发生我们希望的反应外，反应物和产物还会发生烧结和颗粒长大而使反应混合物表面积降低。研磨可以保持一个大的表面积，并产生新的表面相互接触。为了使反应速率加快，高温加热前，反应物应尽量压紧，以增加颗粒之间的接触面积，有时需要样品在高压下压成小片。

12.3.7　气氛的影响

材料的有些组分有各种氧化态，当我们希望产物相是某一种确定的氧化态，这时需要控制反应的气氛。如要保持 Eu 为二价，就要在高温反应时在反应体中通入惰性（如 N_2、Ar）或还原气氛（如 CO、N_2+5% H_2 混合气）。

荧光粉合成的过程中 Ce^{4+} 需还原成 Ce^{3+}（或不使 Ce^{3+} 氧化），Eu^{3+} 需还原成 Eu^{2+}，其中 Eu^{3+} 的还原较 Ce^{4+} 的还原难。还原进行得是否完全，直接影响荧光粉的质量（包括其亮度、光度和光色），通常还原的方式有 H_2 还原和碳还原，前者较为繁琐，时间长，后者较为简便。对绿粉中 Ce^{4+} 的还原，两种方式问题均不大，但对蓝粉的还原尚有一些区别。在用 C 还原的过程中需要注意在取出坩埚冷却时又重新被氧化的问题。无论 H_2 还原或 C 还原对于蓝粉有时一次不能完成，则需要二次灼烧、还原。这样将会使晶粒大、质量降低。国内目前蓝粉质量不稳定的原因主要与合成工艺中还原问题有关。

许多制备发光材料的反应需要在还原性气氛下进行，可以在密封式的箱式电炉中通入 5% H_2-N_2 混合气，或在坩埚中反应物上覆盖碳块，或活性炭粒。为了避免活性炭的灰分渗入反应物中，可以在坩埚外再套一大坩埚，在两个坩埚之间以碳粒填充。碳可以清除反应物周围空气中的氧，生成的一氧化碳也可以起还原作用。

不同的材料合成需要不同的气氛。设备不同也要求不同气氛。如对 Eu^{2+} 的荧光粉，还原条件的选择和控制是关键。固相反应中 $Eu^{3+} \longrightarrow Eu^{2+}$ 的还原气氛方式主要有：

（1）产物合成过程中本身还原，如 $BaFCl : Eu^{2+}$、$Sr_3(PO_4)_2 : Eu^{2+}$。

（2）在适当的 NH_3 灼烧，如 $(Sr, Mg)_3(PO4)_3 : Eu^{2+}$。

（3）在适当的 H_2/N_2 气流中灼烧，如铝酸盐、磷酸盐。

（4）在 CO 气流中灼烧。

（5）在活性炭存在下于空气中灼烧，如 $Ba(PO_4)_2 : Eu^{2+}$。

（6）以金属作还原剂，Ar 气流中灼烧，如 $BaMgF_4 : Eu^{2+}$。

还原能力强弱直接影响 Eu^{2+} 磷光体的发光行为和价态。例如，NH_3 气流中 1300℃ 灼烧 $(Sr, Mg)_3(PO_4)_2 : Eu^{2+}$，流速为 400mL/min（强气流）时，样品在 365nm 激发下发黄光。流速为 130mL/min（弱气流）时，样品在 365nm 激发下发紫光。

氧如果渗入硫化物发光体中生成 O^{2-} 杂质缺陷，对发光非常有害，可以降低发光效率并增长长余辉，甚至可能猝灭硫化物的发光。因此在制备硫化物发光粉时应在硫化物中混入硫磺粉，使其在加热时产生硫蒸气以保护硫化物不被氧化。硫化物发光材料的制备时应该将反应物置于较深的石英坩埚中进行，这也是为了使反应物与空气的接触面尽可能小一些。

气体压力对所制备的材料也有明显的影响，不同的温度和压力可得到不同产物。如石墨在高压下变为金刚石。又如 $SrB_2O_4 : Eu^{2+}$ 在高压时形成高压相，发射峰位置从 367nm 移到 395nm，并随着高压相的形成量子效率由 1% 以下提高到 39%。

苏锵等[14,15]报道了在空气中还原制备稀土材料。以三价稀土氧化物 RE_2O_3（RE＝Eu, Sm, Yb）为原料在空气下合成掺杂稀土的四硼酸锶 SrB_4O_7 中观测到了相应的两价稀土离子的发射。在此工作的基础上，总结了发生此类现象的基质必须满足的条件：①基质中没有氧化性离子；②掺杂的 Eu^{3+} 必须取代基质中的二价阳离子；③被取代的阳离子具有与二价离子 Eu^{2+} 类似的半径；④基质必须具有合适的结构，这种结构必须是由四面体阴离子基团参与围成（BO_4，SO_4，PO_4）。他们较系统地研究了在空气下制备的其他硼酸盐，硼磷酸盐基质中的稀土离子的还原现象，提出了基丁电荷补偿基础上的不等价取代缺陷模型，具体过程如下：当三价的 Eu^{3+} 掺入硼酸锶 SrB_4O_7 基质时，这些三价的 Eu^{3+} 将取代基质中的 Sr^{2+}。为了保持电荷平衡，两个三价的 Eu^{3+} 应该取代三个二价的 Sr^{2+}（两个三价的 Eu^{3+} 所带的电荷量等于三个二价的 Sr^{2+} 所带的电荷量），于是一个带两个负电荷的空位缺陷（V''_{Sr}）和两个带一个正电荷的杂质缺陷（$Eu^{·}_{Sr}$）将会由于两个三价 Eu^{3+} 应该取代基质中的三个二价的 Sr^{2+} 而产生。因此，空缺陷 V''_{Sr} 将会成为电子的施主，杂质缺陷就会成为电子的受体，在高温下，空位缺陷 V''_{Sr} 的电子由于热激励的作用下将会从空位缺陷 V''_{Sr} 转移到缺陷 $Eu^{·}_{Sr}$ 附近而被其俘获，三价的 Eu^{3+} 将被还原为两价的 Eu^{2+}，整个过程可以用下列的方程式表示：

$$2\ Eu^{·}_{Sr}+V''_{Sr} == 2\ Eu^{X}_{Sr}+V^{X}_{Sr}$$

彭明营等研究了在空气中 $Sr_4Al_{14}O_{25}$: Eu 和 $BaMgSiO_4$: Eu 化合物中低价稀土的形成。

需要指出的是采用空气中还原的手段，往往只能使变价稀土离子（如 Eu^{3+}）部分还原，而难以实现全部还原，这对于制备实用的低价稀土发光材料仍将是一个问题。

12.3.8　粉体粒度控制

不同发光器件对荧光粉的粒度有不同要求。如在荧光灯中要求所产生的荧光尽可能多而均匀地辐射出来，因此发光层的厚度应该比较薄，比较致密，要求荧光粉的颗粒比较细，特别是对稀土三基色节能灯用的荧光粉，由于其价格较贵，所用粉体粒子更细一些，约为 $3\mu m$ 较好，这样发光层可以涂得薄而均匀，也节省发光材料，若粉体粒子过细，会降低发光效率；为了获得较高的发光效率，阴极射线管荧光屏中要求的荧光粉的粒度稍大一些，为 $5\sim7\mu m$，其荧光屏的发光层厚度约为粒子平行直径的 1.4 倍；对于电视显像管荧光粉的粒度介于 $5\sim8\mu m$；不同分辨率的 X 射线增感屏所要求的荧光粉粒度可介于 $1\sim10\mu m$，分辨率越高的屏要求的粒度越小，曝光速度快的屏需要粒度较大的荧光粉。影响荧光粉粒度的因素如下：

（1）原料的粒度和形貌。

（2）一些低熔点的碱金属或碱土金属卤化物作为助熔剂加入，虽有利于反应物离子扩散输运，促进反应进行，但同时也使荧光粉的晶粒长大。

（3）一般灼烧时间越高，时间越长，生成物的粒度越大。

（4）经灼烧后的产物是一些细小微晶的烧结体，需要将其研磨成粉体，而研磨会使晶体的完整性破坏，降低材料的发光效率。因此在研磨时，应选择适当的研磨条件，包括球磨时球的材质，球与粉体的质量比，球磨的转速、时间等。为了减少研磨所造成的发光效率下降人们改进合成工艺，制备出非球磨的荧光粉。

（5）针对各种器件对荧光粉的颗粒度要求，需要进行筛分，已获得产品具有合适的粒度分布。通常希望粒度分布窄一些好，故通过筛分除去荧光粉中过粗和过细的粒子。通常的筛分方法是将粉体过筛。

过筛是将荧光粉通过不同孔径的筛网，筛网是由合成纤维或金属细丝编织而成，筛孔成正方形，筛孔的尺寸以筛目号数区分。需要注意的是，有些荧光粉的硬度较大，在用金属丝编织的筛网时会出现金属丝的细颗粒，而影响荧光粉的体色，而采用合成纤维则无此问题。

目前有些企业已采用旋风分离来高效地将粒度分级。

粉体粒度的测定有多种方法。其原理各不相同，由此造成采用不同方法测得粒度的数据有一定的差别，难以对比。粒度的影像分析可使用光学显微镜、电子显微镜等直接观察，然后计算其粒度分布，在影像分析的测定中需要特别注意样品的代表性。可利用颗粒的体积分析来测定粒度，如筛分法、库尔特计数法；可利用颗粒度大小在液体介质中运动速度的差别，来测定粒度；也可利用重力沉降法和离心沉降法来测定粒度，这些方法均有相应的仪器。由于各种方法测定的原理不同，同一样品的测试结果会有不同，且各种方法的适应范围、样品的要求会有不同，需对此引起足够重视。

对荧光粉而言，人们不仅关心其粒度和粒度分析，目前更关心荧光粉的形貌，荧光粉的形貌也会严重影响其应用特性。欲制得合适形貌的荧光粉往往在制备工艺方面下功夫。如对荧光灯用所需荧光粉一般希望为球形，对 X 射线增感屏所用的荧光粉以片状为好。

12.3.9　后处理与表面包覆

为保证合成材料的质量，除去合成过程中的杂质、过量的助熔剂，特别是保持材料表面性能和合适的颗粒度，往往采用水洗或酸洗；为提高荧光粉分散性，以及对有机溶剂的相容性，往往进行表面处理。某些稀土荧光粉长期放置后会吸潮，并使亮度降低。为此需要密封保存或对荧光粉进行包膜。后处理对提高材料的质量有利，但增加成本。

在荧光粉的表面包覆无机或有机材料，可以改善或提高荧光粉的物理性能，也可以提高荧光粉的发光性能[16]。表面包覆有机或无机材料的荧光粉已获得广泛应用。

由于外界因素和发光材料本身的原因，未经处理的发光材料往往存在粉末团聚、表面电性能与化学性能不稳定等现象。例如，由于表面电性的原因，荧光粉在水中或制浆时，其分散性很差，为了提高荧光粉的分散性，一般在荧光粉表面包覆上二氧化硅之类的物质。表面包覆一层硅膜显示出明显的优势性，一方面可以降低荧光粉的 zeta 电位等电点，提高荧光粉的分散性及由此带来的荧光粉亮度的提高，另一方面也可保护荧光粉，减少外界因素对荧光粉的影响。

又如在荧光灯中，由阴极沉积到荧光粉上的杂质和汞的化合物等使荧光粉的亮度逐渐减弱；硫化锌为基质的荧光粉对水分比较敏感，暴露在水的气氛下，其发光效率会很快地下降；一般来说，在荧光粉的表面包覆上铝、硅等无机材料，使荧光粉和外界隔离开来，可以有效地减少外界对荧光粉的影响，延长荧光粉的使用寿命。由于氧化铝易于包覆和具有良好的光、电、抗湿性，比较适合于包覆对水比较敏感的荧光粉（但无定形氧化铝或在低温下包覆的氧化铝的化学活性较高）。为了提高氧化铝膜的抗腐蚀性，可以利用化学气相沉积法，并在包覆氧化铝膜的同时，包覆其他耐腐蚀的金属氧化物（氧化硅、氧化硼、氧化钛、氧化锡、氧化锆等）形成氧化物混合膜，或在氧化铝膜外再包覆另一层金属氧化物膜，在95%湿度的条件下测试结果表明，其寿命要比单纯包覆氧化铝的荧光粉长得多。

为了提高彩色显像管的屏幕在明亮的环境下使用的可视性和减少视觉疲劳，荧光屏必须防炫目的，它的反射系数必须小，对比度必须高。对比度的提高可通过在荧光粉表面包覆一层无机染料，此染料的颜色和它所包覆的荧光粉发出的光的颜色相一致，它可以让从荧光粉发出大部分所需波长的光通过，而滤掉大部分其余波长的光，从而提高荧光粉的色纯度。但是在荧光粉表面包覆无机染料往往以损失亮度为代价，因为染料消耗了部分电子束的能量并且挡住了部分发光。例如，在彩色显像管用红粉颗粒表面包覆 Fe_2O_3，可以吸收掉不需要的波长的光，从而提高红粉的色纯度。

据报道在红色荧光粉 Y_2O_3：Eu^{3+} 表面包覆一层氧化硼，可以提高其在 172nm 紫外线激发下的量子效率和亮度。据称在 172nm 紫外线的激发下，表面包覆氧化硼的 Y_2O_3：Eu^{3+} 的亮度可以提高 15%。

主要的表面包覆技术简介如下。

（1）物理蒸发沉积法：在真空室中，将无机绝缘材料加热，使蒸发并在荧光粉颗粒表面沉积，在沉积过程中，不断地翻动荧光粉以使无机绝缘材料均匀地包覆在每一个荧光粉颗粒上，当达到所需的厚度时，包覆过程即可结束。此方法比较精确地控制膜层的厚度，控制范围在 0.1~1μm。

（2）胶体包覆法：最简便的包覆方法是将钇、铝、铈、锡、锑、锆等金属氧化物或二氧化硅的胶体直接喷在滚动干燥机中的荧光粉表面上。例如，将球磨分

散后的 Y_2O_2S ：Eu 荧光粉投入滚动干燥机，把浓度为 0.1% ~ 5% 的 Y_2O_3 胶体溶液按每千克荧光粉 50~200mL 的比例在 150℃下边干燥边喷入，喷完后继续搅拌 1h 即可得到表面包覆的荧光粉。

（3）表面成膜包覆法：此方法一般是在荧光粉的浆液中加入包膜物质的前驱物或在包膜物质前驱物的溶液中加入荧光粉，然后调节溶液的 pH 使包膜物质沉淀到荧光粉表面。

根据不同的包覆目的，包膜的物质多种多样。例如，可在荧光粉表面包覆碱土金属、锌、镉、锰中的一种或多种金属的聚磷酸盐，表面包覆氧化物或二氧化硅等。

利用凝胶进行包覆，如将异丙醇铝的悬浮液在 80℃下搅拌 30min，然后加入少量硝酸（硝酸是形成凝胶的催化剂），煮沸 24h 后形成稍浑浊的溶液，再加入荧光粉，在搅拌和蒸发 30min 后，悬浮液形成凝胶，将此凝胶在 110℃下干燥 24h，即可形成表面包覆氧化铝膜的荧光粉。

在荧光粉表面包覆有机高分子，关键在于提高有机–无机两相之间的亲和性。目前有三个作用机理：化学键作用机理、静电相互作用机理及吸附层媒介机理。化学键作用机理是利用高分子上的一些官能团和无机粒子表面的羟基或金属离子发生键合作用，使有机高分子和无机粒子键合；静电相互作用机理是利用在一定的条件下，无机粒子和有机物所带电荷相反，由于静电作用使无机和有机能复合在一起；吸附层媒介作用机理是用有机表面活性剂对无机粒子进行表面吸附处理，使其表面包覆一种有机吸附层。以经过这样处理的粒子作核，进行有机单体的乳液聚合，可以获得表面包膜的无机粒子。

（4）有机高分子直接在荧光粉上包覆。此方法可以分成两种：一种是单纯地将有机高分子直接沉积在荧光粉表面，两者之间是物理吸附作用，例如，将 2kg 荧光粉加入 1L 2.5% 的高分子 polyox（聚甲基丙烯酸、聚乙烯嘧啶及衍生物、聚乙烯亚胺、聚环氧乙烷等也可作为包覆物）的溶液中，将混合物搅拌 30min，并滚动 20min，以确保荧光粉被润湿，然后过滤，滤饼随后在 140℃下干燥一段时间后即得到表面包覆高分子的荧光粉；另一种是利用有机高分子上的官能团（如羟基）和荧光粉表面形成化学键，例如，将荧光粉加入水溶性的乙烯基甲醚和顺式丁烯二酸酐的共聚物溶液中，此高分子溶液的 pH 调到 9，然后球磨 1h 使高分子键合到荧光粉表面，固液分离干燥，在荧光粉表面即可形成高分子层。

（5）单体在荧光粉表面聚合包覆：利用单体在荧光粉表面进行聚合显然要比高分子直接在荧光粉上包覆应用范围广泛，因为可以根据使用目的选择单体进行聚合包覆荧光粉，得到所需功能的高分子包覆的荧光粉。在荧光粉表面进行单体聚合的一个例子为：将 2mL 二乙烯苯和 0.1mL 丙烯酸缩水甘油酯加入 5g 荧光粉和引发剂中，混匀使单体能润湿荧光粉，然后加入 18mL 正己烷，在搅拌的情况下用氮气吹扫，并进行聚合反应 4h 即可得到高分子包覆的荧光粉。但在此情况下高分子和荧光粉表面是物理吸附作用结合的，如果想使高分子和荧光粉表面以化学键结合，可使用耦合剂。此耦合剂含有路易斯碱元素（硼、铝等），和无机粒子表面有亲和性，此元素上连有有机官能团，和有机相有亲和性，比较理想的是含有乙烯基官能团，可以和单体进行聚合。崔洪涛等[17]利用乳液聚合的方法成功地在 Y_2O_3：Eu 表面包覆上聚苯乙烯，为提高有机和无机两相之间的相容性，对 Y_2O_3：Eu 颗粒用柠檬酸进行表面修饰，然后再用聚苯乙烯包覆。做法是将红粉加入蒸馏水中分散，再加入柠檬酸，在 110℃ 下反应 1h 使柠檬酸键合在红粉表面，提高了红粉表面和有机相的亲和性，然后将之过滤，再将沉淀分散在蒸馏水中，再加入溶有引发剂的苯乙烯单体，搅拌一段时间后，形成了包覆着红粉颗粒的苯乙烯乳液结构，然后在 85～95℃ 下进行聚合反应 4h 后，分离烘干即可得到表面包覆聚苯乙烯的红粉。经光电子能谱测定表明，由于柠檬酸和钇、铕之间形成了化学键，使电子结合能发生位移，用能量色散谱测定表明，聚苯乙烯均匀地分布在 Y_2O_3：Eu 颗粒表面，经分析认为该表面包覆过程符合吸附层媒介作用机理。

Y_2O_3：Eu 已获得广泛的应用，但 Y_2O_3：Eu 性质接近碱土金属氧化物，稍呈碱性，在进行涂屏和制管过程中又需进行一系列化学与物理处理，导致性能下降。崔洪涛等采用室温湿固相法在 Y_2O_3：Eu 颗粒表面包覆 Al_2O_3，其制备过程为：将一定量的 Y_2O_3：Eu 和经过研磨的 $Al_2(SO_4)_2 \cdot 18H_2O$ 混合，其比例为 Al/Y=0.1，然后研磨此混合物一段时间，使它们均匀混合，在加入一定量的 NaOH，研磨 40min，将混合物放置 2h，然后用蒸馏水洗涤样品三次后，在 80℃ 烘干，再在 700℃ 下煅烧半小时即可。经电镜、能量色散谱、X 射线光电子能谱测定表明：Al_2O_3 包覆在 Y_2O_3：Eu 的表面，包覆层的厚度为纳米量级。光谱分析结果表明，包覆纳米级 Al_2O_3 对荧光粉的光谱没有影响。

刘桂霞等[18]以 Gd_2O_3：Eu，$Na_2SiO_3 \cdot 9H_2O$ 和 NaCl 为原料，也采用室温固相法在 Gd_2O_3：Eu 荧光粉表面包覆一层纳米 SiO_2，以增加荧光粉的化学稳定性，而不影响荧光粉的亮度。同时观察到，在包覆过程中能使 Gd_2O_3：Eu 颗粒的大的团聚体打开成为小的粒子，包覆 SiO_2 后降低颗粒表面活性，防止团聚发生。

12.4　晶体生长

天然的单晶是有限的，其远远满足不了生产与科技发展的需要，于是人们就设法用人工的方法来生长晶体。实践表明，一些高新科学技术的发展，无一不与晶体材料密切相关。晶体生长已成为材料科学的前沿领域。

晶体特别是稀土单晶的重要性不仅在于广泛应用于各个高新科技领域，如作为激光晶体的 YAG（$Y_3Al_5O_{12}$）；作为非线性光学晶体的 YAB（四硼酸铝钇）；作为激光非线性光学复合功能晶体的四硼酸铝钇钕（NYAB）；作为闪烁晶体的 $Lu_2Si_2O_7$：Ce、Gd_2SiO_5：Ce、$LaBr_3$：Ce；作为磁性材料的 $R_3Fe_5O_{12}$、（Tb、Dy）Fe_2；作为电光晶体材料的钛酸镧（$La_2Ti_2O_7$）等，以及上述各种材料的单晶薄膜。而且在许多基础理论的研究中也需要单晶，如利用单晶测定材料的结构参数，用晶片测定材料的光谱从而计算光谱参数，用晶体的显微缺陷研究单晶形成的机制和材料某些力学性能的本质，通过对晶体的畴结构研究将提高和开拓新的功能材料等。

晶体生长是一种复相化学反应，也是一个相变过程，其反应的形式可以是：从一种固相变为另一固相（晶体）；从一种液相（溶液或熔体）变为晶体，或从一种气相转变为晶体。相变可由 $\Delta G = G_\alpha - G_\beta$ 来量度，并称为相变驱动力，即体系原始态的自由能与终态自由能的差值。晶体生长过程中体系的自由能降低。

晶体生长的相变过程，它要求在体系中的某些局部小区域内，首先形成新相的核，这样体系中将出现两相的界面，依靠相界面逐步向旧区域内推移而使得新相不断长大，所以这个过程可以分为成核与长大两个阶段。

在相变或晶体生长过程中，新相核的发生和长大称为成核过程，在一个体系内各个地方成核的概率均相等的过程是均匀成核。在体系中存在某些不均匀的部位常作为核心而成长，这种过程称为非均匀成核。

在实际晶体生长的系统中，经常会有不均匀的部位存在，因而影响到成核过程。非均匀成核与均匀成核的不同点在于：均匀成核时，晶核在母相区域内各处的成核概率是相同的，而且需要克服相当大的表面能位垒，即需要相当大的过冷度才能成核；而非均匀成核，则是由于母相内已经存在某种不均匀性，如悬浮的异质微粒、容器壁或坑洞等，这些不均匀性有效地降低成核时的表面能位垒，这样就有利于成核。核会优先地在这些不均匀性的地方形成。这些有效地降低成核位垒的物质，能促进成核作用，称这种物质为成核催化剂。

相图对晶体生长具有重要的意义。根据相图可大致设计配料、掺质和选择晶体生长的方法等。如激光晶体 YAG：Nd 中 Nd 的有效分凝系数为 0.2。如果要求其掺质浓度为 1%（摩尔分数），则它的配料应含 Nd_2O_3 为 2.5%（摩尔分数）。

激活离子浓度对激光晶体的激光输出具有很重要的影响。有时提高激活离子掺质浓度也会影响晶体本身的质量，如熔体中 Nd^{3+} 的含量超过 5%（原子分数）时，相图上存在三相共存区，晶体在这个区域生长时很容易生成 YAP 和 Al_2O_3 等杂相，影响 YAG 的单晶质量。但如果在 YAG 中除了 Nd^{3+} 同时掺入 Lu^{3+} 或 Gd^{3+} 可使 YAG 晶体的晶格扩张，从而可增加 Nd^{3+} 的掺杂量，分凝系数从 0.20 提高到 0.26。

　　某些晶体在熔点以下存在固态相变，用熔体生长法生长时得不到质量很好的低温相单晶。但可用助熔剂在相变温度以下生长，得到低温相的单晶。

　　通常所指晶体生长是要制备出尺寸足够大、质量高的完整晶体，故必须具备如下条件：

　　（1）反应体系的温度要控制得均匀一致。以防止局部过冷或过热，影响晶体的成核和生长。

　　（2）结晶过程要尽可能地慢，以防止自发成核的出现。因为一旦出现自发的晶核，就会生成许多细小晶体，阻碍晶体长大。

　　（3）使降温速度与晶体成核、生长速率相匹配。使晶体生长得均匀、晶体中没有浓度梯度、组成不偏离化学整比性。

　　在实际的晶体生长中除上述原则外，还有许多因素和许多实际问题，包括一些目前难以说清楚的具体问题。因此，有人称晶体生长是一种技艺，每一种晶体生长技术都有其独特的工艺和窍门，需要大量的经验积累。而目前，晶体生长正处于从技艺向科学的过渡，许多近代的科技成果用于晶体生长工艺中，使其更加科学化。

　　晶体生长是复相化学反应，其可以由固体、液体或气体生长成晶体，而且每一类反应又包含有各种技术或方法。在选择晶体生长方法时，要根据单晶的用途，例如，用于 X 射线结构测定仅需要毫米级大小的完整晶体；用于光吸收研究的则需要厘米级大小的晶体薄片；而作为激光晶体，一般需要数厘米以上的高质量棒材。

12.4.1　从固相中生长晶体

　　从固相中生长晶体，冶金学家常称为再结晶。由于晶体生长在固态中发生，其成核的密度高，难以控制成核以形成高质量的大晶体。从固相中生长晶体的主要方法如下。

1. 利用退火消除应变的再结晶（应变–退火技术）

　　大部分利用应变退火的晶体生长是金属单晶的生长。产生应变的样品相对于未产生应变的样品来说在热力学上是不稳定的。在室温下样品消除应变的速度一般很慢。但是，若升高温度，提高原子的点阵振动的振幅和原子的迁移率，消除应变的速度将显著提高。退火的目的就是加速应变消除，与此同时，晶粒的尺寸增加。也就是发生再结晶。退火能使晶粒长大，有时为使晶粒长得足够大，可进行多次退火或者说多次再结晶。

2. 利用烧结生长

烧结生长就是加热压实的多晶粉末使晶粒长得足够大。烧结时晶粒长大的主要动力可能来源为：①产生应变加工时所做的功，其大部分居留在晶粒间界中。②晶粒表面的自由能。③样品中不同晶粒取向之间的自由能差。在 1450℃ 以上烧结多晶钇铁石榴石 $Y_3Fe_5O_{12}$ 可以得到 5mm 大的石榴石晶体。绝大多数固相反应需通过烧结过程完成，若能获得毫米尺寸的晶体则对研究材料的结构具有重要的作用。

热压是在加压下烧结，它主要是用于陶瓷的致密化。在一般的热压过程中，为了达到致密化，压力要足够高，温度也要足以提供一个合理的气孔消除速度又不能引起明显的晶粒间界运动。如果在热压中升高温度，烧结所引起的晶体长大将更为显著。采用这一技术生长出达 $7cm^3$ 的 Al_2O_3 晶体。

3. 退玻璃化再结晶

很多玻璃在加热时发生局部的再结晶，这一过程称为退玻璃化作用。通常不希望发生这种作用，所以玻璃成分的选择要使它不容易再结晶。但是，也有一些玻璃成分有意选择使其能加速退玻璃化。在这种成分中包括成核剂。同时，为了在玻璃基体内控制结晶区，添加某种成分使退玻璃化作用受到控制。通常经过退玻璃化过程所得晶粒是很小的。

微晶玻璃是一类特殊的新材料，已获得重要的应用，它是玻璃和晶体均匀分布的材料，又称为玻璃陶瓷或透明陶瓷。微晶玻璃的结构和性能与陶瓷、玻璃均有所不同，其性质由晶相的矿物与玻璃相的化学组成以及它们的相对含量来决定，往往集中了两者的特点。微晶玻璃的制备过程就是利用退玻璃化再结晶技术。通常在玻璃制造过程中增加热处理结晶工序。掺杂稀土氧化物和 YAG 的玻璃陶瓷作为激光材料已研制成功。

12.4.2　从溶液中生长晶体

从溶液中生长晶体的方法历史悠久，应用广泛。这种方法的基本原理是将原料（溶质）溶解在溶剂中，采取适当的措施造成溶液过饱和，使晶体在过饱和溶液中生长。溶液法的优点：

（1）晶体可以在远低于其熔点的温度下生长。因为有许多晶体升温不到熔点就分解或发生晶形转变，也有的在熔化时就有很高的蒸气压，可是溶液法使这些晶体可以在较低的温度下生长，从而避免了上述问题。此外，低温下生长的热源和生长容器也较易选择。

（2）降低黏度。因为有些晶体在熔化状态黏度很大，冷却时不能形成晶体而成为玻璃体，但是采用低黏度的溶剂则可以避免这一问题。

（3）容易长成大块的、均匀性良好的晶体，并且有较完整的外形。

（4）在多数情况下（低温溶液生长），可直接观察晶体生长。

溶液法的缺点是组分多，影响晶体生长因素也比较复杂，生长周期长（一般需要数十天）。另外，低温溶液生长对控温精度要求很高。对培养高质量的晶体，其可容许的温度波动一般不超过百分之几，甚至是千分之几摄氏度。

溶液生长的范畴包括水溶液、有机溶剂和其他无机溶剂的溶液、高温溶液以及水热条件下的溶液等。过饱和状态是从溶液中生长晶体必须造成的先决条件。过饱和状态在热力学上是不稳定，整个过饱和区的不稳定程度也是不一样的。

溶解度是从溶液中生长晶体的最基本的数据。溶解度曲线实际上给出不同温度下的饱和溶液的浓度，所以也称为饱和曲线。在一定条件下，对给定的物质，这条曲线是确定的，可以通过准确测定物质在不同温度下的溶解度绘制出来。

1. 降温法

降温法是从溶液中培养晶体的一种最常用的方法。这种方法适用于溶解度和温度系数都较大的物质，并需要一定的温度区间。这一温度区间也是有限的：温度上限由于蒸发量大而不宜过高，当温度下限太低时，对晶体生长也不利。一般来说，比较合适的起始温度是 $50 \sim 60℃$，降温区间以 $15 \sim 20℃$ 为宜。

降温法的基本原理是利用物质较大的正溶解度温度系数，在晶体生长的过程中逐渐降低温度，使析出的溶质不断在晶体上生长。用这种方法生长的物质的溶解度温度系数最好不低于 $1.5g/$（$1000g$ 溶液 $\cdot ℃$）。

2. 蒸发法

蒸发法生长晶体的基本原理是将溶剂不断蒸发移去，而使溶液保持在过饱和状态，从而使晶体不断生长。这种方法比较适合于溶解度较大而溶解度温度系数很小或具有负温度系数的物质。蒸发法生长晶体的装置和降温法十分类似。降温法通过控制降温速度来控制过饱和度，而蒸发法则是通过控制蒸发量来控制过饱和度。

有时体系中某一成分如水的蒸发，并不是作为溶剂蒸发直接导致晶体生长，而是该成分蒸发引起化学反应，间接导致晶体生长。例如，在 $Nd_2O_3-H_3PO_4$（或 $Nd_2O_3-P_2O_5-H_2O$）体系中生长五磷酸钕（NdP_5O_{14}）晶体，其形成机制可能是

$$14H_3PO_4+Nd_2O_3 \xrightarrow{>260℃} 2NdP_5O_{14}+2H_4P_2O_7+17H_2O$$

NdP_5O_{14} 在焦磷酸（$H_4P_2O_7$）中有较大的溶解度，所以不会从溶液中析出。

当温度升至300℃以上，焦磷酸逐渐脱水，形成多聚偏磷酸，NdP_5O_{14}在其中溶解度很小，在升温和蒸发过程中，由于焦磷酸浓度降低而使NdP_5O_{14}在溶液中达到过饱和而结晶出来。

$$nH_4P_2O_7+NdP_5O_{14} \xrightarrow{>300℃} 2（HPO_3）_n+NdP_5O_{14}\downarrow+nH_2O\uparrow$$

据此机制，在一定的温度下，控制水的蒸发速度就可以生长出质量较好的NdP_5O_{14}晶体。这种晶体生长方式实际上是晶体在无机溶剂（焦磷酸）的溶液中，通过水的蒸发引起焦磷酸的脱水缩聚反应，使溶剂不断减少，并使溶质（NdP_5O_{14}）从其饱和溶液中结晶出来。作者用蒸发溶液法生长出一系列 REP_5O_{14} 和 $KREP_4O_{12}$ 晶体。

3. 水热法

晶体的水热生长是利用高温高压的水溶液使在大气条件下不溶或难溶于水的物质通过溶解或反应生成该物质的溶解产物，并达到一定的过饱和度而进行结晶和生长的方法。严格来说，它属于研究高温高压水溶液体系中物质变化规律的水热化学范畴。水热法又称高压溶液法，与常压溶液法（一般称水溶液法）和高温溶液法（即助熔剂或熔盐法）一起组成溶液生长法的主体。

一般水热生长过程的主要特点如下：①过程是在压力与气氛可以控制的封闭系统中进行的；②生长温度比熔体和熔盐等方法低得多；③生长区基本上处在恒温和等浓度状态，且温度梯度很小；④属于稀薄相生长，溶液黏度很低。

水热生长晶体的方法主要有温差法、降温法（或升温法）及等温法等，这些方法都是通过不同的物理化学条件使生长系统内的液相获得适当的过饱和状态而结晶。

12.4.3　从熔体中生长晶体

许多物质在常温下是固体，但温度升到熔点以上时就熔化为液体。这种常温下是固态的纯物质的液相称为熔体。有时也把两种或两种以上在冷却时凝固的均匀液态混合物称为熔体，应予以区分。

由此可见，熔体和溶液是连续的，所以熔化和溶解在本质上是一样的。可以把熔化看成是液化的特殊情况。当水是溶液的一个组分时，一般总是看成溶质（盐类）溶在一定温度的水中，而不是从水的存在使盐的熔点降低这个角度来看问题。习惯上把水多时称为溶解，而水很少时看成熔化。从熔体中生长晶体，一般有两种类型。

（1）晶体与熔体有相同的成分。纯元素或同成分熔化的化合物（具有最高熔点）属于这一类，这类材料实际上是单元体系。在生长过程中，晶体和熔体的成分均保持恒定，熔点也不变。这种材料容易得到高质量的晶体（如 Si、Ge、Al$_2$O$_3$、YAG 等），也允许有较高的生长率。

（2）生长的晶体与熔体成分不同。掺杂的元素和化合物以及非同成分熔化的化合物属于这一类。这类材料实际上是二元或多元体系。在生长过程中，晶体和熔体的成分均不断变化，熔点（或凝固点）也随成分的变化而变化，熔点和凝固点不再是一个确定的数值，而是由一条固相线和一条液相线所表示。这一类材料要得到均匀的单晶就困难得多。

此外，熔体生长过程中不仅存在着固–液平衡问题，还存在着固–气平衡和液–气平衡问题。蒸气压或解离压较高的材料（如 GGG、GaAs 等），在高温下某种组分的挥发将使熔体偏离所需要的成分，而过剩的其他组分将成为有害的杂质，生长这一类的材料将增加技术上的困难。再者，晶体生长完毕以后，必须由高温降至室温，有些材料在这一温度范围内有固态相变（包括脱溶沉淀和共析反应），这也将给晶体生长带来很大的困难。因此，只有没有破坏性相变，又有较低的蒸气压或解离压的同成分熔化的化合物（包括纯元素）才是熔体生长的理想材料，用熔体生长法可以方便地得到这类材料的高质量单晶。

熔体生长的方法有许多种，目前尚无统一和严格的分类方法。根据熔区的特点分类法，将熔体生长的方法分为两大类。

（1）正常凝固法。该方法的特点是在晶体开始生长的时候，全部材料均处于熔态（引入的籽晶除外）。在生长过程中，体系由晶体和熔体两部分所组成，生长时不向熔体添加材料，而是以晶体的长大和熔体的逐减而告终。

（2）逐区熔化法。该方法的特点是固体材料中只有一小段区域处于熔态，体系由晶体、熔体和多晶原料三部分所组成，体系中存在着两个固–液界面，一个界面上发生结晶过程，而另一个界面上发生多晶原料的熔化过程。熔区向多晶原料方向移动，尽管熔区的体积不变，实际上是不断地向熔区中添加材料，生长过程将以晶体的长大和多晶原料的耗尽而告终。

1. 提拉法

提拉法的设备如图 12-1 所示。材料装在一个坩埚中，并被加热到材料的熔点以上。坩埚上方有一根可以旋转和升降的提拉杆，杆的下端有一个夹头，其上装有一根籽晶。降低提拉杆，使籽晶插入熔体之中，只要熔体的温度适中，籽晶既不熔掉，也不长大，然后缓慢向上提拉和转动晶杆，同时缓慢降低加热功率，籽晶就逐渐长粗，小心地调节加热功率，就能得到所需直径的晶体。整个生长装置安放在一个外罩中，以便使生长环境中有所需要的气体和压强。通过外罩的窗口可以观察到生长的状况。用这种方法已成功地生长了半导体、氧化物和其他绝缘体等类型的大晶体，如 YAG、YAP、YVO$_4$等晶体。

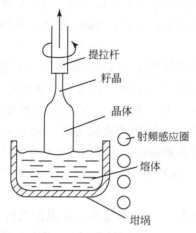

图 12-1　提拉法示意图

这种方法的主要优点是：

（1）在生长过程中，可以方便地观察晶体的生长状况。

（2）晶体在熔体的自由表面处生长，而不与坩埚相接触，这样能显著减小晶体的应力并防止坩埚壁上的寄生成核。

（3）可以方便地使用定向籽晶和"缩颈"工艺，以得到完整的晶体和所需取向的晶体。

总之，提拉法的最大优点在于能够以较快的速率生长较高质量的完整晶体，而其生长率和晶体尺寸也是令人满意的。对生长高质量晶体，提拉法在生产和研究方面是一种十分重要的常用的生长方法。

像所有使用坩埚的生长方法一样，提拉法要求坩埚不污染熔体。因此，对于反应性较强或熔点极高的材料，就难以找到合适的坩埚来盛装它们，从而需要改用其他生长方法。

近年来，提拉法至少取得了三项重大改进：

（1）晶体直径的自动控制技术——ADC 技术。这种技术不仅使生长过程的控制实现了自动化，而且提高了晶体的质量和成品率。

（2）液相封盖技术和高压单晶炉——LEC 技术。用这种技术可以生长具有较高蒸气压或高解离压的材料。

（3）导模法——EFG 技术。用这种技术可以按照所需要的形状和尺寸来生长晶体，晶体的均匀性也得到改善。这种方法是将一个高熔点的惰性模具放于熔体之中，模具的下部带有细的管道，熔体由于毛细管作用被吸引到模具的上表面，与一根籽晶接触后即随籽晶的提拉而不断凝固，而模具上部的边沿则是拉制着晶体的形状。用这种方法已成功地生长了片状、带状、管状和纤维状晶体。

提拉法最常用的加热方法是电阻加热和高频感应加热。一般来说，只有无坩埚生长技术才使用激光束加热、电子束加热、等离子体加热和弧光成像加热等加热方式。

精确的、稳定的温度控制是获得高质量晶体的一个重要条件。

提拉法对坩埚材料的要求，坩埚材料的熔点必须比工作温度高 200℃ 左右。常用的坩埚材料为铂、铱、钼、石墨、二氧化硅或其他高熔点氧化物。粗略地说，铂、铱和钼主要用于生长氧化物或碱金属、碱土金属的卤化物晶体。而石墨、二氧化硅或其他高熔点氧化物，主要用于生长半导体或金属晶体。石墨和钼不能在氧化气氛下使用，铱可在弱氧化气氛下使用，其他材料则不受气氛的限制。

坩埚的作用不只是盛装熔体，通过改变坩埚的几何条件（如直径与高度之比）以及改变坩埚在生长装置中的相对位置时，则可以改变熔体中的液流状况和温度分布。

2. 坩埚下降法

坩埚下降法又称为称布里奇曼-斯托克巴格（Bridgman–Stockbarger）法。这是从熔体中生长晶体的一种重要方法。通常，坩埚在结晶炉中下降，通过温度梯度较大的区域时，熔体在坩埚中，自下而上结晶为整块晶体。这个过程也可用结晶炉沿着坩埚上升，或者坩埚和结晶炉都不动，而是通过结晶炉缓慢降温来实现。

与提拉法比较，它可以把熔体密封在坩埚内，熔体挥发很少，成分容易控制。由于它生长的晶体留在坩埚中，因而适于生长大块晶体，也可以一炉同时生长几块晶体。但其缺点是不适于生长在结晶时体积增大的晶体，生长的晶体通常有较大的内应力。同时，在晶体生长过程中也难于直接观察，生长周期比较长。但是由于工艺条件容易掌握，易于实现程序化、自动化，因而广泛用于生长闪烁晶体、光学晶体和其他一系列晶体。如 $LiYF_4$、LaF_3、RE_2O_2S 等。生长晶体的直径和高度都可达几百毫米。近年来也用来生长分解压力较大的半导体单晶。

1）温度梯度的影响

从熔体中生长晶体，结晶过程是靠温度梯度造成的局部过冷来推动的。温度梯度的大小直接影响晶体的生长速率和晶体的质量。坩埚下降法中坩埚内的结晶物质自下而上顺序结晶。

对于坩埚下降法生长晶体，理想的轴向温度分布如图 12-2（b）所示。其中下列几点是很重要的。

（1）高温区的温度应高于熔体的熔点，但不要太高以避免熔体剧烈挥发。

（2）低温区的温度应低于晶体的熔点，但不要太低以避免晶体炸裂。

（3）熔体结晶应在高温区和低温区之间温度梯度大的那段区间，也就是隔热板处进行。

（4）高温区和低温区内都要求有不大的温度梯度，这样既避免在熔体上部结晶，在低温区也避免使晶体产生大的内应力。

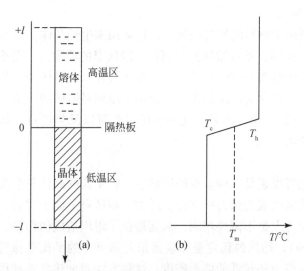

图 12-2　坩埚下降法生长装置和温度分布

2）晶种的培育和坩埚形状

生长单晶可以利用现成的单晶晶种，也可以自发成核。自发成核是利用坩埚的尖底形状，如呈圆锥形，使得坩埚下降通过温度梯度比较陡的区域时，只有少量熔体在坩埚底部过冷产生少许几个晶核。如果只产生一个晶核时，便可以由它生长而得到一个单晶。

3）坩埚材料

坩埚下降法生长晶体，不仅在坩埚中熔化物料，而且也在坩埚中生长晶体，因此坩埚对晶体的质量有很大的影响。坩埚材料在工作温度下要有足够的强度。熔体对坩埚材料的侵蚀越小越好，侵蚀的生成物对晶体本身应没有多大不良影响。这就要求在工作气氛下，坩埚材料对熔体有相当好的稳定性。同时还要特别注意坩埚材料的纯度，尽量避免将有害杂质引入晶体中。熔体与坩埚最好不要相黏附，有时可将坩埚内表面喷砂，以减少熔体和坩埚的接触面积来减少坩埚的沾污。坩埚内壁要平坦，以避免另外再产生晶核。坩埚内角应较平缓，这可使晶体不易开裂。坩埚材料应容易加工，价格便宜。

4）结晶炉

结晶炉是生长单晶的关键设备，它应提供一个合适的温度场，并附有使坩埚升降的机械传动装置。坩埚下降法所使用的结晶炉结构比较简单，通常采用电阻加热，有时也用感应加热。

3. 区熔法

1）水平区熔法

区熔法主要用于材料的物理提纯，但也常用来生长晶体。该方法与水平"坩埚下降法"大体相同，不过熔区被限制在一段狭窄的范围内，而绝大部分材料处于固态。随着熔区沿着料锭的一端向另一端缓慢移动，晶体的生长过程也就逐渐完成。这种方法比正常凝固法的优点是减小了坩埚对熔体的污染（减少了接触面积），并降低了加热功率。另外，这种区熔过程可以反复进行，从而提高了晶体的纯度并使掺杂均匀化。

2）浮区法

这种方法也可以说是一种垂直的区熔法。在生长的晶体和多晶原料棒之间有一段熔区，该熔区由表面张力所支持。通常，熔区自上而下移动，以完成结晶过程。该法的主要优点是不需要坩埚，从而避免了坩埚造成的污染。常用于生长半导体材料（如 Si）。熔区的稳定是靠表面张力和重力的平衡来保持，因此，材料要有较大的表面张力和较低的熔态密度。这种方法对加热技术和机械传动装置的要求比较严格。

4. 焰熔法

焰熔法生长单晶体，基本上是用氢和氧燃烧的火焰产生高温，使材料粉末通过火焰熔融，由于火焰在结晶炉内造成一定的温度分布，使已熔的粉料在一个耐高温的结晶杆上结晶。

焰熔法生长单晶体比其他方法的优点如下：

（1）此方法生长单晶体不需要坩埚，因此既节约了做坩埚的耐高温材料，又避免了晶体生长中坩埚污染的问题。

（2）氢氧焰燃烧时，温度可以达到2800℃，故应用这方法能生长熔点较高的单晶体，一般来说，熔点可达到1500~2500℃，不怕挥发和氧化的材料，都可以试用这个方法来生长单晶。

（3）生长速率较快，短时间内可以得到较大的晶体，如1h可以生长出10g左右的宝石，故这方法适用于工业生产。

（4）应用此方法可以生长出较大尺寸的晶体。例如，生长杆状的宝石，其

尺寸为 $\phi = 15 \sim 20mm$，$l = 500 \sim 1000mm$。还可以生长盘状、管状、片状的宝石，生长设备也比较简单。

此方法的缺点：

（1）火焰中的温度梯度较大，一般结晶层的纵向温度梯度和横向温度梯度均较大。故生长出来的晶体，其质量欠佳。

（2）因为发热源是燃烧着的气体，故其温度不可能控制得很稳定。

（3）生长出的晶体位错密度较高，内应力也较大（如焰熔法生长的宝石，一般其位错密度可达 $10^5 \sim 10^6/cm^2$，内应力为 $8 \sim 10kg/mm^2$）。

（4）对易挥发或易被氧化的材料，就不适宜用此方法来生长单晶体。

（5）在用此方法中，有一部分材料从火焰中撒下时，并没有落在结晶杆上，估计约有 30% 的材料会在结晶过程中损失掉。因此对名贵或稀少的原料来说，用这种方法结晶就很不经济。

用焰熔法生长宝石，目前已有一定的基础和规模。世界上每年宝石的产量均以吨来计算。工厂生产宝石绝大多数是用焰熔法。焰熔法也可以用来生长其他氧化物单晶，如金红石、尖晶石或尖晶石类型的铁氧体。

12.4.4　助熔剂法生长单晶

助熔剂法（早期称为熔盐法）生长晶体十分类似于溶液生长法，因为这种方法的生长温度较高，相当于高温溶液生长法。它是将晶体的原成分在高温下溶解于低熔点助熔剂熔液内，形成均匀的饱和溶液，然后通过缓慢降温或其他办法，形成过饱和溶液，使晶体析出。这个过程很类似于自然界中矿物晶体在岩浆中的结晶，这也是矿物学家对助熔剂生长晶体相当关心的原因。

助熔剂法生长晶体有许多突出的优点，和其他生长晶体的方法相比，这种方法的适用性很强，生长的晶体类型很多、范围很广。几乎对所有的材料，都能够找到一些适当的助熔剂，从中将其单晶生长出来。这对于研究工作特别有用，因为许多工作希望在单晶上进行，而并不一定要求单晶的尺寸很大。助熔剂法生长温度低，许多难熔的化合物和在熔点极易挥发或由于变价而分解释出气体的材料，以及非同成分熔融化合物，直接从其熔液中常不可能生长出完整的单晶，而助熔剂法却显示出独特的能力。此外，助熔剂生长设备简单，坩埚及单晶炉发热体、测温和控温都容易解决，这是一种很方便的生长技术。这种方法的缺点是晶体生长的速率较慢、生长周期长、晶体一般较小。许多助熔剂都具有不同程度的毒性，其挥发物还常腐蚀或污染炉体。

到目前为止，对助熔剂晶体生长动力学的研究还比较少，这在很大程度上是由于对助熔剂系统高温物理化学性质缺乏了解，助熔剂的挥发性、腐蚀性和毒性也给实验观测技术带来很大困难。

助熔剂生长晶体的方法可分为两大类，一类是自发成核法，另一类是籽晶生长法。前者包括缓冷法、助熔剂蒸发法、助熔剂反应法等，后者包括助熔剂提拉法、移动熔剂熔区法、坩埚倾斜或倒转法等。近几年来，由于半导体激光器件、光发射二极管、磁泡技术以及磁光效应、固体单晶薄膜等研究的发展，提出了一种助熔剂液相外延技术，这种液相外延不仅能制造出技术上有用的单晶薄膜，而且促进了助熔剂晶体生长动力学的研究。

1. 助熔剂的类型

助熔剂的种类很多。金属及金属间化合物单晶使用的助熔剂一般为低熔点金属或合金熔液。化合物单晶用的助熔剂也常为化合物。化合物助熔剂分为四类。

(1) 简单离子性盐类：如 NaCl、LiF 等。一般来说，它们的熔解能力较低，并不经常使用。

(2) 极性化合物：如 Bi_2O_3、PbO、PbF_2等。这是应用最广泛的一类助熔剂。它们在熔融状态导电性强、溶解能力强，常与溶质形成复杂的离子团，具有很强的离子性。如 Al_2O_3溶于 PbF_2中，发现存在 PbF^+、PbF^{3-}、AlO^+、AlO^{2-}。

(3) 网络液体：如 B_2O_3 和 $BaO-B_2O_3$。硼化物因其熔点低、挥发性低，所以广泛用作助熔剂，特别适用于籽晶生长。但硼化物具有坚固的 O—B—O 键链，形成网络结构，具有较高的黏滞性。

(4) 复杂反应熔液：如钨酸盐、钼酸盐、卤化物等，其应用并不广泛。晶体成分与助熔剂熔液有较强的键合，晶体生长过程中，伴随着化学反应。

2. 助熔剂的选择

良好的助熔剂需要具备下述物理化学性质。

(1) 对晶体材料应具有足够强的溶解能力，在生长温度范围内，溶解度要有足够大的变化，以便获得足够高的晶体产率。对晶体生长来说，希望助熔剂熔液有较高的溶解度和溶解度随温度的变化斜率。极性化合物助熔剂熔液，其溶解力较强。多组元助熔剂一般具有更强的溶解能力。石榴石材料在 $PbO-B_2O_3$ 系统的溶解度随 B_2O_3的增加而提高（当 B_2O_3 含量较低时），加入 PbF_2，溶解度的增加更明显。

(2) 在尽可能宽的温度范围内，所要的晶体是唯一的稳定相。这就要求助熔剂与晶体成分最好不要形成许多种化合物。但实际上，二者的组分之间不形成任何化合物常常是不可能的。经验表明，只有二者组分间可以形成某种化合物时，熔液才具有较高溶解度。此外，助熔剂在晶体中的固溶度应尽可能小。为此，最好选取与晶体具有相同离子的助熔剂，而避免选取性质与晶体成分相近的其他化合物。

（3）应具有尽可能小的黏滞性，以便得到较快的溶质扩散速度和较高的晶体生长速率。

（4）应具有尽可能低的熔点和尽可能高的沸点，以便选择方便的和较宽的生长温度范围。

（5）应具有很小的挥发性（助熔剂蒸发法除外）、腐蚀性和毒性，不伤害坩埚材料，如铂金。一般来说，助熔剂挥发物具有不同程度的毒性和腐蚀性。生长晶体时，熔液表面助熔剂的挥发造成的表面熔液比体内具有更大的过饱和度，促成表面成核，长出的晶体质量往往不好。通常都希望助熔剂有尽可能低的挥发性。

（6）应易溶于对晶体无腐蚀作用的溶剂中，如水、酸、碱等，以便容易将晶体从助熔剂中分离出来。

实际上使用的助熔剂很难同时满足上述要求。近年来倾向采用复合助熔剂，使各成分取长补短。

3. 缓冷法

助熔剂缓冷法的应用最为普遍。高温炉可采用硅碳棒炉，温度控制要有良好的稳定性，并带有适用的降温程序。

用 $PbO-PbF_2$ 助熔剂生长 YIG 时，一个可供使用的配方是 Y_2O_3、Fe_2O_3、PbO、PbF_2 的物质的量比为 8、22、30、40。熔液在 1200℃ 保温 4h，以 0.5℃/h 降温，在 1040℃ 停止生长。用热稀硝酸或热稀硝酸与乙酸混合液溶掉固化的助熔剂，将晶体取出。这个配方中由于 PbF_2 含量高，在 1040℃ 以下已开始大量出现磁铅石，除非允许 PbF_2 大量挥发。一个改进了的成分是：Y_2O_3、Fe_2O_3、PbO、PbF_2、B_2O_3、CaO 的物质的量比为 10、20.5、37、27、5.5、0.1。1300℃ 保温，其他条件类似上述。由于 PbF_2 含量减少，Fe_2O_3 也减少了些，生长温度可至 950℃ 左右。据认为，加入 CaO 有促进石榴石相生成的作用。使用高纯原料，若不加少量二价氧化物，甚至不会有石榴石相生成。

为了控制成核，发展出一种坩埚底部加冷阱的技术。

最成功的助熔剂缓冷法生长晶体技术是同时采用加速旋转坩埚和底部冷却。Scheel 等用此种技术，以 $PbO-PbF_2-B_2O_3$ 为助熔剂，用 $500cm^3$ 坩埚，在底部生长出一个质量为 210g 的 $GdAlO_3$ 大单晶。我国磁学工作者用这种技术，使 $500cm^3$ 坩埚生长出质量为 106g 的 YIG 单晶，晶体包裹缺陷很少，质量良好。

4. 蒸发法

借助助熔剂蒸发也可以使溶液形成过饱和状态，达到析出晶体的目的。使用的助熔剂必须具有足够高的挥发性，如 PbF_2、BiF_3 等。蒸发法的优点是生长设备简单，不需要降温程序。由于是恒温生长，晶体成分较均匀，也避免了缓冷过程遇到的外界干扰。此外，在降温过程中会发生结构相变或变价的化合物单晶，如 Cr_2O_3 在 1000℃ 以下变为 CrO_3，用这种恒温生长是合适的。这种方法的主要缺点是晶体一般生长在表面，质量往往不好。若采用密度比晶体小的助熔剂并加搅拌时，情况可能会得到改善。助熔剂蒸气大多数有毒和有腐蚀性，危害很大。使用一种冷凝蒸气回收助熔剂的装置，可以解决这个问题。

曾用此法从 PbF_2-B_2O_3 中生长出 $YCrO_3$、Al_2O_3、CeO_2、TiO_2 等多种单晶。生长温度为 1300℃。生长 CeO_2 时，助熔剂每天蒸发 35g，生长 5 天，得到 10g 晶体。从 PbF_2-B_2O_3-PbO_2 中生长 $YbCrO_3$ 晶体，生长温度在 1260℃，持续蒸发 9 天，最大晶体 3mm×3mm×2mm。

缓冷法生长单晶时，如果助熔剂挥发很快，就必须同时考虑缓冷和蒸发对晶体生长过程的影响。

5. 助熔剂提拉法

助熔剂提拉法是助熔剂法和提拉法的结合。籽晶生长克服了自发成核晶粒数目过多的缺点；由于籽晶旋转的搅拌作用，晶体生长较快，包裹缺陷减少；可以完全避免热应力和助熔剂固化加给的应力；晶体生长完毕，剩余熔体可以再加溶质继续使用。具体的方法又可分为缓冷法和温度梯度输运法。这里的籽晶缓冷的热过程类似于自发成核缓冷法，不同的是溶液上部加有籽晶。籽晶可以一边旋转一边提拉，也可以只旋转，不提拉。旋转速度为 20～150r/min，提拉速度 0.05～1mm/h。温度梯度输运法采用的铂坩埚稍高一些，坩埚底部温度比顶部高一二十摄氏度或更高，坩埚最底部放多晶材料，上面是助熔剂和溶质的溶液。这种安排要求晶体密度必须大于溶液密度。最好在多晶材料上部加铂丝网，防止多晶晶粒被液流带上去。溶质在坩埚底部高温区溶解于助熔剂，形成饱和溶液，扩散和对流到顶部低温区，达到过饱和，使籽晶生长。梯度输运法中籽晶除旋转外，必须提拉，否则籽晶将停止生长。像 YIG 这样的氧化物晶体及其溶液都具有高温导电性质，测量籽晶和坩埚间的电阻突变，可以判断籽晶是否接触液面，确定进入液面的深度，随时检查籽晶在提拉中是否脱离液面。

6. 助熔剂液相外延

近十几年来，随着薄膜物理和薄膜电子学的发展，助熔剂液相外延技术获得越来越重要的应用。例如，半导体激光器和光发射二极管，在 GaAs 等半导体基片上，采用液相外延，制造各种 p-n 结；在磁泡存储器、磁光现象和静磁表面波研究中，需要在非磁性钆镓石榴石（$Gd_3Ga_5O_{12}$，简称 GGG）基片上外延一层磁性石榴石薄膜。液相外延获得的薄膜质量较好，生长速率比气相法快，掺杂容易控制，成本低，重复性好，特别是在许多情况下，获得高质量大块单晶很困难时，这种技术更显得重要。目前助熔剂液相外延主要涉及两大类材料：一类是Ⅲ～Ⅳ族化合物半导体，另一类是磁性石榴石。

　　常用的液相外延方法有三种：倾浸法、滑浸法、顶浸法。前两种多用于半导体器件，后一种多用于磁性薄膜外延。

　　（1）倾浸法：这种方法最早用来外延生长 GaAs 和 Ge。GaAs 基片放在倾斜的舟形石墨坩埚的高端，低端放助熔剂（如 Ga 或 Sn 等）和溶质（如 GaAlAs），二者形成高温溶液。坩埚放在水平外延炉恒温区，基片和溶液具有相同温度，炉内通有还原气氛 H_2。外延时温度降至饱和温度附近，将坩埚（或连同炉体）反方向倾斜，让溶液浸向基片，随后在降温过程中外延。外延结束，坩埚转回原位。

　　（2）滑浸法：在制造光发射二极管和半导体激光器件中，普遍采用此法连续外延多层结或多个膜。基片镶在光滑的石墨滑块上，上面放石墨坩埚，它是一块长方体，上面有一个或几个圆柱形腔，直径比基片略大，腔内装有助熔剂和溶质的溶液，其底是镶有基片的石墨滑块。用带钩的杆推动基片滑块，将基片推入溶液底部进行外延。滑浸法尚不能用来外延磁性薄膜。

　　（3）顶浸法：开始用顶浸法通过温度梯度输运在 YAG 和 GGG 上外延石榴石薄膜，顶浸法的特点是采用竖直外延炉，基片装在籽晶杆上，从炉上顶部随时浸入盛有溶液的坩埚中。炉子具有较长的恒温区，在十几厘米范围内，温度梯度小于1℃/cm。基片的装架分为竖直式和水平式两种。要防止外延过程中基片脱落。固定点不能过多过大，避免在基片上助熔剂黏附过多。顶浸法的优点是能随时浸取，但随之带来的问题是基片温度常常低于溶液温度。因此基片浸入溶液前需要在坩埚上部预热几分钟，使基片温度尽可能接近溶液温度。助熔剂蒸气容易凝结在较冷的基片上。为避免基片受腐蚀，有时在基片与坩埚之间加白金挡片，外延时移开。为加强溶质的扩散，基片可以旋转，基片旋转速度 30～200r/min。外延完毕，基片离开液面时将转速增至 1000r/min 左右，以便甩掉基片上黏附的助熔剂。

　　液相外延用的基片在晶体学上应与外延膜具有相同结构，晶格常数要相互匹配，除室温晶格常数相接近外，热膨胀系数也要相差不大。半导体激光器和光发射二极管有时采用同质外延，基片和外延膜除少量掺质不同外，主要成分是相同的，因此，晶格匹配容易实现。在异质外延时，如磁泡技术应用的磁性石榴石薄膜，外延在非磁性 GGG 基片上，就需要特别注意晶格匹配。通常在挑选掺杂离子时，要同时考虑磁性和晶格匹配，决定选取的离子的磁性、离子半径和掺入浓度。晶格若不匹配，外延膜将受到张应力或收缩应力的影响，过大的应力常导致薄膜破裂。晶格失配严重时，外延膜不再是单晶。磁泡、磁光效应和静磁表面波研究所用的大多数磁性石榴石薄膜是属于 (111) 面外延膜。(111) 晶面在磁性上是接近各向同性的。GGG 和 YIG 室温晶格常数分别为 12.382Å 和 12.376Å；热膨胀系数分别为 $9.2 \times 10^{-6} \, ℃^{-1}$，$10.4 \times 10^{-6} \, ℃^{-1}$，二者具有较好的匹配效果。生长复合石榴石薄膜时，依靠选取不同离子半径的替代元素，达到晶格匹配。要求失配量不低于基片 0.013Å，不高出 0.018Å。当失配量超过 0.19Å 时，即使在很高的过饱和度下，GGG 基片上也不发生成核。

此外，基片应该有尽可能少的原生缺陷，低位错密度，无包裹体。对磁光现象研究，还要求基片透光性好，无色心。为消除加工缺陷，基片要进行严格的抛光和清洗。

基片表面处理的好坏直接影响着外延膜的质量。基片经定向切割和研磨之后，要进行严格的抛光和表面处理，以消除表面划痕、应变层、黏附杂质。常用的抛光工艺有：①机械抛光后，再用磷酸进行化学抛光。磷酸需在 350℃ 脱水，降至 290℃ 再进行抛光。②机械化学抛光。使用纯净的水玻璃或碱性硅胶作为抛光剂。③机械抛光后用离子轰击去掉表面应变层。④同质外延处理。机械抛光后，在含 GGG 溶质的助熔剂溶液中，于饱和温度以上，将基片表面层溶掉，然后再在过冷溶液中外延一层 GGG 薄层。在这四种工艺中，广泛使用的是机械化学抛光。基片和基片架要仔细清洗，这包括在碱性溶液中浸煮，蒸馏水中煮沸或超声清洗，在乙醇中漂洗等。

液相外延的温度过程有两种，一是等温外延，二是缓冷外延。等温外延是将溶液降至饱和温度以下，维持在较高的过冷度。等温外延可以避免基片回溶、腐蚀，掺杂分布均匀，便于在近似相同条件下连续外延很多性能相同的膜。

缓冷外延可以看成是恒过饱和度外延，外延生长几乎自始至终处于稳态生长，界面稳定性是好的。基片浸入温度不合适时会出现回溶腐蚀。在半导体激光器 p-n 结外延中，倾浸温度有时略高于饱和温度，基片有轻微回溶，在随后的降温过程中才开始外延生长。

石榴石薄膜外延，一般是在等温条件下进行。必须确切地测定溶液的饱和温度。外延时溶液保持在恒定的过冷度下，一般过冷 5～15℃。溶液能长时间处于相当稳定的亚稳态，允许连续外延很多片膜。溶质的耗尽引起浓度变化，可由助熔剂的挥发得到一定程度的补偿。

必须保证在所采用的过冷度范围内，石榴石是唯一的处于过饱和的稳定相，否则其他晶相会析出，使溶液不稳定。在 $PbO-B_2O_3$ 助熔剂中，石榴石和正铁氧体可能同时处于过饱和状态，如由 Eu_2O_3（2.63g）、Er_2O_3（5.60g）、Fe_2O_3（40.23g）、Ga_2O_3（2.55g）、PbO（500.0g）、B_2O_3（10.0g）组成的溶液，正铁氧体在 1070℃ 时达到饱和，石榴石在 1060℃ 时达到饱和，在 1035℃ 加入 GGG 基片，外延出的石榴石膜常有正铁氧体小晶粒吸附。为保证溶液对石榴石相稳定，不出现正铁氧体和磁铅石干扰，一般选取 $A=Fe_2O_3/\sum R_2O_3=12\sim17$，其中 R 表示稀土元素。$A$ 偏小时则易出现正铁氧体，A 偏大时则易受磁铅石干扰。制备一定性能的外延膜，常常需要有控制地进行掺质。控制掺质浓度和均匀性也是外延工艺研究的内容。薄膜的掺质浓度取决于溶液中掺质成分的浓度、饱和温度、过冷度、基片旋转速度等因素，生长速率（取决于过冷度、转速）所起的影响很大。

12.4.5　用气相法生长晶体

用气相法生长晶体主要制备单晶薄膜，常采用升华–凝结、溅射和气相外延生长等手段。升华–凝结是通过材料加热蒸发成气体，然后沉积在基底上，生成单晶。

溅射广泛用于制备多晶和无定形薄膜。不过，只要适当加以控制，也可制备单晶薄膜。其主要优点是，薄膜可以在比普通升华–凝结生长要低的温度下生长，因为采用的是电场蒸发而不是热蒸发。有三种主要的溅射技术：阴极溅射、反应溅射和离子注入技术。

气相外延生长是在单晶衬底上气相生长半导体外延层的重要技术。由于气相外延生长的温度远低于所生长材料的熔点，因此有利于获得高纯材料、具有高解离压难于从熔体中生长的材料和陡峭 p–n 结或异质结构材料。气相外延生长速率典型值为每小时几到几十微米，适于生长超晶格与量子阱结构，因此这种技术广泛用于半导体材料和固态器件的研究与生产中。

参 考 文 献

[1] 洪广言. 稀土发光材料——基础与应用. 北京：科学出版社，2011
[2] 洪广言. 无机固体化学. 北京：科学出版社，2002
[3] 倪嘉缵，洪广言. 稀土新材料及新流程进展. 北京：科学出版社，1998
[4] 倪嘉缵，洪广言. 中国科学院稀土五十年. 北京：科学出版社，2005
[5] 徐如人，庞文琴. 无机合成与制备化学. 北京：高等教育出版社，2001
[6] 忻新泉，周益明，牛云垠. 低热固相化学反应. 北京：高等教育出版社，2010
[7] Cui H T, Hong G Y, You H P, et al. Coating of Y_2O_3：Eu^{3+} particles with alumina by a humid

solid state reaction at room temperature. J Colloid Interface Sci, 2002, 252: 184-187

[8] 李沅英, 戴得昌, 蔡少华. 微波热效应法合成 Y_2O_3: Eu^{3+} 荧光体. 高等学校化学学报, 1995, 16 (6): 844-846

[9] 吴雪艳, 尤洪鹏, 曾小青, 等. 共沉淀法合成稀土正磷酸盐 (La, Gd) PO_4: RE^{3+} (RE=Eu, Tb) 及其真空紫外光谱特性. 高等学校化学学报, 2003, 24 (1): 1-4

[10] 作花济夫. "溶胶-凝聚法的科学". 东京: 承风社, 1988

[11] Qi F X, Wang H B, Zhu X Z. Spherical YAG: Ce^{3+} phosphor particles prepared by spray pyrolysis. J Rare Earths, 2005, 23 (4): 397-400

[12] 孙小琳, 洪广言. 组合化学在功能材料合成方面的应用. 化学进展, 2001, 13 (5): 398-402

[13] 洪广言, 曾小青, 尤洪鹏, 等. 助熔剂对发光体 $BaAl_{12}O_{19}$: Mn 结构及发光的影响. 发光学报, 1999, 20 (4): 311-315

[14] Pei Z W, Zeng Q H, Su Q. J Phys Chem Solids, 2000, 61: 9

[15] Peng M Y, Pei Z W, Hong G Y, et al. The reduction of $Eu^{3+} \rightarrow Eu^{2+}$ in $BaMgSiO_4$: Eu phosphor in air and the luminescence of $BaMgSiO_4$: Eu^{2+} phosphor. J Mater Chem, 2003, 13: 1202-1205

[16] 崔洪涛, 张耀文, 洪广言. 荧光粉的表面包覆. 功能材料, 2001, 32 (6): 564-567, 579

[17] Cui H T, Hong G Y. Coating of Y_2O_3: Eu^{3+} with polystyrene and its characterizations. J Mater Sci Lett, 2002, 21: 81-83

[18] Liu G X, Hong G Y, Sun D X. Coating Gd_2O_3: Eu phosphors with silica by solid-state reaction at room temprature. Power Technol, 2004, 145: 149~153

[19] 张克从, 张乐溥. 晶体生长科学与技术. 北京: 科学出版社, 1997